피복아크 가스텅스텐아크 이산화탄소가스아크

# 용접기능사 필기 2200제



## 피복아크
## 가스텅스텐아크
## 이산화탄소가스아크

일진사

탄소중립, 디지털 대전환의 물결 앞에서 과학기술이 앞선 나라만이 세계 속에 인정받고 우위의 생활을 누릴 수 있다.

용접 기술은 과학기술 분야에서도 중요한 역할을 담당하는 기술로서 방위산업, 원자력 발전, 석유화학, 건축, 토목, 기계, 자동차, 항공기 등 그 응용 범위 또한 광범위하다.

2023년 한국산업인력공단에서는 산업현장의 요구에 따라 피복아크용접기능사 / 가스텅스텐아크용접기능사 / 이산화탄소가스아크용접기능사로 자격증을 세분화하게 된다. 이에 저자는 한 권으로 3가지의 자격증을 취득할 수 있도록 체계적인 핵심 이론과 예상문제를 수록하여 다음과 같이 집필하였다.

**첫째,** 저자의 35여 년간의 강의 경험을 토대로 충분한 내용을 함축적이고 체계적으로 정리하여 수험생들이 스스로 공부할 수 있도록 하였다.

**둘째,** 모든 용어는 교육부 제정 용어(외래어 표기법)를 사용하여 이해하기 쉽게 서술하였다.

**셋째,** 출제되었던 과년도 문제를 철저히 분석하여 예상문제를 수록하였으며, 각 문제마다 상세한 해설을 곁들여 이해를 도왔다.

**넷째,** 부록에는 CBT 실전문제를 수록하여 수험생들로 하여금 실전에 대비할 수 있도록 하였다.

본 교재가 많은 도움이 되어 유능한 전문 기술인이 되기를 바라며, 끝으로 이 책이 나오기까지 참고 자료, 조언 관계 자료를 협조하여 주신 모든 분들께 감사드리고, 도서출판 **일진사** 임직원들에게도 감사드린다.

저자 씀

# 피복아크용접/가스텅스텐아크용접/이산화탄소가스아크 용접기능사 출제기준(필기)

| 직무 분야 | 재료 | 중직무 분야 | 용접 | 자격 종목 | 용접기능사(피복아크용접, 가스텅스텐아크용접, 이산화탄소가스아크용접) | 적용 기간 | 2023. 1. 1. ~ 2026. 12. 31. |
|---|---|---|---|---|---|---|---|

○ 직무 내용 : 용접 도면을 해독하여 용접 절차 사양서를 이해하고 용접 재료를 준비하여 작업환경 확인, 안전 보호구 준비, 용접 장치와 특성 이해, 용접기 설치 및 점검 관리하기, 용접 준비 및 본 용접하기, 용접부 검사, 작업장 정리하기 등의 피복아크용접(SMAW), 가스텅스텐아크용접(GTAW), 이산화탄소가스아크용접($CO_2$) 관련 직무이다.

| 필기검정방법 | 객관식 | 문제 수 | 60 | 시험시간 | 1시간 |
|---|---|---|---|---|---|

| 필기 과목명 | 출제 문제 수 | 출 제 기 준 | | |
|---|---|---|---|---|
| | | 주요 항목 | 세부 항목 | 세세 항목 |
| 아크 용접, 용접 안전, 용접 재료, 도면 해독, 가스 절단, 기타 용접 | 60 | 1. 아크 용접 장비 준비 및 정리정돈 | 1. 용접 장비 설치, 용접 설비 점검, 환기장치 설치 | 1. 용접 및 산업용 전류, 전압<br>2. 용접기 설치 주의사항<br>3. 용접기 운전 및 유지보수 주의사항<br>4. 용접기 안전 및 안전수칙<br>5. 용접기 각부 명칭과 기능<br>6. 전격방지기<br>7. 용접봉 건조기<br>8. 용접 포지셔너<br>9. 환기장치, 용접용 유해가스<br>10. 피복 아크 용접 설비<br>11. 피복 아크 용접봉, 용접 와이어<br>12. 피복 아크 용접 기법 |
| | | 2. 아크 용접 가용접 작업 | 1. 용접 개요 및 가용접 작업 | 1. 용접의 원리<br>2. 용접의 장 · 단점<br>3. 용접의 종류 및 용도<br>4. 측정기의 측정원리 및 측정방법<br>5. 가용접 주의사항 |
| | | 3. 아크 용접 작업 | 1. 용접 조건 설정, 직선 비드 및 위빙 용접 | 1. 용접기 및 피복 아크 용접기기<br>2. 아래보기, 수직, 수평, 위보기 용접<br>3. T형 필릿 및 모서리 용접 |

| 필기 과목명 | 출제 문제 수 | 출제 기준 | | |
|---|---|---|---|---|
| | | 주요 항목 | 세부 항목 | 세세 항목 |
| | | 4. 수동 · 반자동 가스 절단 | 1. 수동 · 반자동 절단 및 용접 | 1. 가스 및 불꽃<br>2. 가스 용접 설비 및 기구<br>3. 산소, 아세틸렌 용접 및 절단기법<br>4. 가스 절단 장치 및 방법<br>5. 플라스마, 레이저 절단<br>6. 특수 가스 절단 및 아크 절단<br>7. 스카핑 및 가우징 |
| | | 5. 아크 용접 및 기타 용접 | 1. 맞대기(아래보기, 수직, 수평, 위보기) 용접, T형 필릿 및 모서리 용접 | 1. 서브머지드 아크 용접<br>2. 가스 텅스텐 아크 용접, 가스 금속 아크 용접<br>3. 이산화탄소 가스 아크 용접<br>4. 플럭스 코어드 아크 용접<br>5. 플라스마 아크 용접<br>6. 일렉트로 슬래그 용접, 테르밋 용접<br>7. 전자 빔 용접<br>8. 레이저 용접<br>9. 저항 용접<br>10. 기타 용접 |
| | | 6. 용접부 검사 | 1. 파괴, 비파괴 및 기타 검사(시험) | 1. 인장 시험<br>2. 굽힘 시험<br>3. 충격 시험<br>4. 경도 시험<br>5. 방사선 투과 시험<br>6. 초음파 탐상 시험<br>7. 자분 탐상 시험 및 침투 탐상 시험<br>8. 현미경 조직 시험 및 기타 시험 |
| | | 7. 용접 결함부 보수 용접 작업 | 1. 용접 시공 및 보수 | 1. 용접 시공 계획<br>2. 용접 준비<br>3. 본 용접<br>4. 열 영향부 조직의 특징과 기계적 성질<br>5. 용접 전 · 후처리(예열, 후열 등)<br>6. 용접 결함, 변형 등 방지 대책 |
| | | 8. 안전관리 및 정리정돈 | 1. 작업 및 용접 안전 | 1. 작업 안전, 용접 안전관리 및 위생<br>2. 용접 화재 방지<br>3. 산업안전보건법령<br>4. 작업 안전 수행 및 응급 처치 기술<br>5. 물질안전보건자료 |

| 필기 과목명 | 출제 문제 수 | 출제 기준 | | |
|---|---|---|---|---|
| | | 주요 항목 | 세부 항목 | 세세 항목 |
| | | 9. 용접 재료 준비 | 1. 금속의 특성과 상태도 | 1. 금속의 특성과 결정 구조<br>2. 금속의 변태와 상태도 및 기계적 성질 |
| | | | 2. 금속 재료의 성질과 시험 | 1. 금속의 소성 변형과 가공<br>2. 금속 재료의 일반적 성질<br>3. 금속 재료의 시험과 검사 |
| | | | 3. 철강 재료 | 1. 순철과 탄소강<br>2 열처리 종류<br>3. 합금강<br>4. 주철과 주강<br>5. 기타재료 |
| | | | 4. 비철 금속 재료 | 1. 구리와 그 합금<br>2. 알루미늄과 경금속 합금<br>3. 니켈, 코발트, 고용융점 금속과 그 합금<br>4. 아연, 납, 주석, 저용융점 금속과 그 합금<br>5. 귀금속, 희토류 금속과 그 밖의 금속 |
| | | | 5. 신소재 및 그 밖의 합금 | 1. 고강도 재료<br>2. 기능성 재료<br>3. 신에너지 재료 |
| | | 10. 용접 도면 해독 | 1. 용접 절차 사양서 및 도면 해독(제도 통칙 등) | 1. 일반 사항(양식, 척도, 문자 등)<br>2. 선의 종류 및 도형의 표시법<br>3. 투상법 및 도형의 표시 방법<br>4. 치수의 표시 방법<br>5. 부품 번호, 도면의 변경 등<br>6. 체결용 기계요소 표시 방법<br>7. 재료 기호<br>8. 용접 기호<br>9. 투상 도면 해독<br>10. 용접 도면<br>11. 용접 기호 관련 한국산업규격(KS) |

차 례 CONTENTS

# 제1편 용접 일반


## 제1장 용접 개요

1-1 용접의 원리 ··· 12
1-2 용접법의 특징 ··· 12
1-3 접합시키는 방법에 의한 용접법의 분류 ··· 13
1-4 용접법의 분류 ··· 13
1-5 가용접 ··· 14
■ CBT 예상 출제문제와 해설 ··· 16

## 제2장 아크 용접 장비 준비 및 정리정돈

2-1 용접 및 산업용 전류, 전압 ··· 27
2-2 용접기 설치 주의사항 ··· 27
2-3 환기 계획 ··· 30
■ CBT 예상 출제문제와 해설 ··· 35

## 제3장 피복 아크 용접

3-1 피복 아크 용접의 원리 ··· 50
3-2 피복 아크 용접기기 ··· 51
3-3 피복 아크 용접봉 ··· 54
■ CBT 예상 출제문제와 해설 ··· 56

## 제4장 가스 용접

4-1 가스 용접의 개요 ··· 85
4-2 가스 및 불꽃 ··· 86
4-3 가스 용접 장치 ··· 88
■ CBT 예상 출제문제와 해설 ··· 90

## 제5장 절단 및 가공

5-1 가스 절단 ··· 112
5-2 특수 절단 및 가공 ··· 114
■ CBT 예상 출제문제와 해설 ··· 116

## 제6장 특수 용접 및 기타 용접

6-1 특수 용접 ··· 124
■ CBT 예상 출제문제와 해설 ··· 138
6-2 전기저항 용접 ··· 179
6-3 납땜법 ··· 180
■ CBT 예상 출제문제와 해설 ··· 181

## 제7장 작업 및 용접 안전

7-1 작업 안전 ··· 187
7-2 용접 안전 ··· 187
7-3 작업환경 ··· 189
■ CBT 예상 출제문제와 해설 ··· 190

## 제2편 용접 시공 및 검사

### 제1장 용접 시공

1-1 용접 이음의 종류 ······················ 208
1-2 용접 홈 형상의 종류 ···················· 209
1-3 용접 이음의 강도 ······················ 210
1-4 용착법과 용접 순서 ···················· 210
■ CBT 예상 출제문제와 해설 ···················· 212

### 제2장 용접의 자동화

2-1 자동화 용접 ······························ 229
2-2 로봇 용접 ································ 230
■ CBT 예상 출제문제와 해설 ···················· 232

### 제3장 파괴, 비파괴 및 기타 검사(시험)

3-1 용접부의 검사법 ························ 236
3-2 파괴 시험 ································ 237
3-3 비파괴 시험 ······························ 237
■ CBT 예상 출제문제와 해설 ···················· 239

## 제3편 용접 재료

### 제1장 용접 재료 및 각종 금속 용접

1-1 금속과 합금 ······························ 250
1-2 금속 재료와 성질 ························ 250
1-3 탄소강 ···································· 251
1-4 탄소강의 용접 ·························· 253
1-5 각종 금속의 용접 ························ 254
■ CBT 예상 출제문제와 해설 ···················· 256

### 제2장 용접 재료 열처리 등

2-1 열처리의 종류 및 방법 ················ 290
2-2 강의 표면 경화 ·························· 291
■ CBT 예상 출제문제와 해설 ···················· 292

## 제4편 도면 해독

### 제1장 제도통칙 등

1-1 제도의 개요 ······························ 300
1-2 도면의 분류 ······························ 300
1-3 투상도법 ·································· 301
1-4 단면의 도시법 ·························· 302
■ CBT 예상 출제문제와 해설 ···················· 304

### 제2장 도면 해독

2-1 체결용 기계요소 표시 방법 ·········· 327
2-2 볼트와 너트 ······························ 327
2-3 도면 해독 ································ 328
■ CBT 예상 출제문제와 해설 ···················· 332

## 부록 CBT 실전문제


- 제1회 CBT 실전문제 ··· 348
- 제2회 CBT 실전문제 ··· 357
- 제3회 CBT 실전문제 ··· 366
- 제4회 CBT 실전문제 ··· 375
- 제5회 CBT 실전문제 ··· 384
- 제6회 CBT 실전문제 ··· 393
- 제7회 CBT 실전문제 ··· 402
- 제8회 CBT 실전문제 ··· 410
- 제9회 CBT 실전문제 ··· 418
- 제10회 CBT 실전문제 ··· 427
- 제11회 CBT 실전문제 ··· 436
- 제12회 CBT 실전문제 ··· 445
- 제13회 CBT 실전문제 ··· 454
- 제14회 CBT 실전문제 ··· 463
- 제15회 CBT 실전문제 ··· 474
- 제16회 CBT 실전문제 ··· 487
- 제17회 CBT 실전문제 ··· 496
- 제18회 CBT 실전문제 ··· 506
- 제19회 CBT 실전문제 ··· 515
- 제20회 CBT 실전문제 ··· 527

# 제 1 편

# 용접 일반


제1장 용접 개요
- CBT 예상 출제문제와 해설

제2장 아크 용접 장비 준비 및 정리정돈
- CBT 예상 출제문제와 해설

제3장 피복 아크 용접
- CBT 예상 출제문제와 해설

제4장 가스 용접
- CBT 예상 출제문제와 해설

제5장 절단 및 가공
- CBT 예상 출제문제와 해설

제6장 특수 용접 및 기타 용접
- CBT 예상 출제문제와 해설

제7장 작업 및 용접 안전
- CBT 예상 출제문제와 해설

# 제 1 장 용접 개요

## 1-1 용접의 원리

① 용접(welding)은 접속하려고 하는 2개 이상의 물체나 재료의 접합 부분을 용융 또는 반용융 상태로 하여 직접 접합시키거나 또는 접속시키고자 하는 두 물체 사이에 용가재를 첨가하여 간접적으로 접합시키는 작업을 말한다.

② 금속과 금속을 서로 충분히 접근시키면 이들 사이에는 뉴턴(Newton)의 만유인력의 법칙에 따라 금속 원자 간의 인력이 작용하여 서로 결합하게 된다. 이 결합을 이루게 하기 위해서는 원자들을 보통 1cm의 1억분 1 정도(Å =cm) 접근시켰을 때 원자가 결합한다. 이와 같은 결합을 넓은 의미에서 용접(welding)이라 한다.

## 1-2 용접법의 특징

### (1) 용접이음의 일반적인 장점

① 재료가 절약된다.
② 공정수가 감소된다.
③ 제품의 성능과 수명이 향상된다.
④ 이음 효율(joint efficiency)이 높다.

### (2) 용접의 단점

① 용접부의 재질의 변화가 우려된다.
② 수축 변형과 잔류 응력이 발생한다.
③ 품질검사가 까다롭다.
④ 용접부에 응력 집중이 우려된다.
⑤ 용접사의 기술에 의해 이음부의 강도가 좌우되기도 한다.
⑥ 취성 및 균열에 주의하지 않으면 안 된다.

## 1-3 접합시키는 방법에 의한 용접법의 분류

① **융접(fusion welding)** : 용융 용접이라고도 부르며, 접합하고자 하는 두 금속의 부재, 즉 모재(base metal)의 접합부를 국부적으로 가열 용융시키고, 이것에 제3의 금속인 용가재(filler metal)를 용융 첨가시켜 융합(fusion)을 이루게 된다.

② **압접(pressure welding)** : 가압 용접이라고도 부르며, 접합부를 적당한 온도로 반용융 상태 또는 냉간 상태로 하고 이것에 기계적인 압력을 가하여 접합하는 방법이다.

③ **납땜(brazing & soldering)** : 납땜은 접합하고자 하는 모재보다 융점이 낮은 삽입 금속(insert metal)을 용가재로 사용하는데, 땜납(용가재)을 접합부에 용융 첨가하여 이 용융 땜납의 응고 시에 일어나는 분자 간의 흡입력을 이용하여 접합의 목적을 달성하게 된다. 사용하는 땜납의 용융점이 450℃ 이상의 경우를 경납땜(brazing), 450℃ 이하를 연납땜(soldering)이라고 부르기도 한다.

## 1-4 용접법의 분류

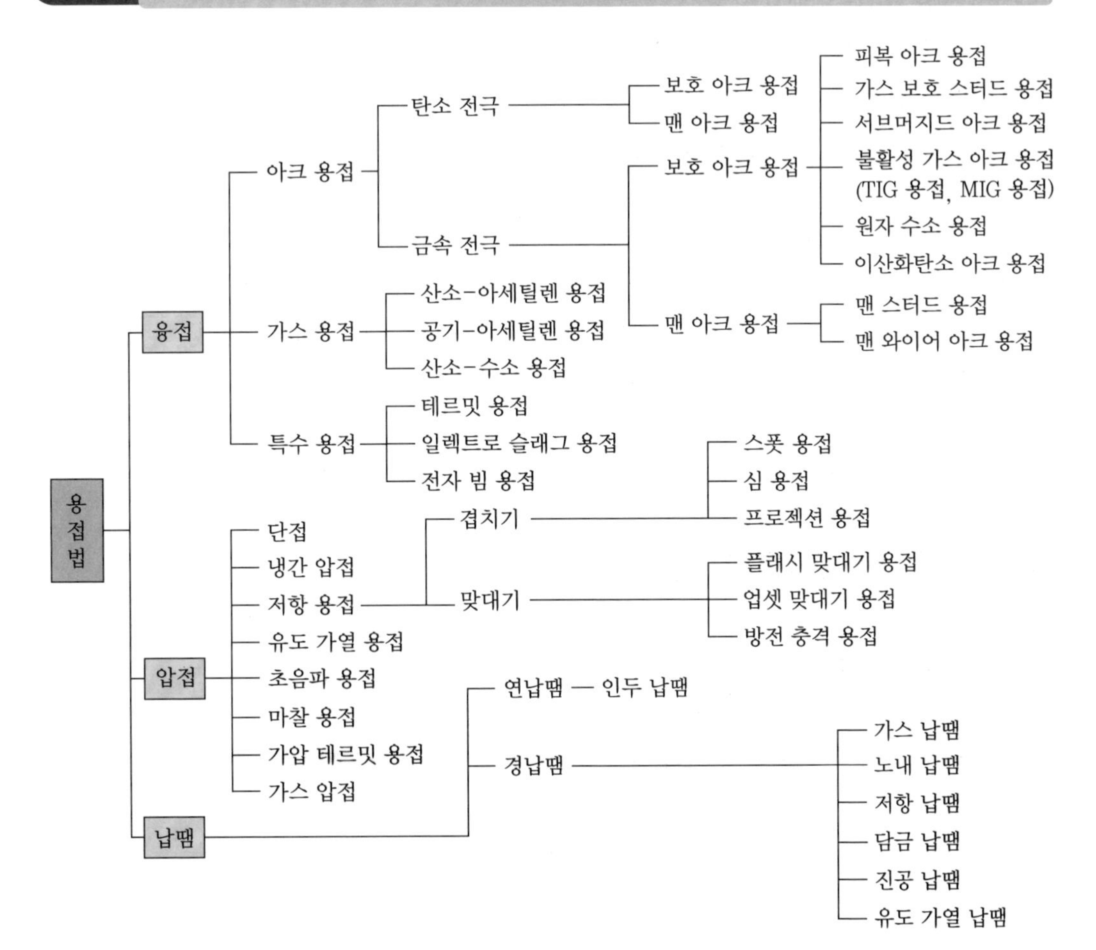

## 1-5 가용접

### (1) 가용접(tack welding)

본용접을 실시하기 전에 모재의 홈 가공부를 잠정적으로 고정하기 위한 짧은 용접으로서 용접 구조물의 조립 작업에 있어서 매우 중요한 작업이다.

### (2) 가용접 주의사항

① 가용접은 용접 결과의 좋고 나쁨에 직접적인 영향을 준다.

② 가접에는 본용접보다 지름이 약간 가는 봉을 사용하는 것이 좋다.

③ 본용접을 하는 용접사와 비등한 기량을 가진 용접사에 의해 실시되어야 한다.

④ 균열, 기공, 슬래그 잠입 등의 결함을 수반하기 쉬우므로 본용접을 실시할 홈 안에 가접하는 것은 바람직하지 못하며, 만일 불가피하게 홈 안에 가접하였을 경우 본용접 전에 갈아내는 것이 좋다.

⑤ 홈 내의 가용접 부위에 균열이 발생되었을 때에는 그라인더 또는 정으로 충분히 제거한 후 용접해야 한다.

⑥ 가용접에 지그류를 이용할 때 언더컷 등이 발생되면 즉시 보수해야 한다.

⑦ 본용접의 일부분이 되는 것을 피하기 위해 분리용 피스를 쓰거나, 스트롱 백(strong back)을 사용하여 가용접하는 것도 고려해 볼 수 있다.

### (3) 가용접 위치와 길이의 선정

① 구조물의 모서리 부분은 용접부가 겹치는 부분으로서 응력 집중이 생기기 쉬우며 취약한 부분으로, 용착 상태가 불량하므로 가용접의 위치로는 적절하지 않다.

② 가용접의 간격은 판 두께의 15～30배 정도로 하는 것이 좋다.

③ 가용접의 길이는 판 두께가 3.2mm 이하는 30mm, 3.2～25mm까지는 40mm, 25mm 이상은 50mm 이상의 길이로 해주어야 한다.

### (4) 구조물의 조립을 위한 가용접

① 구조물의 본용접에 매우 큰 영향을 미치므로 가용접의 위치, 길이 등을 적절하게 선정해야 한다.

② 가용접이 적절하지 못하면 본용접에서 변형이나 용접 품질에 악영향을 주어 작업 능률이 저하되는 원인을 제공한다.

③ 구조물의 조립을 위한 가용접의 주의사항은 다음과 같다.

㈎ 본용접사와 동등한 기량을 가진 용접사가 가용접을 실시한다.

㈏ 본용접과 같은 온도에서 예열 작업을 실시한다.

㈐ 본용접 시 홈 내의 가용접부는 그라인더로 완전히 제거한다.

㈑ 구조물의 모서리 부분은 용접부가 겹치는 부분이므로 가능한 가용접을 피한다.

㈒ 구조물의 조립 상태에서 시작점과 끝점은 결함 발생이 쉬워 가능한 가용접을 피한다.

### (5) 용접 구조물의 조립 순서

**① 용접 구조물의 조립 순서 결정**

㈎ 구조물의 형상을 고정하고 지지할 수 있어야 한다.

㈏ 용접 이음의 형상을 고려하여 적절한 용접법을 생각하고 가능한 구속 용접을 피한다.

㈐ 변형 및 잔류 응력을 경감할 수 있는 방법을 채택한다.

㈑ 변형이 발생될 때에 이 변형을 쉽게 제거할 수 있어야 한다.

㈒ 작업환경을 고려하여 용접 자세를 편하게 한다.

㈓ 가접용 정반이나 지그를 적절히 채택한다.

㈔ 경제적이고 우수한 품질을 얻을 수 있는 상태를 선정한다.

㈕ 각 부재의 조립을 쉽게 이용할 수 있는 운반장치를 고려한다.

**② 용접 구조물의 조립 순서** : 구조물의 변형 또는 잔류 응력을 최소화하는 용접 순서를 고려하여 조립 순서를 결정한다.

㈎ 동일 평면 내에서 가능한 자유단 쪽으로 용접에 의한 수축이 발생하도록 조립한다.

㈏ 구조물의 중심선에서 대칭적으로 용접이 되도록 한다.

㈐ 용접선이 직각 단면 중심축에서 수축 모멘트가 상호 상쇄되도록 한다.

㈑ 맞대기 이음과 동시에 발생하면 수축 변형이 큰 맞대기 용접을 먼저 한다.

㈒ 구조물 중앙에서 끝 방향으로 용접을 하며 용접 구조물의 조립에 있어서, 가능한 여러 가지 가접용 지그를 활용한다.

㈓ 파이프의 용접 순서는 하단에서 위보기 자세로 시작하여 상단의 아래보기 자세에서 끝나고 다시 위보기 자세로 시작하여 아래보기 자세에서 끝낸다.

## >>> 제1장 CBT 예상 출제문제와 해설

**1. 다음은 용접의 원리에 대하여 쓴 것이다. 옳은 것은?**

① 야금적 접합법 ② 기계적 접합법
③ 화학적 접합법 ④ 역학적 접합법

해설 기계적 접합 : 리벳, 볼트·너트, 키 등에 의한 접합

**2. 용접의 목적을 달성하는 데 필요한 조건이 아닌 것은?**

① 산화막의 제거
② 표면의 원자들을 가까이 접근시킬 것
③ 산화막의 생성 방지
④ 되도록 고온의 열을 모재에 가할 것

해설 용접의 목적을 달성하기 위해서는 먼저 산화막을 제거하고, 그 다음에는 표면의 원자들이 서로 접근할 수 있도록 하여야 한다.

**3. 용접 자세의 기호를 설명한 것 중 틀린 것은?**

① F : 수평 자세 ② V : 수직 자세
③ OH : 위보기 자세 ④ H : 수평 자세

해설
- F : 아래보기 자세(flat position)
- V : 수직 자세(vertical position)
- H : 수평 자세(horizontal position)
- OH : 위보기 자세(overhead position)

**4. 백스텝(back step) 용접에 알맞은 용접 자세는?**

① 아래보기 V형 용접 ② 위보기 용접
③ 수평 용접 ④ 수직 용접

해설 백스텝의 용접 자세는 수직 용접에 해당되는 상진법이다.

정답 1. ① 2. ④ 3. ① 4. ④

**5.** 다음 중 틀린 것은?

① 용접의 목적을 달성하기 위해서는 먼저 산화막을 제거한다.
② 우수한 용접을 하려면 금속의 성질, 도면의 해독 등에 대한 지식이 있어야 한다.
③ 탄소 함유량이 많은 주철은 용접이 불가능하다.
④ 용접은 철강 재료, 비철금속 재료, 플라스틱 재료에까지 응용된다.

해설 주철의 용접은 불가능한 것이 아니고 곤란하다.

**6.** 2개의 물체를 충분히 접근시키면 그들 사이에 원자 간의 인력이 작용하여 서로 결합하여 이들의 결합을 위해 보통 ( ) cm 정도 접근시켰을 때 원자가 결합한다. 이것은 넓은 의미의 용접이다. ( ) 속에 적당한 숫자는?

① $10^{-4}$　② $10^{-6}$　③ $10^{-8}$　④ $10^{-10}$

해설 원자 간에 인력이 있는 거리는 $10^{-8}$cm이다.

**7.** 다량의 마찰 전기를 일으키는 기계를 만들었고, 이것에 의해 불꽃 방전을 개발해 낸 개발자는?

① 패러데이　② 베르나도스　③ 게리케　④ 호버트

해설 1672년 독일의 게리케에 의해 개발되었다.

**8.** 다음 중 탄소 아크 용접법의 개발자는?

① 베르나도스(러시아)　② 슬라비아노프(러시아)
③ 랑그 뮤어(미국)　④ 아니이니 초지코프(러시아)

해설 1885년 러시아의 베르나도스와 올제프스키가 개발하였다.

**9.** 다음 중 프로젝션 용접과 관계있는 것은?

① 융접　② 저항 용접　③ 아크 용접　④ 납땜

해설 전기저항 용접에는 점 용접, 심 용접, 프로젝션 용접, 버트 용접 등이 있다.

정답 5. ③　6. ③　7. ③　8. ①　9. ②

**10.** 납땜에서 경납과 연납의 구분 온도는?

① 250℃ ② 350℃ ③ 450℃ ④ 550℃

해설 납이 녹는 온도에 따라 450℃(427℃)이며, 경납은 경도가 큰 곳에 이용된다.

**11.** 압접의 종류가 아닌 것은?

① 점 용접 ② 단접
③ 고주파 압접 ④ 불활성 가스 아크 용접

해설 불활성 가스 아크 용접은 용접에 속한다.

**12.** 다음 중 아크 용접에 속하지 않는 용접법은?

① 원자 수소 용접
② 불활성 가스 용접
③ 가스 보호 스텃 용접
④ 일렉트로 슬래그 용접

해설 ④는 용접 중에 저항열 이용법이다. 아크 용접의 종류는 ①, ②, ③ 외 서브머지드(아크) 용접, 탄소(아크) 용접, $CO_2$ 용접, 스텃(아크) 용접이 있다.

**13.** 기계적 접합법에 비해 야금적 접합법의 장점이 될 수 없는 것은?

① 자재 절약 ② 수밀, 기밀을 유지
③ 제품의 중량 감소 ④ 기술 습득이 용이

해설 야금적 접합법인 용접 작업은 오랜 숙련을 요구한다.

**14.** 아크 용접의 단점은?

① 중량 경감 ② 잔류 응력 발생
③ 수리 개조 용이 ④ 재료 절약

해설 잔류 응력 발생으로 변형 및 균열이 발생되는 원인이 된다.

정답 10. ③ 11. ④ 12. ④ 13. ④ 14. ②

**15.** 가스 용접과 비교한 아크 용접의 장점이 아닌 것은?

① 후판 용접이 유리 ② 용접 변형이 적음
③ 원가 절감 ④ 유해 광선 발생

해설 유해 광선은 자외선과 적외선을 발생하므로 특히 눈에 조심해야 한다.

**16.** 용접법이 단조법에 비해 떨어지는 점은?

① 열처리가 용이하다.
② 가공 공정수가 절감된다.
③ 제작 비용이 절감된다.
④ 복잡한 형상의 제작이 용이하다.

해설 용접 재료용 철강재는 저탄소강이므로 열처리가 어렵다.

**17.** 용접성에 영향을 주는 요소 중에서 가장 영향이 적은 것은?

① 탄소의 양 ② 망간의 양
③ 산화막 유무 ④ 재질의 경도

해설 재질의 경도도 용접에 전혀 무관한 것은 아니다.

**18.** 다음 중 탄소강의 5원소가 아닌 것은?

① C ② Mn ③ Si ④ Pb

해설 탄소강의 5원소는 C(탄소), Si(규소), S(황), P(인), Mn(망간)이다.

**19.** 다음은 기계적 이음과 비교한 아크 용접의 단점을 든 것이다. 틀린 것은?

① 검사법이 불편하다.
② 재질의 변화가 심하다.
③ 제작비를 절감할 수 있다.
④ 용접공의 기능에 의존하는 비중이 높다.

해설 기계적 이음 즉, 볼트나 리벳 이음에 비해 용접 이음은 제작비가 적게 든다.

정답 **15.** ④ **16.** ① **17.** ④ **18.** ④ **19.** ③

**20.** 저항 용접에서 이용하는 전기 법칙은?

① 줄의 법칙 ② 플레밍의 법칙
③ 뉴턴의 법칙 ④ 전자 유도 법칙

해설 • 줄(joule)의 법칙 : 전기가 도체 통과 시 열을 발생하는 데, $Q=0.24I^2Rt$ 열량이다.
• 플레밍의 법칙 : 전자 유도 및 자기 유도 법칙

**21.** 용접을 설명한 것으로 옳은 것은?

① 금속에 열을 주어 접합시키는 작업
② 접합할 금속을 충분히 접근시켜 원자 간의 인력으로 결합시키는 작업
③ 기계적 접합법에 의해서 결합시키는 작업
④ 금속 간의 자력에 의해서 결합시키는 작업

해설 원자 간을 $10^{-8}$cm만큼 접근시키면 금속간 인력에 의하여 접합한다.

**22.** 용접법의 대분류가 아닌 것은?

① 압접 ② 납땜 ③ 융접 ④ 단접

해설 용접에는 크게 나누어 융접, 압접, 납땜 등이 있다.

**23.** 융접의 종류가 아닌 것은?

① 아크 용접 ② 가스 용접
③ 테르밋 용접 ④ 납땜

해설 융접은 용가재와 모재가 같이 용융 용착되는 용접이다.

**24.** 탄소강 중에 함유되어 인장강도, 충격치를 저하시키며 적열 취성의 원인이 되는 원소는?

① P(인) ② S(황) ③ Si(규소) ④ Mn(망간)

해설 P(인)은 저온 취성의 원인이 된다.

정답 20. ① 21. ② 22. ④ 23. ④ 24. ②

**25.** 용접 재료에서 강의 사용 시 탄소 함량은 약 얼마 정도가 용접성이 좋은가?

① 0.5% 이상 ② 0.2% 이하 ③ 0.6% ④ 1% 이상

**해설** 탄소가 많은 강일수록 균열이 생기며, 용접이 저하된다. 연신율이 적어서 취성이 커진다.

**26.** 용접성을 저해시키지 않는 원소는?

① Si ② P ③ S ④ Mn

**해설** Mn(망간)은 탈산 작용을 하며, 강도를 저하시키지 않는다.

**27.** 용접 재료 원소 중 용접성에 가장 영향을 주는 것은?

① 탄소(C) ② 규소(Si) ③ 인(P) ④ 유황(S)

**해설** 유황은 용접성을 가장 나쁘게 하는 원소로 기공을 발생하며, 설퍼 크랙(sulfur crack)의 원인이 되고 적열 취성, 편석을 발생시킨다.

**28.** 아크에서 온도가 가장 높은 부분은?

① 아크 스트림 ② 아크 프레임 ③ 심선 ④ 아크 코어

**해설** 아크의 온도가 높은 순서는 다음과 같다.
arc core > arc stream > arc flame

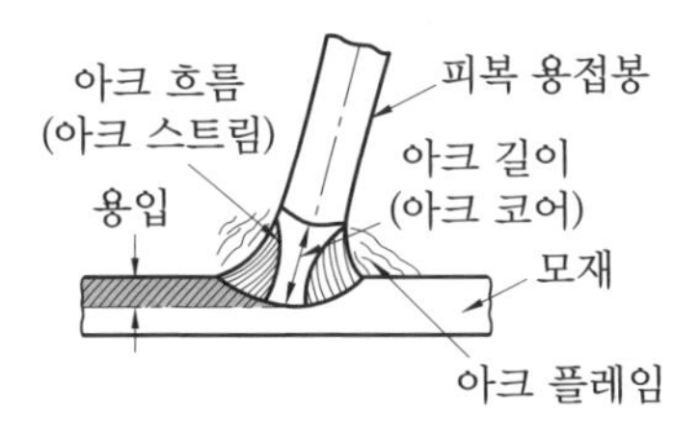


**29.** 다음 중 탄소 아크 절단에 사용하는 용접 전원은?

① 직류 정극성 ② 직류 역극성 ③ 교류 정극성 ④ 교류 역극성

**해설** 전원은 직류 정극성이나 교류가 사용되고, 전류가 300A 이상이면 수랭식 홀더를 사용한다.

**정답** 25. ② 26. ④ 27. ④ 28. ④ 29. ①

**30. 다음 중 아크 절단법에 속하지 않는 것은?**

① 분말 아크 절단 ② 탄소 아크 절단
③ 금속 아크 절단 ④ 플라스마 제트 절단

해설 아크 절단법 : 탄소 아크 절단, 금속 아크 절단, 불활성 가스 아크 절단(TIG 절단, MIG 절단), 플라스마 아크 절단

**31. 다음 중 가스 용접에 사용하는 열원이 아닌 것은?**

① 수소 ② 일산화탄소 ③ 질소 ④ 메탄

해설 금속이 질화되므로 질소를 사용할 수 없으며, 가연성이 아니다. 수소, 일산화탄소, 메탄 등은 경납용에 많이 사용된다.

**32. 다음 가스 중 가장 가벼운 것은?**

① $C_2H_2$ ② $H_2$ ③ $C_3H_8$ ④ $CH_4$

해설 $C_2H_2$ : 0.9056, $H_2$ : 0.696, $C_3H_8$ : 1.5223, $CH_4$ : 0.5545

**33. 다음 중 전기저항 용접의 종류가 아닌 것은?**

① 점 용접 ② MIG 용접 ③ 프로젝션 용접 ④ 플래시 용접

해설 MIG(metal inert gas) 용접은 불활성 가스를 이용하여 아크나 용융 금속을 공기로부터 차단시켜 보호하고, 용접 와이어를 일정 속도로 토치의 노즐로부터 공급하면서 아크열로 와이어를 용착시키는 융접(fusion welding)의 일종이다.

**34. 용접법의 분류에서 아크 용접에 해당되지 않는 것은?**

① 유도 가열 용접 ② TIG 용접 ③ 스터드 용접 ④ MIG 용접

해설 작업물 주위에 코일 등을 감아서 고주파 전류를 흘려주면 작업물 표면으로 유도 전류가 흘러 히스테리시스 손실을 일으키거나 저항 발열되도록 가열하는 것을 유도 가열이라고 한다. 이러한 열을 이용한 용접법을 유도 가열 용접이라 하며, 저항 발열을 이용하므로 압접으로 분류된다.

정답 30. ① 31. ③ 32. ② 33. ② 34. ①

**35.** 다음 중 용접법의 분류에서 초음파 용접은 어디에 속하는가?

① 납땜 ② 압접 ③ 융접 ④ 아크 용접

해설 초음파 용접은 압접(pressure welding)의 일종으로 분류된다.

**36.** 용접을 크게 분류할 때 압접에 해당되지 않는 것은?

① 저항 용접 ② 초음파 용접
③ 마찰 용접 ④ 전자 빔 용접

해설 전자 빔 용접은 융접에 속하는 용접법이다.

**37.** 다음 가공법 중 소성가공법이 아닌 것은?

① 주조 ② 압연 ③ 단조 ④ 인발

해설 금속의 소성가공에는 단조, 압연, 프레스 가공, 압출, 인발 등이 있다.

**38.** 다음 중 압접에 해당하는 것은?

① 일렉트로 슬래그 용접
② 원자 수소 용접
③ 전자 빔 용접
④ 전기저항 용접

해설 전기저항 용접, 단접, 마찰 용접, 초음파 용접, 고주파 용접 등은 압접의 일종이다.

**39.** 전원을 사용하지 않고 화학 반응에 의한 발열작용을 이용한 용접법은?

① 테르밋 용접
② 일렉트로 슬래그 용접
③ $CO_2$ 아크 용접
④ 불활성 가스 용접

해설 테르밋 용접은 테르밋제인 산화철과 Al 분말을 이용하여 두께가 두꺼운 부분에 용접한다.

정답 35. ② 36. ④ 37. ① 38. ④ 39. ①

**40.** 프로젝션 용접과 관계가 있는 것은?

① 저항 용접　② 용접　③ 아크 용접　④ 단접

해설 프로젝션 용접은 전기저항 용접으로 접합부에 돌기를 만들어 용접하므로 일명 돌기 용접이라고도 한다.

**41.** 다음 중 전기저항 열을 이용하는 용접이 아닌 것은?

① 점 용접　② 프로젝션 용접　③ 전자 빔 용접　④ 심 용접

해설 전자 빔 용접은 융접에 속하는 용접법이다.

**42.** 다음은 용접의 단점이다. 틀린 것은?

① 심한 재질의 변화
② 잔류 응력 발생
③ 작업공수의 감소
④ 시공 및 재료에 대한 충분한 지식이 있어야 한다.

해설 ③은 장점에 속하며, 단점은 품질 검사가 곤란하여 ①, ②의 변형 등이 있다.

**43.** 다음은 가스 용접과 비교한 아크 용접의 장점을 든 것이다. 틀린 것은?

① 가스의 폭발 위험이 없다.　② 열의 영향을 받지 않는다.
③ 용접기의 수리 · 개조가 쉽다.　④ 작업 시간이 단축된다.

해설 아크(전기) 용접은 가스 용접에 비해 두꺼운 판 용접과 용접 신뢰성이 크다.

**44.** 다음 중 틀린 것은?

① 저항은 선의 굵기가 클수록 커진다.
② 저항이 높을수록 흐르는 전류는 작다.
③ 직류가 교류보다 위험성이 적다.
④ 저항 병렬 접속 시 저항은 작다.

해설 저항은 선의 굵기에 반비례하므로 선이 굵을수록 저항치가 적어져 큰 전류가 흐르기 쉽다. 저항은 병렬저항 연결 시는 1개의 저항이 작용하는 것과 같다.

정답 40. ①　41. ③　42. ③　43. ②　44. ①

**45.** 일반적으로 용접 구조물은 다음 사항을 고려하여 조립 순서를 정하는데 그 중 틀린 것은?

① 구조물의 형상을 고정하고 지지할 수 있어야 한다.
② 용접 이음의 형상을 고려하여 가능한 구속 용접을 채택한다.
③ 변형 및 잔류 응력을 경감할 수 있는 방법을 채택한다.
④ 가접용 정반이나 지그를 적절히 채택한다.

해설 ② 용접 이음의 형상을 고려하여 적절한 용접법을 생각하고 가능한 구속 용접을 피한다.

**46.** 용접 구조물의 조립 순서 결정에서 틀린 것은?

① 동일 평면 내에서 가능한 자유단 쪽으로 용접에 의한 수축이 발생하도록 조립한다.
② 구조물의 중심선에서 대칭적으로 용접이 되도록 한다.
③ 용접선이 직각 단면 중심축에서 수축 모멘트가 상호 상쇄되도록 한다.
④ 필릿 이음과 동시에 발생하면 수축 변형이 큰 필릿 용접을 먼저 한다.

해설 ④ 맞대기 이음과 동시에 발생하면 수축 변형이 큰 맞대기 용접을 먼저 한다.

**47.** 구조물의 조립을 위한 가용접의 주의사항 중 틀린 것은?

① 본용접사와 동등한 기량을 가진 용접사가 가용접을 실시한다.
② 본용접과 같은 온도에서 후열 작업을 실시한다.
③ 구조물의 모서리 부분은 용접부가 겹치는 부분이므로 가능한 가용접을 피한다.
④ 구조물의 조립 상태에서 시작점과 끝점은 결함 발생이 쉬워 가능한 가용접을 피한다.

해설 ② 본용접과 같은 온도에서 예열 작업을 실시한다.

**48.** 가용접 위치와 길이의 선정 시 틀린 것은?

① 가용접의 간격은 판 두께의 15～30배 정도로 하는 것이 좋다.
② 판 두께가 3.2mm 이하는 30mm의 길이로 한다.
③ 판 두께가 3.2～25mm까지는 50mm의 길이로 한다.
④ 판 두께가 25mm 이상은 50mm 이상의 길이로 한다.

해설 ③ 가용접의 길이는 판 두께가 3.2～25mm까지는 40mm로 해주어야 한다.

정답 45. ② 46. ④ 47. ② 48. ③

**49.** 가용접을 할 때 틀린 것은?

① 가용접 부위에 기공 및 슬래그 혼입 등이 발생하면 본용접에서 용입 부족, 기공 발생의 원인이 된다.
② 피복 아크 용접에 의한 가용접을 할 때에 슬래그는 아크 불안정 및 용접 결함의 원인이 되므로 완전히 제거하여야 한다.
③ 3mm 이하의 박판의 가용접 길이는 3～5mm, 피치 30～150mm이다.
④ 중후판의 가용접 길이는 15～50mm, 피치 30～150mm이다.

해설 ④ 중후판의 가용접 길이는 15～50mm, 피치 100～150mm이다.

**50.** 가용접을 할 때의 주의사항으로 틀린 것은?

① 가능한 이면에 가용접을 한다.
② 용접 개시점과 종료점에는 가능한 가용접을 피한다.
③ 본용접 시에는 가용접 비드를 그대로 두도록 한다.
④ 엔드 탭(end tap)을 부착하여 홈을 고정시킨다.

해설 ③ 본용접 시에는 가용접 비드를 충분히 녹이도록 한다.

정답 49. ④ 50. ③

# 제 2 장 아크 용접 장비 준비 및 정리정돈

## 2-1 용접 및 산업용 전류, 전압

### (1) 산업용 전류, 전압

산업용 전류는 60～240A 정도이며, 산업용 전압은 보통 220V와 380V이다.

### (2) 전기시설 취급요령

① 배전반, 분전반을 설치(200V, 380V 등으로 구분)한다.

② 방수형 철제로 제작하고 시건장치를 설치한다.

③ 교통 또는 보행에 지장이 없는 장소에 고정한다.

④ 위험표지판을 부착한다.

## 2-2 용접기 설치 주의사항

### (1) 용접기의 설치 장소

① 습기가 많은 장소는 피해서 설치

② 통풍이 잘 되고 금속, 먼지가 적은 곳에 설치

③ 벽에서 30cm 이상 떨어져 있고 견고한 구조의 수평 바닥에 설치

④ 직사광선이나 비바람이 없는 장소

⑤ 해발 1000m를 초과하지 않는 장소

### (2) 용접기를 설치할 수 없는 장소

① 통풍이 잘 안되고 금속, 먼지가 매우 많은 곳

② 수증기 또는 습도가 높은 곳

③ 옥외의 비바람이 치는 곳

④ 진동 및 충격을 받는 곳

⑤ 휘발성 기름이나 가스가 있는 곳
⑥ 유해한 부식성 가스가 존재하는 곳
⑦ 폭발성 가스가 존재하는 곳
⑧ 주위 온도가 −10℃ 이하인 곳(−10～40℃가 유지되는 곳이 적당하다)

## (3) 용접기 운전 및 유지보수 주의사항

### ① 용접기의 운전 주의사항

㈎ 정격사용률 이상으로 사용할 때 과열되어 소손이 생김
㈏ 가동 부분, 냉각 팬을 점검하고 주유할 것
㈐ 탭 전환은 아크 발생 중지 후 행할 것
㈑ 2차 측 단자의 한쪽과 용접기 케이스는 반드시 접지할 것(산업안전보건법 안전기준에 의해 용접기에 접지는 제3종 접지를 한다)
㈒ 습한 장소, 직사광선이 드는 곳에서 용접기를 설치하지 말 것

### ② 용접기의 보수 및 정비 방법

| 고장 현상 | 외부 및 내부 고장 원인 | 보수 및 정비 방법 |
|---|---|---|
| 아크가 발생하지 않을 때 | • 배전반의 전원 스위치 및 용접기 전원 스위치가 "OFF" 되었을 때<br>• 용접기 및 작업대 접속 부분에 케이블 접속이 안 되어 있을 때<br>• 용접기 내부의 코일 연결 단자가 단선이 되어 있을 때<br>• 철심 부분이 단락되거나 코일이 절단되었을 때 | • 배전반 및 용접기의 전원 스위치의 접속 상태를 점검하고 이상 시 수리, 교환하거나 "ON"으로 한다.<br>• 용접기 및 작업대의 케이블에 연결을 확실하게 한다.<br>• 용접기 내부를 열어 확인하여 수리를 하거나 외주 수리 등을 판단한다. |
| 아크가 불안정할 때 | • 2차 케이블이나 어스선 접속이 불량할 때<br>• 홀더 연결부나 2차 케이블 단자 연결부의 전선의 일부가 소손되었을 때<br>• 단자 접촉부의 연결 상태나 용접기 내부 스위치의 접촉이 불량할 때 | • 2차 케이블이나 어스선 접속을 확실하게 체결한다.<br>• 케이블의 일부를 절단한 후 피복을 제거하고 단자에 다시 연결한다.<br>• 단자 접촉부나 용접기 스위치 접촉부를 줄로 다듬질하여 수리하거나 스위치를 교환한다. |

| | | |
|---|---|---|
| 용접기의 발생음이 너무 높을 때 | • 용접기 외함이나 고정철심, 고정용 지지볼트, 너트가 느슨하거나 풀렸을 때<br>• 용접기 설치장소 바닥이 고르지 못할 때<br>• 가동철심, 이동 축 지지볼트, 너트가 풀려 가동철심이 움직일 때<br>• 가동철심과 철심 안내 축 사이가 느슨할 때 | • 용접기 외함이나 고정철심, 고정용 지지볼트, 너트를 확실하게 체결한다.<br>• 용접기 설치장소 바닥을 평평하게 수평이 되게 한 후 설치한다.<br>• 가동철심, 이동 축 지지볼트, 너트를 확실하게 체결한다.<br>• 가동철심을 빼내어 틈새 조정판을 넣어 틈새를 적게 하고 그래도 소음이 나면 교환한다. |
| 전류 조절이 안될 때 | • 전류 조절 손잡이와 가동철심 축과의 고정 불량 또는 고착되었을 때<br>• 가동철심 축의 나사 부분이 불량할 때<br>• 가동철심 축의 지지가 불량할 때 | • 전류 조절 손잡이를 수리 또는 교환하거나 철심 축에 그리스를 발라준다.<br>• 철심 축을 교환한다.<br>• 가동철심 축의 고정상태 점검, 수리 또는 교환한다. |

## (4) 용접기 안전 및 안전수칙

### ① 용접 장비 설치

㈎ 기기(장비 · 공구) : 피복 아크 용접기

㈏ 재료 · 자료 : 일반안전 및 전기안전수칙, 피복 아크 용접 장비 사양 및 사용설명서, 인버터 용접기 사양 및 사양설명서

### ② 안전 · 유의사항

㈎ 용접 작업 전 안전을 위하여 유해 위험성 사항에 중점을 두고 안전 보호구를 선택한다.

㈏ 보호구는 재해나 건강장해를 방지하기 위한 목적으로 작업자가 착용하여 작업을 하는 기구나 장치를 말한다.

㈐ 안전보건관리자는 산업안전보건법 13조 8항에 근거하여 안전보건과 관련된 안전장치 및 보호구 구입 시 적격품 여부 확인을 하여 구비하여야 한다.

### (5) 용접기 설치 및 유지보수 주의사항

① 작업 전 용접기 설치장소의 이상 유무를 확인할 수 있다.

㈎ 옥내 작업 시 준수사항을 숙지한다.

㉮ 용접 작업 시 국소배기시설(포위식 부스)을 설치한다.

㉯ 국소배기시설로 배기되지 않는 용접 흄은 전체 환기시설을 설치한다.

㉰ 작업 시에는 국소배기시설을 반드시 정상 가동시킨다.

㉱ 이동작업 공정에서는 이동식 팬을 설치한다.

㉲ 방진 마스크 및 차광안경 등의 보호구를 착용한다.

㈏ 옥외 작업 시 준수사항을 숙지한다.

㉮ 옥외에서 작업하는 경우 바람을 등지고 작업한다.

㉯ 방진 마스크 및 차광안경 등의 보호구를 착용한다.

㈐ 용접기 설치 전 중점관리사항을 숙지한다.

㉮ 우천 시 옥외 작업을 피한다(감전의 위험을 피한다).

㉯ 자동전격방지기의 정상 작동 여부를 주기적으로 점검한다.

## 2-3 환기 계획

### (1) 환기방식의 분류

① 환기와 송풍은 목적과 대상에 따라 방식과 환기량이 다르므로 아래 [표]를 참조하여 그에 적합한 환기 계획을 세워야 한다.

② 환기는 급기와 배기의 2가지로 분류되며, 자연환기와 기계환기(강제환기)로 분류한다.

**환기방식의 분류**

| 구분 | 급기 | 배기 | 실내압 | 환기량 |
|---|---|---|---|---|
| 제1종 | 기계 | 기계 | 임의 | 임의(일정) |
| 제2종 | 기계 | 자연 | 정압 | 임의(일정) |
| 제3종 | 자연 | 기계 | 부압 | 임의(일정) |
| 제4종 | 자연 | 자연보조 | 부압 | 유한(불일정) |

### (2) 필요 환기량의 결정

환기량은 목적, 대상 및 환기방식에 따라 다르고, 각 경우에 적합하게 선정하여야 한다.

① 방에 필요한 환기횟수로부터 환기량을 구하는 방법

- 환기량($m^3$/h)=방의 용적($m^3$)×매시 필요한 환기횟수
- 대수=환기량($m^3$/h)÷환기 팬 1대의 풍량($m^3$/h)

② 수용 인원 수(가축 수)의 필요 환기량으로부터 환기량을 구하는 방법

- 환기량($m^3$/h)=최저 필요 환기량($m^3$/h)×인원 수
- 대수=환기량($m^3$/h)÷환기 팬 1대의 풍량($m^3$/h)

※ 최저 필요 환기량 : 사람 1인당-30$m^3$/h, 닭 1마리당-15~16.2$m^3$/h(여름, 2.2~2.4kg 기준), 소, 돼지 1두당-222$m^3$/h(여름, 100kg 기준)

③ (기계실 등의 환기)모터, 변압기와 같은 발열체나 일사량의 영향을 받는 경우 발생 열량으로부터 환기량을 구하는 방법

$$\text{환기량}(m^3/h)=\frac{H}{\gamma \cdot C_p \cdot (t_2-t_1)}$$

$H$ : 발생 열량(kcal/h)
$\gamma$ : 공기 비중량(1.2kg/$m^3$)
$C_p$ : 공기 비열(0.24kcal/kg · ℃)
$t_1$ : 외기온도=흡기온도(℃)
$t_2$ : 실내 허용온도=배기온도(℃)

1. 손실전력 1kW=860kcal/h
2. 여름철 일사량=720kcal/h · $m^2$

④ 가스와 분진, 증기 등의 발생량으로부터 환기량을 구하는 방법 : 오염물질이 발생하는 장소에는 허용농도 이하로 유지하기 위한 환기량이 필요하다.

$$환기량(m^3/h) = \frac{K}{P_a - P_o}$$

$K$ : 오염물질 발생량($m^3/h$)

$P_a$ : 허용 실내농도($m^3/m^3$)

$P_o$ : 신선한 공기(외기) 중의 농도($m^3/m^3$)

$$수증기가 발생하는 경우 환기량(m^3/h) = \frac{W}{\gamma \cdot (X_a - X_o)}$$

$W$ : 수증기 발생량(kg/h)

$\gamma$ : 공기 비중량(1.2kg/$m^3$)

$X_a$ : 허용 실내 절대습도(kg/kg)

$X_o$ : 외기 절대습도(kg/kg)

(가) 신선한 공기 중의 탄산가스($CO_2$) 농도=0.0003$m^3/m^3$(0.03%)=300ppm

(나) 인체로부터의 발생물 이외에는 국소환기가 바람직하며 여기서는 전체환기(희석환기) 경우의 산출식을 표시했다. 외기는 실내공기보다도 청정하다고 가정한다.

⑤ 국소환기(후드흡입)의 경우

$$필요\ 풍량\ Q(m^3/h) = A \cdot V_F \cdot 3600$$
$$= 2H \cdot L \cdot V_X \cdot 3600$$

$V_F$ : 면 풍속(m/s)

$V_X$ : 포집 풍속(m/s)

$A = a \times b[m^2]$

$L = 2(a+b)[m]$

(가) 후드에서 환기팬까지 덕트가 긴 경우와 구부러짐이 있는 경우는 덕트의 압력손실을 구하고 필요 정압을 선정한 후 기종을 결정해야 한다.

(나) 상기 계산에 따른 필요 환기량보다, 안전율을 감안하여 약간 많은 풍량으로 설정하여 [표]를 참고로 가스, 증기 등의 속도가 빠를 경우 분진의 종류에 따라서 면 풍속과 포집 풍속을 크게 하지 않으면 후드에 포집되지 않고 남은 분진이 많으므로 주의한다.

면 풍속과 포집 풍속의 권장치

| 면 풍속과 포집 풍속의 권장치 | 굴뚝에 환풍기 등을 설치하는 경우 |
|---|---|
| • $V_F$=0.9~1.2m/s(4면 개방)<br>=0.8~1.1m/s(3면 개방)<br>=0.7~1.0m/s(2면 개방)<br>=0.5~0.8m/s(1면 개방)<br>• $V_X$=0.1~0.15m/s(주위의 공기 정지 시)<br>=0.15~0.3m/s(약한 기류 시)<br>=0.2~0.4m/s(강한 기류 시) | 유효 환기량의 산정에 있어서의 $K$의 값은 연료의 단위 연소량($Q$)에 대해서 이론 폐가스량($k$)의 2배의 수치를 적용해야 한다.<br>$V=KQ=2kQ$ |

## (3) 환풍기 숙지하기

① 환풍기의 종류를 알고 작업여건에 따라 선택할 수 있다.

㈎ 기종 선정 : 기본적으로 환기능력은 환기량, 정압 계산에 의해서 구하지만 [표]와 같이 어떤 종류를 선택할 것인지는 용도와 사용장소 및 허용 소음 등을 충분히 생각한 후에 결정한다.

팬 종류

| 구분 | 풍량 | 정압 | 사용 기종 |
|---|---|---|---|
| 반경류팬 | 소 | 고 | 시로코팬, 스트레이트 시로코팬 |
| 사류팬 | 중 | 중 | 사류덕트팬, 저소음이 요구되는 곳 |
| 축류팬 | 대 | 저 | 고압팬 |

㈏ 필요 정압의 결정 : 환기팬의 기종 선정에는 필요 환기량(풍량) 외에 어느 정도의 정압이 요구되는가도 필요조건이다.

㉮ 덕트 저항곡선 : 덕트 저항곡선이 가지는 의미는 그 덕트가 어느 정도의 정압을 환기팬에 가하는가 하는 것이다. ([표] 참조)

㉯ 외풍에 의한 압력손실$=1.2/(2\times9.8)\times(\text{외풍})^2$

덕트와 정압

| 덕트 | 정압 |
|---|---|
| 덕트가 길다 | 높다(↑) |
| 길이가 같아도 풍량이 많다 | 높다(↑) |
| 덕트경이 가늘다 | 높다(↑) |
| 덕트 내면이 거칠다 | 높다(↑) |

② 작업환경에 따라 환기 방향을 선택하고 환기량을 조절할 수 있다.

(가) 유독가스에 의한 중독 및 산소결핍 재해 예방 대책

㉮ 밀폐장소에서는 유독가스 및 산소농도를 측정 후 작업한다.

㉯ 유독가스 체류농도를 측정 후 안전을 확인한다.

㉰ 산소농도를 측정하여 18% 이상에서만 작업한다.

㉱ 급기 및 배기용 팬을 가동하면서 작업한다.

㉲ 탱크 맨홀 및 피트 등 통풍이 불충분한 곳에서 작업할 때에는 긴급사태에 대비할 수 있는 조치를 취한 후 작업한다.

㉠ 외부와의 연락장치(외부에 안전감시자와 연락이 가능한 끈 같은 연락 등)

㉡ 비상용 사다리 및 로프 등을 준비한다.

(나) 산소농도별 위험

| 산소농도 | 위험요소 | 산소농도 | 위험요소 |
|---|---|---|---|
| 18% | 안전한계이나 연속환기가 필요하다. | 10% | 안면창백, 의식불명, 구토한 것이 폐쇄하여 질식사한다. |
| 16% | 호흡, 맥박의 증가, 두통, 메스꺼움 증상을 보인다. | 8% | 실신, 혼절 7~8분 이내에 사망한다. |
| 12% | 어지럼증, 구토증상과 근력 저하, 체중지지 불능으로 추락 | 6% | 순간에 혼절, 호흡정지, 경련 6분 이상이면 사망한다. |

## (4) 보건교육

밀폐된 장소, 탱크 또는 환기가 극히 불량한 좁은 장소에서 행하는 용접 작업에 대해서는 다음 내용에 대한 특별안전보건교육을 실시한다.

① 작업순서, 작업방법 및 수칙에 관한 사항

② 용접 흄, 가스 및 유해광선 등의 유해성에 관한 사항

③ 환기설비 및 응급처치에 관한 사항

④ 관련 MSDS(Material Safety Data Sheet : 물질안전보건자료, 화학물질정보)에 관한 사항

⑤ 작업환경 점검 및 기타 안전보건상의 조치 등

## >>> 제2장 CBT 예상 출제문제와 해설

**1. 용접기의 설치장소 중 옳지 않은 것은?**

① 통풍이 잘 되고 금속, 먼지가 적은 곳에 설치
② 해발 1000m를 초과하지 않는 장소
③ 습기가 많아도 견고한 구조의 바닥에 설치
④ 직사광선이나 비바람이 없는 장소

해설 ③ 습기가 많은 장소는 피해서 설치

**2. 전기시설 취급요령 중 옳지 않은 것은?**

① 배전반, 분전반 설치는 반드시 200V로만 설치한다.
② 방수형 철제로 제작하고 시건장치를 설치한다.
③ 교통 또는 보행에 지장이 없는 장소에 고정한다.
④ 위험표지판을 부착한다.

해설 ① 배전반, 분전반 설치는 200V, 380V 등으로 구분한다.

**3. 용접기의 구비조건 중 틀린 것은?**

① 전류는 일정하게 흐르고, 조정이 용이할 것
② 아크 발생 및 유지가 용이하고 아크가 안정할 것
③ 용접기는 완전 절연과 필요 이상으로 무부하 전압이 높을 것
④ 사용 중에 온도 상승이 적고, 역률 및 효율이 좋을 것

해설 용접기의 구비조건
㉮ 구조 및 취급방법이 간단하고 조작이 용이할 것
㉯ 전류는 일정하게 흐르고, 조정이 용이할 것
㉰ 아크 발생이 용이하도록 무부하 전압이 유지(교류 70~80V, 직류 50~60V)될 것
㉱ 아크 발생 및 유지가 용이하고, 아크가 안정할 것
㉲ 용접기는 완전 절연과 필요 이상 무부하 전압이 높지 않을 것
㉳ 사용 중에 온도 상승이 적고, 역률 및 효율이 좋을 것
㉴ 사용 유지비가 적게 들고 가격이 저렴할 것

정답 1. ③ 2. ① 3. ③

**4. 용접기 취급 시 주의사항이 아닌 것은?**

① 정격사용률 이상으로 사용할 때 과열되어 소손이 생긴다.
② 가동 부분, 냉각 팬을 점검한 뒤 주유를 하지 말고 깨끗이 청소한다.
③ 2차 측 단자의 한쪽과 용접기 케이스는 반드시 접지한다.
④ 습한 장소, 직사광선이 드는 곳에서 용접기를 설치하지 않는다.

**해설** ①, ③, ④ 외에 탭 전환은 아크 발생 중지 후 행하며, 가동 부분, 냉각 팬을 점검하고 주유한다.

**5. 용접기 사용 시 주의할 점이 아닌 것은?**

① 용접기의 용량보다 큰 용량으로 사용한다.
② 용접기의 V단자와 U단자가 케이블과 확실하게 연결되어 있는 상태에서 사용한다.
③ 용접 중에 용접기의 전류 조절을 하지 않는다.
④ 작업 중단 또는 종료, 정전 시에는 즉시 전원 스위치를 차단한다.

**해설** ②, ③, ④ 외에 용접기 위에나 밑에 재료나 공구를 놓지 않으며, 용접기의 용량보다 과대한 용량으로 사용하지 않는다.

**6. 아크와 전기장의 관계가 맞지 않는 것은?**

① 모재와 용접봉과의 거리가 가까워 전기장이 강할 때에는 자력선 아크가 유지된다.
② 모재와 용접봉과의 거리가 가까워 전기장이 강할 때에는 자력선 아크가 약해지고 아크가 꺼지게 된다.
③ 자력선은 전류가 흐르는 방향과 직각인 평면 위를 동심원 모양으로 발생한다.
④ 자장이 움직이면(변화하면) 전류가 발생한다.

**해설** 모재와 용접봉과의 거리가 가까워 전기장이 강할 때에는 자력선 아크가 유지되나 거리가 점점 멀어져 전기장(자력 또는 전기력)이 약해지면 아크가 꺼지게 된다.

**7. 교류 아크 용접기에 사용되는 전격방지기 역할 중 틀린 것은?**

① 전격방지기는 용접 작업을 하지 않을 때에는 보조 변압기에 연결이 되어 용접기의 2차 무부하 전압을 20～30V 이하로 유지한다.
② 용접봉을 모재에 접촉한 순간에만 릴레이(relay)가 작동하여 2차 무부하 전압으로 올려 용접 작업이 가능하도록 되어 있다.
③ 아크의 단락과 동시에 자동적으로 릴레이가 작동된다.
④ 2차 무부하 전압은 20～30V 이하로 되기 때문에 전격을 방지할 수 있다.

**정답** 4. ② 5. ① 6. ② 7. ③

**해설** 전격방지기는 교류 용접기의 무부하 전압(70～80V)이 비교적 높아 감전의 위험으로부터 용접사를 보호하기 위하여 국제노동기구(ILO)에서 정한 규정인 안전전압을 24V 이하로 유지한다. 아크 발생 시에는 언제나 통상전압(무부하 전압 또는 부하 전압)이 되며, 아크가 소멸된 후에는 자동적으로 안전전압을 저하시켜 감전을 방지하는 전격방지장치를 용접기에 부착하여 사용한다.

㉮ 전격방지기는 용접 작업을 하지 않을 때에는 보조 변압기에 연결이 되어 용접기의 2차 무부하 전압을 20～30V 이하로 유지한다.

㉯ 용접봉을 모재에 접촉한 순간에만 릴레이(relay)가 작동하여 2차 무부하 전압으로 올려 용접 작업이 가능하도록 되어 있다.

㉰ 아크의 단락과 동시에 자동적으로 릴레이가 차단된다.

㉱ 2차 무부하 전압은 20～30V 이하로 되기 때문에 전격을 방지할 수 있다.

㉲ 주로 용접기의 내부에 설치된 것이 일반적이나 일부는 외부에 설치된 것도 있다.

**8.** 다음 중 전격방지기의 입력선과 용접선으로 용접기의 용량이 300A에 알맞게 들어가는 것은?

① 입력선 14mm$^2$ 이상, 용접선 30mm$^2$ 이상
② 입력선 25mm$^2$ 이상, 용접선 35mm$^2$ 이상
③ 입력선 25mm$^2$ 이상, 용접선 50mm$^2$ 이상
④ 입력선 30mm$^2$ 이상, 용접선 50mm$^2$ 이상

**해설** 전격방지기의 입력선과 용접선의 알맞은 규격은 아래 [표]와 같다.

| 기종 | | 입력선 | 용접선 |
|---|---|---|---|
| 용접기 | 방지기 | | |
| 180A | 300A | 14mm$^2$ 이상 | 30mm$^2$ 이상 |
| 250A | | 25mm$^2$ 이상 | 35mm$^2$ 이상 |
| 300A | | 25mm$^2$ 이상 | 50mm$^2$ 이상 |
| 400A | 500A | 30mm$^2$ 이상 | 50mm$^2$ 이상 |
| 500A | | 35mm$^2$ 이상 | 70mm$^2$ 이상 |
| 600A | 720A | 35mm$^2$ 이상 | 70mm$^2$ 이상 |
| 720A | | 50mm$^2$ 이상 | 90mm$^2$ 이상 |

**정답** 8. ③

**9. 감전(感電 : electric shock)을 나타내는 것 중 틀린 것은?**

① 전기의 흐름의 통로에 인체 등이 접촉되어 인체에서 단락 또는 단락회로의 일부를 구성하여 감전이 되는 것을 직접 접촉이라 한다.
② 전선로에 인체 등이 접촉되어 인체를 통하여 지락전류가 흘러 감전되는 것을 말한다.
③ 누전상태에 있는 기기에 인체 등이 접촉되어 인체를 통하여 지락 또는 섬락에 의한 전류로 감전되는 것을 직접 접촉이라 한다.
④ 전기의 유도 현상에 의하여 인체를 통과하는 전류가 발생하여 감전되는 것 등으로 분류한다.

해설 ③ 누전상태에 있는 기기에 인체 등이 접촉되어 인체를 통하여 지락 또는 섬락에 의한 전류로 감전되는 것을 간접 접촉이라 한다.

**10. 원격 제어 장치로는 유선식과 무선식이 있는데 설명 중 틀린 것은?**

① 전동기 조작형은 소형 모터로 용접기의 전류 조정 핸들을 움직여 전류를 조정할 수 있다.
② 가포화 리액터형은 가변 저항기 부분을 분리시켜 작업자 위치에 놓고 용접 전류를 원격 조정한다.
③ 가포화 리액터형은 소형 모터로 작업자 위치에 놓고 용접 전류를 원격 조정한다.
④ 무선식은 제어용 전선을 사용하지 않고 용접용 케이블 자체를 제어용 케이블로 병용하는 것이다.

해설 ③ 가포화 리액터형은 용접기에서 멀리 떨어진 장소에서 전류를 조절할 수 있는 원격 제어 장치이다.

**11. 아크부스터는 핫스타트 장치라고도 하는데 틀린 것은?**

① 아크가 발생하는 초기 시점에 용접 전류를 크게 하여 용접 시작점에 기공이나 용입 불량의 결함을 방지하는 장치이다.
② 아크 발생 시 약 $\frac{1}{4}$～$\frac{1}{5}$초만 용접 전류를 크게 한다.
③ 아크가 발생하는 초기에 모재가 냉각되어 용접 입열 부족으로 1～5초 동안 용접 전류를 크게 한다.
④ 아크 발생 초기에 용입을 양호하게 한다.

해설 ③ 아크 발생 시 약 $\frac{1}{4}$～$\frac{1}{5}$초만 용접 전류를 크게 한다.

정답 9. ③ 10. ③ 11. ③

**12.** 공구 안전수칙이 아닌 것은?

① 실습장(작업장)에서 수공구를 절대 던지지 않는다.
② 사용하기 전에 수공구 상태를 항상 점검한다.
③ 손상된 수공구는 사용하지 않고 수리를 하여 사용한다.
④ 수공구는 각 사용 목적 이외에 다른 용도로 사용할 수 있다.

**해설** 공구 안전수칙

㉮ 실습장(작업장)에서 수공구를 절대 던지지 않는다.
㉯ 사용하기 전에 수공구 상태를 항상 점검한다.
㉰ 손상된 수공구는 사용하지 않고 수리를 하여 사용한다.
㉱ 수공구는 각 사용 목적 이외에 다른 용도로 사용하지 않는다(㉾ 몽키스패너를 망치로 사용하지 않는다).
㉲ 작업복 주머니에 날카로운 수공구를 넣고 다니지 않는다(수공구 보관주머니(각 수공구 가방 안전벨트)를 허리에 찬다).
㉳ 공구 관리대장을 만들어 수리나 폐기되는 내역을 기록하여 관리한다.

**13.** 용접기 설치장소에 작업 전 옥내 작업 시 준수사항이 아닌 것은?

① 용접 작업 시 국소배기시설(포위식 부스)을 설치한다.
② 국소배기시설로 배기되지 않는 용접 흄은 전체 환기시설을 설치한다.
③ 작업 시에는 국소배기시설을 반드시 정상 가동시킨다.
④ 이동작업 공정에서는 전체 환기시설을 설치한다.

**해설** ④ 이동작업 공정에서는 이동식 팬을 설치한다.

**14.** 교류 아크 용접기 작업 전 유의사항 중 틀린 것은?

① 용접기에는 반드시 접점 전격방지기를 설치한다.
② 용접기의 2차 측 회로는 용접용 케이블을 사용한다.
③ 수신용 용접 시 접지극을 용접장소와 가까운 곳에 두도록 하고 용접기 단자는 충전부가 노출되지 않도록 적당한 방법을 강구한다.
④ 단자 접속부는 절연 테이프 또는 절연 커버로 방호한다.

**정답** 12. ④ 13. ④ 14. ①

해설 교류 아크 용접기 작업 전 유의사항

㉮ 용접기에는 반드시 무접점 전격방지기를 설치한다.
㉯ 용접기의 2차 측 회로는 용접용 케이블을 사용한다.
㉰ 수신용 용접 시 접지극을 용접장소와 가까운 곳에 두도록 하고 용접기 단자는 충전부가 노출되지 않도록 적당한 방법을 강구한다.
㉱ 단자 접속부는 절연 테이프 또는 절연 커버로 방호한다.
㉲ 홀더선 등이 바닥에 깔리지 않도록 가공 설치 및 바닥 통과 시 커버를 사용한다.

**15. 교류 아크 용접기의 보수 및 정비방법에서 아크가 발생하지 않을 때 고장 원인으로 맞지 않는 것은?**

① 배전반의 전원 스위치 및 용접기 전원 스위치가 "OFF" 되었을 때
② 용접기 및 작업대 접속 부분에 케이블 접속이 중복되어 있을 때
③ 용접기 내부의 코일 연결 단자가 단선이 되어 있을 때
④ 철심 부분이 단락되거나 코일이 절단되었을 때

해설 ② 용접기 및 작업대 접속 부분에 케이블 접속이 안 되어 있을 때
→ 용접기 및 작업대의 케이블에 연결을 확실하게 한다.

**16. 교류 아크 용접기의 고장 원인으로 아크가 발생되지 않을 때의 원인이 아닌 것은?**

① 2차 케이블이나 어스선 접속이 불량할 때
② 배전반의 전원 스위치 및 용접기 전원 스위치가 "OFF" 되었을 때
③ 용접기 및 작업대 접속 부분에 케이블 접속이 안 되어 있을 때
④ 철심 부분이 쇼트(단락)되었거나 코일이 절단되었을 때

해설 ①은 아크가 불안정할 때의 고장 원인이다.

**17. 용접기의 발생음이 너무 높을 때 고장 원인이 아닌 것은?**

① 용접기 외함이나 고정철심, 고정용 지지볼트, 너트가 느슨하거나 풀렸을 때
② 용접기 설치장소 바닥을 고르게 할 때
③ 가동철심, 이동 축 지지볼트, 너트가 풀려 가동철심이 움직일 때
④ 가동철심과 철심 안내 축 사이가 느슨할 때

정답 15. ② 16. ① 17. ②

해설 ② 용접기 설치장소 바닥이 고르지 못할 때
→ 용접기 설치장소 바닥을 평평하게 수평이 되게 한 후 설치한다.

**18. 용접기에 전격방지기를 설치하는 방법으로 틀린 것은?**

① 반드시 용접기의 정격용량에 맞는 분전함을 통하여 설치한다.
② 1차 입력전원을 OFF시킨 후 설치하여 결선 시 볼트와 너트로 정확히 밀착되게 조인다.
③ 방지기에 2번 전원입력(적색캡)을 입력전원 L1에 연결하고 3번 출력(황색캡)을 용접기 입력단자(P1)에 연결한다.
④ 방지기의 4번 전원입력(적색선)과 입력전원 L2를 용접기 전원입력(P2)에 연결한다.

해설 용접기에 전격방지기를 설치하는 방법은 다음과 같다.
㉮ 반드시 용접기의 정격용량에 맞는 누전차단기를 통하여 설치한다.
㉯ 1차 입력전원을 OFF시킨 후 설치하여 결선 시 볼트와 너트로 정확히 밀착되게 조인다.
㉰ 방지기에 2번 전원입력(적색캡)을 입력전원 L1에 연결하고 3번 출력(황색캡)을 용접기 입력단자(P1)에 연결한다.
㉱ 방지기의 4번 전원입력(적색선)과 입력전원 L2를 용접기 전원입력(P2)에 연결한다.
㉲ 방지기의 1번 감지(C, T)에 용접선(P선)을 통과시켜 연결한다.
㉳ 정확히 결선을 완료하였으면 입력전원을 ON시킨다.

**19. 가설 분전함 설치 시 유의사항에 맞지 않는 것은?**

① 메인(main) 분전함에는 개폐기를 모두 NFB(No Fuse Breaker : 퓨즈가 없는 차단기)로 부착하고 분기 분전함에는 주 개폐기만 NFB로 하고 분기용은 ELB(Electronic Leak Break : 전원 누전 차단)를 부착한다.
② ELB로부터 반드시 전원을 인출받아야 할 기기는 입시조명 등, 전열, 공구류, 양수기 등이고 NFB로 전원을 인출받아도 되는 기기는 용접기류 등과 같은 고정식 작업 장비로 한정한다.
③ 분전함 내부에는 회로접촉 방지판을 설치하여야 하며, 피복을 입힌 전선일 경우는 예외로 하며 외부에는 위험표지판을 부착하고 잠금장치를 하여야 한다.
④ 분점함의 키(key)는 작업자가 관리하도록 하여 작업자가 이상이 있을 때 분전함을 열고 전선을 접속하는 일이 있도록 한다.

해설 ④ 분점함의 키(key)는 전기담당자 또는 직영 전공이 관리하도록 하여 작업자가 임의로 분전함을 열고 전선을 접속하는 일이 없도록 한다.

정답 18. ① 19. ④

**20. 누전차단기 설치방법으로 틀린 것은?**

① 전동기계, 기구의 금속제 외피 등 금속 부분은 누전차단기를 접속한 경우에 가능한 접지한다.

② 누전차단기는 분기회로 또는 전동기계, 기구마다 설치를 원칙으로 할 것. 다만 평상 시 누설전류가 미소한 소용량 부하의 전로에는 분기회로에 일괄하여 설치할 수 있다.

③ 서로 다른 누전차단기의 중성선이 누전차단기의 부하 측에서 공유되도록 한다.

④ 지락보호전용 누전차단기(녹색명판)는 반드시 과전류를 차단하는 퓨즈 또는 차단기 등과 조합하여 설치한다.

해설 ③ 서로 다른 누전차단기의 중성선이 누전차단기의 부하 측에서 공유되지 않도록 한다.

**21. 자동전격방지기에는 마그네트 접점 방식과 반도체 소자 무접점 방식이 있는데 반도체 소자 무접점 방식의 장점은?**

① 전압 변동이 적고, 무부하 전압차가 낮다.

② 외부 자장에 의한 오동작 위험이 작다.

③ 고장 빈도가 적고, 가격이 저렴하다.

④ 시동감이 빠르고 작업도 용이하며 정밀용접이 가능하다.

해설 자동전격방지기의 비교

| 구분 | 장점 | 단점 |
|---|---|---|
| 마그네트 접점 방식 | • 전압 변동이 적고, 무부하 전압차가 낮다.<br>• 외부 자장에 의한 오동작 위험이 작다.<br>• 고장 빈도가 적고, 가격이 저렴하다. | • 시동감이 낮고, 마그네트 수명이 짧다.<br>• 정밀용접, 후판 용접용으로 부적합하다.<br>• 중량이 무겁다. |
| 반도체 소자 무접점 방식 | • 시동감이 빠르고 작업도 용이하다.<br>• 정밀용접이 가능하다. | • 외부 자장에 의한 오동작이 우려된다.<br>• 초기 전압 및 전압 변동에도 민감한 반응을 보인다.<br>• 분진, 습기에 약하다. |

정답 20. ③ 21. ④

**22.** 아크 용접기의 위험성으로 틀린 것은?

① 피복 금속 아크 용접봉이나 배선에 의한 감전 사고의 위험이 있으므로 항상 주의한다.
② 용접 시 발생하는 흄(fume)이나 가스는 흡입 시 건강에 해로우므로 주의한다.
③ 용접 시 발생하는 흄으로부터 머리 부분을 멀리하고 흄 흡입장치 및 배기가스 설비를 한다.
④ 인화성 물질이나 가연성 가스가 작업장에서 3m 내에 있을 때에는 용접 작업을 해도 된다.

해설 ④ 인화성 물질이나 가연성 가스 근처에서 용접을 금할 것(보통 용접 시 비산하는 스패터가 날아가 화재를 일으키는 거리가 5m 이상으로 5m 이내에는 위험이 있는 인화성 물질이나 유해성 물질이 없어야 하며 가까운 곳에 소화기를 비치하여 화재에 대비할 것)

**23.** 용접봉 건조기의 특징 중 틀린 것은?

① 용접봉을 적정 전류값을 초과해서 너무 과도하게 사용하면 용접봉이 과열되어 피복제에는 균열이 생겨 피복제가 떨어지거나 많은 스패터를 유발한다.
② 높은 절연 내압으로 안정성이 탁월하다.
③ 우수한 단열재를 사용하여 보온 건조 효과가 좋다.
④ 습기가 흡수된 용접봉을 재건조 없이도 사용할 수 있다.

해설 ④ 습기가 흡수된 용접봉은 재건조하여 사용하도록 제한하며, 건조기는 안정된 온도를 유지하고 습기 제거가 뛰어나야 한다.

**24.** 용접기의 일상점검이 아닌 것은?

① 케이블의 접속 부분에 절연 테이프나 피복이 벗겨진 부분은 없는지 점검한다.
② 케이블 접속 부분의 발열, 단선 여부 등을 점검한다.
③ 전원 내부의 송풍기가 회전할 때 소음이 없는지 점검한다.
④ 전원의 케이스에 접지선이 완전 접지되었는지 점검하고 이상 발견 시 보수를 한다.

해설 ①, ②, ③ 외에 용접 중에 이상한 진동이나 타는 냄새의 유무를 확인해야 하며, ④는 3～6개월 점검 내용이다.

**25.** 직류 아크 용접기의 고장 원인 중 전원 스위치를 ON하자마자 전원 스위치가 OFF되는 현상으로 틀린 것은?

① 변압기 고장　　② 정류 브릿지 다이오드의 고장
③ 전해 콘덴서의 고장　　④ I, G, B, T 모듈의 고장

해설 변압기 고장은 퓨즈(fuse)가 끊김의 고장 원인이다.

정답 22. ④　23. ④　24. ④　25. ①

**26. 용접설비 중 환기장치(후드)는 인체에 해로운 분진, 흄 등을 배출하기 위하여 설치하는 국소배기장치인데 다음 중 틀린 것은?**

① 유해물질이 발생하는 곳마다 설치할 것
② 유해인자의 발생형태와 비중, 작업방법 등을 고려하여 해당 분진 등의 발산원(發散源)을 제어할 수 있는 구조로 설치할 것
③ 후드(hood) 형식은 가능하면 포위식 또는 부스식 후드를 설치할 것
④ 내부식 또는 리시버식 후드는 해당 분진 등의 발산원에 가장 가까운 위치에 설치할 것

해설 ④ 외부식 또는 리시버식 후드는 해당 분진 등의 발산원에 가장 가까운 위치에 설치할 것

**27. 분진 등을 배출하기 위하여 설치하는 국소배기장치인 덕트(duct)가 기준에 맞도록 하여야 하는데 다음 중 틀린 것은?**

① 가능하면 길이는 짧게 하고 굴곡부의 수는 적게 할 것
② 접속부의 안쪽은 돌출된 부분이 없도록 할 것
③ 덕트 내부에 오염물질이 쌓이지 않도록 이송속도를 유지할 것
④ 연결 부위 등은 외부 공기가 들어와 환기를 좋게 할 것

해설 ④ 연결 부위 등은 외부 공기가 들어오지 않도록 할 것

**28. 전체 환기장치를 분진 등을 배출하기 위하여 설치할 때 틀린 것은?**

① 송풍기 또는 배풍기(덕트를 사용하는 경우에는 그 덕트의 흡입구를 말한다)는 가능하면 해당 분진 등의 발산원에 가장 가까운 위치에 설치할 것
② 송풍기 또는 배풍기는 직접 외부로 향하도록 개방하여 실내에 설치하는 등 배출되는 분진 등이 작업장으로 재유입되지 않는 구조로 할 것
③ 분진 등을 배출하기 위하여 국소배기장치나 전체 환기장치를 설치한 경우 그 분진 등에 관한 작업을 하는 동안 국소배기장치나 전체 환기장치를 가동할 것
④ 국소배기장치나 전체 환기장치를 설치한 경우 조정판을 설치하여 환기를 방해하는 기류를 없애는 등 그 장치를 충분히 가동하기 위하여 필요한 조치를 할 것

해설 ② 송풍기 또는 배풍기는 직접 외부로 향하도록 개방하여 실외에 설치하는 등 배출되는 분진 등이 작업장으로 재유입되지 않는 구조로 할 것

정답 26. ④ 27. ④ 28. ②

**29.** 환풍, 환기장치에 대한 설명이 아닌 것은?

① 작업장에 가장 바람직한 온도는 여름 25~27℃, 겨울 15~23℃이며, 습도는 50~60%가 가장 적절하다.
② 쾌적한 감각온도는 정신적 작업일 때 60~65ET, 가벼운 육체작업일 때 55~65ET, 육체적 작업은 50~62ET이다.
③ 불쾌지수는 기온과 습도의 상승 작용으로 인체가 느끼는 감각온도를 측정하는 척도로서 일반적으로 불쾌지수가 50을 기준으로 60 이하이면 쾌적하고 이상이면 불쾌감을 느끼게 된다.
④ 불쾌지수는 75 이상이면 과반수 이상이 불쾌감을 호소하고 80 이상에서는 모든 사람들이 불쾌감을 느낀다.

**해설** ③ 불쾌지수는 기온과 습도의 상승 작용으로 인체가 느끼는 감각온도를 측정하는 척도로서 일반적으로 불쾌지수는 70을 기준으로 70 이하이면 쾌적하고 이상이면 불쾌감을 느끼게 된다.

**30.** 용접기 적정 설치장소로 맞지 않는 것은?

① 습기나 먼지 등이 많은 장소는 설치를 피하고 환기가 잘 되는 곳을 선택한다.
② 휘발성 기름이나 유해한 부식성 가스가 존재하는 장소는 피한다.
③ 벽에서 50cm 이상 떨어져 있고 견고한 구조의 수평 바닥에 설치한다.
④ 진동이나 충격을 받는 곳, 폭발성 가스가 존재하는 곳을 피한다.

**해설** ①, ②, ④ 외에 비, 바람이 치는 장소, 주위 온도가 −10℃ 이하인 곳을 피해야 하며(−10~40℃가 유지되는 곳이 적당하다), 벽에서 30cm 이상 떨어져 있고 견고한 구조의 수평 바닥에 설치한다.

**31.** 용접 흄은 용접 시 열에 의해 증발된 물질이 냉각되어 생기는 미세한 소립자를 말하는데 다음 중 옳지 않은 것은?

① 용접 흄은 고온의 아크 발생 열에 의해 용융 금속 증기가 주위에 확산됨으로써 발생된다.
② 피복 아크 용접에 있어서의 흄 발생량과 용접 전류의 관계는 전류나 전압, 용접봉 지름이 클수록 발생량이 증가한다.
③ 피복제 종류에 따라서 라임티타니아계에서는 낮고 라임알루미나이트계에서는 높다.
④ 그 외 발생량에 관해서는 용접 토치(홀더)의 경사각도가 작고 아크 길이가 짧을수록 흄 발생량도 증가된다.

**해설** ④ 그 외 발생량에 관해서는 용접 토치(홀더)의 경사각도가 크고 아크 길이가 길수록 흄 발생량도 증가된다.

**정답** 29. ③ 30. ③ 31. ④

**32.** 환기방식의 분류에서 구분-급기-배기-실내압-환기량의 순서로 틀린 것은?

① 제1종-기계-기계-임의-임의(일정)
② 제2종-기계-기계-정압-임의(일정)
③ 제3종-자연-기계-부압-임의(일정)
④ 제4종-자연-자연보조-부압-유한(불일정)

해설 ② 제2종-기계-자연-정압-임의(일정)

**33.** 국소배기장치에서 후드를 추가로 설치해도 쉽게 정압 조절이 가능하고, 사용하지 않는 후드를 막아 다른 곳에 필요한 정압을 보낼 수 있어 현장에서 가장 편리하게 사용할 수 있는 압력 균형방법은?

① 댐퍼 조절법 ② 회전수 변화
③ 압력 조절법 ④ 안내익 조절법

해설 ㉮ 댐퍼 조절법(부착법) : 풍량을 조절하기 가장 쉬운 방법
㉯ 회전수 변화(조절법) : 풍량을 크게 바꿀 때 적당한 방법
㉰ 안내익 조절법 : 안내 날개의 각도를 변화시켜 송풍량을 조절하는 방법

**34.** 일반적으로 국소배기장치를 가동할 경우에 가장 적합한 상황에 해당하는 것은?

① 최종 배출구가 작업장 내에 있다.
② 사용하지 않는 후드는 댐퍼로 차단되어 있다.
③ 증기가 발생하는 도장 작업지점에는 여과식 공기정화장치가 설치되어 있다.
④ 여름철 작업장 내에서는 오염물질 발생장소를 향하여 대형 선풍기(선풍기)가 바람을 불어주고 있다.

해설 국소배기장치의 사용하지 않는 후드는 댐퍼로 차단되어 있다.

**35.** 용접기 대수(용접기 1대당 사람 1인)가 30대인 작업장에서 필요한 환기량($m^3/h$)은 얼마인가? (최저 환기량은 $60m^3/h$이다.)

① 54000 ② 18000 ③ 9000 ④ 6000

해설 필요한 환기량=최저 환기량×30인
=60×30대×30명=$54000m^3/h$

정답 32. ② 33. ① 34. ② 35. ①

**36.** 발생 열량이 890kcal/h, 공기 비중량 1.2kg/m³, 공기 비열 0.24kcal/kg · ℃, 외기온도 21℃, 배기온도 24℃일 때 환기량(m³/h)은 얼마인가?

① 1030.09 ② 864.03 ③ 890.02 ④ 741.6

**해설** $환기량(m^3/h) = \frac{H}{\gamma \cdot C_p \cdot (t_2 - t_1)} = \frac{890}{1.2 \times 0.24 \times (24-21)} = 1030.09\,m^3/h$

여기서, $H$ : 발생 열량(kcal/h), $\gamma$ : 공기 비중량(1.2kg/m³)
$C_p$ : 공기 비열(0.24kcal/kg · ℃), $t_1$ : 외기온도=흡기온도(℃)
$t_2$ : 실내 허용온도=배기온도(℃)

**37.** 실내 종류에 따른 시간당 환기횟수 중 틀린 것은?

① 일반공장 : 5～15 ② 기계공장 : 10～20
③ 용접공장 : 30～40 ④ 도장공장 : 30～100

**해설** ③ 용접공장의 환기횟수는 15～25회이다.

**38.** 외풍에 의한 압력손실은 외풍이 2.2m/s일 때 얼마인가?

① 0.01265 ② 0.01538 ③ 0.01868 ④ 0.01838

**해설** 외풍에 의한 압력손실$=1.2/(2\times9.8)\times(외풍)^2$
$=1.2/(2\times9.8)\times(2.2)^2 \fallingdotseq 0.01265$

**39.** 유독가스에 의한 중독 및 산소결핍 재해 예방 대책으로 틀린 것은?

① 밀폐장소에서는 유독가스 및 산소농도를 측정 후 작업한다.
② 유독가스 체류농도를 측정 후 안전을 확인한다.
③ 산소농도를 측정하여 16% 이상에서만 작업한다.
④ 급기 및 배기용 팬을 가동하면서 작업한다.

**해설** ③ 산소농도를 측정하여 18% 이상에서만 작업한다.
①, ②, ④ 외에 탱크 맨홀 및 피트 등 통풍이 불충분한 곳에서 작업할 때에는 긴급사태에 대비할 수 있는 조치를 취한 후 작업한다.
㉮ 외부와의 연락장치(외부에 안전감시자와 연락이 가능한 끈 같은 연락 등)
㉯ 비상용 사다리 및 로프 등을 준비한다.

**정답** 36. ① 37. ③ 38. ① 39. ③

**40. 밀폐된 장소 또는 환기가 극히 불량한 좁은 장소에서 행하는 용접 작업에 대해서는 다음 내용에 대한 특별안전보건교육을 실시한다. 이 중 틀린 것은?**

① 작업순서, 작업자세 및 수칙에 관한 사항
② 용접 흄, 가스 및 유해광선 등의 유해성에 관한 사항
③ 환기설비 및 응급처치에 관한 사항
④ 관련 MSDS(Material Safety Data Sheet : 물질안전보건자료, 화학물질정보)에 관한 사항

해설 ②, ③, ④ 외에 작업순서, 작업방법 및 수칙에 관한 사항, 작업환경 점검 및 기타 안전보건상의 조치가 있다.

**41. 다음 중 국소배기장치에 대한 설명으로 틀린 것은?**

① 덕트는 되도록 길이가 길고 굴곡면을 적게 한 후 적당한 부위에 청소구를 설치하여 청소하기 쉬운 구조로 한다.
② 후드는 작업방법 등 분진의 발산 상황을 고려하여 분진을 흡입하기에 적당한 형식과 크기를 선택한다.
③ 배기구는 옥외에 설치하여야 하나 이동식 국소배기장치를 설치했거나 공기정화장치를 부설한 경우에는 옥외에 설치하지 않을 수 있다.
④ 배풍기는 공기정화장치를 거쳐서 공기가 통과하는 위치에 설치한 후 흡입된 분진에 의한 폭발 혹은 배풍기의 부식 마모의 우려가 적을 때 공기정화장치 앞에 설치할 수 있다.

해설 ① 덕트는 되도록 길이가 짧고 굴곡면을 적게 한 후 적당한 부위에 청소구를 설치하여 청소하기 쉬운 구조로 한다.

**42. 배기후드의 구조 중 틀린 것은?**

① 배기후드는 일반적으로는 상방 흡인형으로 가열원의 위에 설치한다.
② 배기후드는 일자형과 삿갓형으로 분류되며 일자형은 중앙인 경우, 삿갓형은 벽체에 가까운 경우에 사용한다.
③ 덕트는 우리 몸의 혈관이 피가 통하는 길의 역할을 하는 것처럼 후드에서 포집된 증기분을 이송시키는 통로 역할을 한다.
④ 배기팬은 배기후드 및 덕트 내의 가열 증기분을 각종 압력손실을 극복하고 원활하게 밖으로 배출시키기 위한 동력원을 제공하는 장치이다.

해설 ② 배기후드는 일자형과 삿갓형으로 분류되며 일자형은 벽체에 가까운 경우, 삿갓형은 설치할 곳이 중앙인 경우 사용한다.

정답 40. ① 41. ① 42. ②

**43.** 환기방식에는 자연환기법과 기계환기법이 있으며 그 설명 중 틀린 것은?

① 자연환기는 실내 공기와 건물 주변 외기와의 공기의 비중량 차에 의해서 환기된다.
② 자연환기에서 실내온도가 높으면 공기는 상부로 유출하여 하부로부터 유입되고, 반대의 경우는 상부로부터 유입하여 하부로 유출된다.
③ 기계환기 제1종 환기는 송풍기와 배풍기 모두를 사용해서 실내의 환기를 행하는 것이며 실내외의 압력차를 조정할 수 있다.
④ 기계환기 제2종 환기는 송풍기와 배풍기 모두를 사용해서 실내의 환기를 행하는 것이며 실내외의 압력차를 조정할 수 있다.

해설 ④ 기계환기 제2종 환기는 송풍기에 의해 일방적으로 실내의 공기를 송풍하고 배기는 배기구 및 틈새로부터 배출되어 송풍 공기 이외의 외기라든가 기타 침입 공기는 없으나 역으로 다른 곳으로 배기가 침입할 수 있으므로 주의해야 한다.

**44.** 후드의 유입계수 0.86, 속도압 25mm$H_2O$일 때 후드의 압력손실(mm$H_2O$)은?

① 8.8　② 12.2　③ 15.4　④ 17.2

해설 후드의 압력손실
$=\{(1/0.86^2)-1\}\times 25 \fallingdotseq 8.8\,mmH_2O$

**45.** 필요 환기량의 표시로서 틀린 것은?

① 단위 분당의 환기량　② 1인당 환기량
③ 단위 바닥면적당 환기량　④ 환기횟수(회/h)

해설 ① 단위 시간당의 환기량

**46.** 건물 용적이 5500m$^3$이고 일반공장이라 가정하면 공장의 환기계수는 5~10이지만 평균으로 한다면 계수는 7.5이며, 환기팬의 배기량을 72m$^3$/h로 가정 후 계산할 때 환기량과 환기팬의 필요 설치 대수는 얼마인가? (단, 먼저 환기량, 다음은 환기팬의 필요 설치 대수)

① 733m$^3$/h−10.2대　② 1100m$^3$/h−15.2대
③ 550m$^3$/h−7.63대　④ 687m$^3$/h−9.5대

해설 환기량은 5500/7.5=733m$^3$/h이고, 필요 설치 대수는 733/72=10.2이다.

정답 43. ④　44. ①　45. ①　46. ①

# 제 3 장 피복 아크 용접

## 3-1 피복 아크 용접의 원리

### (1) 피복 아크 용접의 원리

피복 아크 용접(shielded metal arc welding ; SMAW)은 흔히 전기 용접법이라고도 하며, 현재 여러 가지 용접법 중에서 가장 많이 쓰인다. 이 용접법은 피복제를 바른 용접봉과 피용접물 사이에 발생하는 전기 아크의 열을 이용하며 용접한다. 이때 발생하는 아크열은 약 6000℃ 정도이고, 실제 이용 시 아크열은 3500~5000℃ 정도이다.

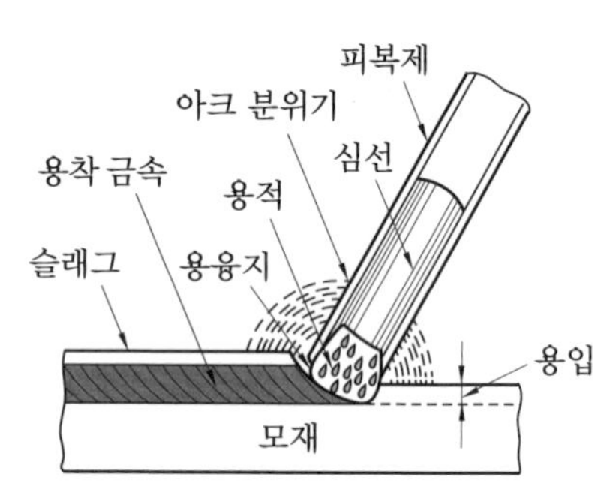

피복 아크 용접 원리

① **용적(globule)** : 용접봉이 녹아 금속 증기와 녹은 쇳물 방울이 되는 것을 말한다.

② **용융지(molten weld pool)** : 용융 풀이라고도 하며, 아크열에 의하여 용접봉과 모재가 녹은 쇳물 부분이다.

③ **용입(penetration)** : 아크열에 의하여 모재가 녹은 깊이를 말한다. 용입이 깊으면 강도가 더 커지며 두꺼운 판 용접이 가능하다.

④ **용착(deposit)** : 용접봉이 용융지에 녹아들어 가는 것을 말하며, 이것이 이루어진 것을 용착 금속이라고 한다.

⑤ **피복제(flux)** : 맨 금속 심선(core wire)의 주위에 유기물 또는 두 가지 이상의 혼합물로 만들어진 비금속 물질로서, 아크 발생을 쉽게 하고 용접부를 보호하며 녹아서 슬래그(slag)가 되고 일부는 타서 아크 분위기를 만든다.

### (2) 극성 효과(polarity effect)

직류 전원을 사용하는 경우 양(+)극과 음(−)극을 모재와 용접봉에 어떻게 접속시키느냐에 따라 나타나는 특성이 서로 다르므로 반드시 숙지하여야 할 필요가 있다.

일반적으로 모재(base metal)에 (+)극을, 용접봉에 (−)극을 연결하는 것을 직류 정극성(Direct Current Straight Polarity ; DCSP 또는 D.C. Electrode Negative ; DCEN)이라 하고, 이와 반대로 연결하면, 즉 모재에 (−)극을, 용접봉에 (+)극을 접속시키면 이를 직류 역극성(DC Reverse Polarity ; DCRP 또는 DC Electrode Positive ; DCEP)이라고 한다.

### (3) 직류 정극성과 직류 역극성의 비교

| 극성 | 상태 | 열 분배 | 특징 |
|---|---|---|---|
| 직류 정극성<br>(DCSP=DCEN) | − + − + 용입 | 용접봉(−) : 30%<br>모재(+) : 70% | • 모재의 용입이 깊다.<br>• 봉의 녹음이 느리다.<br>• 비드 폭이 좁다.<br>• 일반적으로 많이 쓰인다. |
| 직류 역극성<br>(DCRP=DCEP) | + + − − 용입 | 용접봉(+) : 70%<br>모재(−) : 30% | • 모재의 용입이 얕다.<br>• 봉의 녹음이 빠르다.<br>• 비드 폭이 넓다.<br>• 박판, 주철, 고탄소강, 합금강, 비철금속의 용접에 쓰인다. |

## 3-2 피복 아크 용접기기

### (1) 직류 아크 용접기(DC arc welding machine)

① **전동 발전형(motor-generator DC arc welder)** : 3상 교류 전동기로 직류 발전기를 회전시켜 발전하는 것이며, 교류 전원이 없는 곳에서는 사용할 수 없다. 현재는 거의 사용하지 않는다.

② **엔진 구동형(engine driven DC arc welder)** : 가솔린이나 디젤 엔진으로 발전기를 구동시켜 직류 전원을 얻는 것이며, 전원의 연결이 없는 곳이나 출장 공사장에서 많이 사용한다.

③ **정류식 DC 용접기(rectifier type DC arc welding machine)** : 모터 제너레이터식(MG type) DC 용접기와 변압기식 AC 용접기의 주요 장점만 골라 결합한 용접기이다.

## (2) 교류 아크 용접기의 특성

| 용접기의 종류 | 특성 |
|---|---|
| 가동 철심형 | • 가동 철심으로 누설 자속을 가감하여 전류를 조정한다.<br>• 광범위한 전류 조정이 어렵다.<br>• 미세한 전류 조정이 가능하다.<br>• 현재 가장 많이 사용된다.<br>• 중간 이상 가동 철심을 빼내면 누설 자속의 영향으로 아크가 불안정하게 되기 쉽다(가동 부분의 마멸로 철심에 진동이 생김). |
| 가동 코일형 | • 1차, 2차 코일 중의 하나를 이동, 누설 자속을 변화하여 전류를 조정한다.<br>• 아크 안정도가 높고 소음이 없다.<br>• 가격이 비싸며, 현재 거의 사용하지 않는다. |
| 탭 전환형 | • 코일의 감긴 수에 따라 전류를 조정한다.<br>• 적은 전류 조정 시 무부하 전압이 높아 전격의 위험이 있다.<br>• 탭 전환부의 소손이 심하다.<br>• 넓은 범위는 전류 조정이 어렵다.<br>• 주로 소형에 많다. |
| 가포화 리액터형 | • 가변 저항의 변화로 용접 전류를 조정한다.<br>• 전기적 전류 조정으로 소음이 없고 기계 수명이 길다.<br>• 원격 조작이 간단하고 원격 제어가 된다. |

## (3) 용접기의 특성

① **수하 특성(drooping characteristic)** : 부하 전류가 증가하면 단자 전압이 저하되는 특성이다.

② **정전압 특성(constant voltage[potential] characteristic)** : 수하 특성과는 달리 부하 전류가 다소 변하더라도 단자 전압은 거의 변동이 일어나지 않는 특성으로 CP 특성이라고도 한다.

③ **상승 특성(rising characteristic)** : 전류의 증가에 따라서 전압이 약간 높아지는 특성을 말하며, 자동이나 반자동 용접에 사용되는 가는 지름의 나체 와이어에 큰 전류를 통할 때의 아크는 상승 특성을 나타낸다.

## (4) 용접기 사용률과 역률, 효율

① **사용률** : 용접 현장에서 용접기의 아크가 발생하는 시간과 아크 발생이 없는 시간의 비는 4 : 6이다. 실제 용접 현장에서는 용접을 하기 전에 준비 작업 등으로 아크를 발생시키지 않으면 용접기가 쉬는 시간이 많다.

이 쉬는 시간을 휴식 시간(off time), 아크가 발생하고 있는 시간을 아크 시간(arc time)이라 하며, 사용률(duty cycle)은 다음과 같다.

$$\text{사용률}(\%) = \frac{\text{아크 시간}}{\text{아크 시간} + \text{휴식 시간}} \times 100$$

이때 아크 시간과 휴식 시간을 합한 전체 시간의 길이는 10분이 기준이다.

② **허용사용률** : 실제 용접 작업에서는 정격 전류보다 작은 전류로서 용접하는 경우가 많으며, 이때의 허용률은 다음과 같이 계산한다.

$$\text{허용사용률}(\%) = \frac{(\text{정격 2차 전류})^2}{(\text{실제 용접 전류})^2} \times \text{정격사용률}$$

③ **용접기의 역률(power factor)과 효율(efficiency)** : 용접기로서 입력, 즉 전원 입력(2차 무부하 전압×아크 전류)에 대한 아크 입력(아크 전압×전류)과 2차 측의 내부 손실의 합의 비율을 역률이라 한다. 또, 아크 입력과 내부 손실과의 합에 대하여 아크 입력의 비율을 효율(efficiency)이라 하며, 역률과 효율 계산은 다음과 같이 한다.

- $\text{역률}(\%) = \frac{\text{소비 전력(kW)}}{\text{전원 입력(kVA)}} \times 100$
- $\text{효율}(\%) = \frac{\text{출력(kW)}}{\text{입력(kW)}} \times 100$

일반적으로 역률이 높으면 효율이 좋은 것으로 생각되나, 역률이 낮을수록 좋은 용접기이며, 역률이 높은 것은 효율이 나쁜 용접기이다.

## 3-3 피복 아크 용접봉

### (1) 용접봉의 개요

아크 용접에서 용접봉(welding rod)을 용가재(filler metal)라고도 하는데, 용접 결과의 품질을 좌우하는 중요한 용접 재료(welding consumable)이다. 또한 용접봉 끝과 모재 사이에 아크를 발생하므로 전극봉(electrode)이라고도 한다. 피복 아크 용접봉의 크기는 심선의 지름으로 표시하며, 일반적으로 심선은 1～10mm까지 있고 길이는 200～900mm까지 다양하다.

### (2) 피복제

① **개요** : 교류 아크 용접은 비피복 용접봉(non coated electrode 혹은 bare wire)으로 용접할 경우 아크가 불안정하고, 용착 금속이 대기로부터 오염되고 급랭되므로 용접이 곤란하거나 매우 어렵다. 이를 시정하기 위하여 피복제를 도포하는 방법이 제안되었으며, 피복제의 무게는 용접봉 전체 무게의 10% 이상이다.

② **피복제의 역할 및 작용**

(가) 중성 또는 환원성 분위기를 만들어 대기 중의 산소, 질소로부터 침입을 방지하고 용융 금속을 보호한다. 용접 시 피복제가 연소하여 생긴 가스가 용접부를 보호한다.

(나) 아크의 안정 : 교류 아크 용접을 할 때는 전압이 1초에 120번 '0'이 되므로 전류의 흐름이 120번 끊어지게 되어 아크가 연속적으로 발생될 수 없으나, 피복 아크 용접봉을 사용하여 용접할 경우에는 피복제가 연소해서 생긴 가스가 이온화되어 전류가 끊어져도 이온으로 계속 아크를 발생시키게 되므로 아크가 안정된다.

(다) 용융점이 낮고 적당한 점성의 가벼운 슬래그 생성 : 피복제로서 산화물의 용융점을 낮게 만들어 용접이 가능하도록 한다.

(라) 용착 금속의 탈산 정련 작용 : 용착 금속의 불순물을 제거하고 탈산 작용을 한다. 보통 유기물, 알루미늄, 마그네슘 등이 사용된다.

(마) 용착 금속에 합금 원소 첨가 : 용착부에 다른 원소를 첨가하여 더 좋은 성질의 용착 금속을 얻으려고 할 때는 피복제에 그 원소를 포함시켜 용착 금속에 섞여 들어가도록 한다.

(바) 용적을 미세화하고 용착 효율을 높인다.

(사) 용착 금속의 응고와 냉각 속도를 느리게 한다.
(아) 어려운 자세 용접 작업을 쉽게 한다.
(자) 비드 파형을 곱게 하며, 슬래그 제거도 쉽게 한다.
(차) 절연 작용을 한다.

## (3) 연강용 피복 아크 용접봉의 분류

① **연강용 피복 아크 용접봉의 기호 :** 우리나라에서 KS D 7004에 자세히 규정되어 있으며, 연강용 피복 아크 용접봉의 기호는 다음과 같은 의미를 가지고 있다.

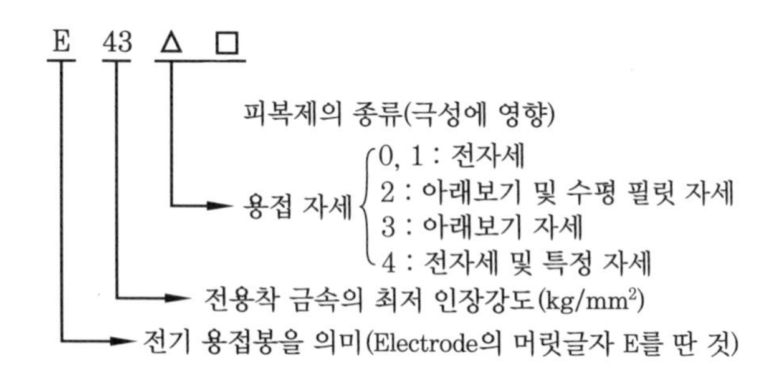


② 전기 용접봉을 표시하는 E는 한국과 미국에서 사용하며, 일본의 경우에는 E 대신 D(Denki)를 사용한다.

| 한국 | 미국 | 일본 |
|---|---|---|
| E 4301 | E 6001 | D 4301 |
| E 4313 | E 6013 | D 4313 |

용착 금속의 최저 인장강도를 나타내는 43은 그 용접봉을 사용했을 때 용착 금속의 인장강도가 최소한 43 kg/mm$^2$가 되어야 한다는 뜻이다. 미국에서는 단위를 파운드법으로 E43 대신 E60을 사용하고 있는데 60은 60000 psi의 처음 두 자리 숫자로서 43 kg/mm$^2$은 약 60000 lb/in$^2$와 같으므로 앞의 두 자리 숫자만 사용한다.

## >>> 제3장 CBT 예상 출제문제와 해설

**1. 교류 용접기에 적당한 용량의 콘덴서를 설치하는 이유로서 틀린 것은?**

① 전원 입력이 작게 되어 전기요금이 싸게 들기 때문에
② 배전선의 재료를 절감할 수 있기 때문에
③ 전압 변동률이 작아지기 때문에
④ 1차 전류가 증가하여 용접 효율을 증대시키기 때문에

해설 교류 용접기에 콘덴서를 설치했을 때의 이점
㉮ 전압 변동률이 작아진다.
㉯ 역률의 개선 및 배전선의 재료를 절감할 수 있다.
㉰ 1차 전류의 감소로 전원 입력이 작게 되어 전기요금이 싸게 든다.
㉱ 전원 용량이 작고 같은 용량이면 여러 개의 용접기를 접속할 수 있다.

**2. 용접기의 보수 및 수리 시의 주의사항으로 옳지 않은 것은?**

① 용접기의 설치는 습기나 먼지 등이 적고 환기가 잘 되는 곳을 선택한다.
② 전환 탭 및 전환 나이프 끝 등 전기적 접촉부는 자주 샌드 페이퍼 등으로 다듬질한다.
③ 용접기는 밀폐되지 않아 내부에 먼지가 쌓이므로 걸레를 잘 빨아 수시로 청소한다.
④ 용접 케이블 등이 파손된 부분은 즉시 절연 테이프로 감아 절연시킨다.

해설 용접기에 쌓인 먼지는 압축 공기를 이용하여 청소해야 한다.

**3. 교류 용접에 있어서 아크가 꺼지지 않게 하기 위한 방법은?**

① 전원의 무부하 전압은 재점호 전압보다 낮아야 한다.
② 전원의 무부하 전압과 재점호 전압은 같아야 한다.
③ 전원의 무부하 전압은 재점호 전압보다 높아야 한다.
④ 무부하 전압과 재점호 전압은 아크와 관계없다.

해설 재점호 전압이 무부하 전압보다 높으면 아크는 소멸하게 되므로 재점호 전압은 무부하 전압보다 낮아야 한다.

정답 1. ④ 2. ③ 3. ③

**4.** 다음 교류 용접기의 특징 중 잘못된 것은?

① 아크가 불안정하다.
② 값이 싸다.
③ 취급이 손쉽다.
④ 고장이 생기기 쉽다.

해설 발전형, 정류기형 직류 아크 용접기가 회전부, 정류기 소손 등의 고장이 많다.

**5.** 아크 전류가 증가함에 따라 아크 저항이 작아져 결국 전압이 낮아지는 특성을 무엇이라 하는가?

① 정전압 특성 ② 상승 특성 ③ 부특성 ④ 수하 특성

해설 수하 특성은 부하 전류가 증가하면 단자 전압이 저하하는 특성으로 아크를 안정하게 하는 중요한 특성의 하나이다.

**6.** 직류 용접에서 무부하 전압은 몇 V 정도인가?

① 60V ② 70V ③ 80V ④ 90V

해설 직류 용접기에서 무부하 전압은 보통 40～60V 정도이다.

**7.** 용접성을 저해시키지 않는 원소는?

① Si ② P ③ S ④ Mn

해설 Mn(망간)은 탈산 작용을 하며, 강도를 저하시키지 않는다.

**8.** 아크 전압에서 전류가 작은 범위에서는 전류가 증가되면 아크 저항이 감소하므로 아크의 전압도 감소한다는 특성은?

① 수하 특성 ② 부특성
③ 정전류 특성 ④ 회로 특성

해설 아크 특성에서 전류가 작은 범위(100A 정도)에서 전류가 증가하면 아크 저항이 작아져 아크 전압이 낮아지는 특성을 부특성(부저항 특성)이라 한다.

정답 4. ④ 5. ④ 6. ① 7. ④ 8. ②

**9.** 아크 용접기에서 무부하 전압이 크면 어떤 현상이 생기는가?

① 전격의 위험이 있다.
② 아크가 불안정해진다.
③ 용접 변형이 커진다.
④ 용입이 커진다.

해설 무부하 전압이 크면 전격의 위험성이 크다.

**10.** 피복 아크 용접봉의 피복 배합제 중 고착제에 속하지 않는 것은?

① 규산칼륨 ② 소맥분 ③ 젤라틴 ④ 탄가루

해설 고착제 : 규산나트륨(물유리), 규산칼륨, 소맥분, 해초, 아교, 카세인, 젤라틴, 아라비아 고무, 당밀

**11.** 원격 제어 장치가 조절하는 것은?

① 전류 ② 전압 ③ 무부하 전압 ④ 부하 전압

해설 원격 제어 장치는 용접 전류를 조절하는 장치이며, 현장 용접 시 많이 사용된다.

**12.** 전기 용접의 보호용 작업기구가 아닌 것은?

① 장갑 ② 발커버 ③ 홀더 ④ 앞치마

해설 ③은 용접용 기구이다.

**13.** 용접용 케이블에서 용접기 용량이 300A일 때, 1차 측 케이블의 지름은?

① 5.5mm ② 8mm ③ 14mm ④ 20mm

해설 용접기 용량과 케이블 지름

| 용접기 용량 | 200A | 300A | 400A |
|---|---|---|---|
| 1차 측 케이블(지름) | 5.5mm | 8mm | 14mm |
| 2차 측 케이블(단면적) | $50mm^2$ | $60mm^2$ | $80mm^2$ |

정답 9. ① 10. ④ 11. ① 12. ③ 13. ②

**14.** 아크 용접기에서 아크를 계속 일으키는 데 필요한 전압은?

① 10～20V ② 20～40V ③ 50～80V ④ 70～130V

해설 아크가 발생되어 그 아크를 유지하는 전압을 부하 전압이라 하는데, 부하 전압은 보통 20～40V 정도이다.

**15.** 수하 특성 아크 용접기에서 아크 길이가 길어지면 아크 전압은 어떻게 변하는가?

① 낮아진다. ② 다소 높아진다.
③ 변하지 않는다. ④ 높아지다가 낮아진다.

해설 수하 특성 아크 용접기에서는 아크의 길이가 길어지면 전압은 높아지고 전류는 적어지나 그 변화량은 작다. 정전압 특성 아크 용접기는 아크의 길이가 변하여도 전압은 일정하고 전류만 크게 변한다. 그러나 실제에 있어서는 아크의 길이가 길어지면 전압은 다소 증가한다.

**16.** 가스 발생식 아크 용접봉에 관한 설명으로 틀린 것은?

① 전자세 용접이 가능하다.
② 슬래그 제거가 손쉽다.
③ 아크가 매우 안정되어 있다.
④ 스패터(spatter)가 거의 없다.

해설 가스 발생식의 특징
㉮ 전자세 용접에 적당하다.
㉯ 슬래그 제거가 쉽고, 슬래그 섞임 발생이 적다.
㉰ 안정된 아크를 얻는다.
㉱ 용접 속도가 빠르고 작업 능률이 좋다.
㉲ 스패터의 발생이 많다.

**17.** 다음 중 홀더의 종류가 아닌 것은?

① 가변압식형 ② 스프링 로드형
③ 클램프형 ④ 스크루형

해설 용접 홀더로 ①, ②, ④ 외 듀로형도 있다.

정답 **14.** ② **15.** ② **16.** ④ **17.** ③

**18.** **정류기형 직류 아크 용접기에 관한 설명으로 옳지 않은 것은?**

① 직류의 세기는 가변 저항에 의하여 조절된다.
② 2차 회로의 리액턴스에 의한 수하 특성을 갖고 있다.
③ 정류기를 사용하여 교류에서 직류를 얻는 용접기이다.
④ 여자 코일의 기자력에 의해 부하 전압을 조절한다.

해설 발전기형에서 부하 전류가 증가하면 여자 코일의 기자력을 감소시켜 부하 전압이 저절로 낮아지도록 조절한다.

**19.** **연강용 피복 아크 용접봉의 심선에 관한 설명으로 옳지 않은 것은?**

① 용접 금속의 균열을 방지하기 위하여 저탄소강을 사용한다.
② 규소의 양을 적게하고 림드강으로 제조한다.
③ 망간은 용융 금속의 탈산 작용을 한다.
④ 황(S)과 인(P)은 고온 취성을 일으키므로 특히 적게 지정한다.

해설 ㉮ 황(S) : 적열 취성의 원인(900℃ 정도에서 나타남)
㉯ 인(P) : 청열 취성의 원인(200~300℃ 정도에서 나타남)

**20.** **다음 중 허용사용률(%) 식으로 옳은 것은?**

① $\frac{(\text{정격 2차 전류})^2}{(\text{실제의 용접 전류})^2} \times \text{정격사용률}$
② $\frac{\text{아크 시간}}{\text{아크 시간}+\text{휴식 시간}} \times 100$
③ $\frac{\text{소비 전력}}{\text{전원 입력}} \times 100$
④ $\frac{\text{아크 전력}}{\text{소비 입력}} \times 100$

해설 ②는 사용률 공식, ③은 역률 공식, ④는 효율 공식이다.

**21.** **아크의 안정도가 좋으며 전류도 최저 10~15A까지 낮출 수 있으므로 박판 용접에도 좋은 결과를 갖는 용접기는?**

① 전지식 직류 아크 용접기
② 발전식 직류 아크 용접기
③ 교류 아크 용접기
④ 정류기형 직류 아크 용접기

해설 정류기형 직류 아크 용접기는 3상 교류 200V 전원으로 1차 측에 접속하고 정류기를 통하여 2차 측에서 40~60V의 직류를 얻는 용접기로, 아크 안정성이 좋아 전류를 10~15A까지 낮출 수 있다.

정답 18. ④ 19. ④ 20. ① 21. ④

**22.** 다음은 정류형 직류 아크 용접기에 대한 설명이다. 틀린 것은?

① 이 용접기는 100% 직류를 정류하여 직류를 얻는 용접기이다.
② 정류기에는 셀렌 정류기(selenium rectifier), 실리콘 정류기(silicon rectifier), 게르마늄 정류기(germanium rectifier) 등이 사용되며, 이 중 셀렌 정류기와 실리콘 정류기가 가장 많이 사용된다.
③ 1차 측은 3상 200V 전원에 연결하고, 2차 측은 직류 40~60V 정도의 전압이 발생되도록 한다.
④ 이 용접기에는 가포화 리액터형, 가동 철심형 및 가동 코일형 용접기가 있으며, 가포화 리액터형이 가장 널리 사용된다.

해설 정류형 직류 아크 용접기는 교류를 정류하여 직류를 얻는 용접기로서 100% 정류되지는 않는다.

**23.** 다음 중 가동 철심형 교류 용접기의 특징으로서 틀린 것은?

① 연속적으로 전류 조정을 할 수 있다.
② 아크가 안정되어 있다.
③ 자기 유도 작용에 의한 것이다.
④ 누설 자속의 변동에 의한 용접기이다.

해설 가동 철심형은 가동 철심을 중간 정도 빼냈을 때 아크가 불안정해지기 쉽다.

**24.** 피복 아크 용접봉에서 피복 배합제의 종류 중 아크 안정제 역할을 하는 것은?

① 규산칼륨, 규산나트륨, 산화티탄, 석회석
② 녹말, 목재, 톱밥, 셀룰로오스, 석회석
③ 산화철, 루틸($TiO_2$), 일미나이트, 이산화망간($MnO_2$)
④ 망간철, 규소철, 티탄철

해설 ②는 가스 발생제, ③은 슬래그 생성제, ④는 원소 첨가제이다.

**25.** 피복 아크 용접에서 피복 배합제의 성질 중 탈산제에 해당되는 것은?

① 석회석 ② 석면 ③ 붕사 ④ 소맥분

해설 탈산제 : 소맥분, 탄가루, 종이, 톱밥, 면사, 면포 등

정답 22. ① 23. ② 24. ① 25. ④

**26.** 피복 아크 용접에서 교류 전원이 없는 곳에서만 사용할 수 있는 용접기는?

① 정류기형 직류 아크 용접기
② 엔진 구동형 직류 아크 용접기
③ AC-DC 아크 용접기
④ 가포화 리액터형 교류 아크 용접기

**해설** 엔진 구동형은 가솔린 엔진을 가동하여 그 동력으로 직류 발전기를 돌려 직류 전원을 얻으므로 교류 전원이 필요 없음은 물론 완전한 직류를 얻는다.

**27.** 직류형 피복 아크 용접기의 형태는 다음 중 어느 것인가?

① 가동 코일형 ② 가동 철심형 ③ 발전형 ④ 리액턴스형

**해설** 직류 아크 용접기에는 발전형, 정류기형, 전지식 등이 있다.

**28.** 발전기형 직류 아크 용접기에서 주 자극의 자장에 의하여 전기자 코일 내의 발생 전압은?

① 약 200V로 일정하다.
② 약 120V로 일정하다.
③ 약 45V로 일정하다.
④ 약 35V로 일정하다.

**해설** 주 자극의 자장에 의한 전기자 코일 내의 발생 전압은 약 45V로서 일정하다.

**29.** 용접기 내부에 장치된 철심은?

① 초경 합금강 ② 특수강 ③ 탄소강 ④ 규소강

**해설** 규소강은 누설 자속 및 자화 성질이 없으므로 주로 전기제품의 철심으로 사용한다.

**30.** 교류 용접기의 종류가 아닌 것은?

① 탭 전환형 ② 가동 철심형 ③ 정류기형 ④ 가포화 리액터형

**해설** 정류기형은 직류 용접기이다.

**정답** 26. ② 27. ④ 28. ③ 29. ④ 30. ③

**31.** 2차 측 캡 타이어 구리선 전선의 지름은?

① 0.2～0.5mm ② 0.6～1.0mm
③ 1.0～1.5mm ④ 1.5～2.0mm

해설 2차 케이블은 유연성이 좋은 캡 타이어 전선을 사용하며, 지름이 0.2～0.5mm의 가는 구리선을 수백 선 내지 수천 선 꼬아서 튼튼한 종이로 감고 그 위에 고무 피복을 한 것이다.

**32.** AW-200, 무부하 전압 70V, 아크 전압 30V인 교류 용접기의 역률은? (단, 내부 손실은 3kW이다.)

① 약 57.8% ② 약 60.3% ③ 약 62.5% ④ 약 64.3%

해설 $$\text{역률}=\frac{(\text{아크 전압}\times\text{아크 전류})+\text{내부 손실}}{(\text{2차 무부하 전압}\times\text{2차 전류})}$$

$$=\frac{(30\,\text{V}\times 200\,\text{A})+3000}{(70\,\text{V}\times 200\,\text{A})}$$

$$=\frac{6.0+3.0}{14}\times 100\,\%=64.28\,\%$$

**33.** 피복 아크 용접봉 심선의 재질은?

① 고탄소강 ② 주철
③ 킬드강 ④ 저탄소 림드강

해설 심선은 용접 금속의 균열(crack)을 방지하기 위하여 극히 저탄소이며, 황(S), 인(P) 등의 불순물을 적게 지정하고 규소(Si)의 양을 적게하여 림드강(rimmed steel)으로 제조하고 있다. 이것은 용융 금속이 옮겨지는 것을 촉진시키는 데 필요하다.

**34.** 피복 아크 용접에서 아크가 용접의 단위길이 1cm당 발생하는 전기적 에너지(energy) $H$는 아크 전압 $E$, 아크 전류 $I$, 용접 속도 $V$[cm/min]라 할 때 얼마인가?

① $H=\frac{60EI}{V}$ [J/cm] ② $H=\frac{60V}{EI}$ [J/cm]
③ $H=\frac{EI}{60V}$ [J/cm] ④ $H=\frac{VI}{60E}$ [J/cm]

정답 31. ① 32. ④ 33. ④ 34. ①

**35.** 1차 전압 200V, 1차 입력이 24kVA의 용접기에 사용되는 퓨즈는?

① 80A ② 100A
③ 120A ④ 140A

해설 퓨즈 용량을 결정하는 데에는 1차 입력(kVA)을 전원 전압(200V)으로 나누면 1차 전류값을 구할 수 있다.

$$\frac{24\,\text{kVA}}{200\,\text{V}}=\frac{24000\,\text{VA}}{200\,\text{V}}=120\,\text{A}$$

**36.** 다음 중 연강용 피복 아크 용접봉의 규격이 아닌 것은?

① 2.0mm ② 3.2mm
③ 5.2mm ④ 5.5mm

해설 심선의 지름(mm) : 1.0, 1.4, 2.0, 3.2, 4.0, 4.5, 5.0, 5.5, 6.0, 6.4, 7.0, 8.0, 9.0, 10.0

**37.** 피복 아크 용접기로서 구비해야 할 조건 중 잘못된 것은?

① 구조 및 취급이 간편해야 한다.
② 전류 조정이 용이하고 일정하게 전류가 흘러야 한다.
③ 아크 발생과 유지가 용이하고 아크가 안정되어야 한다.
④ 용접기가 빨리 가열되어 아크 안정을 유지해야 한다.

해설 피복 아크 용접기로서 구비해야 할 조건

㉮ 능률이 좋아야 한다.
㉯ 구조 및 취급이 간단해야 한다.
㉰ 아크 발생 유지가 용이해야 한다.
㉱ 사용하고 있을 때 온도 상승이 작아야 한다.
㉲ 가격이 저렴하고 사용 경비가 적게 들어야 한다.
㉳ 위험성이 작아야 한다(특히, 무부하 전압이 높지 않을 것).
㉴ 단락(short)되었을 때 흐르는 전류가 너무 크지 않아야 한다.
㉵ 용접 전류 조정이 용이해야 하며, 일정한 전류가 흐르고 용접 중에 전류값이 너무 크게 변화해서는 안 된다.
㉶ 구조가 견고해야 하며, 특히 절연이 완전해서 습기가 많거나 고온이 되어도 충분히 견딜 수 있어야 한다.

정답 35. ③ 36. ③ 37. ④

**38.** 피복 아크 용접봉에서 피복제의 역할로 틀린 것은?

① 용착 금속의 급랭을 방지한다.
② 모재 표면의 산화물을 제거한다.
③ 용착 금속의 탈산정련 작용을 방지한다.
④ 중성 또는 환원성 분위기로 용착 금속을 보호한다.

해설 피복제는 탈산정련 작용을 하는 역할을 한다.

**39.** 피복 아크 용접봉의 피복 배합제의 종류 중 고착제에 해당되는 것은?

① 셀룰로오스 ② 형석 ③ 규산나트륨 ④ 알루미늄 가루

해설 ①은 가스 발생제, ②는 슬래그 생성제, ④는 불순물과 친화력이 강한 재료이다.

**40.** 다음 중 AW-300 용접기의 KS 규격 정격사용률은 몇 %인가?

① 20% ② 30% ③ 40% ④ 50%

해설 AW 400 이하는 정격사용률이 40%이다.

**41.** 다음 중 아크 전류가 200A, 아크 전압이 25V, 용접 속도가 15cm/min인 경우 용접 길이 1cm당 발생되는 용접 입열은?

① 15000J/cm ② 20000J/cm ③ 25000J/cm ④ 30000J/cm

해설 $H = \frac{60EI}{V}$ [J/cm]이므로

$$H = \frac{60 \times 25 \times 200}{15} = 20000\,\text{J/cm}$$

**42.** 교류 아크 용접기로 두께 5mm의 모재를 지름 4mm의 용접봉으로 용접할 경우 다음 전류 중 어느 것을 사용하는 것이 적당한가?

① 230~260A ② 170~200A ③ 110~130A ④ 200~230A

해설 용접에 알맞은 전류의 세기는 용접봉의 단면적 1mm$^2$당 10~11A로 한다. 그러므로 4mm의 용접봉 단면적은 12.56mm$^2$이므로 알맞은 전류의 세기는 120A이다.

정답 38. ③ 39. ③ 40. ③ 41. ② 42. ③

**43. 저수소계(E 4316) 피복 아크 용접봉의 건조 시간은?**

① 70～100℃에서 1시간 ② 100～150℃에서 1시간
③ 150～250℃에서 1시간 ④ 300～350℃에서 2시간

해설 저수소계 용접봉 건조는 300～350℃에서 2시간이다.

**44. 용접봉 선택 시 가장 중요한 요인은?**

① 아크 안정성 ② 피복제의 배합 관계
③ 심선의 재질 ④ 아크의 세기

해설 심선의 재질은 모재의 재질과 같거나 유사해야 하며, 특히 재질이 양호한 것을 써야 한다.

**45. 아크의 색은?**

① 백색 ② 회색 ③ 청백색 ④ 적색

해설 용접봉과 모재의 사이에 전원을 걸고 용접봉 끝을 모재에 살짝 접촉시켰다 떼면 청백색의 강한 빛을 내면서 아크가 발생하며, 이 아크를 통하여 10～500A의 큰 전류가 흐른다.

**46. 다음 중 금속 전극이 녹아 용접이 되는 용접법은?**

① 용극식 ② 비용극식 ③ 전극식 ④ 비소모식

해설 용극식에 해당하는 용접법은 금속 아크 용접, 서브머지드 아크 용접, 불활성 가스, MIG 용접 등이 있다.

**47. 아크(arc)를 필터 렌즈를 통하여 볼 때 구분되지 않는 것은?**

① 아크 코어 ② 아크 흐름
③ 아크 불꽃 ④ 아크 전압강하

해설 차광유리로 보면 아크 불꽃의 형상이 보이며, 아크 흐름(stream)이나 아크 코어가 보인다.

정답 43. ④ 44. ③ 45. ③ 46. ① 47. ④

**48.** 양극(+)이 음극(−)에 비해 어느 정도의 열량이 더 많은가?

① 10∼20% ② 30∼40% ③ 60∼75% ④ 80∼90%

해설 전체의 60∼75%의 열량이 양극(+)에서 발생된다.

**49.** 직류 역극성을 표시하는 기호는?

① ACRP ② ACSP ③ DCRP ④ DCSP

해설 DCRP : reverse polarity의 약자

**50.** 피복 아크 용접에서 역극성을 사용하는 용접은?

① 두꺼운 철판 용접
② 두꺼운 파이프관 용접
③ 마그네슘 용접
④ 얇은 판 용접

해설
- 역극성 : 모재(−), 용접봉(+)
- 정극성 : 모재(+), 용접봉(−)

**51.** 전류 밀도가 높은 특성으로 자기 제어 특성을 갖고 있는 것은?

① 정전류 특성 ② 정전압 특성 ③ 수하 특성 ④ 상승 특성

해설 불꽃 길이에 따라 와이어의 녹는 속도가 변하면서 아크 길이를 적당하게 유지하는 특성으로 CP 특성이라고도 한다.

**52.** 다음 그림에 대한 설명 중 옳은 것은?

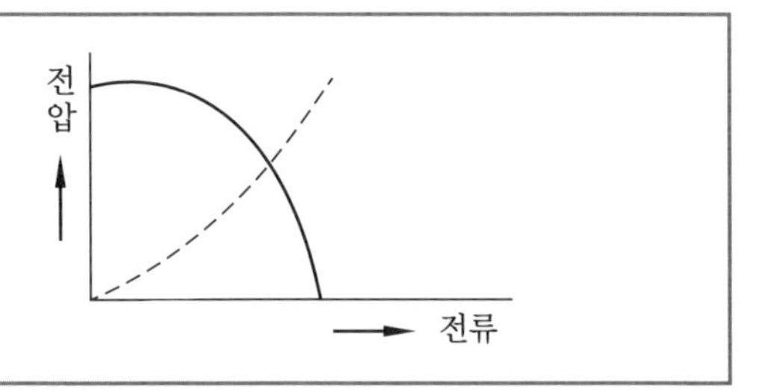


① 정전류 특성
② 정전압 특성
③ 상승 특성
④ 리액턴스에 의한 수하 특성

해설 전류값 증가 시 전압은 저하된다.

정답 48. ② 49. ③ 50. ④ 51. ② 52. ④

**53.** 정격 2차 전류 200A, 정격사용률 40%, 아크 용접기로 150A의 용접 전류 사용 시 허용사용률은?

① 50% ② 60% ③ 71% ④ 81%

해설 $$허용사용률(\%)=\frac{(정격\ 2차\ 전류)^2}{(실제의\ 용접\ 전류)^2}\times 정격사용률$$
$$=\frac{(200)^2}{(150)^2}\times 40=71\%$$

**54.** 연강용 피복 아크 용접봉 심선재의 특성에 관한 사항 중 틀린 것은?

① 심선은 전기로, 평로 또는 산소 전로에 의한 강괴를 열간 압연에 의해서 제조한다.
② 탄소는 용접봉의 심선에서는 되도록 적은 것이 좋다.
③ 망간은 강의 성질을 여리게 함으로써 심선에 함유되지 않도록 하는 것이 좋다.
④ 규소, 인, 유황은 되도록 적은 것이 바람직하다.

해설 연강용 피복 아크 용접봉의 심선은 균열을 방지하기 위해 저탄소로 하고 용융 금속의 이행을 촉진시키기 위해 규소강의 양을 적게 한 림드강으로 제조된다. 특히 인, 황은 취성의 원인이 되므로 적어야 한다.

**55.** 다음 아크 용접기구 중 성질이 다른 것은?

① 헬멧 ② 용접용 장갑
③ 앞치마 ④ 용접봉 홀더

해설 헬멧, 용접용 장갑, 앞치마는 안전 보호구이고, 용접봉 홀더는 작업기구에 해당한다.

**56.** 200V용 아크 용접기의 1차 입력이 30kVA일 때 퓨즈의 용량은 몇 A가 가장 적당한가?

① 60 ② 100A
③ 150A ④ 200A

해설 $$퓨즈\ 용량=\frac{용접기\ 입력}{전원\ 전압}=\frac{30000\,\text{VA}}{200\,\text{V}}=150\,\text{A}$$

정답 53. ③ 54. ③ 55. ④ 56. ③

**57.** 전기 용접기의 개로 전압을 일정하게 유지시켜 감전사고를 방지하기 위하여 부착하는 것은?

① 리미트 스위치
② 핫 스타트 장치
③ 자동 전격 방지장치
④ 접지 케이블

해설 전격 방지기는 전압을 용접 작업을 하지 않는 동안에 25V 이하로 낮추어 감전의 위험이 없는 전압으로 유지시키는 것이다.

**58.** 직류 아크 용접의 정극성과 역극성에 관한 다음 사항 중 옳은 것은?

① 정극성일 때는 용접봉의 용융이 늦고, 모재의 용입은 깊다.
② 얇은 판의 용접에는 용락을 피하기 위하여 정극성이 편리하다.
③ 모재의 음극(−), 용접봉에 양극(+)을 연결하는 방식을 정극성이라 한다.
④ 역극성은 일반적으로 두꺼운 모재의 용접에 적합하다.

해설 직류 아크 용접의 극성

| 극성 | 기호 | 전류 연결 | 발열량 | 용도 및 특징 |
|---|---|---|---|---|
| 정극성 | DCSP | 모재 (+)극<br>용접봉 (−)극 | (+)극 70%<br>(−)극 30% | • 후판 용접에 이용한다.<br>• 용입이 깊다.<br>• 용접봉의 용융 속도가 늦다. |
| 역극성 | DCRP | 모재 (−)극<br>용접봉 (+)극 | (+)극 30%<br>(−)극 70% | • 박판 용접에 이용한다.<br>• 용입이 얕다.<br>• 용접봉의 용융 속도가 빠르다. |

**59.** 다음 그림은 교류 아크 용접기의 변압기 원리를 나타낸 것이다. 그림에서 2차 측의 전압 $E_2$를 1차 측의 전압 $E_1$의 $\frac{1}{2}$로 하려고 할 때 2차 측의 권수 $n_2$를 1차 측의 얼마로 하면 되는가?

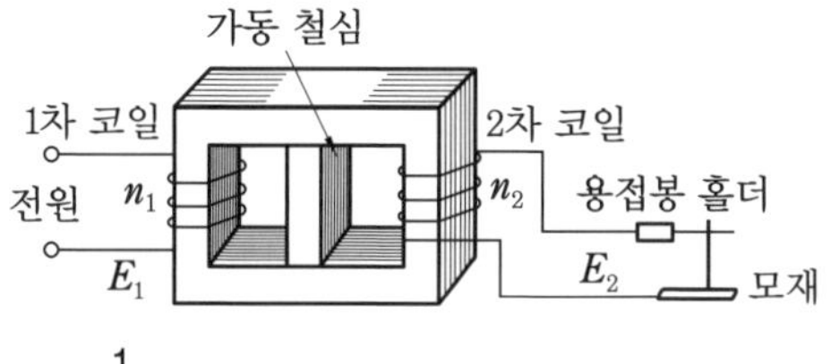


① $\frac{1}{4}$
② $\frac{1}{2}$
③ 2배
④ 4배

정답 57. ③ 58. ① 59. ②

해설 변압기의 1차 측과 2차 측의 코일의 권수 $n_1$과 $n_2$의 비율을 권수비 또는 변압비라고 하며, 권수비와 변압비 그리고 전류 전압 사이에는 다음과 같은 관계가 있다.

$$\frac{E_1}{E_2}=\frac{n_1}{n_2} \qquad \therefore E_1n_2=E_2n_1$$

또는 $$\frac{1\text{차 전류}(I_1)}{2\text{차 전류}(I_2)}=\frac{E_2}{E_1}=\frac{n_2}{n_1}$$

$$\therefore E_1I_1=E_2I_2$$

$$n_1I_1=n_2I_2$$

즉, 2차 측의 전압 $E_2$를 1차 측의 전압 $E_1$의 $\frac{1}{2}$로 하려고 할 때에는 2차 측의 권수 $n_2$를 1차 측의 $\frac{1}{2}$로 하면 되고, 이때 2차 측에 흐르는 전류는 1차 측의 2배로 된다.

**60. 피복 아크 용접봉에서 피복제의 주요 작용에 관한 설명으로 옳지 않은 것은?**

① 용착 금속의 응고와 냉각 속도를 빠르게 한다.
② 대기 중의 산소와 질소의 침입을 방지하고, 용융 금속을 보호한다.
③ 아크를 안정하게 한다.
④ 모재 표면의 산화물을 제거하여 용접을 완전하게 한다.

해설 피복제는 용융되어 적당한 점성의 가벼운 슬래그를 만들어서 용융 금속의 위를 덮어 급랭되는 것을 방지한다.

**61. 용접기에 AW 300이란 표시가 있다. 이 중 300이란 무엇을 표시하는가?**

① 정격사용률
② 2차 사용률
③ 정격 2차 전류
④ 최고 2차 무부하 전압

해설 용량의 표시는 전류값으로 나타낸다.

**62. 차광 렌즈의 일반적인 크기는?**

① 55.3×110mm　② 51.3×112mm
③ 50.8×108mm　④ 50.9×109mm

해설 일반적으로 50.8×108mm의 차광 렌즈가 주로 사용된다.

정답 60. ① 61. ③ 62. ③

**63.** 피복 아크 용접에 관한 사항으로 아래 그림의 ( )에 들어가야 할 용어는?

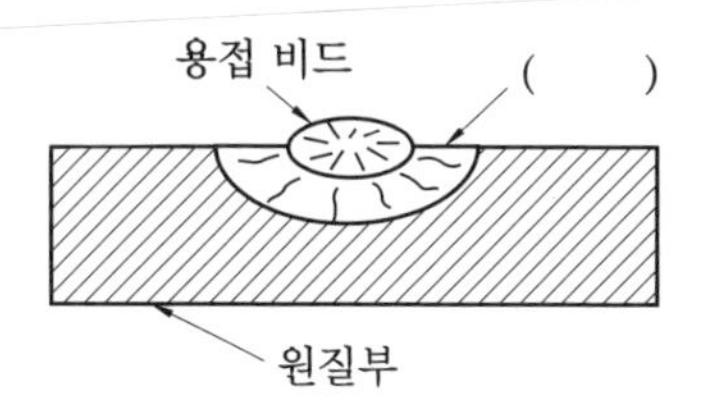


① 용락부 ② 용융지 ③ 용입부 ④ 열 영향부

**해설** 피복 아크 용접의 원리

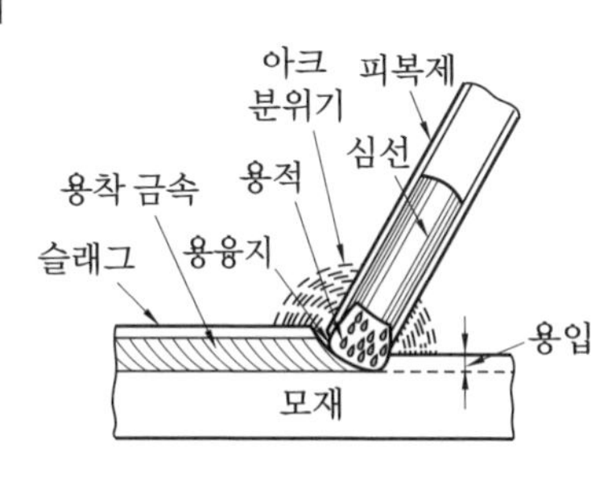


**64.** AW-200, 무부하 전압 80V, 아크 전압 80V, 아크 전압 30V인 교류 용접기를 사용할 때 역률과 효율은 얼마인가? (단, 내부 손실은 4kW이다.)

① 역률 62.5%, 효율 60% ② 역률 30%, 효율 25%
③ 역률 75.5%, 효율 55% ④ 역률 80%, 효율 70%

**해설** ㉮ $\text{역률} = \dfrac{\text{소비 전력(kW)}}{\text{전원 입력(kVA)}} \times 100\%$

㉯ $\text{효율} = \dfrac{\text{아크 출력(kW)}}{\text{소비 입력(kVA)}} \times 100\%$

㉰ 아크 출력 $= 30\,\text{V} \times 200\,\text{A} = 6\,\text{kW}$

㉱ 전원 입력 $= 80\,\text{V} \times 200\,\text{A} = 16\,\text{kVA}$

∴ $\text{역률} = \dfrac{6+4}{16} \times 100 = 62.5\%$

$\text{효율} = \dfrac{6}{6+4} \times 100 = 60\%$

**65.** 아크 용접기에서 아크를 계속 일으키는데 필요한 전압은?

① 10~20V ② 20~30V ③ 50~80V ④ 70~130V

**정답** 63. ④ 64. ① 65. ②

해설 전원(200V)에서 전류가 용접기에 들어와 아크를 발생시키는 개로 전압(開路電壓)은 직류에서는 50~80V, 교류에서는 70~135V가 된다. 아크가 발생되면 다시 전압이 강하되어 아크를 계속 일으키는데 필요한 전압은 20~30V이다.

**66.** 피복 아크 용접봉에서 피복 배합제의 종류 중 아크 안정에 역할을 하는 것은?

① 규산칼륨($K_2SiO_3$), 규산나트륨, 산화티탄($TiO_2$), 석회석
② 녹말, 목재, 톱밥, 셀룰로오스, 석회석
③ 산화철, 루틸($TiO_2$), 일미나이트, 이산화망간($MnO_2$)
④ 망간철, 규소철, 티탄철

해설 ① : 아크 안정제
② : 가스 발생제
③ : 슬래그 생성제
④ : 탈산제 및 합금 첨가제

**67.** 피복 아크 용접봉에서 심선의 표준 치수에 해당되지 않는 것은? (단, 단위는mm이다.)

① 4.5×350 ② 4.5×400
③ 3.2×350 ④ 3.2×400

해설 심선의 표준 치수

| 용접봉 지름(mm) | 길이(mm) | | | | | |
|---|---|---|---|---|---|---|
| 3.2 | 350 | 400 | − | − | − | − |
| 4 | 350 | 400 | 450 | 550 | − | − |
| 4.5 | − | 400 | 450 | 550 | − | − |
| 5 | − | 400 | 450 | 550 | 700 | − |
| 5.5 | − | − | 450 | 550 | 700 | − |
| 6 | − | − | 450 | 550 | 700 | 900 |
| 6.4 | − | − | 450 | 550 | 700 | 900 |
| 7 | − | − | 450 | 550 | 700 | 900 |
| 8 | − | − | 450 | 550 | 700 | 900 |

정답 66. ① 67. ①

**68.** 고산화티탄계의 표시 기호는?

① E 4313　② E 4316　③ E 4301　④ E 4311

해설 ② E 4316 : 저수소계(라임계)
③ E 4301 : 일미나이트계
④ E 4311 : 고셀룰로오스계

**69.** 다음은 피복 아크 용접봉에 대한 사항이다. 틀린 것은?

① 피복 용접봉은 피복제의 무게가 전체의 10% 이상인 용접봉이다.
② 심선 중 25mm 정도를 피복하지 않고, 다른 쪽은 아크 발생이 쉽도록 약 10mm 이상을 피복하지 않고 제작되었다.
③ 피복 아크 용접봉의 심선의 지름은 1～10mm 정도이다.
④ 피복 아크 용접봉의 길이는 대체로 350～900mm 정도이다.

해설 피복 아크 용접용의 경우 아크 발생을 쉽게 하기 위해 약 3mm 정도 피복하지 않거나 카본발화제를 바른다.

**70.** 용접기의 필요한 조건에 들지 않는 것은?

① 정전압 특성　② 수하 특성
③ 정전류 특성　④ 시효의 특성

해설 용접기에 필요한 특성은 수하 특성, 정전압 특성, 정전류 특성, 상승 특성이 있다.

**71.** 철분 산화티탄계 용접봉은 철분의 성분이 몇 % 정도인가?

① 20%　② 30%　③ 40%　④ 50%

해설 철분계 용접봉은 철분 함유량이 피복제의 50%정도 포함되어 있다.

**72.** 다음 중 유기물질(셀룰로오스, 펄프)이 가장 많이 포함된 용접봉은?

① E 4303　② E 4311　③ E 4313　④ E 4316

해설 고셀룰로오스계(E 4311)는 가스 발생식으로 유기물이 30% 함유되어 있다.

정답 68. ①　69. ②　70. ④　71. ④　72. ②

**73.** 가스 발생제에 해당되는 것은 어느 것인가?

① 이산화망간 ② 형석 ③ 석면 ④ 펄프

해설 ①, ②, ③은 슬래그 생성제에 해당되는 것이다.

**74.** 피복 아크 용접봉에서 피복제의 주된 역할로 틀린 것은?

① 전기 절연 작용을 하고 아크를 안정시킨다.
② 스패터의 발생을 적게 하고 용착 금속에 필요한 합금 원소를 첨가시킨다.
③ 용착 금속의 탈산 정련 작용을 하며 용융점이 높고, 높은 점성의 무거운 슬래그를 만든다.
④ 모재 표면의 산화물을 제거하고, 양호한 용접부를 만든다.

해설 용융점이 낮은 가벼운 점성의 슬래그를 만든다.

**75.** 다음 중 부하 전류가 변화하여도 단자 전압은 거의 변화하지 않는 용접기의 특성은?

① 수하 특성 ② 하향 특성 ③ 정전압 특성 ④ 정전류 특성

해설 • 수하 특성 : 부하 전류가 증가하면 단자 전압이 저하하는 특성
• 정전압 특성 : 부하 전압이 변화하여도 단자 전압은 거의 변하지 않는 특성

**76.** 석회석($CaCO_3$) 등 염기성 탄산염을 주성분으로 하고 피복제 중에 수소 성분이 적으며 용착 금속은 인성(toughness)이 좋고 기계적 성질이 양호한 용접봉은?

① E 4311 ② E 4301 ③ E 4313 ④ E 4316

해설 저수소계(E 4316) 용접봉은 용착 금속 중의 수소 함유량이 다른 피복 용접봉에 비해 현저히 낮고$\left(\text{약 } \frac{1}{10} \text{ 정도}\right)$, 강력한 탈산 작용 때문에 산소량도 적으므로 용착 금속은 강인하며 기계적 성질, 내균열성이 우수하다.

**77.** 아크의 길이가 길어질 때와 관계없는 것은?

① 아크가 불안정하다. ② 용입이 나빠진다.
③ 열량이 대단히 작아진다. ④ 가공이나 균열을 일으킨다.

해설 ③은 아크 길이가 짧아질 때 생기는 현상이다.

정답 73. ④ 74. ③ 75. ③ 76. ④ 77. ③

**78.** 다음과 같이 연강용 피복 아크 용접봉을 표시하였다. 이에 대한 설명으로 틀린 것은?

E 4 3 1 6

① E : 전기 용접봉 ② 43 : 용착 금속의 최저 인장강도
③ 16 : 피복제의 계통 표시 ④ E 4316 : 일미나이트계

해설 용접봉 표시 기호(electrode indication symbol)

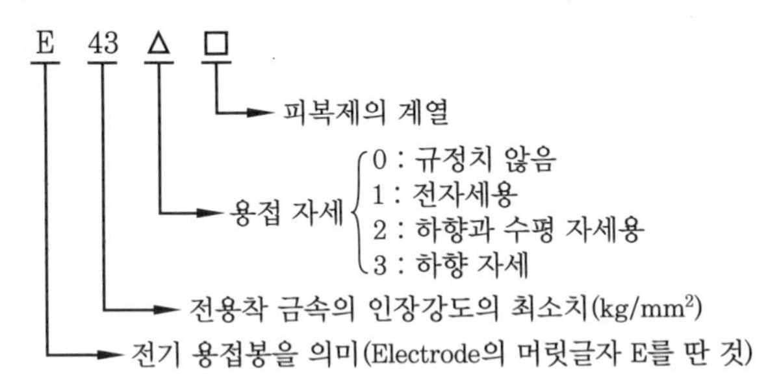


| 한국 | 일본 | 미국 |
|---|---|---|
| E 4301 | D 4301 | E 6001 |
| E 4313 | D 4313 | E 6013 |

※ E 4316 : 저수소계(라임계)

**79.** 저수소계 용접봉에 대한 설명 중 틀린 것은?

① 용착 금속 중에 수소 함유량이 현저히 낮다.
② 용착 금속의 전성과 연성이 좋다.
③ 균열에 대한 감수성이 특히 좋아서 두꺼운 판 용접에 사용된다.
④ 슬래그의 유동성이 나쁘다.

해설 아크가 끊어지기 쉽고 달라붙는 성질이 있으며 비드 파형이 약간 거칠다.

**80.** 용접봉 피복제의 편심률은 KS에서 몇 % 이하로 규정하는가?

① 1% ② 2% ③ 3% ④ 4%

해설 편심률 $= \frac{D-D'}{D} \times 100\%$

정답 78. ④ 79. ④ 80. ③

**81.** 다음 중 정류기형 직류 용접기에 사용되는 정류기의 형식이 아닌 것은?

① 셀렌 정류기 ② 실리콘 정류기 ③ 게르마늄 정류기 ④ 바륨 정류기

해설 정류기의 종류로는 실리콘 정류기, 셀렌 정류기, 게르마늄 정류기가 있다.

**82.** 가스 발생제에 해당되는 것은?

① 이산화망간 ② 형석
③ 녹말 ④ 알루미늄

해설 가스 발생제는 가스를 발생하여 아크 분위기를 대기로부터 차단하여 용융 금속의 산화나 질화를 방지하는 작용을 하며 녹말, 목재, 톱밥, 셀룰로오스(cellulose), 석회석 등이 속한다.

**83.** 산화티탄($TiO_2$)이 약 30% 포함되었으며 박판용에 사용하는 용접봉은?

① E 4301 ② E 4303 ③ E 4311 ④ E 4326

해설 ① E 4301 : 일미나이트 30%
③ E 4311 : 고셀룰로오스 30%
④ E 4326 : 철분 50%

**84.** 피복제의 성질을 열거한 것 중 틀린 것은?

① 혼합 가스 발생 ② 슬래그 박리성 증가
③ 유동성 증가 ④ 합금 제거

해설 적당한 합금 원소를 첨가한다.

**85.** 저수소계 용접봉의 특징 및 용도가 적당하지 않은 것은?

① 다른 용접봉에 비해 기계적 성질이 우수하다.
② 용착 금속 보호 방식으로 가스 발생식에 속한다.
③ 내균열성 및 고탄소강에 사용한다.
④ 특수 운봉법에 사용한다.

해설 슬래그 생성식에 속한다.

정답 81. ④ 82. ③ 83. ② 84. ④ 85. ②

**86. 다음은 고셀룰로오스계(high cellulose type E 4311) 용접봉에 관한 사항이다. 틀린 것은?**

① 피복제 중에 유기물(셀룰로오스)을 약 30% 정도 이상 포함하고 있다.
② 피복의 두께가 두꺼우며, 슬래그의 양이 극히 많아서 아래보기 또는 수평 자세 또는 넓은 곳의 용접에 작업성이 좋다.
③ 아크 스프레이형이고 용입도 좋으나 스패터가 많다.
④ 비드 표면의 파형(ripple)이 거칠다.

해설 이 용접봉은 피복의 두께가 얇으며, 슬래그 양이 극히 적어서 수직 또는 위보기 자세 또는 좁은 틈의 용접에 작업성이 좋다.

**87. 슬래그 생성제에 포함되지 않는 것은?**

① 규사
② 운모
③ 페로망간
④ 마그네사이트

해설 페로망간은 합금 첨가제에 속한다.

**88. 피복 아크 용접에서 아크 쏠림 방지 대책이 아닌 것은?**

① 접지점을 될 수 있는 대로 용접부에서 멀리 할 것
② 용접봉 끝을 아크 쏠림 방향으로 기울일 것
③ 접지점 2개를 연결할 것
④ 직류 용접으로 하지 말고, 교류 용접으로 할 것

해설 아크 쏠림(아크 블로우)과 방지책
도체에 전류가 흐르면 그 주위에 자장이 생기게 된다. 아크 쏠림(arc blow)이라는 현상은 모재, 아크, 용접봉과 흐르는 전류에 따라 그 주위에 자계가 생기며, 이 자계가 용접물의 형상과 아크 위치에 따라 아크에 대해 비대칭이 되어 아크가 한 방향으로 강하게 불리어 아크의 방향이 흔들려서 불안정하게 된다. 이 현상은 주로 직류에서 발생되며 교류에서는 파장(cycle)이 있으므로 거의 생기지 않는다.

- 아크 쏠림 발생 시
  ㉮ 아크가 불안정하다.
  ㉯ 용착 금속의 재질 변화가 발생된다.
  ㉰ 슬래그 섞임 및 기공이 발생된다.

정답 86. ② 87. ③ 88. ②

• 아크 쏠림 방지책
㉮ 직류 용접을 하지 말고, 교류 용접을 사용한다.
㉯ 모재와 같은 재료 조각을 용접선에 연장하도록 가용접한다.
㉰ 접지점을 용접부보다 멀리한다.
㉱ 긴 용접에는 후퇴법으로 용접한다.
㉲ 짧은 아크를 사용한다.

**89.** 다음 중 원격 조정이 가능한 용접기는?

① 가동 철심형 용접기 ② 가동 코일형 용접기
③ 가포화 리액터형 용접기 ④ 탭 전환형 용접기

해설 가포화 리액터형 용접기는 전류 조정을 정기적으로 하기 때문에 가동 철심형이나 가동 코일형과 같이 이동 부분이 없으며, 원격 조정이 가능하다.

**90.** 교류 아크 용접기의 종류가 아닌 것은?

① 가동 철심형 ② 가동 코일형
③ 가포화 리액터형 ④ 정류기형

해설 직류 아크 용접기는 정류기형, 발전형으로 분류된다.

**91.** 피복 아크 용접 시 용접선상에서 용접봉을 이동시키는 조작을 말하며 아크의 발생, 중단, 재아크, 위빙 등이 포함된 작업을 무엇이라 하는가?

① 용입 ② 운봉 ③ 키홀 ④ 용융지

해설 운봉(weaving)에 대한 내용이다.

**92.** 피복 아크 용접에서 홀더로 잡을 수 있는 용접봉 지름(mm)이 5.0~8.0일 경우 사용하는 용접봉 홀더의 종류로 옳은 것은?

① 125호 ② 160호 ③ 300호 ④ 400호

해설 용접봉 지름이 1.6~3.2mm는 125호, 3.2~4.0mm는 160호, 4.0~6.0mm는 300호, 5.0~8.0mm는 400호이다.

정답 89. ③ 90. ④ 91. ② 92. ④

**93.** 다음 중 용접봉의 내균열성이 가장 좋은 것은?

① 셀룰로오스계 ② 티탄계 ③ 일미나이트계 ④ 저수소계

해설 저수소계(E 4316) 용접봉은 강인성이 풍부하고 기계적 성질, 내균열성이 우수하다.

**94.** 아크 길이가 길 때 일어나는 현상이 아닌 것은?

① 아크가 불안정해진다.
② 용융 금속의 산화 및 질화가 쉽다.
③ 열 집중력이 양호하다.
④ 전압이 높고 스패터가 많다.

해설 아크 길이가 길 때 열의 집중력은 불량하다.

**95.** 직류 용접기 사용 시 역극성(DCRP)과 비교한 정극성(DCSP)의 일반적인 특징으로 옳은 것은?

① 용접봉의 용융 속도가 빠르다.
② 비드 폭이 넓다.
③ 모재의 용입이 깊다.
④ 박판, 주철, 합금강 비철금속의 접합에 쓰인다.

해설 직류 역극성(DCRP)은 비드 폭이 넓고 용입이 얕으며, 용접봉의 용융 속도가 빠르다. 또한, 산화 피막을 제거하는 청정 작용이 있다.

**96.** 피복 아크 용접에서 피복제의 성분에 포함되지 않는 것은?

① 피복 안정제 ② 가스 발생제 ③ 피복 이탈제 ④ 슬래그 생성제

해설 피복 배합제의 종류로는 ①, ②, ④ 이외에 합금 첨가제, 고착제, 탈산제 등이 있다.

**97.** 피복 아크 용접에서 위빙(weaving) 폭은 심선 지름의 몇 배로 하는 것이 가장 적당한가?

① 1배 ② 2～3배 ③ 5～6배 ④ 7～8배

해설 위빙 폭은 용접봉 심선 지름의 약 2～3배 정도로 하는 것이 적당하나 실제로는 약 10～15 mm 정도가 일반적이다.

정답 93. ④ 94. ③ 95. ③ 96. ③ 97. ②

**98.** 다음은 각종 교류 아크 용접기에 대한 것이다. 틀린 것은?

① 교류 아크 용접기는 용접봉의 품질 개선에 의하여 수요가 격증하고 있다.
② 교류 아크 용접기는 보통 1차 측을 100V, 2차 측의 무부하 전압은 감전을 피하기 위하여 50V 이하로 만들어져 있다.
③ 구조는 변압기와 같고 리액턴스에 의하여 수하 특성, 누설 자속(leakage magnetic flux)에 의하여 전류를 조절한다.
④ 교류 아크 용접기는 가격이 싸고 구조도 비교적 간단하다.

**해설** 교류 아크 용접기는 보통 1차 측을 200V의 동력선에 접속하고, 2차 측의 무부하 전압은 70~80V가 되도록 만들어져 있다.

**99.** 다음 중 설명이 잘못된 것은?

① 정극성일 때는 용접봉의 용융이 늦고 모재의 용입은 깊어진다.
② 역극성일 때는 용접봉의 용융 속도는 빠르고 모재의 용입은 얕아진다.
③ 얇은 판의 용접에는 용락을 피하기 위하여 정극성이 편리하다.
④ 모재와 용접봉이 다 같이 알맞게 녹으려면 모재에 발열량이 더 많은 것이 좋다.

**해설** 얇은 판의 용접으로 정극성을 사용하면 모재에 구멍이 생기므로 역극성을 사용하여야 한다.

**100.** 용접봉의 용융 속도는?

① (아크 전류)×(용접봉 쪽 전압강하)
② (무부하 전압)×(아크 전압)
③ (아크 전류)×(무부하 전압)
④ (아크 전류)×(아크 전압)

**해설** 용접봉의 용융 속도는 단위 시간당 소비되는 용접봉의 길이 또는 무게로 나타낸다. 용융 속도는 (아크 전류)×(용접봉 쪽 전압강하)로 결정되고 아크 전압과는 관계가 없다.

**101.** 고탄소강의 용접이 어려운 이유로 틀린 것은?

① 열 영향부의 경화가 현저해서 비드 균열을 일으키기 쉽기 때문이다.
② 단층 용접에서는 예열을 하지 않으면 열 영향부가 담금질 조직이 되기 때문이다.
③ 예열, 후열이 필요하고, 용접봉도 고산화티탄계를 써야만 하기 때문이다.
④ 탄소 함유량의 증가와 더불어 급랭 경화가 심하기 때문이다.

**정답** 98. ② 99. ③ 100. ① 101. ③

해설 예열, 후열이 필요하고, 용접봉은 저수소계의 모재와 같은 재질의 용접봉, 또는 연강 용접봉, 오스테나이트계, 스테인리스강 용접봉, 모넬메탈 용접봉 등이 쓰이고 있다.

**102.** 직류 아크 용접 중 정극성이란?

① 모재에 용접기의 양극(+)을 연결하고, 용접봉을 용접기의 음극(−)에 연결하는 것이다.
② 모재에 용접기의 음극(−)을 연결하고, 용접봉을 용접기의 양극(+)에 연결하는 것이다.
③ 용접기의 양극(+)을 모재와 용접봉에 동시에 연결하는 것이다.
④ 용접기의 음극(−)을 모재와 용접봉에 동시에 연결하는 것이다.

해설 • 정극성 : 후판 용접에 사용
• 역극성 : 박판 용접에 사용

**103.** AC(교류)와 DCSP(직류 정극성) 및 DCRP(직류 역극성) 전원의 용입 깊이 순서로 맞는 것은?

① AC>DCSP>DCRP
② AC>DCRP>DCSP
③ DCRP>AC>DCSP
④ DCSP>AC>DCRP

해설 DCSP(직류 정극성)에서는 모재가 (+)극이므로 발생되는 열량은 전체 발열량의 60~75%이다. 따라서 용입이 가장 깊다.

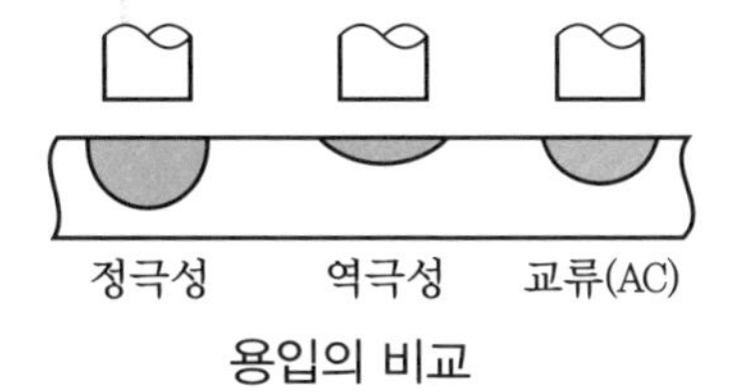

용입의 비교

**104.** 무기물형이라고도 부르는 용착 금속 보호 방식은?

① 반가스 발생식 ② 가스 발생식
③ 슬래그 생성식 ④ 글로뷸러형

해설 무기물질은 슬래그 생성식이며, 유기물질은 가스 발생식이라고도 한다.

정답 102. ① 103. ④ 104. ③

**105.** 탄소강의 용접에서 탄소량이 0.2% 이하일 때 일반적인 예열 온도는?

① 90℃ 이하　　② 90～150℃
③ 150～260℃　　④ 260～420℃

해설 • 0.2～0.3% : 예열 온도 90～150℃
• 0.3～0.45% : 예열 온도 150～260℃
• 0.45～0.8% : 예열 온도 260～420℃

**106.** 강은 200～300℃ 정도의 가열을 받으면 상온에서보다 강도는 커지지만 전연성이 줄어들어 취성을 가지는 현상을 무엇이라 하는가?

① 상온 취성(cold-shortness)
② 적열 취성(hot-shortness)
③ 청열 취성(blue-shortness)
④ 저온 취성(low temperature shortness)

해설 강은 200～300℃에서 청열 취성이 생겨 푸른색을 띠며 이 부분이 약해진다.

**107.** 탄소강에서 탄소당량이란 무엇인가?

① 탄소강의 용접성을 나타내는 것으로 이 값이 클수록 용접이 곤란하다.
② 탄소강에서 탄소와 망간, 규소 함유량을 나타내는 것이다.
③ 탄소강에서 철(Fe)과 유황(S)의 함유량을 나타내는 것이다.
④ 탄소강의 5원소의 비를 나타내는 것이다.

해설 탄소당량 $= C[\%] + \frac{1}{3}Si[\%] + P[\%]$

$$ceg(탄소당량) = C[\%] + \frac{1}{6}Mn + \frac{1}{24}Si + \frac{1}{40}Ni + \frac{1}{5}Cr + \frac{1}{4}Mo$$

**108.** 용접봉 위빙 시 위빙 폭은 용접봉 심선의 몇 배가 좋은가?

① 0.5～1배　　② 2～3배
③ 4～5배　　④ 6～7배

해설 위빙 폭은 용접봉 심선의 2～3배 정도로 한다. 그러나 실제로는 약 15mm 정도, ϕ3.2 봉에서 5배 정도이다.

정답 105. ①　106. ③　107. ①　108. ②

**109.** 용접봉 운봉 시 운봉 각도는 용접 진행 방향에 대하여 몇 도인가?

① 45°~60° ② 60°~70° ③ 85° ④ 90°

해설 용접각도는 중요하며 진행각은 60~70°, 작업각은 맞대기 용접에서 90°로 한다.

**110.** 다음 중 적당한 아크 길이는?

① 1mm ② 3mm ③ 5mm ④ 7mm

해설 아크 길이는 심선 직경의 1배 이하로 해야 하며, 적당한 길이는 2~3mm 정도로 한다.

**111.** 직선 비딩(beading)을 하는 용접은?

① 박판 용접 ② 후판 용접
③ 구조물 용접 ④ 두꺼운 파이프 용접

해설 얇은 판은 가능한 한 열을 적게 하기 위해 직선 비드로 용접한다.

**112.** 다음 중 비드 밑에 균열이 생기는 것과 관계가 없는 것은?

① 고탄소강 용접 시 발생한다.
② 수소가 원인이 된다.
③ 고장력강 용접 시 발생한다.
④ 연강 용접 시 발생한다.

해설 균열은 탄소량이 많은 강이 연강보다 발생이 많으며 수소도 균열의 원인이 된다.

**113.** 피복 아크 용접에서 녹은 쇳물 부분을 무엇이라 하는가?

① 용입(penetration) ② 용착(deposit)
③ 용융지(molten weld pool) ④ 용적(globule)

해설 용입은 모재가 아크열에 의해 녹아들어 간 깊이, 용착은 용접봉이 용융지에 녹아 들어가는 것, 용적은 용접봉이 녹은 쇳물 방울이다.

정답 109. ② 110. ② 111. ① 112. ④ 113. ③

**114. 수직 용접의 상진법에 적합한 운봉법은?**

① 원형 ② 부채꼴 모양 ③ 타원형 ④ 백스텝

해설 운봉법

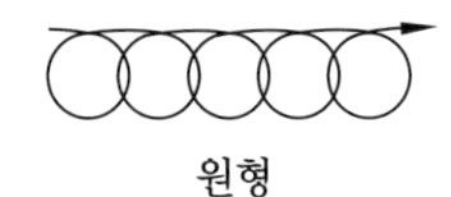

원형

부채꼴 모양

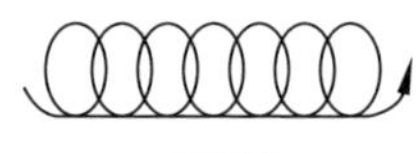

타원형

백스텝

**115. 다음 중 한 번의 용접패스로 생긴 일면의 용착부를 무엇이라 하는가?**

① 비드(bead)
② 용적(globule)
③ 용융지(molten pool)
④ 용착부(weld metal zone)

해설 비드는 용접봉에 의하여 1회에 만들어진 용착부이며, bead가 겹쳐서 쌓인 것을 덧쌓기라 한다.

**116. 맞대기 저항 용접을 할 때 용융 금속이 압력의 작용으로 눌려 밀려나와 용착부 둘레에 응고한 것을 무엇이라 하는가?**

① 귀(flash, burr) ② 뒤틀림(distortion)
③ 드래그(drag) ④ 다이번(die burn)

해설 ③ 드래그는 절단 시 절단기류의 흔적을 말한다.

**117. 아크 용접에서 크레이터가 생기는 이유는?**

① 용접 전류를 낮게 했을 때
② 아크를 중단시켰을 때
③ 용접 속도를 빨리 했을 때
④ 무부하 전압을 높게 했을 때

해설 아크 용접 시 비드 끝에 약간 움푹 들어간 부분을 크레이터라고 하며, 균열이나 편석 등이 생길 염려가 많다.

정답 114. ④ 115. ① 116. ① 117. ②

# 제 4 장 가스 용접

## 4-1 가스 용접의 개요

### (1) 가스 용접의 원리

가스 용접(gas welding)은 아세틸렌 가스, 수소 가스, LP 가스, 도시가스 등의 가연성 가스와 산소와의 혼합 가스의 연소열을 이용하여 용접하는 방법으로, 가장 많이 쓰이고 있는 것은 산소-아세틸렌 가스 용접(oxygen-acetylene gas welding)이다. 산소-아세틸렌 가스 용접을 간단히 가스 용접이라고도 한다.

### (2) 가스 용접의 특징

**① 장점**

(가) 응용 범위가 넓다.
(나) 운반이 편리하다.
(다) 전기가 필요 없다.
(라) 아크 용접에 비해서 유해 광선의 발생이 적다.
(마) 가열 조절이 비교적 자유롭다(박판 용접에 적당하다).
(바) 설비비가 싸고, 어느 곳에서나 설비가 쉽다.

**② 단점**

(가) 열효율이 낮다.
(나) 폭발의 위험성이 크다.
(다) 일 집중성이 나빠서 효율적인 용접이 어렵다.
(라) 아크 용접에 비해서 불꽃의 온도가 낮다(약 절반 정도).
(마) 아크 용접에 비해 가열 범위가 커서 용접 응력이 크고, 가열시간이 오래 걸린다.
(바) 아크 용접에 비해 일반적으로 신뢰성이 적다.
(사) 금속이 탄화 및 산화될 가능성이 많다.

## 4-2 가스 및 불꽃

### (1) 용접용 가스의 종류와 특징

① **아세틸렌 가스** : 불포화 탄화수소의 일종(탄소와 수소의 화합물)으로 불안정한 상태의 가스이며, 1836년 영국의 데이비경(Sir, H. Davy)에 의하여 최초로 발견되었다. 기체 상태로 압축하면 충격을 받을 때 분해하여 폭발하기 쉬운 가스이다.

(가) 성질

㉮ 순수한 것은 무색무취의 기체이며, 비중은 0.906(15℃, 1기압에서 1L의 무게는 1.176g)이다.

㉯ 실제 사용하는 가스는 인화수소($PH_3$), 유화수소($H_2S$), 암모니아($NH_3$) 등이 1% 정도 포함되어 있어 악취가 난다.

㉰ 산소와 적당히 혼합하면 연소 시에 높은 열(3000~3100℃)을 낸다.

㉱ 여러 가지 물질에 다음과 같이 용해된다(4℃, 1기압).

| 물질 | 물 | 석유 | 벤젠 | 알코올 | 아세톤 |
|---|---|---|---|---|---|
| 용해도 | 1배 | 2배 | 4배 | 6배 | 25배 |

이 용해 성질을 이용하여 용해 아세틸렌 가스로 만들어 사용한다(예를 들어, 15기압에서 25×15=375배 용해).

(나) 아세틸렌 가스의 폭발성

㉮ 온도

㉠ 406~408℃에 달하면 자연 발화한다.

㉡ 505~515℃에 달하면 폭발한다.

㉢ 산소가 없어도 780℃ 이상이 되면 자연 폭발한다.

㉯ 압력 : 150℃에서 2기압 이상 압력을 가하면 폭발의 위험이 있으며, 1.5기압 이상이면 위험 압력이다(1.2~1.3기압 이하에서 사용해야 한다).

㉰ 혼합 가스

㉠ 공기나 산소와 혼합(공기 2.5% 이상, 산소 2.3% 이상 포함)되면 폭발성 혼합 가스가 된다.

㉡ 아세틸렌 : 산소와의 비가 15 : 85일 때 가장 폭발의 위험이 크다.

㈑ 화합물 생성 : 아세틸렌 가스는 구리 또는 구리 합금(62% 이상 구리 함유), 은(Ag), 수은(Hg) 등과 접촉하면 폭발성 화합물을 생성하므로 가스 통로에 접촉을 금해야 한다.

㈒ 외력 : 압력이 가해져 있는 아세틸렌 가스에 마찰, 진동, 충격 등의 외력이 가해지면 폭발할 위험이 있다.

② **산소**

㈎ 비중이 1.105로 공기보다 무겁고, 무색무취이며 액체 산소는 연한 청색을 띄기도 한다.

㈏ 다른 물질이 연소하는 것을 도와주는 지연성 또는 조연성 가스이다.

㈐ 모든 원소와 화합 시 산화물을 만든다.

③ **프로판 가스(LPG) :** LPG는 액체 석유 가스(liquefied petroleum gas)로서 주로 프로판(propane), 부탄(butane)으로 되어 있다. LPG는 석유나 천연가스를 적당한 방법으로 분류하여 제조한 것으로서 공업용에는 프로판이 대부분을 차지하고 있으며, 프로판 이외에는 에탄(ethane), 부탄(butane), 펜탄(pentane) 등이 혼입되어 있다.

㈎ 액화하기 쉽고, 용기에 넣어 수송이 편리하다(가스 부피의 1/250 정도 압축할 수 있음).

㈏ 쉽게 폭발하며 발열량이 높다.

㈐ 폭발 한계가 좁아 안전도가 높고 관리가 쉽다.

㈑ 열효율이 높은 연소기구의 제작이 쉽다.

④ **각종 가스 불꽃의 최고 온도**

㈎ 산소 – 아세틸렌 : 3430℃

㈏ 산소 – 수소 : 2900℃

㈐ 산소 – 메탄 : 2700℃

㈑ 산소 – 프로판 : 2820℃

## (2) 산소 – 아세틸렌 불꽃

① **불꽃의 구성과 종류 :** 불꽃은 불꽃심 또는 백심(inner cone), 속불꽃, 겉불꽃으로 구분하며 불꽃은 백심 끝에서 2~3mm 부분이 가장 높아 약 3200~3500℃ 정도이며, 이 부분으로 용접을 한다.

㈎ 산화 불꽃($C_2H_2<O_2$) : 중성 불꽃에서 산소의 양이 많을 때 생기는 불꽃으로 용착 금속이 산화 · 탈탄된다.
㈏ 탄화 불꽃($C_2H_2>O_2$) : 산소보다 아세틸렌 가스의 분출량이 많은 상태의 불꽃으로 백심 주위에 연한 제3의 불꽃(아세틸렌 깃)이 있는 불꽃이다.
㈐ 중성 불꽃(표준 불꽃, $C_2H_2=O_2$) : 중성 불꽃(neutral flame)은 표준염이라고 한다. 산소와 아세틸렌 가스의 용적비가 1 : 1로 혼합할 때 이루어지지만 실제로는 1.1~1.2 : 1일 때이며, 산소가 다소 많다.

## 4-3 가스 용접 장치

### (1) 산소 용기

① **용기 제조 :** 이음매 없는 강관 제관법(만네스만법)으로 제조된다.
㈎ 인장강도 $57\text{kg/mm}^2$ 이상, 연신율 18% 이상의 강재가 용기의 강재로 사용된다.
㈏ 가스는 35℃에서 150기압으로 충전시켜 24시간 방치 후 사용한다.

### (2) 아세틸렌 용기(용해 아세틸렌)

① **용기 제조**
㈎ 아세틸렌 용기는 고압으로 사용하지 않으므로 용접하여 제작한다.
㈏ 용기 내의 내용물과 구조 : 아세틸렌은 기체 상태로의 압축은 위험하므로 아세톤을 흡수시킨 다공성 물질(목탄+규조토)을 넣고 아세틸렌을 용해 압축시킨다.
㈐ 용기 크기는 15, 30, 40, 50L가 있으며, 30L가 가장 많이 사용된다.

② **아세틸렌 충전**
㈎ 용해 아세틸렌 용기는 15℃에서 15.5기압으로 충전하여 사용한다. 용해 아세틸렌 1kg이 기화하면 905~910L의 아세틸렌 가스가 된다(15℃, 1기압하에서).
㈏ 아세틸렌 가스의 양 계산식은 다음과 같다.

$$C=905(B-A)\,[\text{L}]$$

여기서, $C$ : 용적(L), $A$ : 빈병 무게, $B$ : 병 전체의 무게(충전된 병)

### (3) 아세틸렌 발생기

아세틸렌 발생기의 구조는 간단하지만 카바이드 1kg이 물과 화학 반응으로 475kcal의 열(47.5L의 물이 10℃ 상승)이 발생하고 폭발 위험성이 크므로 제작과 취급에 매우 신경 써야 한다.

**① 발생기의 종류와 특징**

㈎ 투입식

㉮ 투입식은 많은 물에 카바이드를 조금씩 투입하는 방식이다.

㉯ 비교적 많은 양의 아세틸렌 가스가 필요할 경우 사용된다.

㉰ 가스 조절이 용이하며 온도 상승이 적고 불순 가스 발생이 적다.

㈏ 주수식

㉮ 발생기에 들어 있는 카바이드에 필요한 양의 물을 주수할 수 있도록 된 구조이다.

㉯ 기능이 간단하며 연속적으로 가스 발생을 하기 쉽다.

㉰ 투입식에 비하여 과열되기 쉽다.

㉱ 지연 가스가 되기 쉽다.

㈐ 침지식

㉮ 카바이드 덩어리를 물에 닿게 하여 가스를 발생시키는 방법이다.

㉯ 이동식 발생기로 많이 사용된다.

㉰ 온도 상승이 크고 불순 가스 발생이 많다.

㉱ 과잉 가스 발생이 되기 쉽고 혼합 가스와 화합, 폭발 위험이 있다.

### (4) 압력 조정기(pressure regulator)

용기 내의 공급 압력은 작업에 필요한 압력보다 고압이므로 재료와 토치 능력에 따라 감압할 수 있도록 하는 기기로, 감압 조정기라고도 한다. 감압 조정기에는 프랑스식과 독일식이 있으며, 각 형식에는 저압력계와 고압력계가 있다. 감압 조정기 중 산소 조정기에는 산소를 1.3kg/cm$^2$ 이하로 조정하고, 아세틸렌 조정기에는 아세틸렌을 0.1~0.5kg/cm$^2$로 조정한다.

### (5) 용접 토치(welding torch)

산소와 아세틸렌을 혼합실에서 혼합하여 팁에서 분출 연소하여 용접하게 하는 것으로서 아세틸렌 압력에 의하여 저압식과 중압식으로 구분하며, 구조에 따라 니들 밸브를 가지고 있지 않은 독일식(A형)과 니들 밸브를 가지고 있는 프랑스식(B형)이 있다.

## >>> 제4장 CBT 예상 출제문제와 해설

**1. 다음 중 가스 불꽃의 온도가 가장 높은 것은?**

① 산소-메탄 불꽃
② 산소-프로판 불꽃
③ 산소-수소 불꽃
④ 산소-아세틸렌 불꽃

해설 • 산소-아세틸렌 불꽃 온도 : 3430℃
• 산소-수소 불꽃 온도 : 2900℃
• 산소-프로판 불꽃 온도 : 2820℃
• 산소-메탄 불꽃 온도 : 2700℃

**2. 다음 중 가연성 가스가 가져야 할 성질과 거리가 먼 것은?**

① 발열량이 클 것
② 연소 속도가 느릴 것
③ 불꽃의 온도가 높을 것
④ 용융 금속과 화학 반응을 일으키지 않을 것

해설 가연성 가스 : 폭발 한계 농도의 하한이 10% 이하 또는 상·하한의 차가 20% 이상인 가스로, 수소, 아세틸렌, 메탄, 프로판, 부탄 등을 가연성 가스라 한다.

**3. 가스 용접용 토치의 팁 중 표준 불꽃으로 1시간 용접 시 아세틸렌 소모량이 100L인 것은 어느 것인가?**

① 고압식 200번 팁
② 중압식 200번 팁
③ 가변압식 100번 팁
④ 불변압식 100번 팁

해설 • 불변압식 토치(독일식 : A형) : 팁의 능력은 용접하는 판의 두께로 나타낸다.
• 가변압식 토치(프랑스식 : B형) : 팁의 능력은 1시간 동안 표준 불꽃으로 용접할 경우 아세틸렌 가스의 소비량(L)으로 나타낸다.

정답 1. ④ 2. ② 3. ③

**4. 가스 용접 시 사용하는 용제에 대한 설명으로 틀린 것은?**

① 용제의 융점은 모재의 융점보다 낮은 것이 좋다.
② 용제는 용융 금속의 표면에 떠올라 용착 금속의 성질을 양호하게 한다.
③ 용제는 용접 중에 생기는 금속의 산화물 또는 비금속 개재물을 용해하여 용융 온도가 높은 슬래그를 만든다.
④ 연강에는 용제를 일반적으로 사용하지 않는다.

해설 용융 온도가 낮은 슬래그를 만든다.

**5. 가스 용접에서 양호한 용접부를 얻기 위한 조건으로 틀린 것은?**

① 모재 표면에 기름, 녹 등을 용접 전에 제거하여 결함을 방지하여야 한다.
② 용착 금속의 용입 상태가 불균일해야 한다.
③ 과열의 흔적이 없어야 하며, 용접부에 첨가된 금속의 성질이 양호해야 한다.
④ 슬래그, 기공 등의 결함이 없어야 한다.

해설 용착 금속의 용입 상태가 균일해야 한다.

**6. 재사용 시 가능한 화학적 청정제는?**

① 헤라톨 ② 카타리졸
③ 아크릴 ④ 프라겐

해설 카타리졸은 청정 능력이 가장 크고 2~3L/m이며, 능력이 없어지면 회색으로 되고 재건조하여 사용할 수 있다.

**7. 안전기 중 중압식 이상 높은 압력용으로 사용하는 안전기는?**

① 수봉식 안전기 ② 스프링식 안전기
③ 수직 안전기 ④ 수평식 안전기

해설 저압용으로는 수봉식, 중압의 이상 시 물만으로 대기를 차단하기 어려워 스프링식을 쓴다.

정답 4. ③ 5. ② 6. ② 7. ②

**8.** 다음은 산소 용기에 대한 설명이다. 틀린 것은?

① 항장력(인장강도) 57kg/cm$^2$, 연신율 18% 이상의 강재로 되어 있다.
② 크기는 5000$l$, 6000$l$, 7000$l$의 3종류가 있다.
③ 용기 내에는 15℃에서 120기압으로 고압 산소가 채워져 있다.
④ 용기 아래 부분의 모양은 볼록형, 오목형, 스커트형의 3종류가 있다.

해설 용기 내에는 35℃에서 150기압으로 산소가 고압으로 채워져 있으므로 용기 취급 시 주의하여야 한다.

**9.** 아세틸렌에 함유되어 있는 불순물 중 물에 녹기 쉬워 청정기가 별도로 필요 없는 불순물은 어느 것인가?

① 인화수소 ② 암모니아 ③ 일산화탄소 ④ 황화수소

해설 아세틸렌에 함유된 인화수소($PH_3$)나 황화수소($H_2S$) 중 황화수소는 물에 녹기 쉽기 때문에 발생기에서 흡수된다.

**10.** 아세틸렌의 발화나 폭발과 관계없는 것은?

① 온도 ② 압력 ③ 가스 혼합비 ④ 유화수소

해설 유화수소는 용접기구 부식 및 용접부를 부식시킨다.

**11.** 다음 중 아세틸렌 병 안에 들어 있지 않은 것은?

① 목탄 ② 규조토 ③ 아세톤 ④ 페라톨

해설 아세틸렌 병 안에는 아세톤을 흡수시킨 목탄, 규조토 등의 다공성 물질이 가득 차 있고, 이 아세톤에 아세틸렌 가스가 용해되어 있다.

**12.** 다음은 카바이드에 1kg에 대한 가스 발생량이다. 3급에 해당되는 것은?

① 280$l$ 이상 ② 260$l$ 이상
③ 230$l$ 이상 ④ 200$l$ 이상

해설 ①은 1급, ②는 2급이며, 순수한 카바이드, 1kg에서 발생되는 가스의 양은 348$l$이다.

정답 8. ③ 9. ④ 10. ④ 11. ④ 12. ③

**13.** 다음 중 가스 용접 토치의 주요 3부분에 해당되지 않는 것은?

① 팁　② 호스
③ 혼합실　④ 산소 및 아세틸렌 밸브

해설 토치의 주요 부분은 산소 및 아세틸렌 밸브, 혼합실, 팁 등이며, 토치는 사용되는 아세틸렌 가스의 압력이 크고 작음에 따라 저압식, 중압식, 고압식 토치로 분류된다.

**14.** 가스 용접봉 인(P)의 화학 성분은?

① 0.30% 이하　② 0.040% 이하　③ 0.520% 이하　④ 0.125% 이하

해설 가스 용접봉 화학 성분(%)

| 인(P) | 황(S) | 구리(Cu) |
|---|---|---|
| 0.040 이하 | 0.040 이하 | 0.30 이하 |

**15.** 구리 및 구리 합금의 가스 용접에 사용되는 용제는?

① 플루오르화나트륨, 규산나트륨
② 탄산나트륨, 붕산
③ 황산칼륨 3%, 플루오르화칼륨 7%
④ 염화리튬 15%, 붕사

해설 구리 및 구리 합금에서의 용제는 붕사, 붕산, 플루오르화나트륨, 규산나트륨, 인산화물 등이 있다.

**16.** 가스 용접은 토치 이동 방향과 용착 금속의 관계에 따라 전진, 후진 용접이 있는데 후진법은 어느 때 사용하는가?

① 용접을 빨리할 때
② 용접 속도가 느릴 때
③ 깊은 용입을 할 때
④ 얇은 용입을 할 때

해설 우진법(후진법)은 깊은 용입 시 변형을 적게 하고, 산화를 약하게 할 때 사용한다.

정답 13. ②　14. ②　15. ①　16. ③

**17.** 지연성 가스인 산소의 성질을 설명한 것 중 잘못 설명된 것은 어느 것인가?

① 산소는 공기와 물이 주성분이다.
② 성질은 무색, 무취, 무미의 기체이다.
③ 1$l$의 중량은 0℃, 1기압에서 1.429g이다.
④ 산소의 비중은 0.806이다.

**해설** 산소의 비중은 1.105이다.

**18.** 스테인리스강, 스텔라이트, 모넬메탈 등과 같은 금속을 가스 용접할 때 사용해야 하는 불꽃은?

① 산화 불꽃 ② 중성 불꽃 ③ 탄화 불꽃 ④ 환원 불꽃

**해설**
- 산화 불꽃 : 황동
- 탄화 불꽃 : 스테인리스강, 스텔라이트, 모넬메탈 등
- 중성 불꽃 : 연강, 반연강, 주철, 구리, 토빈 청동, 아연, 납, 은, 알루미늄, 니켈, 주강

**19.** 일반적으로 두께가 3.2mm인 연강판을 가스 용접하기에 가장 적합한 용접봉의 직경은?

① 약 2.6mm ② 약 4.0mm ③ 약 5.0mm ④ 약 6.0mm

**해설** 가스용접 시 용접봉과 모재 두께는 다음과 같은 관계가 있다.
$D=\frac{T}{2}+1$, 여기서, $D$는 용접봉의 지름, $T$는 모재의 판 두께를 의미한다. 문제에서 주어진 정보를 위 식에 대입하면 $D=\frac{3.2}{2}+1=2.6\text{mm}$가 된다.

**20.** 가스 용접 불꽃에서 아세틸렌 과잉 불꽃이라 하며 속불꽃과 겉불꽃 사이에 아세틸렌 페더가 있는 것은?

① 바깥 불꽃 ② 중성 불꽃 ③ 산화 불꽃 ④ 탄화 불꽃

**해설** 가스 용접 불꽃 종류에서 탄화 불꽃은 아세틸렌 과잉 불꽃, 산화 불꽃은 산소 과잉 불꽃, 중성 불꽃은 산소와 아세틸렌 가스의 혼합비가 1 : 1 정도로 이루어진다.

**정답** 17. ④ 18. ③ 19. ① 20. ④

**21.** 가스 에너지 중 스스로 연소할 수 없으나 다른 가연성 물질을 연소시킬 수 있는 지연성 가스는?

① 수소 ② 프로판 ③ 산소 ④ 메탄

해설 산소를 제외한 나머지 가스는 가연성 가스에 해당한다.

**22.** 다음 중 산소 및 아세틸렌 용기의 취급 방법으로 틀린 것은?

① 산소 용기의 밸브, 조정기, 도관, 취구부는 반드시 기름이 묻은 천으로 깨끗이 닦아야 한다.
② 산소 용기의 운반 시에는 충돌, 충격을 주어서는 안 된다.
③ 사용이 끝난 용기는 실병과 구분하여 보관한다.
④ 아세틸렌 용기는 세워서 사용하며 용기에 충격을 주어서는 안 된다.

해설 산소병 밸브, 조정기, 도관, 취구부 등은 기름 묻은 천으로 닦아서는 안 된다. 불순물의 영향으로 순도를 저하시키거나 폭발의 위험이 있다.

**23.** 가스용접이나 절단에 사용되는 가연성 가스의 구비 조건으로 틀린 것은?

① 발열량이 클 것
② 연소 속도가 느릴 것
③ 불꽃의 온도가 높을 것
④ 용융 금속과 화학 반응이 일어나지 않을 것

해설 가연성 가스의 경우 연소 속도가 빨라야 하며, 산소를 첨가할 경우 더욱 빨라진다.

**24.** 가스 압력 조정기 취급사항으로 틀린 것은?

① 압력 용기의 설치구 방향에는 장애물이 없어야 한다.
② 압력 지시계가 잘 보이도록 설치하며 유리가 파손되지 않도록 주의한다.
③ 조정기를 견고하게 설치한 다음 조정나사를 잠그고 밸브를 빠르게 열어야 한다.
④ 압력 조정기 설치구에 있는 먼지를 털어내고 연결부에 정확하게 연결한다.

해설 압력 조정기를 설치한 다음 밸브 조작은 가볍게 한다.

정답 21. ③ 22. ① 23. ② 24. ③

**25.** 용기에 충전된 아세틸렌 가스의 양을 측정하는 방법은?

① 무게에 의해 측정한다.
② 아세톤이 녹는 양에 의해 측정한다.
③ 사용 시간에 의해 측정한다.
④ 기압에 의해 측정한다.

해설 아세틸렌 가스량은 실병 무게에서 사용 후 공병의 무게로 측정한다.

**26.** 가스 용접에서 프로판 가스의 성질 중 틀린 것은?

① 증발 잠열이 작고, 연소할 때 필요한 산소의 양은 1 : 1 정도이다.
② 폭발 한계가 좁아 다른 가스에 비해 안전도가 높고 관리가 쉽다.
③ 액화가 용이하여 용기에 충전이 쉽고 수송이 편리하다.
④ 상온에서 기체 상태이고 무색, 투명하며 약간의 냄새가 난다.

해설 프로판 가스는 증발 잠열이 크고, 연소할 때 필요한 산소의 양은 1 : 4.5이다.

**27.** 가스 용접 시 안전조치로 적절하지 않은 것은?

① 가스의 누설 검사는 필요할 때만 체크하고 점검은 수돗물로 한다.
② 가스 용접 장치는 화기로부터 5m 이상 떨어진 곳에 설치해야 한다.
③ 작업 종료 시 메인 밸브 및 콕 등을 완전히 잠가준다.
④ 인화성 액체 용기의 용접을 할 때는 증기 열탕물로 완전히 세척 후 통풍구멍을 개방하고 작업한다.

해설 가스의 누설 검사는 사용 전, 중, 후 등 수시로 실시하며, 일반적으로 점검은 비눗물로 한다.

**28.** 충전 가스 용기 중 암모니아 가스 용기의 도색은?

① 회색 ② 청색 ③ 녹색 ④ 백색

해설 산소는 녹색, 이산화탄소는 청색, 아르곤은 회색으로 가스 용기를 도색한다.

정답 25. ① 26. ① 27. ① 28. ④

**29.** 가변압식의 팁 번호가 200일 때 10시간 동안 표준 불꽃으로 용접할 경우 아세틸렌 가스의 소비량은 몇 L인가?

① 20 ② 200 ③ 2000 ④ 20000

해설 200×10=2000L

**30.** 가스 용접에서 탄화 불꽃의 설명과 관련이 가장 적은 것은?

① 속불꽃과 겉불꽃 사이에 밝은 백색의 제3불꽃이 있다.
② 산화 작용이 일어나지 않는다.
③ 아세틸렌 과잉 불꽃이다.
④ 표준 불꽃이다.

해설 탄화 불꽃은 아세틸렌 과잉 불꽃으로 표준 불꽃이 아니다.

**31.** 아세틸렌 가스의 자연 발화 온도는 몇 ℃정도인가?

① 250～300℃ ② 300～397℃ ③ 406～408℃ ④ 700～705℃

해설 406～408℃가 되면 자연 발화하고, 505～515℃가 되면 폭발하며, 산소가 없어도 780℃ 이상이 되면 자연 폭발한다.

**32.** 가스 용접에서 토치를 오른손에, 용접봉을 왼손에 잡고 오른쪽에서 왼쪽으로 용접을 해 나가는 용접법은?

① 전진법 ② 후진법 ③ 상진법 ④ 병진법

해설 가스 용접법에서 전진법은 토치를 오른손에, 용접봉을 왼손에 잡고 오른쪽에서 왼쪽으로 용접하는 방법을 말한다.

**33.** 산소 용기의 내용적이 33.7L인 용기에 120kgf/cm$^2$가 충전되어 있을 때, 대기압 환산 용적은 몇 L인가?

① 2803 ② 4044 ③ 28030 ④ 40440

해설 산소 용기의 총 가스량=내용적×용기 속의 압력=33.7×120=4044L

정답 29. ③ 30. ④ 31. ③ 32. ① 33. ②

**34.** 아세틸렌($C_2H_2$) 가스의 성질로 틀린 것은?

① 비중이 1.906으로 공기보다 무겁다.
② 순수한 것은 무색, 무취의 기체이다.
③ 구리, 은, 수은과 접촉하면 폭발성 화합물을 만든다.
④ 매우 불안전한 기체이므로 공기 중에서 폭발 위험성이 크다.

**해설** 아세틸렌 가스의 비중은 0.906으로 공기보다 가볍다.

**35.** 산소 용기의 표시로 용기 윗부분에 각인이 찍혀 있다. 잘못 표시된 것은?

① 용기 제작사 명칭 및 기호 ② 충전 가스 명칭
③ 용기 중량 ④ 최저 충전 압력

**해설** 용기 윗부분에 최고 충전 압력만 각인이 찍혀 있다.

**36.** 가스 용접으로 연강 용접 시 사용하는 용제는?

① 붕사 ② 염화리튬
③ 염화나트륨 ④ 사용하지 않는다.

**해설** 연강용 재료에 가스 용접 시 용제를 사용하지 않고 용접을 한다.

**37.** 가스 용접 시 전진법과 후진법을 비교 설명한 것 중 틀린 것은?

① 전진법은 용접 속도가 느리다.
② 후진법은 열 이용률이 좋다.
③ 후진법은 용접 변형이 크다.
④ 전진법은 개선 홈의 각도가 크다.

**해설** 후진법은 전진법보다 열 이용률이 좋아 용접 변형이 작다.

**38.** 다음 중 산소-아세틸렌 가스 용접에서 주철에 사용하는 용제에 해당하지 않는 것은?

① 붕사 ② 탄산나트륨 ③ 염화나트륨 ④ 중탄산나트륨

**해설** 산소-아세틸렌 가스 용접 시 주철에 사용되는 용제는 탄산나트륨 15%, 붕사 15%, 중탄산나트륨 70%가 사용된다.

**정답** 34. ① 35. ④ 36. ④ 37. ③ 38. ③

**39.** 내용적 40.7L의 산소병에 150kgf/cm²의 압력이 게이지에 표시되었다면 산소병에 들어 있는 산소량은 몇 리터인가?

① 3400 ② 4055 ③ 5055 ④ 6105

해설 산소량 = 내용적 × 압력 게이지에 표시된 눈금 = 40.7 × 150 = 6105 L

**40.** 수봉식 안전기는 사용하는 아세틸렌 가스의 압력에 따라 구분되는데 중압 안전기는 수주가 얼마의 압력에 해당되는가?

① 수주 300mm 이하의 압력
② 수주 700mm 이하의 압력
③ 수주 700mm 이상의 압력
④ 수주 1200mm 이상의 압력

해설 • 저압 안전기 : 수주 700mm 이하의 압력
• 중압 안전기 : 수주 700mm 이상의 압력

**41.** 하나의 조정기 본체 내에 2개의 감압기구를 가지고 있는 조정기는?

① 1단식 조정기 ② 2단식 조정기
③ 스템형 조정기 ④ 노즐형 압력 조정기

해설 하나의 조정기 본체 내에 2개의 감압기구를 가지고 있는 조정기를 2단식 조정기라 하며, 2단식 조정기에서 제1단식의 감압부에서는 보통 일정 압력(3~4kg/cm² 정도)으로 감압되도록 조정 스프링을 고정하여 두고 밸브를 항상 열린 상태로 둔다.

**42.** 다음 설명 중 맞는 것은?

① 가변압식 토치 팁 구멍 크기는 용접 가능한 판의 두께를 표시한다.
② B형 토치는 불변압식이다.
③ A형 토치는 가변압식이다.
④ A형 토치 팁 번호는 용접 가능한 판의 두께를 표시한다.

해설 • 가변압식 : B형(프랑스식)으로 팁 번호는 아세틸렌 가스의 1시간당 소모량을 나타낸다.
• 불변압식 : A형(독일식)으로 팁 번호는 용접 모재 두께를 표시한다.

정답 39. ④ 40. ③ 41. ② 42. ④

**43.** 카바이드 1kg을 물과 작용시키면 아세틸렌이 발생되는 동시에 얼마 정도의 kcal가 발생하는가?

① 475 ② 348 ③ 758 ④ 375

해설 $CaC_2 + 2H_2O \rightarrow C_2H_2 + Ca(OH)_2 + 475\,kcal$

**44.** 다음은 아세틸렌 용기에 대한 설명이다. 틀린 것은?

① 용기의 크기는 15*l*, 30*l*, 50*l* 의 3종류가 있다.
② 용기의 재질은 탄소강으로 되어 있다.
③ 용기의 밸브 재질은 크롬강 또는 가단 주철로 되어 있다.
④ 용기 내에는 아세톤을 흡수시킨 다공 물질이 들어 있다.

해설 용기의 밸브 재질은 단조강 또는 단조 황동으로 되어 있으며, 구리의 함유량은 62% 미만이다.

**45.** 다음 중 역류, 역화, 인화의 원인이 아닌 것은?

① 팁 끝의 막힘 ② 팁의 과열
③ 호스의 길이 ④ 팁 시트의 접착 불량

해설 역류, 역화, 인화의 원인은 팁 끝의 막힘, 팁의 과열, 팁의 부착 불충분, 팁 시트의 접착 불량, 각 부품의 연결 불량, 먼지의 부착, 가스 압력의 부적당, 호스의 꼬임, 안정기의 불량 등이다.

**46.** 용접 토치에서 팍팍하는 소리가 나면서 불꽃이 자주 꺼질 때의 응급조치는?

① 산소 아세틸렌 밸브를 모두 열고 물속에 냉각시킨다.
② 산소 아세틸렌 밸브를 모두 잠그고 물속에 냉각시킨다.
③ 산소 밸브를 조금 열고 물속에 냉각시킨다.
④ 아세틸렌 밸브를 조금 열고 물속에 냉각시킨다.

해설 팁에서 팍팍 소리가 나는 것은 팁의 과열로 인한 후화(after fire)이므로 팁을 냉각시킨다.

정답 43. ① 44. ③ 45. ③ 46. ③

**47.** 불순 가스가 가장 많이 발생하는 발생기의 종류는?

① 침지식 ② 투입식 ③ 침류식 ④ 주수식

해설 침지식은 가스 발생량이 많으며 공기와 혼합하기가 가장 쉽다.

**48.** 불순 가스 발생이 가장 적은 발생기는?

① 침지식 ② 침류식 ③ 투입식 ④ 주수식

해설 투입식은 지연 가스 발생이 적어 안전하며 물의 소모량이 많은 것이 특징이다.

**49.** 다음 중 백심(inner cone)이 뚜렷한 불꽃을 얻을 수 없고 청색의 겉불꽃에 싸인 무광의 불꽃은?

① 프로판 가스 불꽃 ② 수소 불꽃
③ 아세틸렌 불꽃 ④ 메탄 불꽃

해설 수소 가스는 아세틸렌 가스보다 일찍 실용되었으나 백심이 뚜렷한 불꽃을 얻을 수 없고, 현재는 납(Pb)의 용접에만 사용되고 있다.

**50.** 다음 중 아세틸렌과 화합 시 폭발 위험 화합물이 생성되지 않는 것은?

① 은 ② 수은
③ 철 ④ 구리, 구리 합금

해설 아세틸렌 가스는 구리 또는 구리 합금(62% 이상의 구리), 은(Ag), 수은(Hg) 등과 접촉하면 폭발성 화합물을 생성한다.

**51.** 혼합 가스 열원 중 가장 높은 온도는?

① 산소-아세틸렌 불꽃
② 산소-수소 불꽃
③ 산소-석탄 가스 불꽃
④ 산소-프로판 불꽃

해설 ① : 3430℃ ② : 2900℃ ③ : 2700℃ ④ : 2820℃

정답 47. ① 48. ③ 49. ② 50. ③ 51. ①

**52.** 아세틸렌 고무 호스의 색깔은?

① 흑색 ② 적색 ③ 갈색 ④ 녹색

해설 산소 호스는 흑색 또는 녹색, 아세틸렌용은 적색으로 구별하고 있다.

**53.** 산소 용기의 표시 각인에서 TP가 의미하는 것은?

① 내압 시험 압력
② 용기 중량
③ 내용량
④ 최고 충전 압력

해설 V : 내용량, W : 용기 중량, TP : 내압 시험 압력, FP : 최고 충전 압력

**54.** 고무 호스의 사용 시 산소 용접용 호스의 내압 시험은?

① $10 kg/cm^2$
② $90 kg/cm^2$
③ $120 kg/cm^2$
④ $50 kg/cm^2$

해설 ① 아세틸렌 가스 용접용 호스의 내압 시험은 $10 kg/cm^2$에서 한다.

**55.** 가스 용접용 고무 호스의 내경으로 가장 많이 사용하는 것은?

① 9.5mm
② 7.9mm
③ 6.3mm
④ 5.2mm

해설 가스 용접용 호스의 내경은 9.5mm, 7.9mm, 6.3mm의 3종류가 있다.

**56.** 다음 중 발생기 아세틸렌을 청정해야 되는 이유는?

① 질소를 함유하고 있으므로
② 유화수소를 함유하고 있으므로
③ 산소를 함유하고 있으므로
④ 탄소를 함유하고 있으므로

해설 아세틸렌 발생 시 유화수소가 생성되는데 유화수소는 용접부 및 기기를 부식시킨다.

정답 52. ② 53. ① 54. ② 55. ② 56. ②

**57.** 아세틸렌이 불순물이 있는가 없는가를 확인하는 방법으로 가장 좋은 방법은?

① 가스의 색깔
② 가스의 무게
③ 가스의 냄새
④ 가스의 연소 상태

해설 아세틸렌은 무색, 무미, 무취이며 불순물 포함 시 악취가 난다.

**58.** 아세틸렌 가스는 탄소와 수소의 매우 불안정한 화합물로 구성되어 있는 가연성 가스이다. 이 가스는 일정 온도 이상에서는 산소가 없어도 자연 폭발을 하는데 이 온도로서 다음 중 제일 가까운 것은?

① 250℃ 이상
② 500℃ 이상
③ 680℃ 이상
④ 780℃ 이상

해설 406～408℃가 되면 자연 발화하고, 500～515℃는 폭발하며, 780℃ 이상이 될 경우 산소가 없더라도 자연 폭발한다.

**59.** 토치의 능력을 나타내는 것은?

① 토치의 크기
② 팁의 구멍 크기
③ 팁의 재료
④ 팁의 압력

해설 팁의 구멍 크기가 아세틸렌 소모량(B형) 또는 용접 가능한 두께(A형)를 표시한다.

**60.** 산소-프로판 용접 시 가스 혼합비는?

① 4.0～4.5 : 1
② 2 : 1
③ 2.5 : 1
④ 1 : 1

해설 프로판 가스 사용 시 프로판의 연소를 크게 하기 위해 아세틸렌 사용 시보다 산소량이 많이 필요하다.

정답 57. ③ 58. ④ 59. ② 60. ①

**61.** 용해 아세틸렌 1kg이 기화하였을 때 15℃, 1기압하에서 몇 $l$가 되는가?

① 348$l$ ② 905$l$ ③ 1050$l$ ④ 680$l$

**해설** ㉮ $C_2H_2$ → 0℃, 1기압

26g 분자 무게 : 22.4$l$

1000g : $x$

$x = \frac{1000}{26} \times 22.4l ≒ 861l$

㉯ 보일 샤를의 법칙에 의하면 $\frac{PV}{T} = \frac{P'V'}{T'}$

$\therefore \frac{861}{273} = \frac{V'}{273+15}$

$\therefore V' = \frac{288 \times 861}{273} ≒ 905l$

**62.** 충전 후의 용해 아세틸렌 병의 무게와 빈병의 무게 차이는 3kg이었다. 15℃, 1기압으로 환산하면 가스의 양은 약 몇 $l$나 되겠는가?

① 2715 ② 3150 ③ 3725 ④ 4000

**해설** $3 \times 905 = 2715l$

※ 용해 아세틸렌 1kg이 기화되었을 때 15℃, 1기압하에서 905$l$가 되는 것을 이용한다(문제 61번 해설참조).

**63.** 가스 용접에서 용제를 사용하는 이유는?

① 모재의 용융 온도를 낮게 하기 위하여
② 용접 중 산화물과 유해물 등을 제거하기 위하여
③ 침탄이나 질화 작용을 돕기 위하여
④ 용접봉의 용융 속도를 느리게 하기 위하여

**해설** 용제 사용 시 산화물의 용융 작용을 낮게, 산화물 제거, 친화력 증가 등의 목적이 있다.

**64.** 산소병의 내용적이 40.7L인 용기에 압력이 100kgf/cm$^2$로 충전되어 있다면 프랑스식 팁 100번을 사용하여 표준 불꽃으로 약 몇 시간까지 용접이 가능한가?

① 16시간 ② 22시간 ③ 31시간 ④ 41시간

**정답** 61. ② 62. ① 63. ② 64. ④

해설 • 산소 용기

산소 용기(oxygen bombe)는 양질의 강재를 써서 이음이 없이 만들어진 원통형 고압 용기로서, 정기적으로 250kg/cm²의 수압 시험을 하여 그 시험에 합격한 것이어야 한다. 산소는 이 용기 속에 35℃에서 150기압으로 압축하여 충전하고 있다.

• 산소 용기의 크기

| 호칭(l) | 내부 용적(L) | 지름(mm) | | 높이 (mm) | 중량 (kg) |
|---|---|---|---|---|---|
| | | 바깥 지름 | 안지름 | | |
| 5000 | 33.7 | 205 | 187 | 1825 | 61 |
| 6000 | 40.7 | 235 | 216.5 | 1230 | 71 |
| 7000 | 46.7 | 235 | 218.5 | 1400 | 74.5 |

현재 일반적으로 사용되고 있는 산소 용기의 크기는 위의 표와 같다. 가장 많이 쓰이는 것은 산소 용기 내용적 33.7L, 산소 용적 호칭 5000의 것이다.

산소 용기의 크기는 일반적으로 채워져 있는 산소의 대기압 환산 용적(대기압, 즉 1기압[1kg/cm²]의 상태로 환산한 양)으로 나타낸다.

$$L = P \times V$$

여기서, $L$ : 용기 속의 산소량(L)

$P$ : 용기 속의 압력(kg/cm²)

$V$ : 용기의 내부 용적(L)

예를 들면, 35℃에서 150기압으로 압축하여 내부 용적 40.7L의 산소 용기에 충전하였을 때 용기 속의 산소량은 약 6000L($L = 150 \times 40.7 = 6105$)이다.

**65. 프로판 가스의 성질에 대한 설명으로 틀린 것은?**

① 기화가 어렵고 발열량이 낮다.
② 액화하기 쉽고 용기에 넣어 수송이 편리하다.
③ 온도 변화에 따른 팽창률이 크고 물에 잘 녹지 않는다.
④ 상온에서는 기체 상태이고 무색, 투명하고 약간의 냄새가 난다.

해설 프로판 가스는 액화하기 쉽고, 발열량이 높다(12000.8kcal/kg).

**66. 연강용 가스 용접봉에서 "625±25℃에서 1시간 동안 응력을 제거한 것"을 뜻하는 영문자 표시에 해당되는 것은?**

① NSR ② GB ③ SR ④ GA

해설 SR(Stress Relief)에 관한 내용이다.

정답 65. ① 66. ③

**67.** 가스 용접에서 용제(flux)를 사용하는 가장 큰 이유는?

① 모재의 용융 온도를 낮게 하여 가스 소비량을 적게 하기 위해
② 산화 작용 및 질화 작용을 도와 용착 금속의 조직을 미세화하기 위해
③ 용접봉의 용융 속도를 느리게 하여 용접봉 소모를 적게 하기 위해
④ 용접 중에 생기는 금속의 산화물 또는 비금속 개재물을 용해하여 용착 금속의 성질을 양호하게 하기 위해

**68.** 가스 용접봉 선택 조건으로 틀린 것은?

① 모재와 같은 재질일 것
② 용융 온도가 모재보다 낮을 것
③ 불순물이 포함되어 있지 않을 것
④ 기계적 성질에 나쁜 영향을 주지 않을 것

해설 가스 용접봉의 선택 조건으로 용접봉의 용융 온도는 모재와 동일해야 한다.

**69.** 순수한 카바이드 1kg에서 약 몇 $l$의 아세틸렌 가스가 발생하는가?

① 696$l$ ② 348$l$ ③ 218$l$ ④ 148$l$

해설 순수한 카바이드 1kg에서 아세틸렌 가스는 348$l$가 발생하므로 2kg의 카바이드에서는 348×2=696$l$가 발생한다. 실제 시판용의 경우 1kg $CaC_2$에서 230～300$l$가 발생된다.

**70.** 산소-아세틸렌 용접에서 전진법에 해당되지 않는 것은?

① 열변형이 적다.
② 주로 5mm 이하의 박판 용접에 사용한다.
③ 용접봉을 토치가 따라가며 행하는 용접법이다.
④ 토치의 전진 각도는 약 45～50°이다.

해설 열변형이 후진법보다 크며 용접 속도가 느리다. 또한, 산화도 심하고 비드가 매끈하지 못하다.

정답 67. ④ 68. ② 69. ② 70. ①

**71.** 아연, 납, 안티몬의 용접에 가장 적당한 가스 용접기는?

① 가스, 아세틸렌 용접기 ② 산소, 수소 용접기
③ 산소, 석탄 가스 용접기 ④ 공기, 석탄 가스 용접기

해설 용접 가스 종류에 따른 최고 온도와 적용 금속

| 가스 조합 | 최고 온도(℃) | 적용 금속 |
|---|---|---|
| 산소, 아세틸렌 | 3200 | 철강, 비철금속 |
| 산소, 수소 | 2500 | 철판, 비철금속 박판, 저용융 금속 |
| 산소, 석탄 가스 | 1500 | 저용융 금속 |
| 공기, 석탄 가스 | 900 | 아연, 납, 안티몬 |

**72.** 용적 50$l$의 산소 용기의 고압력계로 100기압이 나타나 있다. 불란서식 100번 팁으로 혼합비 1 : 1로 용접하면 몇 시간이나 작업할 수 있는가?

① 20시간 ② 30시간 ③ 40시간 ④ 50시간

해설 산소의 가스량 계산은 용적×고압 게이지 수치로 하며 $50 \times 100 = 5000$이다.
100번 팁은 1시간당에 100$l$ 가스가 분출되므로 $5000 \div 100 = 50$,
∴ 50시간 사용한다.

**73.** 가스 용접 시 모재의 재질에 따른 용제를 표시하였다. 잘못 짝지어진 것은?

① 반경강－중조, 탄산소다 ② 구리 합금－붕사
③ 주철－붕사, 중조, 탄산소다 ④ 알루미늄－붕사, 중조

해설 Al을 가스 용접하는 경우 용제는 염화리튬(15%), 염화칼리(45%), 염화나트륨(30%), 불화칼리(7%), 염화칼리(3%) 등의 혼합물이다.

**74.** 다음 중 아세틸렌 가스가 가장 많이 용해되는 것은?

① 물 ② 석유 ③ 벤젠 ④ 아세톤

해설 15℃, 1기압하에서 물에는 1배, 석유에 2배, 벤젠에 4배, 아세톤에는 25배 용해되고 압력에 비례한다.

정답 71. ④ 72. ④ 73. ④ 74. ④

**75.** **알루미늄 용접 시 불꽃은 어느 것이 제일 좋은가?**

① 중성 불꽃
② 산화 불꽃
③ 탄화 불꽃
④ 표준 불꽃

해설 각종 금속에 따른 용접 불꽃은 다음과 같다.
여기서, N : 중성 불꽃, C : 탄화 불꽃, O : 산화 불꽃, SC : 약한 탄화 불꽃, SO : 약한 산화 불꽃을 표시한다.

| 금속명 | 불꽃 | 금속명 | 불꽃 | 금속명 | 불꽃 |
|---|---|---|---|---|---|
| 알루미늄 | C | 크롬강 | N | 납 | N |
| 황동 | O | 니켈크롬강 | N | 주강 | N |
| 회주철 | N | 고탄소강 | N | 강판 | N |
| 주철관 | N | 납 | N | 연강박판 | N |

**76.** **다음은 토치에 점화할 때 폭음이 일어나는 원인이다. 틀린 것은?**

① 안전기 기능의 불량
② 혼합 가스의 배출이 불완전
③ 산소 및 아세틸렌 압력 부족
④ 가스 분출 속도의 부족

해설 토치에서 불을 붙일 때 순간적으로 "펑"하는 소리와 함께 검은 연기가 나는 경우가 있으며 이것은 안전기와는 관계가 없다.

**77.** **다음 중 저압식 발생기의 구비 조건이 아닌 것은?**

① 온도 상승이 가급적 적을 것
② 취급이 용이하고 고장이 적을 것
③ 기종 내에 존재하는 혼합 가스를 배제하는 장치를 가질 것
④ 항상 가스 발생 압력은 1.5kg/cm$^2$ 이상일 것

해설 저압식 발생기는 발생기 내의 압력이 0.07기압 이하로서 안전기에 의한 역류, 역화를 철저히 막아야 한다.

정답 75. ③ 76. ① 77. ④

**78.** 가스 용접의 장점으로 틀린 것은?

① 운반이 편리하고 어느 곳에서나 설치할 수 있다.
② 가열, 조절이 자유롭고 얇은 판에 적합하다.
③ 응용 범위가 넓다.
④ 아크 용접에 비해 가열 범위가 커서 변형이 적다.

해설 아크 용접에 비해 가열 범위가 커서 변형과 응력 집중이 크며 오래 가열해야 한다(단점).

**79.** 아세틸렌 가스의 성질로 틀린 것은?

① 순수한 아세틸렌 가스는 무색, 무취이다.
② 금, 백금, 수은 등을 포함한 모든 원소와 화합 시 산화물을 만든다.
③ 각종 액체에 잘 용해되며 물에는 1배, 알코올에는 6배 용해된다.
④ 산소와 적당히 혼합하여 연소시키면 높은 열을 발생한다.

해설 • 아세틸렌($C_2H_2$)

㉮ 카바이드($CaC_2$, calcium cabide) : 아세틸렌 원료인 카바이드는 석회(CaO)와 석탄 또는 코크스를 56 : 36의 중량비로 혼합하고 이것을 전기로에 넣어 약 3000℃의 고온으로 가열 반응시켜 만든다.
㉯ $CaO+3C \rightarrow CaC_2+CO-108\,kcal$

• 아세틸렌 가스의 성질

㉮ 아세틸렌의 구조식은 HC≡CH로 표시하며, 분자 내에 삼중 결합을 갖고 있는 불포화 탄화수소이다.
㉯ 순수한 것은 무색, 무취의 기체이다.
㉰ 인화수소($PH_2$), 황화수소($H_2S$), 암모니아($NH_3$)와 같은 불순물을 포함하고 있어 악취가 난다.
㉱ 비중은 0.906으로 공기보다 가벼우며, 15℃, 1기압에서의 아세틸렌 1L의 무게는 1.176g이다.
㉲ 공기가 충분히 공급되면 밝은 빛을 내면서 탄다.
㉳ 각종 액체에 잘 용해된다. 보통 물에 대해서는 같은 양, 석유에는 2배, 벤젠(benzene)에는 4배, 알코올(alcohol)에는 6배, 아세톤(acetone)에는 25배가 용해된다. 이와 같이 아세톤에 잘 녹는 성질을 이용하여 용해 아세틸렌을 만들어서 용접에 이용되고 있다.
㉴ 아세틸렌을 500℃ 정도로 가열된 철관을 통과시키면 3분자가 중합 반응을 일으켜 벤젠이 된다.
㉵ 아세틸렌을 800℃에서 분해시키면 탄소와 수소로 나누어지고 아세틸렌 카본 블랙(잉크 원료)이 된다.

정답 **78.** ④ **79.** ②

**80.** 가스 용접에서 후진법에 대한 설명으로 틀린 것은?

① 전진법에 비해 용접 변형이 작고 용접 속도가 빠르다.
② 전진법에 비해 두꺼운 판의 용접에 적합하다.
③ 전진법에 비해 열 이용률이 좋다.
④ 전진법에 비해 산화의 정도가 심하고, 용착 금속 조직이 거칠다.

해설 가스 용접의 전진법과 후진법의 비교

| 내용 | 전진법 | 후진법 |
|---|---|---|
| 열 사용률 | 떨어진다. | 좋다. |
| 용접 속도 | 느리다. | 빠르다. |
| 모재 홈 각도 | 크다. | 작다. |
| 변형의 유무 | 많다. | 적다. |
| 비드 모양 | 예쁘다. | 거칠다. |
| 용접 조직 | 조대해진다. | 미세하다. |
| 열 영향 | 많다. | 적다. |
| 용접부 냉각 속도 | 빠르다. | 느리다. |
| 용접 모재 이용 두께 | 박판(5mm 이하) | 후판 |

**81.** 가스 용접 작업실에서 후진법의 특징이 아닌 것은?

① 열 이용률이 좋다.
② 용접 속도가 빠르다.
③ 용접 변형이 작다.
④ 얇은 판의 용접에 적당하다.

해설 후진법은 전진법에 비해 기계적 성질이 우수하고 두꺼운 판의 용접에 적합하나, 비드 표면이 매끈하게 되기 어렵고 비드 높이가 높아지기 쉽다.

**82.** 다음 가스 중 가연성 가스로만 되어 있는 것은?

① 아세틸렌, 헬륨
② 수소, 프로판
③ 아세틸렌, 아르곤
④ 산소, 이산화탄소

해설 가연성 가스에는 아세틸렌, 수소, 프로판 등이 있다.

정답 80. ④ 81. ④ 82. ②

**83.** 35℃에서 150kgf/cm$^2$으로 압축하여 내부 용적 40.7L의 산소 용기에 충전하였을 때, 용기 속의 산소량은 몇 L인가?

① 4470
② 5291
③ 6105
④ 7000

해설 산소 용기의 크기는 일반적으로 채워져 있는 대기압 환산 용적(대기압, 즉 1기압 [1kg/cm$^2$]의 상태로 환산하는 양)으로 나타낸다.

$$L=P\times V$$

여기서, $L$ : 용기 속의 산소량(L)
$P$ : 용기 속의 압력(kg/cm$^2$)
$V$ : 용기의 내부 용적(L)

따라서, $L=150\times 40.7=6105$ L이다.

**84.** 모재 두께 3mm의 연강판을 가스 용접하려면 용접봉의 지름은 얼마가 적당한가?

① $\phi$2.5mm
② $\phi$3.0mm
③ $\phi$3.5mm
④ $\phi$4.0mm

해설 용접봉의 직경을 구하는 공식에 의해 $D=\frac{T}{2}+1=\frac{3}{2}+1=2.5$ mm이다.

**85.** 산소-아세틸렌 가스 용접의 장점이 아닌 것은?

① 용접기의 운반이 비교적 자유롭다.
② 아크 용접에 비해 유해광선의 발생이 적다.
③ 열 집중성이 높아 용접이 효율적이다.
④ 가열할 때 열량 조절이 비교적 자유롭다.

해설 열 집중성이 나빠서 효율적인 용접이 어렵다(단점).

정답 83. ③ 84. ① 85. ③

# 제 5 장 절단 및 가공

## 5-1 가스 절단

### (1) 절단의 원리와 종류

① **원리** : 가스 절단은 강 또는 합금강의 절단에 널리 이용되며, 비철금속에는 분말 가스 절단 또는 아크 절단이 이용된다. 강의 가스 절단은 산소 절단이라고도 하며, 산소와 철과의 화학 반응열을 이용하는 절단법이다.

② **드래그(drag)** : 가스 절단에서 절단 가스의 입구(절단재의 표면)와 출구(절단재의 이면) 사이의 수평거리를 말한다.

③ **드로스(dross)** : 가스 절단에서 전단 폭을 통하여 완전히 배출되지 않은 용융 금속이 절단부의 밑 부분에 매달려 응고된 것으로, 절단 조건이 적절하지 않을 때 주로 발생한다.

④ **종류**

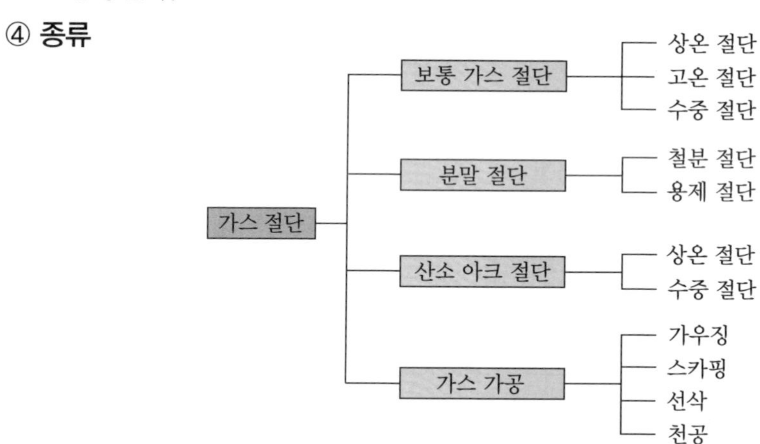


⑤ **가스 절단의 구비 조건**

㈎ 금속 산화 연소 온도가 금속의 용융 온도보다 낮아야 한다(산화 반응이 격렬하고 다량의 열을 발생할 것).

㈏ 재료의 성분 중 연소를 방해하는 성분이 적어야 한다.

㈐ 연소되어 생긴 산화물 용융 온도가 금속 용융 온도보다 낮고 유동성이 있어야 한다.

## (2) 산소 절단법

### ① 절단 준비

㈎ 예열 불꽃 조정

㉮ 1차 예열 불꽃 조정 : 가스 용접의 불꽃 조정과 같은 방법으로 조정한다.

㉯ 2차 예열 불꽃 조정 : 고압 산소(절단 산소)를 분출시키면 다시 아세틸렌 깃이 약간 나타나므로 예열 산소의 밸브를 약간 더 열어 중성 불꽃으로 조절한다. 이때는 약간 산화 불꽃이 되나 절단하면 다시 중성 불꽃이 된다.

㈏ 절단 조건 : 실험에 의하면 양호한 절단면은 $3\text{kg/cm}^2$ 이하에서 얻어지며, 그 이상에서는 절단면이 거칠어진다.

㉮ 불꽃이 너무 세면 절단면의 윗 모서리가 녹아 둥글게 되므로 절단 불꽃 세기는 절단 가능한 최소로 하는 것이 좋다.

㉯ 산소 압력이 너무 낮고 절단 속도가 느리면 절단 윗면 가장자리가 녹는다.

㉰ 산소 압력이 높으면 기류가 흔들려 절단면이 불규칙하며 드래그 선이 복잡하다.

㉱ 절단 속도가 빠르면 드래그 선이 곡선이 되고, 느리면 드로스(dross)의 부착이 많다.

㉲ 팁의 위치가 높으면 가장자리가 둥글게 된다.

## (3) 산소-프로판(LP) 가스 절단

### ① LP 가스의 성질

㈎ 액화하기 쉽고, 용기에 넣어 수송이 편리(가스 부피의 1/250 정도 압축할 수 있음)하다(프로판 1g→0.509L, $\frac{22.4}{44}=0.509\text{L/g}$).

㈏ 상온에서는 기체 상태이고 무색 투명하며 약간의 냄새가 난다.

㈐ 온도 변화에 따른 팽창률이 크고 물에 잘 녹지 않는다.

㈑ 증발 잠열이 크다(프로판 101.8kcal/kg).

㈒ 쉽게 기화하며 발열량이 높다(프로판 12000kcal/kg).

㈓ 폭발 한계가 좁아 안전도가 높고 관리가 쉽다.

㈔ 열효율이 높은 연소기구의 제작이 쉽다.

㈕ 연소할 때 필요한 산소의 양은 1 : 4.5 정도이다.

### ② 프로판 가스용 절단 팁

㈎ 프로판은 아세틸렌보다 연소 속도가 느리므로 가스의 분출 속도를 느리게 한

다. 또한, 많은 양의 산소를 필요로 하며, 프로판 가스와 산소와의 비중의 차가 있으므로 토치의 혼합실도 크게 하고, 팁에서도 혼합될 수 있도록 설계하여 충분히 혼합될 수 있도록 해야 한다.

㈏ 예열 불꽃의 구멍을 크게 하고 개수도 많이 하여 불꽃이 꺼지지 않도록 해야 한다.

㈐ 팁 끝은 아세틸렌 팁 끝과 같이 평평하게 하지 않고 슬리브(sleeve)를 약 1.5mm 정도 가공면보다 길게 하고 있는데, 이것은 2차 공기와 완전히 혼합하여 잘 연소되게 하고 불꽃 속도를 감소시키기 위함이다.

### (4) 가스 절단 방법

① **절단에 영향을 주는 요소** : 가스 절단 결과의 좋고 나쁨은 절단면의 모양, 절단 효율 등에 의하여 판정된다. 절단에 영향을 미치는 요소로서는 팁의 크기와 모양, 산소 압력, 절단 속도, 절단재의 재질 및 두께, 절단재의 표면 상태, 사용 가스, 특히 산소의 순도, 예열 불꽃의 세기, 절단재 및 산소의 예열 온도, 팁의 거리 및 각도 등을 들 수 있다.

② **드래그(drag)** : 드래그를 KS B 0106에서는 가스 절단면에 있어서 절단기류의 입구점에서 출구점 사이의 수평거리로 규정하고 있다. 드래그의 길이(drag length)는 주로 절단 속도, 산소 소비량 등에 의하여 변화한다.

**절단 모재의 두께와 표준 드래그**

| 모재의 두께(mm) | 12.7 | 25.4 | 51 | 51~152 |
|---|---|---|---|---|
| 드래그의 길이(mm) | 2.4 | 5.2 | 5.6 | 6.4 |

## 5-2 특수 절단 및 가공

① **분말 절단** : 주철, 비철금속, 스테인리스강 등은 가스 절단을 이용하지 않으므로 철분 또는 용제를 연속적으로 절단용 산소에 혼합 공급함으로써 그 산화열 또는 용제의 화학 작용을 이용하여 절단하는 방법이다.

② **수중 절단(underwater cutting)** : 물에 잠겨 있는 침몰선의 해체, 교량의 교각 개조, 댐, 항만, 방파제 등의 공사에 사용되는 절단이다.

③ **산소창 절단(oxygen lance cutting)** : 토치 대신에 가늘고 긴 강관을 사용하여 절

단 산소를 보내서 절단하는 방법이다.

④ **가스 가우징(gas gauging)** : 용접 부분의 뒷면을 따내든지, U형, H형의 용접 홈을 가공하기 위하여 깊은 홈을 파내는 가공법이다.

⑤ **스카핑(scarfing)** : 강재 표면의 홈이나 개재물, 탈탄층 등을 제거하기 위하여 될 수 있는 대로 얇게, 그리고 타원형 모양으로 표면을 깎아내는 가공법으로, 주로 제강 공장에서 많이 이용되고 있다.

⑥ **겹치기 절단(lap cutting)** : 얇은 판(6mm 이하)의 가스 소비량 등 경제성, 작업 능률을 고려하여 여러 장의 판을 단단히 겹쳐(틈새 0.08mm 이하) 절단한다. 절단선의 허용 오차에 따라 0.8mm 허용 오차는 전체 두께 50mm까지, 16mm이면 100mm까지, 허용 오차를 고려하지 않으면 150mm까지 겹치며 6mm 정도의 소모판을 둔다.

⑦ **금속 아크 절단(metal arc cutting)** : 탄소 전극봉 대신 피복봉을 사용하며, 비피복 용접봉은 거의 사용하지 않는다. 따라서 피복 금속 아크 절단(shield metal arc cutting)이라고도 한다.

⑧ **탄소 아크 절단(carbon arc cutting)** : 탄소 아크 절단법은 탄소 또는 흑연 전극과 모재 사이에 아크를 일으켜 절단하는 방법으로 전원은 직류, 교류 모두 사용되지만, 보통은 직류 정극성이 사용된다. 절단은 용접과 달리 대전류를 사용하고 있으므로, 전도성 향상을 목적으로 전극봉 표면에 구리 도금을 한 것도 있다.

⑨ **불활성 가스 아크 절단**

㈎ MIG 아크 절단(metal inert gas arc cutting) : 고전류 밀도의 MIG 아크가 보통 아크 용접에 비하면 상당히 깊은 용접이 되는 것을 이용하여 모재와의 사이에서 아크를 발생시켜 용융 절단을 하는 것이다.

㈏ TIG 아크 절단(tungsten inert gas arc cutting) : 이 방법은 전극으로 비소모성의 텅스텐 봉을 쓰며 직류 정극성으로 대전류를 통하여 전극과 모재 사이에 아크를 발생시켜 불활성 가스를 공급하면서 절단하는 방법이다.

⑩ **아크 에어 가우징(arc air auging)** : 탄소 아크 절단에 압축 공기를 병용한 방법으로서, 용융부에 전극 홀더(holder)의 구멍에서 탄소 전극봉에 나란히 분출하는 고속의 공기 제트를 불어서 용융 금속을 불어 내어 홈을 파는 방법이며, 때로는 절단을 하는 수도 있다.

⑪ **플라스마 아크 절단(plasma arc cutting)** : 아크 플라스마의 성질을 이용한 절단법이다.

## 제5장 CBT 예상 출제문제와 해설

**1. 철강을 가스 절단하려고 할 때 절단 조건으로 틀린 것은?**

① 슬래그의 이탈이 양호하여야 한다.
② 모재에 연소되지 않은 물질이 적어야 한다.
③ 생성된 산화물의 유동성이 좋아야 한다.
④ 생성된 금속 산화물의 용융 온도는 모재의 용융점보다 높아야 한다.

해설 가스 절단 시 금속 산화물의 용융 온도는 모재의 용융 온도보다 낮아야 한다.

**2. 가스 가공에서 강재 표면의 홈, 탈탄층 등의 결함을 제거하기 위해 얇고 타원형 모양으로 표면을 깎아내는 가공법은?**

① 가스 가우징 ② 분말 절단 ③ 산소창 절단 ④ 스카핑

해설 스카핑(scarfing)은 강재 표면의 홈이나 개재물, 탈탄층 등을 제거하기 위해서 될 수 있는 대로 얇게 그리고 타원형 모양으로 표면을 깎아내는 가공 방법으로, 주로 제강 공장에 많이 이용되고 있다.

**3. 가스 절단에 영향을 미치는 인자가 아닌 것은?**

① 후열 불꽃 ② 예열 불꽃 ③ 절단 속도 ④ 절단 조건

해설 가스 절단에 영향을 미치는 인자
㉮ 절단의 조건 ㉯ 절단용 산소
㉰ 예열 불꽃 ㉱ 절단 속도 ㉲ 절단 팁(tip)

**4. 열적 핀치 효과를 가진 절단 방법은?**

① 금속 아크 절단 ② 플라스마 제트 절단
③ MIG 절단 ④ 탄소 아크 절단

해설 열적 핀치 효과 : 아크 주변의 공기를 강제 냉각시켜 열의 집중을 주는 효과로 전류 밀도가 대단히 높다.

정답 1. ④ 2. ④ 3. ① 4. ②

**5. 산소창 절단에서 보통 사용하는 강관의 직경은?**

① 3.2～6mm ② 4.5～8mm ③ 6mm 이상 ④ 3mm 이하

해설 산소창 절단은 두꺼운판, 주철, 주강, 강괴 절단 시 사용한다.

**6. 텅스텐(W)이 몇 % 이상이 되면 절단이 곤란한가?**

① 5% ② 10% ③ 15% ④ 20%

해설 텅스텐(W)은 12～14%까지는 절단이 가능하지만, 20% 이상이 되면 절단이 곤란하다.

**7. 다음은 특수 절단 및 가공에 관한 사항이다. 틀린 것은?**

① 분말 절단(powder cutting)에서는 보통의 토치 팁에 분말을 공급하기 위한 보조 장치가 필요하다.
② 수중 절단(underwater cutting)은 침몰선의 해체나 교량의 개조 등에 사용된다.
③ 수중 작업을 할 때의 예열 가스의 양은 공기 중에서의 10～15배, 절단 산소의 분출구는 0.5～1.2배로 한다.
④ 가스 가우징(gas gouging)은 스카핑(scarfing)에 비해서 너비가 좁은 홈을 가공하며 홈의 깊이와 너비의 비는 1 : 2～3 정도이다.

해설 수중 작업을 할 때 예열 가스의 양은 공기 중에서의 4～8배로 하고, 절단 산소의 분출구는 1.5～2배로 한다.

**8. 다음 설명 중 틀린 것은?**

① 플라스마 제트 절단은 열평형을 가진다.
② 플라스마 절단은 열적 핀치 효과를 가진다.
③ 플라스마 절단의 사용 가스는 Ar과 수소의 혼합 가스를 사용한다.
④ 플라스마 제트 절단으로 콘크리트 절단은 되지 않는다.

해설 단위 발생 열량이 커서 약 10000℃의 온도도 쉽게 얻을 수 있어 콘크리트 절단이 쉽다.

정답 5. ① 6. ④ 7. ③ 8. ④

**9. 다음 중 비철금속 절단에 바람직한 절단은?**

① 아크 절단
② 산소-프로판 절단
③ 산소-아세틸렌 절단
④ 산소-수소 절단

**해설** 가스 절단은 강 또는 합금강의 절단에, 비철금속은 분말 가스 절단 또는 아크 절단이 이용된다.

**10. 철분 분말 절단이 주로 사용되는 것 중 틀린 것은?**

① 주철
② 주강
③ 콘크리트
④ 오스테나이트계 스테인리스강

**해설** 오스테나이트계 스테인리스강의 절단면에는 철분이 함유될 위험성이 있어 절단 작업을 하지 않는다.

**11. 수중 8m 이상에서 절단 작업할 때 사용하는 가스는?**

① 수소
② 탄산가스
③ 헬륨 가스
④ 아세틸렌 가스

**해설** 수소는 압력을 가해도 기포 발생이 적어 많이 사용하며, 아세틸렌은 폭발 가능성이 있다(수압으로 인하여).

**12. 일반적으로 가스 절단으로 강의 절단이 가능한 판 두께는?**

① 3~300mm
② 6~20mm
③ 25~ 170mm
④ 4~800mm

**해설** 산소 절단은 일반적으로 강의 가스 절단에서는 판 두께 3~300mm의 절단이 쉽게 이루어지나 주철 10% 이상의 크롬을 포함하는 스테인리스강 및 비철금속에는 유효하지 못하다.

**13. 다음은 가스 절단에 영향이 되는 요소이다. 틀린 것은?**

① 팁의 크기와 모양
② 산소 압력
③ 아세틸렌의 압력
④ 절단재의 재질

**정답** 9. ① 10. ④ 11. ① 12. ① 13. ③

해설 가스 절단의 영향 요소

㉮ 사용 가스
㉯ 산소 압력
㉰ 산소의 순도
㉱ 절단재의 두께
㉲ 절단재의 재질
㉳ 절단재의 표면 상태
㉴ 절단 주행 속도
㉵ 예열 불꽃의 세기
㉶ 팁의 크기와 모양
㉷ 팁의 거리 및 각도
㉸ 절단재 및 산소의 예열 온도

**14.** 판 두께가 12.7mm일 때 표준 드래그 길이는?

① 2.4mm ② 5.2mm ③ 5.6mm ④ 6.4mm

해설 표준 드래그 길이

| 판 두께(mm) | 12.7 | 25.4 | 51 | 51~152 |
|---|---|---|---|---|
| 드래그 길이(mm) | 2.4 | 5.2 | 5.6 | 6.4 |

**15.** 절단 시 드래그라인을 없애기 위한 조치로서 맞는 것은?

① 산소 압력을 낮추고 속도를 빨리한다.
② 산소 압력을 높이고 속도를 빨리한다.
③ 산소 압력을 높이고 속도를 적당히 한다.
④ 산소 압력을 낮게 속도를 느리게 한다.

해설 드래그(drag) : 절단 시 산소 기류가 지나간 자국으로 절단면에 선이 그려지는 것을 말한다. 절단 산소가 빨리 지나가면 또는 절단 속도가 불규칙하면 크게 나타난다.

**16.** 10000~30000℃의 높은 열에너지를 가진 열원을 이용하여 금속을 절단하는 절단법은 무엇인가?

① TIG 절단법 ② 탄소 아크 절단법
③ 금속 아크 절단법 ④ 플라스마 제트 절단법

해설 플라스마 제트 절단법에 관한 내용이다.

정답 14. ① 15. ③ 16. ④

**17.** 양호한 절단면을 얻기 위한 조건으로 틀린 것은?

① 드래그가 가능한 클 것
② 슬래그 이탈이 양호할 것
③ 절단면 표면의 각이 예리할 것
④ 절단면이 평활하고 드래그의 홈이 낮을 것

해설 양호한 절단면을 얻기 위해서는 드래그가 가능한 작아야 한다.

**18.** 가스 가우징에 대한 설명 중 옳은 것은?

① 드릴 작업의 일종이다.
② 용접부의 결함, 가접의 제거 등에 사용된다.
③ 저압식 토치의 압력 조절 방법의 일종이다.
④ 가스의 순도를 조절하기 위한 방법이다.

해설 가스 가우징(gas gouging)이란 토치를 이용하여 용접 부분의 뒷면을 따내든지 U형, H형의 용접홈을 가공하기 위한 가공법이다.

**19.** 가스 절단에서 표준 드래그는 보통 판 두께의 얼마 정도인가?

① $\frac{1}{4}$ ② $\frac{1}{5}$ ③ $\frac{1}{10}$ ④ $\frac{1}{100}$

해설 드래그 길이는 주로 절단 속도, 산소 소비량 등에 의하여 변화하며 절단면 말단부(드로스, dross)가 남지 않을 정도의 드래그를 표준 드래그 길이라고 하는데 보통 판 두께의 $\frac{1}{5}$, 즉 약 20% 정도이다.

※ 드래그(%) $= \frac{\text{드래그 길이(mm)}}{\text{판 두께(mm)}} \times 100$

**20.** 아크 에어 가우징법으로 절단을 할 때 사용되는 장치가 아닌 것은?

① 가우징 봉 ② 컴프레셔
③ 가우징 토치 ④ 냉각 장치

해설 아크 에어 가우징 장치에는 가우징 토치, 가우징 봉, 압축 공기 등이 있다.

정답 17. ① 18. ② 19. ② 20. ④

**21. 아크 에어 가우징법의 작업 능률은 가스 가우징법보다 몇 배 정도 높은가?**

① 2～3배 ② 4～5배 ③ 6～7배 ④ 8～9배

해설 아크 에어 가우징법의 장점은 그라인딩이나 치핑 또는 가스 가우징보다 작업 능률이 2～3배 높고, 장비가 간단하며 작업 방법도 비교적 용이하다.

**22. 탄소 아크 절단에 압축 공기를 병용하여 전극 홀더의 구멍에서 탄소 전극봉에 나란히 분출하는 고속의 공기를 분출시켜 용융 금속을 불어내어 홈을 파는 방법은?**

① 금속 아크 절단 ② 아크 에어 가우징
③ 플라스마 아크 절단 ④ 불활성 가스 아크 절단

해설 고속의 공기를 분출시켜 용융 금속을 불어 내어 홈을 파는 방법을 아크 에어 가우징(arc air gouging)이라 하며, 이 방법은 용접 현장에서 결함부 제거, 용접 홈의 준비 및 가공 등 여러 가지 용도로 이용되고 있다.

**23. 자동 절단이 곤란한 형태는?**

① X형 홈 ② V형 홈
③ 불규칙한 곡선 ④ 긴 물체의 직선 절단

해설 짧은 선, 불규칙한 곡선 절단은 비경제적이며, 자동 절단이 곤란하다.

**24. 가스 절단에서 절단 속도와 관계없는 것은?**

① 팁의 구멍 ② 절단 산소 압력 ③ 산소 순도 ④ 병 속의 압력

해설 병 속의 압력은 조정할 수 없으므로 속도와 관계가 없다.

**25. 용제(flux) 분말 절단에 주로 사용되는 것은?**

① 연강 ② 주강 ③ 주철 ④ 스테인리스강

해설 산화막을 형성하고 절단이 곤란한 금속에 용제 분말 절단을 사용한다.

정답 21. ① 22. ② 23. ③ 24. ④ 25. ④

**26.** 탄소 아크 절단에서 이용되는 전원은?

① 교류 ② 직류 역극성
③ 직류 정극성 ④ 아무 전원이나 상관없다.

**해설** 절단 시는 판의 가열이 빨라야 하므로 정극성 연결로 판의 가열 속도를 빨리한다.

**27.** 다음 중 아크 절단에 속하지 않는 것은?

① MIG 절단 ② 분말 절달
③ TIG 절단 ④ 플라스마 제트 절단

**해설** 분말 절단은 절단부에 철분이나 용제(flux)의 미세한 분말을 압축 공기나 압축 질소로 팁을 통해 분출시키고 예열 불꽃으로 이들을 연소 반응시켜 절단부를 고온으로 만들어 산화물을 용해함과 동시에 제거하여 연속적으로 절단을 행하는 작업으로, 아크열을 이용하지 않는다.

**28.** 열전달법의 일종으로 모재와 충돌하는 집중된 응축 광선의 응용에서 얻어지는 열로 금속 및 비금속 재료를 절단하는 절단법은?

① 플라스마 제트 절단 ② TIG 빔 절단
③ 전자 빔 절단 ④ 레이저 빔 절단

**해설** 전자 빔 절단법은 모재와 충돌하는 고속도의 전자들로 이루어진 집중된 빔으로부터 얻어지는 열을 이용하는 열 전달법 방법 중의 하나로 용접 시와 같이 모재가 진공 상태에 있어야만 절단이 이루어져 그 비용이 매우 비싸다.

**29.** 가스 절단이 잘 되지 않는 금속은?

① 순철 ② 연강
③ 구리 ④ 주강

**해설** 보통의 가스 절단으로는 주철이나 비철의 절단이 어렵다.

**정답** 26. ③ 27. ② 28. ③ 29. ③

**30.** 가스 가우징(gas gauging)에 대한 설명 중 옳은 것은?

① 용접 홈을 가공하기 위한 작업 방법이다.
② 절단 작업의 한 가지 방법이다.
③ 저압식 노치의 압력 조절법의 일종이다.
④ 가스의 순도 조절을 위한 방법이다.

해설 ①항 외에 결함부를 파내고 재용접할 경우에도 가우징한다.

**31.** 가스 절단면에서 절단기류의 입구점과 출구점 사이의 수평거리를 무엇이라 하는가?

① 노치(norch)
② 엔드 탭(end tap)
③ 드래그(drag)
④ 스칼롭(scallop)

해설 ① 노치란 용접부나 드릴 구멍 등 오목하게 V자형으로 파진 구멍으로 이 부분에 집중 응력이 생기고 노치 취성이 된다.
② 엔드 탭은 처음이나 끝의 용접 결함을 적게 하기 위해 용접 조각을 대고 용접하는 것으로 필요 없을 때는 잘라낸다.
④ 스칼롭은 T 이음 등에서 용접부가 겹치는 부분의 나쁜 영향을 막기 위해 반원형의 홈을 파는 것이다.

**32.** 산소창 절단에서 보통 사용하는 강관의 직경은?

① 3.3～12mm
② 2～6mm
③ 10～20mm
④ 15～25mm

해설 산소 호스에 연결된 밸브가 있는 구리 관에 안지름 3.3～12mm, 길이 1.5～3m 정도의 강관을 틀어박은 장치로 산소창 절단은 두꺼운 판, 주철, 주강, 강괴 절단 시 사용한다.

**33.** 수중 절단은 공기 중에서 보다 몇 배의 예열 가스가 필요한가?

① 4～8배
② 10～15배
③ 15～20배
④ 20～25배

해설 수중 절단 시 가연성 가스로는 수소가 쓰이며 공기 중보다 4～8배의 예열 가스가 필요하다. 그 이유는 물에 의해 냉각된 상태를 연소 온도까지 올리는데 필요하기 때문이다. 고압 산소의 양은 공기 중보다 15～20배 더 소요된다.

정답 30. ① 31. ③ 32. ① 33. ①

# 제 6 장 특수 용접 및 기타 용접

## 6-1 특수 용접

### (1) 불활성 가스 텅스텐 아크 용접(TIG, GTAW)

**① 불활성 가스 텅스텐 아크 용접기**

㈎ 불활성 가스 텅스텐 아크 용접(TIG, GTAW)에서는 직류(DC, direct current)와 교류(AC, alternating current)의 전원 모두 사용이 가능하다.

㈏ 용접 모재의 종류에 따라서 사용 전원이 선택되어지고, 직류 전원 선택 시는 직류 정극성(DCSP)과 직류 역극성(DCRP) 중에 사용 모재의 재질에 따라 전원을 달리 선택한다.

**② 원리 및 특징 :** 가스 텅스텐 아크 용접은 피복 아크 용접(SMAW)이나 가스 용접 등으로 곤란한 금속의 용접이나 비철금속 또는 이종 재료의 용접에 널리 이용되고 있는 중요한 용접 방법 중의 하나이다.

㈎ 원리 : 고온에서도 금속과의 화학적 반응을 일으키지 않는 불활성 가스(아르곤, 헬륨 등) 공간 속에서 텅스텐 전극과 모재 사이에 전류를 공급하고, 모재와 접촉하지 않아도 아크가 발생하도록 고주파 발생 장치를 사용하여 아크를 발생시켜 용접하는 방식이다.

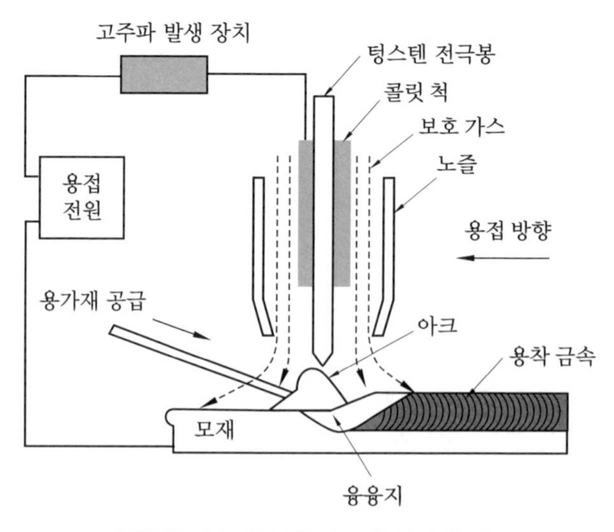


**불활성 가스 텅스텐 아크 용접의 원리**

(나) 특징 : 용접 입열의 조정이 용이하기 때문에 박판의 용접에 매우 효과가 있다. 특히 두께가 큰 구조물의 첫 층 용접 시 결함이 발생하는 것을 억제하기 위하여 가스 텅스텐 아크 용접이 이용되고 있으며 거의 모든 종류의 금속 용접이 가능한 관계로 가장 많이 이용되는 용접 기법 중 하나이다.

**불활성 가스 텅스텐 아크 용접의 장단점**

| 장점 | 단점 |
|---|---|
| • 용접 시 불활성 가스 사용으로 산화나 질화가 없는 우수한 용접 이음이 가능하다.<br>• 용제가 불필요하며, 가시 아크이므로 용접사가 눈으로 직접 확인하면서 용접할 수 있다(반드시 차광 렌즈를 착용해야 한다).<br>• 가열 범위가 좁아 용접 시 변형의 발생이 적다.<br>• 우수한 용착 금속을 얻을 수 있고, 전자세 용접이 가능하다.<br>• 열의 집중 효과가 양호하다.<br>• 저전류에서도 아크가 안정되어 박판의 용접에 유리하다.<br>• 거의 모든 금속(철, 비철)의 용접이 가능하다. | • 후판의 용접에서는 소모성 전극 방식보다 능률이 떨어진다.<br>• 텅스텐 전극의 용융으로 용착 금속 혼입에 의한 용접 결함이 발생할 우려가 있다.<br>• 용융점이 낮은 금속(Pb, Sn 등)의 용접이 곤란하다.<br>• 협소한 장소에서는 토치의 접근이 어려워 용접이 곤란하다.<br>• 옥외 작업 시 방풍 대책이 필요하다.<br>• 일반적인 용접보다 다소 비용이 많이 든다. |

③ **용접 장치 및 구성** : 주요 장치로는 전원을 공급하는 전원 장치(power source), 용접 전류 등을 제어하는 제어 장치(controller), 보호 가스를 공급, 제어하는 가스 공급 장치(shield gas supply unit), 고주파 발생 장치(high frequency testing equipment), 용접 토치(welding torch) 등으로 구성되고, 부속 기구로는 전원 케이블, 가스 호스, 원격 전류 조정기 및 가스 조정기 등으로 구성된다.

(가) 용접 전원 장치에 따른 용접기의 종류 : 불활성 가스 텅스텐 아크 용접기에는 직류 용접기, 교류 용접기, AC/DC 겸용 용접기, 인버터 용접기, 인버터 펄스 용접기 등 사용 용도에 따라 다양한 종류의 용접기가 사용된다.

㉮ 직류 용접기

㉠ 아크의 안정성이 좋아 정밀 용접에 주로 사용된다.

㉡ 모재의 재질이나 판재의 두께에 따라 전원 극성을 바꾸어 용접 이음의 효율을 증대시키는 특징이 있다.

㉢ 발전기를 구동하여 얻어지는 발전형과 교류 전류를 직류로 정류하여 얻어지는 정류기형으로 구분한다.

㉣ 주로 정류기형이 사용되고 정류기 종류에는 셀렌 정류기, 실리콘 정류기, 게르마늄 정류기 등이 있다.

㈏ 교류 용접기

㉠ 저주파를 이용한 교류 용접기와 고주파를 이용한 교류 용접기가 있다.

㉡ 아크가 불안정하므로 고주파를 병용하여 아크를 발생시켜 작업을 효율적으로 수행할 수 있다.

㉢ 특히 알루미늄 및 그 합금의 경우 모재 표면에 강한 산화알루미늄($Al_2O_3$ : 용융점 2050℃) 피막이 형성되어 있어 용접을 방해하는 원인이 되어 용접 시 이 산화피막을 제거하는 청정 작용이 필요하다.

㉣ 교류 용접기를 사용하면 청정 효과가 발생하므로 청정 효과를 필요로 하는 금속의 용접에 주로 사용된다.

㈐ AC/DC 겸용 용접기

㉠ 경량화 되고 있으며 기능면에서도 금속의 재질에 따라 용접기의 선택을 달리할 필요가 없이 전환 스위치를 이용한 펄스 기능 선택 및 AC/DC 변환 선택 등 다양한 기능을 갖추고 있다.

㉡ AC/DC 겸용 용접기는 가스 텅스텐 아크 직류 용접, 가스 텅스텐 아크 교류 용접, 피복 아크 직류 용접, 피복 아크 교류 용접 등 다양하게 활용되고 있다.

**가스 텅스텐 아크 용접기의 규격**

| 종류 | 정격 2차 전류(A) | 정격 사용률(%) | 전류 조정 범위(A) | 제어 장치 |
|---|---|---|---|---|
| 직류 용접기 | 200 | 40 | 40～200 | 내장 또는 외부에 부착 |
| | 300 | 40 | 60～300 | |
| | 500 | 60 | 100～500 | |
| 교류 용접기 | 200 | 40 | 35～200 | 제어 기능 없음 |
| | 300 | 40 | 60～300 | |
| | 400 | 40 | 80～400 | |
| | 500 | 60 | 100～500 | |

㈏ 제어 장치 : 고주파 발생 장치, 용접 전류 제어 장치, 냉각수 순환 장치, 보호 가스 공급 장치 등이 있다.

㉮ 고주파 발생 장치

㉠ 교류 용접기를 사용하는 경우에는 아크의 불안정으로 텅스텐 전극의 오염 및 소손의 우려가 있다.

㉡ 고주파 전원을 사용하게 되면 전극이 모재와 접촉하지 않아도 아크가 발생하게 되므로 아크의 발생이 용이하고, 전극봉의 오염 및 수명이 연장된다.

㉢ 동일한 전극봉을 사용할 때 용접 전류의 범위가 크다.

㉯ 용접 전류 제어 장치

㉠ 전류 제어는 펄스 전류 선택과 크레이터 전류 선택으로 구분되어 있다.

㉡ 펄스 기능을 선택하면 주 전류와 펄스 전류를 선택할 수 있는데 전류의 선택 비율을 15～85%의 범위에서 할 수 있다.

㉢ 주 전류와 펄스 전류 사이에서 진폭과 펄스 높이를 조절하여 용접 조건에 맞도록 하는 방법으로 박판이나 경금속의 용접 시 유리하다.

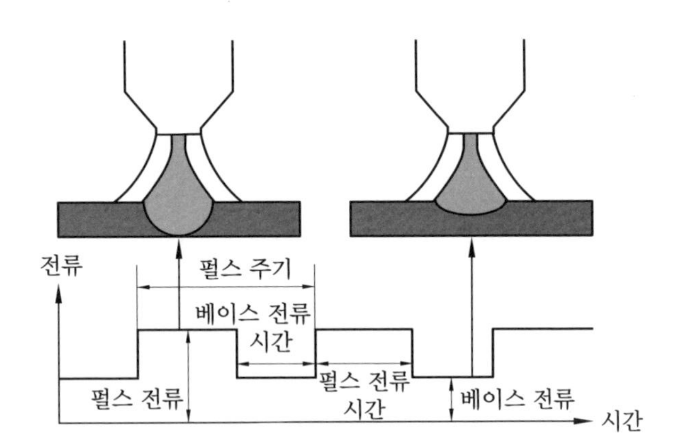


**펄스 전류 선택에 따른 용입 깊이 비교**

㉰ 보호 가스 공급 장치

㉠ 전극과 용융지를 보호하는 역할을 한다.

㉡ 초기 아크 발생 시와 마지막 크레이터 처리 시 보호 가스의 공급이 불충분하면 전극봉과 용융지가 산화 및 오염이 되므로 용접 아크 발생 전 초기 보호 가스를 수 초간 미리 공급하여 대기와 차단하는 역할을 한다.

㉢ 용접 종료 후에도 후류 가스를 수 초간 공급함으로써 전극봉의 냉각과 크레이터 부위를 대기와 차단시켜 전극봉 및 크레이터 부위의 오염 및 산화를 방지하는 역할을 한다.

④ **용접의 준비** : 용접기 설치 장소를 확인하고 정리정돈을 한다.

㈎ 용접기 설치를 위한 장소를 점검 및 확인한다.

㉮ 휘발성 가스나 기름이 있는 곳을 피한다.

㉯ 환기가 잘 되는 곳을 선정한다.

㉰ 습기 또는 먼지 등이 많은 장소를 피한다.

㉱ 유해한 부식성 가스가 존재하는 장소를 피한다.

㉲ 진동이나 충격이 있는 곳, 폭발성 가스가 존재하는 곳은 피한다.

㉳ 벽에서 30cm 이상 떨어지고, 바닥면이 견고하고 수평인 곳을 선택한다.

㉴ 비, 바람이 치는 옥외 또는 주위 온도가 −10℃ 이하인 곳은 피한다.

㈏ 용접기 설치 장소를 깨끗이 청소하고 정리정돈을 한다.

㉮ 용접기 설치 장소에 먼지나 이물질, 가연성 물질, 가스 등을 확인 후 격리 조치한다.

㉯ 용접 보호 장구를 점검한다.

㈐ 화재 방지를 위한 조치를 취한다.

㉮ 바닥에 불티받이 포를 깔아둔다(불연성 재료로서 넓은 면적을 가질 것).

㉯ 소화기를 용도에 맞도록 준비한다(분말 소화기 등).

㉰ 소화수, 건조된 방화사를 준비한다(건조사).

㈑ 환기 대책을 세우고 환기 장치를 확인한다.

㉮ 흄 또는 분진이 발산되는 옥내 작업장에 대하여는 국소배기시설과 같은 배기장치를 설치한다.

㉯ 국소배기시설로 배기되지 않는 용접 흄은 전체 환기시설을 설치한다.

㉰ 이동 작업 공정에서는 이동식 배기팬을 설치한다.

㉱ 용접 작업에 따라 방진, 방독 또는 송기 마스크를 착용하고 작업에 임하고 용접 작업 시에는 국소배기시설을 반드시 정상 가동시킨다.

㉲ 탱크 내부 등 통풍이 불충분한 장소에서 용접 작업을 할 때에는 탱크 내부의 산소농도를 측정하여 산소농도가 18% 이상이 되도록 유지하거나, 공기 호흡기 등 호흡용 보호구(송기 마스크 등)를 착용한다.

㈒ 용접 작업의 기타 안전 점검사항을 파악한다.

㉮ 전격방지기나 접지 설치 확인 및 정상 작동 여부를 확인한다.

㉯ 작업자 본인 및 다중 작업 시 용접 광선 차단을 위한 차광막을 설치한다.

㉰ 옥외에서 작업하는 경우 바람을 등지고 작업한다.

㉣ 가스 보호에 대한 방풍 대책을 세워야 하며 우천 시 옥외 작업은 피해야 한다.

㉤ 유사 시 탈출로를 확인하여 확보한다.

⑤ **용접 조건의 선택 :** 조건으로는 용접 전류, 아크 길이, 용접 속도 등이 용입과 비드의 형상을 결정하는 주요 요소이며, 품질이 높은 용접 결과를 요구하는 관계로서 보호 가스의 사용 효과를 최대한 높이는 것이 중요하다.

(가) 용접 전류

㉮ 원격 전류 조정기 또는 용접기 본체 전면 패널의 전류 조정기에 의해 조정할 수 있다.

㉯ 용접할 모재에 적합한 용접 조건이 결정되면 보호 가스의 유량을 용접 조건에 맞도록 조절한 뒤 아크를 발생하면서 재료의 용융 상태를 점검한다.

(나) 용접 속도

㉮ 일반적으로 수동 용접의 경우 5~50cm/min 정도의 범위에서 움직이는 것이 다른 용접에 비해 안정된 아크의 상태를 유지할 수 있다.

㉯ 용접 속도가 지나치게 빠르면 모재에 언더컷이 발생하는 경우가 있으며, 모재의 용접 전류에 따른 용융 상태를 보고 용접 진행 속도를 결정한다(아크가 모재에 닿아 용융풀을 만드는 곳을 따라 아크가 이동하며 반대쪽으로 옮겨간다).

(다) 아크 길이

㉮ 아크 길이를 길게 하면 아크의 크기가 커져 높은 전압을 필요로 하게 한다.

㉯ 전극봉과 모재와의 거리가 너무 길게 되면 아크 길이가 길어져 보호 가스의 작용이 불량하여 전극봉의 소모가 많아지거나 용접 비드에 기공이 발생할 우려가 있고 지나친 아크 길이는 용접 결함을 초래한다.

(라) 보호 가스 공급

㉮ 보호 가스 공급량

㉠ 가스 공급량이 너무 많으면 보호 가스의 손실도 있고 용착 금속을 급랭시키는 역할을 하여 용착 금속 내의 잔류 가스가 외부로 발산되지 못해 기공이 발생하는 원인이 된다.

㉡ 반대로 공급량이 적으면 용융지와 전극봉을 대기로부터 보호하지 못하는 한계로 전극봉의 오염으로 인한 손실과 용착 금속에 용접 결함이 발생하게 되므로 적당량의 보호 가스 공급이 필요하다.

㉢ 보호 가스의 공급량은 보호 가스의 종류, 용접 이음부의 형태(이음 홈의 종류), 노즐의 형상과 크기, 모재에서 노즐의 선단까지의 거리(아크 길이), 용접 전류의 세기와 극성, 용접 속도와 용접 자세, 시공 조건에 따른 모재와 토치의 위치, 용접 장소와 바람의 세기 등에 의해 결정된다.

㉯ 가스 퍼징

㉠ 용접 이면부의 산화나 질화를 방지할 목적으로 불활성 가스에 의한 퍼징을 하게 된다.

㉡ 퍼징을 하는 방법은 작업 여건에 따라 다르지만 보통 금속재 뒷댐재 사용과 파이프 내부의 양단을 코르크 또는 고무마개로 막고 가스 호스를 통해 불활성 가스를 공급하여 이면을 보호하는 가스 퍼징 방법을 사용한다.

⑥ **용접기의 점검 및 정비 방법 :** 용접기의 일반적인 고장 방지 방법은 다음과 같다.

㈎ 용접기 설치 시 설치 장소의 적합 여부를 판단하여 설치한다.

㈏ 1, 2차 전선의 결선 상태를 정확하게 체결하고 절연이 되도록 한다.

㈐ 용접기의 용량에 맞는 안전 차단 스위치를 선택한다.

㈑ 용접기를 정격사용률 이하로 사용하고, 허용사용률을 초과하지 않도록 한다.

㈒ 용접기 내부에 먼지 등의 이물질을 수시로 압축 공기를 사용하여 제거한다.

㈓ 용접기를 용도 이외의 작업에 사용하지 않도록 하며 사용법을 정확히 숙지한 후 사용한다.

㈔ 용접기 내부의 고주파 방전 캡, PCB 보드 등에 함부로 손대지 않도록 한다.

## (2) 불활성 가스 금속 아크 용접(MIG, GMAW)

① **원리 :** 불활성 가스 금속 아크 용접법은 용가재인 전극 와이어를 연속적으로 보내어 아크를 발생시키는 방법으로서, 용극 또는 소모식 불활성 가스 아크 용접법이라고도하며, 상품명으로는 에어코매틱(air comatic) 용접법, 시그마(sigma) 용접법, 필러 아크(filler arc) 용접법, 아르고노트(argonaut) 용접법 등이 있고 전자동식과 반자동식이 있다.

② **특성 및 장치**

㈎ MIG 용접은 직류 역극성을 사용하며 청정 작용이 있다.

㈏ MIG 용접기는 정전압 특성 또는 상승 특성의 직류 용접기이다.

㈐ MIG 용접은 자기 제어 특성이 있으며, 헬륨 가스 사용 시는 아르곤보다 아크 전압이 현저하게 높다.

㈑ 전극 와이어는 용접 모재와 같은 재질의 금속을 사용하며 판 두께 3mm 이상에 적합하다.

㈒ 전류 밀도가 피복 아크 용접의 4～6배, TIG 용접의 2배 정도로 매우 크며, 서브머지드 아크 용접과 비슷하다.

㈓ 전극 용융 금속의 이행 형식은 주로 스프레이형으로 아름다운 비드가 얻어지나 용접 전류가 낮으면 구적 이행(globular transfer)이 되어 비드 표면이 매우 거칠다.

㈔ MIG 용접 장치 중 와이어 송급 장치는 푸시식(push type), 풀식(pull type), 푸시－풀식(push－pull type)의 3종류가 사용된다.

㈕ MIG 용접 토치는 전류 밀도가 매우 높아 수랭식이 사용된다.

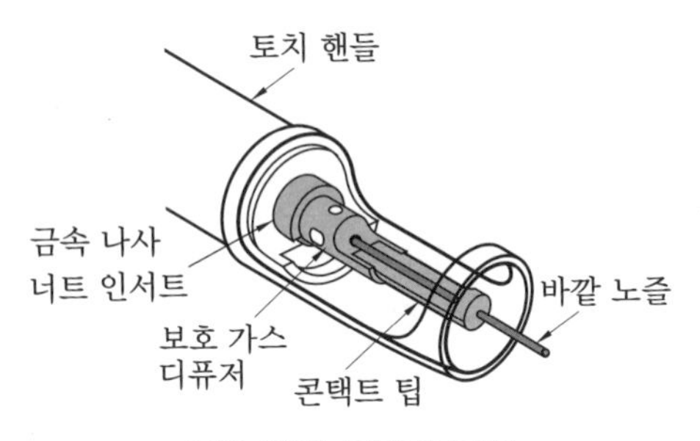


MIG 용접 토치의 구조

㈖ MIG 용접은 스테인리스강이나 알루미늄재에 적용할 수 있다는 장점을 갖고 있으나 연강재에는 비용이 높다.

㈗ 펄스 전원과의 조합에 의하여 특히 저전류역(스프레이화 임계전류 이하)으로부터의 미려한 용접 비드를 얻을 수 있고 용접 마무리에 고부가 가치화를 실현할 수 있다.

불활성 가스 금속 아크 용접의 장단점

| 장점 | 단점 |
|---|---|
| • 용접봉을 갈아 끼우는 작업이 불필요하기 때문에 능률적이다.<br>• 슬래그가 없으므로 슬래그 제거 시간이 절약된다.<br>• 용접 재료의 손실이 적으며 용착 효율이 95% 이상이다(SMAW : 약 60%).<br>• 전류 밀도가 높기 때문에 용입이 크다. | • 용접 장비가 무거워서 이동이 곤란하다.<br>• 구조가 복잡하며, 고장률이 높고 고가이다.<br>• 용접 토치가 용접부에 접근하기 곤란한 조건에서는 용접이 불가능하다.<br>• 바람이 부는 옥외에서는 보호 가스가 보호 역할을 충분히 하지 못하므로 방풍막을 설치해야 한다. |

### (3) 서브머지드 아크 용접(submerged arc welding)

자동 금속 아크 용접법(automatic metal arc welding)으로서 모재의 이음 표면에 미세한 입상의 용제를 공급관을 통하여 공급하고 그 용제 속에 연속적으로 전극 와이어를 송급하면서, 용접봉 끝과 모재 사이에 아크를 발생시켜 용접한다. 이때 와이어의 이송 속도를 조정함으로써 일정한 아크 길이를 유지하면서 연속적으로 용접한다.

이 용접법은 아크나 발생 가스가 다 같이 용제 속에 잠겨져 있어서 보이지 않으므로 서브머지드 아크 용접법 또는 잠호 용접법이라고도 한다. 또한 상품명으로는 유니언 멜트 용접법(union melt welding), 링컨 용접법(lincoln welding) 등으로 불린다.

### (4) 이산화탄소 아크 용접($CO_2$ arc welding)

① **원리** : 불활성 가스 금속 아크 용접에 쓰이는 아르곤, 헬륨과 같은 불활성 가스 대신에 이산화탄소를 이용한 용극식 용접 방법이다. 이산화탄소는 불활성 가스가 아니므로 고온 상태의 아크 중에서는 산화성이 크고 용착 금속의 산화가 심하여 기공 및 그 밖의 결함이 생기기 쉽다. 그러므로 망간, 실리콘 등의 탈산제를 많이 함유한 망간-규소(Mn-Si)계와 값싼 이산화탄소, 산소 등의 혼합 가스를 쓰는 이산화탄소-산소($CO_2-O_2$) 아크 용접법 등이 개발되었다.

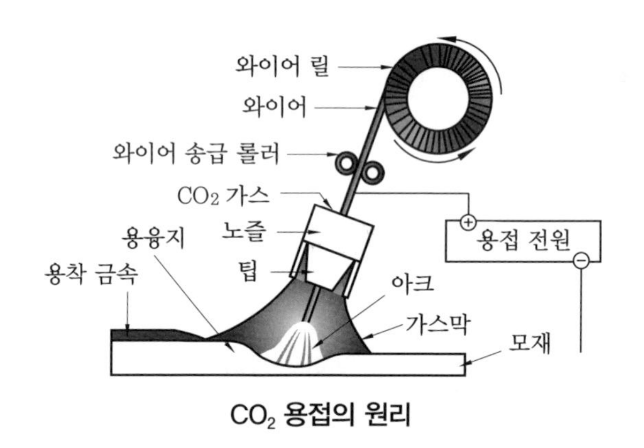

**$CO_2$ 용접의 원리**

② **특성**

㈎ 정전압 특성과 상승 특성 : 전류가 증가하여도 아크 전압이 일정하게 유지되는 특성을 정전압 특성(constant voltage characteristic)이라 하고, 전류가 증가할 때 전압이 다소 높아지는 특성을 상승 특성(rising characteristic)이라 하며 불활성 가스 금속 아크 용접(MIG)이나 이산화탄소 용접 등과 같이 전류 밀도가 매우 높은 자동, 반자동 용접에 필요한 특성이다.

**$CO_2$ 용접의 장단점**

| 장점 | 단점 |
|---|---|
| • 전류 밀도가 높아 용입이 깊고 용접 속도를 빠르게 할 수 있다.<br>• 용착 금속 중 수소량이 적으며, 내균열성 및 기계적 성질이 우수하다.<br>• 단락 이행에 의하여 박판도 용접이 가능하며 전자세 용접이 가능하다.<br>• 아크 발생률이 높으며, 용접 비용이 싸기 때문에 경제적이다.<br>• 용제를 사용하지 않아 슬래그 혼입의 결함 발생이 없고, 용접 후의 처리가 간단하다. | • 바람의 영향을 받으므로 풍속 2m/s 이상에서는 방풍 대책이 필요하다.<br>• 적용되는 재질이 철 계통으로 한정되어 있다.<br>• 비드 표면이 피복 아크 용접이나 서브머지드 아크 용접에 비해 거칠다(복합 와이어 방식을 적용하면 좋은 비드를 얻을 수 있다). |

### ③ 용접 시 안전을 위한 주의사항

㈎ $CO_2$ 용접기 설치 시 접지 : $CO_2$ 용접기의 연결 케이블은 반드시 규격품을 사용해야 하며, 접지 시설이나 수도 파이프 또는 접지봉에 접지하는 반면 가스나 가연성 액체 운반 파이프에 접지해서는 안 된다.

㈏ 작업장 통풍 : $CO_2$ 용접 시 유해 가스가 많이 발생하며, 특히 납, 구리, 카드뮴, 아연 용융 도금 강관(백관) 용접 등 유독성 가스나 증기를 발생하는 용접 작업장에는 통풍 시설 및 집진 시설을 확실히 해야 한다.

㈐ 화재 예방 : 용접 전 주변에 가연성 가스나 유류, 가연성 물질이 있는 경우 안전한 곳으로 격리시킨 후 용접한다.

㈑ 용접사 보호 : 용접 시에 보호구를 착용해야 한다. 화상 등의 예방을 위해 차광유리가 부착된 핸드 실드(용접 헬멧)를 사용하여 아크 빛으로부터 눈과 피부를 보호할 수 있도록 하며, 유해 가스 발생 장소에서 용접할 경우는 방독 마스크를 필히 착용하고 용접하도록 한다.

㈒ 용접기 관리

㉮ 토치 케이블은 곧게 펴서 사용하며(토치 케이블 안에는 와이어가 송급되는 통로가 스프링 로드로 되어 있어 구부려 사용하면 와이어 송급이 잘못된다), 일직선이 어려울 경우 $\phi$600 이상의 원호가 되도록 하고, 파도형으로 구부려졌을 경우 R300 이상이 되게 한다.

㉯ 토치로 송급 장치를 잡아끌거나 바닥에 떨어뜨리지 않는다.

㉰ 사용 전, 사용 후 일상 점검 및 주간, 월간 점검 등을 실시하여 항상 사용이 가능하도록 용접기를 관리한다.

**④ 용접 장치 및 구성**

㈎ $CO_2$ 아크 용접법에는 전자동식, 반자동식, 수동식이 있으며, 수동식은 거의 사용하지 않고, 반자동식과 전자동식이 많이 사용된다.

㈏ 용접 장치에는 주행 대차(carriage) 위에 용접 토치와 와이어 등을 탑재한 전자동식과 용접 토치만을 수동으로 조작하고 나머지는 기계적으로 조작하는 반자동식이 있다.

㈐ $CO_2$ 용접 장치의 주요 장치는 용접 전원(power source), 제어 장치(controller), 보호 가스 공급 장치(shelter gas supply unit), 토치(torch), 냉각수 순환 장치(water cooling unit) 등으로 구성되어 있다.

㉮ 용접 전원 : $CO_2$ 아크 용접기는 교류 전원에서 동력을 끌어 정류해 직류 용접 전류를 공급하고, 3상 1차 입력으로 되어 있는 것이 일반적이며, 복합 와이어 사용 시는 교류도 사용 가능하다. 용접기 용량은 보통 200～500A 정도가 일반적이고, 아크 전압(용접 작업을 수행 동안의 전압)은 전압 조절기에 의해 조절되며 이것은 개로 전압에 영향을 미치지 않는다. 아크 전압은 다음 식에 의하여 계산할 수 있다.

㉠ 박판의 아크 전압 : $V_0=0.04\times I+15.5\pm1.5$

㉡ 후판의 아크 전압 : $V_0=0.04\times I+20\pm2.0$

여기서, $I$ : 사용 용접 전류값

예 $V_0=19.5\pm1.5$V이면 아크 전압은 18～21V 내에서 사용하면 적당하다.

㉯ 주 변압기(main transformer) : 1차 측에 입력되는 고전압(440V)을 용접에 알맞은 전압(45V)으로 변압하는 기능을 한다.

㉰ 리액터(reacter) : 교류를 직류로 정류할 때 발생하는 거친 파형의 직류 출력 전력을 평활한 출력 전력으로 조정하는 역할을 한다.

㉱ 팬 및 팬 모터(fan & fan motor) : 팬은 용접기가 정상 작동될 때, 용접 전원 내부의 주 변압기, 리액터, SCR(selective catalytic reduction, 선택적 환원 촉매 장치), 방열판 등에서 발생되는 열을 냉각시키는 역할을 한다.

㉲ 제어 장치(control unit) : $CO_2$ 아크 용접기의 제어 장치는 와이어 송급 제어 장치, 냉각수 공급 제어 장치 등을 하나의 제어상자에 넣어 조작하고 있다. 와이어의 송급은 토크가 크고 적응성이 뛰어난 구동 모터에 의해 감속기 롤러를

통하여 일정한 속도로 송급되며, 보호 가스의 공급은 용접 토치의 스위치 작동에 의해 전자 밸브를 작동시켜 제어하도록 설정되어 있다.

㈥ 송급 장치(wire feeder) : 와이어 피더(송급 장치)는 와이어를 스플(spool) 또는 릴(reel)에서 뽑아 용접 토치 케이블을 통해 용접부까지 일정한 속도로 공급하는 장치를 말한다.

㈑ 와이어 송급 방식에는 사용 목적에 따라 푸시(push)식, 풀(pull)식, 더블 푸시(double push 또는 푸시－풀(push－pull)식)으로 나눈다.

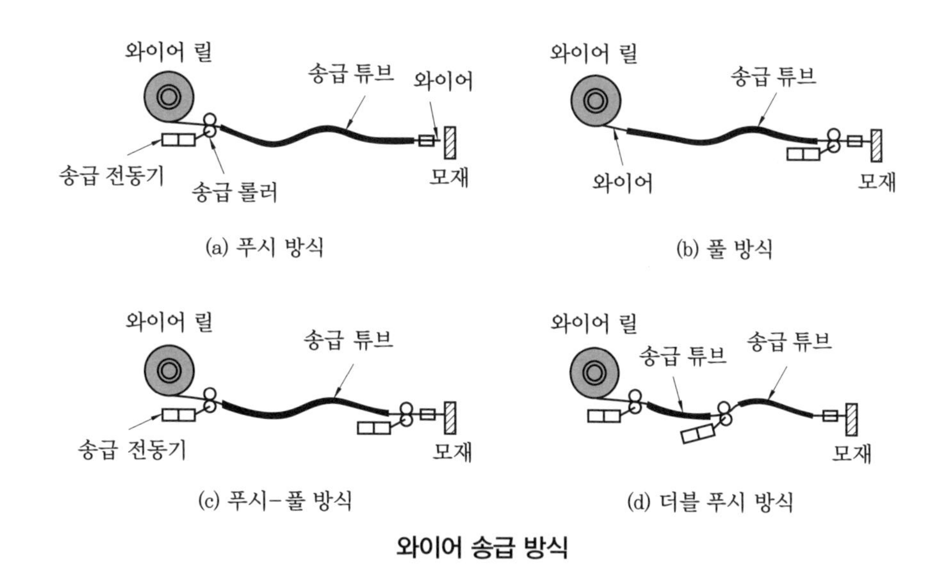


**와이어 송급 방식**

㈒ 부속 기구로 거리가 먼 곳에 용접 시 와이어 송급 장치를 용접 현장에 가까이 할 수 있는 원격 조절 장치(remote control box) 등이 필요하다. 그 밖에 이산화탄소, 산소, 아르곤 등의 유량계가 장착된 조정기와, 유량계의 동결(이산화탄소는 기화가 되어 나오는 가스로 동결이 쉬움)을 예방하기 위한 히터(heater) 등의 보호 가스 공급 장치가 있다.

### (5) 플라스마 아크 용접

기체를 수천도의 높은 온도로 가열하면 그 속의 가스 원자가 원자핵과 전자로 유리되며, 양(+), 음(−)의 이온 상태로 된다. 이것을 플라스마(plasma)라고 한다. 아크로 가스를 가열하여 플라스마상으로 토치의 노즐에서 분출되는 고속의 플라스마 제트(jet)를 이용한 용접법이다.

### (6) 테르밋 용접(thermit welding)

이 용접법은 용접 열원을 외부로부터 가하는 것이 아니라, 테르밋 반응에 의해 생성되는 열을 이용하여 금속을 용접하는 방법이다. 테르밋 반응(thermit reaction)이라 함은 금속 산화물이 알루미늄에 의하여 산소를 빼앗기는 반응을 총칭하는 것으로서, 현재 실용되고 있는 것은 철강용 테르밋제가 있다.

### (7) 일렉트로 슬래그 용접(electro slag welding)

1951년 러시아에서 개발된 용접법으로 고능률의 전기 용접 방법이며, 용융 슬래그 중의 저항 발열을 이용하여 용접하는 방법이다. 이 용접에서 용융 슬래그와 용융 금속이 용접부에서 흘러내리지 않도록 모재의 양측에 수랭식 구리판을 붙이고 용융 슬래그 속에 전극 와이어를 연속적으로 공급하면 용융 슬래그의 전기저항 열에 의하여 와이어와 모재가 용융되어 용접된다.

### (8) 원자 수소 아크 용접

2개의 텅스텐 전극 사이에 아크를 발생시키고 홀더 노즐에서 수소 가스 유출 시 열해리를 일으켜 발생되는 발생열(3000～4000℃)로 용접하는 방법이다.

### (9) 단락 옮김 아크 용접

① 이 용접법은 MIG 용접이나 $CO_2$ 용접과 비슷하나, 용적이 큰 와이어와 모재 사이에 주기적으로 단락을 일으키도록 아크 길이를 짧게 하는 용접법이다.

② 단락 회로수는 100회/s 이상이며 아크 발생 시간이 짧아지고 모재의 입열도 적어진다.

③ 용입이 얕아 0.8mm 정도의 얇은 판 용접이 가능하다.

### (10) 일렉트로 가스 용접(EGW : electro gas arc welding)

일렉트로 슬래그 용접(electro slag welding)은 슬래그 용제 대신 $CO_2$ 또는 Ar 가스를 보호 가스로 용접하는 것으로 수직 자동 용접의 일종이다.

### (11) 아크 스터드 용접(arc stud welding)

볼트나 환봉 핀 등을 직접 강판이나 형강에 용접하는 방법으로 볼트나 환봉을 피스톤형의 홀더에 끼우고 모재와 볼트 사이에 순간적으로 아크(플래시)를 발생시켜 용접하는 방법이다.

## (12) 가스 압접법(gas pressure welding)

접합부를 그 재료의 재결정 온도 이상으로 가열하여 축 방향으로 압축력을 가하여 압접하는 방법이다. 재료의 가열 가스 불꽃으로는 산소-아세틸렌 불꽃이나 산소-프로판 불꽃 등이 사용되고 있으나, 보통 앞의 것이 사용되고 있다.

## (13) 전자 빔 용접(electronic beam welding)

진공 중에서 고속의 전자 빔을 형성시켜 그 전자류가 가지고 있는 에너지를 용접 열원으로 한 용접법이다.

## (14) 마찰 용접(friction welding)

2개의 모재에 압력을 가해 접촉시킨 다음 접촉면에 상대 운동을 발생시켜 접촉면에서 발생하는 마찰열을 이용하여 이음면 부근이 압접 온도에 도달하였을 때 강한 압력을 가하여 업셋시키고, 동시에 상대 운동을 정지해서 압접을 완료하는 용접법이다.

## (15) 아크 점 용접법

이 용접법은 아크의 고열과 그 집중성을 이용하여 겹친 2장의 판재 한쪽에서 아크를 0.5~5초 정도 발생시켜 전극 팁의 바로 아래 부분을 국부적으로 융합시키는 용접법이다.

## (16) 냉간 압접

2개 금속을 Å(1Å[angstrom])으로 밀착시키면 자유전자가 공통화하여 결정격자점의 금속 이온과 상호 작용으로 금속 원자를 결합시키는 결합 형식을 이용하여 상온에서 단순히 가압만의 조작으로 금속 상호 간의 확산을 일으켜 압접을 이루는 방법이다.

## 제6장 CBT 예상 출제문제와 해설

**1. 미그(MIG) 용접 등에서 용접 전류가 과대할 때 주로 용융풀 앞 기슭으로부터 외기가 스며들어, 비드 표면에 주름진 두터운 산화막이 생기는 것을 무엇이라 하는가?**

① 퍼커링(puckering) 현상
② 퍽 마크(puck mark) 현상
③ 핀 홀(pin hole) 현상
④ 기공(blow hole) 현상

해설 ㉮ 퍽 마크(puck mark) : 서브머지드 아크 용접에서 용융형 용제의 산포량이 너무 많으면 발생된 가스가 방출되지 못하여 기공의 원인이 되며 비드 표면에 퍽 마크가 생긴다.
㉯ 핀 홀(pin hole) : 용접부에 남아 있는, 바늘과 같은 것으로 찌른 것 같은 미소한 가스의 기공이다.

**2. 불활성 가스 아크 용접법의 특성 중 틀린 것은?**

① 아르곤 가스 사용 직류 역극성 시 청정 효과(cleaning action)가 있어 강한 산화막이나 용융점이 높은 산화막이 있는 알루미늄(Al), 마그네슘(Mg) 등의 용접이 용제 없이 가능하다.
② 직류 정극성 사용 시는 폭이 좁고 용입이 깊은 용접부를 얻으며 청정 효과도 있다.
③ 교류 사용 시 용입 깊이는 직류 역극성과 정극성의 중간 정도이고 청정 효과가 있다.
④ 고주파 전류 사용 시 아크 발생이 쉽고 안정되며 전극의 소모가 적어 수명이 길다.

해설 ② 직류 정극성 사용 시는 폭이 좁고 용입이 깊은 용접부를 얻으나 청정 효과가 없다.

**3. TIG 용접 시 교류 용접기에 고주파 전류를 사용할 때의 특징이 아닌 것은?**

① 아크는 전극을 모재에 접촉시키지 않아도 발생된다.
② 전극의 수명이 길다.
③ 일정 지름의 전극에 대해 광범위한 전류의 사용이 가능하다.
④ 아크가 길어지면 끊어진다.

해설 ④ 아크가 길어져도 끊어지지 않는다.

정답 1. ① 2. ② 3. ④

**4. 불활성 가스 아크 용접법에서 실드 가스는 바람의 영향이 풍속(m/s) 얼마에 영향을 받는가?**

① 0.1～0.3 ② 0.3～0.5
③ 0.5～2 ④ 1.5～3

해설 실드 가스는 비교적 값이 비싸고 바람의 영향(풍속이 0.5～2m/s 이상이면 아르곤 가스의 보호 능력이 떨어진다)을 받기 쉽다는 결점이 있으며, 용착 속도가 느리고 고속, 고능률 용접에는 그다지 적합하지 않다.

**5. 불활성 가스 아크 용접으로 용접을 하지 않는 것은?**

① 알루미늄 ② 스테인리스강
③ 마그네슘 합금 ④ 선철

해설 불활성 가스 아크 용접에 해당되는 금속은 연강 및 저합금강, 스테인리스강, 알루미늄과 합금, 동 및 동합금, 티타늄(Ti) 및 티타늄 합금 등이며 선철은 용접하지 않는다.

**6. TIG 용접에서 교류 전원 사용 시 발생하는 직류 성분을 없애기 위하여 용접기 2차 회로에 삽입하는 것 중 틀린 것은?**

① 정류기 ② 직류 콘덴서
③ 축전지 ④ 컨덕턴스

해설 교류에서 발생되는 불평형 전류를 방지하기 위해서 2차 회로에 직류 콘덴서(condenser), 정류기, 리액터, 축전지 등을 삽입하여 직류 성분을 제거하게 하는 것은 평형 교류 용접기이다.

**7. MIG 용접은 TIG 용접에 비해 능률이 높기 때문에 두께 몇 mm 이상의 알루미늄, 스테인리스강 등의 용접에 사용이 되는가?**

① 3mm ② 5mm
③ 6mm ④ 7mm

해설 TIG는 3mm 이내가 좋고, MIG는 3mm 이상의 후판에 이용되고 있다.

정답 4. ③ 5. ④ 6. ④ 7. ①

**8.** TIG 용접 작업에서 토치의 각도는 모재에 대하여 진행 방향과 반대로 몇 도 정도 기울여 유지시켜야 하는가?

① 15° ② 30° ③ 45° ④ 75°

해설 TIG 용접 작업에서 토치의 각도는 모재에 대하여 진행 방향과 반대로 75° 정도 기울여 유지시키며 일반으로 전진법으로 용접하고 용접봉(용가재)을 모재에 대해 15° 정도의 각도로 기울여 용융풀에 재빨리 접근시켜 첨가한다(이때 용가재는 아크열 바깥으로 벗어나 공기와 접촉하면 산화가 되어 결함이 생긴다).

**9.** MIG 용접에서 토치의 노즐 끝부분과 모재와의 거리를 얼마 정도 유지하여야 하는가?

① 3mm 정도 ② 6mm 정도
③ 8mm 정도 ④ 12mm 정도

해설 MIG 용접의 아크 발생은 토치의 끝을 약 15~20mm 정도 모재 표면에 접근시켜 토치의 방아쇠를 당겨 와이어의 공급으로 아크를 발생시키며, 노즐과 모재와의 거리는 12mm 정도 유지시키고 아크 길이는 6~8mm가 적당하다.

**10.** TIG 용접에 사용되는 전극봉의 재료는 다음 중 어느 것인가?

① 알루미늄봉 ② 스테인리스봉
③ 텅스텐봉 ④ 구리봉

해설 TIG 용접에 사용되는 전극봉은 보통 연강, 스테인리스강에는 토륨이 함유된 텅스텐봉, 알루미늄은 순수 텅스텐봉, 그 밖에 지르코늄 등을 혼합한 텅스텐봉이 사용된다.

**11.** 불활성 가스 텅스텐 아크 용접법의 명칭이 아닌 것은?

① 비용극식 불활성 가스 아크 용접법
② 헬륨-아크 용접법
③ 아르곤 아크 용접법
④ 시그마 용접법

해설 시그마(sigma) 용접법은 MIG 용접법의 상품명으로 그 외에 에어코매틱(air comatic) 용접법, 필러 아크(filler arc) 용접법, 아르고노트(argonaut) 용접법 등이 있다.

정답 8. ④ 9. ④ 10. ③ 11. ④

**12.** TIG 용접법으로 판 두께 0.8mm의 스테인리스 강판을 받침판을 사용하여 용접 전류 90~140A로 자동 용접 시 적합한 전극의 지름은?

① 1.6mm ② 2.4mm ③ 3.2mm ④ 6.4mm

해설 스테인리스 강판 0.8mm 자동 용접인 경우는 전극이 1.6mm이고 수동인 경우는 1~1.6mm를 사용하며, 용접 전류는 자동인 경우는 90~140A, 수동인 경우는 30~50A이다.

**13.** MIG 용접 시 용접 전류가 적은 경우 용융 금속의 이행 형식은?

① 스프레이형 ② 글로뷸러형
③ 단락이행형 ④ 핀치효과형

해설 MIG 용접 시에 전극 용융 금속의 이행 형식은 주로 스프레이형(사용할 경우는 깊은 용입을 얻어 동일한 강도에서 작은 크기의 필릿 용접이 가능하다)으로 아름다운 비드가 얻어지나 용접 전류가 낮으면 구적 이행(globular transfer)이 되어 비드 표면이 매우 거칠다.

**14.** 불활성 가스 금속 아크 용접의 특징 설명으로 틀린 것은?

① TIG 용접에 비해 용융 속도가 느리고 박판 용접에 적합하다.
② 각종 금속 용접에 다양하게 적용할 수 있어 응용 범위가 넓다.
③ 보호 가스의 가격이 비싸 연강 용접의 경우에는 부적당하다.
④ 비교적 깨끗한 비드를 얻을 수 있고 $CO_2$ 용접에 비해 스패터 발생이 적다.

해설 ① TIG 용접에 비해 반자동, 자동으로 용접 속도 외 용융 속도가 빠르며 후판 용접에 적합하다.

**15.** MIG 용접 제어 장치에서 용접 후에도 가스가 계속 흘러나와 크레이터 부위의 산화를 방지하는 제어 기능은?

① 가스 지연 유출 시간(post flow time)
② 번 백 시간(burn back time)
③ 크레이터 충전 시간(crate fill time)
④ 예비 가스 유출 시간(preflow time)

정답 12. ① 13. ② 14. ① 15. ①

해설 ㉮ 번 백 시간 : 크레이터 처리 기능에 의해 낮아진 전류가 서서히 줄어들면서 아크가 끊어지는 기능으로 이면 용접부가 녹아내리는 것을 방지한다.
㉯ 크레이터 처리 시간 : 크레이터 처리를 위해 용접이 끝나는 지점에서 토치 스위치를 다시 누르면 용접 전류와 전압이 낮아져 크레이터가 채워짐으로써 결함을 방지하는 기능이다.
㉰ 예비 가스 유출 시간 : 아크가 처음 발생되기 전 보호 가스를 흐르게 하여 아크를 안정되게 함으로써 결함 발생을 방지하기 위한 기능이다.

**16.** 다음 중 MIG 용접의 특징이 아닌 것은?

① 아크 자기 제어 특성이 있다.
② 정전압 특성, 상승 특성이 있는 직류 용접기이다.
③ 반자동 또는 전자동 용접기로 속도가 빠르다.
④ 전류 밀도가 낮아 3mm 이하 얇은 판 용접에 능률적이다.

해설 ④ 전류 밀도가 매우 크며, 판 두께 3mm 이상에 적합하다.

**17.** 다음은 TIG 용접에 사용되는 토륨-텅스텐 전극에 대한 설명이다. 틀린 것은?

① 저전류에서도 아크 발생이 용이하다.
② 저전압에서도 사용이 가능하고 허용 전류 범위가 넓다.
③ 텅스텐 전극에 비해 전자 방사 능력이 현저하게 뛰어나다.
④ 교류 전원 사용 시 불평형 직류분이 작아 바람직하다.

해설 ④ 토륨-텅스텐 전극은 교류 전원 사용 시 불평형 직류 전류가 증대하여 바람직하지 못하다.

**18.** 다음은 TIG 용접의 특징과 용도를 설명한 것이다. 틀린 것은?

① MIG 용접에 비해 용접 능률은 뒤지나 용접부 결함이 적어 품질의 신뢰성이 비교적 높다.
② 작은 전류에서도 아크가 안정되어 후판의 용접에 적합하다.
③ 박판의 용접 시에는 용가재를 사용하지 않고 용접하는 경우도 있다.
④ 비용극식에는 전극으로부터의 용융 금속의 이행이 없으므로 아크의 불안정, 스패터의 발생이 없어 작업성이 매우 좋다.

해설 ② TIG 용접법은 작은 전류에서도 아크가 안정되고, 박판의 용접에 적합하여 주로 0.6~3.2mm의 범위의 판 두께에 많이 사용된다.

정답 16. ④ 17. ④ 18. ②

**19.** 가스 텅스텐 아크 용접의 원리에서 모재와 접촉하지 않아도 아크를 발생시키기 위해 어떠한 발생 장치를 이용하는가?

① 고주파 발생 장치 ② 원격 리모트 발생 장치
③ 인버터 발생 장치 ④ 전격 방지 장치

해설 고주파 발생 장치 : 고주파 전원을 사용하게 되면 전극이 모재와 접촉하지 않아도 아크가 발생하게 되므로 아크의 발생이 용이하고, 전극봉의 오염 및 수명이 연장된다.

**20.** 가스 텅스텐 아크 용접의 장점 중 틀린 것은?

① 용제가 불필요하다.
② 용접 시 불활성 가스 사용으로 산화나 질화가 없는 우수한 용접 이음이 가능하다.
③ 가열 범위가 넓어 용접 시 용융풀이 넓다.
④ 열의 집중 효과가 양호하다.

해설 ③ 가열 범위가 좁아 용접 시 변형의 발생이 적다.

**21.** 가스 텅스텐 아크 용접의 단점이 아닌 것은?

① 후판의 용접에서는 소모성 전극 방식보다 능률이 떨어진다.
② 용융점이 낮은 금속(Pb, Sn 등)의 용접이 곤란하다.
③ 협소한 장소에서도 토치의 접근이 쉬워 용접이 쉽다.
④ 일반적인 용접보다 다소 비용이 많이 든다.

해설 ③ 협소한 장소에서는 토치의 접근이 어려워 용접이 곤란하다.

**22.** 가스 텅스텐 아크 용접기의 용접 장치 및 구성 중 틀린 것은?

① 전원 장치 ② 제어 장치
③ 가스 공급 장치 ④ 전격 저주파 방지 장치

해설 가스 텅스텐 아크 용접기의 주요 장치로는 전원을 공급하는 전원 장치, 용접 전류 등을 제어하는 제어 장치, 보호 가스를 공급, 제어하는 가스 공급 장치, 고주파 발생 장치, 용접 토치 등으로 구성되고, 부속 기구로는 전원 케이블, 가스 호스, 원격 전류 조정기 및 가스 조정기 등으로 구성된다.

정답 **19.** ① **20.** ③ **21.** ③ **22.** ④

**23. 가스 텅스텐 아크 용접기의 직류 용접기에 대한 설명 중 틀린 것은?**

① 아크의 안정성이 좋아 정밀 용접에 주로 사용된다.
② 아크가 불안정하여 고주파를 병용하여 아크를 발생시켜 작업을 효율적으로 수행할 수 있다.
③ 발전기를 구동하여 얻어지는 발전형과 교류 전류를 직류로 정류하여 얻어지는 정류기형으로 구분한다.
④ 주로 정류기형이 사용되고 정류기 종류에는 셀렌 정류기, 실리콘 정류기, 게르마늄 정류기 등이 있다.

해설 ②는 교류 용접기의 특징이고, 직류는 ①, ③, ④ 외에 모재의 재질이나 판재의 두께에 따라 전원 극성을 바꾸어 용접 이음의 효율을 증대시키는 특징이 있다.

**24. 가스 텅스텐 아크 용접기에 대한 설명 중 틀린 것은?**

① 저주파를 이용한 교류 용접기와 고주파를 이용한 교류 용접기가 있다.
② 아크가 불안정하므로 고주파를 병용하여 아크를 발생시켜 작업을 효율적으로 수행할 수 있다.
③ 알루미늄 및 그 합금의 경우 모재 표면에 강한 산화알루미늄 피막이 형성되어 직류 역극성만 사용할 수 있고 교류에서는 안 된다.
④ 교류 용접기를 사용하면 청정 효과가 발생하므로 청정 효과를 필요로 하는 금속의 용접에 주로 사용된다.

해설 가스 텅스텐 아크 용접에서는 직류(DC)와 교류(AC)의 전원이 모두 사용 가능하다. 알루미늄 및 그 합금의 경우 모재 표면에 강한 산화알루미늄($Al_2O_3$ : 용융점 2050℃) 피막이 형성되어 있어 용접을 방해하는 원인이 되는데 용접 시 교류 용접기를 사용하면 이 산화피막을 제거하는 청정 작용이 발생한다.

**25. TIG 용접에서 용접 전류 제어 장치 설명 중 틀린 것은?**

① 전류 제어는 펄스 전류 선택과 크레이터 전류 선택으로 구분되어 있다.
② 펄스 기능을 선택하면 주 전류와 펄스 전류를 선택할 수 있는데 전류의 선택 비율을 15～85%의 범위에서 할 수 있다.
③ 주 전류와 펄스 전류 사이에서 진폭과 펄스 높이를 조절하여 용접 조건에 맞도록 제어하는 것으로 박판이나 경금속의 용접 시 유리하다.
④ 주 전류와 펄스 전류 사이에서 진폭과 펄스 높이를 조절하여 용접 조건에 맞도록 제어하는 것으로 박판이나 경금속의 용접 시 불리하다.

정답 23. ② 24. ③ 25. ④

해설 용접 전류 제어 장치

㉮ 전류 제어는 펄스 전류 선택과 크레이터 전류 선택으로 구분되어 있다.

㉯ 펄스 기능을 선택하면 주 전류와 펄스 전류를 선택할 수 있는데 전류의 선택 비율을 15~85%의 범위에서 할 수 있다.

㉰ 주 전류와 펄스 전류 사이에서 진폭과 펄스 높이를 조절하여 용접 조건에 맞도록 제어하는 것으로 박판이나 경금속의 용접 시 유리하다.

**26.** TIG 용접에서 보호 가스 제어 장치에 대한 설명으로 틀린 것은?

① 전극과 용융지를 보호하는 역할을 한다.

② 초기 아크 발생 시와 마지막 크레이터 처리 시 보호 가스의 공급이 불충분하여도 전극봉과 용융지가 산화 및 오염될 가능성이 없다.

③ 용접 아크 발생 전 초기 보호 가스를 수 초간 미리 공급하여 대기와 차단하는 역할을 한다.

④ 용접 종료 후에도 후류 가스를 수초 간 공급함으로써 전극봉의 냉각과 크레이터 부위를 대기와 차단시켜 전극봉 및 크레이터 부위의 오염 및 산화를 방지하는 역할을 한다.

해설 ② 초기 아크 발생 시와 마지막 크레이터 처리 시 보호 가스의 공급이 불충분하면 전극봉과 용융지가 산화 및 오염이 되므로 용접 아크 발생 전 초기 보호 가스를 수 초간 미리 공급하여 대기와 차단하는 역할을 한다.

**27.** TIG 용접기 설치를 위한 장소에 대한 설명 중 틀린 것은?

① 휘발성 가스나 기름이 있는 곳을 피한다.

② 습기 또는 먼지 등이 많은 장소는 용접기 설치를 피한다.

③ 벽에서 5cm 이상 떨어지고, 바닥면이 견고하고 수평인 곳을 선택한다.

④ 비, 바람이 치는 옥외 또는 주위 온도가 −10℃ 이하인 곳은 피한다.

해설 ③ 벽에서 30cm 이상 떨어지고, 바닥면이 견고하고 수평인 곳을 선택한다.

**28.** TIG 용접 장소에서 환기장치를 확인하는 내용 중 틀린 것은?

① 흄 또는 분진이 발산되는 옥내 작업장에 대하여는 국소배기시설과 같이 배기장치를 설치한다.

② 국소배기시설로 배기되지 않는 용접 흄은 이동식 배기팬 시설을 설치한다.

③ 이동 작업 공정에서는 이동식 배기팬을 설치한다.

④ 용접 작업에 따라 방진, 방독 또는 송기 마스크를 착용하고 작업에 임하며 용접 작업 시에는 국소배기시설을 반드시 정상 가동시킨다.

해설 ② 국소배기시설로 배기되지 않는 용접 흄은 전체 환기시설을 설치한다.

정답 26. ② 27. ③ 28. ②

**29.** TIG 용접기 설치 상태와 이상 유무를 확인하는데 틀린 것은?

① 배선용 차단기의 적색 버튼을 눌러 정상 작동 여부를 점검한다.
② 분전반과 용접기의 접지 여부를 확인한다.
③ 용접기 윗면의 케이스 덮개를 분리하고 콘덴서의 잔류 전류가 소멸되도록 전원을 차단하고 3분 정도 경과 후에 덮개를 열고 먼지를 깨끗하게 불어낸다.
④ 용접기에 선을 견고하게 연결하고 녹색선을 홀더선이 연결되는 곳에 접속한다.

해설 ④ 세 선을 용접기에 견고하게 연결하고 녹색 접지선은 용접기 케이스에 설치된 접지에 연결한다.

**30.** TIG 용접에서 용접 전류는 150~200A를 사용하는데, 직류 정극성 용접 시 노즐 지름(mm)과 가스 유량(L/min)의 적당한 규격으로 맞는 것은? (단, 앞이 노즐 지름, 뒤가 가스 유량이다.)

① 5~9.5-4~5 ② 5~9.0-6~8 ③ 6~12-6~8 ④ 8~13-8~9

해설 용접 전류가 150~200A일 때 직류 정극성 용접 시 노즐 지름 6~12mm, 가스 유량 6~8L/min이고, 교류 용접 시 노즐 지름 11~13mm, 가스 유량 7~10L/min이다.

**31.** TIG 용접에서 토치의 형태 중 틀린 것은?

① 직선형 ② 커브형 ③ 플렉시블형 ④ 치차형

해설 토치의 형태는 직선, 커브, 플렉시블형 등이 있다.

**32.** TIG 용접에 사용되는 토치에는 공랭식과 수랭식이 있는데 공랭식 토치에 대한 설명 중 틀린 것은?

① 정격 전류가 200A 이하의 비교적 낮은 전류와 사용량이 많지 않은 경우에 사용된다.
② 토치가 가볍고 취급이 용이한 장점이 있다.
③ 자연 냉각 방식으로 용접 토치를 연속적으로 사용할 때에는 용접 시에 공기에 의한 자연적인 냉각이 이루어지도록 한다.
④ 주로 강이나 스테인리스강 등의 박판 용접에 사용된다.

해설 ③ 자연 냉각 방식으로 용접 토치를 연속적으로 사용할 때에는 용접 중간에 휴지 시간을 주어 공기에 의한 자연적인 냉각이 이루어지도록 한다.

정답 29. ④ 30. ③ 31. ④ 32. ③

**33.** TIG 용접 토치의 내부 구조에 가스 노즐 또는 가스 컵이라고도 부르는 세라믹 노즐의 재질의 종류가 아닌 것은?

① 세라믹 노즐 ② 금속 노즐 ③ 석영 노즐 ④ 티타늄 노즐

해설 가스 노즐은 재질에 따라 세라믹 노즐, 금속 노즐, 석영 노즐 등이 있다.

**34.** TIG 용접에서 직류 역극성이 정극성보다 전극봉의 과열로 인한 소손이 우려되어 정극성보다 약 몇 배 정도 굵은 것을 사용해야 하는가?

① 2배 ② 3배 ③ 4배 ④ 6배

해설 역극성 사용 시 전극봉은 과열로 인한 소손이 우려되어 정극성보다 약 4배 정도 굵은 것을 사용해야 한다.

**35.** TIG 용접의 용접 조건으로서 틀린 것은?

① 원격 전류 조정기 또는 용접기 본체 전면 패널의 전류 조정기에 의해 조정할 수 있다.
② 용접 속도는 일반적으로 수동 용접의 경우 5～100cm/min 정도의 범위에서 움직이는 것이 안정된 아크의 상태를 유지할 수 있다.
③ 용접 속도가 지나치게 빠르면 모재에 언더컷이 발생하는 경우가 있다.
④ 아크 길이를 길게 하면 아크의 크기가 커져 높은 전압을 필요로 한다.

해설 ② 용접 속도는 일반적으로 수동 용접의 경우 5～50cm/min 정도의 범위에서 움직이는 것이 다른 용접에 비해 안정된 아크의 상태를 유지할 수 있다.

**36.** TIG 용접의 보호 가스 공급의 설명으로 틀린 것은?

① 공급량이 너무 많으면 용착 금속을 급랭시키는 역할을 하여 용착 금속 내의 잔류 가스가 외부로 발산되지 못해 기공 발생의 원인이 된다.
② 공급량이 많으면 용융지와 전극봉을 대기로부터 보호하지 못하는 한계로 전극봉의 오염으로 인한 손실과 용착 금속에 용접 결함이 발생한다.
③ 보호 가스의 공급량은 보호 가스의 종류, 용접 이음부의 형태(이음 홈의 종류), 노즐의 형상과 크기 등에 의해 결정된다.
④ 용접 이면부의 산화나 질화를 방지할 목적으로 불활성 가스에 의한 퍼징을 하게 된다.

해설 ② 공급량이 적으면 용융지와 전극봉을 대기로부터 보호하지 못하는 한계로 전극봉의 오염으로 인한 손실과 용착 금속에 용접 결함이 발생하게 되므로 적당량의 보호 가스 공급이 필요하다.

정답 33. ④ 34. ③ 35. ② 36. ②

**37. TIG 용접기의 일반적인 고장 방지 방법 중 틀린 것은?**

① 1, 2차 전선의 결선 상태를 정확하게 체결하고 절연이 되도록 한다.
② 용접기의 용량에 맞는 안전 차단 스위치를 선택한다.
③ 용접기를 정격사용률 이하로 사용하고, 허용사용률은 초과해도 영향이 없다.
④ 용접기 내부의 고주파 방전 캡, PCB 보드 등에 함부로 손대지 않도록 한다.

해설 ①, ②, ④ 외에 ㉮ 용접기를 정격사용률 이하로 사용하고, 허용사용률을 초과하지 않도록 한다. ㉯ 용접기 내부에 먼지 등의 이물질을 수시로 압축 공기를 사용하여 제거한다.

**38. TIG 용접의 스테인리스강 금속 재질에 대한 설명으로 틀린 것은?**

① 스테인리스강은 두께 12mm까지의 수동 용접에서는 아르곤 가스가 유효하다.
② 두꺼운 스테인리스강과 자동 용접에서는 아르곤과 헬륨의 혼합 가스를 사용한다.
③ 용접부 이면에는 용접부의 산화 및 균열 방지를 위해 퍼징 가스에 의한 백실드를 행하는 것이 일반적이다.
④ 스테인리스강은 두께 12mm까지의 수동 용접에서는 아르곤 가스나 헬륨의 혼합 가스를 사용한다.

해설 ④ 스테인리스강의 경우 두꺼운 스테인리스강과 자동 용접에서는 아르곤과 헬륨의 혼합 가스나 순수 헬륨 가스를 사용한다.

**39. TIG 용접의 알루미늄 합금에 대한 설명으로 틀린 것은?**

① 순 알루미늄계인 1000계는 내식성이 좋고 빛의 반사성, 전기, 열의 양도체 특성이 있으며 강도는 낮지만 용접이나 성형 가공이 쉽다.
② Al-Cu계인 2000계는 Cu를 주 첨가 성분으로 한 것에 Mg 등을 포함하는 열처리 합금으로 강도와 내식성, 용접성이 좋고 리벳 접합에 의한 구조물, 특히 항공기재에 많이 사용된다.
③ Al-Mg계인 5000계는 Mg를 주 첨가 성분으로 한 강도가 높은 비열처리 합금으로 용접성이 양호하다.
④ 제조한 그대로의 것은 F, 뜨임된 것은 O의 기호로 표시한다.

해설 ② Al-Cu계인 2000계는 Cu를 주 첨가 성분으로 한 것에 Mg 등을 포함하는 열처리 합금으로 강도는 높지만 내식성이나 용접성이 떨어지는 것이 많고 리벳 접합에 의한 구조물, 특히 항공기재에 많이 사용된다.

정답 37. ③ 38. ④ 39. ②

**40.** TIG 용접 재료 중 마그네슘 합금의 특성 중 틀린 것은?

① 마그네슘 합금은 화학적으로 대단히 활성이기 때문에 용접에 있어서 불활성 가스로 대기를 차단할 필요가 있으며, 모재 표면의 오염이나 산화피막을 제거해야 한다.
② 산화피막 제거는 와이어 브러시에 의한 기계적인 방법, 유기 용제 탈지 후 5% 정도의 NaOH으로 세정하고 크로뮴산, 질산나트륨, 불화칼슘 등의 혼합산에서 산 세척하는 등의 화학적인 방법이 있다.
③ 표면에 산화피막으로 대부분의 용접은 청정 작용을 위해 교류 전원 또는 직류 정극성을 적용한다.
④ 두께 5mm 이하에는 직류 역극성을 적용하기도 하지만 두꺼운 판에 깊은 용입을 얻기 위해서는 교류 전원을 선택한다.

해설 ③ 표면에 산화피막으로 대부분의 용접은 청정 작용을 위해 교류 전원 또는 직류 역극성을 적용한다.

**41.** TIG 용접에서 사용되는 활성 금속에 대한 설명 중 틀린 것은?

① 대표적으로 티타늄(Ti) 합금과 지르코늄(Zr) 합금이 있다.
② 활성 금속의 가스 텅스텐 아크 용접은 고순도의 불활성 가스를 포함한 퍼지 챔퍼(purged chamber) 속에서 적용되며 아르곤 가스가 보호 가스로 가장 많이 적용된다.
③ 보호 가스의 유량으로 아르곤 가스는 7L/min, 헬륨 가스는 18.5L/min을 사용하면 충분하다.
④ 지르코늄은 티타늄에 비해 비열이나 선팽창계수가 크고, 밀도는 약 50% 크다.

해설 ④ 지르코늄은 티타늄에 비해 비열이나 선팽창계수가 작고, 밀도는 약 50% 정도 크다.

**42.** 플라스마 절단에서 더블 아크(double arc) 현상에 대한 설명으로 틀린 것은?

① 전류값이 증가함에 따라 어느 한도의 전류값에 오르면 노즐을 끼워 시리즈 아크가 발생하고, 이것이 주 아크와 공존하게 되는 더블 아크 상태가 된다.
② 더블 아크 상태가 되어 이러한 현상에서 절단 능력은 크게 저하되고 노즐 및 전극의 손상을 초래하게 된다.
③ 더블 아크 발생의 한계 전류보다 조금 높은 전류로 설정하는 것이 바람직하다.
④ 한계 전류는 노즐 지름이 작을수록, 노즐 구속 길이가 길수록 낮아진다.

해설 ③ 더블 아크 발생의 한계 전류보다 조금 낮은 전류로 설정하는 것이 바람직하다.

정답 40. ③ 41. ④ 42. ③

**43.** $CO_2$ 모재에 대한 설명 중 틀린 것은?

① 용접성에 따라 분류한 번호 P-No는 화학조성을 근거로 한 대분류이다.
② Gr-No는 재료의 파괴 인성이 요구되는 고강도 재료에 대하여 P-No 내의 소분류를 한 것이다.
③ P-No 내의 소분류를 한 것으로 철을 함유한 모재에만 분류되어 있다.
④ P-No로 분류되어 있지 않은 재질의 모재일 경우는 Gr-No의 분류로 기록한다.

해설 ④ P-No로 분류되어 있지 않은 재질의 모재일 경우는 재질명을 기록한다.

**44.** $CO_2$ 용접법에서 와이어 송급을 일정하게 하는데 통전이 되는 부품은?

① 송급 모터　　② 콘택트 팁
③ 노즐　　④ 송급 롤러

해설 코일(coil) 형상으로 감겨진 와이어(wire)가 와이어 송급 모터(wire feeding motor)에 의해 자동으로 송급되면서 용접 전원에서 콘택트 팁(contact tip)에 의해 통전되어 와이어 자체가 전극이 된다.

**45.** $CO_2$ 용접기의 특성으로 적합한 것은?

① 수하 특성　　② 부특성
③ 정전압 특성　　④ 정전류 특성

해설 $CO_2$ 용접기는 일반적으로 직류 정전압 특성(DC constant voltage characteristic)이나 상승 특성(rising characteristic)의 용접 전원이 사용된다.

**46.** $CO_2$ 용접의 장점 중 틀린 것은?

① 전류 밀도가 높아 용입이 얕고 용접 속도를 빠르게 할 수 있다.
② 용착 금속 중 수소량이 적으며, 내균열성 및 기계적 성질이 우수하다.
③ 단락 이행에 의하여 박판도 용접이 가능하며 전자세 용접이 가능하다.
④ 적용되는 재질이 철 계통으로 한정되어 있다.

해설 ① 전류 밀도가 높아 용입이 깊고 용접 속도를 빠르게 할 수 있다.

정답 43. ④　44. ②　45. ③　46. ①

**47.** $CO_2$ 가스 취급 시 유의사항으로 틀린 것은?

① 용기 밸브를 열 때에는 반드시 압력계의 정면에 서서 용기 밸브를 연다.
② 용기 밸브를 열기 전에 조정 핸들을 반드시 되돌려 놓아 주어 가스가 급격히 흘러 들어가지 않도록 한다.
③ 사고 발생 즉시 밸브를 잠가 가스 누출을 막을 수 있도록 밸브를 잠그는 핸들과 공구를 항상 주위에 준비한다.
④ 고압가스 저장 또는 취급 장소에서 화기를 사용해서는 안 된다.

**해설** ① 용기 밸브를 열 때에는 반드시 압력계의 정면을 피해 서서히 용기 밸브를 연다(용기 밸브를 급속히 여는 것은 압력계 폭발 사고의 원인이 되어 매우 위험하므로 절대 급속히 개방하는 일이 없도록 한다).

**48.** $CO_2$ 용접의 전류와 전압의 특성 중 틀린 것은?

① 전류가 높으면 용접봉이 빨리 녹고, 용융풀도 커지며 불규칙하게 된다.
② 용접 전류가 너무 낮으면 모재를 충분히 용융시켜주지 못하고 용융풀도 작게 되는 현상이 발생한다.
③ 용입이 충분하지 않거나 비드 모양이 볼록하게 형성될 때에는 전압을 내려 작업한다.
④ 전압을 너무 높여 용접 작업을 할 경우 기공이 발생할 수 있으며 전류와 전압의 비율은 10 : 1 정도이다.

**해설** ③ 용입이 충분하지 않거나 비드 모양이 볼록하게 형성될 때에는 전압을 올려 작업한다.

**49.** $CO_2$ 용접에서 아크를 발생시키는 방법이 아닌 것은?

① 토치를 잡고 모재 위를 겨냥하여 진행각을 90°로 유지한다.
② 토치를 잡고 모재 위를 겨냥하여 작업각을 90°로 유지한다.
③ 와이어 돌출 길이는 10～15mm가 되도록 유지한다.
④ 토치에 있는 스위치를 누르면 용접 전류의 통전에 의해 아크가 발생되며, 스위치를 놓으면 소멸된다.

**해설** ① 토치를 잡고 모재 위를 겨냥하여 작업각을 90°, 진행각은 75～80°로 유지한다.

**정답** 47. ① 48. ③ 49. ①

**50.** $CO_2$ **아크가 발생되지 않는 고장 원인에 따른 보수 및 정비 방법이 아닌 것은?**

① 용접기 전원 스위치가 OFF되어 ON(접속)한다.
② 토치 또는 모재 측 케이블 불량, 단선이 됐을 때 전선을 연결한다.
③ 이상 표시등에 불이 켜져 있으면 기기의 이상 유무를 확인하기 전에 전원 스위치를 OFF 하였다가 다시 ON시킨다.
④ PCB 접촉 불량일 때에는 PCB를 교체한다.

해설 ③ 이상 표시등에 불이 켜져 있으면 기기의 이상 유무를 확인하고 점검한다.

**51.** $CO_2$ **용접 토치에 대한 설명 중 틀린 것은?**

① 스프링 라이너는 3주에 1회 압축 공기를 이용하여 내부의 먼지를 깨끗이 제거해 주어야 한다.
② 스프링 라이너가 토치 케이블에서 돌출된 길이를 확인하여 3mm 정도 돌출하도록 한다.
③ 팁 구멍의 마모 상태를 확인한다.
④ 와이어 직경에 적합한 팁을 끼운다.

해설 ① 스프링 라이너는 일주일에 1회 압축 공기를 이용하여 내부의 먼지를 깨끗이 제거해 주어야 한다.

**52.** $CO_2$ **용기의 종류는 어떤 용기인가?**

① 용접 용기 ② 이음매 없는 용기
③ 납 붙임 용기 ④ 접합 용기

해설 이음매 없는 용기 : 압력이 높은 압축가스(산소, 수소, 아르곤, $CO_2$, 천연가스 등)를 저장하는 용기이다.

**53.** $CO_2$ **아크 용접기에서 교류를 직류로 정류할 때 발생하는 거친 파형의 직류 출력 전력을 평활한 출력 전력으로 조정하는 역할을 하는 부품은?**

① 리액터 ② 제어 장치
③ 송급 장치 ④ 용접 토치

해설 리액터(reacter) : 교류를 직류로 정류할 때 발생하는 거친 파형의 직류 출력 전력을 평활한 출력 전력으로 조정하는 역할을 한다.

정답 50. ③ 51. ① 52. ② 53. ①

**54.** $CO_2$ 용접기를 설치할 때 맞지 않는 것은?

① 가연성 표면 위나 $CO_2$ 용접기 주변에 다른 장비를 설치하지 않는다.
② 습기와 먼지가 적은 곳에 설치한다.
③ 벽이나 다른 장비로부터 30cm 이상 떨어져 설치한다.
④ 주위 온도는 −10～70℃를 유지하여야 한다.

해설 ④ 주위 온도는 −10～40℃를 유지하여야 한다.

**55.** $CO_2$ 아크 용접기에서 용접 전류($I$)가 120A이면 후판의 아크 전압($V$)은 어느 범위인가?

① 16～20V ② 18～21V
③ 25～27V ④ 30～34V

해설 후판, $V_0 = 0.04 \times I + 20 \pm 2.0$
$= (0.04 \times 120) + 20 \pm 2.0 = 24.8 \pm 2.0$

**56.** 일렉트로 슬래그 용접의 심선 지름은?

① 2.5～3.2ϕ/mm ② 3.2～4.0ϕ/mm
③ 4.0 ～5.2ϕ/mm ④ 5.2～6.0ϕ/mm

해설 일렉트로 슬래그 용접에서 주로 사용되는 전극 와이어의 지름은 2.5～3.2ϕ/mm이다.

**57.** 일렉트로 슬래그 용접에서 용접 금속의 무게 1kg에 대하여 몇 kg의 용제가 필요한가?

① 20kg ② 30kg ③ 40kg ④ 50kg

해설 많은 양의 슬래그가 발생되는 것이 좋다.

**58.** 다음 중 테르밋 용접의 특징이 아닌 것은?

① 전원을 필요로 하지 않는다. ② 용접 시간이 짧다.
③ 특이한 모양의 홈을 요구한다. ④ 발열제의 작용으로 용접이 가능하다.

해설 ③ 특이한 모양의 홈을 요구하지 않으며, 용접 결과가 매우 좋다.

정답 54. ④ 55. ③ 56. ① 57. ④ 58. ③

**59.** 아크 플라스마의 외각을 강제적으로 냉각하면 아크 플라스마는 열손실이 최소한이 되도록 표면적을 축소시켜 전류 밀도가 증가하여 온도가 상승한다. 이와 같은 현상을 무엇이라 하는가?

① 열적 핀치 효과 ② 자기적 핀치 효과
③ 플라스마 제트 ④ 플라스마 핀치 효과

**해설** 플라스마 용접은 에너지 밀도를 증가시키기 위하여 열적 핀치 효과와 자기적 핀치 효과의 특성을 가지고 있다.

**60.** 다음은 서브머지드 아크 용접의 용제이다. 틀린 것은?

① 용융형 용제 ② 소결용 용제
③ 혼성용 용제 ④ 첨가형 용제

**해설**
- 용융형 용제 : 광물성 원료를 고온(1300℃)에서 용융한 것으로 흡수성이 작다.
- 소결형 용제 : 광물성 원료를 용융되기 전 800~1000℃ 고온에서 소결한 것으로 흡수성이 크다.
- 혼성형 용제 : 분말성 원료에 고착제를 넣어 300~400℃에서 건조한 것이다.

**61.** $CO_2$ 용접 시 저전류 영역에서의 가스 유량으로 가장 적당한 것은?

① 5~10L/min ② 10~15L/min
③ 15~20L/min ④ 20~25L/min

**해설** 이산화탄소의 송급량은 이음 형상 노출과 모재 간의 거리, 작업 시의 바람의 방향, 풍속 등에 의해 결정되며, 일반적으로 20L/min 전후이다.

**62.** 아크가 보이지 않는 상태에서 용접이 진행된다고 하여 일명 잠호 용접이라 부르기도 하는 용접법은?

① 스터드 용접 ② 레이저 용접
③ 플라스마 용접 ④ 서브머지드 아크 용접

**해설** 서브머지드 아크 용접은 아크가 보이지 않는 상태에서 용접이 진행된다고 하여 일명 잠호 용접 또는 불가시 용접이라고도 부른다.

**정답** 59. ① 60. ④ 61. ③ 62. ④

**63. 다음 중 유도 방사에 의한 광의 증폭을 이용하여 용융하는 용접법은?**

① 맥동 용접 ② 스터드 용접
③ 레이저 용접 ④ 피복 아크 용접

해설 레이저(laser) 용접의 경우 Light Amplification Stimulated Emission of Radiation (유도 방사에 의한 광의 증폭)의 첫 글자를 의미한다.

**64. 다음 중 MIG 용접에서 사용하는 와이어 송급 방식이 아닌 것은?**

① 풀(pull) 방식
② 푸시(push) 방식
③ 푸시 풀(push-pull) 방식
④ 푸시 언더(push-under) 방식

해설 MIG 용접의 와이어 송급 방식에는 풀 방식, 푸시 방식, 푸시 풀 방식이 있다.

**65. 밀착 맞대기법과 개방 맞대기법의 두 종류가 있는 용접법은?**

① 가스 압접
② 피복 아크 용접
③ 서브머지드 아크 용접
④ MIG 용접

해설 가스 압접에서 일반적으로 산화 작용이 적고 겉모양이 아름다운 밀착 맞대기법이 많이 이용되고 있다.

**66. 다음은 가스 압접의 밀착법에 관한 사항이다. 틀린 것은?**

① 접합부는 용융시키지 않는다.
② 접합면의 이물질을 제거 후 작업을 하여야 한다.
③ 접합면이 용융될 때 수평 방향으로 가압하여 압접을 한다.
④ 재결정 온도 이상으로 토치로 열을 가한 후 수평 방향에서 가압하여 압접을 한다.

해설 ③은 가스 압접의 개방법에 속하며, 국부적으로 접합면이 열을 받기 때문에 열효율이 매우 우수하다.

정답 63. ③ 64. ④ 65. ① 66. ③

**67. 다음은 플라스마 제트 용접의 장점이다. 틀린 것은?**

① 열에너지의 집중이 좋다.
② 용접 속도가 빠르다.
③ 용접 홈은 H형이면 되고 용접봉의 소모가 크다.
④ 각종 재료의 용접이 가능하다.

해설 열 집중성이 좋기 때문에 I형 홈 용접이면 충분하고 용접봉 소모가 적다.

**68. 다음 금속 중에서 플라스마 아크 용접 시 보호 가스로 수소를 혼입하여서는 안 되는 것은?**

① 스테인리스강 ② 탄소강 ③ 니켈 합금 ④ 구리

해설 티탄이나 구리의 용접 시 약간의 수소를 혼입하여도 용접부가 약화될 위험성이 있어 수소 대신에 헬륨(He) 가스를 사용한다.

**69. 플라스마 아크 용접법의 특징에 대한 설명 중 틀린 것은?**

① 플라스마 아크에 의하여 천공 현상이 생긴 후 아크의 이동과 더불어 키홀도 이동하므로 용접부에는 스타팅 탭과 엔드 탭이 필요하다.
② 에너지는 전자 용접에 비해 약 $\frac{1}{2}$ 정도이지만, 에너지 밀도가 높으므로 용접 속도가 빠르다.
③ 용접 홈은 모재의 두께에 영향을 받지 않고 V형 홈으로 단층 용접을 한다.
④ 용접 속도를 크게 하면 가스 보호가 불충분하며, 용접부에 경화 현상이 일어나기 쉽다.

해설 용접 홈은 J형으로 맞대기 용접을 하고, 모재의 두께는 25 mm 이하로 제한된다.

**70. 다음은 초음파 용접법의 특징이다. 틀린 것은?**

① 극히 얇은 판, 즉 필름(film)도 쉽게 용접된다.
② 판의 두께에 따라 강도가 현저하게 변화한다.
③ 이종 금속의 용접은 불가능하다.
④ 냉간 압접에 비하여 주어지는 압력이 작으므로 용접물의 변형률도 작다.

해설 특별히 두 금속의 경도가 크게 다르지 않는 한 이종 금속의 용접도 가능하다.

정답 67. ③ 68. ④ 69. ③ 70. ③

**71.** 도체의 표면에 집중적으로 흐르는 성질인 표피 효과와 전류의 방향이 반대인 경우에는 서로 접근해서 흐르는 성질인 근접 효과를 이용하여 용접부를 가열하여 용접하는 방법은 무엇인가?

① 플라스마 제트 용접 ② 고주파 용접
③ 초음파 용접 ④ 맥동 용접

해설 고주파 용접의 원리
㉮ 표피 효과 : 고주파 전류는 도체의 표면에만 집중해서 흐르고 내부로 갈수록 전류의 분포가 적어지는 성질
㉯ 근접 효과 : 전류의 방향이 반대인 경우 서로 접근해서 흐르려는 성질

**72.** 황동 용접을 할 때 가장 좋은 효과를 얻는 용접법은 다음 중 어느 것인가?

① 피복 금속 아크 용접법
② 불활성 가스 아크 용접법
③ 테르밋 용접
④ 가스 용접

해설 구리 합금은 용융 용접에서 주로 불활성 가스 텅스텐 아크 용접이 많이 사용된다. 서브머지드 아크 용접도 실용화되고 있으며, 전기저항 용접법, 압접법, 초음파 용접법(ultrasonics welding) 등은 얇은 판에 쓰이고, 납땜법도 널리 사용되고 있다. 피복 금속 아크 용접은 슬래그 섞임과 기포의 발생이 많으므로 사용이 곤란하다.

**73.** 알루미늄 용접 시 사용하는 용제로서 가장 적당한 것은?

① 염화리튬(LiCl) ② 붕산($H_3BO_3$)
③ 탄산마그네슘($MgCO_3$) ④ 중탄산나트륨($Na_2CO_3$)

해설 알루미늄 용접봉
㉮ 모재와 동일한 화학 조성의 것
㉯ Si 4~13%의 Al-Si 합금선
㉰ Cd, Cu, Mn, Mg 등의 합금 등을 사용
㉱ 용제는 주로 알칼리 금속의 할로겐 화합물, 유산염 등의 혼합제가 많이 사용되며 가장 주요한 것은 염화리튬(LiCl)이다.

정답 71. ② 72. ② 73. ①

**74.** 다음 중 일렉트로 가스 아크 용접의 특징으로 옳은 것은?

① 용접 속도는 자동으로 조절된다.
② 판 두께가 얇을수록 경제적이다.
③ 용접 장치가 복잡하여, 취급이 어렵고 고도의 숙련을 요한다.
④ 스패터 및 가스의 발생이 적고, 용접 작업 시 바람의 영향을 받지 않는다.

해설 ② : 판 두께가 두꺼울수록 경제적이다.
③ : 용접 장치가 간단하고 취급이 쉬우며, 고도의 숙련을 요하지 않는다.
④ : 스패터 및 가스의 발생이 많고, 용접 작업 시 바람의 영향을 많이 받는다.

**75.** TIG 용접기의 전극 재료는?

① 연강봉　② 용접용 와이어　③ 텅스텐 봉　④ 탄소봉

해설 텅스텐(tungsten) : 원소 기호 W, 비중 19.24, 융점 3400℃로서 강에 첨가하여 내열강, 고속도강을 만들며 전구나 진공관의 필라멘트에도 이용된다. 융점이 높은 성질을 이용하여 TIG 용접의 전극봉으로 사용한다.

**76.** 다음 중 불활성 가스 금속 아크 용접법(inert gas metal arc welding)의 상품명으로 불리지 않는 것은?

① 에어 코매틱(air comatic) 용접법
② 아르고노트(argonaut) 용접법
③ 필러 아크(filler arc) 용접법
④ 유니언 멜트 용접법(union melt welding)

해설 MIG 용접의 상품명으로는 에어 코매틱 용접법, 시그마 용접법, 필러 아크 용접법, 아르고노트 용접법 등이 있다.

**77.** 청정 작용이 큰 불활성 가스는?

① Ar　② He　③ Ne　④ Co

해설 Ar은 청정 작용이 크다. 그러나 He은 용접 속도를 빠르게 하고 위보기 용접에 효과적이다.

정답 74. ① 75. ③ 76. ④ 77. ①

**78. 원자 수소 아크 용접의 원리는?**

① 수소의 열해리에 의한 열로 용접한다. ② 아크 용접이다.
③ 피복제가 필요한 용접이다. ④ $CO_2$ 가스에 의한 용접이다.

해설 수소 열해리 시 약 2800℃의 열이 발생되고 반응식은 $H_2 \xrightarrow{\text{흡열}} 2H \xrightarrow{\text{발열}} H_2$이며, 피복제가 필요 없는 용접이다.

**79. 다음 중 원자 수소 아크 용접의 적용 범위가 아닌 곳은?**

① 내식성을 요구하는 데 ② 일반 공구, 다이의 수리 등
③ 일반 용접 ④ 고속도강 바이트 절삭공구 제조 등

해설 합금 성분이 많고 탄소 함유량이 많은 금속 용접에 사용한다.

**80. 용융 테르밋 용접법(fusion thermit welding)의 용접 홈의 예열 온도는?**

① 300～400℃ ② 400～500℃ ③ 700～800℃ ④ 800～900℃

해설 용접 홈은 800～900℃로 예열하여 용융 금속과 모재의 융합을 촉진시킨다.

**81. 다음 중 주형을 이용하는 용접법은?**

① TIG 용접 ② MIG 용접 ③ 서브머지드 용접 ④ 테르밋 용접

해설 테르밋 용접은 테르밋제가 반응열로 인하여 순철로 되며, 이것을 용가재라 한다.

**82. 일렉트로 슬래그 용접의 장점으로 틀린 것은?**

① 용접 능률과 용접 품질이 우수하다.
② 최소한의 변형과 최단시간의 용접법이다.
③ 후판을 단일층으로 한 번에 용접할 수 있다.
④ 스패터가 많으며, 80%에 가까운 용착 효율을 나타낸다.

해설 일렉트로 슬래그 용접의 경우 용융 슬래그 속에서 전극 와이어가 연속적으로 공급되므로 스패터가 발생하지 않고 조용하며 용융 금속의 용착량은 100%가 된다.

정답 78. ① 79. ③ 80. ④ 81. ④ 82. ④

**83. 플라스틱 용접 방법에 해당되지 않는 것은?**

① 열풍 용접 ② 열기구 용접 ③ 점 용접 ④ 고주파 용접

해설 플라스틱 용접 : 열풍 용접, 열기구 용접, 마찰 용접, 고주파 용접 등

**84. 플라스마 아크 용접의 특징으로 틀린 것은?**

① 비드 폭이 좁고 용접 속도가 빠르다.
② 1층으로 용접할 수 있으므로 능률적이다.
③ 용접부의 기계적 성질이 좋으며 용접 변형이 적다.
④ 핀치 효과에 의해 전류 밀도가 작고 용입이 얕다.

해설 핀치 효과에 의하여 전류 밀도가 크므로 용입이 깊다.

**85. 스터드 용접에서 내열성의 도기로 용융 금속의 산화 및 유출을 막아주고 아크열을 집중시키는 역할을 하는 것은?**

① 페룰 ② 스터드 ③ 용접 토치 ④ 제어 장치

해설 페룰(ferrule)에 대한 내용이다.

**86. 서브머지드 아크 용접에서 다전극 방식에 의한 분류가 아닌 것은?**

① 탠덤식 ② 횡병렬식 ③ 횡직렬식 ④ 이행 형식

해설 다전극 방식에 의한 분류에는 탠덤식, 횡병렬식, 횡직렬식 등이 있다.

**87. 탄산가스 아크 용접에 대한 설명으로 맞지 않는 것은?**

① 가시 아크이므로 시공이 편리하다.
② 철 및 비철류의 용접에 적합하다.
③ 전류 밀도가 높고 용입이 깊다.
④ 바람의 영향을 받으므로 풍속 2m/s 이상일 때에는 방풍 장치가 필요하다.

해설 탄산가스 아크 용접은 철의 용접에만 적합하다.

정답 83. ③ 84. ④ 85. ① 86. ④ 87. ②

**88.** 이산화탄소 아크 용접의 솔리드 와이어 용접봉에 대한 설명으로 YGA-50W-1.2-20에서 "50"이 뜻하는 것은?

① 용접 와이어 ② 용접봉의 무게
③ 가스 실드 아크 용접 ④ 용착 금속의 최소 인장강도

해설 YGA-50W-1.2-20
㉮ YGA : 용접 와이어
㉯ 50 : 용착 금속의 최소 인장강도
㉰ W : 금속의 화학 성분
㉱ 20 : 용접봉 무게

**89.** 불활성 가스 텅스텐 아크 용접에서 고주파 전류를 사용할 때의 이점이 아닌 것은?

① 전극을 모재에 접촉시키지 않아도 아크 발생이 용이하다.
② 전극을 모재에 접촉시키지 않으므로 아크가 불안정하여 아크가 끊어지기 쉽다.
③ 전극을 모재에 접촉시키지 않으므로 전극의 수명이 길다.
④ 일정한 지름의 전극에 대하여 광범위한 전류의 사용이 가능하다.

해설 TIG 용접에서 고주파 전류를 사용하면 아크가 안정되어 아크 발생이 용이하다.

**90.** 아크를 발생시키지 않고 와이어와 용융 슬래그 모재 내에 흐르는 전기저항 열에 의하여 용접하는 방법은?

① TIG 용접 ② MIG 용접
③ 일렉트로 슬래그 용접 ④ 이산화탄소 아크 용접

해설 용융된 슬래그 속에 전극 와이어를 연속적으로 송급하여 용융 슬래그 내를 흐르는 저항열에 의해 용접하는 방법이 일렉트로 슬래그 용접이다.

**91.** 탄산가스 아크 용접의 종류에 해당되지 않는 것은?

① NCG법 ② 테르밋 아크법
③ 유니언 아크법 ④ 퓨즈 아크법

해설 ①, ③, ④는 탄산가스 아크 용접의 분류에서 용제가 들어있는 와이어 이산화탄소법이다.

정답 88. ④ 89. ② 90. ③ 91. ②

**92.** 용접 열원으로 전기가 필요 없는 용접봉은?

① 테르밋 용접
② 원자 수소 용접
③ 일렉트로 슬래그 용접
④ 일렉트로 가스 아크 용접

해설 테르밋 용접법은 용접 열원을 외부로부터 가하는 것이 아니라 테르밋 반응에 의해 생성되는 열을 이용하여 금속을 용접하는 방법이다.

**93.** 불활성 가스 텅스텐 아크 용접(TIG)의 KS 규격이나 미국용접협회(AWS)에서 정하는 텅스텐 전극봉의 식별 색상이 황색이면 어떤 전극봉인가?

① 순텅스텐
② 지르코늄 텅스텐
③ 1% 토륨 텅스텐
④ 2% 토륨 텅스텐

해설 텅스텐 전극봉은 순텅스텐 봉(녹색)과 1% 토륨 텅스텐 봉(황색), 2% 토륨 텅스텐 봉(적색), 지르코늄 텅스텐 봉(갈색)이 있다.

**94.** 스터드 용접의 특징 중 틀린 것은?

① 긴 용접 시간으로 용접 변형이 크다.
② 용접 후의 냉각 속도가 비교적 빠르다.
③ 알루미늄, 스테인리스강 용접이 가능하다.
④ 탄소 0.2%, 망간 0.7% 이하 시 균열 발생이 없다.

해설 스터드 용접의 아크 발생 시간은 보통 0.1~2초 정도로 용접 시간이 짧다.

**95.** 다음 서브머지드 아크 용접에서 용접기를 전류 용량으로 구별할 때 최대 전류(A)에 해당되지 않는 것은?

① 4000 ② 2000 ③ 1200 ④ 600

해설 전류 용량에 따라 최대 전류 4000 A, 2000 A, 1200 A, 900 A의 종류가 있다.

정답 92. ① 93. ③ 94. ① 95. ④

**96.** 다음 중 일렉트로 가스 용접에 사용되는 보호 가스가 아닌 것은?

① 이산화탄소 ② 아르곤
③ 수소 ④ 헬륨

해설 보호 가스는 He, $CO_2$ 또는 CO+Ar, Ar+$O_2$의 혼합 가스가 사용된다.

**97.** 다음은 탄산가스 성질에 관한 사항이다. 틀린 것은?

① 무색 투명하다.
② 무미 무취이다.
③ 공기보다 2.55배, 아르곤보다 3.38배 무겁다.
④ 공기 중 농도가 크면 눈, 코, 입 등에 자극이 느껴진다.

해설 $CO_2$ 가스는 공기보다 1.53배, 아르곤보다 1.38배 무겁다.

**98.** 이음의 표면에 쌓아 올린(용제 속에) 미세한 와이어를 집어넣고 모재와의 사이에 생기는 아크열로 용접하는 방법이며 피복제에는 용융형, 소결형 등이 있는 용접은?

① 서브머지드 아크 용접
② 불활성 가스 아크 용접
③ 원자 수소 용접
④ 아크 점 용접

해설 서브머지드 아크 용접의 원리는 모재의 용접부에 쌓아 올린 용제 속에 연속적으로 공급되는 와이어를 넣고 와이어 끝과 모재 사이에서 아크를 발생시켜 용접하는 방법으로 자동 아크 용접법이며 아크가 용제 속에서 발생되어 보이지 않아 잠호 용접법이라고도 한다.
※ 문제의 "(용제 속에)"는 저자 임의로 삽입한 것

**99.** 다음 중 탄소 아크 용접에 사용되는 차광도 번호는?

① 6~7 ② 8~9
③ 10~12 ④ 13~14

해설 탄소 아크 용접에서 차광도 번호 13~14의 용접 전류는 400A 이상이다.

정답 96. ③ 97. ③ 98. ① 99. ④

**100.** 청정 작용이 발생하는 용접 방식은 다음 중 어느 것인가?

① 직류 정극성 시
② 직류 역극성 시
③ 극성에 관계없다.
④ 일어나지 않는다.

해설 직류 역극성 시 또는 교류 사용 시 가스 이온이 모재 표면에 충돌, 산화막을 제거하는 청정 작용이 발생한다.

**101.** 다음은 TIG 용접 토치에 대한 설명이다. 틀린 것은?

① 용접 토치는 텅스텐 전극을 가지고 있다.
② 용접 토치에 전류를 통하면 아르곤 가스, 냉각수가 흐른다.
③ 토치의 크기는 사용 전류에 따라 80A에서 500A 정도까지 몇 단계로 나누고 있다.
④ 낮은 소전류 것은 공랭식으로 경량이고 300A 이상은 수랭식이다.

해설 TIG 용접 토치는 200A 이상이 수랭식이다.

**102.** 다음은 텅스텐 전극의 수명을 길게 하는 방법이다. 틀린 것은?

① 과소 전류를 피한다.
② 모재와 용접봉과의 접촉에 주의한다.
③ 과대 전류를 피한다.
④ 용접 후 전극 온도가 약 100℃로 되기까지 가스를 흘려 보호한다.

해설 용접 후 전극 온도가 약 300℃로 되기까지 가스를 흘려 보호해야 한다.

**103.** 불활성 가스 텅스텐 아크 용접의 상품명으로 불리는 것은?

① 에어 코매틱 용접법
② 시그마 용접법
③ 필러 아크 용접법
④ 헬륨 아크 용접법

해설 불활성 가스 텅스텐 아크 용접은 헬륨 아크 용접법, 아르곤 아크(argon arc) 용접법 등의 상품명으로도 불린다.

정답 100. ② 101. ④ 102. ④ 103. ④

**104.** 다음 중 플라스마 제트 용접의 단점으로 틀린 것은?

① 두 개의 가스 보호가 필요하다.
② 용접봉의 소모가 크며 용접홈은 H형이면 된다.
③ 대기로부터 접합부가 보호되어야 한다.
④ 헬륨 가스 사용 시 아르곤에 비하여 가스 유량이 1.5～2배 정도 필요하다.

해설 용접봉의 소모가 적으며 용접홈은 I형이면 된다.

**105.** 테르밋 용접에서 용융 테르밋의 예열구의 불꽃으로 무엇을 이용하는가?

① 프로판 ② 성냥
③ 전원 ④ 아세틸렌

해설 가솔린 불꽃 등을 이용하기도 한다.

**106.** 서브머지드 아크 용접에서 알맞은 루트 간격, 루트 면, 홈 각도는?

① 루트 간격 3mm 이하, 루트 면 2～3mm, 홈 각도 ±2°
② 루트 간격 0.8mm 이하, 루트 면 7～16mm, 홈 각도 ±6°
③ 루트 간격 0.3mm 이하, 루트 면 5～8mm, 홈 각도 ±7°
④ 루트 간격 3mm 이하, 루트 면 20mm, 홈 각도 ±1°

해설 홈 각도가 크면 용입이 깊고, 각도가 작으면 용입은 얕아진다.

**107.** 다음은 이산화탄소 아크 용접법의 특징에 대한 것이다. 틀린 것은?

① 가시 아크이므로 시공이 편리하다.
② 필릿 용접 이음에서는 종래의 수동 용접에 비하여 깊은 용입을 얻을 수 있다.
③ 가는 선재의 고속도 용접이 가능하며, 용접 비용이 수동 용접에 비하여 비싸다.
④ 필릿 용접 이음의 정적강도, 피로강도 등이 수동 용접에 비하여 매우 좋다.

해설 $CO_2$ 용접의 용접 비용은 수동 용접에 비하여 싸다.

정답 104. ② 105. ① 106. ② 107. ③

**108.** 다음 중 기체를 가열시키면 고온이 되면서 기체 원자는 전리되어 양이온과 음이온으로 혼합되고 기체는 도전성을 띤 가스체로 변하는 용접법은?

① 탄산가스 아크 용접법 ② 원자 수소 아크 용접
③ 플라스마 제트 용접법 ④ 전자 빔 용접법

해설 원자 수소 아크 용접은 용접 열원으로 플라스마를 사용한다.

**109.** 플라스마 제트 용접에서 물질의 3태란 무엇을 뜻하는가?

① 고온에서 고체, 저온에서 액체로 변하는 것
② 고온에서 액체, 저온에서 고체로 변하는 것
③ 저온에서 액체, 고온에서 고체, 기체로 변하는 것
④ 저온에서 고체, 고온에서 액체, 기체로 변하는 것

해설 플라스마를 제4의 물리 상태라 부른다.

**110.** 다음 TIG 용접에 대한 설명 중 틀린 것은?

① 박판 용접에 적합한 용접법이다. ② 교류나 직류가 사용된다.
③ 비소모식 불활성 가스 아크 용접법이다. ④ 전극봉은 연강봉이다.

해설 TIG 용접에 사용되는 전극봉은 순수한 텅스텐 전극봉 1~2% 토륨(Th) 또는 지르코늄(Zr)을 첨가한 텅스텐 전극봉 등이 있다.

**111.** 서브머지드 아크 용접에서 홈의 정밀도를 높이기 위한 용접 요구 조건으로 적합하지 않은 것은?

① 홈의 깊이 : 12~13mm
② 홈의 각도 : ±5°
③ 루트 간격(받침쇠가 없는 경우) : 0.8mm 이하
④ 루트 면 : ±1mm

해설 ㉮ 홈의 각도 : ±5°
㉯ 루트 간격 : 0.8mm 이하(받침쇠가 없는 경우)
㉰ 루트 면 : ±1mm

정답 108. ② 109. ④ 110. ④ 111. ①

**112.** 플라스마 제트 절단에 관한 설명으로 옳지 않은 것은?

① 금속 재료는 물론 콘크리트 등의 비금속 재료도 절단할 수 있다.
② 항상 열평형을 유지하며 열손실과 평형한 전력이 되면서 아크가 유지된다.
③ 아크 절단법의 일종이다.
④ 주로 자기적 핀치 효과를 이용하여 고온의 플라스마를 얻는다.

해설 플라스마 제트 절단에서는 주로 열적 핀치 효과를 이용하여 고온의 플라스마를 얻고자 하는 것이지만 대전류 방전에서는 자기적 핀치 효과의 영향도 생각된다. 이와 같이 하여 얻은 아크 플라스마의 온도는 10000℃ 이상의 고온에 달하여 노즐에서 고속의 플라스마 제트로 되어 분출된다. 플라스마 제트 절단은 이 에너지를 이용한 용단법의 일종이다. 이 절단법은 절단 토치의 모재와의 사이에 전기적인 접속을 필요로 하지 않으므로 금속 재료는 물론 콘크리트 등의 비금속 재료의 절단도 할 수 있다.

**113.** 주철, 고합금강, 비철금속 등은 절단이 가능한 성질을 가지고 있지 않아 산소 절단을 할 수가 없다. 그래서 철분 또는 용제 분말을 자동적으로 또 연속적으로 절단 산소에 혼입하여 그 산화열 또는 용제 작용을 이용하는 절단 방법은?

① 산소창 절단 ② 가스 가우징 ③ 분말 절단 ④ 스카핑

해설 분말 절단은 주철, 비철금속, 스테인리스강과 같이 산소 절단이 곤란한 것을 철분, 용제를 절단 가스에 공급하여 산화열 또는 용제의 화학 작용을 이용하는 절단법이다. 철, 비철금속 뿐만 아니라 콘크리트 절단에도 이용되나 절단면이 거칠다.

**114.** 용접의 자동화와 고속화를 가하기 위하여 입상의 용제를 사용하는 용접법은?

① 유동 용접 ② 테르밋 용접
③ 불활성 가스 용접 ④ 서브머지드 아크 용접

해설 서브머지드 아크 용접을 유니온 멜트 회사에서 개발했기 때문에 유니온 멜트 용접이라고 하며 용제 속에 아크(호)가 보이지 않게 잠겨 용접이 되므로 잠호 용접이라고도 한다. 입상의 용제를 컴퍼지션이라고 한다.

**115.** TIG 용접 뒷받침 재료(back-up)로 사용하지 않는 것은?

① 용제 ② 점토 ③ 불활성 가스 ④ 금속

해설 뒷면 비드 형성 시 뒷면의 공기 접촉을 방지하지 않으면 안 되며 ①, ③, ④가 사용된다.

정답 112. ④ 113. ③ 114. ④ 115. ②

**116.** TIG 용접의 극성에서 직류 성분을 없애기 위하여 2차 회로에 삽입이 불가능한 것은?

① 축전지 ② 정류기

③ 초음파 ④ 리액터 또는 직렬 콘덴서

해설 직류 성분을 없애기 위해 ①, ②, ④를 삽입할 수 있다.

**117.** 단락 아크 용접에 사용되는 혼합 가스는?

① 산소 70%-수소 30%

② 산소 65%-아세틸렌 35%

③ 아르곤 75%-$CO_2$ 25%

④ $CO_2$ 75%-아르곤 25%

해설 혼합 가스는 아르곤 75%와 $CO_2$ 또는 산소 25%가 쓰이며 유량은 6L/min 정도이다.

**118.** 다음은 단락 옮김 아크 용접법의 원리이다. 틀린 것은?

① 용접 중의 아크 발생 시간이 짧아진다.

② 모재의 열 입력도 적어진다.

③ 용입이 얕아진다.

④ 2mm 이하의 판 용접은 할 수 없다.

해설 단락 옮김 아크 용접법은 0.8mm 정도의 얇은 판 용접이 가능하다.

**119.** 보통 중공의 강전극을 사용하여 전극과 모재 사이에 아크를 발생시키고 중심에서 산소를 분출시키면서 하는 절단법은?

① 탄소 아크 절단

② 아크 에어 가우징

③ 플라스마 제트 절단

④ 산소 아크 절단

해설 산소 아크 절단은 중공의 피복 용접봉과 모재 사이에 아크를 발생시키고 중공으로 고압 산소를 분출하여 절단하는 방법으로 철강 구조물의 해체, 특히 수중 해체 작업에 널리 쓰인다. 절단면은 거칠지만 절단 속도가 크다.

정답 116. ③ 117. ③ 118. ④ 119. ④

**120.** 다음은 불활성 가스 아크 용접의 역극성과 클리닝 작용에 대한 설명이다. 틀린 것은?

① 역극성을 사용하면 플럭스 없이도 Al, Mg 등의 금속을 용접할 수 있다.
② 헬륨 가스가 아르곤 가스보다 클리닝 작용이 우수하다.
③ 역극성의 클리닝 작용은 산화막을 제거하는 일을 한다.
④ 헬륨(He) 가스보다 아르곤 가스를 사용하는 것이 클리닝 효과가 좋다.

해설 He은 가벼워서 청정 작용이 거의 일어나지 않는다. 청정 작용은 직류 역극성 시나 교류 사용 시에 발생하며 가스 이온이 모재 표면에 충돌, 산화막을 제거한다.

**121.** MIG 용접이나 탄산가스 용접과 같이 전류 밀도가 높은 자동이나 반자동 용접기가 갖는 특성은?

① 수하 특성과 정전압 특성 ② 정전압 특성과 상승 특성
③ 수하 특성과 상승 특성 ④ 맥동 전류 특성

해설 MIG 용접이나 $CO_2$ 용접의 경우 전압이 일정해야 하며 전압은 봉의 이송 속도와 관계있다. 정전압 특성은 수하 특성과는 달리 부하 전류가 다소 변하더라도 단자 전압은 거의 변동이 일어나지 않는 특성이다.

**122.** 불활성 가스 용접법의 장점이 아닌 것은?

① 산화하기 쉬운 금속의 용접이 쉽다.
② 모든 자세 용접이 용이하며 고능률이다.
③ 피복제와 플럭스가 필요 없다.
④ 전극은 2개 이상이다.

해설 전극은 1개 이상 사용할 수 없다.

**123.** 다음은 MIG 용접의 특성이다. 틀린 것은?

① 모재 표면의 산화막에 대한 클리닝 작용을 한다.
② 전류 밀도가 매우 높고 고능률이다.
③ 아크의 자기 제어 특성이 있다.
④ MIG 용접기는 수하 특성 용접기이다.

해설 MIG, $CO_2$ 용접기는 정전압 특성 또는 상승 특성의 직류 용접기이다.

정답 120. ② 121. ② 122. ④ 123. ④

**124.** 다음은 불활성 가스 텅스텐 아크 용접의 극성(polarity)에 대한 것이다. 틀린 것은?

① 직류 정극성(DC straight polarity)에서는 음전기를 가진 전자가 모재에 강하게 충돌하므로 얕은 용입을 일으키며 전극은 가열된다.
② 아르곤을 사용한 역극성은 아르곤 이온이 모재 표면(음극)에 충돌하여 산화막을 제거하는 청정 작용이 있어 알루미늄과 마그네슘의 용접에 적합하다.
③ 교류에서는 아크가 잘 끊어지기 쉬우므로 용접 전류에 고주파의 약전류를 중첩시켜 아크를 안정시킬 필요가 있다.
④ 텅스텐 전극과 모재와는 전자 방출 능력이 다르므로 교류는 부분적으로 정류되고 직류 성분이 생겨 용접 전류가 불평형하게 되면서 용접기를 소손시킬 위험이 있다.

**해설** 직류 정극성에서는 음전기를 가진 전자가 모재에 강하게 충돌하므로 깊은 용입을 일으키며 전극은 가열이 매우 적다.

**125.** MIG 용접 시의 사용 전원은?

① 직류 역극성 ② 직류 정극성
③ 교류 ④ 전원은 상관없다.

**해설** 전류 밀도를 크게 하기 위해 직류를 사용하며, Al 용접 등에 청정 작용을 위해 역극성을 쓴다.

**126.** 다음은 MIG 용접에 대한 설명이다. 틀린 것은?

① MIG 용접용 전원은 직류이다.
② MIG 용접법은 전원이 정전압 특성의 직류 아크 용접기이다.
③ 링컨 용접법이라고 불리운다.
④ 와이어는 가는 것을 사용하여 전류 밀도를 높이며 일정한 속도로 보내준다.

**해설** ③은 서브머지드 용접의 상품명이다.

**127.** 단락 옮김 아크 용접의 가스 유량은?

① 1.0L/min ② 3.0L/min
③ 5.0L/min ④ 6.0L/min

**해설** 가스 유량은 6.0L/min, Ar 75%, $CO_2$ 또는 산소 25%의 혼합 가스가 사용된다.

**정답** 124. ① 125. ① 126. ③ 127. ④

**128.** MIG 용접의 적당한 아크의 길이는?

① 2～3mm ② 4～5mm ③ 6～8mm ④ 9～10mm

해설 MIG 용접 시 아크 길이는 6～8mm, 가스 노즐의 단면과 모재와의 간격은 12mm가 좋다. TIG 전극은 4～5mm로 유지한다.

**129.** 다음은 이산화탄소 아크 용접법의 용접 장치에 대한 사항이다. 틀린 것은?

① 이산화탄소 아크 용접용 전원은 직류 정전압 특성이어야 한다.
② 와이어를 보내는 장치는 푸시(push)식, 풀(pull)식 등이 있다.
③ 이산화탄소, 산소, 아르곤 등의 유량계가 붙은 조정기 등도 필요하다.
④ 반자동식과 수동식이 많이 사용되고 전자동식은 거의 사용되지 않는다.

해설 $CO_2$법(이산화탄소 아크 용접법)은 반자동식과 전자동식이 많이 사용되고 수동식은 거의 사용되지 않고 있다.

**130.** 이산화탄소 아크 용접에서 일반적으로 토치의 노즐과 모재 사이의 거리는 탄산가스 아크가 저전류일 때 몇 mm 정도인가?

① 10mm ② 20mm
③ 30mm ④ 40mm

해설 저전류일 때는 20mm 정도, 고전류일 때는 30mm 정도로 노즐과 모재의 거리를 유지한다.

**131.** 탄산가스 함유량이 몇 %가 되면 두통이나 뇌빈혈을 일으키는가?

① 1～2% ② 3～4%
③ 15% 이상 ④ 30% 이상

해설 $CO_2$ 가스 농도가 3～4%이면 두통, 뇌빈혈, 15% 이상이면 위험, 30% 이상이면 치사량으로 된다.

정답 128. ③ 129. ④ 130. ② 131. ②

**132.** 다음은 서브머지드 아크 용접기이다. 경량형이라 불리는 것은?

① 900A ② 1200A ③ 2000A ④ 4000A

해설 ㉮ 반자동형 : 최대 전류 900A
㉯ 경량형 : 최대 전류 1200A
㉰ 표준 만능형 : 최대 전류 2000A
㉱ 대형 용접기 : 최대 전류 4000A

**133.** 서브머지드 용접 시 아크 길이가 길면 일어나는 현상은?

① 용입은 낮고 폭이 넓어진다. ② 오버랩을 발생한다.
③ 용입이 깊어진다. ④ 비드가 좋아진다.

해설 아크 길이가 길면 전달열이 확산되어 용입이 낮고 넓어진다.

**134.** 컴퍼지션(composition)이라는 용제를 사용하는 용접법은?

① 불활성 가스 아크 용접 ② 서브머지드 아크 용접
③ 탄산가스 아크 용접 ④ 원자 수소 아크 용접

해설 컴퍼지션은 크기를 입도로 표시하며 Gs80, Gs30 등이 많이 사용되는 것으로 서브머지드 아크 용접법이다.

**135.** 다음 서브머지드 아크 용접의 용접 헤드(welding head)에 해당하지 않는 것은?

① 모재 ② 전압 제어 상자
③ 심선을 보내는 장치 ④ 접촉 팁(contact tip) 및 그의 부속품

해설 용접 헤드란 ②, ③, ④를 말하며 용접의 주체를 이루는 것이다.

**136.** 서브머지드 아크 용접의 용접 속도는 수동 용접의 몇 배가 되는가?

① 5～8배 ② 7～10배 ③ 10～20배 ④ 20～25배

해설 서브머지드 아크 용접은 자동 용접으로서, 수동 용접의 10～20배의 능률이 높다.

정답 132. ② 133. ① 134. ② 135. ① 136. ③

**137.** 서브머지드 아크 용접의 연강에 주로 사용되는 와이어가 아닌 것은?

① US43 ② US15 ③ US47 ④ US36

해설 서브머지드 아크 용접의 연강용 와이어는 US43, US47, US36 등이 있다.

**138.** 강의 단점 온도는 얼마인가?

① 800℃ ② 1000℃ ③ 1200℃ ④ 1500℃

해설 강의 단점 온도는 1200～1300℃가 좋다.

**139.** 다음은 서브머지드 아크 용접법(submerged arc welding)에 관한 사항이다. 틀린 것은?

① 링컨 용접법(lincoln welding)이라고 부른다.

② 용접기를 전류 용량으로 분류하면 1000A, 800A, 600A, 500A 등의 종류가 있다.

③ 와이어의 지름은 2.4～7.9mm까지의 것이 많이 쓰인다.

④ 용제는 제조 방법에 따라 용융형 용제(fused flux), 소결형 용제(sintered flux)로 분류되며, 용융형 용제는 조성이 균일하며 흡습성이 작고 소결형 용제는 페로실리콘(ferro silicon) 등을 함유시켜 탈산 작용을 가능하게 하였다.

해설 서브머지드 용접기는 전원으로 교류와 직류가 쓰이고 있으며, 이 용접기를 전류 용량으로 분류하면 최대 전류 4000A, 2000A, 1200A, 900A 등의 종류가 있다.

**140.** 전자 빔 용접의 용접 장치에서 고전압 소전류형에 대한 설명으로 맞지 않는 것은?

① 너비가 좋다. ② 전자 빔을 가늘게 조절할 수 있다.

③ 깊은 용접부를 얻을 수 있다. ④ 열이 너무 커서 정밀 용접에는 부적합하다.

해설 전자 빔 용접은 용접 변형이 적어 정밀 용접에 적합하다.

**141.** 냉간 압접의 판압차는 압접 전과 압접 후에 판 두께의 비이다. 각종 재료의 판압차 표준 중 틀린 것은?

① Zn : 8% ② Al : 40% ③ 동 : 14% ④ 두랄루민 : 50%

해설 두랄루민 : 20%, Ag : 6%가 표준이다.

정답 137. ② 138. ③ 139. ② 140. ④ 141. ④

**142. 가스 압접법의 특징으로 틀린 것은?**

① 작업이 거의 기계적이고 숙련이 필요하다.
② 장치가 간단하고 설비비나 보수비 등이 싸다.
③ 전기가 불필요하다.
④ 이음부에 탈탄층이 전혀 없다.

해설 작업이 거의 기계적이어서 숙련이 불필요하며, 압접 소요시간이 짧다.

**143. 다음은 냉간 압접(cold pressure welding)의 장점이다. 틀린 것은?**

① 접합부에 열 영향이 없다. ② 접합부의 전기저항은 모재와 거의 같다.
③ 용접부가 가공 경화한다. ④ 숙련이 필요하지 않다.

해설 장점은 ①, ②, ④ 외에 압접 공구가 간단하다는 것이고, 단점은 ③과 겹치기 흔적이 남고, 철강 재료에는 부적당하다는 것이다.

**144. 금속 산화물이 알루미늄에 의해 산소를 빼앗기는 반응에서 생성되는 열을 이용하여 금속을 접합하는 용접 방법은?**

① 일렉트로 슬래그 용접 ② 테르밋 용접
③ 불활성 가스 금속 아크 용접 ④ 스폿 용접

해설 테르밋 용접은 금속 산화물과 알루미늄 간의 탈산 반응을 총칭하는 것이다.

**145. 서브머지드 아크 용접기에서 다전극 방식에 의한 분류에 속하지 않는 것은?**

① 푸시 풀식 ② 탠덤식 ③ 횡병렬식 ④ 횡직렬식

해설 다전극 방식에 의한 분류 : ㉮ 탠덤식, ㉯ 횡병렬식, ㉰ 횡직렬식

**146. 불활성 아크 용접에 관한 설명으로 틀린 것은?**

① 아크가 안정되어 스패터가 적다. ② 피복제나 용제가 필요하다.
③ 열 집중성이 좋아 능률적이다. ④ 철 및 비철금속의 용접이 가능하다.

해설 피복제나 용제가 불필요하고, 철금속이나 비철금속까지 모든 금속의 용접이 가능하다.

정답 142. ① 143. ③ 144. ② 145. ① 146. ②

**147.** 서브머지드 아크 용접에 사용되는 용접용 용제 중 용융형 용제에 대한 설명으로 옳은 것은?

① 화학적 균일성이 양호하다.
② 미용융 용제는 다시 사용이 불가능하다.
③ 흡습성이 있어 재건조가 필요하다.
④ 용융 시 분해되거나 산화되는 원소를 첨가할 수 있다.

해설 용융형 용제의 특징
㉮ 고속 용접이 양호하다.
㉯ 흡습성이 없다.
㉰ 반복 사용성이 좋다.

**148.** 솔리드 이산화탄소 아크 용접의 특징에 대한 설명으로 틀린 것은?

① 바람의 영향을 전혀 받지 않는다.
② 용제를 사용하지 않아 슬래그의 혼입이 없다.
③ 용접 금속의 기계적, 야금적 성질이 우수하다.
④ 전류 밀도가 높아 용입이 깊고 용융 속도가 빠르다.

해설 ① : 솔리드 이산화탄소 아크 용접은 바람의 영향을 많이 받는다.
②, ③, ④ : 이산화탄소 아크 용접의 특징이다.

**149.** 반동 $CO_2$ 가스 아크 편면(one side) 용접 시 뒷댐 재료로 가장 많이 사용되는 것은?

① 세라믹 제품 ② $CO_2$ 가스 ③ 테프론 테이프 ④ 알루미늄 판재

해설 뒷댐재에는 구리 뒷댐재, 그라스 테이프, 세라믹 제품 등이 있으며 일반적으로 세라믹 제품이 주로 사용되고 있다.

**150.** 탄산가스 아크 용접의 장점이 아닌 것은?

① 용제 사용이 적다.
② 산화나 질화가 없다.
③ 슬래그 섞임이 발생한다.
④ 수소 함유량이 적어 은점(fish eye) 결함이 없다.

해설 용제 사용이 적어 슬래그(slag) 섞임 발생은 거의 없다.

정답 147. ① 148. ① 149. ① 150. ③

**151.** 폭발 압접의 특징이 아닌 것은?

① 특수한 설비비가 필요 없어 경제적이다.
② 이종 금속의 접합이 가능하다.
③ 압접 시 큰 폭음이 난다.
④ 저용융점인 재료의 용접에만 가능하다.

해설 고용융점 재료의 접합도 가능하다.

**152.** 마찰 용접법에는 고속 저압 회전법과 저속 고압 회전법이 있다. 저속 고압 회전법의 압력과 회전수는 얼마인가?

① 1kg/mm$^2$−12000rpm ② 7kg/mm$^2$−1800rpm
③ 3kg/mm$^2$−12000rpm ④ 10kg/mm$^2$−1800rpm

해설 ②는 저속 고압 회전법의 조건이다.

**153.** 서브머지드 아크 용접에서 받침쇠를 사용하지 않는 경우 루트 간격은 얼마인가?

① 0.5mm 이하 ② 0.8mm 이하
③ 1.0mm 이상 ④ 1.2mm 이상

해설 홈 각도 ±5°, 루트 간격 0.8mm 이하(뒷받침이 없는 경우), 루트 면 ±1mm가 표준이다.

**154.** 탄산가스 아크 용접은 전류 밀도가 크다. mm$^2$당 몇 A인가?

① 50～100A ② 100～300A
③ 300～400A ④ 400～800A

해설 $CO_2$ 용접은 전류 밀도가 높아 용입이 깊고 용접 속도가 빠르다.

**155.** 아크 스터드 용접에 적용되는 재료로서 가장 좋은 것은?

① 고탄소강 ② 합금강 ③ 특수강 ④ 저탄소강

해설 아크 스터드 용접에 적합한 재료는 균열 발생이 적은 저탄소강이 좋다.

정답 151. ④ 152. ② 153. ② 154. ② 155. ④

**156.** 아크 스터드 용접에서 페룰(ferrule)의 작용이 아닌 것은?

① 아크열 집중 보호
② 용융 금속 산화 방지
③ 작업자의 눈 보호
④ 아크 발생 방지

해설 페룰(ferrule)은 스터드 용접부 주위에 ①, ②, ③을 위해 설치하며 도자기와 같은 성질의 것이다.

**157.** 다음은 폭발 압접의 장점이다. 틀린 것은?

① 경제적이다.
② 이종 금속의 접합이 가능하다.
③ 고융점 재료의 접합이 가능하다.
④ 압접 시 큰 폭발음을 낸다.

해설 폭발 압접은 2장의 금속판을 폭발 압력으로 접합하는 방법으로 ①, ②, ③의 장점이 있으며, ④는 단점에 속한다.

**158.** 원자 수소 아크 용접이 적용되는 곳이 아닌 것은?

① 일반 용접
② 다이스 수리
③ 고속도강 절삭공구 제조
④ 내식성을 필요로 하는 것

해설 주로 탄소 함유량이 많고 합금 성분이 많은 금속의 용접에 사용한다.

**159.** 다음은 마찰 용접(friction welding)의 장점이다. 틀린 것은?

① 경제성이 높다.
② 압접면의 끝 손질이 필요 없다.
③ 피압접 재료는 원형이어야 한다.
④ 국부 가열이므로 열 영향부의 너비가 좁고, 이음 성능이 좋다.

해설 ③은 단점이다. 마찰 용접은 플래시 용접보다 용접 속도가 늦다.

정답 156. ④ 157. ④ 158. ① 159. ③

**160.** **아크 점 용접법의 적당한 판 두께는?**

① 2.0∼4.2mm 정도의 위판과 4.2∼8.0mm 정도의 아래판
② 1.0∼3.2mm 정도의 위판과 3.2∼6.0mm 정도의 아래판
③ 0.5∼2.0mm 정도의 위판과 2.0∼4.0mm 정도의 아래판
④ 1.0∼4.2mm 정도의 위판과 4.2∼9.0mm 정도의 아래판

해설 아크 용접 시 판 두께는 ②와 같으나, 능력은 6mm까지는 구멍을 뚫지 않고 용접할 수 있다.

**161.** **다음은 서브머지드 아크 용접의 와이어 지름이다. 틀린 것은?**

① 2.0mm ② 2.4mm
③ 2.6mm ④ 4.0mm

해설 와이어 지름은 2.0, 2.4, 3.2, 4.0, 5.6, 6.4, 8.0mm 등으로 구분 분류한다.

**162.** **용융형 용제의 12×150 적정 전류는?**

① 600A ② 800A
③ 500×800A ④ 800×1100A

해설 용융형 용제에서 입도치수는 8×48－600A 이하, 12×65－60A 이하, 12×150－500×800A, 12×200－500×800A, 20×13－800A, 20×200－800×1100A이다.

**163.** **다음은 서브머지드 아크 용접 시 용접 전류가 증가하면 생기는 현상이다. 아닌 것은?**

① 아크가 잘 끊긴다.
② 용입이 증가한다.
③ 비드 높이가 높아진다.
④ 오버랩이 생긴다.

해설 서브머지드 아크 용접의 용입은 주로 용접 전류에 관계가 되므로 용접 전류가 크면 용입이 급증하며, 비드 높이도 높아지고, 오버랩도 생긴다.

정답 **160.** ② **161.** ③ **162.** ③ **163.** ①

# 6-2 전기저항 용접

## (1) 점 용접

겹침 저항 용접법(lap resistance welding) 중에서 점 용접법(spot welding)은 잇고자 하는 판을 2개의 전극 사이에 끼워 놓고 전류를 통하면 접촉면의 전기저항이 크므로 발열한다.

접촉면의 저항은 곧 소멸하나 이 발열에 의하여 재료의 온도가 상승하여 모재 자체의 저항이 커져서 온도는 더욱 상승한다. 적당한 온도에 도달하였을 때에 위 · 아래의 전극으로 압력을 가하면 용접이 이루어진다. 이때 전류를 통하는 통전 시간은 재료에 따라 1/1000초로부터 몇 초 동안으로 되어 있다. 점 용접에서는 특히 전류의 세기, 전류를 통하는 시간 그리고 주어지는 압력 등이 3대 주요 요소로 되어 있다.

## (2) 심 용접(seam welding)

원판형 전극 사이에 용접물을 끼워 전극에 압력을 주면서 전극을 회전시켜 모재를 이동하면서 점 용접을 반복하는 방법이다. 그러므로 회전 롤러 전극부를 없애면 점 용접기의 원리와 구조가 같으며, 주로 기밀, 유밀을 필요로 하는 이음부에 이용된다.

## (3) 프로젝션 용접(projection welding)

점 용접과 같은 것으로 모재의 한쪽 또는 양쪽에 작은 돌기(projection)를 만들어 이 부분에 대전류와 압력을 가해 압접하는 방법이다.

## (4) 업셋 용접법(upset welding)

용접재를 세게 맞대고 여기에 대전류를 통하여 이음부 부근에서 발생하는 접촉 저항에 의해 발열되어 용접부가 적당한 온도에 도달하였을 때 축 방향으로 큰 압력을 주어 용접하는 방법이다.

## 6-3 납땜법

### (1) 분류

① **연납(solders)** : 용융점이 450℃보다 낮다.

② **경납(brazing)** : 용융점이 450℃보다 높다.

### (2) 땜납 및 용제

① **연납(soft solder)** : 연납은 기계적 강도가 낮으므로 강도를 필요로 하는 부분에는 적당하지 않으며, 용융점이 낮고 납땜이 용이하기 때문에 전기적인 접합이나 기밀, 수밀을 필요로 하는 장소에 사용된다.

② **경납(hard solder)** : 경납땜에 사용되는 용가재를 말하며 은납, 구리납, 알루미늄납 등이 있다. 모재의 종류, 납땜 방법, 용도에 의하여 여러 가지의 것이 이용된다.

③ **알루미늄납** : 알루미늄용 경납은 일반적으로 알루미늄에 규소, 구리를 첨가하여 사용하며, 이 납땜재의 융점은 600℃ 정도이다.

### (3) 납땜법

① **인두 납땜(soldering iron brazing)** : 주로 연납땜을 하는 경우에 쓰이며, 구리 제품의 인두가 사용된다.

② **가스 납땜(gas brazing)** : 기체나 액체 연료를 토치나 버너로 연소시켜 그 불꽃을 이용하여 납땜하는 방법이다.

③ **담금 납땜(dip brazing)** : 납땜부를 용해된 납땜 중에 접합할 금속을 담가 납땜하는 방법과 이음 부분에 납재를 고정하여 납땜 온도로 가열 용융시켜 화학약품에 담가 침투시키는 방법이 있다.

④ **저항 납땜(resistance brazing)** : 이음부에 납땜재와 용제를 발라 저항열로 가열하는 방법이다. 이 방법에서는 저항 용접이 곤란한 금속의 납땜이나 작은 이중 금속의 납땜에 적당하다.

## >>> 제6장 CBT 예상 출제문제와 해설

**1. 연납과 경납을 구분하는 용융점은 몇 ℃인가?**

① 200℃ ② 300℃
③ 450℃ ④ 500℃

해설 연납은 450℃ 이하, 경납은 450℃ 이상으로 구분된다.

**2. 심 용접 시 용접 전류는 점 용접의 몇 배로 하는가?**

① 1.2～1.6배 ② 1.5～2.0배
③ 2.0～3.0배 ④ 3.9～4.9배

해설 심 용접은 롤러 전극의 접촉 면적이 넓으므로 같은 재료의 점 용접법보다 용접 전류는 1.5～2.0배, 전극 사이의 가압력은 1.2～1.6배 정도로 증가된다.

**3. 심 용접법의 종류가 아닌 것은?**

① 매시 심 용접 ② 맞대기 심 용접
③ 포일 심 용접 ④ 인터랙트 심 용접

해설 인터랙트 심 용접은 없으며, 인터랙트 점 용접법이 있다.

**4. 땜납을 인두에 녹였을 때 색깔이 회색으로 되었다. 그 이유는?**

① 인두의 온도가 높다.
② 인도의 온도가 낮다.
③ 용제가 인두에 많이 묻었다.
④ 용제가 적다.

해설 인두의 과열 시는 땜납이 회색으로 변한다. 가열 온도는 300℃ 전후가 적당하다.

정답 1. ③ 2. ② 3. ④ 4. ①

**5.** **큰 동판을 납땜할 때 다음 중 어느 방법이 좋은가?**

① 인두를 가열하여 한다.
② 동판을 미리 예열한 후 인두를 가열하여 한다.
③ 동판을 가열한 후 그 열로 한다.
④ 얇은 동판과 같은 방법으로 한다.

해설 동판은 전도율이 높으므로 납땜 인두의 열이 사방으로 퍼져 접합부의 온도가 오르지 않으므로 미리 예열해 놓을 필요가 있다.

**6.** **황동납의 결점으로 맞는 것은?**

① 250℃ 이상에서는 인장강도가 대단히 약해진다.
② 40% Zn에서 인장강도가 최대가 된다.
③ 가열 시 주의하지 않아도 된다.
④ 가격이 비교적 비싸다.

해설 250℃ 이상 시 아연이 기공을 일으키거나 재질 변화가 온다.

**7.** **강 및 청동땜에 사용되는 경납은 무엇인가?**

① 양은납 ② 황동납 ③ 은납 ④ 금납

해설 ① 양은납 : 청동, 강철
② 황동납 : 구리, 청동, 철
③ 은납 : 은그릇, 양은, 황동, 구리 등
④ 금납 : 금제품 접합

**8.** **다음 중 연납 중에서 가장 많이 사용되는 것은?**

① 주석-아연계 ② 납-카드뮴납
③ 납-은납 ④ 저융점 땜납

해설 일반적으로 연납은 인장강도 및 경도가 낮고 용융점이 낮으므로 납땜 작업이 쉽다. 가장 많이 사용되는 것은 주석-아연계인데 이것은 아연이 0%에서 거의 100%까지 포함되어 있는 합금이다.

정답 5. ② 6. ① 7. ① 8. ①

**9. 전기저항 용접의 특징에 대한 설명으로 틀린 것은?**

① 산화 및 변질 부분이 적다. ② 다른 금속 간의 접합이 쉽다.
③ 용제나 용접봉이 필요 없다. ④ 접합 강도가 비교적 크다.

**해설** 전기저항 용접의 특징

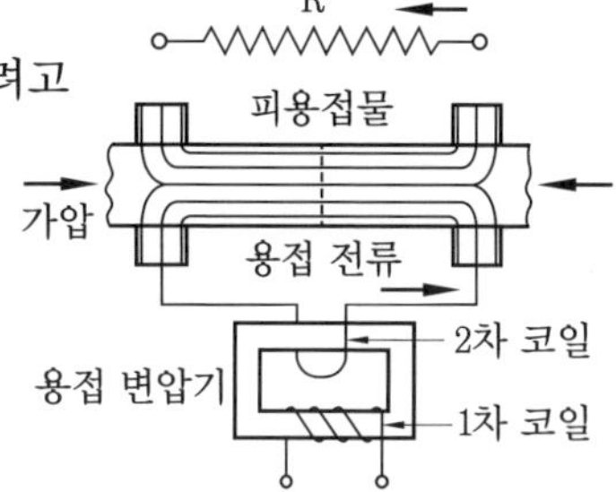


저항 용접(resistance welding)은 그림과 같이 용접하려고 하는 재료를 서로 접촉시켜 놓고 여기에 전류를 통하면 저항열로 접합면의 온도가 높아졌을 때 가압하여 용접하며, 이때의 저항열은 줄의 법칙에 의해서 계산한다.

$$H = 0.238 I^2 RT$$

여기서, $H$ : 열량(cal), $R$ : 저항(Ω)
$I$ : 전류(A), $t$ : 통전 시간(s)

위 식에서 발생하는 열량은 전도에 의해서 약간 줄게 된다. 그러나 실제로 물체 사이에 걸린 전압은 용접기 내의 전압강하를 제거하면 1V 이하의 적은 값이 되는데, 이와 같이 낮은 전압의 대전류를 필요로 하는 것은 가열 부분의 금속 저항이 적기 때문이며, 전류를 통하는 시간은 5Hz에서 40Hz 정도의 매우 짧은 시간이 좋다. 이것은 시간과 열손실이 적어지고 열은 용접부에 집중시키며, 산화 작용과 변질 부분이 적어진다. 그러나 다른 금속 간의 접합이 곤란하며, 급랭 경화를 받게 될 재료에는 후열 처리가 필요하다. 전기저항 용접기는 용접 변압기, 단시간 전류 개폐기, 가압장치, 전극(electrode) 및 홀더(holder) 등으로 구성된다.

**10. 납땜에 대한 설명 중 틀린 사항은?**

① 비금속 접합에 이용되고 있다.
② 납은 접합할 금속보다 높은 온도에서 녹아야 한다.
③ 용접용 땜납으로 경납을 사용한다.
④ 일반적으로 땜납은 합금으로 되어 있다.

**해설** 접합할 금속과 고용체가 될 수 있는 재료가 좋으며 낮은 온도에서 녹아야 한다.

**11. 다음은 버트 용접(butt welding)의 장점이다. 틀린 것은?**

① 불꽃의 비산이 없다. ② 업셋이 매끈하다.
③ 용접기가 간단하고 가격이 싸다. ④ 용접 전의 가공에 주의하지 않아도 된다.

**정답** 9. ② 10. ② 11. ④

해설 버트 용접은 단면 모재를 서로 맞대어 가압하여 전류를 통하면 용접부는 먼저 접촉 저항에 의해서 발열이 되며, 다음에 고유저항에 의해 더욱 온도가 높아져 용접부가 단접 온도에 도달했을 때 모재가 융합된다.

**12. 일명 버트 용접이라고 불리는 것은?**

① 업셋 용접 ② 플래시 용접 ③ 프로젝션 용접 ④ 스폿 용접

해설 업셋 용접을 버트 용접이라 하고, 플래시 용접은 불꽃 용접이라고도 부른다.

**13. 다음 중 프로젝션 용접의 단점이 아닌 것은?**

① 용접 설비가 고가이다.
② 용접부에 돌기부가 확실하지 않으며 용접 결과가 나쁘다.
③ 모재 두께가 다른 용접은 할 수가 없다.
④ 특수한 전극을 설치할 수 있는 구조가 필요하다.

해설 서로 다른 금속 및 모재 두께가 다른 용접을 할 수 있다.

**14. 저항 용접의 3대 요소가 아닌 것은?**

① 통전 시간 ② 용접 전류 ③ 도전율 ④ 전극의 가압력

해설 저항 용접의 3대 요소는 용접 전류, 통전 시간, 가압력이다.

**15. 다음 중 플래시 용접의 특징이 아닌 것은?**

① 가열 범위가 좁고 열 영향부가 좁다.
② 용접면에 산화물 개입이 많다.
③ 용접면의 끝맺음 가공을 정확하게 할 필요가 없다.
④ 종류가 다른 재료의 용접이 가능하다.

해설 플래시 용접의 특징

㉮ 가열 범위가 좁고 열 영향부가 좁다.
㉯ 용접면에 산화물의 개입이 적다.
㉰ 용접면의 끝맺음 가공을 정확하게 할 필요가 없다.
㉱ 신뢰도가 높고 이음 강도가 좋다.

정답 12. ① 13. ③ 14. ③ 15. ②

㉮ 동일한 전기 용량에 큰 물건의 용접이 가능하다.
㉯ 종류가 다른 재료의 용접이 가능하다.
㉰ 용접 시간이 적고 소비 전력도 적다.
㉱ 능률이 극히 높고, 강재, 니켈, 니켈 합금에서 좋은 용접 결과를 얻을 수 있다.

**16.** 다음 중 점 용접의 종류가 아닌 것은?

① 가동식 ② 단극식 ③ 맥동식 ④ 직렬식

해설 점 용접법에는 단극식, 맥동식, 직렬식, 인터렉트 점 용접, 다전극 점 용접법이 있다.

**17.** 다음 중 매시 용접의 설명을 올바르게 한 것은?

① 이음부를 판 두께 정도로 포개진 모재 전체에 압력을 가하여 용접을 한다.
② 용접부를 접촉시켜 놓고 이음부에 동일 종류의 얇은 판을 대고 압력을 가하여 용접을 한다.
③ 통전을 두 개의 롤러 사이에 끼우고 용접을 한다.
④ 롤러 전극을 사용하며, 통전의 단속 간격을 길게 하여 용접을 한다.

해설 매시 용접은 1.2mm 이하의 박판에 사용되며, 맞대기 이음에 비슷한 용접부를 얻는다.
②는 포일 심 용접
③은 맞대기 심 용접
④는 롤러 점 용접

**18.** 납땜에는 연납과 경납이 있다. 이때 이용되는 용제들은 산화를 방지하며 땜납의 친화력을 도모한다. 연납에 이용되는 용제를 나열한 것 중 잘못된 것은?

① 식염(NaCl) ② 염화아연($ZnCl_2$)
③ 염산(HCl) ④ 염화암모늄($NH_4Cl$)

해설 연납용 용제로는 염화아연($ZnCl_2$), 염산(HCl), 염화암모늄($NH_4Cl$) 등이 사용된다.

**19.** 이음부에 납땜재의 용제를 발라 가열하는 방법으로 저항 용접이 곤란한 금속의 납땜이나 작은 이종 금속의 납땜에 적당한 방법은?

① 담금 납땜 ② 저항 납땜 ③ 노내 납땜 ④ 유도 가열 납땜

정답 16. ① 17. ① 18. ① 19. ②

해설 ① 담금 납땜 : 담금 납땜(dip brazing)에는 납땜부를 용해된 땜납 중에 접합할 금속을 담가 납땜하는 방법과 이음 부분에 납재를 고정시켜 납땜 온도로 가열 용융시켜 화학 약품에 담가 침투시키는 방법이 있다.
② 저항 납땜 : 저항 납땜(resistance brazing)은 이음부에 납땜재의 용제를 발라 저항열로 가열하는 방법이다. 이 방법에서는 저항 용접이 곤란한 금속의 납땜이나 작은 이종 금속의 납땜에 적당하다.
③ 노내 납땜 : 노내 납땜(furnace brazing)은 가스 불꽃이나 전열 등으로 가열시켜 노내에서 납땜하는 방법이다. 이 방법은 온도 조정이 정확해야 하고 비교적 작은 부품의 대량 생산에 적당하다.
④ 유도 가열 납땜 : 유도 가열 납땜(induction brazing)은 고주파 유도 전류를 이용하여 가열하는 납땜법이다. 이 납땜법은 가열 시간이 짧고 작업이 용이하여 능률적이다.

**20. 연납 시 용제의 역할이 아닌 것은?**

① 산화막을 제거함
② 산화의 발생을 방지함
③ 녹은 납은 모재끼리 접촉하게 함
④ 녹은 납은 모재끼리 결합되게 함

해설 용제의 역할은 용가재를 좁은 틈에 자유로이 유동시키며 납은 모재끼리 결합되게 한다.

**21. 피용접물이 상호 충돌되는 상태에서 용접되며 극히 짧은 용접물을 용접하는데 사용하는 용접법은?**

① 퍼커션 용접 ② 맥동 용접 ③ 레이저 빔 용접 ④ EH 용접

해설 퍼커션 용접은 사용 전류는 직류(축전된 것)를 사용하며 변압기를 사용하지 않고 콘덴서를 사용한다.

**22. 녹기 쉬운 합금을 사용하여 가는 파이프, 작은 물품의 접착으로 기밀이나 높은 강도를 필요로 하지 않을 때, 대량 생산으로 높은 용접 온도가 곤란한 경우에 적합한 용접은?**

① 테르밋 용접 ② 납땜 ③ 저항 용접 ④ 아크 용접

해설 납땜법은 땜납의 온도(450℃)를 기준으로 그 이하에서 녹으면 연납, 그 이상에서 녹으면 경납이라 하며, 이음부를 용융시키지 않고 접합면 사이에 모재보다 용융점이 낮은 금속을 용융 첨가하여 이음하는 방법이다.

정답 20. ① 21. ③ 22. ②

# 제 7 장 작업 및 용접 안전

## 7-1 작업 안전

### (1) 작업 복장

**① 작업복**

㈎ 작업복은 신체에 맞고 가벼운 것이어야 하며, 작업에 따라서는 상의의 끝이나 바지자락이 말려 들어가지 않도록 하기 위해 잡아매는 것도 좋다.

㈏ 실밥이 풀리거나 터진 것은 즉시 꿰매도록 한다.

㈐ 항상 깨끗이 해야 하며, 특히 기름이 묻은 작업복은 불이 붙기 쉬우므로 위험하다.

㈑ 더운 계절이나 고온 작업 시에도 작업복을 절대로 벗지 말아야 한다. 직장 규율 및 기강에도 좋지 않을 뿐만 아니라 재해의 위험성이 크다.

㈒ 착용자의 연령, 직종 등을 고려해서 적절한 스타일을 선정해야 한다.

### (2) 보호구

① 작업에 적절한 보호구를 선정하고 올바른 사용 방법을 익혀야 한다.

② 필요한 수량의 비치, 정비, 점검 등 보호구의 관리를 철저히 해야 한다.

③ 필요한 보호구는 반드시 착용해야 한다.

## 7-2 용접 안전

### (1) 아크 용접의 안전

① **유해 광선에 의한 재해** : 유해 광선은 아크 용접 작업 시에는 인체에 해로운 적외선, 자외선을 포함한 강한 광선이 발생하기 때문에 작업자는 무의식 중에 아크 광선을 보아서는 안 된다. 자외선을 직접 보게 되면 결막염 및 안막염증을 일으키고 적외선은 망막을 상하게 한다.

㈎ 방지책 : 좁은 장소에서 여러 사람이 용접할 때에는 작업 중에 차광막을 사용한다. 그리고 탱크 속에서 작업을 할 때에는 반드시 차광 보호 기구를 착용해야 한다.

(나) 재해를 당했을 때의 처리 : 만약, 눈에 화상이 일어났을 때에는 응급치료로서 냉습포찜질을 한 다음 치료를 받는다.

**② 전격의 위험**

(가) 감전의 위험 : 감전 재해는 몸이 땀에 젖어 있거나, 알몸을 드러내기 쉬운 7~8월에 특히 많이 발생하고, 아크 용접 작업 중 용접봉에 접촉하여 발생하며, 용접 재해 중 감전에 의한 사망률이 가장 높다. 감전의 위험도는 체내에 흐르는 전류값과 통전 장소에 따라 다르지만 일반적으로 10mA에서 심한 고통을 느끼고, 20mA에서는 근육 수축, 50mA에서는 사망의 우려가 있으며, 100mA에서는 치명적인 것으로 알려져 있다.

(나) 감전의 방지책

㉮ 케이블의 파손 여부, 용접기의 절연 상태, 접지 상태 등을 작업 전에 반드시 점검 · 확인해야 한다.

㉯ 의복, 신체 등이 땀이나 습기에 젖지 않아야 하며, 안전 보호구를 착용해야 한다.

㉰ 좁은 장소에서의 작업에서는 신체를 노출시키지 않도록 해야 한다.

㉱ 개로 전압이 필요 이상 높지 않게 해야 하며, 전격 방지기를 장치한다.

㉲ 작업 중지의 경우에는 반드시 스위치를 끈다.

㉳ 절연이 완전한 홀더를 사용한다.

## (2) 가스 용접의 안전

**① 복장과 보호구**

(가) 복장이 단정하여야 한다.

(나) 그리스나 기름이 묻은 복장은 불이 붙을 위험이 많다.

(다) 용접 작업 종사 또는 주조 시는 적당한 차광안경을 착용한다.

**② 중독의 예방**

(가) 용접 또는 절단을 할 경우에는 취급 금속, 용접봉, 용제 등의 종류에 따라서 산화질소, 일산화탄소, 탄산가스 등의 가스나 철, 납, 아연, 카드뮴, 망간 등의 가루가 포함되어 있으므로 주의한다.

(나) 황동과 아연 도금한 재료 용접, 절단의 경우 아연 연기 때문에 아연 중독이 생길 위험이 있으므로 환기를 자주 한다.

(다) 알루미늄, 용접봉, 용제에는 불화물 사용 시 해로운 가스가 발생하므로 통풍이 잘 되도록 해야 한다.

㈑ 해로운 가스, 연기, 분진 등의 발생이 심한 작업이나 선실 속 탱크 속과 같은 곳은 특별한 배기 장치를 사용해서 환기를 시키면서 작업한다.

**③ 화재 폭발 예방**

㈎ 용접과 절단 작업은 화재 방지 설비가 되어 있으며, 부근에 가연물이 없는 안전한 장소를 선택한다.

㈏ 이동 작업이나 출장 작업은 화재나 폭발 위험이 많으므로 부근에 위험물이나 가연물이 없는지 살펴보고 작업에 착수한다.

㈐ 작업 중에는 반드시 가까운 장소에 소화기를 설치한다.

㈑ 가연성 가스 또는 인화성 액체가 들어 있는 용기 탱크, 배관 장치 등은 증기, 열탕물로 완전히 청소한 후 통풍 구멍을 개방하고 작업한다.

## 7-3 작업환경

### (1) 불쾌지수

기온과 습도의 상승 작용에 의하여 느끼는 감각 정도를 측정하는 척도로 쓰이며, 감각 온도를 변형한 것이다. 불쾌지수의 계산은 섭씨(℃)인 경우 다음과 같다.

$$\text{불쾌지수} = 0.72 \times (t_a + t_w) + 40.6$$

여기서, $t_a$ : 건구 온도, $t_w$ : 습구 온도

### (2) 안전색채

KS에서 지정한 안전색채 사용 통칙(KS A 3501)은 다음과 같다.

① **적색** : 방화, 정지, 금지, 고도 위험

② **녹색** : 안전, 피난, 위생, 진행, 구호, 구급

③ **백색** : 통로, 정리, 정돈(보조용)

④ **주황색** : 위험, 항해, 항공의 보안시설

⑤ **청색** : 지시, 주의

⑥ **황색** : 조심, 주의

⑦ **흑색** : 보조용(다른 색을 돕는 보조색)

⑧ **보라색(자주색)** : 방사능 등의 표시에 사용

## 제7장 CBT 예상 출제문제와 해설

**1. 다음 재료 중 정작업을 해서는 안 되는 것은?**

① 연강 ② 담금질한 강
③ 황동 ④ 알루미늄

해설 담금질한 강은 파괴되면서 파편이 튈 위험이 있다.

**2. 공기 중 탄산가스 농도가 몇 % 이상이면 중독 사망을 일으키는가?**

① 35% ② 30%
③ 25% ④ 20%

해설 3~4%는 호흡 곤란, 15% 이상은 심한 두통, 30% 이상 시 사망

**3. 스위치의 퓨즈가 끊어졌을 때 다음 어느 방법으로 갈아 끼워야 안전한가?**

① 가느다란 구리선 ② 정격 퓨즈
③ 철선 ④ 구리선

해설 $\text{정격 퓨즈 용량} = \dfrac{\text{전기기구 압력}}{\text{전원 전압}}$

**4. 동력 스위치를 취급하는 방법으로 옳지 않은 것은?**

① 기계 운전 시에는 작업자에게 연락을 하고 시동시킨다.
② 기계 운전 중 정전되면 즉시 스위치를 끈다.
③ 물기가 없는 손으로 취급한다.
④ 스위치를 뺄 때 부하를 크게 하는 것이 좋다.

해설 스위치를 뺄 때 부하를 크게 하면 접촉부의 스파크로 스위치 소손이 발생한다.

정답 1. ② 2. ② 3. ② 4. ④

**5.** 기계 작업 중 정전됐을 때 책임자가 꼭 해야 할 일은?

① 전원 스위치를 끈다.
② 공작물의 치수, 공작 진척 등을 살펴본다.
③ 기계 주위의 청소와 정돈을 한다.
④ 크립 등을 제거하여 작업의 능률을 향상시킨다.

해설 항상 정전 시 최우선으로 해야 할 일은 전원 스위치를 끄는 일이다.

**6.** 소화기를 두어야 할 곳으로 적당하지 않은 것은?

① 인화물질이 있는 바로 옆 ② 적당한 구석
③ 눈에 잘 띄는 곳 ④ 방화물을 놔두는 곳

해설 소화기는 가장 쉽게 이용할 수 있는 장소에 보관한다.

**7.** 전기에 감전되었을 때 체내에 흐르는 전류가 몇 mA일 때 근육 수축이 일어나는가?

① 5 mA ② 20 mA ③ 50 mA ④ 100 mA

해설 전류(mA)가 인체에 미치는 영향
㉮ 8∼15 : 통증을 수반하는 고통을 느낀다.
㉯ 15∼20 : 고통을 느끼고 가까운 근육이 저려져 움직이지 않는다.
㉰ 20∼50 : 고통을 느끼고 강한 근육 수축이 일어나며 호흡이 곤란하다.

**8.** 보통 화재와 기름 화재의 소화기로는 적합하나 전기 화재의 소화기로는 부적합한 것은?

① 포말 소화기 ② 분말 소화기 ③ $CO_2$ 소화기 ④ 물 소화기

해설 ㉮ 포말 소화기 : 목재, 섬유 등 일반 화재(A급 화재)에 사용한다.
㉯ 분말 소화기 : 어떤 종류의 화재도 가능하며, 특히 유류 화재(B급 화재) 혹은 전기 화재(C급 화재)에도 소화력이 강하다.

**9.** 다음에서 소화 설비에 적응해야 할 사항이 아닌 것은?

① 작업의 성질 ② 화재 성질 ③ 폭발의 상태 ④ 작업의 상태

해설 주로 화재 성질에 따라 소화기의 사용도도 다르다.

정답 5. ① 6. ② 7. ② 8. ① 9. ④

**10. 유류 소화로 부적합한 것은?**

① 수조부 펌프 소화기　② 분말 소화기
③ $CO_2$ 소화기　④ 포말 소화기

해설 수조부 소화기는 일반 화재에 사용하며, 유류 화재 시는 물을 분산시키는 결과가 나온다.

**11. 전기 화재 소화 시 가장 좋은 소화기는 다음 중 어느 것인가?**

① 모래　② 분말 소화기
③ 포말 소화기　④ 이산화탄소 소화기

해설 전기 화재 시는 주로 $CO_2$ 소화기, 유류 화재 시는 분말 또는 포말 소화기를 사용한다.

**12. 유류 화재 시 다음 어느 소화 설비가 부적당한가?**

① 이산화탄소　② 모래　③ 물　④ 가마니

해설 유류는 물을 부었을 때 확산되므로 위험하다.

**13. 액화 석유 가스의 제조에 필요한 고압 설비의 기밀 시험을 할 때 사용해서는 안 되는 가스는 어느 것인가?**

① 암모니아　② 산소　③ 질소　④ 탄산가스

해설 산소와 화합 시 폭발적인 연소 또는 인화가 되기 때문이다.

**14. 다음은 산소 용기 취급상에 대한 주의사항이다. 틀린 것은?**

① 충격에 주의한다.
② 항상 40℃ 이하로 유지한다.
③ 조정기에 기름을 치지 말아야 한다.
④ 밸브 개폐 시 빨리 그리고 조금만 연다.

해설 산소 용기는 사용 시 밸브를 완전히 열고 아세틸렌 용기는 1.5 회전 정도만 밸브를 연다.

정답 10. ① 11. ④ 12. ③ 13. ② 14. ④

**15.** 전등 스위치가 옥내 저장소에 있으면 안 되는 경우는 다음 중 어느 곳인가?

① 산소 저장소 ② 카바이드 저장소
③ 기계유 저장소 ④ 절삭유 저장소

**해설** 카바이드는 가연성 가스가 발생될 가능성이 있으며, 전기 스파크에 의해 인화될 위험성이 있기 때문이다.

**16.** 가스 호스의 길이는 어느 정도가 적당한가?

① 2m ② 3m ③ 4m ④ 5m

**해설** 화기로부터 최소한 4m 이상 떨어져야 하므로 호스는 5m 정도 되어야 한다.

**17.** 아세틸렌 가스 호스 연결 기구에 사용해도 좋은 것은?

① 구리 ② 수은 ③ 은 ④ 연강

**해설** 화합물을 생성하지 않는 금속을 사용해야 한다.

**18.** 전기 화재 시 사용되는 적합한 소화기는?

① 물 ② 모래 ③ 포말 소화기 ④ 분말 소화기

**해설** 전기는 물이 있으면 누전되므로 분말 소화기가 적합하다.

**19.** 다음 중 귀마개를 해야 하는 작업은?

① 전기 용접 작업 ② 드릴 작업 ③ 리베팅 작업 ④ 선반 작업

**해설** 리베팅 시 해머의 타격소리 때문에 귀마개가 필요하다.

**20.** 아세틸렌과 혼합되어도 폭발성이 없는 것은?

① 산소 ② 공기 ③ 인화수소 ④ 탄소

**해설** 아세틸렌은 $C_2H_2$이므로 탄소와는 관계없다.

**정답** 15. ② 16. ④ 17. ④ 18. ④ 19. ③ 20. ④

**21.** 발생기 내의 카바이드가 다갈색을 띠는 일이 있다. 그 원인으로 옳은 것은?

① 카바이드가 냉수와 작용했으므로
② 카바이드가 고온이 되었으므로
③ 카바이드 덩어리가 크기 때문에
④ 인화수소, 황화수소 발생이 많아서

해설 카바이드와 물을 작용시키면 아세틸렌이 발생되고 고온의 열이 발생되어 물의 온도가 상승된다. 이 물의 온도가 상승되어 고온이 되면 카바이드가 다갈색을 띤다.

**22.** 아세틸렌 발생기의 설치 장소에 대한 설명 중 틀린 것은?

① 통풍이 좋은 장소에 둔다.
② 화기로부터 5m 이상의 거리가 안 되는 장소에 둔다.
③ 진동이 많은 장소에 두어서는 안 된다.
④ 직사광선이 쬐지 않는 곳에 둔다.

해설 화기로부터 5m 이하 시 인화 가능성이 있으므로 5m 이상 떨어져야 한다.

**23.** 가스 용접 작업에 대한 설명 중 틀린 것은?

① 점화는 성냥불로 직접 하지 말아야 한다.
② 점화 시는 아세틸렌 밸브를 먼저 열고 점화한 후 산소 밸브를 열어준다.
③ 작업 전 호스를 물통에 담구어 가스 누설 유무를 확인한다.
④ 불을 끌 때는 아세틸렌을 먼저 잠근 후 산소 밸브를 잠근다.

해설 가스 호스는 15일 또는 1개월에 1회 누설 검사를 하며, 연결부는 비눗물로 점검한다.

**24.** 다음 중 틀린 것은?

① 절단 시 불꽃 비산을 막기 위해서 방염시트를 사용한다.
② 주위의 가연물을 제거 청소한다.
③ 소화기를 준비해 두고 작업한다.
④ 절단 시 주위와는 관계없으므로 장소를 가리지 않고 한다.

해설 절단 시 인화물질 주변에서는 절대 하지 않는다.

정답 21. ② 22. ② 23. ③ 24. ④

**25.** 다음 설명 중 틀린 것은?

① 호스 이음이 바뀌지 않도록 한다.
② 가스 누출이 없는 토치나 호스를 사용한다.
③ 가스 누설 검사는 냄새로 한다.
④ 좁은 장소에서 작업 시는 휴식 시 토치를 공기 유통이 잘 되는 곳으로 옮긴다.

해설 냄새로는 가스 중 불순물을 알 수 없으며, 가스 누설 검사는 비눗물로 한다.

**26.** 아세틸렌의 발화나 폭발과 관계없는 것은?

① 온도 ② 압력 ③ 가스 혼합비 ④ 유화수소

해설 유화수소는 용접기구 부식 및 용접부를 부식시킨다.

**27.** 가스 누설 검사 시 사용되는 것은?

① 가스 라이터 ② 비눗물 ③ 물 ④ 냄새

해설 냄새로는 가스 중 불순물을 알 수 없으며, 가스 누설 검사는 비눗물로 한다.

**28.** 용해 아세틸렌의 충전 기압은 15℃에서 몇 기압인가?

① 15 ② 100 ③ 150 ④ 200

해설 산소는 35℃에서 150 kg/cm$^2$로 충전한다.

**29.** 용접 중 저압 게이지에 나타나는 산소 : 아세틸렌의 압력비는?

① 5 : 1 ② 2 : 1 ③ 1 : 10 ④ 10 : 1

해설 산소 : 아세틸렌 압력비는 10 : 1이며, 혼합비는 1 : 1일 때 중성 불꽃이다.

**30.** 다음 중 인화물질이 아닌 것은?

① 프로판 가스 ② 아세틸렌 ③ 암모니아 ④ 산소 가스

해설 산소 가스는 지연성 가스이므로 인화되지 않는다.

정답 25. ③ 26. ④ 27. ② 28. ① 29. ④ 30. ④

**31.** 고압가스 용기의 안전 밸브에 고장이 생겼을 때 수리할 사람은?

① 현장 책임자 ② 용접공 ③ 전문가 ④ 경험자

해설 고압 용기 밸브는 전문가 이외는 수리를 하지 않아야 한다.

**32.** 다음 중 가스 중독성이 가장 큰 것은 어느 것인가?

① 암모니아 ② 탄산가스 ③ 크로루메틸 ④ 아황산가스

해설 아황산가스는 공기 중에서 농도가 가장 적어도 치사량이 크다.

**33.** 용접 케이블 2차선의 굵기가 가늘 때 일어나는 현상은?

① 과열되며, 용접기 소손이 가능하다. ② 아크가 안정된다.
③ 전류가 일정하게 흐른다. ④ 용량보다 과전류가 흐른다.

해설 2차 측 케이블에는 전류가 크게 흐르므로 케이블이 가늘면 열이 나고 용접기의 과열로 고장 또는 코일이 녹아버리는 고장이 발생한다.

**34.** 용해 아세틸렌 사용 시 주의점이 아닌 것은?

① 밸브는 서서히 열고 닫는다.
② 밸브 개폐는 1.5회 이상 열지 않는다.
③ 사용 가스 압력은 항시 1 $kg/cm^2$ 이상으로 조정 사용한다.
④ 이동 시 충격 진동을 주지 않는다.

해설 항시 안전 압력 1.2 $kg/cm^2$ 이하로 조정 사용한다.

**35.** 다음 중 아세틸렌의 폭발과 관계없는 것은?

① 압력 ② 구리 ③ 아세톤 ④ 온도

해설 압력 2기압 이상, 구리는 화합물 생성, 온도는 505～515℃ 이상 시 폭발된다.

**36.** 발생기 실내의 조명으로 적합한 것은 어느 것인가?

① 촛불 ② 가스 램프 ③ 휴대용 전등 ④ 석유 램프

해설 고정된 전등으로 발화성이 없게 사용해야 한다.

정답 31. ③ 32. ④ 33. ① 34. ③ 35. ③ 36. ③

**37. 황동 용접 시 산화아연으로 인한 중독을 방지하는 방법은?**

① 마스크를 착용하지 않는다.
② 마스크를 NaOH(가성소다)에 적시어 사용한다.
③ 마스크를 냉수에 적시어 사용한다.
④ 마스크를 온수에 적시어 사용한다.

**해설** 산화아연을 중화시키기 위해 NaOH를 가볍게 적시어 사용한다.

**38. 가스 용접 시 사용하는 조정기 취급에 대하여 잘못 설명된 것은?**

① 조정기의 각 부에 작동이 원활하도록 기름을 친다.
② 조정기의 수선은 전문가에 의뢰하여야 한다.
③ 조정기는 정밀하므로 충격이 가해지지 않도록 한다.
④ 작업 중 저압계의 지시가 자연 증가 시는 조정기를 바꾸도록 한다.

**해설** 산소는 유류와 폭발적으로 화합하므로 기름을 주어서는 절대 안 된다.

**39. 아세틸렌 용기 안전 밸브는 몇 도 이상이면 밸브 속의 얇은 금속판이 파열되는가?**

① 40℃ ② 50℃ ③ 70℃ ④ 200℃

**해설** 70℃에서 가용되므로 밸브의 가열 온도는 그 이하이어야 하므로 밸브 빙결 시 유의해야 한다.

**40. 호스 내의 먼지를 제거하기 위하여 만약 산소 조정기의 핸들을 돌릴 경우 저압계의 지침이 얼마일 때가 좋은가?**

① 0.3kg/cm$^2$ ② 1kg/cm$^2$ ③ 3kg/cm$^2$ ④ 5kg/cm$^2$

**해설** 폭발적인 가스 지연을 막기 위해 저압으로 실시한다.

**41. 안전기 사용 시 가장 주의할 점은?**

① 아세틸렌 압력 ② 수위 확인
③ 안전기를 수직으로 설치 ④ 안전기의 물을 수시로 교환

**해설** 수위가 규정 25mm 이상이어야 작용하므로 수위에 주의한다.

**정답** 37. ② 38. ① 39. ③ 40. ① 41. ②

**42.** 머리의 가장 윗부분과 안전모 내의 최저부 사이의 간격은?

① 최소 10mm 이상
② 최소 15mm 이상
③ 최소 20mm 이상
④ 최소 25mm 이상

해설 최소 25mm 이상 시 추락하는 물건으로부터 머리를 보호할 수 있다.

**43.** 다음 중 방진 마스크를 사용하는 작업은?

① 밀링
② 선반
③ 주조
④ 압연

해설 주조 시에는 금속 증기 및 가스 배출이 있기 때문에 마스크를 사용한다.

**44.** 다음 기계 작업 중 보안경이 필요 없는 작업은?

① 핸드 리머 작업
② 선반 작업
③ 밀링 작업
④ 드릴 작업

해설 칩의 비산이 있는 작업 시에는 보안경을 착용한다.

**45.** 안전을 위하여 가죽장갑을 사용할 수 있는 작업은?

① 드릴링 작업
② 선반 작업
③ 용접 작업
④ 밀링 작업

해설 용접 장갑은 용접 작업 시 안전을 위해 필수적으로 착용하여야 한다.

**46.** 안전모의 일반 구조에 대한 설명으로 틀린 것은?

① 안전모는 모체, 착장체 및 턱끈을 가질 것
② 착장체의 구조는 착용자의 머리 부위에 균등한 힘이 분배되도록 하는 것
③ 안전모의 내부 수직 거리는 25mm 이상 50mm 미만일 것
④ 착장체의 머리 고정대는 착용자의 머리 부위에 고정하도록 조절할 수 없을 것

해설 안전모의 구조에서 고정대는 착용자의 머리 부위에 고정하도록 조절할 수 있어야 한다.

정답 42. ④ 43. ③ 44. ① 45. ③ 46. ④

**47.** 전류와 인체와의 관계를 설명한 것 중 맞지 않는 것은?

① 10mA에서는 참기 어려울 정도이다. ② 1mA에서는 자극을 느낀다.
③ 50mA에서는 고통을 느끼기 시작한다. ④ 100mA에서는 사망한다.

해설 50mA가 인체에 감전될 경우 상당히 위험하다.

**48.** 화재 발생 시 사용하는 소화기에 대한 설명으로 틀린 것은?

① 전기로 인한 화재에는 포말 소화기를 사용한다.
② 분말 소화기는 기름 화재에 적합하다.
③ $CO_2$ 가스 소화기는 소규모의 인화성 액체 화재나 전기 설비 화재의 초기 진화에 좋다.
④ 보통 화재에는 포말, 분말, $CO_2$ 소화기를 사용한다.

해설
- 포말 소화기 : 목재, 섬유 등 일반 화재(A급 화재)에 사용한다.
- 분말 소화기 : 어떤 종류의 화재도 가능하며, 특히 유류 화재(B급 화재) 혹은 전기 화재(C급 화재)에도 소화력이 강하다.

**49.** 아세틸렌 가스의 폭발 위험성이 있는 기압은?

① 1기압 ② 1.5기압 ③ 2기압 ④ 2.5기압

해설 아세틸렌 가스는 15℃에서 1.5기압이면 폭발 위험이 있고 2기압 이상이면 폭발한다.

**50.** 아크 용접과 절단 작업에서 발생하는 복사 에너지가 아닌 것은?

① $\gamma$-선 ② 가시광선 ③ 적외선 ④ 자외선

해설 아크 용접과 절단 작업에서 발생하는 복사 에너지는 가시광선, 적외선, 자외선, X선(전자 빔 용접에서 발생) 등의 4가지이다.

**51.** 용접 작업 전의 준비사항이 아닌 것은?

① 모재 재질 확인 ② 용접봉의 선택
③ 지그의 선정 ④ 용접 비드 검사

해설 용접 비드 검사는 용접 후 비드 상태를 확인하는 방법이다.

정답 47. ③ 48. ① 49. ② 50. ① 51. ④

**52.** 용접 전의 일반적인 준비사항이 아닌 것은?

① 용접 재료 확인 ② 용접사 선정
③ 용접봉의 선택 ④ 후열과 풀림

해설 • 용접 전 검사 : 용접사 기량, 용접봉 선정 등
• 용접 후 검사 : 후열 처리 방법 및 상태, 변형 교정 등

**53.** 전기 용접의 안전 작업에 적당하지 않은 것은?

① 용접 전류의 세기를 적절히 조절해야 한다.
② 용접하기 전에 모재의 경화층을 따내서는 안 된다.
③ 오래 보관한 용접봉은 재건조 사용하는 것이 좋다.
④ 작업복은 불꽃에 견디는 목면 작업복이 좋다.

해설 용접 전 모재의 경화층을 따내서 균열 및 파열을 방지한다.

**54.** 다음 전기 감전 방지법 중 틀린 것은?

① 홀더의 절연 커버가 파괴되었을 때는 즉시 새것으로 교환한다.
② 습기가 있는 장갑, 작업복, 신발은 착용하지 않는다.
③ 접지 클램프는 용접물의 최대 위치에 연결한다.
④ 홀더에 용접봉을 꽂은 채 방치한다.

해설 접지 클램프는 인체와 떨어진 최저 위치에 연결한다.

**55.** 다음 중 전격의 위험이 아닌 것은?

① 노출한 홀더 사용 시
② 용접기와 케이블 단자 접속이 불량한 때
③ 피복이 손상된 케이블 사용 시
④ 전격 방지기를 사용 시

해설 전격 방지기는 항시 무부하 전압을 15V 이하로 억제하여 전격 재해를 방지하며, 주로 전기의 아크 발생 시만 개로 전압으로 이끌어준다.

정답 52. ④ 53. ② 54. ③ 55. ④

**56.** 다음 중 가스 중독 방지 대책이 아닌 것은?

① 환기와 통풍을 잘한다.
② 보호 마스크를 사용한다.
③ 아연, 납 등의 용접 시는 주의하지 않아도 된다.
④ 중독성이 없는 금속을 용접한다.

해설 아연, Cd, Pb 등은 용접 시 유독가스가 발생하므로 주의해야 한다.

**57.** 케이블 연결 부분의 접촉 저항 발생 시 현상이 아닌 것은?

① 접촉부 과열로 케이블이 소손된다.
② 아크가 불안정해진다.
③ 전류가 커지므로 과전류가 흐른다.
④ 접촉부의 저항이 커지므로 전류가 흐르기 어렵다.

해설 접촉부 저항에 의한 저항열로 단자가 탈 염려가 있으므로 접촉 부분을 최대한 단단히 조여야 한다.

**58.** 다음 아크 용접 작업기구 중 성질이 다른 것은?

① 헬멧　② 용접용 장갑
③ 앞치마　④ 용접용 홀더

해설 용접 홀더는 용접기구이며, 헬멧, 용접용 장갑, 앞치마는 보호기구이다.

**59.** 아크 용접 중 주의해야 할 점 중 틀린 것은?

① 눈 및 피부를 노출시키지 말 것
② 우천 시 옥외 작업을 금할 것
③ 슬래그를 털어낼 때는 보안경을 쓸 것
④ 용접 중 가열된 용접봉 홀더는 물에 넣어 냉각시킬 것

해설 습기로 인하여 누전 전격의 위험이 있으므로 용접 홀더는 절대 물에 넣어 냉각해서는 안 된다.

정답 56. ③　57. ③　58. ④　59. ④

**60.** 아크 용접 작업 중 전격의 위험이 발생할 수 있는 것은?

① 어스 접지 불량 시 ② 전류 세기가 클 때
③ 용접 열량이 클 때 ④ 용접부가 클 때

해설 어스 접지 불량 시 누전 가능성이 있으므로 전격 위험이 있다.

**61.** 안전 홀더를 사용하는 이유로서 가장 옳다고 생각되는 것은?

① 감전을 방지하고 전격에 의한 사고를 방지한다.
② 아크를 안정시켜 용접 작업 능률을 높인다.
③ 용접기의 과대 전류를 방지한다.
④ 홀더의 수명을 길게 한다.

해설 ② 아크를 안정시키는 것은 용접봉 피복제, 용접봉 재질 및 모재에 따라 다르다.

**62.** 용접기 설치 및 보수할 때 지켜야 할 사항으로 옳은 것은?

① 셀렌 정류기형 직류 아크 용접기는 습기나 먼지 등이 많은 곳에 설치해도 괜찮다.
② 조정 핸들, 미끄럼 부분 등에 주유해서는 안 된다.
③ 용접 케이블 등의 파손된 부분은 즉시 절연 테이프로 감아야 한다.
④ 냉각용 선풍기, 바퀴 등에도 주유해서는 안 된다.

해설 용접기 설치 시 습기나 먼지 등이 많은 곳은 피하고, 조정 핸들, 미끄럼 부분 등에 주유해서는 안 된다.

**63.** 일반적으로 안전을 표시하는 색채 중 특정 행위의 지시 및 사실의 고지 등을 나타내는 색은?

① 노란색 ② 녹색 ③ 파란색 ④ 흰색

해설 안전표지 색채

㉮ 빨강 : 방화, 금지, 정지 ㉯ 황적 : 위험, 항해 ㉰ 노랑 : 조심, 주의
㉱ 녹색 : 안전, 피난, 위생 ㉲ 청색 : 지시, 주의 ㉳ 자주 : 방사능
㉴ 흰색 : 통로, 정리, 정돈 ㉵ 검정 : 위험표지의 문자, 유도표시의 화살표

정답 60. ① 61. ① 62. ③ 63. ③

**64.** 작업장에서 전기 유해 가스 및 위험한 물건이 있는 곳을 식별하기 위해 다음 중 어느 것으로 표시해야 하는가?

① 적색 ② 청색 ③ 황색 ④ 녹색

해설 ① 적색－위험 표시, ② 청색－수리 중, ③ 황색－주의 표시, ④ 녹색－안전 위생 표시

**65.** 다음 중 방사능 위험 표식은 어느 색인가?

① 적색 ② 흑색 ③ 청색 ④ 진한 보라색

해설 ① 적색－위험 표시, ② 흑색－방향 표시, ③ 청색－수리 중

**66.** 다음은 산업안전표지 색채와 용도를 연결한 것이다. 잘못된 것은? (단, ㉮는 바탕색, ㉯는 기본 모형, 관련 부호 및 그림의 색채이다.)

① 금지 : ㉮ 흰색, ㉯ 빨강
② 경고 : ㉮ 노랑, ㉯ 검정
③ 안내 : ㉮ 파랑, ㉯ 흰색
④ 안내 : ㉮ 녹색, ㉯ 흰색

해설 ③의 내용은 지시 표지의 색채를 나타낸 것이고, 안내 표지의 색채는 ④의 내용 외에 바탕은 흰색, 기본 모형 및 관련 부호는 녹색으로 표시하기도 한다.

**67.** 다음의 그림은 위험 장소 경고표지의 한 예이다. 그림에 표지 색채로서 바르게 열거한 것은?

① ㉠ 흰색, ㉡ 빨강
② ㉠ 빨강, ㉡ 흰색
③ ㉠ 노랑, ㉡ 검정
④ ㉠ 주황, ㉡ 검정

해설 경고표지의 색채는 바탕은 노란색, 기본 모형 · 관련 부호 및 그림은 검정색으로 표시한다.

정답 64. ① 65. ④ 66. ③ 67. ③

**68. 용접 홈을 위한 그라인더를 사용하기 전, 사용 시 주의사항 중 틀린 것은?**

① 그라인더 안전덮개 부착 여부를 확인한다.
② 보안경 등 안전 장구를 반드시 착용한다.
③ 연삭숫돌 부착 시 고정 상태를 확인한다.
④ 작동 중에 자세를 변경 시 반드시 ON 상태로 진행해야 한다.

해설 ①, ②, ③ 외에 ㉮ 주변에 인화성 물질이 있는지의 여부를 확인한다. ㉯ 숫돌 교체 후 사용 시 풀리지 않도록 충분히 조인다. ㉰ 신체와 접촉하지 않도록 충분히 안전거리를 확보한다. ㉱ 작동 중에 자세를 변경 시 반드시 정지(OFF) 상태로 조치 후 진행해야 한다. 등

**69. 일반 작업 안전 중 인적 사고 원인, 즉 불안전한 행동이 아닌 것은?**

① 체력의 부적응
② 수면 부족
③ 무지
④ 작업장의 협소

해설 ④는 물적 사고 원인으로 불안전한 상태이다.

**70. 일반 작업 안전 중 물적 사고 원인이 아닌 것은?**

① 건물 구조, 환기 불량
② 불안전한 기계 및 시설
③ 정리, 정돈의 불량
④ 무지, 과실, 음주

해설 ④는 인적 사고 원인으로 불안전한 행동이다.

**71. 안전사고의 원인 중 틀린 것은?**

① 재해는 1년 중 여름에 사고가 가장 많이 발생한다.
② 경험이 1년 미만인 작업자의 경우 사고가 많이 발생한다.
③ 제조업 분야에서 사고가 가장 적게 발생한다.
④ 휴일 다음 날에는 사고가 가장 많이 발생한다.

해설 ③ 제조업 분야에서 사고가 가장 많이 발생되며, 그 다음이 건설업이다.

정답 68. ④ 69. ④ 70. ④ 71. ③

**72. 안전사고에서 작업복의 안전에 대한 설명으로 틀린 것은?**

① 작업 특성에 맞아야 하며 신체에 맞고 가벼운 것이어야 한다.
② 실밥이 풀리거나 찢어진 것은 작업 후에 수선을 하여야 한다.
③ 더운 계절이나 고온 작업 시에도 절대로 작업복을 벗지 말아야 한다.
④ 작업복의 단추는 반드시 채우고 반팔티와 반바지 착용을 하지 않는다.

해설 ② 실밥이 풀리거나 찢어진 것은 즉시 수선을 하여야 한다.

**73. 안전모에 대한 설명 중 틀린 것은?**

① 작업 특성에 적합한 안전모를 착용한다.
② 머리 상부와 안전모 내부의 상단과의 간격은 30mm 이상 유지하도록 조절하여 착용한다.
③ 턱 조리개는 항상 조이도록 하고 안전모는 개인전용으로 착용한다.
④ 머리 상부와 안전모 내부의 상단과의 간격은 25mm 이상 유지하도록 조절하여 착용한다.

해설 안전모는 ①, ③, ④의 내용이 원칙이다.

**74. 작업장에서 안전상 착용하는 것이 아닌 것은?**

① 안전모 ② 방진안경
③ 구명줄 ④ 방색안경

해설 작업장에서는 작업복, 장갑, 안전모, 방진안경, 차광안경, 구명줄 등을 착용한다.

**75. 작업환경에서 재해 발생의 빈도수가 많은 이유 중 틀린 것은?**

① 온도나 습도가 최고를 이루는 7～8월에 재해지수가 높다.
② 온도가 17～23℃ 정도일 때 재해 발생 빈도수가 많다.
③ 불쾌지수가 섭씨(℃)인 경우 80일 때는 모두 불쾌한 느낌을 느낀다.
④ 감각온도가 육체적 작업을 할 때면 50～62 정도이다.

해설 ② 온도가 17～23℃ 정도일 때 재해 발생 빈도수가 적다.

정답 72. ② 73. ② 74. ④ 75. ②

**76. 채광과 조명에 대한 설명 중 틀린 것은?**

① 창의 크기를 일반적으로 바닥 면적의 1/5 이상으로 하면 환기의 상태가 양호하다.
② 천정의 창은 벽의 창에 비하여 약 3배의 채광 효과가 있다.
③ 옥내의 조명은 최저 30～50럭스 정도를 유지하여야 한다.
④ 조도의 기준은 초정밀 작업을 할 때 300～700럭스가 적당하다.

해설 ④ 조도의 기준은 거친 작업 70～150, 정밀 작업 300～700, 초정밀 작업 700～1500럭스이다.

**77. 소음의 측정 시 음의 종류와 음의 크기(dB)가 틀린 것은?**

① 자동차의 경적소리 : 110
② 소음이 발생하는 공장 내 : 90
③ 전화벨 소리, 시장 내 : 60
④ 조용한 사무실 내 : 50

해설 ③ 전화벨 소리, 시장 내는 70이고, 보통 회화 시 60이다.

정답 76. ④ 77. ③

# 제 2 편

# 용접 시공 및 검사

제1장 용접 시공
■ CBT 예상 출제문제와 해설
제2장 용접의 자동화
■ CBT 예상 출제문제와 해설
제3장 파괴, 비파괴 및 기타 검사(시험)
■ CBT 예상 출제문제와 해설

# 제 1 장 용접 시공

## 1-1 용접 이음(welding joint)의 종류

### (1) 기본 이음 형태

용접의 기본 이음 형태는 맞대기 이음(butt joint), 모서리 이음(corner joint), T 이음(tee joint), 겹치기 이음(lap joint), 변두리 이음(edge joint) 등 크게 다섯 가지로 구분되며, 적용되는 적용 방법과 대상 기기의 특성을 고려하여 가장 경제적이고 안정적인 용착 금속을 얻을 수 있는 이음 형태가 선정되어야 한다.

① **맞대기 이음 :** 두 모재가 서로 평행한 표면이 되도록 마주 보고 있는 상태에서 실시하는 이음을 말한다.

② **모서리 이음 :** 모재가 거의 직각을 이루도록 두 모재가 이어져 형성되는 이음부를 말한다.

③ **T 이음 :** 한쪽 판의 단면을 다른 판의 표면에 놓아 T형의 직각이 되는 용접 이음을 말한다.

④ **겹치기 이음 :** 모재의 일부를 서로 겹쳐서 얻어진다. 아크 용접에서의 겹치기 이음은 필릿(fillet) 용접으로 이루어진다.

### (2) 그 밖의 이음 형태

① **필릿 이음 :** 거의 직교하는 두 면을 용접하는 삼각상의 단면을 가진 용접으로서, 필릿 용접은 이음 형상에서 보면 겹치기와 T형이 있다.

② **플러그와 슬롯 용접 :** 포개진 두 부재의 한쪽에 구멍을 뚫고 그 부분을 표면까지 용접하는 것으로 주로 얇은 판재에 적용되며, 구멍이 원형일 경우 플러그(plug), 구멍이 타원형일 경우 슬롯(slot) 용접이라고 한다.

### (3) 용접 이음부 설계 시 고려사항

① 용접 작업에 충분한 공간을 확보한다.

② 아래보기 용접을 많이 하도록 한다. 수직, 수평, 위보기 등 다른 자세보다 결함 발생이 적고 생산성이 높다.

③ 용접 이음부가 국부적으로 집중되지 않도록 하고, 가능한 용접량이 최소가 되는 홈(groove)을 선택한다.
④ 맞대기 용접은 뒷면 용접을 가능하도록 하여 용입 부족이 없도록 한다.
⑤ 필릿 용접은 되도록 피하고 맞대기 용접을 하도록 한다.
⑥ 용접선이 교차하는 경우에는 한쪽은 연속 비드를 만들고, 다른 한쪽은 부채꼴 모양으로 모재를 가공하여(스캘럽, scallop) 시공하도록 설계한다.
※ 스캘럽(scallop) : 용접선이 서로 교차하는 것을 피하기 위하여 한쪽의 모재에 가공한 부채꼴 모양의 노치
⑦ 내식성을 요하는 구조물의 경우 이종 금속 간 용접 설계는 피한다.

## 1-2 용접 홈 형상의 종류

홈(groove)은 완전한 용접부를 얻기 위해 용접할 모재 사이의 맞대는 면 사이의 가공된 모양을 말하며, 모재의 판 두께, 용접법, 용접 자세 등에 따라 홈의 형상이 다음과 같이 구분된다.

- 한 면 홈 이음 : I형, V형, U형, J형
- 양면 홈 이음 : 양면 I형, X형, K형, H형, 양면 J형

① **I형 홈 :** 가공이 쉽고, 루트 간격을 좁게 하면 용착 금속의 양도 적어져서 경제적인 면에서는 우수하다. 그러나 판 두께가 두꺼워지면 완전히 이음부를 녹일 수 없게 된다. 따라서 이 홈은 수동 용접에서는 대략 6mm 이하의 경우에 적용된다.
② **V형 홈 :** V형 홈은 한쪽에서의 용접에 의해서 완전한 용입을 얻으려고 할 때 사용되는 것이다. 홈 가공은 비교적 쉽지만 판의 두께가 두꺼워지거나 개선각이 커지는 경우 용착 금속의 양이 증대하고 또 변형을 초래할 수 있으므로 너무 두꺼운 판에 사용하는 것은 경제적이지 않다.
③ **X형 홈 :** 양면 V형이라 볼 수 있으며, X형 홈은 양쪽에서의 용접에 의해 완전한 용입을 얻는데 적합한 것이다. 홈 가공은 V형 홈에 비해 약간 까다롭지만, 이후의 U형, H형, J형 홈 등에 비하면 비교적 쉽다. 또 V형 홈과 비교하면 용착 금속의 양을 적게 할 수 있어 두꺼운 판에 적합하다.
④ **U형 홈 :** U형 홈은 두꺼운 판을 한쪽에서의 용접에 의해서 충분한 용입을 얻으려

고 할 때 사용하며, 홈 가공은 비교적 복잡하지만 두꺼운 판에서는 개선의 너비가 좁고 용착 금속의 양도 적게 할 수 있다.

⑤ **H형 홈 :** 양면 U형으로 볼 수 있으며, 두꺼운 판을 양쪽 용접에 의하여 충분한 용입을 얻으려고 하는 것이다.

⑥ **K형 홈 :** 양면 $\nu$(베벨)형으로 볼 수 있으며, 양쪽 용접에 의해 충분한 용입을 얻으려는 홈의 형태이다. 맞대기 이음 뿐만 아니라 필릿(fillet) 용접의 경우에도 적용할 수 있다.

## 1-3 용접 이음의 강도

### (1) 목 두께

용접 이음의 강도는 구조물 전체적인 강도와 부분적인 강도, 응력의 분포 등 쉽게 계산하기 곤란하며 또한 용접부의 강도는 어느 부분의 강도를 표시하느냐가 문제가 되고 있다. 용접부의 크기는 목 두께, 사이즈, 다리 길이 등으로 표시하고 있지만 설계의 강도 계산에는 간편하게 하기 위하여 이론의 목 두께로 계산한다. 또한, 용접 이음은 크레이터 부분과 용접 개시점으로부터 15~20mm까지를 제외하고 계산하도록 하고 있다.

### (2) 허용 응력과 안전율

용접 설계상 강도 계산은 목 단면에 대하여 수직 응력과 전단 응력이 허용 응력보다 낮도록 설계되어야 한다. 재료의 내부에 탄성한도를 넘으면 응력이 생기게 되고 영구 변형이 일어나 치수의 변화와 파괴를 일으킬 우려가 있다. 또한, 탄성한도를 넘지 않는 응력일지라도 오랫동안 반복해서 하중을 받으면 재료에 피로가 생겨 위험하게 된다. 탄성한도 이내의 안전상 허용할 수 있는 최대 응력을 허용 응력(allowable stress)이라 한다.

## 1-4 용착법과 용접 순서

### (1) 용착법

본용접에 있어서 용착법(welding sequence)에는 용접하는 진행 방향에 의하여 전진법(progressive method), 후진법(back step method), 대칭법(symmetric method)

등이 있고, 다층 용접에 있어서는 빌드업법(build up sequence), 캐스케이드법(cascade sequence), 전진 블록법(block sequence) 등이 있다.

① **전진법(progressive method)** : 가장 간단한 방법으로서, 이음의 한쪽 끝에서 다른 쪽 끝으로 용접 진행하는 방법이다

② **후진법(back step method)** : 용접 진행 방향과 용착 방법이 반대로 되는 방법이다. 두꺼운 판의 용접에 사용되며, 잔류 응력을 균일하게 하여 변형을 적게 할 수 있으나 능률이 조금 나쁘다. 후진의 단위길이는 구조물에 따라 자유롭게 선택한다.

③ **대칭법(symmetric method)** : 이음의 전 길이를 분할하여 이음 중앙에 대하여 대칭으로 용접을 실시하는 방법이다. 변형, 잔류 응력을 대칭으로 유지할 경우에 많이 사용된다.

④ **비석법(skip method)** : 이음 전 길이를 뛰어 넘어서 용접하는 방법이다. 변형, 잔류 응력을 균일하게 하지만 능률이 좋지 않으며, 용접 시작 부분과 끝나는 부분에 결함이 생길 때가 많다.

⑤ **빌드업법(build up sequence)** : 용접 전 길이에 대해서 각 층을 연속하여 용접하는 방법이다. 능률이 좋지 않으며 한랭 시나 구속이 클 때, 판 두께가 두꺼울 때에 첫 층에 균열이 생길 우려가 있다.

⑥ **캐스케이드법(cascade sequence)** : 후진법과 병용하여 사용되며 결함은 잘 생기지 않으나 특수한 경우 외에는 사용하지 않는다.

⑦ **블록법(block sequence)** : 짧은 용접 길이로 표면까지 용착하는 방법이며, 첫 층에 균열이 발생하기 쉬울 때 사용된다.

## (2) 용접 순서

불필요한 변형이나 잔류 응력의 발생을 될 수 있는 대로 억제하기 위해 하나의 용접선의 용접은 다음과 같은 기준에 의하여 용접 순서를 결정하면 좋다.

① 같은 평면 안에 많은 이음이 있을 때는 수축을 가능한 한 자유단으로 보낸다.

② 물건의 중심에 대하여 항상 대칭으로 용접을 진행한다.

③ 수축이 큰 이음을 먼저 하고 수축이 작은 이음을 뒤에 용접한다.

④ 용접물의 중립축을 생각하고 그 중립축에 대하여 용접으로 인한 수축력 모멘트의 합이 0이 되도록 한다(용접 방향에 대한 굴곡이 없어짐).

## 제1장 CBT 예상 출제문제와 해설

**1. 다음은 용접 설비 계획에서 기계 설비의 배치를 계획성 있게 하는 목적을 든 것이다. 적당하지 않은 것은?**

① 작업자의 안전 도모 ② 품질 향상과 생산 능률 향상
③ 작업의 지연, 정체 방지 ④ 기계 설비의 최소 활용으로 기계 보호

해설 ④는 기계 설비의 최대 활용으로 작업 능률 향상이 되어야 한다. ①, ②, ③ 외에 작업량 감소와 시간 절약, 제조비 절감 등의 목적이 있다.

**2. 공장에서 기계 배치의 형태가 아닌 것은?**

① 직선적 배치 ② 기능별 배치 ③ 집단별 배치 ④ 대칭별 배치

해설 ④는 관계가 없으며, 집단별 배치는 잘 채용되지 않는다(소형 공장은 예외).

**3. 루트 간격이 어떤 상태일 때 용접 균열이 적은가?**

① 간격이 좁을 때
② 간격이 넓을 때
③ 간격과 균열과는 관계없다.
④ 자동 용접은 루트 간격이 커야 균열이 적다.

**4. 용접부의 중앙으로부터 양끝을 향해 용접해 나가는 방법으로, 이음의 수축에 의한 변형이 서로 대칭이 되게 할 경우에 사용되는 용착법을 무엇이라 하는가?**

① 전진법 ② 비석법 ③ 케스케이드법 ④ 대칭법

해설 대칭법(symmetric method)은 이음의 전 길이를 분할하여 이음 중앙에 대하여 대칭으로 용접을 실시하는 방법이다. 변형, 잔류 응력은 대칭으로 유지할 경우에 많이 사용된다.

정답 1. ④ 2. ④ 3. ④ 4. ④

**5. 다음은 가접 방법의 설명이다. 옳지 못한 것은?**

① 본용접부에는 가능한 피한다.
② 가접에는 직경이 가는 용접봉이 좋다.
③ 불가피하게 본용접부에 가접한 경우 본용접 후 가공하여 본용접한다.
④ 가접은 반드시 필요한 것이 아니므로 생략해도 된다.

**해설** 가접(tack welding)이란 본용접을 하기 전에 치수 조절, 각도 조절, 변형 방지 등을 위하여 일시적으로 고정하는 것으로 중요한 공정이다.

**6. 루트 간격이 너무 크면 보수하거나 절단하여 판을 바꾸어야 한다. 용접에 적당한 루트 간격의 최대치는? (받침판 없는 용접)**

① 3mm 이하
② 용접봉 직경의 3배
③ 사용 용접봉의 직경 정도
④ 루트 간격은 적당히 직경의 2배 정도

**해설** 용접이 잘 되는 적당한 루트 간격은 피복 아크 용접에서 용접봉 직경 정도이다.

**7. 예열 온도 측정에 쓰이며 현장용법으로 쓰이는 용융점이 다른 연필 모양의 것을 무엇이라 하는가?**

① 열전쌍
② 템 필 스틱
③ 보통 백묵
④ 수은 온도계

**해설** 템 필 스틱은 다른 말로 측은 초크라고 하며, 용융점이 다른 것 끼리 연필 모양으로 만든 일종의 분필이다. 문질러서 녹는 온도를 측정한다.

**8. 다음은 용접 전의 작업 검사이다. 틀린 것은?**

① 용접봉의 작업에 대한 작업성 검사
② 용접 설비의 적합성, 준비도 검사
③ 용접 모재의 가공 청소, 가접부의 양부 등 검사
④ 변형 교정 작업 및 치수 불량 검사

**해설** ④는 용접 후의 제품 교정 작업이다.

**정답** 5. ④ 6. ③ 7. ② 8. ④

**9. 피닝의 목적을 잘못 설명한 것은?**

① 슬래그 방지
② 잔류 응력 제거
③ 변형 및 균열 방지
④ 소성 변형을 주어 내부 응력을 완화시킨다.

**해설** 용접에서 피닝 방법은 용접부를 두드려 소성 변형을 주어 내부 응력을 제거하는 방법이다. 700℃ 이상에서 효과가 크다.

**10. 다음 중 홈(grove)의 청소 방법 중 적당하지 않은 것은?**

① 염산(HCl) 사용
② 황산($H_2SO_4$) 사용
③ 와이어 브러쉬 사용
④ 압축 공기 사용

**해설** 황산은 독극성이 있으므로 위험하다.

**11. 결함이 오버랩일 경우 결함의 보수 방법은?**

① 일부분을 깎아내고 재용접한다.
② 가는 용접봉을 사용하여 보수한다.
③ 양단에 드릴로써 정지 구멍을 뚫고 깎아내어 재용접한다.
④ 그 위에 다시 재용접한다.

**해설** 오버랩은 모재와 완전한 용입이 되지 않고 볼록하게 튀어 오른 곳으로 일부를 깎아낸 후 용접한다.

**12. 다음은 얇은 판의 변형 교정법인 점 수축법에 대한 설명이다. 틀린 것은?**

① 소성 변형을 일으키게 하여 변형을 교정한다.
② 가열 온도는 500~600℃가 적당하다.
③ 가열 시간은 약 30초로 한다.
④ 가열점의 지름은 200~300mm이며 가열 후 곧 수랭한다.

**해설** 가열점의 지름은 20~30mm로 한다.

**정답** 9. ① 10. ② 11. ① 12. ④

**13.** 철강에서 천이온도(transition temperature)란 재료가 연성파괴에서 취성파괴로 변화하는 온도이다. 철강의 천이온도가 가장 높은 때의 온도는 얼마인가?

① 100～200℃
② 200～300℃
③ 400～600℃
④ 750℃ 이상

해설 천이온도 구역은 조직의 변화는 없으나 기계적 성질이 나쁜 곳이다.

**14.** 용접 전류는 아래보기 자세가 가장 높다. 수직 자세는 아래보기 자세의 전류 중에 얼마 정도 낮추어도 되는가? (동일 조건 용접 시)

① 10% 이하
② 10～20%
③ 20～30%
④ 30～40%

해설 같은 판 두께, 같은 용접봉 직경에서 위보기 자세는 10～20%, 수직은 20～30% 낮추어 전류를 잡으면 적당하다.

**15.** 용접 결함과 그 원인을 조합한 것으로 틀린 것은?

① 선상 조직－용착 금속의 냉각 속도가 빠를 때
② 오버랩－전류가 너무 낮을 때
③ 용입 불량－전류가 너무 높을 때
④ 슬래그 섞임－전층의 슬래그 제거가 불완전할 때

해설 용입 불량 원인 : 용접 속도가 너무 빠를 때, 용접 전류가 낮을 때, 용접봉 선택 불량 등

**16.** 용접 후처리에서 변형을 교정하는 일반적인 방법으로 틀린 것은?

① 얇은 판에 대한 점 수축법
② 형재에 대하여 직선 수축법
③ 가열한 후 해머로 두드리는 법
④ 두꺼운 판을 수랭한 후 압력을 걸고 가열하는 법

해설 두꺼운 판에 대하여 가열 후 압력을 걸고 수랭하는 방법으로 변형 교정을 한다.

정답 13. ③ 14. ③ 15. ③ 16. ④

**17.** 맞대기 용접에서 판 두께가 대략 6mm 이하의 경우에 사용하는 홈의 형상은?

① I형 ② X형 ③ U형 ④ H형

해설 • I형 : 판 두께 6mm 이하의 경우 사용
• X형 : 판 두께 15～20mm 정도에 사용
• V형 : 두께 20mm 이하 한쪽 용접으로 완전히 용입을 얻고자 할 때 사용
• K형 : V형의 경우보다 약간 두꺼운 판에 사용

**18.** 용접 이음을 설계할 때 주의사항으로 틀린 것은?

① 구조상의 노치부를 피한다.
② 용접 구조물의 특성 문제를 고려한다.
③ 맞대기 용접보다 필릿 용접을 많이 하도록 한다.
④ 용접성을 고려한 사용 재료의 선정 및 열 영향 문제를 고려한다.

해설 용접 설계 시 강도가 약한 필릿 용접은 가급적 피한다.

**19.** 일반적으로 용접 순서를 결정할 때 유의해야 할 사항으로 틀린 것은?

① 용접물의 중심에 대하여 항상 대칭으로 용접한다.
② 수축이 작은 이음을 먼저 용접하고 수축이 큰 이음은 나중에 용접한다.
③ 용접 구조물이 조립되어감에 따라 용접 작업이 불가능한 곳이나 곤란한 경우가 생기지 않도록 한다.
④ 용접 구조물의 중립축에 대하여 용접 수축력의 모멘트 합이 0이 되게 하면 용접선 방향에 대한 굽힘을 줄일 수 있다.

해설 일반적인 용접 순서로는 수축이 큰 이음을 먼저 용접하고 수축이 작은 이음을 나중에 용접한다.

**20.** 용접부에 생기는 결함 중 구조상의 결함이 아닌 것은?

① 기공 ② 균열
③ 변형 ④ 용입 불량

해설 용접부 결함 중 변형, 치수 불량, 형상 불량 등은 치수상 결함으로 구분한다.

정답 17. ① 18. ③ 19. ② 20. ③

**21.** 다음 그림과 같이 용접선의 방향과 하중의 방향이 직교한 필릿 용접은?

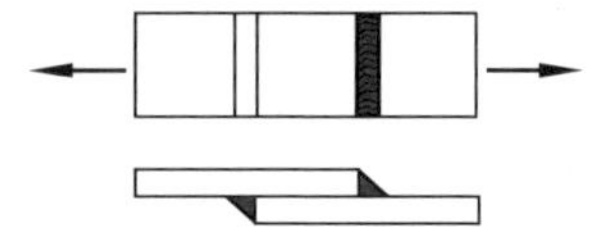

① 측면 필릿 용접
② 경사 필릿 용접
③ 전면 필릿 용접
④ T형 필릿 용접

해설 용접선의 방향과 하중의 방향이 직교한 것을 전면 필릿 용접, 용접선과 하중의 방향이 평행하게 작용하는 것을 측면 필릿 용접, 용접선의 방향과 하중의 방향이 경사져 있는 것을 경사 필릿 용접이라 한다.

**22.** 다음은 판의 두께에 따른 용접 이음의 적용도이다. 옳게 나열된 것은? (단, 얇은 판 → 두꺼운 판 순서이다.)

① X형 이음 → U형 이음 → V형 이음 → I형 이음 → H형 이음
② H형 이음 → X형 이음 → V형 이음 → U형 이음 → I형 이음
③ I형 이음 → X형 이음 → V형 이음 → J형 이음 → U형 이음
④ X형 이음 → U형 이음 → H형 이음 → V형 이음 → I형 이음

해설 ㉮ I형 : 6mm 이하
㉯ X형 : 12mm 이상
㉰ V, J형 : 4~19mm
㉱ H, U형 : 16~50mm

**23.** 필릿 용접부의 보수방법에 대한 설명으로 옳지 않은 것은?

① 간격이 1.5mm 이하일 때에는 그대로 용접하여도 좋다.
② 간격이 1.5~4.5mm일 때에는 넓혀진 만큼 각장을 감소시킬 필요가 있다.
③ 간격이 4.5mm일 때에는 라이너를 넣는다.
④ 간격이 4.5mm 이상일 때에는 300mm 정도의 치수로 판을 잘라낸 후 새로운 판으로 용접한다.

해설 필릿 보수 용접 시 간격이 1.5~4.5mm일 때에는 넓혀진 만큼 각장을 증가시킬 필요가 있다.

정답 21. ③ 22. ③ 23. ②

**24.** 다음은 수소 시험에 대한 설명이다. 틀린 것은?

① 수소량의 측정에는 45℃ 글리세린 치환법과 진공 가열법이 있다.
② 일반적으로 수소량 그 자체에는 제한이 없다.
③ 저수소계 용접봉의 용접 금속의 수소량에 대해서는 제한이 있다.
④ 용접 전 모재 중에 있는 수소량을 알기 위해서는 가열하지 않고 수소를 포집하는 방법이 있다.

해설 전수소량을 알기 위하여 또는 용접 전 모재 중에 있는 수소량을 알기 위해서는 진공 중에서 800℃로 가열하여 수소를 포집하는 진공 가열법을 병용하지 않으면 안 된다.

**25.** 용접부의 내부 결함으로서 슬래그 섞임을 방지하는 것은?

① 용접 전류를 최대한 낮게 한다.
② 루트 간격을 최대한 좁게 한다.
③ 저층의 슬래그는 제거하지 않고 용접한다.
④ 슬래그가 앞지르지 않도록 운봉 속도를 유지한다.

해설 슬래그 섞임의 방지 대책
㉮ 용접부를 예열한다.
㉯ 루트 간격을 넓게 설계한다.
㉰ 슬래그를 깨끗이 제거한다.
㉱ 슬래그가 앞지르지 않도록 운봉 속도를 유지한다.

**26.** 강에 인(P)이 많이 함유되면 나타나는 결함은?

① 적열 메짐 ② 연화 메짐 ③ 저온 메짐 ④ 고온 메짐

해설 강에 인(P)은 저온 메짐의 원인이 되고, 황(S)은 적열 메짐의 원인이 된다.

**27.** 모재의 열 영향부가 경화할 때 비드 끝단에 일어나기 쉬운 균열은?

① 유황 균열 ② 토우 균열 ③ 비드 아래 균열 ④ 은점

해설 토우 균열(toe crack) : 맞대기 이음, 필릿 이음 등에서 비드 끝과 모재의 표면 경계부에서 발생한다.

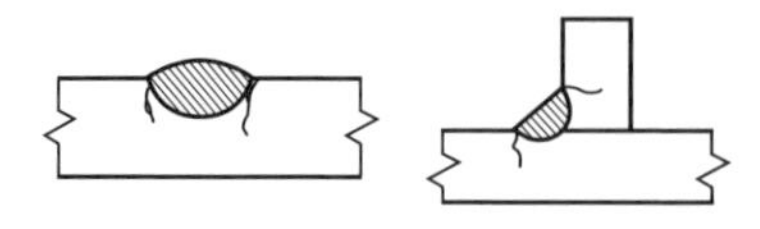

정답 24. ④ 25. ④ 26. ③ 27. ②

**28.** 용접 결함과 그 원인을 조합한 것 중 틀린 것은?

① 변형–홈 각도의 과대
② 기공–용접봉의 습기
③ 슬래그 섞임–전층의 언더컷
④ 용입 부족–홈 각도의 과대

해설 용입은 모재가 녹아들어 간 깊이를 말하므로 홈 각도와 관계없고 용접 전류, 운봉 속도 등에 관계가 있다.

**29.** 용접 결함 중 내부 결함이 아닌 것은?

① 블로 홀과 피트 ② 용입 불량과 융합 불량
③ 선상 조직 ④ 언더컷

해설 • 용접 금속 내부의 결함 : 주상 조직, 기공(블로 홀), 슬래그
• 표면의 결함 : 오버랩, 언더컷, 비드 불량, 피트(표면의 기공)

**30.** 피트(pit)가 생기는 원인이 아닌 것은?

① 모재 과열 시
② 모재 가운데 타 합금 원소가 많을 때
③ 모재 표면에 이물질이 묻었을 때
④ 후판 또는 급랭되는 용접의 경우

해설 용접 비드 표면층에 스패터로 인한 흠집을 피트라 하며, 모재 과열 시는 언더컷이 생긴다.

**31.** 언더컷의 발생 원인이 아닌 것은?

① 용접 전류가 강할 때
② 용접 속도가 느릴 때
③ 모재 온도가 높을 때
④ 운봉법이 틀렸을 때

해설 ②항의 경우 오버랩이 생긴다.

정답 28. ④ 29. ④ 30. ① 31. ②

**32.** 용접 시공에서 용접 이음 준비에 해당되지 않는 것은?

① 홈 가공 ② 조립
③ 모재 재질의 확인 ④ 이음부의 청소

해설 • 일반 준비
㉮ 모재 재질의 확인 ㉯ 용접봉 및 용접기의 선택 ㉰ 지그의 결정 ㉱ 용접공의 선입
• 이음 준비
㉮ 홈 가공 ㉯ 가접 ㉰ 조립 ㉱ 이음부의 청소

**33.** 필릿 용접에서 다리 길이를 6mm로 용접할 경우 비드의 폭을 얼마로 해야 하는가?

① 약 10.2mm ② 약 8.5mm ③ 약 12mm ④ 약 6.5mm

해설 비드 폭$(b)$=각장$(h) \times \sqrt{2} = 6 \times 1.4142 = 8.5\,\text{mm}$

**34.** 전자 접촉기와 과부하 계전기가 일체화된 것으로, 전자 접촉기에 의한 부하의 ON/OFF 조작과 열동 계전기에 의한 과부하 보호 기능을 함께 갖는 기구를 무엇이라 하는가?

① 보조 계전기(제어 릴레이 ; auxiliary relay)
② 전자 접촉기(MC ; magnetic contactor)
③ 리드 스위치(reed switch)
④ 전자 개폐기(magnetic switch)

해설 전자 개폐는 과부하가 되었을 때는 모터를 정지한다.

**35.** 용접 시공 계획에서 용접 이음 준비에 해당되지 않는 것은?

① 용접 홈의 가공
② 부재의 조립
③ 변형 교정
④ 모재의 가용접

해설 용접 시공 계획에서 용접 이음 준비는 용접 전에 체크하여야 할 사항으로 홈 가공, 조립 및 가접, 홈의 확인과 보수, 이음부 청정 등이며, 변형 교정은 용접 후에 처리되어야 할 사항이다.

정답 **32.** ③ **33.** ② **34.** ④ **35.** ③

**36.** 모재의 열 영향부가 경화할 때 비드 끝단에 일어나기 쉬운 균열은 무엇인가?

① 은점(fish eye)
② 유황 균열(sulphur crach)
③ 토우 균열(toe crack)
④ 비드 아래 균열(under bead crack)

**해설** ㉮ 토우 균열(toe crack) : 맞대기 이음, 필릿 이음 등에서 비드 끝과 모재의 표면 경계부에서 발생한다.
㉯ 유황 균열(sulphur crach) : 설퍼 밴드(sulphur band)가 존재하는 강에 발생한다.
㉰ 비드 아래 균열(under bead crack) : 비드 바로 밑의 용융선을 따라 열 영향부에 생긴 금이다.

**37.** 맞대기 용접 이음에서 모재의 인장강도는 40kgf/mm$^2$이며, 용접 시험편의 인장강도가 45kgf/mm$^2$일 때 이음 효율은 몇 %인가?

① 88.9 ② 104.4 ③ 112.5 ④ 125.0

**해설** 이음 효율(%) $= \frac{\text{용접 시험편의 인장강도}}{\text{모재의 인장강도}} \times 100 = \frac{45}{40} \times 100 = 112.5\%$

**38.** 용접 구조용 압연 강재(SWB)의 노내 및 국부 풀림의 온도 유지 시간은?

① 625±25℃ 판 두께 25mm에 대해 1h
② 725±25℃ 판 두께 25mm에 대해 1h
③ 625±25℃ 판 두께 25mm에 대해 2h
④ 725±25℃ 판 두께 25mm에 대해 2h

**해설** 풀림은 판 두께 또는 직경 25mm에 대해 625±25℃에서 1시간 정도 공랭이나 노랭을 한다.

**39.** 다음 용접 결함 중 구조상의 결함이 아닌 것은?

① 기공 ② 변형 ③ 용입 불량 ④ 슬래그 섞임

**해설** 용접 결함 중 변형, 치수 불량, 형상 불량 등은 치수상의 결함으로 구분한다.

**정답** 36. ③ 37. ③ 38. ① 39. ②

**40. 다음 중 용접 이음의 종류가 아닌 것은?**

① 십자 이음 ② 맞대기 이음
③ 변두리 이음 ④ 모따기 이음

해설 일반적인 용접 이음의 종류로는 십자 이음, 맞대기 이음, 변두리 이음이 있고, 이외에 모서리 이음, T 이음, 겹치기 이음 등이 있다.

**41. 용접 후 잔류 응력이 있는 제품에 하중을 주어 용접부에 약간의 소성 변형을 일으키게 한 다음 하중을 제거하는 잔류 응력 경감 방법은?**

① 노내 풀림법
② 국부 풀림법
③ 기계적 응력 완화법
④ 저온 응력 완화법

해설 용접 후 잔류 응력이 있는 제품에 하중을 주고 용접부에 약간의 소성 변형을 일으킨 다음 하중을 제거하는 방법이 기계적 응력 완화법이다.

**42. 용접 이음의 유효 길이는?**

① 용접부 전체의 길이로 나타낸다.
② 용접부 전체의 길이를 둘로 나눈 값으로 나타낸다.
③ 용접의 시단부와 종단부를 제외한 길이로 나타낸다.
④ 목의 두께×2의 길이로 나타낸다.

해설 용접 이음의 유효 길이는 용접의 시단부와 종단부는 불완전한 용접부가 되기 쉬우므로, 이 부분을 제외한 길이, 즉 {(용접 길이)−(목의 두께)×2}를 하나의 기준으로 나타낸다.

**43. 결정의 파면으로서 은백색으로 빛나는 파면을 무엇이라 하는가?**

① 연성 파면 ② 취성 파면
③ 인성 파면 ④ 은백색 파면

해설 은백색으로 빛나는 파면은 취성 파면이고, 쥐색의 치밀한 파면은 연성 파면이다.

**정답** 40. ④ 41. ③ 42. ③ 43. ②

**44.** 다음 중 용접 균열 시험법이 아닌 것은?

① 리하이형 구속 균열 시험
② 피스코 균열 시험
③ CTS 균열 시험
④ 코메렐 균열 시험

**해설** 용접 균열(터짐) 시험법
㉮ T형 필릿 균열 시험
㉯ CTS 균열 시험
㉰ 바텔비드 밑 터짐 시험
㉱ 리하이 구속 터짐 시험
㉲ 피스코 균열 시험 등

**45.** 일반적으로 용접 이음에 생기는 결함 중 이음 강도에 가장 큰 영향을 주는 것은?

① 기공 ② 오버랩 ③ 언더컷 ④ 균열

**해설** 균열은 용접 비드 내부 결함으로 이음 강도에 큰 영향을 초래한다.

**46.** 용접 작업 및 관리를 함에 있어 일종의 절차서로서, 용접 관련 모든 조건 등의 데이터를 포함하는 것을 무엇이라 하는가?

① drawing ② WPS
③ code ④ fabrication specification

**해설** WPS(welding procedure specification) : 용접 작업 절차서 또는 용접 작업 시방서, WPS를 완성하기 위한 시험을 PQT(procedure qualification test)라 하고, 그때의 용접 조건을 기록한 기록서를 PQR(PQ record)이라 한다.

**47.** 다음에서 용접 결함이 아닌 것은?

① 용입 부족 ② 슬래그 잠입
③ 리플 상태 ④ 오버랩

**해설** 리플(ripple) : 비드의 파형

**정답** 44. ④ 45. ④ 46. ② 47. ③

**48.** 용접부에 생기는 파열을 방지하는 사항이 아닌 것은?

① 예열한다.
② 용접 속도를 느리게 한다.
③ 루트 간격을 좁게 한다.
④ 구속 지그를 사용하여 용접한다.

해설 ㉮ 균열이라는 관점에서 볼 때 루트 간격이 좁은 것이 좋다.
㉯ 급랭으로 인한 수축에 의해 균열 발생의 우려가 있으므로 냉각 속도를 느리게 하여 용접하거나 예열하는 것이 좋다.

**49.** 용접 결함 중 내부 결함이 아닌 것은?

① 블로 홀과 피트 ② 용입 불량과 융합 불량
③ 선상 조직 ④ 비드 및 균열

해설 ㉮ 용접 금속 내부의 결함 : 주상 조직, 기공(블로 홀), 슬래그
㉯ 표면의 결함 : 오버랩, 언더컷, 비드 불량, 피트(표면의 기공)

**50.** 다음 중 용접 균열이 아닌 것은?

① 비드 균열 ② 세로 균열 ③ 크레이터 균열 ④ 수직 균열

해설 용접 균열

| 균열 | 용접 금속 균열 | 비드의 균열 | 세로 균열, 가로 균열, 호상 균열, 설퍼 크랙 |
|---|---|---|---|
| | | 크레이터 균열 | 십자 균열, 세로 균열, 가로 균열 |
| | 열 영향부 균열 | | 루트 균열, 비드 균열, 끝단 균열(토우 크랙) |

**51.** 금속 재료가 온도가 높은 경우에는 일정 하중 밑에서도 시간과 더불어 변형률이 증가되는 현상은?

① 스캘럽(scallop) 현상 ② 크리프(creep) 현상
③ 저온 특성 현상 ④ 고온 특성 현상

해설 ㉮ 스캘럽(scallop) : 용접선의 교차를 피하기 위하여 부채꼴로 잘라낸 모양
㉯ 저온 취성 : 저온에서 연하게 되는 성질

정답 48. ④ 49. ④ 50. ④ 51. ②

**52. 다음은 잔류 응력(residual stress)의 경감에 대한 사항이다. 틀린 것은?**

① 잔류 응력의 경감법에는 여러 가지가 있으나 용접 후의 노내 풀림, 국부 풀림 및 기계적 처리법, 불꽃에 의한 저온 응력 제거법, 피닝(peening)법 등이 있다.
② 노내 풀림법(furnace stress relief)은 응력 제거 열처리법 중에서 가장 널리 이용된다.
③ 국부 풀림법(local stress relief)은 온도를 불균일하게 할 뿐만 아니라 도리어 잔류 응력이 발생될 염려가 있다.
④ 변형 방지를 위한 피닝(peening)은 한꺼번에 행하고 탄성 변형을 주는 방법이다.

해설 피닝(peening)법은 치핑 해머로 용접부를 연속적으로 가볍게 때려 용접 표면상에 소성 변형을 주는 방법으로서 변형 방지를 위한 피닝은 각 층마다 행하고 용착 금속을 펴 주어야 한다.

**53. 연강용 용접 판재를 노내 풀림할 때 노내 출입을 금하여야 할 온도는?**

① 100℃ ② 200℃ 이하
③ 300℃ ④ 400℃ 이상

해설 연강은 200~300℃에서 청열 취성을 일으키므로 출입을 가능한 금해야 한다.

**54. 용접 후의 변형 교정법이 아닌 것은?**

① 얇은 판에 대한 점 수축법
② 형재에 대한 직선 수축법
③ 롤러에 거는 법
④ 가열 후 다시 용접하는 법

해설 용접 후 변형 교정법은 ①, ②, ③ 외에 후판에 대하여 가열 후 압력을 걸고 수랭하는 법, 가열 후 해머질법(피닝법), 절단 교정 후 재용접법 등이 있다.

**55. 용접봉 직경이 커지거나 아크 길이가 길어지면 아크 전압은?**

① 낮아진다. ② 높아진다.
③ 그대로 일정하다. ④ 높아졌다가 낮아진다.

해설 보통 전압(아크 전압)은 20~40V 정도이며, 용접봉 직경이 커지면 전압도 높아진다.

정답 52. ④ 53. ③ 54. ④ 55. ②

**56.** 용접 작업에서 다층 용접에 해당되지 않는 것은?

① 덧살 올림법 ② 가스킷법 ③ 전진 블록법 ④ 스카핑법

해설 가스킷법을 캐스케이드법이라고도 한다.

**57.** 용착 금속의 잔류 응력을 최소로 할 경우 사용되는 용접 순서는?

①
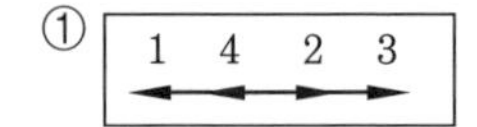


②
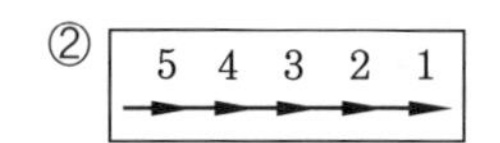


③
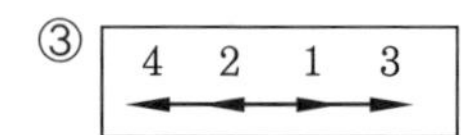


④
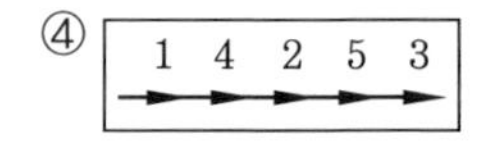


해설 후진법이란 용접 진행 방향은 전진법의 반대이며, 잔류 응력을 최소로 할 경우 사용한다.

**58.** 다음 그림 중에서 동일한 용접봉으로 용접할 경우 냉각 속도가 커서 전류를 높여야 할 경우는?

①
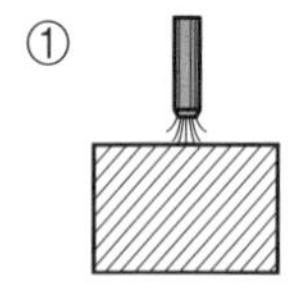

②
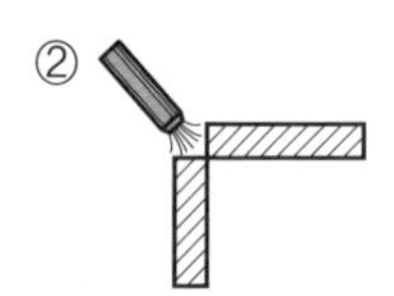

③

④
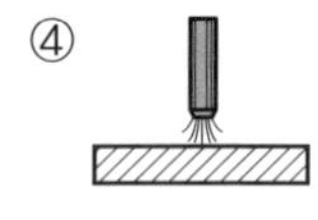

해설 냉각 속도가 큰 순서는 ①, ③, ④, ②이다.

**59.** 용접부의 청소는 각 층 용접이나 용접 시작에서 실시한다. 용접부 청정에 대한 설명으로 틀린 것은?

① 청소 상태가 나쁘면 슬래그, 기공 등의 원인이 된다.
② 청소 방법은 와이어 브러쉬, 그라인더를 사용하여 쇼트 브라스팅을 한다.
③ 청소 상태가 나쁠 때 가장 큰 결함이 슬래그 섞임이다.
④ 화학약품에 의한 청정은 특수 용접법 외에는 사용해서는 안 된다.

해설 청정이란 용접부의 녹·기름·페인트 등을 제거하는 것이다.

정답 **56.** ④ **57.** ② **58.** ① **59.** ④

**60.** 용접부의 인장응력을 완화하기 위하여 특수 해머로 용접부 표면층을 연속적으로 소성 변형해 주는 방법은?

① 피닝법 ② 저온 응력 완화법
③ 응력 제거 어닐링법 ④ 국부 가열 어닐링법

해설 용접부의 인장응력 완화를 위해 해머로 용접부 표면층을 연속적으로 소성 변형해 주는 방법을 피닝법이라 한다.

**61.** 시험편이나 박판에 많이 사용되는 변형 방지법은?

① 도열법 ② 풀림법 ③ 피닝법 ④ 역변형법

해설 역변형법 : 용접 전 용접부를 반대 반향으로 변형해 둔다.

**62.** 강에 탄소가 증가하면 어떠한 변화가 오는가?

① 인장강도는 증가하고 용접성은 나빠진다.
② 인장강도와 연신율이 크고 용접성이 좋아진다.
③ 인장강도가 감소하고 용접성이 나빠진다.
④ 인장강도가 증가하고 용접성이 좋아진다.

**63.** HT란 무엇인가?

① 고장력강 ② 스테인리스강 ③ 탄소강 ④ 보일러 강재

해설 HT(high tensile), 고장력강 : 연강의 강도를 높이기 위하여 이에 적합한 합금 원소를 소량 첨가한 것으로 보통 하이텐(HT)이라 부른다.

**64.** 다음 중 반자동 용접에 속하는 것은?

① SMAW 용접 ② $CO_2$ 용접
③ 가스 용접 ④ 서브머지드 아크 용접

해설 반자동 용접에는 $CO_2$ 용접, MIG 용접 등이 있다. 송급은 자동적으로 이루어지며 토치는 수동으로 조작하는 용접법이다.

정답 60. ① 61. ④ 62. ① 63. ① 64. ②

**65.** 다음 그림 중 용접 변형을 감소시키기 위한 용접법 중 가장 변형이 많은 용접법은?

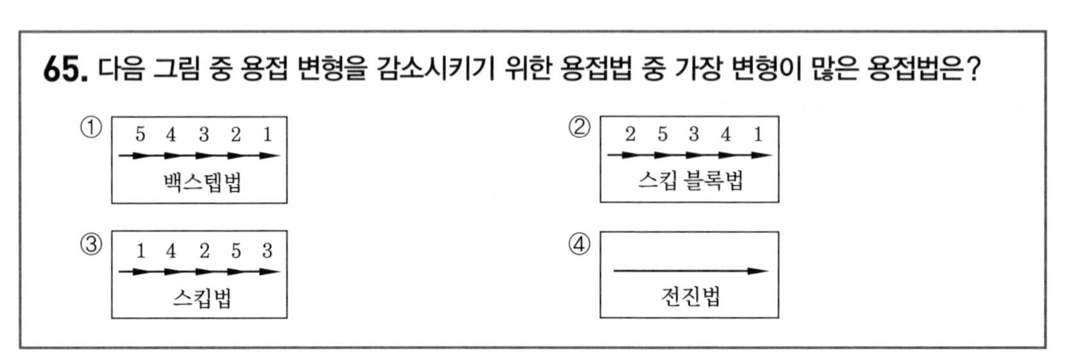


해설 변형은 용접열의 집중이 커져서 생기므로 용접열을 적게하여 모재의 강도에 비해 응력이 커지지 않게 하는 방법이 필요하다.

**66.** 다음 그림 중 플러그 용접은?

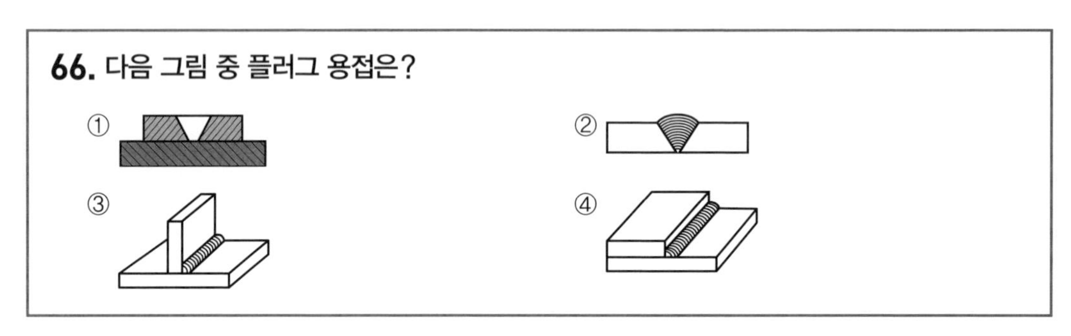


해설 ② V형 맞대기, ③ T형 이음, ④ 겹치기 이음

**67.** 접합하는 두 부재의 한쪽에 구멍을 뚫고 판의 표면까지 가득하게 용접하여, 다른 쪽 부재와 접합하는 용접은?

① 비드 용접 ② 덧붙이 용접 ③ 필릿 용접 ④ 플러그 용접

해설 플러그 용접은 겹치기 용접에서 와 같이 필릿 용접을 해서는 (모서리의 각이 필요할 때) 안 될 경우에 (용접을 해서 직각 가공을 해도 강도가 약한 경우) 위판에 구멍을 뚫고 그 구멍 속에서 아래판과 용접해 올라오는 구멍 속 용접을 말한다.

**68.** 유황의 영향으로 나타나는 것은?

① 기공 ② 균열 ③ 은점 ④ 설퍼 크랙

해설 유황은 균열 중에서도 유황 크랙이 생긴다.

정답 65. ④ 66. ① 67. ④ 68. ④

# 제 2 장 용접의 자동화

## 2-1 자동화 용접

### (1) 자동화의 개요

① **개요 :** 산업 현장의 세계화에 따른 경쟁력 확보의 차원에서 제품 원가 절감과 생산성 향상이 요구되고 있으나 우수 기능인력을 확보하는 데는 어려움이 있다. 이를 극복하기 위하여 설비 자동화가 절실히 요구되고 있으며 다양한 용접 방법이 개발되고 있다.

② **자동화 목적**

㈎ 우수 기능인력 부족에 대한 대처 및 다품종 소량 생산에 대응할 수 있다.

㈏ 단순 반복 작업 및 무인 생산화에 따른 생산 원가를 절감할 수 있다.

㈐ 품질이 균일한 제품을 생산할 수 있다.

㈑ 위험 작업에 따른 작업자를 보호할 수 있다.

㈒ 재고 감소와 정보 관리의 집중화를 실현할 수 있다.

### (2) 수동 및 자동 용접

① **수동 용접 :** 용접봉(용가재)의 공급과 용접 홀더나 토치의 이동을 수동으로 하는 용접으로 피복 아크 용접(SMAW), 수동 TIG 용접법이 여기에 속한다. 수동 용접은 생산성이 매우 낮으나, 장소의 제약이 적고 간편하며 설비비가 적게 들어 널리 사용되고 있다.

② **반자동 용접 :** $CO_2$ 용접, MIG 용접 등이 여기에 속하며, 용가재(와이어)의 송급은 자동적으로 이루어지나 토치는 수동으로 조작하는 용접법이다.

③ **자동 용접 :** 수동 용접은 용접사가 용접 토치를 들고 직접 용접하지만, 자동 용접은 자동 용접 장치(welding automation)에 조건을 설정한 후 오퍼레이터(조작자)가 전원을 "ON"하면 용접 와이어의 송급과 용접 헤드의 이송 등이 자동적으로 이루어져 작업자의 계속적인 조작이 없어도 연속적으로 진행되는 용접이다.

## 2-2 로봇 용접

### (1) 로봇의 정의와 응용

① **로봇(robot)의 정의 :** 로봇은 미국로봇협회에서 "여러 가지 작업을 수행하기 위하여 자재, 부품, 공구, 특수 장치 등을 프로그램된 대로 움직이도록 설계하고, 재프로그램이 가능하며, 다기능을 가진 매니퓰레이터"라고 정의하고 있다.

② **로봇의 원리 :** 산업용 로봇은 사람의 손의 기능을 기계가 대신한다고 생각하면 된다. 이러한 손이 있으면 손목이 있어야 하고 손목은 암(arm)에 접속되어 있게 되며, 이 부분 전체를 이동시키는 기능을 다리가 하고 있다. 로봇은 용도와 기능에 따라 다리 앞부분은 없어도 손과 암은 가지고 있어야 된다. 이러한 손과 다리와 암 부분, 즉 동작을 가지는 부분 전체를 가동부 또는 구동부라 한다. 또한, 이러한 동작을 하기 위해 제어가 필요하며, 제어부가 없으면 아무 일도 할 수 없다.

③ **로봇의 구성 :** 산업용 로봇은 일반적으로 사람의 두뇌에 해당하는 제어기(controller), 외관에 해당하는 매니퓰레이터(manipulator), 손목에 해당하는 뤼스트(wrist), 손에 해당하는 앤드 이펙터(end effector), 팔다리에 해당하는 암(arm), 지각기관에 해당하는 센서(sensor), 그리고 로봇의 기저부인 베이스(base) 등으로 구성되어 있다.

### (2) 로봇의 장점

로봇을 활용하면 인건비가 절감되고 정밀도와 생산성을 향상시킬 수 있다. 또한, 지루하고 반복적이며 위험한 작업에 있어서 대체로 인적 · 안전사고 방지와 작업환경을 개선할 수 있다.

### (3) 로봇의 종류

① **구동 방식에 의한 분류**

(가) 전기 구동 로봇 : 구동 수단으로 전기 서보 모터나 스테핑 모터를 사용하는 로봇을 말한다.

(나) 유압 구동 로봇 : 유압 장치를 사용하여 구동하는 로봇을 말한다.

(다) 극좌표계 로봇 : 산업용 로봇의 최초 실용 로봇으로 구면 궤적을 가지며, 주로 스폿 용접, 중량물 취급 등에 사용되었다.

㈑ 다관절 로봇 : 인간의 팔과 유사하여 동작도 유연하므로 앤드 이펙터의 동작도 가장 다양하게 구현할 수 있어 각종 작업에 사용되고 있다. 다관절 로봇은 극좌표계 로봇의 특수한 형태라고 할 수 있다.

**② 용도에 의한 분류**

㈎ 지능 로봇(intelligent robot) : 사람의 손, 발과 같은 관절 운동 기능과 시각, 촉각, 감각 등의 감각 기능과 학습, 연장, 기억, 추론 등 인간의 두뇌 작용의 일부인 사고 기능까지 인공지능의 명령으로 기능을 수행하는 로봇이다.

㈏ 산업용 로봇(industrial robot) : 프로그램의 입력 및 재조정이 가능한 다기능의 원거리 조종 장치로 공구나 특수 장비를 갖추고 프로그램되어 있는 다양한 동작을 반복하여 용접, 도장, 운반 등 산업 분야의 일을 수행하도록 설계되었으며, 인간이 하기에는 위험하고 힘든 작업을 수행할 수 있는 이점이 있다.

㈐ 극한 작업용 로봇 : 인간이 견뎌낼 수 없는 혹독한 환경 조건에서 인간을 대신해 특정한 작업을 수행하는 고성능 로봇으로 원자력 발전 시설, 석유 개발을 위한 해저 현장, 재해 현장 등에서 점검, 개발, 방제(防際), 인명구조 등의 작업을 수행한다.

㈑ 극좌표형 로봇(spherical coordinate robot) : 극좌표 형식의 운동으로 공간상의 한 점을 결정하는 로봇으로 작업 영역이 넓고 손끝의 속도가 빠르며 팔을 지면에 대하여 경사진 위치로 이동할 수 있으므로 용접, 도장 등의 작업에 이용된다.

㈒ 우주용 로봇 : 인공위성 내부와 우주 정거장에서 작업, 인공위성과 혹성에서의 자원 조사 등을 행하는 원거리 조종 장치 로봇과 이동 로봇을 말하며, 이 로봇은 우주선처럼 온도나 압력 등의 환경이 열악하거나 무중력 상태에서 사용되는 일이 많으므로 제어에 특별한 방법이 요구된다.

㈓ 의료 복지용 로봇 : 장애자와 병자, 노인 등 약자를 위해 일하는 로봇으로 수술을 도와주는 로봇, 소생술 등에 활용되는 훈련용 로봇, 환자를 이송하거나 간호하기 위한 간호용 로봇 등이 있다. 인간이 주도권을 가지고 작업을 진행시키고 로봇은 힘과 정확성을 겸비하여 긴 시간 동안 인간을 돕는다.

㈔ 감각 제어 로봇(sensory controlled robot) : 감각 정보를 이용하여 동작의 제어를 하는 로봇을 말한다.

## >>> 제2장 CBT 예상 출제문제와 해설

**1. 시퀀스 제어의 장점이 아닌 것은?**

① 개폐부하 용량이 크다. ② 과부하에 견디는 힘이 크다.
③ 전기적 노이즈에 강하다. ④ 동작 속도가 빠르다.

해설 • 장점
㉮ 개폐 용량이 크며 과부하에 잘 견딘다. ㉯ 전기적 잡음에 대해 안정하다.
㉰ 온도 상태가 양호하다.
• 단점
㉮ 동작 속도가 늦다. ㉯ 소비 전력이 비교적 크다.

**2. 시퀀스 제어에서 무접점 시퀀스의 장점으로 거리가 먼 것은?**

① 동작 속도가 빠르다. ② 온도 특성이 양호하다.
③ 소형이며 가볍다. ④ 고빈도 사용에도 수명이 길다.

해설 무접점 시퀀스의 장점
㉮ 동작 속도가 빠르다. ㉯ 수명이 길다.
㉰ 진동 충격에 강하다. ㉱ 장치가 소형화된다. ㉲ 소비 전력이 적다.

**3. PLC 선정 시 고려하여야 할 사항이 아닌 것은?**

① 입출력 접점 수 ② 설치 후 확장성
③ 적절한 기능 ④ 작업장 조도

해설 작업장 조도는 PLC 선정 시 고려사항이 아니다.

**4. 다음 중 자동화의 3A에 속하지 않는 것은?**

① FA(Factory Auto) ② OA(Office Auto)
③ HA(Home Auto) ④ SA(Smart Auto)

해설 FA, OA, HA는 3A라고 불린다.

정답 1. ④ 2. ② 3. ④ 4. ④

**5.** PLC에서 사용하는 언어가 아닌 것은?

① LD(Ladder Diagram)
② FBD(Function Block Diagram)
③ CL(Check List)
④ ST(Structured Text)

**해설** 사용 언어에는 ㉮ LD(래더도 방식), ㉯ IL(니모닉, 명령어 방식), ㉰ SFC, ㉱ FBD, ㉲ ST 등 5가지가 있다.

**6.** PLC에서 블록화한 기능을 서로 연결하여 프로그램을 표현하는 언어를 무엇이라 하는가?

① LD(Ladder Diagram)
② FBD(Function Block Diagram)
③ CL(Check List)
④ ST(Structured Text)

**해설** ㉮ LD : 릴레이 로직, 표현방식 언어
㉯ FBD : 블록화한 기능을 서로 연결하여 프로그램 하는 언어
㉰ ST : 파스칼 형식의 고수준 언어
㉱ IL : 어셈블리 언어 형태의 언어

**7.** 시퀀스 제어에서 메이크 접점(make contact)이라 부르며 평상시 열려있는 접점은 어느 것인가?

① a 접점 ② b 접점 ③ d 접점 ④ n 접점

**해설** 평상시에는 열린 상태로 있다가 접촉으로 자력 및 그 밖의 힘으로 누르거나 당기거나 했을 때만 회로를 닫는 접점을 a 접점이라 한다.

**8.** 로봇의 응용 분야와 거리가 먼 것은?

① 의료용 ② 산업용 ③ 우주용 ④ 행정용

**해설** 응용 분야에는 의료용, 산업용, 우주용으로 나누어진다.

**정답** 5. ③ 6. ② 7. ① 8. ④

**9. 다음 중 미리 설정된 정보에 따라 동작 단계를 순차적으로 진행하는 로봇은?**

① 조종 로봇 ② 플레이 백 로봇
③ 시퀀스 로봇 ④ 수치 제어 로봇

해설 ㉮ 조종 로봇 : 로봇 작업의 일부 또는 모두를 사람에 의해 직접 작업이 이루어지는 로봇이다.
㉯ 플레이 백 로봇 : 순서, 조건, 위치 및 기타 정보를 교시하고 그 정보에 따라 작업을 할 수 있는 로봇이다.
㉰ 시퀀스 로봇 : 미리 설정된 정보에 따라 동작 단계를 순차적으로 진행하는 로봇이다.
㉱ 수치 제어 로봇 : 로봇을 작동시키지 않고 순서, 조건, 위치 및 그 밖의 정보를 수치 등으로 교시하고 그 정보에 따라 작업을 할 수 있는 로봇이다.
㉲ 감각 제어 로봇 : 감각 정보를 사용하여 동작을 제어하는 로봇이다.

**10. 다음은 CAD에 사용되고 있는 명령어들이다. 서로 다르다고 생각하는 것은 어느 것인가?**

① TRIM ② BREAK
③ RELIMIT ④ ARC

해설 ARC는 도형 작성(creation)에 해당하며, TRIM, BREAK, RELIMIT 등은 도형 편집에 해당된다.

**11. 전자 접촉기와 과부하 계전기가 일체화된 것으로 전자 접촉기에 의한 부하의 ON/OFF 조작과 열동 계전기에 의한 과부하 보호 기능을 함께 갖는 기구를 무엇이라 하는가?**

① 보조 계전기(제어 릴레이 ; auxiliary relay)
② 전자 접촉기(MC ; magnetic contactor)
③ 리드 스위치(reed switch)
④ 전자 개폐기(magnetic switch)

해설 전자 개폐기는 과부하가 되었을 때 모터를 정지한다.

**12. 다음은 전기 구동 로봇의 특징이다. 틀린 것은?**

① 간단하다. ② 저렴하다.
③ 과부하에 강하다. ④ 깨끗하다.

정답 9. ③ 10. ④ 11. ④ 12. ③

**해설** 전기 구동 로봇은 유압 구동 로봇과 비교하여 다음과 같은 특징이 있다.

㉮ 간단하다. ㉯ 저렴하다.
㉰ 소출력이다. ㉱ 깨끗하다.
㉲ 과부하에 약하다.

**13.** 다음 중 논 서버 제어 로봇은 어느 것인가?

① 동작기구가 직각 좌표계 형식 로봇이다.
② 동작기구가 관절형 로봇이다.
③ 서브기구 이외에 수단으로 제어되는 로봇이다.
④ 수직 다관절형 용접 로봇이다.

**해설** 제어적인 로봇

㉮ 서브 제어 로봇
㉯ 논 서버 제어 로봇
㉰ PTP 제어 로봇

**14.** 다음 중 용접 자동화의 목적이 아닌 것은?

① 다품종 소량 생산에 대응할 수 있다.
② 생산 원가를 절약할 수 있다.
③ 재고 감소로 인해 집중화를 실현할 수 없다.
④ 위험 작업에 따른 작업자를 보호할 수 있다.

**해설** 재고 감소와 정보 관리의 집중화를 실현할 수 있다.

**15.** 다음 중 로봇의 장점이 아닌 것은?

① 인건비 절감 ② 터칭의 간략화
③ 안전사고 방지 ④ 생산성 향상

**해설** 로봇을 활용함으로써 얻는 장점에는 인건비 절감, 정밀도와 생산성 향상, 인적 안전사고 방지, 작업환경 개선 등이 있다.

**정답** 13. ③ 14. ③ 15. ②

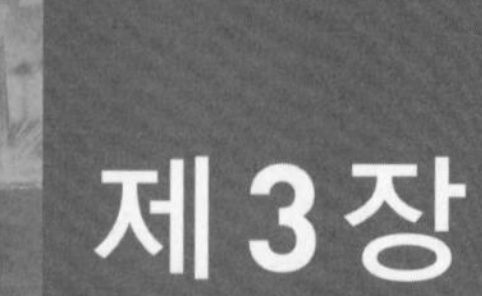

# 제 3 장 파괴, 비파괴 및 기타 검사(시험)

## 3-1 용접부의 검사법

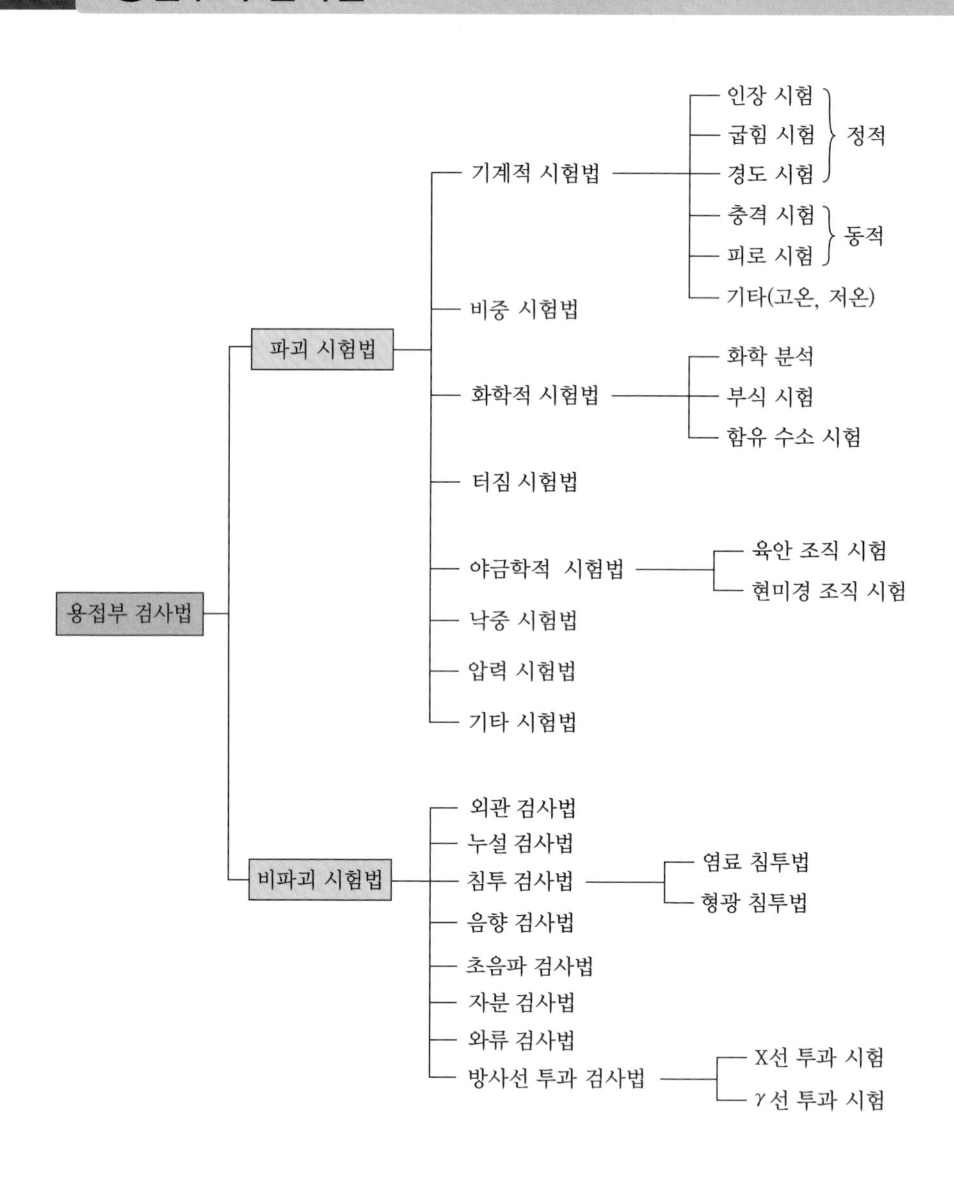

## 3-2 파괴 시험

① **인장 시험**(tensile test) : 재료 및 용접부의 특성을 알기 위하여 가장 많이 쓰이는 일반 측정으로 최대 하중, 인장강도, 항복강도 및 내력(0.2% 연신율에 상응하는 응력), 연신율, 단면 수축률 등을 측정하며, 정밀 측정으로는 비례한도, 탄성한도, 탄성계수 등을 측정한다.

② **굽힘 시험**(bend test) : 시험재에 필요한 시험편을 절취하여 형틀이나 롤러 굽힘 시험기에 굽혀서 용접부의 결함이나 연성의 유무 등에 관해 검사하는 시험이다.

③ **경도 시험**(hardness test) : 금속의 경도를 측정하는 방법 중에서 브리넬, 로크웰, 비커즈 경도 시험은 보통 일정한 하중 아래 다이아몬드 또는 강구를 시험물에 압입시켜 재료에 생기는 소성 변형에 대한 저항으로서(압흔 면적, 또는 대각선 길이 등) 경도를 나타내고, 쇼어 경도의 경우에는 일정한 높이에서 특수한 추를 낙하시켜 그 반발 높이를 측정하여 재료의 탄성 변형에 대한 저항으로서 경도를 나타낸다.

④ **충격 시험**(impact test) : 시험편에 V형 또는 U형 노치(notch)를 만들고 충격적인 하중을 주어서 파단시키는 시험법으로 금속의 충격하중에 대한 충격저항, 즉 점성강도를 측정하여 재료가 파괴될 때에 재료의 인성(toughness) 또는 취성(brittleness)을 시험한다.

## 3-3 비파괴 시험(non destructive test)

① **외관 검사(육안 검사)**(visual Test ; VT) : 외관이 좋고 나쁨을 판정하는 시험이다.

② **누설 검사**(leak test ; LT) : 저장 탱크, 압력 용기 등의 용접부에 기밀·수밀을 조사하는 목적으로 활용된다.

③ **침투 검사**(penetration test ; PT) : 시험체 표면에 침투액을 적용시켜 침투제가 표면에 열려 있는 균열 등의 불연속부에 침투할 수 있는 충분한 시간이 경과한 후 표면에 남아 있는 과잉의 침투제를 제거하고 그 위에 현상제를 도포하여 불연속부에 들어 있는 침투제를 빨아올림으로써 불연속의 위치, 크기 및 지시 모양을 검출해내는 비파괴 검사 방법 중의 하나이다.

④ **초음파검사**(ultrasonic test ; UT)

㈎ 실제로 귀를 통해 들을 수 없는 파장이 짧은 음파(0.5~15MHz)를 검사물의 내부에 침투시켜 내부의 결함 또는 불균일층의 존재를 검지하는 방법이다.

㈏ 초음파의 속도는 공기 중에서 330m/s, 물속에서 1500m/s, 강철 중에서 6000m/s이다. 초음파는 공기와 강 사이에서는 대단히 반사하기 쉽기 때문에 강의 표면은 매끈하고 발진자와 강 표면 사이에 기름, 글리세린 등을 발라 밀착시켜야 한다.

⑤ **자분 검사**(magnetic test ; MT) : 피검사물을 자화한 상태에서 표면 또는 표면 근처의 결함에 의해서 생긴 누설 자속을 자분 혹은 검사 코일로 검출해서 결함의 존재를 알 수 있는 방법이다.

⑥ **와류 검사**(eddy current test ; ET) : 교류 전류를 통한 코일을 검사물에 접근시키면 그 교류 자장에 의하여 금속 내부에 환상의 맴돌이 전류(eddy current, 와류)가 유기된다. 이 맴돌이 전류는 원래 자장에 반대인 새로운 교류 자장을 발생시키므로, 이에 의하여 감응한 코일 내에 새로운 교류 전압을 유기시킨다. 이때 검사물의 표면 또는 표면 부근 내부에 불연속적인 결함이나 불균질부가 있으면 맴돌이 전류의 크기나 방향이 변화하게 되며, 이에 따라서 코일에 생기는 유기 전압이 변화하므로 이것을 감지하면 결함이나 이질의 존재를 알 수 있게 된다.

⑦ **방사선 투과 검사**(radiographic test ; RT) : X선 또는 $\gamma$선을 검사물에 투과시켜 결함의 유무를 조사하는 비파괴 시험으로 현재 검사법 중에서 가장 높은 신뢰성을 갖고 있다. X선이나 $\gamma$선과 같은 방사선의 단파를 이용한다.

㈎ X선 투과 검사

㈏ $\gamma$선 투과 검사

**X선 장치와 $\gamma$선 장치의 비교**

| 구분 | X선 장치 | $\gamma$선 장치 |
|---|---|---|
| 전원 | 있다. | 없다. |
| 선의 크기 | 크다. | 작다. |
| 가격 | 비싸다. | 싸다. |
| 에너지 선택 | 임의로 할 수 있다. | 고정된다. |
| 촬영 장소 | 비교적 넓은 곳 | 협소한 곳도 가능 |
| 촬영 두께 | 보통 2인치 미만이다. | 3~4인치도 가능하다. |
| 고장률 | 많다. | 적다. |

## >>> 제3장 CBT 예상 출제문제와 해설

**1. 용접부의 비파괴 시험에 속하는 것은?**

① 인장 시험 ② 화학 분석 시험
③ 침투 시험 ④ 용접 균열 시험

해설 ㉮ 파괴 시험 : 인장 시험, 화학 분석 시험, 용접 균열 시험, 현미경 조직 시험 등
㉯ 비파괴 시험 : 외관 시험, 누설 시험, 침투 시험, 초음파 시험 등

**2. 현미경 시험용 부식제 중 알루미늄 및 그 합금용에 사용되는 것은?**

① 왕수 ② 피크린산 용액
③ 초산 알코올 용액 ④ 수산화나트륨 용액

해설 현미경 시험용 부식제
㉮ 철강용 : 피크린산 용액, 알코올 용액
㉯ 스테인리스강용 : 왕수, 알코올 용액
㉰ 알루미늄 및 그 합금용 : 수산화나트륨 용액

**3. 다음 중 용접부의 검사 방법에 있어 비파괴 검사법이 아닌 것은?**

① X선 투과 시험 ② 형광 침투 시험
③ 피로 시험 ④ 초음파 시험

해설 검사법의 분류에서 ①, ②, ④는 비파괴 시험이고, ③은 파괴 시험법이다.

**4. 다음 중 용접성 시험이 아닌 것은?**

① 노치 취성 시험 ② 용접 연성 시험
③ 파면 시험 ④ 용접 균열 시험

해설 용접성 시험에는 노치 취성 시험, 용접 경화성 시험, 용접 연성 시험, 용접 균열 시험 등이 있으며, 파면 시험은 야금학적 시험에 해당된다.

정답 1. ③ 2. ④ 3. ③ 4. ③

**5. 용접부의 표면이 좋고 나쁨을 검사하는 것으로 가장 많이 사용하며 간편하고 경제적인 검사 방법은?**

① 자분 검사 ② 외관 검사 ③ 초음파 검사 ④ 침투 검사

해설 외관 시험에서는 비드 모양, 언더컷, 오버랩, 용입 불량, 표면 균열, 기공 등을 검사한다.

**6. 용접부의 결함 검사법에서 초음파 탐상법의 종류에 해당되지 않는 것은?**

① 공진법 ② 투과법 ③ 스테레오법 ④ 펄스 반사법

해설 초음파 탐상법의 종류에는 투과법, 펄스 반사법, 공진법 등이 있다.

**7. 형광 침투 검사에서 검사 부위를 불순물이 없도록 청결하게 한 후 형광 침투액을 칠한다. 최저 몇 분이 경과한 후에 침투액을 물로 씻어내는가?**

① 10분 ② 20분 ③ 30분 ④ 40분

해설 보통 스테인리스강의 표면 홈, 주물의 수축 균열, 흠집 표면 다공질 및 용접물 등에서는 최단 약 20분, 주조물이나 압연물의 균열, 오버랩, 열처리 균열, 마모 균열, 피로 균열 등에는 약 30분으로 규정되고 있다(KS B 0819).

**8. 초음파 탐상법의 특징으로 틀린 것은?**

① 초음파의 투과 능력이 작아 얇은 판의 검사에 적합하다.
② 결함의 위치와 크기를 비교적 정확히 알 수 있다.
③ 검사 시험체의 한 면에서도 검사가 가능하다.
④ 감도가 높으므로 미세한 결함을 검출할 수 있다.

해설 초음파의 투과 능력이 크므로 수 미터 정도의 두꺼운 부분도 검사가 가능하다.

**9. 연강의 인장 시험에서 인장 시험편의 지름이 10mm이고, 최대 하중이 5500kgf일 때 인장강도는 약 몇 $kgf/mm^2$인가?**

① 60 ② 70 ③ 80 ④ 90

정답 5. ② 6. ③ 7. ③ 8. ① 9. ②

해설 인장강도$(\sigma)=\dfrac{\text{최대 하중}(P)}{\text{단면적}(A)}$으로 구한다.

문제에서 주어진 정보를 대입하면 다음과 같다.

$$\sigma=\frac{5500}{\frac{\pi\times10^2}{4}}=70.06\,\text{kgf/mm}^2$$

**10. 방사선 투과 검사로 발견할 수 없는 것은?**

① 미소 균열 ② 블로 홀 ③ 슬래그 혼입 ④ 용입 부족

해설 방사선 투과 검사는 미소 균열이나 모재면이 평행한 라미네이션 등의 검출은 곤란하다.

**11. X선 투과 검사에서 최단 파장은 관구 전압의 파고치로서 결정된다. X선 값의 관구 전압의 파고치 단위는 다음 중 어느 것인가?**

① KV ② KVA ③ KVVA ④ KVP

해설 X선의 관구 전압의 파고치는 KVP(Kilo Voltage Peak)로 표시한다.

**12. X선 투과 검사에서 결함이 있는 곳과 없는 곳의 투과 X선의 강도비는 무엇으로 결정되는가?**

① 결함의 길이와 물질의 흡수 계수에 의하여 결정된다.
② 입사 X선의 세기와 정비례한다.
③ 입사 X선의 세기와 반비례한다.
④ 결합의 길이와 물질의 흡수 계수에는 관계없이 관 전압에 의하여 결정된다.

해설 투과 X선의 강도비는 입사 X선의 세기와는 관계없고, 결함의 길이와 물질의 흡수 계수에 의하여 결정된다.

**13. 다음은 초음파의 속도이다. 강 중에 해당되는 것은?**

① 330m/s ② 1500m/s ③ 6000m/s ④ 9000m/s

해설 초음파 속도는 공기 중에서 약 330m/s, 물 속도에서는 약 1500m/s, 강 중에서는 약 6000m/s이다.

정답 10. ① 11. ④ 12. ① 13. ③

**14. 인장 시험에서 변형량을 원표점 거리에 대한 백분율로 표시한 것은?**

① 연신율 ② 항복점
③ 인장강도 ④ 단면 수축률

해설 시험편이 절단된 후에 다시 접촉시키고, 이때의 표점 거리를 측정한 값과 시험 전의 표점 거리와의 차이를 나눈 값을 %로 표시한 것을 연신율이라 한다.

**15. 시험편에 V형 또는 U형 등의 노치(notch)를 만들고 충격적인 하중을 주어서 파단시키는 시험법은?**

① 화학 시험 ② 압력 시험
③ 충격 시험 ④ 피로 시험

해설 충격 시험 : 충격에 대한 재료의 저항, 즉 인성과 취성을 알 수 있는 시험으로 샤르피식과 아이조드식이 있다.
㉮ 샤르피식 : 단순보 상태
㉯ 아이조드식 : 내다지보 상태

**16. 용접부의 외관 검사 시 관찰사항이 아닌 것은?**

① 용입 ② 오버랩
③ 언더컷 ④ 경도

해설 외관 검사(visual inspection) : 가장 간편하여 널리 쓰이는 방법으로서 용접부의 신뢰도를 외관에 나타나는 비드 형상에 의하여 육안으로 판단하는 것이다.
비드 파형과 균등성의 양부, 덧붙임의 형태, 용입 상태, 균열, 피트, 스패터 발생, 비드의 시점과 크레이터, 언더컷, 오버랩, 표면 균열, 형상 불량, 변형 등을 검사한다.

**17. 자기 검사에서 피검사물의 자화 방법은 물체의 형상과 결함의 방향에 따라 여러 가지로 분류할 수 있는데 다음 중 이에 해당되지 않는 것은?**

① 공진법 ② 극간법
③ 축통전법 ④ 코일법

해설 자기 검사에서 자화 방법에 극간법, 축통전법, 코일법이 있으며, 교류는 표면 결함의 검출에, 직류는 내부 결함의 검출에 이용된다.

정답 14. ① 15. ③ 16. ④ 17. ①

**18.** 다리 길이 $h$=10mm의 전면 필릿 용접에서 용접선에 직각인 방향으로 5000kg의 힘을 가해 인장시킬 경우에 용접부에 발생하는 응력은 몇 kg/mm²인가? (단, 한 면만 용접한 것이며, 용접 길이는 100mm로 한다.)

① 7.1 ② 12.3 ③ 13.8 ④ 15.2

해설 ㉮ 양면 필릿 용접의 경우

$$\sigma=\frac{P}{2htl}=\frac{0.707P}{hl}$$

㉯ 한 면 필릿 용접의 경우

$$\sigma=\frac{P}{htl}=\frac{P}{0.707hl}=\frac{5000}{0.707\times10\times100}=7.1\text{kg/mm}^2$$

**19.** 다음 그림과 같은 맞대기 용접에서 $P$=3000kg의 하중으로 당겼을 때 용접부의 인장 응력은 얼마인가?

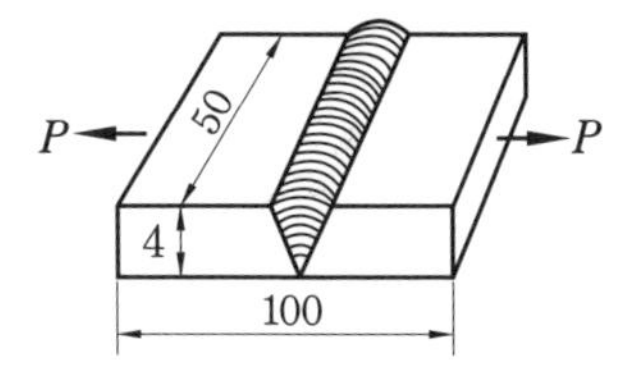


① 5kg/mm² ② 8kg/mm² ③ 10kg/mm² ④ 15kg/mm²

해설 $\sigma_w=\frac{P}{t\times l}=\frac{3000}{4\times50}=15\text{kg/mm}^2$

**20.** 다음 검사법 중 작업 검사에 속하지 않는 것은?

① 용접공의 기량
② 제품의 성능
③ 용접 설비
④ 용접 시공 상황

해설 용접부의 검사는 작업 검사와 완성 검사로 나누며, 작업 검사는 용접을 하기 위하여 용접 전, 용접 중 및 용접 후에 용접공의 기량, 용접 재료, 용접 설비, 용접 시공 상황, 용접 후의 처리 등에 대하여 검사하는 것이고, 완성 검사는 용접한 제품이 만족할 만한 성능을 가졌는지 아닌지를 검사하는 것이다.

정답 18. ① 19. ④ 20. ②

**21.** 철강에 주로 사용되는 매크로 에칭(macro etching)액에서 염산 : 황산 : 물의 비는?

① 3.8 : 1.2 : 5.0의 액
② 4.8 : 3.5 : 8.0의 액
③ 2.5 : 3.7 : 4.0의 액
④ 1.8 : 3.8 : 4.8의 액

해설 철강에 사용되는 매크로 에칭액은 염산 : 물의 비가 1 : 1의 액, 염산 : 황산 : 물의 비가 3.8 : 1.2 : 5.0의 액, 초산 : 물중비가 1 : 3의 액이 사용된다. 에칭을 한 다음 곧 수세하고 건조시켜 시험을 한다.

**22.** 다음 중 인장 시험에서 알 수 없는 것은?

① 항복점 ② 연신율 ③ 비틀림 강도 ④ 단면 수축률

해설 인장 시험을 통하여 얻을 수 있는 정보에는 항복점, 연신율, 단면 수축률 이외에 인장 강도, 항복강도 등이 있다.

**23.** 인장 시험에서 시험 전의 표점 거리가 50mm인 시험편을 시험한 후 표점 거리를 측정하였더니 60mm였다. 이 시험편의 연신율은?

① 10% ② 15% ③ 20% ④ 30%

해설 $e=\frac{l'-l}{l}\times 100\%$

여기서, $l$ : 시험 전의 표점 거리(mm)

$l'$ : 시험 후 표점 거리(mm)

따라서, $e=\frac{60-50}{50}\times 100=20\%$

**24.** 다음은 용접부의 굽힘 시험에서 알 수 있는 내용들이다. 맞지 않는 것은?

① 용접부의 연성 시험
② 용접부 표면의 균열 유무
③ 용접봉의 작업성 시험
④ 용접부의 단단한 정도 시험

해설 ④는 경도 시험에 관하며, 굽힘 시험은 기능사 시험에 많이 적용하고 있다.

정답 21. ① 22. ③ 23. ③ 24. ④

**25.** 다음은 고장력강의 인장강도이다. HT 50의 인장강도($kg/mm^2$)는?

① 50~60 ② 55~65 ③ 60~70 ④ 70~80

**해설** 고장력강 인장강도

| 명칭 | 인장강도($kg/mm^2$) |
|---|---|
| HT 50 | 50~60 |
| HT 55 | 55~65 |
| HT 60 | 60~70 |
| HT 70 | 70~80 |
| HT 80 | 80~90 |

**26.** 꼭지각 136° 다이아몬드 4각추를 1~120kg 하중으로 밀어 넣는 경도 시험기는?

① 로크웰 경도 ② 브리넬 경도 ③ 비커즈 경도 ④ 쇼어 경도

**해설** 현미경까지 부착되어 있는 것도 있으며, 균일한 재료의 경우 인장강도의 3배 값을 비커즈 경도 값으로 봐도 된다.

**27.** 왼쪽 검사법과 오른쪽 해당사항이 틀린 것은?

① 경도 시험-용접에 의한 경화 ② 수압 시험-용접부 기밀, 수밀
③ X선 시험-기공 슬래그 섞임 ④ 침투 검사-언더컷이나 오버랩

**해설** 침투 검사는 용접부 표면의 균열이나 기공 등을 알아보는 방법이다.

**28.** 다음은 인장 시험편의 그림이다. 연결이 잘못된 것은?

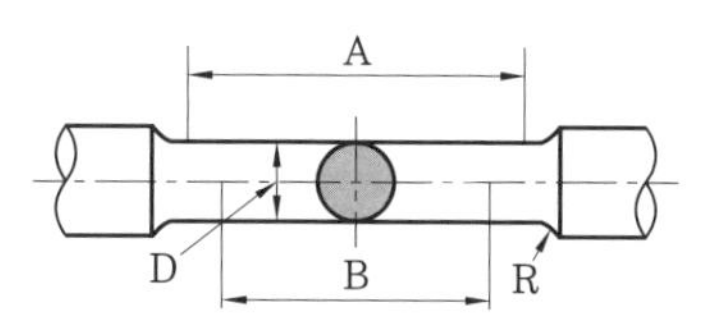


① A-평행부 길이 ② B-표점 거리 ③ D-시험편 직경 ④ R-물림부 직경

**해설** 평행부의 길이는 60mm, 직경은 14mm(시험편의 호수에 따라 다름), R은 턱 반지름으로 R 15mm 이상, 표점 거리는 50mm이다. 표점 거리는 파단 후의 늘어난 길이를 측정하기 위해 시험 전에 표시해둔 길이이다.

**정답** 25. ① 26. ③ 27. ④ 28. ④

**29.** 다음은 경도 시험에 대한 설명이다. 잘못된 것은? (단, 선지는 [보기]와 같이 나타낸 것이다.)

| 보기 |
시험기 종류－기호－용도
예를 들어, 브리넬 경도－$H_B$－일반강재

① 비커스 경도－$H_V$－질화강, 침탄강, 담금질강
② 쇼어 경도－$H_S$－완성 제품
③ 로크웰 경도 C 스케일－$H_RC$－담금질강
④ 로크웰 경도 B 스케일－$H_RB$－침탄강

해설 $H_RC$는 다이아몬드 입자(120° 각)를 사용하며, $H_RB$는 1.6 mm 강구를 사용하고 연강, 황동에 사용한다.

**30.** 에릭센 시험은 강구로 시편을 눌러 졸리어 균열이 갈 때 변형된 깊이로 표시한다. 어떤 강종에 사용하는가?

① 연강－두꺼운 판
② 황동－두꺼운 판
③ Al판－얇은 판
④ 동판－보통 1 mm 판

해설 얇은 금속판 두께 0.1～0.2 mm, 너비 70 mm 이상의 판에 쓰인다.

**31.** 결합 검사법 중에서 특히 강자성을 띠고 있는 재료에 응용할 수 있는 방법은?

① 자분 탐상법 ② 침투 탐상법 ③ 초음파 탐상법 ④ 방사선 탐상법

해설 자석의 성질이 강해야만 자력에 의해 자분이 결함부에 집중된다.

**32.** 다음 중 $\gamma$선을 이용한 방사선 투과법에 대한 설명으로 틀린 것은?

① 파장이 짧으므로 투과율이 크다.
② 5″ 이하(약 120 mm)의 재료에 사용된다.
③ 장치 및 조작이 간단하다.
④ 시간이 많이 걸리는 단점이 있다.

해설 방사선법에는 X선 투과법과 $Co^{60}$을 이용한 $\gamma$선 투과법이 있다. $\gamma$선은 X선보다 투과율이 커서 5″～10″ 정도까지의 재료에 응용된다.

정답 29. ④ 30. ③ 31. ① 32. ②

**33.** 연강을 인장 시험했을 때 최대 강도점의 하중이 300kg이고 시험편의 본래 단면적이 6 $cm^2$일 때 이 시험편의 인장강도는?

① 30kg/$cm^2$　② 40kg/$cm^2$
③ 50kg/$cm^2$　④ 60kg/$cm^2$

해설 $인장강도=\frac{최대\ 하중}{시험\ 본래\ 단면적}=\frac{300}{6}=50\,kg/cm^2$

**34.** 로크웰 경도 시험법의 C 스케일의 시험 하중은 몇 kg인가?

① 90　② 100
③ 150　④ 120

해설 • B 스케일 = 100 kg
• C 스케일 = 150 kg

**35.** $H_RC$로 경도 시험을 한 결과 압입부의 깊이가 0.05mm였다. 이때 경도값은?

① 75　② 105
③ 286　④ 527

해설 • $H_RB=130-500t$
• $H_RC=100-500t$
여기서, $t$ : 압입 깊이
따라서, $H_RC=100-(500\times0.05)=75$

**36.** 다음 비파괴 시험의 설명 중 틀린 것은?

① 형광 탐상법은 재료의 내부 흠까지 검사할 수 있다.
② 자기 탐상법은 비자성 재료에는 적용되지 않는다.
③ 초음파 탐상법에는 투과법과 임펄스법의 두 가지가 있다.
④ 방사선 탐상법에는 방사선으로 X선과 $\gamma$선을 사용한다.

해설 형광 탐상법은 형광액이 결함부에 침투하는 것으로 탐상하므로 결함의 겉부분만을 검사할 수 있다.

정답 33. ③ 34. ③ 35. ① 36. ①

**37.** 시험편 노치(notch)부에 동적 하중을 가하여 재료의 인성과 취성을 알아내는 시험 방법은?

① 압축 시험 ② 피로 시험 ③ 마모 시험 ④ 충격 시험

해설 충격 시험은 샤르피식과 아이조드식이 있으며, 시험편에 흠집(norch)을 내고 여기에 충격을 준다. 노치가 있으면 노치를 경계로 쉽게 파괴된다.

**38.** 형광 시험법으로 검사할 수 있는 것은?

① 편석 ② 균열 ③ 결정 용액 ④ 내부 기공

해설 형광 시험부에 형광물질을 문지른 후 겉을 닦아내면 균열 등의 결함이 있을 때 결함부가 돋보이게 된다.

**39.** 용접부의 비파괴 시험은 여러 가지가 있다. 방사선 탐상 시험을 지시하는 기호는?

① PT ② UT ③ MT ④ RT

해설 ① PT : 침투 탐상 시험
② UT : 초음파 탐상 시험
③ MT : 자분 탐상 시험

**40.** 용접부의 비파괴 검사 기본 기호 중 틀린 것은?

① VT : 육안 시험 ② RT : 방사선 투과 시험
③ PT : 와류 탐상 시험 ④ UT : 초음파 탐상 시험

해설 • PT : 침투 탐상 시험
• ET : 와류 탐상 시험

**41.** 다음은 비파괴 시험의 기본 기호의 설명이다. 틀린 것은?

① LT : 누설 시험 ② ST : 변형도 측정 시험
③ VT : 내압 시험 ④ PT : 침투 탐상 시험

해설 VT는 육안 시험의 기호이며, 내압 시험 기호는 PRT이다.

정답 37. ④ 38. ② 39. ④ 40. ③ 41. ③

# 제 3 편

# 용접 재료

제1장 용접 재료 및 각종 금속 용접
■ CBT 예상 출제문제와 해설
제2장 용접 재료 열처리 등
■ CBT 예상 출제문제와 해설

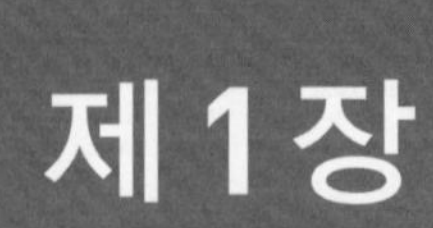

# 제 1 장 용접 재료 및 각종 금속 용접

## 1-1 금속과 합금

### (1) 금속의 일반적인 성질

① 상온에서 고체이며 결정체이다(수은[Hg]은 예외).
② 빛을 반사하고 고유의 광택이 있다.
③ 강도가 크고 가공 변형이 쉽다(전성, 연성이 크다).
④ 일 및 전기의 좋은 전도체이다.
⑤ 비중, 경도가 크고 용융점이 높다.

### (2) 합금의 성질

금속 재료는 일반적으로 순금속을 기계 재료로 사용하지 않고 대부분 합금을 사용하는데, 이는 제조하기 쉽고 기계적 성질이 좋으며 가격이 저렴하기 때문이다. 금속 재료는 비금속 재료보다 기계적 성질과 물리적 성질이 우수하여 많이 사용되고 있다.

## 1-2 금속 재료와 성질

### (1) 물리적 성질

① **비중 :** 어떤 물질의 무게와 4℃에서 그와 같은 체적을 가진 물의 무게와의 비이다. 금속 중 비중이 4보다 작은 것을 경금속(Ca, Mg, Al, Na 등)이라 하며, 비중이 4보다 큰 것을 중금속(Au, Fe, Cu 등)이라고 한다. 비중이 가장 작은 것은 Li(0.534)이고, 가장 큰 것은 Ir(22.5)이다.
② **용융점 :** 금속의 녹거나 응고하는 점으로서 단일 금속의 경우 용해점과 응고점은 동일하다. 용융점이 가장 높은 것은 W(3400℃)이고, 가장 낮은 것은 Hg(−38.89℃)이다.
③ **비열 :** 어떤 금속 1g을 1℃ 올리는데 필요한 열량으로서 비열이 큰 순서는 Mg > Al > Mn > Cr > Fe > Ni … Pt > Au > Pb 순이다.

④ **선팽창계수** : 금속은 일반적으로 온도가 상승하면 팽창한다. 물체의 단위길이에 대하여 온도 1℃가 높아지는데 따라 막대의 길이가 늘어나는 양을 선팽창계수라 고 한다. 선팽창계수가 큰 것은 Zn > Pb > Mg 순이고, 작은 것은 Mo > W > Ir 순이다.

⑤ **열전도율** : 길이 1cm에 대하여 1℃의 온도차가 있을 때 $1cm^2$의 단면적에 1초 동안에 흐르는 열량을 말한다. 일반적으로 열전도율이 좋은 금속은 전기전도율도 좋다. 열전도율 및 전기전도율이 큰 순서는 Ag > Cu > Au > Al > Mg > Zn > Ni > Fe > Pb > Sb 순이다.

⑥ **탈색력** : 금속마다 특유의 색깔이 있으나 합금의 색깔은 Sn > Ni > Al > Fe > Cu > Zn > Pt > Ag > Au 순에 의해 지배된다.

⑦ **자성** : 자석에 이끌리는 성질로서 그 크기에 따라 상자성체(Fe, Ni, Co, Pt, Al, Sn, Mn)와 반자성체(Ag, Cu, Au, Hg, Sb, Bi)로 나눈다. 특히 상자성체 중 강한 자성을 갖는 Fe, Ni, Co는 강자성체라 한다.

### (2) 금속의 변태

① **동소 변태(allotropic transformation)** : 고체 내에서 원자 배열의 변화를 수반하는 변태로서 순철의 변태에서 $A_4$ 변태(1400℃)와 $A_3$ 변태(910℃)가 이에 속한다. 즉, 체심입방격자가 $A_4$ 변태점에서 면심입방격자로 바뀌고 다시 $A_3$ 변태점에서 체심입방격자가 된다. 동소 변태를 하는 금속은 Fe($A_3$, $A_4$ 변태), Co(480℃), Sn(18℃), Ti(883℃) 등이다.

② **자기 변태(magnetic transformation)** : 이것은 원자 배열의 변화 없이 다만 자기의 강도만 변화되는 것으로 순철의 변태에서는 $A_2$ 변태점(768℃)이 이것이다. 일명 퀴리점(curie point)이라 한다(Fe : 768℃, Ni : 360℃, Co : 1160℃).

## 1-3 탄소강

### (1) Fe-C 평형 상태도

Fe-C의 평형 상태도는 철과 탄소량에 따라 조직을 표시한 것으로서 철과 탄소는 6.67% C에서 화합물인 시멘타이트($Fe_3C$, cementite)를 만들며, 이 시멘타이트는 어떤 온도 범위에서 불안정하여 철과 탄소로 분해한다. 철-탄소의 평형 상태도는 철-시멘타이트계(평형 상태도에서 실선으로 표시함)와 철-탄소계(평형 상태도에서 점선으로 표시함)가 있다.

탄소강(carbon steel)은 철에 탄소를 넣은 합금으로 순철보다 인장강도, 경도 등이 좋아 기계 재료로 많이 사용되며 또한, 열처리(담금질, 뜨임, 풀림 등)에 의하여 기계적 성질을 광범위하게 변화시킬 수 있는 우수한 성질을 갖고 있다.

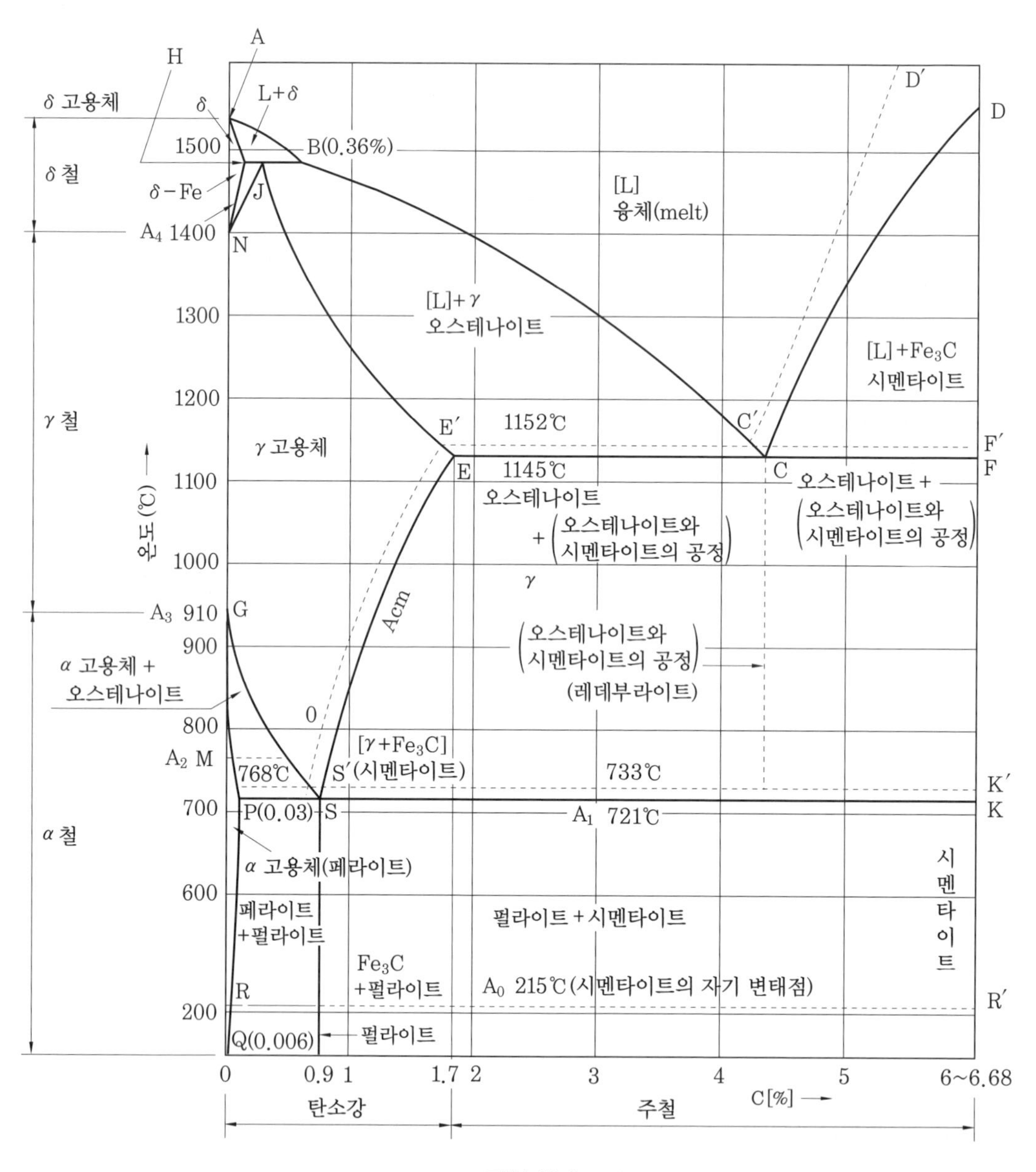


Fe-C 평형 상태도

- A : 순철의 용융점(1538±2℃)
- ABCD : 액상선
- D : 시멘타이트의 융해점(1550℃)
- C : 공정점(1145℃)으로서 4.3% C의 용액에서 $\gamma$ 고용체(오스테나이트)와 시멘타이트가 동시에 정출하는 점으로, 이때 조직은 레데부라이트(ledeburite)로 $\gamma$ 고용체와 시멘타이트의 공정 조직이다.
- HJB : 포정선이며, 포정 온도는 1493℃이다. 이때 포정 반응은 B점의 융체(L)+$\delta$ 고용체⇄J점의 $\gamma$ 고용체 반응이 된다.
- G : 순철의 $A_3$ 변태점(910℃)으로 $\gamma$−Fe(오스테나이트)⇄$\alpha$−Fe(페라이트)로 변한다.
- JE : $\gamma$ 고용체의 고상선이다.
- ES : Acm선으로 $\gamma$ 고용체에서 $Fe_3C$의 석출 완료선이다.
- GS : $A_3$선($A_3$ 변태선)으로 $\gamma$ 고용체에서 페라이트를 석출하기 시작하는 선이다.
- 구역 NHESG : $\gamma$ 고용체 구역으로 $\gamma$ 고용체를 오스테나이트(austenite)라고 한다.
- 구역 GPS : $\alpha$ 고용체와 $\gamma$ 고용체가 혼재하는 구역이다.
- 구역 GPQ : $\alpha$ 고용체의 구역으로 $\alpha$ 고용체를 페라이트(ferrite)라고 한다.

## 1-4 탄소강의 용접

### (1) 탄소강의 종류

① **저탄소강(low carbon steel)** : 탄소 함유량이 0.3% 이하
② **중탄소강(middle carbon steel)** : 탄소 함유량이 0.3~0.5%
③ **고탄소강(high carbon steel)** : 탄소 함유량이 0.5~1.3%

### (2) 저탄소강의 용접

저탄소강은 어떤 용접법으로도 용접이 가능하지만 용접성으로서 특히 문제가 되는 것은 노치 취성과 용접 터짐이다. 연강의 용접에서는 판 두께가 25mm 이상에서는 급랭을 일으키는 경우가 있으므로 예열(preheating)을 하거나 용접봉 선택에 주의해야 한다.

### (3) 고탄소강의 용접

고탄소강의 용접에서 연강의 경우와 비교하여 주의할 점은 일반적으로 탄소 함유량의 증가와 더불어 급랭 경화(rapid cooling hardening)가 심하므로, 열 영향부(heat affect zone)의 경화 및 비드 밑 균열(under bead crack)이나 모재에 균열이 생기기 쉽다. 특히 단층 용접에서 예열(preheating)을 하지 않았을 때에는 열 영향부가 담금질 조직인 마텐자이트(martensite) 조직이 되며, 경도가 대단히 높아진다. 2층 용접에서는 모재의 열 영향부가 풀림 효과를 받으므로 최고 경도는 매우 저하된다.

## 1-5 각종 금속의 용접

### (1) 주철의 용접

주철의 용접은 주로 주물의 보수 용접에 많이 쓰인다. 이때 주물의 상태, 결함의 위치, 크기와 특징, 겉모양 등에 대하여 고려해야 하며, 용접 준비는 표면 모양, 용접 홈, 제작 가공 방법 등을 충분히 유의해야 한다.

### (2) 주강의 용접

① 아크 용접, 가스 용접, 브레이징, 납땜 및 때로는 압접 등에서 용접성이 양호하다.

② 0.25% C 이상에서는 예열, 후열이 필요하며 용접 후의 냉각이 빠르므로 예열 및 층간 온도의 유지가 중요하다.

③ 용접봉으로는 모재와 비슷한 화학 조성의 것이 좋다.

④ 대형 용접에는 일렉트로 슬래그 용접이 편리하다.

### (3) HT 50급 고장력강의 용접

① 연강에 Mn, Si 첨가로 강도를 높인 강으로 연강과 같이 용접이 가능하나 담금질 경화능이 크고 열 영향부의 연성이 저하되므로(균열 우려) 다음과 같이 주의해야 한다.

② **HT 50 용접 시 주의사항**

㈎ 용접 개시 전에 용접부 청소를 깨끗이 한다.

㈏ 용접봉은 저수소계를 사용하며, 사용 전에 300~350℃로 2시간 정도 건조시킨다.

(다) 아크 길이는 가능한 한 짧게 유지하도록 한다. 위빙 폭은 봉 지름의 3배 이하로 한다. 위빙 폭이 너무 크면, 인장강도가 저하하고 기공이 생기기 쉽다.

### (4) 조질 고장력강의 용접

일반 고장력강보다 높은 항복점, 인장강도를 얻기 위해 저탄소강에 담금질, 뜨임 등을 행하여 노치 인성을 저하시키지 않고 높은 인장강도를 갖는 강을 말한다.

### (5) 스테인리스강의 용접

스테인리스강 용접은 용입이 얕으므로 베벨각을 크게 하거나 루트 면을 작게 해야 한다. 용접 시공법은 피복 금속 아크 용접, 불활성 가스 텅스텐 아크 용접, MIG 용접, 서브머지드 용접 등이 있으며 문제는 용접부의 산화, 질화, 탄소의 혼입 등이다. 특히 산화크롬은 용융점이 높아 불활성 가스 용접이 유리하다. 그러나 저항 용접 시에는 가열 시간이 짧으므로 그럴 필요는 없다.

### (6) 구리와 구리 합금의 용접

구리에는 산소를 약간 함유한 구리(oxygen-bearing copper)와 산소를 거의 함유하지 않은 탈산구리(oxygen-free copper)가 있다. 산소를 0.02~0.04% 정도 함유한 구리를 정련구리(tough pitch copper)라고 하며, 또 수소 기류 또는 진공 중에서 용해 주조하여 만든 산소를 함유하지 않고 전기전도율이 대단히 높은 무산소 구리(oxygen-free high conductivity copper ; OFHC)가 있다.

### (7) 알루미늄 합금의 용접

알루미늄과 그 합금은 압연재와 주조재로 대별되며, 또한 냉간 가공에 의해서 강도를 증가시킨 비열처리 합금(non heat treatable alloy)과 담금질, 뜨임 등의 열처리에 의해서 강도를 증가시킨 열처리 합금(heat treatable alloy)으로 나누어진다.

## >>> 제1장 CBT 예상 출제문제와 해설

**1. 다음 중 용융점이 가장 높은 것은 어느 것인가?**

① 알루미늄 ② 구리 ③ 철 ④ 탄소

해설 금속 중 용융점이 높은 것으로는 텅스텐(W, 3410℃), 몰리브덴(Mo, 2625℃), 로듐(Rh, 1966℃), 이리듐(Ir, 2454℃) 등이 있고, 철(Fe, 1536℃), 백금(Pt, 1773℃) 주석(Sn, 231℃), 구리(Cu, 1083℃), 알루미늄(Al, 660℃)이다.

**2. 다음 중 치환형 고용체를 만드는 것은?**

① Fe−C ② Ag−Cu
③ $Cu_3$−Au ④ $Fe_3$−Al

해설 침입형 고용체에는 Fe−C, 치환형 고용체에는 Ag−Cu, Cu−Zn, 규칙 격자형 고용체에는 $Ni_3$−Fe, $Cu_3$−Au, $Fe_3$−Al이 있다.

**3. 금속 원소 중 경금속 원소는?**

① Fe ② Cu ③ Pb ④ Al

해설 경금속(비중이 4보다 작은 금속)에는 Ca, Mg, Na, Al 등이 있다.

**4. 금속 간 화합물의 특성이 아닌 것은?**

① 경도가 높다.
② 전기저항이 크다.
③ 복잡한 공간 격자 구조로서 취약(여림)하며 소성 변형력이 거의 없다.
④ 성분이 금속 원소이므로 화합물이지만 금속의 성질을 갖고 있다.

해설 금속 간 화합물은 금속 성분이지만, 비금속의 성질을 강하게 띠며(원자 결합 방식과 결합 구조가 다르기 때문) 금속적 특성을 약간만 띠고 있다.

정답 1. ④ 2. ② 3. ④ 4. ④

**5.** 다음 중 금속이면서도 비중이 가벼워서 물에 뜨는 것은?

① Al ② Ir ③ Li ④ Cu

해설 ② Ir(이리듐 : 22.5)은 가장 무겁고, ③ Li(리튬 : 0.534)은 가볍다.

**6.** 다음 금속 중 가장 비중이 큰 것은?

① Hg ② Al ③ Cu ④ Pb

해설 비중이 큰 금속으로는 백금(Pt, 21.45), 이리듐(Ir, 22.5), 금(Au, 19.32), 텅스텐(W, 19.3), 수은(Hg, 13.6), 납(Pb, 11.3), 우라늄(U, 18.7), 토륨(Th, 11.5) 등이다.
※ 알루미늄(Al, 2.7), 구리(Cu, 8.96)

**7.** SM10C에서 10C가 뜻하는 것은 다음 중 무엇인가?

① 제작 방법 ② 종별 번호
③ 탄소 함유량 ④ 최저 인장강도

해설 S(강), M(기계 구조용), 10(탄소 함유량 0.10%), C(화학 성분 표시)

**8.** 쌍정 현상이 생기는 금속은 다음 중 어느 것인가?

① Fe ② Cu ③ Mg ④ Al

해설 슬립 현상이 대칭으로 나타나는 것을 쌍정이라고 하며, Cu, Ag, 황동 등에만 나타난다.

**9.** 소성 가공이란 무엇인가?

① 주형에 부어 넣어 필요한 형을 떠내는 것
② 깎아서 어떤 형을 만드는 것
③ 연성, 전성을 이용하여 변형 가공을 하는 것
④ 소결로 어떤 형을 만드는 것

해설 소성이란 탄성의 반대 성질로 외력을 가하여 변형된 것이 외력을 제거했을 때 본래 상태로 돌아오지 않는 성질을 말한다.

정답 **5.** ③ **6.** ① **7.** ③ **8.** ② **9.** ③

**10.** 가공도와 재결정 온도에 관한 다음 사항 중 틀린 것은?
① 가공도가 클수록 재결정 온도는 낮아진다.
② 재결정 온도는 항상 상온 이상이다.
③ 재결정 온도는 금속에 따라 다르다.
④ 가공도가 작은 것은 높은 온도까지 가열해야 재결정이 일어난다.

해설 재결정 온도는 금속에 따라 다르며 일부 금속(Pb는 상온 이하)은 상온 이하에서 일어난다.

**11.** 테이퍼 핀 2급 6×70SM20C에서 SM의 재료 표시 기호의 뜻은?
① 기계 구조용 탄소 강재
② 일반 구조용 압연 강재
③ 탄소 주강품
④ 회주철품

해설 S : steel(강), M : machine(기계)의 머리글자 표시이다.

**12.** SPC 1으로 표시된 기계 재료 기호 중 1은 무엇을 뜻하는가?
① 재료의 종류 번호
② 인장강도
③ 탄소의 함유량
④ 제품 형상 기호

해설 SPC 1 : 냉간 압연 강판 제1종

**13.** SB41에서 S는 무엇을 뜻하는가?
① 강관 ② 탄소강
③ 피아노 선재 ④ 강재

해설 재료 기호는 5개 부분으로 되어 있으나 보통 3개 부분으로 나타낸다. 제1위 기호 : 재질, 제2위 기호 : 규격 또는 제품명, 제3위 기호 : 종별

정답 10. ② 11. ① 12. ① 13. ④

**14.** 비자성이고 상온에서 오스테나이트 조직인 스테인리스강은? (단, 숫자는 %를 의미한다.)

① 18 Cr-8 Ni 스테인리스강
② 13 Cr 스테인리스강
③ Cr계 스테인리스강
④ 13 Cr-Al 스테인리스강

해설 상온에서 오스테나이트계 스테인리스강은 비자성이고, Cr 18%-Ni 8%인 대표적인 스테인리스강이다.

**15.** 다음 중 일반 구조용 탄소 강관의 KS 재료 기호는?

① SPP ② SPS ③ SKH ④ STK

해설 ① SPP : 배관용 탄소 강관
② SPS : 스프링 강재
③ SKH : 고속도강 강재

**16.** 탄소강의 담금질 중 고온의 오스테나이트 영역에서 소재를 냉각하면 냉각 속도의 차이에 따라 마텐자이트, 페라이트, 펄라이트, 소르바이트 등의 조직으로 변태되는데, 이들 조직 중에서 강도와 경도가 가장 높은 것은?

① 소르바이트 ② 페라이트 ③ 펄라이트 ④ 마텐자이트

해설 탄소강의 담금질 중 냉각 속도의 차이에 따라 마텐자이트, 페라이트, 펄라이트, 소르바이트 등으로 변태되는데, 이들 조직 중에서 강도와 경도가 가장 높은 것은 마텐자이트 조직이다.

**17.** Mg-Al에 소량의 Zn과 Mn을 첨가한 합금은?

① 엘린바(elinvar) ② 엘렉트론(elektron)
③ 퍼멀로이(permalloy) ④ 모넬메탈(monel metal)

해설 엘린바는 Ni-Cr, 엘렉트론은 Mg-Al-Zn, 퍼멀로이는 Ni-Co-C, 모넬메탈은 Ni-Cu계의 합금이다.

정답 14. ① 15. ④ 16. ④ 17. ②

**18.** 18% Cr−8% Ni계 스테인리스강의 조직은?

① 페라이트계 ② 마텐자이트계
③ 오스테나이트계 ④ 시멘타이트계

해설 18% Cr−8% Ni계 스테인리스강은 오스테나이트 조직으로 대표적인 스테인리스강이다.

**19.** 용접 후 잔류 응력이 있는 제품에 하중을 주어 용접부에 약간의 소성 변형을 일으키게 한 다음 하중을 제거하는 잔류 응력 경감 방법은?

① 노내 풀림법
② 국부 풀림법
③ 기계적 응력 완화법
④ 저온 응력 완화법

해설 용접 후 잔류 응력이 있는 제품에 하중을 주어 용접부에 약간의 소성 변형을 일으키게 한 다음 하중을 제거하는 방법은 기계적 응력 완화법이다.

**20.** 주철에서 탄소와 규소의 함유량에 의해 분류한 조직의 분포를 나타낸 것은?

① T.T.T 곡선
② Fe−C 상태도
③ 공정 반응 조직도
④ 마우러(maurer) 조직도

해설 주철에서 탄소와 규소의 함유량에 의한 조직 분포를 나타낸 것은 마우러 조직도(Maure's diagram)이다.

**21.** Fe−C 상태도에서 아공석강의 탄소 함량으로 옳은 것은?

① 0.025～0.80% C ② 0.80～2.0% C
③ 2.0～4.3% C ④ 4.3～6.67% C

해설
- 아공석강 : 0.025～0.80% C
- 공석강 : 0.80% C
- 과공석강 : 0.80～6.67% C

정답 18. ③ 19. ③ 20. ④ 21. ①

**22.** 주강에서 탄소량이 많아질수록 일어나는 성질이 아닌 것은?

① 용접성이 떨어진다. ② 충격값이 증가한다.
③ 강도가 증가한다. ④ 연성이 감소한다.

해설 탄소량이 증가할수록 충격값은 감소한다.

**23.** 순철의 자기 변태점은?

① $A_1$ ② $A_2$ ③ $A_3$ ④ $A_4$

해설 • 순철의 자기 변태점 : $A_2$ 변태
• 동소 변태점 : $A_1$, $A_3$, $A_4$ 변태 등

**24.** 기계 재료의 공업에 필요한 성질 중 가장 중요한 기계적 성질로 짝지어진 것은?

① 자성, 전기전도율, 비열, 선팽창계수
② 충격, 피로, 크리프, 인장강도, 연신율
③ 내식성, 내열성, 내한성
④ 주조, 단조, 용접, 절삭

해설 ①은 물리적 성질로 짝지어진 것이며, 내식성은 화학적 성질이다. ④는 금속의 가공 방법의 종류이다.

**25.** 다음 중 비중이 큰 순서로 나열한 것으로 옳은 것은?

① W-Au-Pt-Ir
② Ti-Mg-Al-Li
③ Mn-Sn-Cr-Zn
④ Cu-Mo-Fe-Ni

해설 비중이란 어떤 물질의 무게와 같은 체적의 물(4℃) 무게의 비이다.
① W는 19.3, Pt는 21.45이다.
② Mg는 1.7, Al은 2.7이다.
③ Mn은 7.43, Sn은 7.3, Cr은 7.2, Zn은 7.13이다.
④ Cu는 8.96, Mo는 10.21이다.

정답 22. ② 23. ② 24. ② 25. ③

**26.** 주로 단일 금속으로 사용되는 것끼리 짝지어진 것은?

① 망간, 크롬 ② 니켈, 주석
③ 구리, 알루미늄 ④ 텅스텐, 철

해설 주로 단일 금속으로 사용되는 금속에는 구리, 알루미늄, 주석, 납, 아연 등이 있고, 이 이외는 거의 합금으로 사용한다.

**27.** 다음 중 비자성체는?

① Ni ② Cu
③ Al ④ Pt

해설 비자성체는 Ag, Cu, Au, Sb, Hg, Bi이다.

**28.** 다음 합금의 색이 잘못 연결된 것은?

① 백동-흰색
② $Cu_2Sb$-자색
③ $Au_2Al$-흰색
④ AgZn-붉은색

해설 합금의 색깔은 그 성분 금속의 어느 한쪽과 유사하든가, 중간색으로 되는 것이 보통이다. 그러나 의외로 다른 색깔을 띄는 경우도 있다. $Cu_2Sb$와 $Au_2Al$은 자색, AgZn은 붉은색이다. 이러한 탈색력이 강한 금속순은 Sn-Ni-Al-Fe-Cu-Zn-Pt-Ag-Au이다.

**29.** 상온 가공하여도 경화되지 않는 재료는?

① 주석 ② 금
③ 백금 ④ 수은

해설 주석은 재결정 온도가 상온이므로 가공 경화가 안 된다. 상온에서 그대로 회복되고 재결정이 생긴다.

정답 26. ③ 27. ② 28. ③ 29. ①

**30.** 냉간 가공을 하는 이유가 아닌 것은?

① 치수를 정밀하게 유지할 수 있다.
② 균일한 재질을 유지할 수 있다.
③ 가공을 용이하게 유지할 수 있다.
④ 매끈한 표면을 얻을 수 있다.

해설 정밀한 부품을 만들 수 있으며 고온 가열에 의한 스케일이 없기 때문에 매끈한 면을 얻을 수 있다. 그러나 고온 가공보다 큰 힘이 필요하고 경우에 따라서 풀림 처리 후 가공해야 한다.

**31.** 주조 시에 금속이 응고하면 주형 표면에서부터 응고하면서 주상결정이 형성된다. 이때 결함이 많이 생기는 부분은 어디인가?

① 각진 모서리 부분
② 라운딩 부분
③ 주물 내부
④ 주물 밑면

해설 모서리 부분에는 주상의 경계면이 형성되며 늦게 응고하게 되므로 불순물이 모이기 쉽다(편석).

**32.** 알루미늄 청동에 관한 설명 중 옳은 것은?

① 알루미늄 8～12%를 함유하는 구리-알루미늄 합금으로 자기 풀림 현상을 갖고 있다.
② 구리, 주석 등이 주성분으로 주조, 단조, 용접성 등이 좋다.
③ 청동에 탈산제로 인을 첨가한 후 알루미늄을 첨가한 것으로 상온에서 $\alpha+\beta$의 공정 조직을 갖고 있다.
④ 보통 10～20%의 알루미늄을 첨가한 것을 많이 사용하며 소성 가공은 할 수 없다.

해설 알루미늄 청동
Al 8～12% 정도의 첨가로 내식성, 내열성, 내마모성 및 기계적 성질이 우수하며 인장강도는 Al 10%, 연율은 Al 6%에서 가장 우수하다. 경도는 8%부터 급격히 증가한다. 대표적인 것으로 Fe, Mn, Ni, Si, Zn 등을 첨가한 암스 청동이 있다. 용도는 선반용 펌프, 축, 프로펠러, 기어, 베어링 등에 사용된다.

정답 30. ③ 31. ① 32. ①

**33. 알루미늄과 그 합금에 관한 설명으로 옳지 않은 것은?**

① 알루미늄과 변태점이 있고, 그 합금은 열처리에 따라 기계적 성질에 많은 변화를 일으킨다.
② 알루미늄에 구리나 규소 또는 마그네슘을 첨가하면 기계적 성질이 우수해진다.
③ 알루미늄 합금의 열처리는 강과 달리 석출 경화나 시효 경화를 이용한다.
④ 항공기, 자동차의 부품, 건축용 재료, 광학 기계, 전기 기계, 화학 공업 등에 사용된다.

해설 알루미늄과 그 합금의 특징
㉮ 변태점이 없다.
㉯ 기계적 성질의 개선은 석출 경화나 시효 경화로 얻는다.
※ 석출 경화란 급랭으로 얻은 과포화 고용체에서 과포화된 용해물을 분석하여 물질을 분리 안정시키는 것이다.

**34. 주조 시 생긴 응력은 다음 중 어느 방법으로 제거하는가?**

① 담금질 ② 시즈닝
③ 표면 강화 ④ 노르말징

해설 주조에 의해 가열, 냉각되는 과정에서, 가열 시 팽창했다가 응고 시에 수축하면서 주물 내부에 응력이 생긴다. 이 응력은 풀림을 해야 하지만, 대형의 경우는 쉽지 않으므로 노천에 장기간 둠으로써 응력이 해소된다. 이것을 시즈닝이라 한다.

**35. 철사를 자르려고 손으로 여러 번 구부렸다 폈다 하면 구부러지는 부분에 취성이 증가되는 이유는?**

① 가공 경화되므로 ② 쌍정 때문에
③ 결정입자가 성장하므로 ④ 슬립 현상 때문에

해설 가공 경화란 가공을 계속하면 더욱 단단해지게 되고 계속 가공(굽혔다 폈다)하면 취성이 생기게 되는 것을 의미한다.

**36. 순철에 3개의 동소체가 있는데, 여기에 해당되지 않는 것은?**

① $\alpha$철 ② $\beta$철 ③ $\gamma$철 ④ $\delta$철

해설 순철의 3개의 동소체에는 $\alpha$철(체심입방격자), $\gamma$철(면심입방격자), $\delta$철(체심입방격자)이며, $\beta$철은 자성만 변한다.

정답 33. ① 34. ② 35. ① 36. ②

**37.** 열처리된 탄소강의 현미경 조직에서 경도가 가장 높은 것은?

① 소르바이트 ② 오스테나이트
③ 마텐자이트 ④ 트루스타이트

**해설** 열처리된 탄소강 조직에서 강도가 가장 높은 조직은 마텐자이트 조직이다.

**38.** 다음 중 경도가 가장 큰 것은 어느 것인가?

① 백주철 ② 반주철
③ 페라이트 주철 ④ 펄라이트 주철

**해설** 백주철이란 백선이라고 하며, 규소가 적게 들어간 주철로서 매우 단단하다.

**39.** 다음 금속 중 냉각 속도가 가장 빠른 금속은?

① 구리 ② 연강 ③ 알루미늄 ④ 스테인리스강

**해설** 구리 및 구리 합금은 열전도율이 높아 냉각 속도가 순동의 경우 연강의 8배, 알루미늄의 2배가 된다.

**40.** 주석(Sn)에서 백주석과 회주석을 구분하는 변태 온도는?

① 10℃ ② 14℃ ③ 18℃ ④ 22℃

**해설** 주석은 18℃에서 동소 변태한다.
㉮ 18℃ 이상 : 백주석($\beta$-Sn)
㉯ 18℃ 이하 : 회주석($\alpha$-Sn)

**41.** 다음 재료 기호 중 백심 가단 주철의 KS 기호는?

① BMS 52 ② WMC 32
③ FCM 31 ④ FOC 3

**해설**
- 백심 가단 주철 : WMC 32
- 흑심 가단 주철 : BMC 32

**정답** 37. ③ 38. ① 39. ① 40. ③ 41. ②

**42.** WC, TIC, TaC 등의 금속 탄화물을 Co로 소결한 것으로서 탄화물 소결 공구라고 하며, 일반적으로 칠드 주철, 경질 유리 등도 쉽게 절삭할 수 있는 공구강은?

① 주조 경질 합금　② 고속도강
③ 세라믹　④ 초경 합금

해설 초경 합금은 금속 탄화물을 소결한 합금이며, 상품명으로 미디아, 위디아, 카볼로이, 텅갈로이 등으로 불리운다.

**43.** 구리의 용융 온도는 얼마인가?

① 1450℃　② 1530℃
③ 830℃　④ 1083℃

해설 구리의 용융점은 1083℃이며, 비열은 20℃에서 0.092이다.

**44.** 용접 후에 심한 냉간 취성을 주는 용접봉의 원소는?

① P　② S
③ Si　④ $Fe_3O_2$

해설 P는 편석 및 냉간 취성을 주는 원인이 된다.

**45.** 다음 중 저융점 합금에 대하여 설명한 것 중 틀린 것은?

① 가융 합금이라 한다.
② 2원 또는 다원계의 공정 합금이다
③ 전기 퓨즈, 화재경보기, 저온 땜납 등에 이용된다.
④ 납(Pb : 용융점 237℃)보다 낮은 융점을 가진 합금을 말한다.

해설 저융점 합금은 주석(Sn : 용융점 232℃)보다 융점이 낮은 합금으로 퓨즈, 활자, 안전 장치, 정밀 모형 등에 사용된다. Pb, Sn, Co의 두 가지 이상의 공정 합금으로 3원 합금과 4원 합금이 있고, 우드메탈, 리포위츠 합금, 뉴턴 합금, 로즈 합금, 비스무트 땜납 등이 있다.

정답 42. ④　43. ④　44. ①　45. ④

**46.** 다음 중 금속의 공통적 특성이 아닌 것은?

① 상온에서 고체이며 결정체이다(단, Hg는 제외).
② 열과 전기의 양도체이다.
③ 비중이 크고 금속적 광택을 갖는다.
④ 소성 변형이 없어 가공하기 쉽다.

해설 금속의 특성
㉮ 상온에서 고체이며 결정체이다(단, Hg은 제외).
㉯ 열과 전기의 양도체이다.
㉰ 금속적 광택을 갖는다.
㉱ 전 · 연성이 커서 가공이 용이하고 변형하기 쉽다.

**47.** 다음 중 대표적인 주조 경질 합금은?

① HSS ② 스텔라이트
③ 콘스탄탄 ④ 켈멧

해설 스텔라이트는 Co－Cr－W－C가 주성분으로 주조 경질 합금의 대표적인 금속이다.

**48.** 합금강이 탄소강에 비하여 좋은 성질이 아닌 것은?

① 기계적 성질 향상
② 결정입자의 조대화
③ 내식성, 내마멸성 향상
④ 고온에서 기계적 성질 저하 방지

해설 합금강이 탄소강에 비해 우수한 성질은 기계적 성질 향상, 내식성과 내마멸성 향상, 고온에서 기계적 성질 저하 방지 등이 있다.

**49.** KS 재료 기호 "SM10C"에서 10C는 무엇을 뜻하는가?

① 일련 번호 ② 항복점
③ 탄소 함유량 ④ 최저 인장강도

해설 SM10C에서 10C는 탄소 함유량을 뜻한다.

정답 46. ④ 47. ② 48. ② 49. ③

**50.** 다음 상태도에서 액상선을 나타내는 것은?

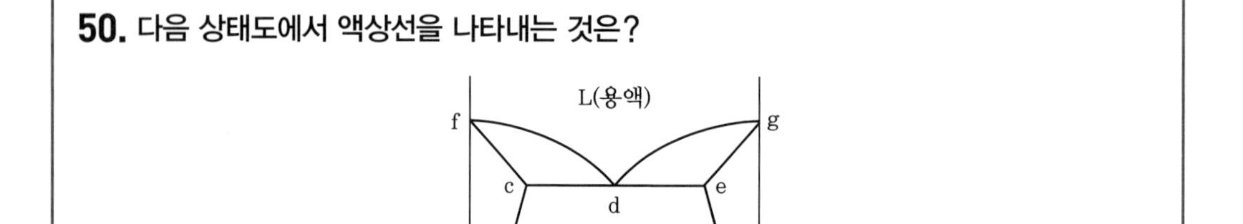


① acf ② cde ③ fdg ④ beg

해설 액상선은 온도를 가열함에 따라 고상에서 액상으로 바뀌는 온도를 연결한 선으로, 문제에서는 ③이 정답이 된다.

**51.** 재료 기호가 "SM400C"로 표시되어 있을 때 이는 무슨 재료인가?

① 일반 구조용 압연 강재 ② 용접 구조용 압연 강재
③ 스프링 강재 ④ 탄소 공구강 강재

해설 
- SS400 : 일반 구조용 압연 강재
- SM400C : 용접 구조용 압연 강재

**52.** 주철의 조직은 C와 Si의 양과 냉각 속도에 의해 좌우된다. 이들의 요소와 조직의 관계를 나타낸 것은?

① C.C.T 곡선 ② 탄소 당량도
③ 주철의 상태도 ④ 마우러 조직도

해설 마우러 조직도(Maure's diagram)에 대한 내용이다.

**53.** 화이트 메탈(wite metal)의 주성분은 어느 것인가?

① Sn, Sb, Zn ② Zn, Sn, Cu
③ Pb, Zn, Ni ④ Zn, Cu, Cr

해설 Zn, Sn, Sb, Bi, Pb 등의 융점이 낮은 백색의 합금을 화이트 메탈이라 하며 항압력, 점성, 인성 등이 커서 베어링에 적합하다.

정답 50. ③ 51. ② 52. ④ 53. ①

**54.** 다음의 조직 중 경도값이 가장 낮은 것은?

① 마텐자이트 ② 베이나이트 ③ 소르바이트 ④ 오스테나이트

해설 조직에서 경도값이 큰 것부터 순서는 마텐자이트, 트루스타이트, 소르바이트, 오스테나이트 조직이다.

**55.** 원자의 크기가 서로 다른 금속이 고용체를 만들 때 원자들이 서로 침입하던가 또는 치환하여 합금으로 되었을 때의 결정은 단일 금속의 결정에 비하여 변형이 어떻게 되는가?

① 큰 변형(strain)이 생긴다. ② 작은 변형(strain)이 생긴다.
③ 같은 변형(strain)이 생긴다. ④ 변화하지 않는다.

해설 큰 변형이 생기기 때문에 가공 변형이 어렵고, 또 합금으로서 강도, 경도가 크게 되는 것이다.

**56.** 다음은 탄소강의 물리적 성질을 설명한 것이다. 이 중 올바른 것은?

① 탄소강의 비중, 열팽창 계수는 탄소량의 증가에 의해 증가한다.
② 비열, 전기저항, 항자력은 탄소량의 증가에 의해 감소한다.
③ 내식성은 탄소량의 증가에 따라 증가한다.
④ 탄소강에 소량의 구리(Cu)를 첨가하면 내식성은 증가한다.

해설 탄소강에서 탄소량의 증가에 따라 비중, 열팽창 계수, 내식성, 열전도도, 온도계수는 감소하고 비열, 전기저항, 항자력은 증가한다.

**57.** 자기 변태에 대한 설명 중 틀린 것은?

① 원자 배열 변화가 일정 온도에서 급격히 발생한다.
② 원자 배열은 변화가 없이 자성만 변한다.
③ 전기저항의 변화는 자기 크기와 반비례한다.
④ 자기 변태를 일으키는 금속에는 Fe, Ni, Co 등이 있다.

해설 자기 변태란 일정 상태(온도 변화)에서 자력만이 급격히 변화하는 일정점이 있다. 그러나 원자 배열의 변화는 없다.

정답 54. ④ 55. ① 56. ④ 57. ①

**58.** 다음 상태도에서 용해도 곡선은?

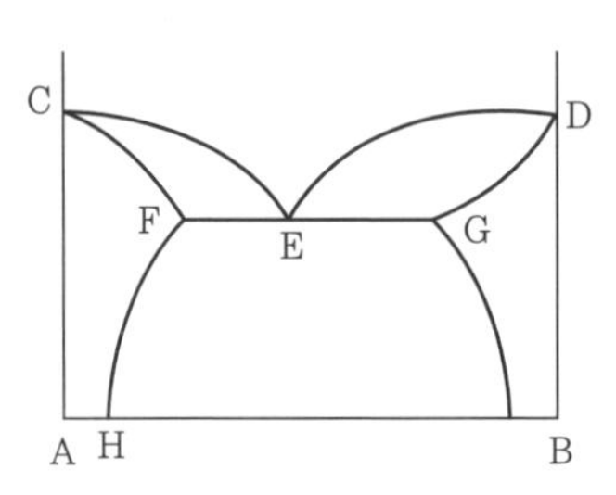


① CFH ② CED ③ FEG ④ FH, GI

해설 금속의 용해 또는 냉각 상태를 그림으로 그린 것이 상태도이며, 합금의 성분에 따라 고유 금속의 융점이 달라진다. 금속이 용해 상태에 있는 것을 측정한 곡선이 용해도 곡선이다.

**59.** $Fe_3C$(시멘타이트, 탄화철)은 합금의 상태 중 어디에 속하는가?

① 고용체 ② 금속 간 화합물
③ 공정 ④ 포정

해설 금속과 금속 사이에 친화력이 클 때에는 화학적인 결합이 되어 두 성분과 전혀 다른 화합물이 된다. 이것을 금속 간 화합물이라 한다.

**60.** 철의 재결정 온도는 몇 도인가?

① 250～350℃ ② 350～450℃ ③ 530～600℃ ④ 600℃ 이상

해설 재결정 온도란 냉간 가공으로 변형된 결정에서 새로운 결정이 생기는 온도이다.

**61.** 니켈(Ni)에 관한 설명으로 옳은 것은?

① 질산에 강하다.
② 내열성이 작다.
③ 알칼리에 대해서 저항력이 적다.
④ 황산 등에 잘 부식되지 않는다.

해설 알칼리에 대한 저항력이 크고, 염산, 황산에는 잘 부식되지 않지만 질산에 약하다. 내식, 내열성이 커서 공기 중에서 500～1000℃로 가열하여도 별로 산화되지 않는다.

정답 58. ② 59. ② 60. ② 61. ④

**62. 마그네슘(Mg)에 관한 설명으로 옳지 않은 것은?**

① 고온에서 쉽게 발화한다.
② 망간의 첨가로 철의 용해 작용을 어느 정도 막을 수 있다.
③ 산에 부식되지 않으나, 알칼리에는 부식된다.
④ 비중은 1.74로서 항공기, 그 밖의 가벼운 것을 요구하는 구조용 재료에 쓰인다.

해설 마그네슘(Mg) : 조밀육방격자이며 비중은 1.74, 연신율 6%, 재결정 온도 150℃, 인장 강도 17 kg/$mm^2$로 저온에서 소성 가공이 곤란하나 300℃ 이상에서 단련이 가능하며 단조, 압연은 400~500℃, 압출은 500~550℃에서 행한다. 가공 경화율이 크기 때문에 실용적으로 10~20% 정도의 냉간 가공성을 갖는다. 그러나 절삭 가공성은 대단히 좋으므로 고속 절삭이 가능하고 마무리면도 우수하다. 마그네슘은 알칼리에 강하고 건조한 공기 중에서 산화하지 않으나 해수에서는 수로를 방출하면서 용해하며 습한 공기에서는 표면이 산화마그네슘, 탄산마그네슘으로 되어 내부 부식을 방지한다.

**63. 항복점이 없는 재료는 항복점 대신에 무슨 용어를 쓰는가?**

① 내력 ② 비례한도
③ 탄성한계점 ④ 인장강도

해설 신율이 0.2%인 점에서 시험 초기의 직선 부분과 평행선을 그을 때 하중-신율 곡선이 만난 점의 하중을 시험편의 단면적으로 나눈 값을 내력이라고 한다.

**64. 주철을 압축 시험하였다. 시편이 파단될 때까지의 하중은 120000 kg, 시편 반지름 2cm인 환봉을 사용하였다. 이때 주철의 압축강도는?**

① 65.5 kg/$mm^2$ ② 75.5 kg/$mm^2$
③ 85.5 kg/$mm^2$ ④ 95.5 kg/$mm^2$

해설 $\sigma_c = \frac{P}{A}$에서 단위가 $mm^2$이므로 시편 반지름을 mm로 환산한다.

$$A = \frac{\pi \times d^2}{4} = \frac{\pi \times 40^2}{4} = 1256\,\text{mm}$$

따라서, $\sigma_c = \frac{120000}{A} = \frac{120000}{1256} = 95.5\,\text{kg/mm}^2$

정답 62. ③ 63. ① 64. ④

**65.** 철-탄소 합금에서 공정 조직에 해당하는 것은?

① 페라이트　② 펄라이트
③ 오스테나이트　④ 레데부라이트

해설 철-탄소 합금에서 공정점의 탄소 함유량은 4.3%이고, 이때의 조직을 레데부라이트(ledeburite)라고 한다. 펄라이트는 공석정이다.

**66.** 금속의 가공성이 가장 좋은 격자는?

① 조밀육방격자　② 체심입방격자
③ 정방격자　④ 면심입방격자

해설 가공성이 좋은 순서는 면심입방격자, 체심입방격자, 조밀육방격자의 순이다.

**67.** 재료 기호 중 SPH의 명칭은?

① 배관용 탄소강
② 열간 압연 연강판 및 강대
③ 용접 구조용 압연 강재
④ 냉간 압연 강판 및 강대

해설 ① 배관용 탄소강 : SPP
③ 용접 구조용 압연 강재 : SWS, SM 400 등
④ 냉간 압연 강판 및 강대 : SPCD

**68.** 다음에서 탄소강(C=0.9%)을 각종 냉각 방법으로 냉각하였을 때의 조직 관계를 나타낸 것 중 틀린 것은?

① 기름 냉각에서는 트루스타이트
② 수중 냉각에서는 오스테나이트
③ 노중 냉각에서는 펄라이트
④ 공기 중 냉각에서는 소르바이트

해설 수중 냉각에서는 마텐자이트이다.

정답 65. ④　66. ④　67. ②　68. ②

**69.** 두 종류 이상의 금속 특성을 복합적으로 얻을 수 있고 바이메탈 재료 등에 사용되는 합금은?

① 제진 합금　　② 비정질 합금
③ 클래드 합금　　④ 형상 기억 합금

해설 ① 제진 합금(damping alloy) : 진동 발생원 및 고체 진동 자체를 감소시키는 것이 제진이고, 높은 강도와 탄성을 지니면서도 금속성의 소리나 진동이 없는 합금을 제진 합금이라 한다.
② 비정질 합금(amorphous alloy) : 금속에 열을 가하여 액체 상태로 한 후에 고속으로 급랭하면 원자가 규칙적으로 배열되지 못하고, 액체 상태로 응고되어 고체 금속이 되는데, 이와 같이 원자들의 배열이 불규칙한 상태를 비정질 상태라 하며, 비정질 합금은 높은 경도와 강도를 나타내고 인성이 높다고 알려져 있다.
④ 형상 기억 합금(shape memory alloy) : 합금에 외부 응력을 가하여 영구 변형을 시킨 후 재료를 특정 온도 이상으로 가열하면 변형되기 이전의 형상으로 회복되는 현상을 형상 기억 효과라 한다. 이 효과를 나타내는 합금을 형상 기억 합금이라 한다.

**70.** 풀림의 주목적은 어느 것인가?

① 연화　　② 마모성 증대
③ 부식성 증대　　④ 경화

해설 풀림은 담금질 등의 열처리를 하여 경화시킨 합금을 고온에서 장시간 가열하여 실온까지 서서히 식혀 연하게 하는 처리법으로 결정립을 미세화시킨다. 기계 가공이 쉽도록 연하게 하는 방법과 용접, 단조, 기타 냉간 가공재, 주물 등의 응력 제거를 위한 풀림이 있다.

**71.** 탄소량이 0.3%인 탄소강의 평균 인장강도는 얼마 정도인가?

① 100kg/mm²　　② 80kg/mm²
③ 60kg/mm²　　④ 50kg/mm²

해설 $\sigma_B = 20 + C\% \times 100$
$\therefore \sigma_B = 20 + 0.3 \times 100 = 50\,kg/mm^2$
(단, 0.04~0.86% C 압연 탄소강에만 적용)

정답 69. ③　70. ①　71. ④

**72.** 다음은 알루미늄 합금의 가스 용접에 관한 사항이다. 틀린 것은?

① 약간 산화 불꽃을 사용한다.

② 200～400℃의 예열을 한다.

③ 얇은 판의 용접에서는 변형을 막기 위하여 스킵법(skip method)을 사용한다.

④ 토치는 철강 용접의 경우보다 큰 것을 써야 하지만 알루미늄은 용융점이 낮으므로 조작을 빨리 하여야 한다.

해설 가스 용접법에서는 약간 탄화된 불꽃을 쓰는 것이 유리하다.

**73.** 주철의 함유 원소 중 규소의 첨가 범위는?

① 0.05～0.15%　② 0.5～3.0%

③ 1.5～3.5%　④ 3.7～6.68%

해설
- C : 2.5～4.5%
- Si : 0.5～3.0%
- Mn : 0.5～1.5%
- P : 0.05～1.0%
- S : 0.05～0.15% 정도

**74.** 규소가 적은 백주철을 산화철 등의 탈탄제와 함께 상자에 넣어 풀림 한 주철을 무엇이라고 하는가?

① 합금 주철　② 칠드 주철

③ 고급 주철　④ 가단 주철

해설 가단 주철은 처리 방법에 따라 백심 가단 주철, 흑심 가단 주철, 펄라이트(고력) 가단 주철 등이 있다.

**75.** 다음 중 열전도율이 큰 것부터 옳게 나열된 것은?

① Cu → Al → Ag　② Ag → Cu → Al

③ Cu → Ag → Al　④ Al → Cu → Ag

해설
- 열전도율 : Ag>Cu>Pt>Al 등
- 전기전도율 : Ag>Cu>Au>Al>Mg>Zn>Ni>Fe>Pb>Sb

정답 72. ① 73. ② 74. ④ 75. ②

**76. 합금의 공통된 특징 중 틀린 것은?**

① 광택은 배합하는 성분, 금속의 비율에 따라 변한다.
② 강도는 일반적으로 성분 금속보다 증가한다.
③ 경도는 성분 금속보다 감소하지만 가공 및 열처리에 의해서 같아진다.
④ 주조성이 양호하다.

**해설** 경도는 성분 금속보다 증가하지만 가공 및 열처리에 의해서 변한다.

**77. 다음 중에서 체심입방격자가 아닌 것은?**

① 바나듐(Ba) ② 알파철($\alpha$−Fe) ③ 델타철($\delta$−Fe) ④ 감마철($\gamma$−Fe)

**해설** ④는 면심입방격자(FCC)에 해당한다.

**78. 금속의 공통적 특성으로 틀린 것은?**

① 열과 전기의 양도체이다.
② 금속 고유의 광택을 갖는다.
③ 이온화하면 음(−)이온이 된다.
④ 소성 변형성이 있어 가공하기 쉽다.

**해설** 금속의 공통적인 특성으로 ①, ②, ④ 이외에 고체 상태에서 결정 구조를 가지며, 전성 및 연성이 좋다.

**79. 탄소강의 용접에서 탄소강이 0.2% 이하일 때 일반적인 예열 온도는?**

① 90℃ 이하 ② 90~150℃ ③ 150~260℃ ④ 260~420℃

**해설** 예열 온도

| 탄소량(%) | 예열 온도(℃) |
|---|---|
| 0.2 이하 | 90 이하 |
| 0.20~0.30 | 90~150 |
| 0.30~0.45 | 150~260 |
| 0.45~0.80 | 260~420 |

**정답** 76. ③ 77. ④ 78. ③ 79. ①

**80. 압력이 일정한 Fe-C 평형 상태도에서 공정점의 자유도는?**

① 0 ② 1 ③ 2 ④ 3

해설 일반적인 자유도는 $F=C-P+2$로 구한다($F$ : 자유도, $C$ : 성분계, $P$ : 상의 수). 그러나 탄소강(Fe-C)처럼 2성분계 합금에서 3상이 공존하는 경우 $F=C-P+1$로 구한다. 공식에 대입하면 $F=2-3+1$이 된다. 탄소강(2성분계)의 포정 반응, 공정 반응, 공석 반응 선상에서는 3상이 공존하므로 자유도는 0이 된다.

**81. 재결정 온도와 관계 깊은 사항은?**

① 재결정 이하에서 가공하는 것을 열간 가공이라 하고, 재결정 이상에서 가공하는 것을 냉간 가공이라 한다.
② 결정격자가 성장할 때의 온도를 재결정 온도라 한다.
③ 재결정 온도라 하면 열간 가공과 냉간 가공의 한계를 결정하는 것이다.
④ 자기 변태점과 동소 변태점을 판가름 짓는 온도를 재결정 온도라 한다.

해설 재결정 온도 이하의 낮은 온도에서 행하는 가공을 냉간 가공이라 하며, 재결정 온도 이상의 높은 온도에서 행하는 가공을 열간 가공이라 한다.

**82. 미세한 결정립을 가지고 있으며, 응력하에서 파단에 이르기까지 수백 % 이상의 연신율을 나타내는 합금은?**

① 제진 합금 ② 초소성 합금
③ 비정질 합금 ④ 형상 기억 합금

해설 ① 제진 합금(damping alloy) : 진동 발생원 및 고체 진동 자체를 감소시키는 것이 제진이고, 높은 강도와 탄성을 지니면서도 금속성의 소리나 진동이 없는 합금을 제진 합금이라 한다.
③ 비정질 합금(amorphous alloy) : 금속에 열을 가하여 액체 상태로 한 후에 고속으로 급랭하면 원자가 규칙적으로 배열되지 못하고, 액체 상태로 응고되어 고체 금속이 되는데, 이와 같이 원자들의 배열이 불규칙한 상태를 비정질 상태라 하며, 비정질 합금은 높은 경도와 강도를 나타내고 인성이 높다고 알려져 있다.
④ 형상 기억 합금(shape memory alloy) : 합금에 외부 응력을 가하여 영구 변형을 시킨 후 재료를 특정 온도 이상으로 가열하면 변형되기 이전의 형상으로 회복되는 현상을 형상 기억 효과라 한다. 이 효과를 나타내는 합금을 형상 기억 합금이라 한다.

정답 80. ① 81. ③ 82. ②

**83.** 합금 공구강 중 게이지용 강이 갖추어야 할 조건으로 틀린 것은?

① 경도는 HRC 45 이하를 가져야 한다.
② 팽창계수가 보통 강보다 작아야 한다.
③ 담금질에 의한 변형 및 균열이 없어야 한다.
④ 시간이 지남에 따라 치수의 변화가 없어야 한다.

해설 게이지용 강이 갖추어야 할 조건으로 ②, ③, ④ 이외에 HRC 55 이상의 경도를 가져야 한다.

**84.** 상온에서 방치된 황동 가공재나, 저온 풀림 경화로 얻은 스프링재가 시간이 지남에 따라 경도 등 여러 가지 성질이 악화되는 현상은?

① 자연 균열 ② 경년 변화
③ 탈아연 부식 ④ 고온 탈아연

해설
- 자연 균열 : 황동을 부식 분위기(암모니아, $O_2$, $CO_2$, 습기, 수은 등)에서 사용 또는 보관하였을 때 입계에 응력 부식 균열의 모양으로 균열이 생기는 현상
- 탈아연 부식 : 불순한 물질 또는 부식성 물질이 녹아 있는 수용액(예, 해수 등)의 작용에 의해 황동의 표면 또는 깊은 곳까지 탈아연이 되는 현상, 방지책으로는 아연판을 도선에 연결하거나 전류에 의한 방식법을 이용한다.

**85.** HT란 무엇인가?

① 고장력강 ② 스테인리스강
③ 탄소강 ④ 보일러 강재

해설 HT(high tensile), 고장력강 : 연강의 강도를 높이기 위하여 이에 적합한 합금 원소를 소량 첨가한 것으로 보통 하이텐(HT)이라 부른다.

**86.** 용접 재료에서 강의 사용 시 탄소 함량은 약 얼마 정도가 용접성이 좋은가?

① 0.2% 이하 ② 0.5% 이상
③ 0.6% ④ 1% 이상

해설 탄소가 많은 강일수록 균열이 생기며, 용접이 저하된다. 연신율이 적어서 취성이 커진다.

정답 83. ① 84. ② 85. ① 86. ①

**87.** 특수강에 자경성을 주는 원소는 무엇인가?

① Ni ② Mn
③ Cr ④ Si

해설 탄소의 확산을 막고 경화능을 증가시키는 원소로 Cr, W, Mo이 있으며, 이들을 함유하는 강은 자경성이 있다.

**88.** 다음은 시효 경화 합금에 대한 설명이다. 틀린 것은? (단, Fe-W-Co계 합금의 특징이다.)

① 내열성이 우수하고 고속도강보다 수명이 길다.
② 담금질 후의 경도가 낮아 기계 가공이 쉽다.
③ 석출 경화성이 크므로 자석강으로 좋은 성질을 갖고 있다.
④ 뜨임 경도가 낮아 공구 제작이 편리하다.

해설 담금질 경도는 낮으나 뜨임 경도가 높다.

**89.** 스테인리스강의 종류는 몇 종으로 되어 있는가?

① 11종 ② 14종
③ 17종 ④ 22종

해설 스테인리스강은 1종~17종까지 총 17종으로 구분되어 있다.

**90.** 강 중의 Cr 역할을 설명한 것으로 가장 적합한 것은?

① 탄화물 형성으로 내마멸성과 내식성, 내산화성을 향상시킨다.
② 충격값이 천이 온도를 낮게 한다.
③ 황의 악영향을 제거한다.
④ 고온에서 크리프 강도를 가장 높게 한다.

해설 Cr은 특수 원소로서 내마멸성, 강도, 경도, 인성을 증가시키고, 열처리를 쉽게 한다.

정답 87. ③ 88. ④ 89. ③ 90. ①

**91.** 고속도강의 담금질 작업 시 300℃로 행하는 냉각 방법은?

① 공기 중 냉각 ② 노랭
③ 유랭 ④ 수랭

해설 고속도강은 1250~1300℃의 염욕에서 급가열 후 300℃로 기름 냉각 후 공기 중에서 서랭하여 1차 담금질 작업에서 마텐자이트 조직을 얻는다.

**92.** 소결 초경 합금의 종류 중 주철 · 비철금속의 절삭이 적합한 것은?

① S종 ② G종
③ D종 ④ B종

해설 소결 초경 합금에는 S, G, D의 종류가 있으며 강 절삭용은 S종, 주철 · 비금속에는 G종, 다이스에는 D종이 사용된다.

**93.** 시효 경화에 의하여 공구에 충분한 경도를 갖도록 한 것으로 미국에서 발명된 Fe-W-Co계 합금 공구강의 명칭은?

① 카아블로이(carboloy)
② 다이아로이(dialloy)
③ 5 · 4 · 8 합금
④ 카스트 하드 메탈(cast hard metal)

해설 5 · 4 · 8 합금은 미국에서 발명된 시효 경화 합금으로 Fe-W-Co계의 합금이다. 담금질 경도가 낮고, 뜨임 경도가 높으며 고속도강보다 수명이 길다.

**94.** 재료의 기호는 3부분을 조합 기호로 하고 있다. 제1부분(첫째 자리)이 나타내는 것은 무엇인가?

① 최저 인장강도 ② 재질
③ 규격 또는 제품명 ④ 재료의 종별

해설 재료 기호는 제1부분은 재질, 제2부분은 규격 또는 제품명, 제3부분은 재료의 종별 또는 최저 인장강도를 표시한다.

정답 91. ③ 92. ② 93. ③ 94. ②

**95.** 다음 고급 주철의 여러 가지 특성 중 틀린 것은?

① 탄소를 많이 함유하여 강에 가깝다.
② 충격에 대한 저항이 크다.
③ 기계 가공이 가능하다.
④ 조직이 치밀하다.

해설 고급 주철은 펄라이트 조직으로 된 주철로서 강도를 필요로 하는 탄소, 규소가 적게 들어간 기계 부품 등에 사용한다.

**96.** 재료 기호 SM40C에서 40이란 숫자가 나타내는 뜻은?

① 인장강도의 평균값
② 탄소량의 평균값
③ 가공도의 평균값
④ 경도의 평균값

해설 SM40C : 기계 구조용 탄소강으로 40은 C=0.35~0.45%의 평균값을 뜻한다.

**97.** 다음은 주철 용접을 가스 납땜으로 하는 방법이다. 틀린 것은?

① 과열을 피하기 위하여 토치와 모재 사이에 각도를 작게 한다.
② 모재 표면에 흑연을 제거한다.
③ 산화 불꽃으로 하여 800℃ 이상으로 가열하여 제거한다.
④ 용제는 산화성으로서 모재 표면의 산화물을 용해하여 제거한다.

해설 산화 불꽃으로 하여 약 90℃로 가열하여 제거한다.

**98.** 다음 중 금속의 분류사항에 해당되지 않는 것은?

① 준금속 ② 중금속
③ 경금속 ④ 고금속

해설 ① 준금속 : Si, B 등
② 중금속 : Fe, Ni, Cu 등
③ 경금속 : Mg, Na, Be, Al, Ca 등

정답 95. ① 96. ② 97. ③ 98. ④

**99.** **비중으로 금속의 어떠한 점을 알 수 있는가?**

① 준금속과 비금속을 판단한다.
② 열 및 전기 양도체와 전연성을 알 수 있다.
③ 준금속과 경금속임을 판단한다.
④ 경금속과 중금속임을 알 수 있다.

해설 체적 4℃의 물의 무게와의 비를 기준으로 하여 비중은 중금속이 4.5 이상, 경금속이 4.5 이하이다.

**100.** **주철의 보수 용접이나 고탄소강의 용접에서 효과가 크며 용착 금속에서 첫 층 정도에 모재와 잘 어울리는 성분의 용접봉으로 용착시킨 후 고장력강 저수소계봉 등으로 접합시키는 방법은?**

① 스터딩법(studing)
② 로킹(locking)
③ 버터링(buttering)
④ 피닝(peenign)

해설 버터링은 빵에 버터를 바르듯 모재에 용착 금속을 발라 싸면서 사이를 좁힌 후 고장력강 저수소계 등으로 접합시키는 방법이다.

**101.** **알루미늄은 철강에 비하여 일반 용접법으로서는 용접이 극히 곤란한데, 그 이유에 관한 설명으로 옳지 않은 것은?**

① 팽창계수가 매우 작다.
② 고온 강도가 나쁘다.
③ 수소 가스 등을 흡수하여 응고할 때에 기공으로 되어 용착 금속 중에 남게 된다.
④ 용융점이 비교적 낮고, 색체에 따라 가열 온도의 판정이 곤란하여 지나친 용해가 되기 쉽다.

해설 팽창계수가 강에 비해 약 2배, 응고 수축이 1.5배 크므로 용접 변형이 클 뿐만 아니라 합금에 따라서는 응고 균열이 생기기 쉽다.

정답 **99.** ④ **100.** ③ **101.** ①

**102.** 황동의 내식성을 개량하기 위하여 1% 정도의 주석을 넣은 것으로 7 : 3 황동에 첨가한 것을 애드미럴티 황동이라 하고, 6 : 4 황동에 첨가한 것은 네이벌 황동이라 하는 특수 황동은?

① 연황동 ② 강력 황동
③ 주석 황동 ④ 델타메탈

**해설** 특수 황동
㉮ 주석 황동
- 애드미럴티 황동－7 : 3 황동＋1%(Sn)
- 네이벌 황동－6 : 4 황동＋1%(Sn)

㉯ 철황동(델타 황동)－6 : 4 황동＋1～2%(Fe)
㉰ 연황동(쾌삭 황동)－6 : 4 황동＋1.5～3%(Pb)
㉱ 양은(니켈 실버)－7 : 3 황동＋15～20%(Ni)
㉲ 규소 황동－80～85%(Cu)+10～16%(Zn)+4～5%(Si)
㉳ 강력황동－6 : 4 황동+Mn, Al, Fe, Ni, Sn
㉴ 알루미늄 황동－Al 소량 첨가

**103.** 게이지용 강이 갖추어야 할 성질로 틀린 것은?

① 담금질에 의한 변형이 없어야 한다.
② HRC 55 이상의 경도를 가져야 한다.
③ 열팽창 계수가 보통 강보다 커야 한다.
④ 시간에 따른 치수 변화가 없어야 한다.

**해설** 게이지용 강은 내마모성이 크고 HRC 55 이상이며 담금질에 의한 변형, 균열이 적어야 한다. 또한 200℃ 이상 온도에서 장시간 경과해도 치수의 변화가 적고 내식성도 좋아야 한다. 종류에는 요한슨강, 게이지 K9, W－Cr－Mn계의 SKS 3의 합금 공구강이 있다.

**104.** 다음 철광석을 용해할 때 사용되는 용제에 대한 설명 중 틀린 것은?

① 탈산제로 사용한다.
② 용제로 석회석 또는 형석이 쓰인다.
③ 철과 불순물이 분리가 잘 되도록 하기 위해서 첨가한다.
④ 용제는 제철할 때 염기성 슬래그가 되도록 한 성분 조성이다.

**해설** 탈산제에는 페로실리콘, 페로망간이 있다.

**정답** 102. ③ 103. ③ 104. ①

**105.** 다음은 금속의 인장강도 시험에 의해 그려낸 하중에 대한 연신율 곡선을 그린 것이다. 기호와 금속의 연결이 잘못된 것은?

① ㉠-탄소강
② ㉡-비철금속
③ ㉡-주철
④ ㉢-주철

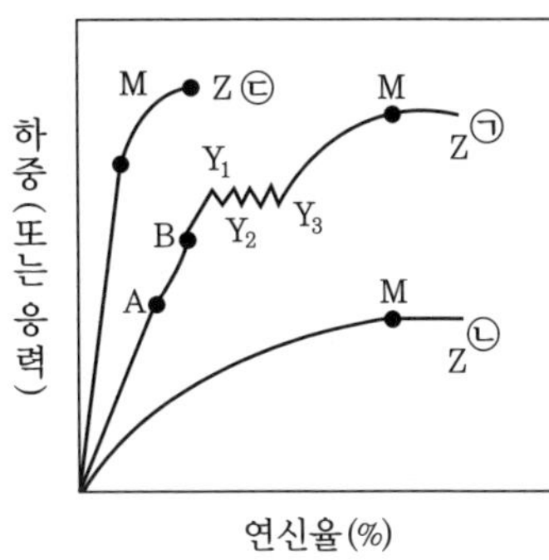


해설 주철은 경도와 취성이 크고, 항복점이 거의 나타나지 않는다.

**106.** 다음은 금속 재료의 피로 시험 결과를 표시한 곡선이다. 피로한도를 표시하는 눈금은 어느 것인가?

① ㉠
② ㉡
③ ㉢
④ ㉣

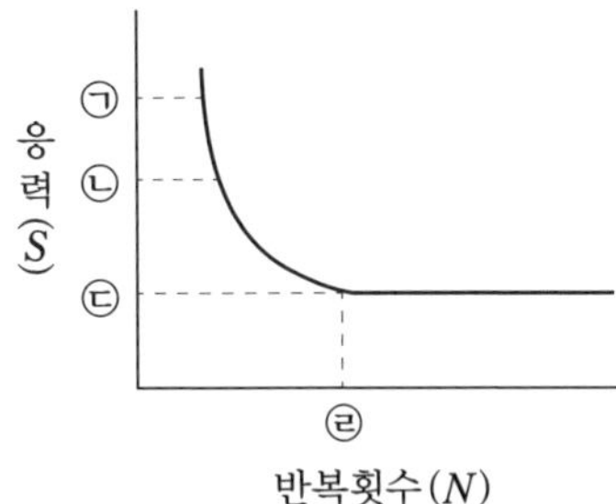


해설 $S-N$ 곡선은 하중 및 반복횟수가 어느 한계치 범위 이하에서는 아무리 반복되더라도 응력이 커지지 않고 거의 일정하며 피로파괴가 일어나지 않는다는 것을 나타낸 것이다.

**107.** 합금강에 특별히 별도로 첨가하지 않는 원소는?

① Ni ② Cr ③ W ④ C

해설 합금강은 탄소강에 기타 원소를 배합하는 것으로 별도의 탄소는 첨가하지 않는다.

**108.** 알루미늄의 표면을 덮고 있는 산화물 용해 온도는 몇 ℃인가?

① 2050℃ ② 660℃ ③ 1050℃ ④ 3250℃

해설 산화알루미늄의 용융점은 약 2050℃로서 알루미늄의 용융점 약 658℃보다 매우 높다.

정답 105. ③ 106. ③ 107. ④ 108. ①

**109.** 산화알루미늄의 비중은?

① 2.699 ② 3.699 ③ 4.0 ④ 5.0

해설 보통 알루미늄의 비중은 2.699이며, 산화알루미늄의 비중은 4.0이다. 산화알루미늄은 보통 알루미늄에 비해 비중이 크므로 용융 금속 표면에 떠오르기가 어렵고 용착 금속 속에 남는다.

**110.** 주철의 일반적인 성질을 설명한 것 중 틀린 것은?

① 용탕이 된 주철은 유동성이 좋다.
② 공정 주철의 탄소량은 4.3% 정도이다.
③ 강보다 용융 온도가 높아 복잡한 형상이라도 주조하기 어렵다.
④ 주철에 함유하는 전탄소(total carbon)는 흑연 화합 탄소로 나타낸다.

해설 주철은 넓은 의미에서 탄소가 1.7~6.67% 함유된 탄소-철 합금인데 보통 사용되는 것은 탄소 2.0~3.5%, 규소 0.6~2.5%, 망간 0.2~1.2% 범위에 있는 것이다. 주철 용접은 대부분 보수를 목적으로 한다.

주물 아크 용접에는 모넬메탈 용접봉$\left(\mathrm{Ni}\ \frac{2}{3},\ \mathrm{Cu}\ \frac{1}{3}\right)$, 니켈봉, 연강봉 등이 사용되며, 예열하지 않아도 용접할 수 있다.

**111.** 실루민의 성분 원소는?

① 구리, 규소, 인 ② 알루미늄, 니켈
③ 규소, 알루미늄 ④ 텅스텐, 바나듐

해설 실루민이란 알팩스(alpax)라고도 하며, Al-Si계 합금으로 수축이 비교적 적고 기계적 성질이 우수하다.

**112.** 다음 중 Mg-Al-Zn의 대표적인 것은?

① 도우메탈 ② 일렉트론
③ 하이드로날륨 ④ 라우탈

해설 일렉트론이란 Mg-Al-Zn계 합금 중 대표적이다.

정답 109. ③ 110. ③ 111. ③ 112. ②

**113.** 주조 경질 합금의 대표적인 것은?

① 비디아 ② 트리디아
③ 스텔라이트 ④ 텅갈로이

해설 대표적인 주조 경질 합금(cast hard metal)의 조성은 크롬 25~35%, 텅스텐이나 몰리브덴 4~25%, 탄소가 1~3%인 스텔라이트(stellite)이며, 주조한 것을 절삭 또는 단조할 수가 없다. 강철, 주철, 스테인리스강, 구리 합금 등의 절삭에 사용되며, 고속도강보다 충격, 압력, 진동 등에 대한 내구력이 작다. 용도는 절삭공구 이외의 다이스, 드릴, 의료기구 등에 사용된다.

**114.** 다음 중 용융점이 가장 높은 것은 어느 것인가?

① 알루미늄 ② 구리 ③ 철 ④ 텅스텐

해설 각 금속의 용융점은 다음과 같다.
① Al : 660℃ ② Cu : 1083℃
③ Fe : 1538℃ ④ W : 3410℃

**115.** 듀콜강이란 무엇인가?

① 고망간강 ② 고코발트강
③ 저망간강 ④ 저코발트강

해설 ducol강은 펄라이트 망간강이라고도 하며, C=0.20~0.30%, Mn=1.20~2.00% 정도로 인장강도가 크고, 전연성이 비교적 작다.

**116.** 제강법 중 토마스법(thomas process)과 관계없는 것은?

① 페로망간으로 산화
② 노의 내면을 염기성 내화물을 이용
③ 원료는 저규소 선철
④ 전로 제강법

해설 전로(또는 평로) 제강법 중에는 산성법과 염기성법이 있으며, 산성법은 노의 내면을 규소 산화물이 많은 내화물을 이용한 것(베세머법)이고, 염기성법은 내화물을 염기성으로 하여 고인, 저규소 선철을 사용하여 제강하는 것(thomas법)이다.

정답 113. ③ 114. ④ 115. ③ 116. ①

**117.** 다음 전기로 제강법에 관한 내용 중 관계없는 것은?

① 고온 정련이 가능하다.
② 정련 중에 슬래그 성질은 변화가 불가능하다.
③ 산화성 환원성에 적당하다.
④ 온도 조절이 가능하다.

해설 전기로에서는 정련 중에 슬래그 성질을 변화시킬 수 있다.

**118.** 탄소 약 1.2%, 망간 13%, 규소 0.1% 이하를 표준 성분으로 내마멸성이 우수하고 경도가 커 각종 광산 시계, 기차 레일의 교차점 등에 사용되는 강은?

① 침탄용강
② 오스테나이트 망간강
③ 저망간강
④ 합금 공구강

해설 Mn 10~14% 강은 상온에서 오스테나이트 조직을 가지고 있어 C 약 1.2%, Mn 13%, Si≤0.1%의 표준 성분의 강을 오스테나이트 망간강이라고도 한다.

**119.** 구조용 특수강에서 침탄용강에 가장 많이 포함되는 원소는?

① Ni, Cr, Mo
② Al, Cr, Ti
③ Cr, W, Co
④ Cr, Al, V

해설 침탄강에 포함되는 원소는 Ni, Cr, Mo, W, V 등이고, 질화강에는 Al, Cr, Mo, V, Ti 등을 함유한 강을 사용한다.

**120.** 구리 합금을 용접할 때 사용되는 용접봉이 아닌 것은?

① 토빈 청동봉
② 규소 청동봉
③ 에버듀어 청동봉
④ 무산소 구리 황동봉

해설 구리 합금의 용접봉은 ①, ②, ③ 외에 인청동 봉이 있으며, 무산소 구리인 탈산구리봉은 TIG 구리 용접에 쓰인다.

정답 117. ② 118. ② 119. ① 120. ④

**121.** 스테인리스강의 종류에 해당되지 않는 것은?

① 페라이트계 스테인리스강
② 레데부라이트계 스테인리스강
③ 석출 경화형 스테인리스강
④ 마텐자이트계 스테인리스강

해설 스테인리스강의 종류
㉮ 마텐자이트계 스테인리스강
㉯ 페라이트계 스테인리스강
㉰ 오스테나이트계(석출 경화형) 스테인리스강

**122.** 구리의 전기전도도를 해치는 불순물은?

① Bi ② S
③ As ④ Pb

해설 구리는 은 다음으로 전기전도도가 높으나 비소, 규소, 철, 인, 티탄 등이 약간 함유되면 전기전도도가 급격히 낮아진다.

**123.** 다음 중 6 : 4 황동이라고 하는 것은 어느 것인가?

① 주석 60～구리 40
② 구리 60～아연 40
③ 구리 60～니켈 40
④ 크롬 60～규소 40

해설 6 : 4 황동은 7 : 3 황동에 비해 굳고 내식성이 적다.

**124.** 황동에 망간을 첨가했다. 무엇을 높이기 위함인가?

① 내식성 ② 강인성
③ 전연성 ④ 취성

해설 황동의 강인성을 높이기 위해 망간을 함유시킨다.

정답 121. ② 122. ③ 123. ② 124. ②

**125.** 주철을 가열하여 단조하면 주철은 깨어진다. 이러한 현상은?

① 취성 ② 연성
③ 가단성 ④ 전성

해설 ① 취성 : 잘 부서지고 잘 깨지는 성질
② 연성 : 가느다란 선으로 늘일 수 있는 성질
③ 가단성 : 단조, 압연, 인발 등에 의해 늘일 수 있는 성질
④ 전성 : 얇은 판으로 넓게 펴질 수 있는 성질

**126.** 다른 주철에 비해서 인성이 큰 것이 특징인 주철은?

① 합금 주철 ② 고급 주철
③ 가단 주철 ④ 백주철

해설 가단 주철은 주철을 가열하여 인성을 증가시킨 것이다.

**127.** 다음 중 용접부의 잔류 응력 제거법으로 옳지 않은 것은?

① 예열법 ② 노내 풀림법
③ 국부 풀림법 ④ 피닝법

해설 예열법은 응력 제거법이 아니고, 고탄소강 등에 용접 전에 온도 분포를 맞추기 위해 가열하는 전처리이다.

**128.** 다음은 주철 용접이 연강 용접에 비하여 곤란한 이유이다. 틀린 것은?

① 주철은 용융 상태에서 급랭하면 백선화가 된다.
② 탄산가스가 발생되어 슬래그 섞임이 많아진다.
③ 주철 자신이 부스러지기 쉬우며, 주조 시 잔류 응력 때문에 모재에 균열이 발생되기 쉽다.
④ 장시간 가열하여 흑연이 조대화된 경우 주철 속에 기름, 모래 등이 존재하는 경우 용착 불량이나 모재와의 친화력이 나쁘다.

해설 주철은 일산화탄소 가스가 발생되어 용착 금속에 기공(blow hole)이 생기기 쉽다.

정답 125. ① 126. ③ 127. ① 128. ②

**129.** 진공관의 필라멘트 재료로 많이 이용되는 것은?

① 모넬메탈　② 크로멜
③ 인바　④ 인코넬

해설
- 인코넬 : Ni－Cr－Fe
- 하스텔로이 : Ni－Mo－Fe
- 크로멜 : Ni－Cr(10%)
- 알루멜 : Ni－Al(2%)
- 니크롬선 : Ni－Cr－Fe－Mn

**130.** 구리는 비철 재료 중에 비중을 크게 차지한 재료이다. 다른 금속 재료와의 비교 설명 중 틀린 것은?

① 철에 비해 용융점이 높아 전기제품에 많이 사용된다.
② 아름다운 광택과 귀금속적 성질이 우수하다.
③ 전기 및 열의 전도도가 우수하다.
④ 전연성이 좋아 가공이 용이하다.

해설 철의 용융점은 1538℃, 구리의 용융점은 1083℃이다.

**131.** 크롬강의 특징을 잘못 설명한 것은?

① 크롬강은 담금질이 용이하고 경화층이 깊다.
② 탄화물이 형성되어 내마모성이 크다.
③ 내식 및 내열강으로 사용된다.
④ 구조용은 W, V, Co를 첨가하고, 공구용은 Ni, Mn, Mo를 첨가한다.

해설 구조용은 Ni, Mn, Mo을 첨가하고, 공구용은 W, V, Co를 첨가한다.

**132.** 저합금강 중에서 연강에 비하여 고장력강의 사용 목적으로 틀린 것은?

① 재료가 절약된다.　② 구조물이 무거워진다.
③ 용접공 수가 절감된다.　④ 내식성이 향상된다.

해설 구조물의 무게를 가볍게 하는 것도 고장력강 사용 목적에 해당된다.

정답 129. ④　130. ①　131. ④　132. ②

# 제 2 장 용접 재료 열처리 등

## 2-1 열처리의 종류 및 방법

### (1) 강의 열처리

① **담금질(quenching)** : 강을 경화시키기 위해 $A_3$, $A_1$점 또는 Acm선보다 30~50℃ 이상으로 가열한 후 급랭시켜 오스테나이트 조직을 마텐자이트 조직으로 하여 경도와 강도를 증가시키는 방법이다.

② **풀림(annealing)** : 재료, 특히 가공 경화된 재료나 단단한 재료를 연화시키기 위한 것으로 $A_1$ 변태점 부근을 극히 서랭(보통 노랭함)하며, 다음을 목적으로 하는 방법이다.

㈎ 강의 입도를 미세화

㈏ 내부 응력 제거

㈐ 가공 경화 현상의 해소(단단한 재료의 연화)

③ **뜨임(tempering)** : 담금질 재료는 경도가 크며 취성이 있으므로 내부 응력 제거와 인성을 부여하기 위해 $A_1$점 이하로 가열하여 서랭하는 방법이다.

④ **불림(normalizing)** : 강을 균일한 오스테나이트 조직까지 가열($A_3$, Acm선 이상 30~60℃)하고 공기 중에서 서랭하여 표준화 조직을 얻는 열처리법이다.

### (2) 항온 열처리

열처리하고자 하는 재료를 오스테나이트 상태로 가열하여 일정한 온도의 염욕, 연료 또는 200℃ 이하에서는 실린더유를 가열한 유조 중에서 담금과 뜨임하는 것을 항온 열처리라 하고, 이 방법은 온도(temperature), 시간(time), 변태(transformation)의 3가지 변화를 선도로 표시하는데 이것을 항온 변태도, TTT 곡선 또는 S곡선이라 한다.

# 2-2 강의 표면 경화

## (1) 침탄법과 질화법

① **침탄법 :** 0.2% C 이하의 저탄소강을 침탄제(탄소, C)와 침탄 촉진제 소재와 함께 침탄 상자에 넣은 후 침탄로에서 가열하면 0.5~2mm의 침탄층이 생겨 표면만 단단하게 하는 표면 경화법이다.

② **질화법 :** 암모니아 가스($NH_3$)를 이용한 표면 경화법으로 520℃ 정도에서 50~100시간 질화하며, 질화용 합금강(Al, Cr, Mo등을 함유한 강)을 사용해야 한다. 질화되지 않게 하기 위해서는 Ni, Sn 도금을 한다.

**침탄법과 질화법의 비교**

| 구분 | 침탄법 | 질화법 |
|---|---|---|
| 강도 | 작다. | 크다. |
| 열처리 | 필요하다. | 불필요하다. |
| 변형 | 크다. | 작다. |
| 수정 | 가능하다. | 불가능하다. |
| 시간 | 단시간이 소요된다. | 장시간이 소요된다. |
| 침탄층 | 단단하다. | 여리다. |

## (2) 금속 침투법

내식성, 내산성의 향상을 위하여 강재 표면에 다른 금속을 침투 확산시키는 방법이다.

① **크로마이징 :** Cr을 재료 표면에 침투 확산시킨다.

② **칼로라이징 :** Al을 재료 표면에 침투 확산시킨다.

③ **세라다이징 :** Zn을 재료 표면에 침투 확산시킨다.

④ **실리코나이징 :** Si를 재료 표면에 침투 확산시킨다.

⑤ **보로나이징 :** B를 재료 표면에 침투 확산시킨다.

## >>> 제2장 CBT 예상 출제문제와 해설

**1. 산소-아세틸렌 가스를 사용하여 담금질성이 있는 강재의 표면만을 경화시키는 방법은?**

① 질화법 ② 가스 침탄법
③ 화염 경화법 ④ 고주파 경화법

해설 화염 경화법은 산소-아세틸렌 가스를 이용하여 강재의 표면만 경화시키는 표면 경화 열처리 방법이다.

**2. 강의 재질을 연하고 균일하게 하기 위한 목적으로 아래 그림의 열처리 곡선과 같이 하는 열처리는?**

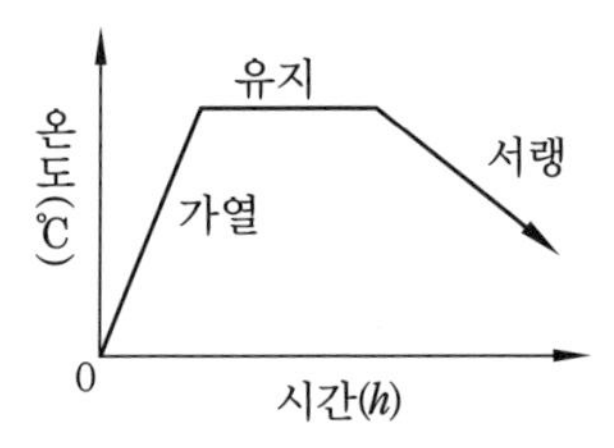


① 풀림(annealing) ② 뜨임(tempering)
③ 불림(normalizing) ④ 담금질(quenching)

해설 그림은 강의 재질을 연하게 하고 균일하게 하기 위한 목적으로 풀림 열처리 관계를 표시한 그래프이다.

**3. 노멀라이징(normalizing) 열처리의 목적으로 옳은 것은?**

① 연화를 목적으로 한다.
② 경도 향상을 목적으로 한다.
③ 인성 부여를 목적으로 한다.
④ 재료의 표준화를 목적으로 한다.

해설 풀림(normalizing)의 목적은 편석을 없애고, 재료의 표준화를 목적으로 한다.

정답 1. ③ 2. ① 3. ④

**4. 탄소강이 가열되어 200∼300℃ 부근에서 상온일 때보다 메지게 되는 현상을 무엇이라 하는가?**

① 적열 메짐 ② 청열 메짐
③ 고온 메짐 ④ 상온 메짐

해설 강은 상온일 때보다 200∼300℃에서는 연신율이 저하되고 강도는 높아지며, 부스러지기 쉬운데 이것을 청열 메짐이라 한다.

**5. 금속 표면에 스텔라이트, 초경 합금 등의 금속을 용착시켜 표면 경화층을 만드는 것은?**

① 금속 용사법 ② 하드 페이싱
③ 쇼트 피닝 ④ 금속 침투법

해설 문제의 내용은 하드 페이싱에 대한 설명이다.
※ 금속 용사법의 경우 열원이 제시되어야 하며, 쇼트 피닝의 경우 강구(steel ball) 등을 소재 표면에 투사하여 가공 경화층을 형성한다. 금속 침투법은 내식성, 내산성의 향상을 위하여 강재 표면에 다른 금속을 침투 확산시키는 방법이다.

**6. 열처리의 종류 중 항온 열처리 방법이 아닌 것은?**

① 마퀜칭 ② 어닐링
③ 마템퍼링 ④ 오스템퍼링

해설 항열 처리에는 마퀜칭, 마템퍼링, 오스템퍼링 등이 있다.

**7. 다음 열처리 조직 중 냉각 속도가 가장 늦을 때 생기는 것은?**

① 소르바이트 ② 트루스타이트
③ 오스테나이트 ④ 마텐자이트

해설 고온에서 안정한 조직 A가 서랭하면 T로, T에서 S로 된다. 급랭하면 M이 된다.

정답 4. ② 5. ② 6. ② 7. ①

**8. 시안화나트륨(NaCN)을 이용한 표면 경화법은?**

① 질화법 ② 침탄법
③ 화염 담금질 ④ 액체 침탄(청화법)

해설 시안화나트륨을 주성분으로 하여 녹인 액체 속에서 침탄하며, 침탄과 동시에 질화도 된다. 760℃ 이상의 경우는 주로 침탄만 된다.

**9. 질화법에서 질화되지 않게 하기 위하여 어떤 도금을 하는가?**

① Cr ② Cu ③ Pb ④ Ni

해설 질화되어서 안 될 곳에는 Ni, Sn 도금을 한다.

**10. 담금질과 가장 관계가 깊은 것은 어느 것인가?**

① 열전대 ② 고용체
③ 변태점 ④ 금속 간 화합물

해설 담금질 열처리는 변태점상 30～60℃에서 가열 냉각하는 방법으로 austenite 구역에서 Ar′ 변태를 정지시켜 martensite 조직으로 한다.

**11. 다음 중 항온 열처리와 관계없는 사항은?**

① TTT 곡선 ② 염욕, 연욕
③ 베이나이트 조직 ④ 변형, 균열의 증가

해설 항온 열처리란 가열된 연욕에서 일정 시간 유지하는 방법을 말하며, 이 방법에 의해 베이나이트가 된다. 베이나이트란 martensite와 troostite의 중간 상태의 조직이다.

**12. 기어의 표면만을 경화시키는 경우 어느 열처리가 적당한가?**

① 불림 ② 담금질 ③ 뜨임 ④ 고주파 경화

해설 기어의 표면은 내마모성이 커야 한다. 그러나 내부까지 단단하면 깨지기 쉬우므로 겉은 경도, 내부는 인성이 필요하다(표면 경화).

정답 8. ④ 9. ④ 10. ③ 11. ④ 12. ④

**13.** 기계 구조용 탄소 강재(SM) 중 담금질 후 뜨임하여 사용하는 종류는?

① 1∼4종
② 5∼10종
③ 7종
④ 21, 22종

해설 ① 1∼4종 : 풀림 상태에서 사용
② 5∼10종 : 담금질, 뜨임에서 사용
③ 7종 : 고주파, 화염 담금질
④ 21, 22종 : 표면 경화(침탄, 질화)용

**14.** 다음 중 표면 경화강에 사용되는 것은?

① 강인강
② 불변강
③ 고주파 경화강
④ 스프링강

해설 표면 경화강은 내부의 강도와 표면의 경도가 큰 재료가 요구될 때 사용되고 침탄강, 질화강 및 고주파 경화용 강이 있다.

**15.** 강재 표면에 Cr을 침투시키는 법은?

① 세라다이징
② 칼로라이징
③ 크로마이징
④ 실리코나이징

해설 ①은 Zn 침투법, ②는 Al 침투법, ④는 Si 침투법이다.

**16.** 금속 침투법 중 칼로라이징은 어떤 금속을 침투시킨 것인가?

① B ② Cr ③ Al ④ Zn

해설 금속 침투법
㉮ B : 보로나이징
㉯ Cr : 크로마이징
㉰ Al : 칼로라이징
㉱ Zn : 세라다이징

정답 13. ② 14. ③ 15. ③ 16. ③

**17.** 다음에서 합금 공구강은?

① STS ② SKH ③ SS ④ STD

해설 ① 합금 공구강 : STS ② 고속도강 : SKH
③ 일반 구조용 압연강 : SS ④ 다이스강 : STD

**18.** 스테인리스강에서 Cr 함유량이 몇 % 이하일 때 내식강이라 하는가?

① 5% ② 7% ③ 12% ④ 18%

해설 스테인리스강에서 Cr 함유량이 12% 이상을 불수강, 이하를 내식강이라 한다.

**19.** 열팽창 계수가 유리나 백금과 같고 전구의 도입선, 진공관 도선용으로 사용되는 불변강은?

① 인바 ② 코엘린바 ③ 퍼멀로이 ④ 플래티나이트

해설 플래티나이트(platinite)는 Ni 44～47.5%, 나머지는 철(Fe)을 함유하는 불변강으로 열팽창 계수가 유리, 백금과 같다.

**20.** 다음 중 쾌삭성을 향상시켜 주는 원소가 아닌 것은?

① S ② Zr ③ Pb ④ Se

해설 쾌삭성을 좋게 하는 것은 ①, ③, ④, Sn이다.

**21.** 강철의 조직 중에서 오스테나이트 조직은 어느 것인가?

① $\alpha$ 고용체 ② $\gamma$ 고용체 ③ $Fe_3C$ ④ $\delta$ 고용체

해설
- austenite : $\gamma-FeFe_3C$ 고용체
- martensite : $\alpha-FeFe_3C$ 고용체
- troostite : $\alpha-FeFe_3C$ 혼합물
- sorbite : $\alpha-FeFe_3C$ 혼합물
- pearlite : $\alpha-FeFe_3C$ 혼합물

정답 17. ① 18. ③ 19. ④ 20. ② 21. ②

**22.** 금속에 대한 설명으로 틀린 것은?

① 리튬(Li)은 물보다 가볍다.
② 고체 상태에서 결정 구조를 가진다.
③ 텅스텐(W)은 이리듐(Ir)보다 비중이 크다.
④ 일반적으로 용융점이 높은 금속은 비중도 큰 편이다.

해설 금속의 성질
㉮ 실온에서 고체이며 결정체이다(단, 수은은 예외).
㉯ 금속 특유의 광택을 가지고 있다.
㉰ 연성과 전성이 커서 소성 변형을 할 수 있다.
㉱ 전기 및 열의 양도체이다.
㉲ 용융점이 높고 대체로 비중이 크다(비중 4 이상을 중금속, 4 이하를 경금속이라 한다).

**23.** 강에 탄소가 증가하면 어떠한 변화가 오는가?

① 인장강도는 증가하고 용접성은 나빠진다.
② 인장강도와 연신율이 크고 용접성이 좋아진다.
③ 인장강도가 감소하고 용접성이 나빠진다.
④ 인장강도가 증가하고 용접성이 좋아진다.

해설 탄소가 증가하면 경도와 인장강도가 증가하고(0.8% C 이하까지) 반면에 취성이 생긴다.

**24.** 고탄소강을 용접할 때 균열이 발생하기 쉬운 것은 어느 경우인가?

① 용접봉이 건조하였을 때
② 크레이터가 없을 때
③ 구속이 없을 때
④ 예열과 후열을 하지 않을 때

해설 탄소강은 용접 시에 예열을 하거나 용접 후에 후열 등을 행함으로써 균열의 발생이 적어진다.

**25.** 어떤 강재의 탄소당량을 산출해 보았더니 1.7%였다. 이 강재의 용접성은?

① 아주 우수하다. ② 보통이다. ③ 다소 곤란하다. ④ 매우 나쁘다.

해설 탄소당량은 탄소 함유량과 다소 차이가 있으나 탄소당량이나 탄소 함유량이 높으면 용접성이 나빠진다.

정답 22. ③ 23. ① 24. ④ 25. ④

# 제 4 편

# 도면 해독


제1장 제도통칙 등

■ CBT 예상 출제문제와 해설

제2장 도면 해독

■ CBT 예상 출제문제와 해설

# 제 1 장 제도통칙 등

## 1-1 제도의 개요

### (1) 제도의 정의와 필요성

**제도의 정의 :** 기계의 제작 및 개조 시 사용 목적에 맞게 계획, 계산, 설계하는 전 과정을 넓은 의미로 기계 설계라 하며, 이 설계에 의하여 직접 도면을 작성하는 과정을 제도라 한다.

## 1-2 도면의 분류

도면을 용도, 내용, 성질에 따라 분류하면 다음과 같다.

### (1) 용도에 따른 분류

① **계획도(design drawing) :** 제작도의 작성에 기초가 되는 도면

② **제작도(work drawing) :** 제품의 제작에 관한 모든 것을 표시한 도면

③ **주문도(order drawing) :** 주문 명세서에 붙여 주요 치수와 기능의 개요만을 나타낸 도면

④ **승인도(approved drawing) :** 주문자가 보낸 도면을 검토, 승인하여 계획 및 제작을 하는데 기초가 되는 도면

⑤ **견적도(estimation drawing) :** 견적, 조회, 주문에서 견적서에 첨부하는 도면으로 주요 치수와 외형 도면을 나타낸 도면

⑥ **설명도(explanation drawing) :** 원리, 구조 작용, 취급법 등을 설명하기 위한 도면으로 필요 부분에 굵은 실선으로 표시하거나 절단, 투시, 채택 등으로 누구나 알 수 있게 그린 도면

### (2) 내용에 따른 분류

① **조립도(assembly drawing)** : 전체의 조립을 나타내는 도면으로 보충 단면도를 표시하고 주요 치수나 조립 시 필요한 치수만을 기입하며 조립 순서, 정리 순서에 따라 부품 번호를 붙여 부품도와의 관계를 표시한다.

② **부품도(part drawing)** : 부품을 상세하게 나타내는 도면으로 실제 제작에 쓰이므로 가공에 필요한 치수, 다듬질 정도, 재질, 제작 개수 등 필요한 사항을 빠짐없이 기입한다.

③ **부분 조립도(partial assembly drawing)** : 일부분의 조립을 나타내는 도면으로 복잡한 부분을 명확하게 하여 조립을 쉽게 하기 위해 쓰인다.

## 1-3 투상도법

### (1) 투상도의 종류

① **정투상도(orthographic drawing)** : 기계 제도에서는 원칙적으로 정투상법이 가장 많이 쓰이며, 직교하는 투상면의 공간을 4등분하여 투상각이라 한다. 3개의 화면(입화면, 평화면, 측화면) 중간에 물체를 놓고 평행 광선에 의하여 투상되는 모양을 그린 것으로 제1각 안에 놓고 투상하면 제1각법, 제3각 안에 놓을 때는 제3각법이라 하며, 정면도, 평면도, 측면도 등이 있다.

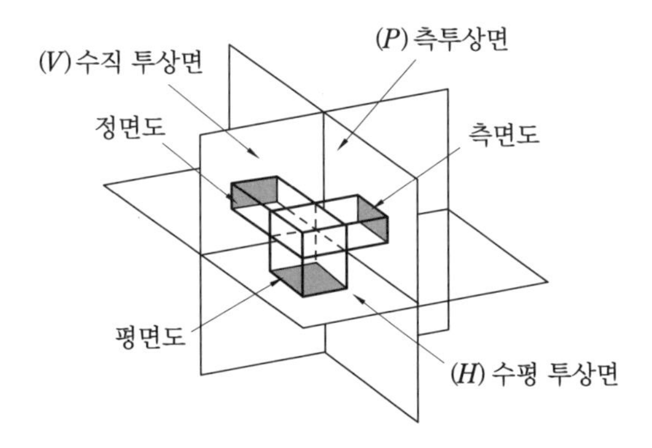


**정면도, 평면도, 측면도**

㈎ 제1각법 : 제1각법은 영국에서 발달하여 유럽으로 퍼진 정투상법이다. 물체를 제1각 안에 놓고 투상하는 방식으로 투상면의 앞쪽에 물체를 놓는다(눈→물체→화면 순서).

㈏ 제3각법 : 제3각법은 미국에서 발달하여 현재는 기계 제도의 표준화법으로 규정되었으며, 우리나라에서도 제3각법을 사용하고 있다. 물체를 제3각 안에 놓고 투상하는 방식으로 투상면의 뒤쪽에 물체를 놓는다(눈→화면→물체 순서).

㈐ 투상각법의 기호 : 제1각법, 제3각법을 특별히 명시해야 할 때에는 표제란 또는 그 근처에 “제1각법” 또는 “제3각법”이라 기입하거나 문자 대신 다음과 같은 기호를 사용한다.

투상각법의 기호

② **투시도(perspective drawing)** : 눈의 투시점과 물체의 각 점을 연결하는 방사선에 의하여 원근감을 갖도록 그리는 것으로 물체의 실제 크기와 치수가 정확히 나타나지 않고 또 도면이 복잡하여 기계 제도에서는 거의 쓰이지 않으며 토목, 건축 제도에 주로 쓰인다.

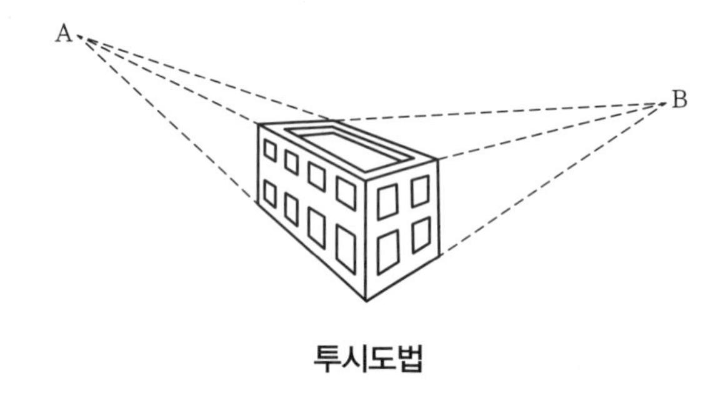


투시도법

## 1-4 단면의 도시법

### (1) 단면법

① **단면을 도시하는 법칙** : 물체의 내부가 복잡하여 일반 정투상법으로 표시하면 물체 내부를 완전하고 충분하게 이해하지 못 할 경우 물체의 내부를 명확히 도시할 필요가 있는 부분을 절단 또는 파단한 것으로 가정하고 내부가 보이도록 도시하는 경우가 있는데 이것을 단면도(斷面圖, sectional view)라 한다.

### (2) 단면을 도시하지 않는 부품

조립도를 단면으로 나타낼 때 원칙적으로 다음 부품은 길이 방향으로 절단하지 않는다.

① **속이 찬 원기둥 및 모기둥 모양의 부품 :** 축, 볼트, 너트, 핀, 와셔, 리벳, 키, 나사, 볼 베어링의 볼

② **얇은 부분 :** 리브, 웨브

③ **부품의 특수한 부분 :** 기어의 이, 풀리의 암

### (3) 얇은 판의 단면

패킹, 박판처럼 얇은 것을 단면으로 나타낼 때는 한 줄의 굵은 실선으로 단면을 표시한다. 이들 단면이 인접해 있는 경우에는 단면선 사이에 약간의 간격을 둔다.

### (4) 생략도법과 해칭법

① **생략도법**

㈎ 중간부의 생략 : 축, 봉, 파이프, 형강, 테이퍼 축, 그 밖의 동일 단면의 부분 또는 테이퍼가 긴 경우 그 중간 부분을 생략하여 도시할 수 있다. 이 경우 자른 부분은 파단선으로 도시한다.

㈏ 은선의 생략 : 숨은선을 생략해도 좋은 경우에는 생략한다.

㈐ 연속된 같은 모양의 생략 : 같은 종류의 리벳 모양, 볼트 구멍 등과 같이 연속된 같은 모양이 있는 것은 그 양단부 또는 필요부만을 도시하고, 다른 것은 중심선 또는 중심선의 교차점으로 표시한다.

② **해칭법 :** 단면이 있는 것을 나타내는 방법으로 해칭이 있으나, 규정으로는 단면이 있는 것을 명시할 때에만 단면 전부 또는 주변에 해칭을 하거나 또는 스머징(smudging, 단면부의 내측 주변을 청색 또는 적색 연필로 엷게 칠하는 것)을 하도록 되어 있다.

## 제1장 CBT 예상 출제문제와 해설

**1. 기계 제도에 쓰이는 제도 용지는 어느 것인가?**

① A열 ② B열 ③ C열 ④ D열

**해설** 종이의 규격은 A열과 B열이 있으며 제도에서는 A열을 사용한다. 제도에서는 A0~A5까지 6종의 크기로 나눈다.

**2. 제도 용지에 있어 A0의 크기는 얼마인가?**

① 1000×1500 ② 841×1189 ③ 594×841 ④ 420×594

**해설** A0의 크기 841×1189를 기준해서 A1은 A0의 $\frac{1}{2}$인 594×841, A2는 A1의 $\frac{1}{2}$인 420×594 식으로 구분한다.

**3. 제도 용지 A0의 단면적은 약 얼마인가?**

① $0.8m^2$ ② $1.0m^2$ ③ $1.2m^2$ ④ $1.4m^2$

**해설** A0의 면적은 $1.0m^2$, B0 면적은 $1.5m^2$이다.

**4. 도면을 내용에 따라 분류한 것이 아닌 것은?**

① 부품도 ② 부분 조립도 ③ 접속도 ④ 제작도

**해설** 제작도는 도면을 용도에 따라 분류한 것이다.

**5. 도면 중에 조립도, 부분 조립도, 부품도를 총칭한 도면 명칭은 어느 것인가?**

① 설명도 ② 설계도 ③ 제작도 ④ 공정도

**해설** 제작도는 기계 등의 제작에 사용되는 도면으로서 조립도, 부분 조립도, 부품도 등이 있다.

**정답** 1. ① 2. ② 3. ② 4. ④ 5. ③

**6.** KS 규격에 따라 제품을 생산한다면 다음과 같은 이점이 있다. 틀린 것은?

① 공업 생산의 능률화　② 품질 향상
③ 제품의 단순화　④ 제품 상호 간 가격 상승

해설 ①, ②, ③ 외에도 제품 상호 간 호환성이 있으며 생산 가격이 낮아진다.

**7.** 기계 제도에 관해 KS B 0001로 제정 공포된 때는 언제인가?

① 1966년　② 1967년
③ 1968년　④ 1970년

해설 기계 제도의 규격은 3년마다 확인, 개정 또는 폐지, 신설하여 새로운 기술 향상에 발맞추고 있다.

**8.** 다음에서 제작도에 해당하지 않는 것은?

① 견적도　② 조립도　③ 부품도　④ 부분 조립도

해설 제작도는 제작 시에 필요한 도면이며, 견적도는 견적서에 붙여서 조회자에게 제출하는 도면이다. 조립도는 기계나 구조물의 전체 조립 상태를 나타낸 도면이다.

**9.** 부품을 척도 $\frac{1}{2}$로 그린 도면에 길이가 300mm로 기입되어 있을 때 실제 치수는?

① 75　② 150　③ 300　④ 600

해설 축도 $\frac{1}{2}$ 도면에서(척도가 어떻게 되어도 관계없이) 실제 치수 그대로를 도면에 기입해야 하므로 실제 치수는 적힌 치수 그대로이다.

**10.** 다음 중 복사도가 아닌 것은?

① 백사진　② 사진　③ 트레이스도　④ 청사진

해설 ① 백사진(positive print)은 양화 감광지를 사용하여 복사기에서 구워서 만든 것이다. 복사가 비교적 간단하다.

정답 6. ④　7. ②　8. ①　9. ③　10. ②

**11.** 청사진에서는 도면의 선이나 문자가 어떤 색으로 나타나는가?

① 청색
② 적색
③ 검정색
④ 흰색

해설 청사진은 트레이스도 밑에 감광지를 놓고 햇빛이나 자외선을 쪼인 후 암모니아 속에서 현상시킨 것이다.

**12.** 제도에서 축척을 $\frac{1}{2}$로 하면 도면의 면적은 실물 면적의 얼마가 되는가?

① 2배
② $\frac{1}{2}$
③ $\frac{1}{4}$
④ $\frac{1}{8}$

해설 만약 배척 $\frac{2}{1}$, $\frac{5}{1}$로 되면 도면의 면적은 실물 면적의 4배, 25배가 된다.

**13.** 기계 제작 부품 도면에서 도면의 윤곽선 오른쪽 아래 구석에 위치하는 표제란을 가장 올바르게 설명한 것은?

① 품번, 품명, 재질, 주서 등을 기재한다.
② 제작에 필요한 기술적인 사항을 기재한다.
③ 제조 공정별 처리 방법, 사용 공구 등을 기재한다.
④ 도번, 도명, 제도 및 검도 등 관련자 서명, 척도 등을 기재한다.

해설 도면에서 우측 하단 표제란에는 도번, 도명, 관련자 서명, 척도 등을 기재한다.

**14.** 보이지 않는 것을 표시할 때 어떤 선을 사용하는가?

① 일점 쇄선
② 은선
③ 외형선
④ 이점 쇄선

해설 파선은 짧은 선을 약간의 간격을 두고 연결한 선으로, 물체가 보이지 않는 부분에 사용되는데, 이 선을 은선이라고 한다.

정답 11. ④ 12. ③ 13. ④ 14. ②

**15.** 사도를 할 때 파선의 굵기는 어느 것이 적당한가?

① 외형선의 약 $\frac{1}{3}$
② 외형선의 약 $\frac{1}{4}$
③ 외형선의 약 $\frac{1}{2}$
④ 외형선의 약 $\frac{1}{1}$

**해설** 파선은 외형선의 약 $\frac{1}{2}$(0.2～0.4 mm) 정도로 굵게 하며, 파선과 파선의 간격은 1mm로 한다.

**16.** 제3각법과 제1각법의 표준 배치에서 공통되는 투상도의 명칭은 다음 중 어느 것인가?

① 정면도와 저면도
② 평면도와 배면도
③ 정면도와 배면도
④ 평면도와 저면도

**해설** 제3각법과 제1각법

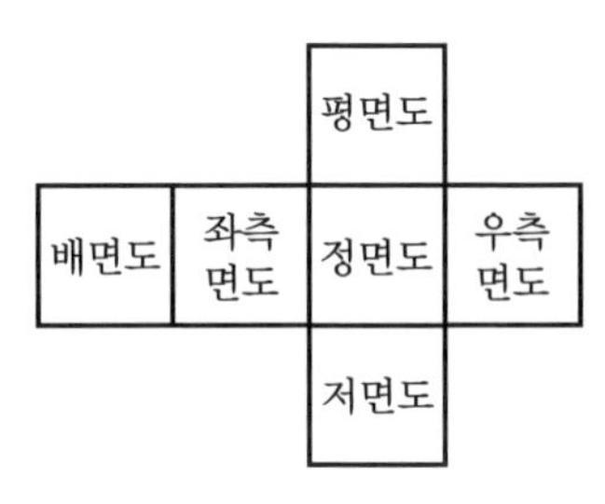

제3각법의 배치

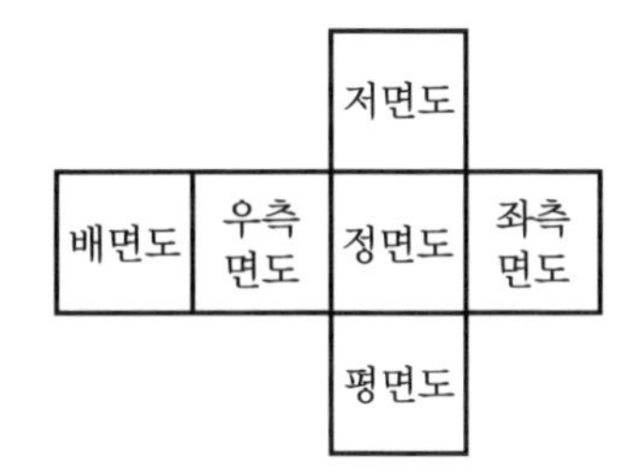

제1각법의 배치

**17.** 가상 투상도가 쓰이는 경우 중 틀린 것은?

① 물체의 평면이 경사면인 경우에 모양과 크기가 변형 또는 축소되어 나타나는 경우
② 도시된 물체의 바로 앞쪽에 있는 부분을 나타내는 경우
③ 물체 일부의 모양을 다른 위치에 나타내는 경우
④ 도형 내에 그 부분의 단면도를 90° 회전하여 나타내는 경우

**해설** 물체의 경사면의 실형을 나타낼 때는 경사면에 직각인 투상면에 투상하는 보조 투상도를 사용한다.

**정답** 15. ③ 16. ③ 17. ①

**18.** 단면도의 표시 방법에 관한 설명 중 틀린 것은?

① 단면을 표시할 때에는 해칭 또는 스머징을 한다.
② 인접한 단면의 해칭은 선의 방향 또는 각도를 변경하거나 그 간격을 변경하여 구별한다.
③ 절단했기 때문에 이해를 방해하는 것이나 절단하여도 의미가 없는 것은 원칙적으로 긴 쪽 방향으로는 절단하여 단면도를 표시하지 않는다.
④ 가스킷 같이 얇은 제품의 단면은 투상선을 한 개의 가는 실선으로 표시한다.

해설 단면도 표시 방법에서 얇은 제품의 단면은 투상선을 한 개의 굵은 실선으로 표시한다.

**19.** 파이프 내에 흐르는 유체의 문자 기호 중에서 V가 뜻하는 것은?

① 물 ② 증기
③ 기름 ④ 수증기

해설 파이프 내에 흐르는 유체의 문자 기호는 다음과 같다.
공기 : A(air), 가스 : G(gas), 기름 : O(oil), 수증기 : S(steam), 물 : W(water), 증기 : V(vapor)

**20.** 거칠기의 표시에서 기준 길이는 몇 가지로 규정하고 있는가?

① 5가지 ② 6가지 ③ 7가지 ④ 8가지

해설 거칠기의 표시에서 기준 길이는 0.08, 0.25, 0.8, 2.5, 8.0mm, 그리고 25mm로 규정하고 있다.

**21.** 다음 중 동일 장소에서 선이 겹칠 경우 나타내야 할 선의 우선순위를 옳게 나타낸 것은 어느 것인가?

① 외형선 > 중심선 > 숨은선 > 치수 보조선
② 외형선 > 치수 보조선 > 중심선 > 숨은선
③ 외형선 > 숨은선 > 중심선 > 치수 보조선
④ 외형선 > 중심선 > 치수 보조선 > 숨은선

해설 동일 장소에서 선이 겹칠 경우 우선순위는 외형선, 숨은선, 중심선, 치수 보조선 순으로 나타낸다.

정답 18. ④ 19. ② 20. ② 21. ③

**22.** [보기] 입체도의 화살표 방향을 정면으로 한다면 좌측면도로 적합한 투상도는?

| 보기 |

① ② ③ ④

해설 입체도 정면 좌측 중심부에 수직으로 홈이 직선으로 표시되어야 하므로 ①이 정답이다.

**23.** 다음 기호 중 10점 평균 거칠기를 나타내는 기호는?

① Rmax ② Rz ③ Ra ④ S

해설
- Rmax : 최대 높이
- Ra : 중심선 평균 거칠기

**24.** 다듬질 기호 ▽▽▽▽는 다음 중 어느 것에 해당하는가?

① 0.1S～0.8S ② 1.5S～6S
③ 12S～25S ④ 35S～100S

해설 ②는 ▽▽▽, ③은 ▽▽, ④는 ▽에 해당한다.

**25.** 기준 치수에 대한 설명 중 옳은 것은?

① 최대 허용 치수와 최소 허용 치수의 차를 말한다.
② 실제 치수에 대해 허용되는 한계 치수이다.
③ 실제로 가공된 기계 부품의 치수이다.
④ 허용 한계 치수의 기준이 되며 호칭 치수라고도 한다.

해설 ①은 치수 공차(tolerance), ②는 허용 한계 치수, ③은 실제 치수에 대한 설명이다.

정답 22. ① 23. ② 24. ① 25. ④

**26.** 다음은 리벳에 대한 설명이다. 틀린 것은?

① 판재 두께 5mm 이상에서 플로링 또는 코킹을 한다.
② 리벳의 잔류 길이는 지름의 $\frac{4}{3}$~$\frac{7}{4}$배로 한다.
③ 지름이 8mm 이하로 열간 리벳팅을, 10mm 이상일 경우는 냉간 리벳팅을 한다.
④ 지름이 25mm 이내는 망치로 작업을 하고, 그 이상은 리벳터를 사용한다.

**해설** 지름이 8mm 이하는 냉간 리벳팅을, 10mm 이상은 열간 리벳팅을 한다.

**27.** 다음은 리벳을 머리 모양에 따라 분류한 사항이다. 틀린 것은?

① 둥근 머리 ② 납작 머리 ③ 접시 머리 ④ 사각 머리

**해설** 둥근 머리 리벳이 가장 많이 사용된다.

**28.** 기계 제도에서 척도에 대한 설명으로 잘못된 것은?

① 척도는 표제란에 기입하는 것이 원칙이다.
② 축척의 표시는 2 : 1, 5 : 1, 10 : 1 등과 같이 나타낸다.
③ 척도란 도면에서의 길이와 대상물의 실제 길이의 비이다.
④ 도면을 정해진 척도값으로 그리지 못하거나 비례하지 않을 때에는 척도를 'NS'로 표시할 수 있다.

**해설** 척도 표시
㉮ 축척은 1 : 2, 1 : 5, 1 : 10이다.
㉯ 현척은 1 : 1이다.
㉰ 배척은 2 : 1, 5 : 1, 10 : 1이다.

**29.** 다음 나사 기호 중에서 관용 평행나사 기호는?

① PT ② PF ③ PS ④ SM

**해설** ①과 ③은 관용 테이퍼 나사이다.

**30.** 다음 중 파이프 나사를 나타내는 것은?

① M3 ② UN3/8 ③ PT3/4 ④ TM18

**해설** ③은 파이프를 연결하는 관용 테이퍼 나사이다.

**정답** 26. ③ 27. ④ 28. ② 29. ② 30. ③

**31.** SS 34는 무엇을 말하는가?

① 합금 공구강 인장강도 34
② 일반 구조용 압연 강재 인장강도 34
③ 열간 압력 스테인리스 강관 탄소 함유량 0.34
④ 압력 배관용 탄소강 탄소 함유량 0.34

**해설** SS 34에서 34는 최저 인장강도($kg/mm^2$)를 뜻한다.

**32.** 기계 제도에서 도면에 치수를 기입하는 방법에 대한 설명으로 틀린 것은?

① 길이는 원칙적으로 mm의 단위로 기입하고, 단위 기호는 붙지 않는다.
② 치수의 자릿수가 많을 경우 세 자리마다 콤마를 붙인다.
③ 관련 치수는 되도록 한 곳에 모아서 기입한다.
④ 치수는 되도록 주투상도에 집중하여 기입한다.

**해설** 도면의 치수에 자릿수가 많을 경우에도 콤마를 붙이지 않는다.

**33.** 빗금을 긋는 방법 중 맞는 것은?

① 왼쪽 위로 향한 경사선은 위에서 아래로 긋는다.
② 오른쪽 위로 향한 경사선은 위에서 아래로 긋는다.
③ 왼쪽을 향하든 오른쪽을 향하든 편리한 대로 긋는다.
④ 각도에 따라 편리한 대로 긋는다.

**해설** 오른쪽 위로 향한 경사선은 아래에서 위로 긋는다.

**34.** 다음 중 치수 기입의 원칙에 대한 설명으로 가장 적절한 것은?

① 주요한 치수는 중복하여 기입한다.
② 치수는 되도록 주투상도에 집중하여 기입한다.
③ 계산하여 구한 치수는 되도록 식을 같이 기입한다.
④ 치수 중 참고 치수에 대하여는 네모 상자 안에 치수 수치를 기입한다.

**해설** 치수는 가능하면 주투상도에 기입한다.

**정답** 31. ② 32. ② 33. ① 34. ②

**35.** 다음 그림 중 목재의 축단면은?

① 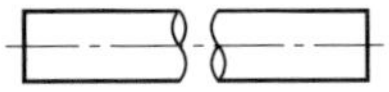　②

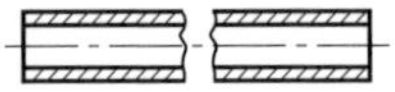

③ 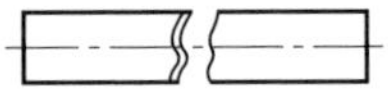　④

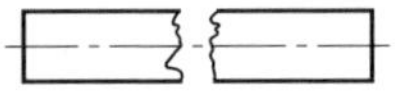

해설 ① : 환봉, ② : 안(단면), ③ : 판재(재질)

**36.** 다음은 리벳의 이음 형식에 따라 분류한 사항이다. 틀린 것은?

① 랩　② 한쪽 계철물 맞대기

③ 맞대기　④ 필

해설 ④는 용접 작업에서 구조 조립에 주로 사용한다.

**37.** 다음 투상도는 제 몇 각법으로 투상된 것인가?

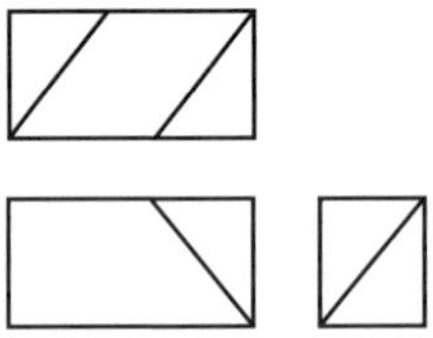

① 제1각법　② 제2각법　③ 제3각법　④ 제4각법

해설 제1각법은 정면도를 중심으로 아래쪽에 평면을 왼쪽에 우측면도를, 제3각법은 정면도를 중심으로 위쪽에 평면도, 오른쪽에 우측면도를 그린다.

**38.** 조립도를 그릴 때의 주의사항이 아닌 것은?

① 부품 번호는 개개의 부품에 전부 기입하고 부품도에 표시해 서로의 관계를 알게 한다.

② 전부품의 상호 관계 및 구조를 명시해야 한다.

③ 치수는 조립을 위해 필요한 치수만 기입한다.

④ 은선은 도면을 확실히 하기 위해 명확하고 철저하게 표시하도록 한다.

해설 도면에 나타나는 은선은 도면의 이해에 지장이 없는 한 생략한다.

정답 35. ④ 36. ④ 37. ③ 38. ④

**39. 다음 선의 투영에서 측화면에 실장으로 나타내는 도면은?**

① 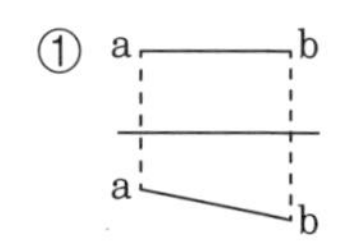


② 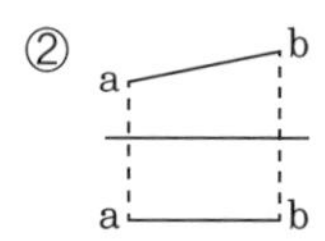


③ 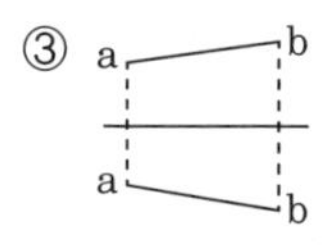


④ b a a b

해설 제1각법과 제3각법에서 투상도의 명칭은 서로 같지만, 그 위치가 정면도를 중심으로 상하, 좌우 반대가 된다.

**40. 복각 투상도의 설명 중 틀린 것은?**

① 중심선에 대해 대칭형이고, 표면과 내면이 서로 다른 경우에 사용한다.
② 중심선을 경계로 해서 왼쪽은 3각법, 오른쪽은 1각법으로 표시한다.
③ 중심선을 경계로 하여 왼쪽은 1각법, 오른쪽은 3각법으로 표시한다.
④ 동일 도면에 물체의 형상을 모두 나타낼 때 사용한다.

해설 복각 투상도는 정면도를 중심으로 오른쪽에 측면도를 그릴 때는 중심선의 왼쪽은 1각법, 오른쪽은 3각법으로 그리고 정면도를 중심으로 왼쪽에 측면도를 그릴 때는 왼쪽은 3각법, 오른쪽은 1각법으로 그린다.

**41. [보기] 겨냥도를 제3각법으로 제도했을 때 정면도로 옳은 투상법은?**

| 보기 |

정면도 방향

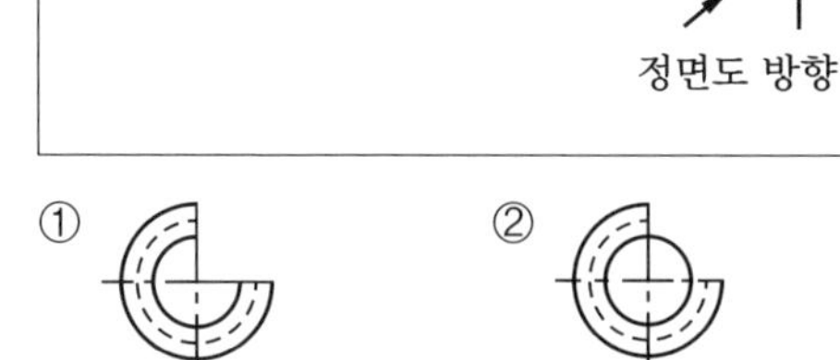

③ 

④ 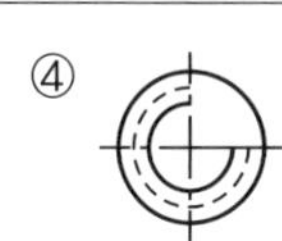

해설 중심선과 외형선이 겹칠 때는 외형선으로 표시한다.

정답 39. ④ 40. ① 41. ①

**42. 다음 중 선의 굵기가 다른 것은?**

① 치수선 ② 가상선 ③ 파단선 ④ 절단선

해설 가상선 · 파단선 · 절단선 등의 굵기는 도면에 사용된 외형선의 약 $\frac{1}{2}$의 굵기를 갖는다.

**43. 트레이싱을 할 때의 순서로서 올바른 것은?**

① 치수선 → 작은 원호 → 외형선 → 문자
② 작은 원호 → 치수선 → 외형선 → 문자
③ 작은 원호 → 외형선 → 치수선 → 문자
④ 외형선 → 작은 원호 → 치수선 → 문자

해설 원(작은 원 → 큰 원) → 원호 → 외형선 → 은선 → 치수선 → 문자 → 표제란 순이다.

**44. 선의 종류는 모양에 따라서 3가지로 구분한다. 이에 속하지 않는 것은?**

① 실선 ② 치수선 ③ 파선 ④ 쇄선

해설 선의 종류에는 실선, 파선, 쇄선의 3가지 종류가 있다. 치수선은 선의 용도에 따른 구분이며 선의 종류는 가는 실선으로 한다.

**45. 다음에서 선을 그을 때 굵기를 다르게 하는 것은?**

① 치수선 ② 지시선 ③ 외형선 ④ 치수 보조선

해설 외형선은 굵은 실선, 치수선, 치수 보조선, 지시선은 가는 실선으로 표시한다.

**46. 다음은 선의 굵기를 표시한 것이다. 잘못된 것은?**

① 은선 : 외형선의 $\frac{1}{2}$ ② 외형선 : 0.8～0.6mm
③ 일점 쇄선 : 외형선의 $\frac{1}{2}$ ④ 중심선 : 0.2mm 이하

해설 실선 : 0.3～0.8mm(외형선), 중심선, 피치선, 지시선, 치수선 등은 0.2mm 이하의 가는 실선을 사용한다.

정답 42. ① 43. ③ 44. ② 45. ③ 46. ②

**47.** 다음은 선에 대한 설명이다. 잘못된 것은?

① 외형선 : 물체의 보이는 부분의 모양을 나타내는 선으로 0.3~0.8mm의 실선
② 은선 : 굵기 0.2mm 이하로 물체의 내부 형상을 외부에서 보일 때 사용하며 가는 실선
③ 중심선 : 도형의 중심을 표시하는 선으로 0.2mm 이하의 일점 쇄선
④ 치수선 : 치수를 기입하기 위하여 쓰이는 선으로 굵기는 0.2mm 이하의 실선

해설 은선은 파선으로 외형선의 $\frac{1}{2}$ 굵기로 하여 보이지 않는 부분을 나타낸다.

**48.** KS 규격 중 기계 부문에 해당되는 것은?

① KS D ② KS C ③ KS B ④ KS A

해설
• KS A : KS 규격에서 기본 사항
• KS B : KS 규격에서 기계 부문
• KS C : KS 규격에서 전기 부문
• KS D : KS 규격에서 금속 부문

**49.** 각국의 공업 규격 중 잘못된 것은?

① 한국 : KS ② 미국 : ANSI ③ 일본 : JIS ④ 독일 : BS

해설 독일 : DIN, 영국 : BS, 스위스 : VSM, 국제 표준 규격 : ISO

**50.** 다음은 CAD에 사용되고 있는 명령어들이다. 서로 다르다고 생각하는 것은 어느 것인가?

① TRIM ② BREAK ③ RELIMIT ④ ARC

해설 ARC는 도형 작성(creation)에 해당하며, TRIM, BREAK, RELIMIT 등은 도형의 편집에 해당된다.

**51.** 중컴퍼스로 그릴 수 있는 반지름은 얼마인가?

① 20~30mm ② 5~70mm ③ 40~120mm ④ 120~160mm

해설 대컴퍼스는 반지름이 70~140mm 정도의 원을 그리는데 쓰며, 중간에 다리를 이어서 쓰면 반지름 250mm 정도까지의 원도 그릴 수 있다. 중컴퍼스는 반지름 70mm 보다 작은 원을 그리는데 쓰인다.

정답 47. ② 48. ③ 49. ④ 50. ④ 51. ②

**52.** 가장 작은 원호를 그릴 때 사용하는 컴퍼스는?

① 스프링 컴퍼스 ② 비임 컴퍼스 ③ 대컴퍼스 ④ 드롭 컴퍼스

해설 원을 그릴 때 큰 것부터 나열하면 비임 컴퍼스 → 대컴퍼스 → 중컴퍼스 → 스프링 컴퍼스 → 드롭 컴퍼스의 순이다. ④는 2~5mm 원호를 그리는데 알맞다.

**53.** 만능제도기에서 각도기의 최소 눈금은?

① 1° ② 1/2° ③ 1/6° ④ 1/9°

해설 만능제도기는 1/6°의 눈금이 있고, 자는 1mm, 0.5mm 눈금이 있다.

**54.** 다음 중 제도판의 규격에 속하지 않는 것은?

① 450×600mm ② 600×900mm
③ 900×1200mm ④ 1200×1450mm

해설 제도판은 A0용은 900×1200mm, A1용은 600×900mm, A2용은 450×600mm이다.

**55.** [보기] 겨냥도를 제1각법으로 제도했을 때 화살표 방향을 정면도로 한다면 우측면도로 옳은 것은?

| 보기 |

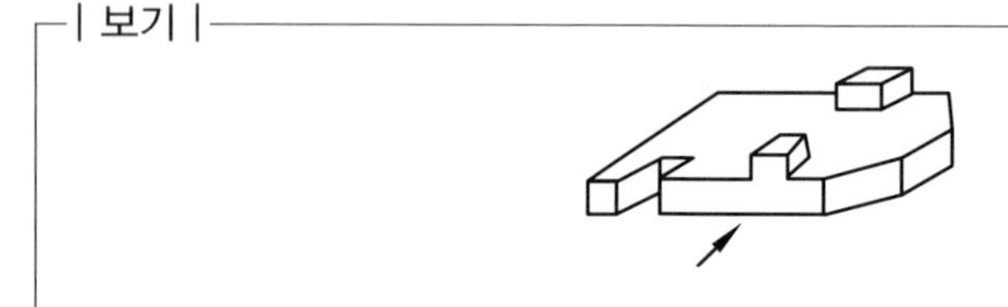

① ②

③ ④

해설 제1각법과 제3각법에서 투상도의 명칭은 서로 같지만, 그 위치가 정면도를 중심으로 상하, 좌우 반대가 된다.

정답 52. ④ 53. ③ 54. ④ 55. ①

**56.** 스케치 시 부품 표면에 광명단을 칠한 후 종이에 대고 눌러서 실제 모양을 뜨는 방법을 무엇이라 하는가?

① 광명단 칠하기　　② 모양 뜨기법
③ 프린트법　　④ 사진 촬영법

**해설** ② 모양 뜨기법은 본 뜨기법이라고도 하며, 불규칙한 곡선부에 종이를 대고 연필로 그리거나 납선, 구리선으로 모양을 뜬다.

**57.** 다음 중 파이프와 온도계의 접속 상태를 도시한 것은 어느 것인가?

①
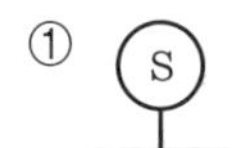

②
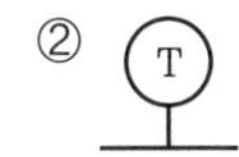

③
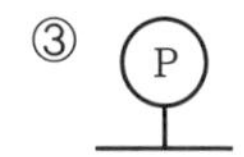

④
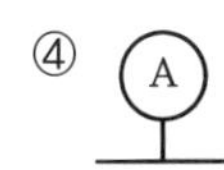


**해설** ① : 증기(steam)
② : 온도(temperature)
③ : 압력(pressure)
④ : 공기(air)

**58.** 제도의 역할을 설명한 것으로 가장 적합한 것은?

① 기계의 제작 및 조립에 필요하며, 설계의 밑바탕이 된다.
② 그리는 사람만 알고 있고 작업자에게는 의문이 생겼을 때에만 가르쳐 주면 된다.
③ 알기 쉽고 간단하게 그림으로써 대량 생산의 밑바탕이 된다.
④ 계획자의 뜻을 작업자에게 틀림없이 이해시켜 작업을 정확, 신속, 능률적으로 하게 한다.

**해설** 설계된 기계가 설계대로 공작, 조립되려면 설계자가 의도한 사항이 도면에 의하여 제작자에게 빠짐없이 전달되어야 한다.

**59.** 일반적인 경우 도면을 접을 때 도면의 어느 것이 겉으로 드러나게 정리해야 하는가?

① 표제란이 있는 부분　　② 부품도가 있는 부분
③ 조립도가 있는 부분　　④ 어떻게 해도 좋다.

**해설** 표제란은 도면 오른쪽 아래에 ㉮ 도면 번호, ㉯ 척도, ㉰ 도명, ㉱ 제도소명, ㉲ 도면 작성 연월일, ㉳ 책임자의 서명을 기재한다.

**정답** 56. ③　57. ②　58. ④　59. ①

**60.** 다음 그림과 같이 외경 550mm, 두께 6mm, 높이 900mm인 원통을 만들려고 할 때, 소요되는 철판의 크기로 가장 적당한 것은? (단, 양쪽 마구리는 트여진 상태이며, 이음새 부위는 고려하지 않는다.)

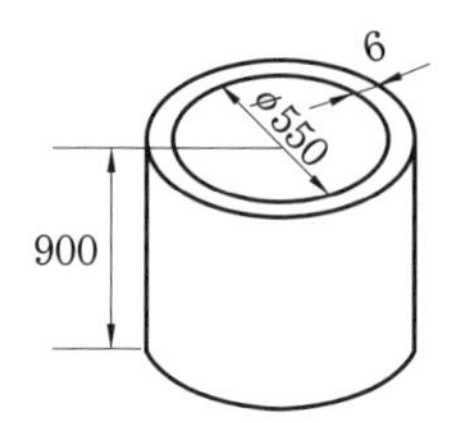


① 900×1709 ② 900×1727 ③ 900×1747 ④ 900×1765

**해설** • 소요 길이 $l=\pi(D+t)$ : 얇은 판인 경우
• 소요 길이 $l=\pi D$ : 두꺼운 판인 경우
문제의 그림에서 $t=6$은 두꺼운 판에 속한다.
$\therefore\ l=\pi D=3.14\times550=1727\,\text{mm}$

**61.** 패킹, 개스킷 등의 단면은 어떻게 표시하는가?

① 하나의 굵은 실선으로 나타낸다. ② 해칭하여 나타낸다.
③ 두 개의 가는 실선으로 나타낸다. ④ 색칠로서 표시한다.

**해설** 패킹, 개스킷 등을 단면으로 나타낼 때 하나의 굵은 실선으로 나타낸다.

**62.** 기계 제도 도면에서 "$t$120"이라는 치수가 있을 경우 "$t$"가 의미하는 것은?

① 모따기 ② 재료의 두께
③ 구의 지름 ④ 정사각형의 변

**해설** • 모따기 : C • 재료의 두께 : $t$ • 구의 지름 : Sø
• 정사각형의 변 : □ • 구의 반지름 : R

**63.** 도면의 마이크로필름 촬영이나 복사할 때 등의 편의를 위해 만든 것은?

① 중심 마크 ② 비교 눈금
③ 도면 구역 ④ 재단 마크

**해설** 도면 복사 시 중심 마크가 있어야 위치 등을 판단할 수 있다.

**정답** 60. ② 61. ① 62. ② 63. ①

**64.** 기계 제작 부품 도면에서 도면의 윤곽선 오른쪽 아래 구석에 위치하는 표제란을 가장 올바르게 설명한 것은?

① 품번, 품명, 재질, 주서 등을 기재한다.
② 제작에 필요한 기술적인 사항을 기재한다.
③ 제조 공정별 처리 방법, 사용 공구 등을 기재한다.
④ 도번, 도명, 제도 및 검도 등 관련자 서명, 척도 등을 기재한다.

**해설** 도면에서 우측 하단 표제란에는 도번, 도명, 관련자 서명, 척도 등을 기재한다.

**65.** 아주 굵은 실선의 용도로 가장 적합한 것은?

① 특수 가공하는 부분의 범위를 나타내는 데 사용
② 얇은 부분의 단면 도시를 명시하는 데 사용
③ 도시된 단면의 앞쪽을 표현하는 데 사용
④ 이동 한계의 위치를 표시하는 데 사용

**해설** ②에 해당하는 내용으로 개스킷, 박판, 형강 등과 같이 절단면이 얇은 경우에는 절단면을 검게 칠하거나, 실제 치수와 관계없이 1개의 아주 굵은 실선으로 표시한다.

**66.** 다음 투상도 중 표현하는 각법이 다른 하나는?

① 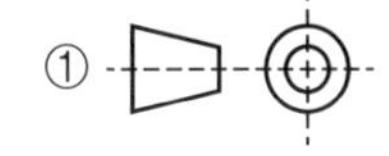
② 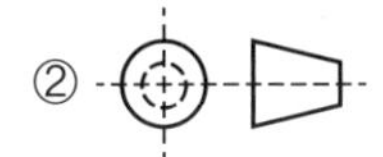
③ 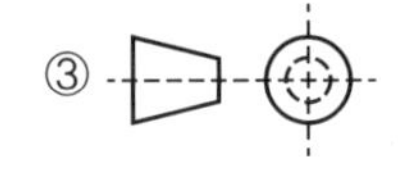
④ 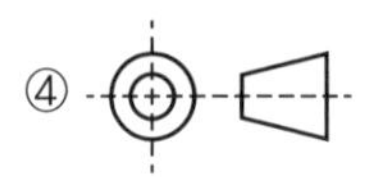

**해설** ③은 투상도에서 제1각법이고, 나머지 항의 투상도는 제3각법을 나타낸다.

**67.** 바퀴의 암(arm), 림(rim), 축(shaft), 훅(hook) 등을 나타낼 때 주로 사용하는 단면도로서 단면의 일부를 90° 회전하여 나타낸 단면도는?

① 부분 단면도 ② 회전 도시 단면도 ③ 계단 단면도 ④ 곡면 단면도

**해설** 단면도의 종류

㉮ 부분 단면도 : 외형도에 요소 일부분을 단면도로 표시
㉯ 회전 도시 단면도 : 핸들이나 바퀴 등의 암 및 림, 리브, 훅, 축, 구조물의 부재 등의 절단면은 90° 회전하여 표시
㉰ 계단 단면도 : 2개 이상의 평면을 계단 모양으로 절단한 단면

**정답** 64. ④ 65. ② 66. ③ 67. ②

**68.** 다음 중 일반적으로 긴 쪽 방향으로 절단하여 도시할 수 있는 것은?

① 리브 ② 기어의 이 ③ 바퀴의 암 ④ 하우징

해설 아래 그림처럼 절단하여도 의미가 없는 축, 핀, 볼트, 너트 와셔 등을 절단했기 때문에 이해를 방해하는 ①, ②, ③ 등은 원칙적으로 긴 쪽 방향으로 절단하지 않는다.

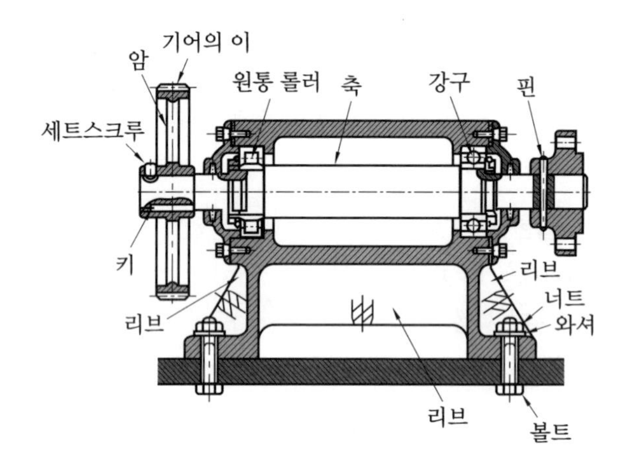


**69.** 단면의 무게중심을 연결한 선을 표시하는 데 사용하는 선의 종류는?

① 가는 1점 쇄선 ② 가는 2점 쇄선 ③ 가는 실선 ④ 굵은 파선

해설 가는 2점 쇄선은 인접하는 부분 또는 공구, 지그 등을 참고로 표시할 때, 가공 부분을 이동 중의 특정 위치 또는 이동 한계의 위치를 나타낼 때, 그리고 단면의 무게중심을 연결하는 선 등에 사용된다.

**70.** [보기] 입체도의 화살표 방향 투상 도면으로 가장 적합한 것은?

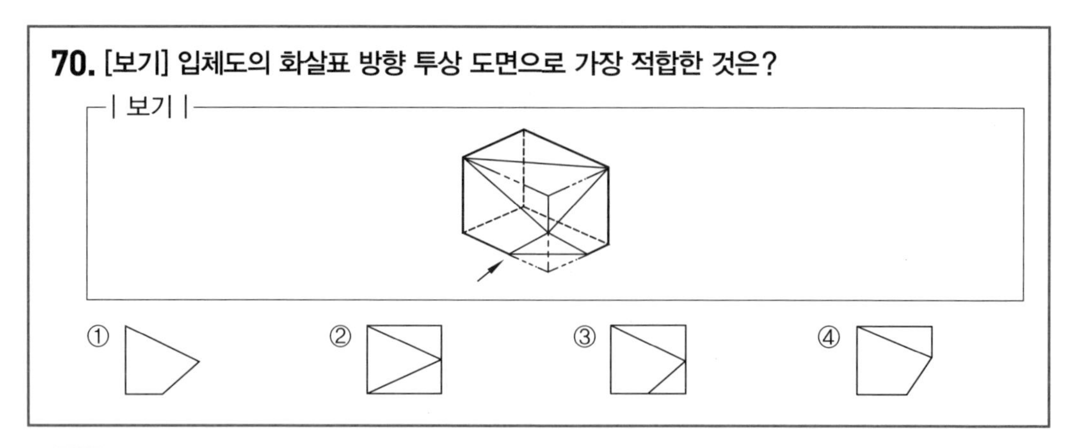


해설 화살표 방향의 정면도를 고르는 문제로 ③이 올바른 정면도이다.

정답 68. ④ 69. ② 70. ③

**71.** 다음 중 호의 길이 치수를 나타내는 것은?

① 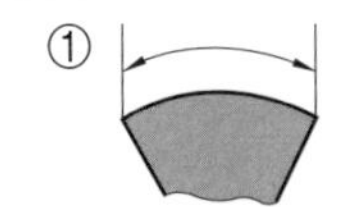
② 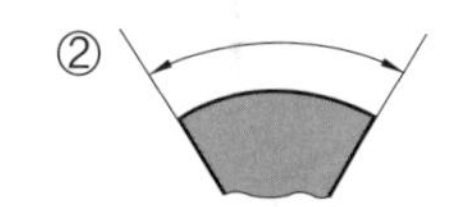
③ 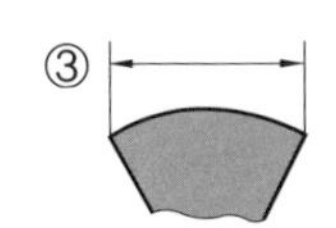
④ 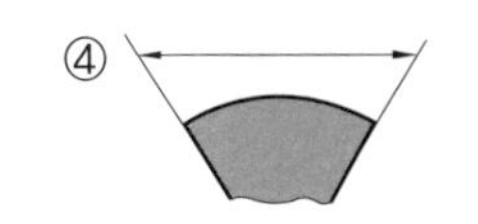

해설 호의 길이 치수를 나타내는 것은 ①이다.
③은 현의 길이 치수를 나타낸다.

**72.** 정투상법의 제1각법과 제3각법에서 배열 위치가 정면도를 기준으로 동일한 위치에 놓이는 투상도는?

① 좌측면도 ② 평면도 ③ 저면도 ④ 배면도

해설 정면도 기준으로 투상도는 배면도의 위치가 동일하다.

**73.** 다음 중 축출기의 도시 기호는?

① 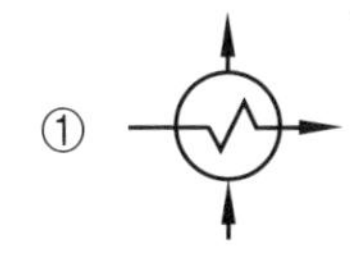
② 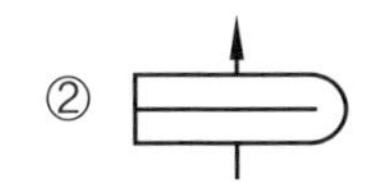
③ 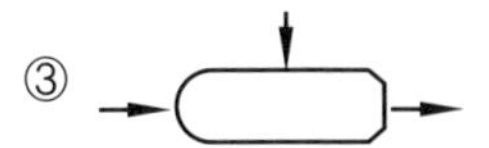
④ 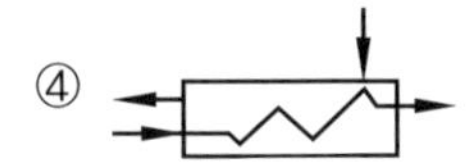

해설 ①은 열교환기 또는 냉각기, ③은 응축기(기압식), ④는 1단식 증발기의 도시 기호이다.

**74.** 기계 제도에서 사용하는 척도에 대한 설명으로 틀린 것은?

① 척도의 표시 방법에는 현척, 배척, 축척이 있다.
② 도면에 사용한 척도는 일반적으로 표제란에 기입한다.
③ 척도는 대상물과 도면의 크기로 정해진다.
④ 한 장의 도면에 서로 다른 척도를 사용할 필요가 있는 경우에는 해당되는 척도를 모두 표제란에 기입한다.

해설 ④ 한 도면에 2종류 이상의 다른 척도를 사용할 때는 주된 척도를 표제란에 기입하고, 필요에 따라 각 도형의 위나 아래에 해당 척도를 기입한다.

정답 71. ① 72. ④ 73. ② 74. ④

**75.** [보기]와 같은 입체도의 정면도로 적합한 것은?

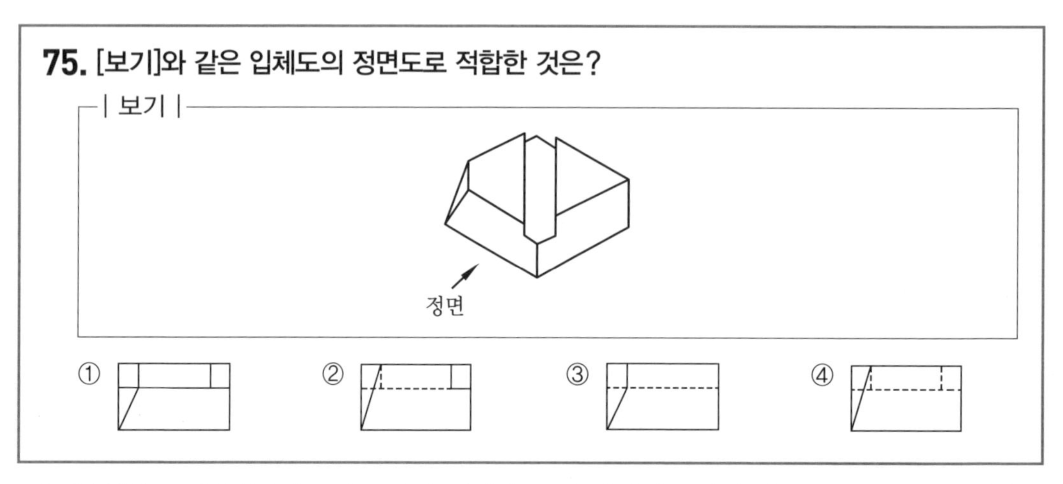


해설 화살표 방향에서의 정면도 우측 상단을 보면 실선이 보여야 하므로 ①, ② 중에 답을 택하여야 한다. 그 홈이 정면도 방향에서는 보이지 않게 되므로 은선으로 표기되어야 한다. 따라서 ②가 답이 된다.

**76.** 다음 중 도면의 일반적인 구비 조건으로 관계가 가장 먼 것은?

① 대상물의 크기, 모양, 자세, 위치의 정보가 있어야 한다.
② 대상물을 명확하고 이해하기 쉬운 방법으로 표현해야 한다.
③ 도면의 보존, 검색 이용이 확실히 되도록 내용과 양식을 구비해야 한다.
④ 무역과 기술의 국제 교류가 활발하므로 대상물의 특징을 알 수 없도록 보안성을 유지해야 한다.

해설 도면의 기계, 기구, 구조물 등의 모양과 크기, 공정도 등을 언제, 누가 그리더라도 동일한 모양과 형태가 되도록 해야 한다. 그러므로 도면을 그리거나 해독하는 사람은 제도상 정해진 약속과 규칙에 따라야 한다.

**77.** 다음 중 가공 모양 기호 중 틀린 것은?

① = : 가공으로 생긴 앞줄의 방향이 기호를 기입한 그림의 투상면에 평행
② ⊥ : 가공으로 생긴 앞줄의 방향이 기호를 기입한 그림의 투상면에 수직
③ C : 가공으로 생긴 선이 거의 방사상
④ M : 가공으로 생긴 선이 다방면으로 교차 또는 무방향

해설 C : 가공 모양이 거의 동심원인 것을 나타내며, R이 가공 모양의 선이 거의 방사상형이다.

정답 **75.** ② **76.** ④ **77.** ③

**78.** [보기]의 입체도를 제3각법으로 올바르게 투상한 것은?

| 보기 |

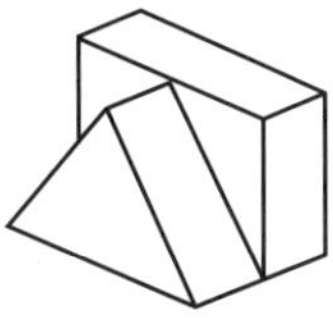

① 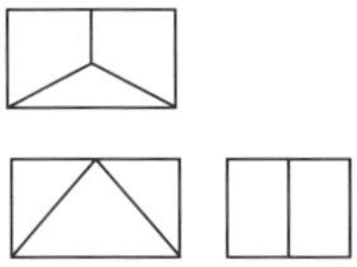 ② 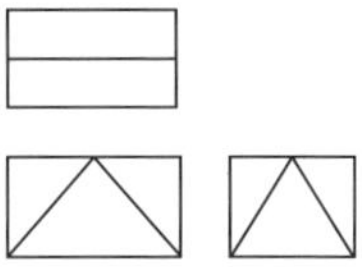 ③ 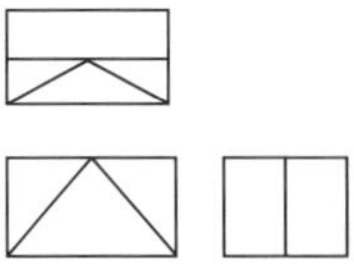 ④

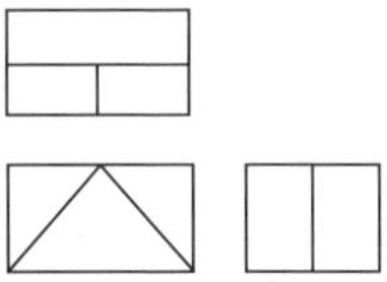

해설 우선 입체를 우측에서 본 우측면도를 보면, 도형 가운데 수직선상이 있어야 하므로 ②는 제외된다. 그리고 입체를 위에서 본 평면도를 보면 위 사각형에 직선으로 아래로 내려오는 직선이 있어야 하므로 ④가 정답이 된다.

**79.** 가공 방법의 약호 중 잘못된 것은?

① FR-리머 ② FS-스크레퍼 ③ M-밀링 ④ D-보링

해설 D : 드릴링, B : 보링, L : 선반가공, FL : 래핑, FF : 줄가공 등이 있다.

**80.** 도면에서 2종류 이상의 선이 겹쳤을 때, 우선하는 순위를 바르게 나타낸 것은?

① 숨은선 > 절단선 > 중심선
② 중심선 > 숨은선 > 절단선
③ 절단선 > 중심선 > 숨은선
④ 무게중심선 > 숨은선 > 절단선

해설 우선하는 순위는 외형선, 숨은선, 절단선, 중심선, 무게중심선, 치수 보조선 순으로 그린다.

정답 78. ④ 79. ④ 80. ①

**81.** 다음 중 핀 방열기의 도면 기호는?

① ② ③ ④ F

해설 ①은 주형 방열기(column radiator), ③은 대류 방열기(convector), ④는 소화전(fire hydrant box)의 도면 기호이다.

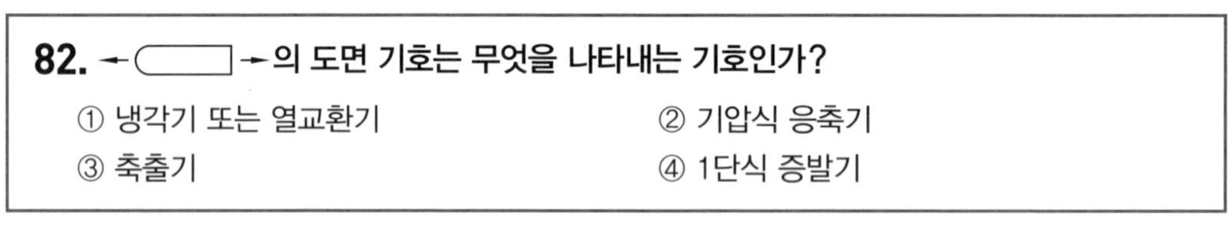

**82.** ←⊂□→의 도면 기호는 무엇을 나타내는 기호인가?

① 냉각기 또는 열교환기 ② 기압식 응축기
③ 축출기 ④ 1단식 증발기

해설 ① ③ ④

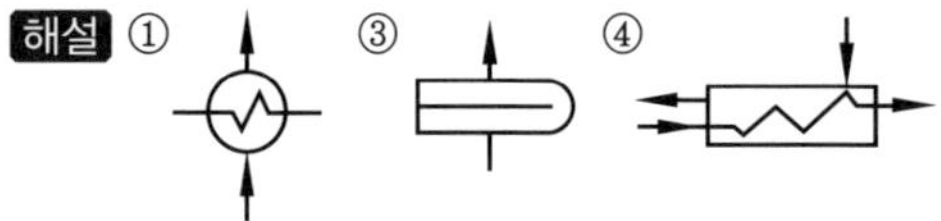

**83.** 미터나사의 호칭 지름은 수나사의 바깥 지름을 기준으로 정한다. 이에 결합되는 암나사의 호칭 지름은 무엇이 되는가?

① 암나사의 골지름 ② 암나사의 안지름
③ 암나사의 유효 지름 ④ 암나사의 바깥 지름

해설 미터나사와 결합되는 암나사의 호칭 지름은 암나사의 골지름으로 정한다.

**84.** 배기 댐버 단면을 나타낸 도시 기호는?

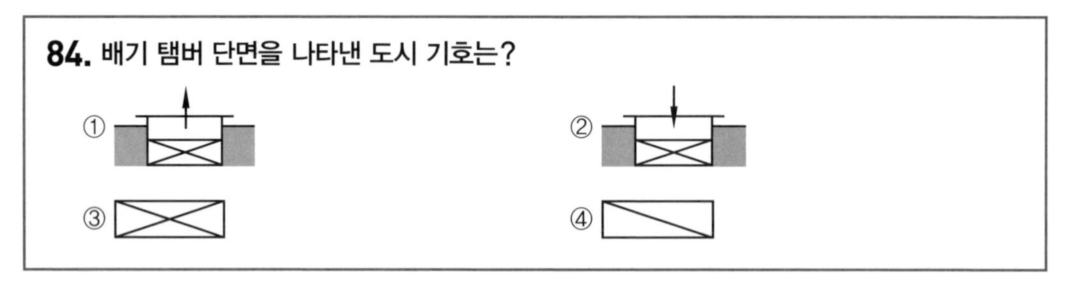

해설 ①은 송기 댐버 단면, ③은 송기도 단면, ④는 배기도 단면이다.

정답 81. ② 82. ② 83. ① 84. ②

**85.** 다음 중 도면에서 단면도의 해칭에 대한 설명으로 틀린 것은?

① 해칭선은 반드시 주된 중심선에 45°로만 경사지게 긋는다.
② 해칭선은 가는 실선으로 규칙적으로 줄을 늘어놓는 것을 말한다.
③ 단면도에 재료 등을 표시하기 위해 특수한 해칭(또는 스머징)을 할 수 있다.
④ 단면 면적이 넓을 경우에는 그 외형선에 따라 적절한 범위에 해칭(또는 스머징)을 할 수 있다.

해설 해칭의 원칙
㉮ 중심선 또는 기선에 대하여 45° 기울기로 등간격(2～3mm)의 사선으로 표시한다.
㉯ 근접한 단면의 해칭은 방향이나 간격을 다르게 한다.
㉰ 부품도에는 해칭을 생략하지만, 조립도에는 부품 관계를 확실하게 하기 위하여 해칭을 한다.
※ 45° 기울기로 판단하기 어려울 때는 30°, 60°로 한다.

**86.** 다음 설명 중 틀린 것은?

① 용접 기호 설명선에서 기선은 보통 수평선으로 긋는다.
② 지시선은 기선에 대하여 60°로 긋고 끝에 화살표를 붙인다.
③ 현장 용접, 온둘레 용접 기호는 기선 끝과 꼬리 교점에 기입한다.
④ 특별한 지시사항이 있을 경우 꼬리를 붙여 사용한다.

해설 현장 용접 기호, 온둘레 용접 기호는 기선과 지시선의 교점에 식으로 붙인다.

**87.** 파이프 호칭법 중에서 B3 SGP로 표시된 것 중에서 B가 뜻하는 것은?

① 호칭 지름을 뜻하며, 단위가 mm이다.
② 호칭 압력을 뜻한다.
③ 강관의 종류, 명칭을 뜻한다.
④ 호칭 지름의 단위를 뜻하며 단위가 인치(inch)이다.

해설 배관용 탄소 강관의 치수 표시에서 A는 mm 단위, B는 inch 단위의 호칭경을 뜻한다. 즉, B3은 호칭경이 3″인 강관이다.

정답 85. ① 86. ③ 87. ④

**88.** 압력용 강관의 호칭법으로 맞는 것은?

① 명칭, 호칭, 재질
② 명칭, 외경×두께, 재질
③ 명칭, 호칭, 지름×호칭 두께, 재질
④ 명칭, 재질, 호칭×길이

해설 ①은 배관용 강관, ②는 황동 구리관을 나타내며, ③은 압력용 강관 A 80×5.5 STPG 35 식으로 표시한다.

**89.** 다음 중 배관 설계 시 유의점이 아닌 것은?

① 관로가 너무 길어서 압력 손실이 생기지 않도록 한다.
② 땅속에 매설하는 경우, 흙으로만 매설된다.
③ 가능한 한 지름이 같은 것을 짧고 곧게 배관한다.
④ 관로는 색깔로서 유체의 종류 등을 나타낸다.

해설 관을 땅속에 매설할 경우는 부식이 가능한 적도록 해야 한다.

**90.** 다음 그림은 직각 AOB를 3등분하는 방법이다. 직각 삼등분법으로 틀린 것은?

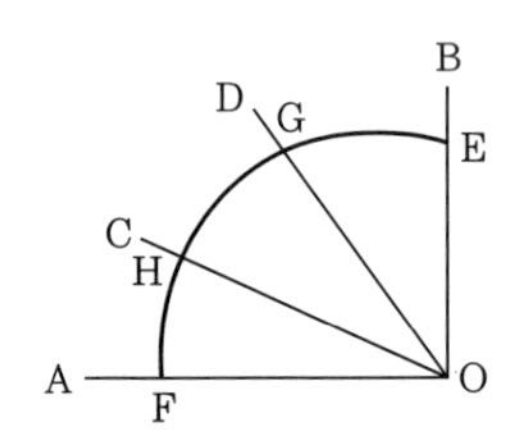


① O를 중심으로 ∠AOB에 대해 임의의 반지름을 긋는다.
② 원호 $\overset{\frown}{EF}$를 그린다.
③ 반지름은 반드시 $\overline{AO}$에 대해 $\frac{1}{2}$로 잡아야 한다.
④ $\overset{\frown}{EF}$ 원호를 그린 반지름을 가지고 E점에서와 F점에서 원호를 그려 G, H점을 만든 다음 O점과 수직선을 긋는다.

해설 ∠AOB에 대해 원호를 그릴 때는 임의의 반지름으로 그리며, 반드시 $\frac{1}{2}$로 할 필요가 없다.

정답 **88.** ③ **89.** ② **90.** ③

# 제 2 장 도면 해독

## 2-1 체결용 기계요소 표시 방법

### (1) 나사의 용어

① **나사 :** 나사 곡선(helix)에 따라 홈을 깎는 것을 나사(screw)라 한다.

② **수나사와 암나사 :** 원통의 바깥 면을 깎은 나사를 수나사(external thread), 구멍의 안쪽 면을 깎은 나사를 암나사(internal thread)라 한다.

### (2) 나사의 표시법

나사의 표시는 수나사의 산마루 또는 암나사의 골밑을 나타내는 선에서 지시선을 긋고, 그 끝에 수평선을 그어 그 위에 KS에 규정된 방법에 따라 표시한다(단, 나사의 잠김 방향이 왼나사인 경우 '좌'의 문자로 표시하나, 오른나사의 경우에는 생략하고, 한줄나사의 경우 줄 수를 기입하지 않는다).

## 2-2 볼트와 너트

### (1) 볼트의 호칭

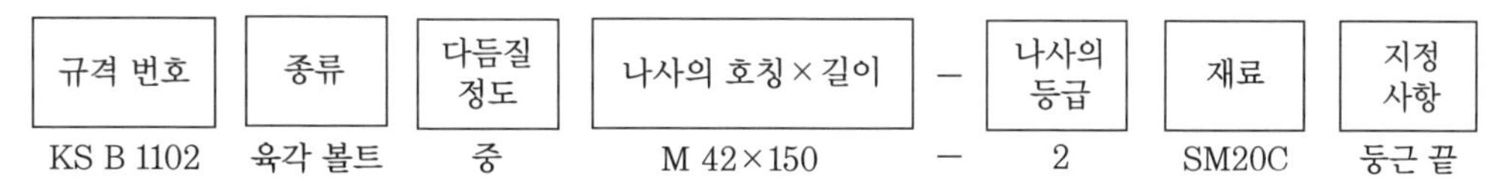

| 규격 번호 | 종류 | 다듬질 정도 | 나사의 호칭×길이 | – | 나사의 등급 | 재료 | 지정 사항 |
|---|---|---|---|---|---|---|---|
| KS B 1102 | 육각 볼트 | 중 | M 42×150 | – | 2 | SM20C | 둥근 끝 |

※ 규격 번호는 특히 필요하지 않으면 생략하고 지정 사항은 자리 붙이기, 나사부의 길이, 나사 끝 모양, 표면 처리 등을 필요에 따라 표시한다.

### (2) 너트의 호칭

| 규격 번호 | 종류 | 모양의 구별 | 다듬질 정도 | 나사의 호칭 | – | 나사의 등급 | 재료 | 지정 사항 |
|---|---|---|---|---|---|---|---|---|
| KS B 1020 | 육각 너트 | 2종 | 상 | M 42 | – | 1 | SM25C | H=42 |

### (3) 리벳의 호칭

| 규격 번호 | 종류 | 호칭 지름 | × | 길이 | 재료 |
|---|---|---|---|---|---|
| KS B 0112 | 열간 둥근 머리 리벳 | 16 | × | 40 | SBV 34 |

※ 규격 번호를 사용하지 않는 경우에는 종류의 명칭에 “열간” 또는 “냉간”을 앞에 기입한다.

## 2-3 도면 해독

### (1) 용접 기호

#### ① 기본 기호

(가) 각종 이음은 제작에서 사용되는 용접부의 형상과 유사한 기호로 표시한다.

(나) 용접부의 기호는 기본 기호 및 보조 기호로 되어 있으며, 기본 기호는 원칙적으로 두 부재 사이의 용접부의 모양을 표시하고 보조 기호는 용접부의 표면 형상, 다듬질 방법, 시공상의 주의사항 등을 표시한다.

#### ② 기본 기호의 조합

(가) 필요한 경우에는 기본 기호를 조합하여 사용할 수 있다.

(나) 부재의 양쪽을 용접하는 경우에는 적당한 기본 기호를 기준선에 좌우 대칭으로 조합시켜 CCL하는 방법으로 표시한다.

#### ③ 보조 기호

(가) 보조 기호는 외부 표면의 형상 및 용접부 형상의 특징을 나타내는 기호에 따른다.

(나) 보조 기호가 없는 경우에는 용접부 표면의 형상을 정확히 지시할 필요가 없다는 것이다.

**보조 기호**

| 용접부 및 용접부 표면의 형상 | 기호 |
|---|---|
| 평면(동일 평면으로 다듬질) | ── |
| 凸형 | ⌒ |
| 凹형 | ◡ |

| 용접부 및 용접부 표면의 형상 | 기호 |
|---|---|
| 끝단부를 매끄럽게 함 | ⌣ |
| 영구적인 덮개판을 사용 | M |
| 제거 가능한 덮개판을 사용 | MR |

## (2) 용접 도면상의 기호 위치

### ① 일반사항

㈎ 다음의 규정에 근거하여 3가지 구성된 기호는 모든 표시 방법 중 단지 한 부분을 만든다.

㉮ 하나의 이음에 하나의 화살표

㉯ 하나는 연속이고 다른 하나는 파선인 2개의 평행선으로 된 2중 기준선(좌우 대칭인 용접부에서는 파선은 필요 없고 생략하는 편이 좋다.)

㉰ 치수선의 정확한 숫자와 규정상의 기호

㈏ 다음 규정의 목적은 명기하여 둠으로써 용접부의 위치를 한정하기 위함이다.

㉮ 화살표의 위치

㉯ 기준선의 위치

㉰ 기호의 위치

㈐ 화살표 및 기준선에는 모든 관련 기호를 붙인다. 예를 들어 용접 방법, 허용 수준, 용접 자세, 용가재 등 상세 항목을 표시하려는 경우에는 기준선의 끝에 꼬리를 덧붙인다.

**② 화살표와 이음과의 관계 :** 화살의 위치는 명확한 목적에 근거하여 선택된다. 일반적으로 화살은 이음에 직접 인접한 부분에 배치된다.

㈎ 이음의 "화살표 쪽"

㈏ 이음의 "화살표 반대쪽"

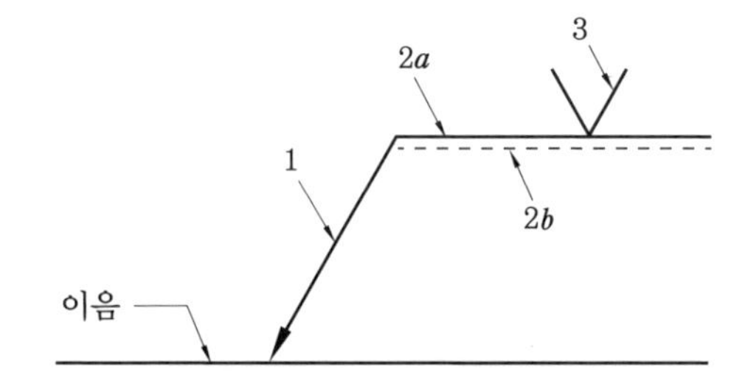


1 : 화살표(지시선)
2a : 기준선(실선)
2b : 동일선(파선)
3 : 용접 기호(이음 용접)

## (3) 배관 도시 기호

### ① 높이 표시

(가) EL 표시 : 배관 높이를 관의 중심을 기준으로 표시

(나) BOP 표시 : 서로 지름이 다른 관의 높이를 나타낼 때 적용되는 것으로 관 바깥지름의 밑면까지를 기준으로 표시

㉮ TOP 표시 : 관 윗면을 기준으로 표시

㉯ GL 표시 : 포장된 지표면의 높이를 표시

㉰ FL 표시 : 1층 바닥면을 기준으로 높이를 표시

### ② 관 접속 상태

| 접속 상태 | 실제 모양 | 도시 기호 | 굽은 상태 | 실제 모양 | 도시 기호 |
|---|---|---|---|---|---|
| 접속하지 않을 때 |  | 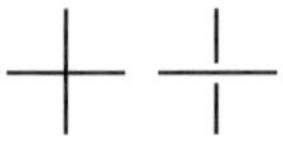 | 파이프 A가 앞쪽으로 수직으로 구부러질 때 | 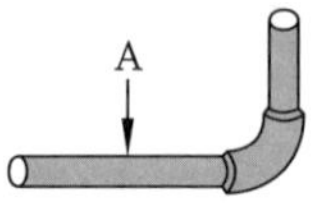 A |  A |
| 접속하고 있을 때 | 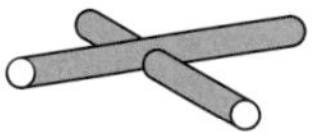 |  | 파이프 B가 뒤쪽으로 수직으로 구부러질 때 | 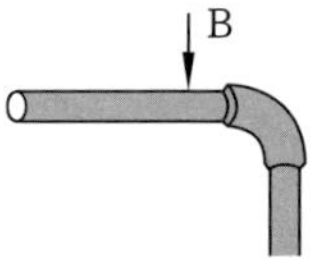 B | 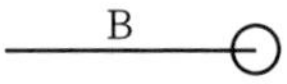 B |
| 분기하고 있을 때 | 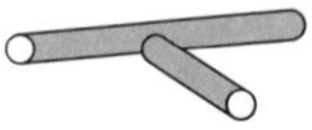 |  | 파이프 C가 뒤쪽으로 구부러져서 D에 접속될 때 | 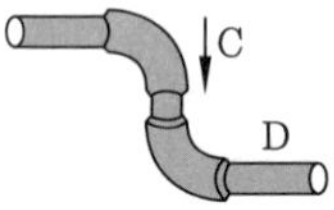 C D | 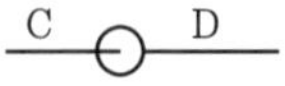 C D |

### ③ 관 연결 방법

| 이음 종류 | 연결 방법 | 도시 기호 | 예 | 이음 종류 | 연결 방법 | 도시 기호 |
|---|---|---|---|---|---|---|
| 관 이음 | 나사형 | 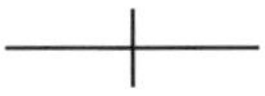 |  | 신축 이음 | 루프형 |  |
| | 용접형 |  | 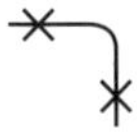 | | 슬리브형 | 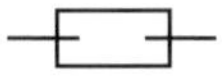 |
| | 플랜지형 |  | 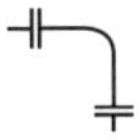 | | 벨로즈형 | 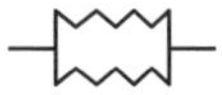 |
| | 턱걸이형 |  |  | | 스위블형 | 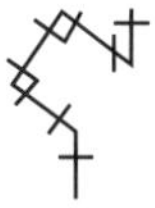 |
| | 납땜형 |  | 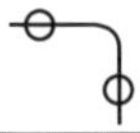 | | | |

### ④ 밸브 및 계기의 표시

| 종류 | 기호 | 종류 | 기호 |
|---|---|---|---|
| 옥형 밸브(글로브 밸브) |  | 일반 조작 밸브 | 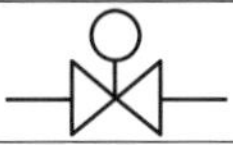 |
| 사절 밸브(슬루스 밸브) |  | 전자 밸브 |  S |
| 앵글 밸브 | 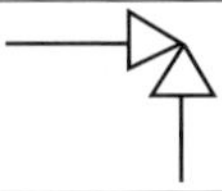 | 전동 밸브 | 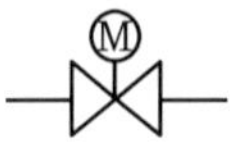 M |
| 역지 밸브(체크 밸브) |  | 도출 밸브 | 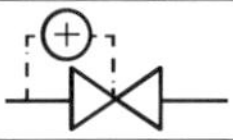 + |
| 안전 밸브(스프링식) | 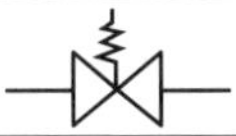 | 공기 빼기 밸브 |  |
| 안전 밸브(추식) | 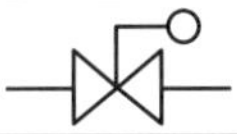 | 닫혀 있는 일반 밸브 |  |
| 일반 콕 | 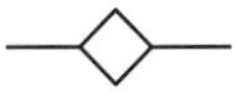 | 닫혀 있는 일반 콕 |  |
| 삼방 콕 | 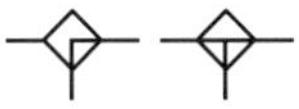 | 온도계 · 압력계 |  T P |

## >>> 제2장 CBT 예상 출제문제와 해설

**1. 배관용 아크 용접 탄소 강관의 KS 기호는?**

① PW ② WM ③ SCW ④ SPW

해설 PW는 피아노선, WM은 화이트 메탈, SPW는 배관용 아크 용접 탄소 강관 등과 같이 KS 기호를 나타낸다.

**2. 기계 재료 표시법 중 첫째 기호는 무엇을 나타내는가?**

① 종별 표시 ② 규격명
③ 재질을 표시하는 기호 ④ 재질의 강, 인

해설
- 첫째 자리 : 재질
- 둘째 자리 : 제품명 또는 규격
- 셋째 자리 : 종별

**3. 재료의 기호는 3부분을 조합 기호로 하고 있다. 제1부분(첫째 자리)이 나타내는 것은?**

① 최저 인장강도 ② 재질
③ 규격 또는 제품명 ④ 재료의 종별

해설 재료 기호는 제1부분 재질, 제2부분 규격 또는 제품명, 제3부분은 재료의 종별 또는 최저 인장강도를 표시한다.

**4. 배관용 탄소 강관의 종류를 나타내는 기호가 아닌 것은?**

① SPPS 380 ② SPPH 380 ③ SPCD 390 ④ SPLT 390

해설 ① SPPS 380 : 압력 배관용 탄소 강관
② SPPH 380 : 고압 배관용 탄소 강관
③ SPCD 390 : 냉간 압연 강관
④ SPLT 390 : 저온 배관용 강관

정답 1. ④ 2. ③ 3. ② 4. ③

**5.** 다음 가공 모양의 기호 중 가공으로 생긴 선이 거의 동심원을 표시하는 것은?

**해설** ①의 ⊥는 가공으로 생긴 줄이 수직, ②의 X는 가공으로 생긴 줄이 교차, ③의 R은 가공으로 생긴 줄이 거의 방사선을 나타낸다. =은 가공으로 생긴 줄이 평행, M은 가공으로 생긴 줄이 다방면으로 교차, 무방향되어 있는 것을 나타낸다.

**6.** 도면에 리벳의 호칭이 "KS B 1102 보일러용 둥근 머리 리벳 13×30 SV 400"으로 표시된 경우 올바른 설명은?

① 리벳의 수량 13개
② 리벳의 길이 30mm
③ 최대 인장강도 400kPa
④ 리벳의 호칭 지름 30mm

**해설** 리벳 호칭
규격 번호(생략할 수 있음), 종류, 호칭 지름×길이, 재료
㉵ KS B 1102 둥근 머리 리벳 16×40 SV 330

**7.** 전개도는 대상물을 구성하는 면을 평면 위에 전개한 그림을 의미하는데, 원기둥이나 각기둥의 전개에 가장 적합한 전개도법은?

① 평행선 전개도법
② 방사선 전개도법
③ 삼각형 전개도법
④ 사각형 전개도법

**해설**
- 평행 전개도법 : 원기둥, 각기둥 등과 같이 중심축에 나란한 직선을 물체 표면에 그을 수 있는 물체(평행체)의 판뜨기 전개도를 그릴 때 평행선법을 주로 사용, 직각 방향으로 전개하는 방법
- 방사 전개도법 : 꼭지점을 중심으로 방사 전개하는 방법
- 삼각형 전개도법 : 삼각형으로 나누어 전개하는 방법

**정답** 5. ④ 6. ② 7. ①

**8. 다음 중 파이프 연결을 도시한 것 중 틀린 것은?**

① —+— 나사형　　② —(— 턱걸이형

③ ——| 플랜지형　　④ —|||— 유니언형

해설 ③ 플랜지형의 도시는 —||—이다.
※ 용접형 : —●—, 납땜형 : —○—

**9. 가는 티의 용접 연결을 나타낸 기호는?**

① —○—◯—○—　　② —||—◯—||—

③ —)—◯—(—　　④ —×—◯—×—

해설 ①은 납땜 연결
②는 플랜지 연결
③은 턱걸이 연결

**10. 다음 그림과 같은 관을 전개할 때의 설명이다. 틀린 것은?**

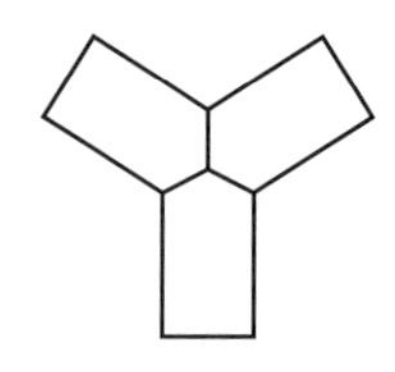

① 1 : 1 실척을 그린다.
② 원둘레의 길이를 4등분한 뒤, 그 사이를 3등분하여 12등분 수직선을 긋는다.
③ 전개도의 위치에 수평선을 원둘레의 길이로 그어 끝에 수직선을 긋는다.
④ 현도의 위치를 정하여 수직 직교선을 그어준 뒤, 1사분면의 90°를 2등분한다.

해설 ④의 설명은 이경 45° Y 분기관 제작 방식이다.

정답 8. ③　9. ④　10. ④

**11.** 다음 중 스프링 행거의 도시 기호는?

① 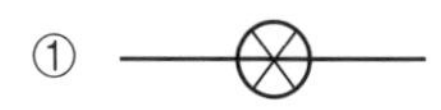

② SH

③ 

④

해설 ①은 행거
③은 스프링 지지
④는 파이프 슈우

**12.** 다음 그림을 보고 설명한 것 중 틀린 것은?

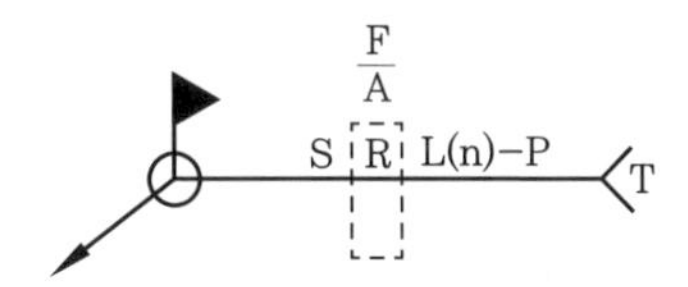


① S : 치수 또는 강도
② F : 루트 간격
③ T : 특별히 지시할 사항
④ n : 점 용접 또는 프로젝션 용접의 수

해설 F : 다듬질 방법의 보조 기호

**13.** 그림과 같은 표면 거칠기의 표면 기호가 뜻하는 것 중 틀린 것은?

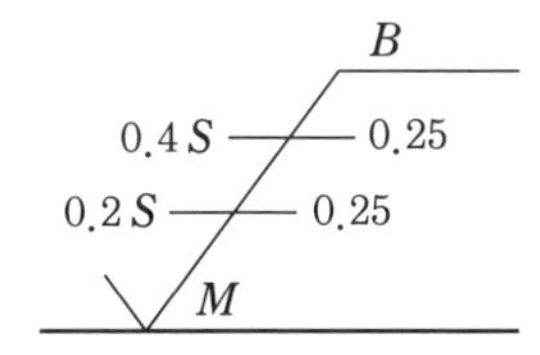


① $B$ : 가공 방법
② 0.25 : 기준 길이
③ 0.4$S$ : 표면 거칠기의 구분치
④ $M$ : 밀링가공에 의한 절삭

해설 표면 거칠기는 표면 기호와 다듬질 기호의 2가지 방법이 있는데, 표면 기호는 표면 거칠기의 구분치, 기준 길이, 가공 방법의 약호 및 가공 모양 등이 표시된다. $M$ 표시 부분은 가공 모양에 대한 표시 위치이다.

정답 11. ② 12. ② 13. ④

**14.** 다음은 용접부의 다듬질 방법을 보조 기호로 나타낸 것이다. 다듬질 방법을 지정하지 않을 경우 어떤 기호를 사용하는가?

① M　　② G
③ F　　④ C

해설 M : 절삭, G : 연삭, C : 치핑, F : 다듬질 방법을 지정하지 않는다.

**15.** 다음 중 도면 기호의 구성을 나타낸 것 중 틀린 것은?

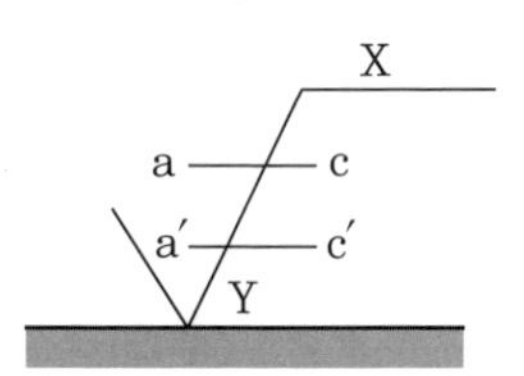


① a는 표면 거칠기의 구분값 상한이며 a′는 하한이다.
② c는 a에 대한 기준 길이, c′는 a′에 대한 기준 길이를 나타낸다.
③ X는 다듬질 기호의 약호이다.
④ Y는 가공 모양의 기호이다.

해설 X는 가공 방법의 약호이다.

**16.** 다음 중 기입법이 맞는 것은? (단, 길이는 $L$이다.)

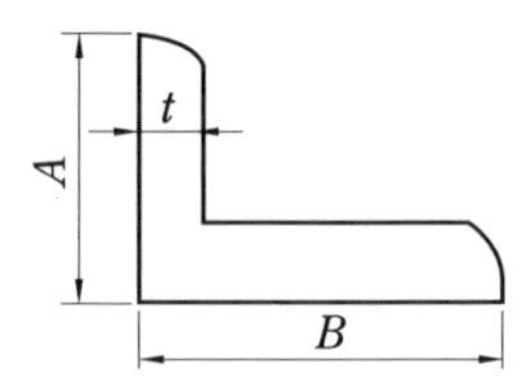


① $A \times t - L$　　② ㄴ $A \times B \times (t_1/t_2) - L$
③ ㄴ $A \times B \times t - L$　　④ I $A \times B \times t - L$

해설 ①은 평강, ②는 두께가 다른 L형강, ④는 I형강을 나타낸다.

정답 **14.** ③　**15.** ③　**16.** ③

**17.** 다음 그림 중 안전 밸브를 나타낸 것은 어느 것인가?

① 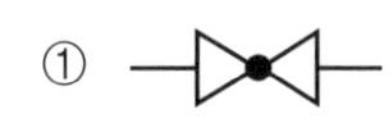  ②  ③ 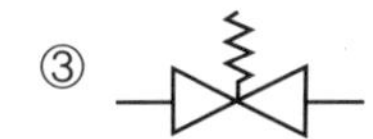  ④

해설 ① 글로브 밸브
② 체크 밸브
④ 콕의 도시 기호

**18.** 다음은 체크 밸브의 도시 기호이다. 틀린 것은?

① 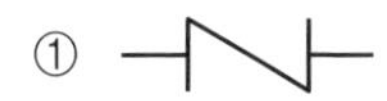  ② 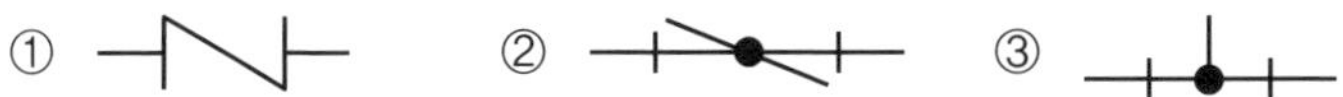  ③   ④ 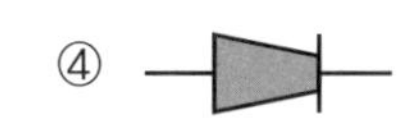

해설 ③의 ─┼●┼─ 는 콕을 나타낸 것이다.

**19.** 도면에 "M10−2/1"이라고 기입되어 있다. 그 뜻은?

① 미터 보통 나사 수나사 2급, 암나사 1급
② 미터 보통 나사 1인치당 나사산 수 2
③ 미터 보통 나사 수나사 1급, 암나사 2급
④ 미터 보통 나사 피치 2mm, 산의 수

해설 암나사와 수나사의 등급을 동시에 표시할 필요가 있을 때에는 암나사의 등급 다음에 '/'을 넣고 수나사 등급을 기입한다.

**20.** 다음 그림에서 파형 기호 및 파상도의 기입에서 틀린 것은?

① 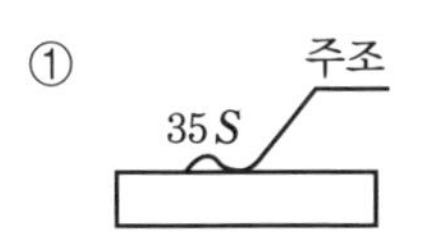


② 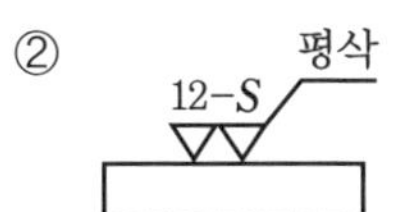


③

④ 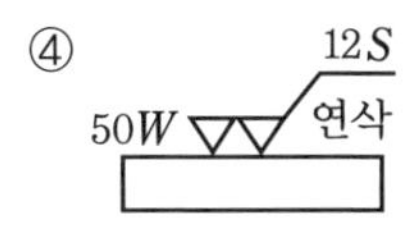


해설 도면에 다듬질 기호는 해당 면 위에 파형이나 삼각형 기호로 표시하며, 가공 방법 지정은 기선과 지시선을 기호에 연결하여 표시한다. ④번은 '연삭'을 기선 위에 표시해야 한다.

정답 17. ③ 18. ② 19. ③ 20. ④

**21.** 다음 용접 기호 표시를 보고 설명한 것 중 틀린 것은?

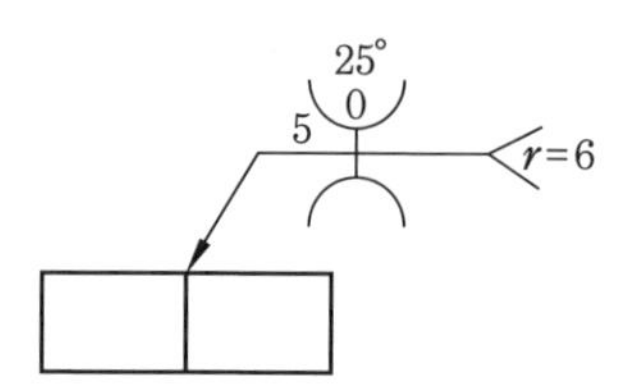


① 홈 깊이 5mm　　② 양면 플랜지형
③ 루트 반지름 6mm　　④ 루트 간격 0

해설 양면 U형(H형) 홈 용접 기호 표시이다.

**22.** 다음 중 직원뿔 전개도의 형태로 가장 적합한 형상은?

① 　② 　③ 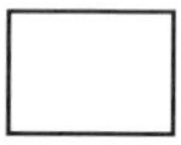　④

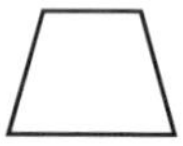

해설 • 평행 전개도법 : 직각 방향으로 전개하는 방법
• 방사 전개도법 : 꼭지점을 중심으로 방사 전개하는 방법
• 삼각형 전개도법 : 삼각형으로 나누어 전개하는 방법

**23.** 배관의 접합 기호 중 플랜지 연결을 나타내는 것은?

① 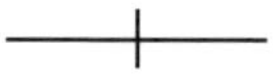　② 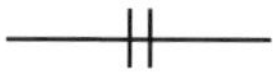　③ 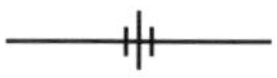　④

해설 ①은 일반, ③은 유니온, ④는 턱걸이식을 나타낸다.

**24.** 소켓 용접용 스트레이너의 도시 기호는?

① 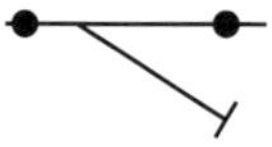　② 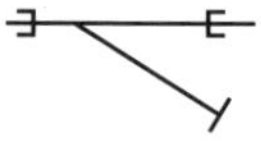
③ 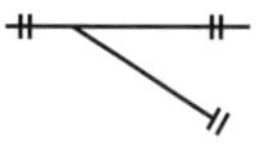　④

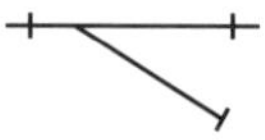

해설 ①은 맞대기 용접용, ③은 플랜지용, ④는 나사용을 나타낸다.

정답 21. ②　22. ②　23. ②　24. ②

**25.** 그림과 같은 용접 기호에서 "a7"이 의미하는 뜻으로 알맞은 것은?

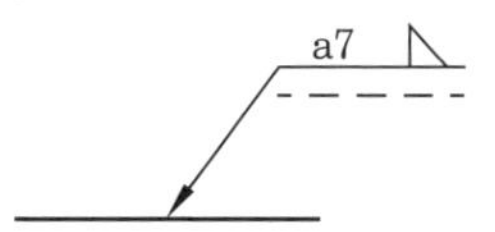


① 용접부 목 길이가 7mm이다.
② 용접 간격이 7mm이다.
③ 용접 모재의 두께가 7mm이다.
④ 용접부 목 두께가 7mm이다.

**해설** 용접 기호에서 숫자 앞의 기호는 용접부 목 두께를 표시한다.

**26.** 일반적인 판금 전개도의 전개법이 아닌 것은?

① 다각 전개법 ② 평행선법 ③ 방사선법 ④ 삼각형법

**해설** 판금 전개도법에는 평행, 방사, 삼각형 전개법 등이 있다.

**27.** 다음 용접 보조 기호 중 현장 용접 기호는?

① ⌓ ② (깃발) ③ ○ ④ —

**해설** ① 비드 및 덧붙이기 용접 기호
③ 점 용접 기호
④ 용접 표면부를 평면으로 마름질하라는 기호

**28.** 탄소강 단강품의 재료 표시 기호 "SF 490A"에서 "490"이 나타내는 것은?

① 최저 인장강도 ② 강재 종류 번호
③ 최대 항복강도 ④ 강재 분류 번호

**해설** 최저 인장강도에 대한 내용이다.

**정답** 25. ④ 26. ① 27. ② 28. ①

**29.** 다음 중 원기둥의 전개에 가장 적합한 전개도법은?

① 평행선 전개도법 ② 방사선 전개도법
③ 삼각형 전개도법 ④ 역삼각형 전개도법

해설 역삼각형 전개도법은 전개 방법에 없으며, 원기둥에 적합한 방법은 평행 전개도법이다.

**30.** 다음 중 송기관을 나타낸 도시 기호는?

① ———— ② - - - - - - - -
③ ——/—— ④ - - - -/- - -

해설 ②는 복귀관, ③은 증기관, ④는 응축 수관의 도시 기호이다.

**31.** 용접 보조 기호 중 "제거 가능한 이면 판재 사용" 기호는?

① MR ② ———
③ ⌣ ④ M

해설 ② 용접부 형상이 평면 또는 동일 평면으로 마름질함
③ 용접 끝단부를 매끄럽게 처리함
④ 영구적인 덮개판을 사용함

**32.** 리벳의 호칭 표기법을 순서대로 나열한 것은?

① 규격 번호, 종류, 호칭 지름×길이, 재료
② 종류, 호칭 지름×길이, 규격 번호, 재료
③ 규격 번호, 종류, 재료, 호칭 지름×길이
④ 규격 번호, 호칭 지름×길이, 종류, 재료

해설 리벳의 경우 ①처럼 표기한다. 리벳의 호칭 표기법을 예로 들면 다음과 같다.
[예시] KS B 0112 열간 둥근 머리 리벳 16×40 SBV 34

정답 29. ① 30. ① 31. ① 32. ①

**33.** 배관도에서 유체의 종류와 문자 기호를 나타내는 것 중 틀린 것은?

① 공기 : A
② 연료 가스 : G
③ 증기 : W
④ 연료유 또는 냉동기유 : O

해설 증기는 S(steam)로 표기하고, W(water)는 물의 기호이다.

**34.** 냉간 압연 강판 및 강대 1종을 나타내는 KS 재료 기호는?

① STS1
② SPP
③ SCP1
④ STC1

해설 ① STS1은 합금 공구강 S1종
② SPP는 일반 배관용 탄소 강판
④ STC1은 탄소 공구강 1종

**35.** 판금 전개도에서 척도가 $\frac{1}{2}$인 전개 도면을 1 : 1로 전개하면 실제 전개도는 $\frac{1}{2}$ 도면의 얼마가 되는가?

① $\frac{1}{4}$배
② $\frac{1}{2}$배
③ 4배
④ 1배

해설 도면과 실물 크기 비교는 척도에 따라 $\frac{1}{2}$, $\frac{1}{5}$, $\frac{1}{10}$이 되면 4배, 25배, 100배, 또는 $\frac{1}{4}$배, $\frac{1}{25}$배, $\frac{1}{100}$배가 된다.

**36.** 다음 중 판금 전개도를 그리는데 가장 중요한 것은?

① 축척도
② 투영도
③ 투상도
④ 각부의 실제 길이

해설 전개도에서는 실제 길이가 가장 중요하다.

정답 33. ③ 34. ③ 35. ③ 36. ④

**37.** 다음 중 단열 겹치기 이음을 표시한 것은?

① ─╪╪─　　② ─┼─┼─

③ ─╪═╪─　　④ ──╪──

해설 ① 양쪽 1열 맞대기 이음
② 한쪽 1열 맞대기 이음
③ 2열 겹치기 이음

**38.** 다음 우상부의 그림은 원뿔의 정면도와 전개도이다. 그림에서 $\theta$를 구하는 식은?

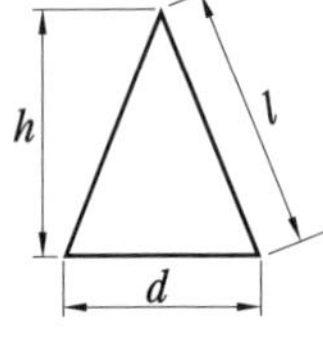
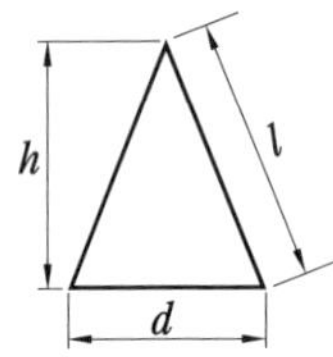

① $\theta=\dfrac{d}{l}\times 360$　② $\theta=\dfrac{d}{l}\times 180$　③ $\theta=\dfrac{l}{d}\times 270$　④ $\theta=\dfrac{l}{d}\times 180$

해설 $L_1=L_2,\ L_1=\pi D,\ L_2=\dfrac{2\pi l\theta}{360}$

$\therefore\ L_1=L_2$에서 $\pi D=\dfrac{2\pi l\theta}{360}$　　$\therefore\ \theta=\dfrac{d}{l}\times 180$

**39.** 다음 중 냉수 파이프의 도시 기호는?

① ──+──+──　　② ───-───-───

③ ──────────　　④ ─── ── ───

해설 파이프 종류의 도시 기호는 다음과 같다.

| | | | |
|---|---|---|---|
| 공기 | ─►──►──►── | 가스 | - - - - - - - - - |
| 오일 | ──── ---- ──── | 응결액 | ─── ─── ─── |
| 냉수 | ────────── | 온수 | ───-───-─── |
| 진공 | ─●──●──●─ | 냉매 | ───+───+─── |

유체의 흐르는 방향의 표시는 화살표로 표시한다.

정답 37. ④　38. ②　39. ③

**40.** 다음 중 파이프가 서로 접속하지 않은 상태를 나타낸 것은?

① ② ③ ④

**해설** 파이프의 접속은 ●, ②, ③은 관이 직각으로 접속된 상태, ④는 관의 교차를 나타낸다.

**41.** 다음 용접 기호의 가장 올바른 설명은?

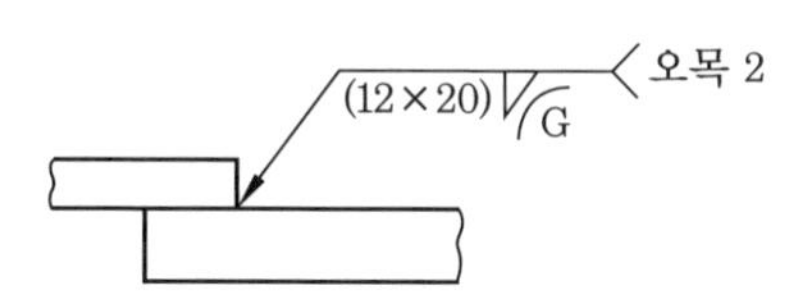


① 12×20mm의 부동형 필릿 용접을 하고 연삭 다듬질하여 2mm만큼 오목하게 할 경우
② 용접 길이 12mm, 피치 20mm로 필릿 용접하여 연삭 다듬질한다.
③ 위판 두께 12mm, 아래판 두께 20mm로 필릿 용접하여 기계 다듬질하여 2mm만큼 오목하게 할 경우
④ 용접 길이 12mm로 20개소를 필릿 용접하여 기계 다듬질로 2mm만큼 오목하게 할 경우

**해설** 위 그림의 (12×20)은 필릿 용접의 다리 길이 12mm와 건너편 다리 길이 20mm를 표시한다.

**42.** 다음 중 잘못 설명된 밸브 도시 기호는?

① 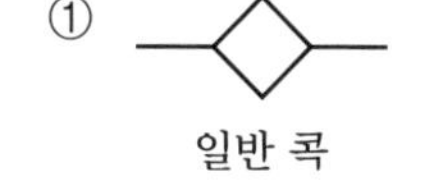
일반 콕

② 스프링 안전 밸브

③ 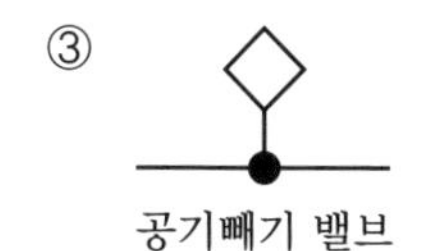
공기빼기 밸브

④ 전자 밸브

**해설** ②는 추식 안전 밸브이며, 스프링식 안전 밸브는 이다.

**정답** 40. ④ 41. ① 42. ②

**43.** 다음 그림 용접 기호 도시에 용접 기호가 빠져 있다. 적당한 것은?

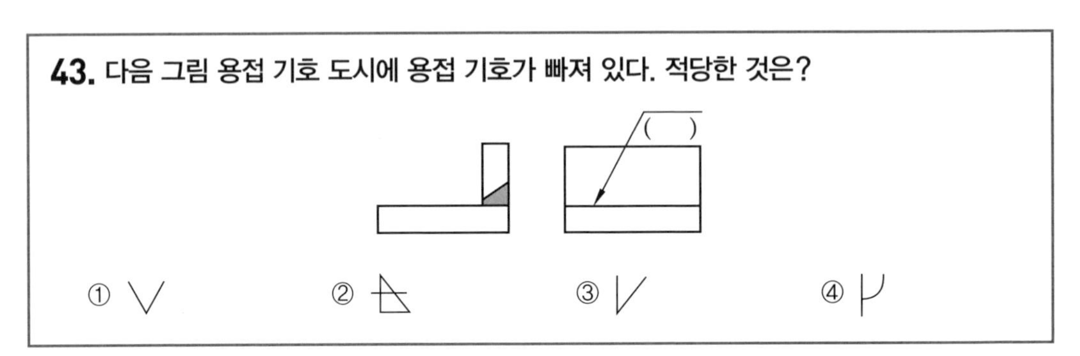


해설 ② 연속 필릿 용접, ④ 제이형 용접

※ ╲╱(브이형)과 |╱(베벨형)을 혼돈하지 말아야 한다.

**44.** 다음 중 바닥 배수구의 도면 기호는?

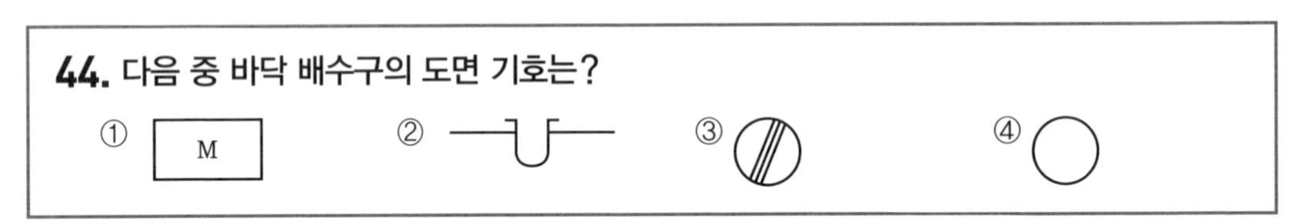


해설 ①은 양수기, ②는 하우스 트랩, ④는 기구 배수구의 도면 기호이다.

**45.** 전자 밸브를 나타낸 도시 기호는?

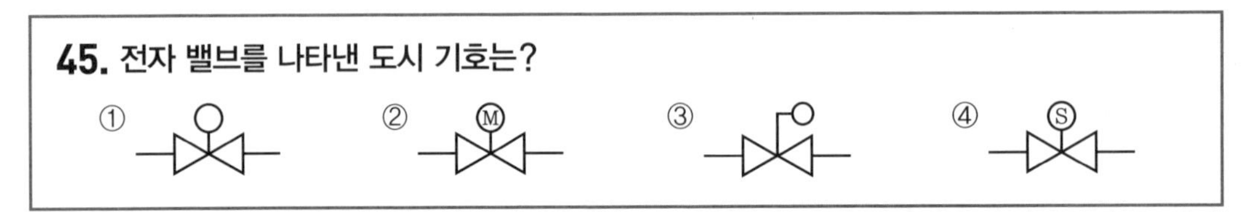


해설 ①은 일반 조작 밸브, ②는 전동 밸브, ③은 추 안전 밸브이다.

**46.** 다음 중 파이프 도시 기호로 틀린 것은?

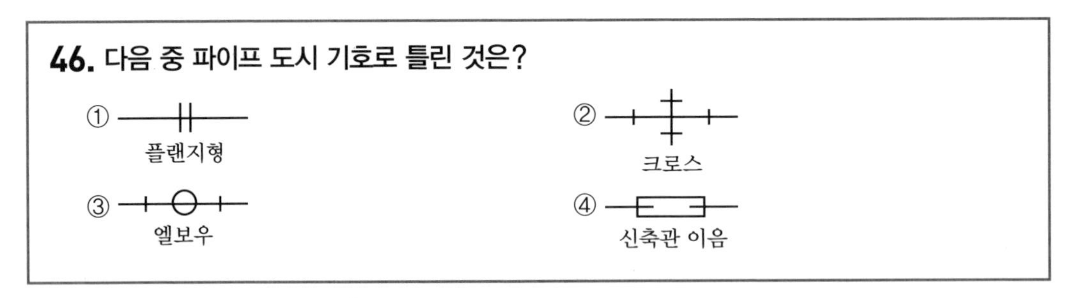


해설 ③은 하향 T 이음이며, 엘보우는 ┼┐이다.

정답 43. ③ 44. ③ 45. ④ 46. ③

**47.** 그림과 같은 KS 용접 보조 기호의 설명으로 옳은 것은?

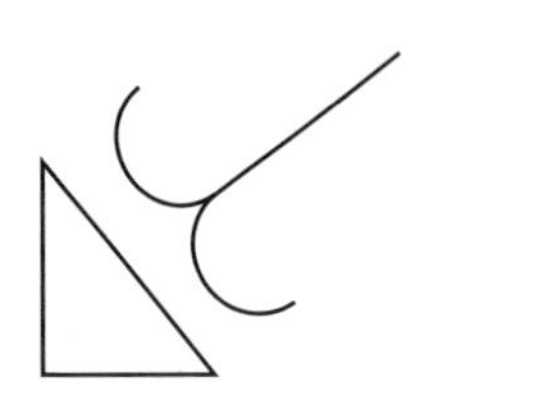

① 필릿 용접부 토우를 매끄럽게 함
② 필릿 용접 끝단부를 볼록하게 다듬질
③ 필릿 용접 끝단부에 영구적인 덮개판을 사용
④ 필릿 용접 중앙부에 제거 가능한 덮개판을 사용

**해설** KS 용접 보조 기호

| 구분 | | 보조 기호 | 비고 |
|---|---|---|---|
| 용접부의 표면 모양 | 평탄 | — | – |
| | 볼록 | ⌒ | 기선의 밖으로 향하여 볼록하게 한다. |
| | 오목 | ‿ | 기선의 밖으로 향하여 오목하게 한다. |
| 용접부의 다듬질 방법 | 치핑 | C | – |
| | 연삭 | G | 그라인더 다듬질일 경우 |
| | 절삭 | M | 기계 다듬질일 경우 |
| | 지정 없음 | F | 다듬질 방법을 지정하지 않을 경우 |
| 현장 용접 | | ⚑ | – |
| 전체 둘레 용접 | | ○ | 전체 둘레 용접이 분명할 때에는 생략하여도 좋다. |
| 전체 둘레 현장 용접 | | ⚑○ | – |

**48.** 다음 용접 기호를 가장 올바르게 표현한 것은 어느 경우인가?

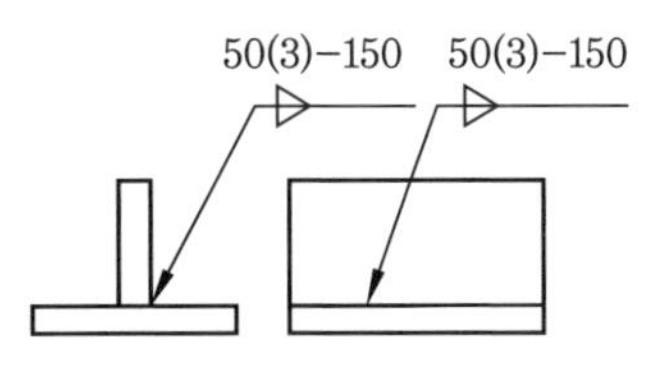


① 용접 길이 150mm, 피치 50mm, 다리 길이 3인 양면 필릿 용접
② 용접 길이 50mm, 용접 수 3, 피치 150mm의 양면 필릿 용접
③ 용접 길이 50mm, 피치 3mm, 전체 길이 150mm의 양면 필릿 용접
④ 화살쪽 용접 길이 50mm, 용접 수 3, 피치 150mm의 양면 필릿 용접

**해설** 양면 필릿 용접 길이 50mm, 용접 수 3, 피치 150mm

**정답** 47. ① 48. ②

# 부 록

# CBT 실전문제

※ CBT 실전문제 1~12회까지는 2015년부터 2016년까지 실제 출제되었던 과년도 출제문제입니다.

※ CBT 실전문제 13~20회까지는 과년도 출제문제를 중심으로 출제가 예상되는 문제를 선별하여 재구성하였습니다.

## 제1회 CBT 실전문제

2015년 4월 4일 시행

**1. 용접 작업 시 안전에 관한 사항으로 틀린 것은?**

① 높은 곳에서 용접 작업할 경우 추락, 낙하 등의 위험이 있으므로 항상 안전벨트와 안전모를 착용한다.
② 용접 작업 중에 여러 가지 유해 가스가 발생하기 때문에 통풍 또는 환기 장치가 필요하다.
③ 가연성의 분진, 화약류 등 위험물이 있는 곳에서는 용접을 해서는 안 된다.
④ 가스 용접은 강한 빛이 나오지 않기 때문에 보안경을 착용하지 않아도 괜찮다.

해설 가스 용접의 경우도 적당한 차광도의 보안경을 착용해야 된다.

**2. 다음 전기저항 용접법 중 주로 기밀, 수밀, 유밀성을 필요로 하는 탱크의 용접 등에 가장 적합한 것은?**

① 점(spot) 용접법
② 심(seam) 용접법
③ 프로젝션(projection) 용접법
④ 플래시(flash) 용접법

해설 심 용접 : 회전하는 전극과 모재 사이의 저항열을 이용하여 연속으로 점 용접하는 겹치기 저항 용접법이다.

**3. 용접부의 중앙으로부터 양끝을 향해 용접해 나가는 방법으로, 이음의 수축에 의한 변형이 서로 대칭이 되게 할 경우에 사용되는 용착법을 무엇이라 하는가?**

① 전진법
② 비석법
③ 캐스케이드법
④ 대칭법

해설 ③ 캐스케이드법 : 한 부분의 몇 층을 용접하다가 이것을 다음 부분의 층으로 연속시켜 전체 모양이 계단 형태를 이루는 용착법

**4. 불활성 가스를 이용한 용가재인 전극 와이어를 송급 장치에 의해 연속적으로 보내어 아크를 발생시키는 소모식 또는 용극식 용접 방식을 무엇이라 하는가?**

① TIG 용접
② MIG 용접
③ 피복 아크 용접
④ 서브머지드 아크 용접

해설 ④ 서브머지드 아크 용접 : 용제 속에서 아크를 일으켜 이음하는 잠호 용접법

**5. 용접할 때 용접 전 적당한 온도로 예열을 하면 냉각 속도를 느리게 하여 결함을 방지할 수 있다. 예열 온도 설명 중 옳은 것은?**

① 고장력강의 경우는 용접 홈을 50～350℃로 예열
② 저합금강의 경우는 용접 홈을 200～500℃로 예열
③ 연강을 0℃ 이하에서 용접할 경우는 이음의 양쪽 폭 100mm 정도를 40～250℃로 예열

정답 1. ④ 2. ② 3. ④ 4. ② 5. ①

④ 주철의 경우는 용접 홈을 40~75℃로 예열

해설 ③ 연강을 0℃ 이하에서 용접할 경우는 이음의 양쪽 폭 100 mm 정도를 40~75℃로 예열

**6. 서브머지드 아크 용접에 관한 설명으로 틀린 것은?**

① 장비의 가격이 고가이다.
② 홈 가공의 정밀을 요하지 않는다.
③ 불가시 용접이다.
④ 주로 아래보기 자세로 용접한다.

해설 서브머지드 아크 용접은 고입열 용접으로 홈 가공이 정밀해야 된다.

**7. 용접부에 결함 발생 시 보수하는 방법 중 틀린 것은?**

① 기공이나 슬래그 섞임 등이 있는 경우는 깎아내고 재용접한다.
② 균열이 발견되었을 경우 균열 위에 덧살 올림 용접을 한다.
③ 언더컷일 경우 가는 용접봉을 사용하여 보수한다.
④ 오버랩일 경우 일부분을 깎아내고 재용접한다.

해설 균열 보수 : 균열 끝부분에 정지 구멍을 뚫은 후 균열 부분을 파내고 재용접을 한다.

**8. 안전표지 색채 중 방사능 표지의 색상은 어느 색인가?**

① 빨강 ② 노랑
③ 자주 ④ 녹색

해설 방사능 안전표지는 자주색을 사용한다.

**9. 용접 시공 시 발생하는 용접 변형이나 잔류 응력 발생을 최소화하기 위하여 용접 순서를 정할 때 유의사항으로 틀린 것은?**

① 동일 평면 내에 많은 이음이 있을 때 수축은 가능한 자유단으로 보낸다.
② 중심선에 대하여 대칭으로 용접한다.
③ 수축이 적은 이음은 가능한 먼저 용접하고, 수축이 큰 이음은 나중에 한다.
④ 리벳 작업과 용접을 같이 할 때에는 용접을 먼저 한다.

해설 용접 우선순위 : 수축이 큰 이음을 먼저 용접하고, 수축이 작은 이음은 나중에 한다.

**10. 용접부의 시험에서 비파괴 검사로만 짝지어진 것은?**

① 인장 시험-외관 시험
② 피로 시험-누설 시험
③ 형광 시험-충격 시험
④ 초음파 시험-방사선 투과 시험

해설 비파괴 검사 : 초음파 시험, 방사선 투과 시험, 침투 탐상 시험, 외관 시험, 형광 시험, 와류 시험 등

**11. 다음 중 용접부 검사 방법에 있어 비파괴 시험에 해당하는 것은?**

① 피로 시험
② 화학 분석 시험
③ 용접 균열 시험
④ 침투 탐상 시험

해설 10번 문제 해설참조

정답 6. ② 7. ② 8. ③ 9. ③ 10. ④ 11. ④

**12.** 다음 중 불활성 가스(inert gas)가 아닌 것은?

① Ar ② He ③ Ne ④ $CO_2$

해설 $CO_2$는 환원 가스이다.

**13.** 납땜에서 경납용 용제에 해당하는 것은?

① 염화아연 ② 인산
③ 염산 ④ 붕산

해설 경납용 용제 : 주로 붕사, 붕산이 쓰인다.

**14.** 논 가스 아크 용접의 장점으로 틀린 것은?

① 보호 가스나 용제를 필요로 하지 않는다.
② 피복 아크 용접봉의 저수소계와 같이 수소의 발생이 적다.
③ 용접 비드가 좋지만 슬래그 박리성은 나쁘다.
④ 용접 장치가 간단하며 운반이 편리하다.

해설 논 가스 아크 용접 : FCAW 용접과 유사하나 다량의 탈산제가 함유된 와이어를 사용하여 다른 보호 가스를 사용하지 않고 용접하는 방법이다.

**15.** 용접선과 하중의 방향이 평행하게 작용하는 필릿 용접은?

① 전면 ② 측면
③ 경사 ④ 변두리

해설 ① 전면 필릿 용접 : 용접선과 하중의 방향이 직각으로 작용하는 필릿 용접

**16.** 납땜 시 용제가 갖추어야 할 조건이 아닌 것은?

① 모재의 불순물 등을 제거하고 유동성이 좋을 것
② 청정한 금속면의 산화를 쉽게 할 것
③ 땜납의 표면장력에 맞추어 모재와의 친화도를 높일 것
④ 납땜 후 슬래그 제거가 용이할 것

해설 납땜 용제 : 청정한 금속면의 산화를 방지할 것

**17.** 맞대기 이음에서 판 두께 100mm, 용접 길이 300cm, 인장하중이 9000kgf일 때 인장응력은 몇 kgf/cm²인가?

① 0.3 ② 3
③ 30 ④ 300

해설 $\sigma = \frac{P}{A} = \frac{9000}{10 \times 300} = 3\,\text{kgf/cm}^2$

**18.** 피복 아크 용접 시 전격을 방지하는 방법으로 틀린 것은?

① 전격 방지기를 부착한다.
② 용접 홀더에 맨손으로 용접봉을 갈아 끼운다.
③ 용접기 내부에 함부로 손을 대지 않는다.
④ 절연성이 좋은 장갑을 사용한다.

해설 용접봉 교체 시 반드시 보호장갑을 끼고 해야 된다.

**19.** 다음은 용접 이음부의 홈의 종류이다. 박판 용접에 가장 적합한 것은?

① K형 ② H형
③ I형 ④ V형

해설 I형 맞대기 : 1~6mm의 박판 용접에 적당하다.

**20.** 주철의 보수 용접 방법에 해당되지 않는 것은?

① 스터드법 ② 비녀장법
③ 버터링법 ④ 백킹법

정답 12. ④ 13. ④ 14. ③ 15. ② 16. ② 17. ② 18. ② 19. ③ 20. ④

해설 백킹법은 주철 보수 방법이 아니고, 이면 비드 용락을 방지하는 방법 중의 하나이다.

**21.** MIG 용접이나 탄산가스 아크 용접과 같이 전류 밀도가 높은 자동이나 반자동 용접기가 갖는 특성은?

① 수하 특성과 정전압 특성
② 정전압 특성과 상승 특성
③ 수하 특성과 상승 특성
④ 맥동 전류 특성

해설 자동 또는 반자동 용접에는 정전압 특성이나 상승 특성을 적용한다.

**22.** $CO_2$ 가스 아크 용접에서 아크 전압에 대한 설명으로 옳은 것은?

① 아크 전압이 높으면 비드 폭이 넓어진다.
② 아크 전압이 높으면 비드가 볼록해진다.
③ 아크 전압이 높으면 용입이 깊어진다.
④ 아크 전압이 높으면 아크 길이가 짧다.

해설 아크 전압이 낮으면 비드 폭이 좁아진다.

**23.** 다음 중 가스 용접에서 산화 불꽃으로 용접할 경우 가장 적합한 용접 재료는?

① 황동　　② 모넬메탈
③ 알루미늄　　④ 스테인리스

해설 산화 불꽃 : 황동 등 동합금 용접 시 사용한다.

**24.** 용접기의 사용률이 40%인 경우 아크 시간과 휴식 시간을 합한 전체 시간이 10분을 기준으로 했을 때 발생 시간은 몇 분인가?

① 4　　② 6
③ 8　　④ 10

해설 정격사용률은 10분을 기준으로 한다.

$$사용률(\%) = \frac{아크\ 시간}{(아크\ 시간+휴식\ 시간)} \times 100$$

**25.** 얇은 철판을 쌓아 포개어 놓고 한꺼번에 절단하는 방법으로 가장 적합한 것은?

① 분말 절단
② 산소창 절단
③ 포갬 절단
④ 금속 아크 절단

해설 포갬 절단 : 박판을 다수 겹쳐 놓고 절단하는 방법으로 밀착도가 높아야 된다.

**26.** 용접봉의 용융 속도는 무엇으로 표시하는가?

① 단위 시간당 소비되는 용접봉의 길이
② 단위 시간당 형성되는 비드의 길이
③ 단위 시간당 용접 입열의 양
④ 단위 시간당 소모되는 용접 전류

해설 용융 속도 : ①, 아크 전류 용접봉 쪽 전압강하

**27.** 전류 조정을 전기적으로 하기 때문에 원격 조정이 가능한 교류 용접기는?

① 가포화 리액터형
② 가동 코일형
③ 가동 철심형
④ 탭 전환형

해설 ② 가동 코일형 : 1차 코일과 2차 코일의 거리를 조정함으로써 전류가 조절되는 용접기

정답 21. ② 22. ① 23. ① 24. ① 25. ③ 26. ① 27. ①

**28.** 다음 중 산소-아세틸렌 용접법에서 전진법과 비교한 후진법의 설명으로 틀린 것은 어느 것인가?

① 용접 속도가 느리다.
② 열 이용률이 좋다.
③ 용접 변형이 작다.
④ 홈 각도가 작다.

해설 후진법 : 우진법이라고도 하며, 전진법에 비해 용접 속도가 빠르다.

**29.** 아크 전류가 일정할 때 아크 전압이 높아지면 용융 속도가 늦어지고, 아크 전압이 낮아지면 용융 속도는 빨라진다. 이와 같은 아크 특성은?

① 부저항 특성
② 절연회복 특성
③ 전압회복 특성
④ 아크 길이 자기 제어 특성

해설 ① 부저항 특성 : 전류가 커지면 저항이 작아져서 전압도 낮아지는 특성

**30.** 35℃에서 150kgf/cm$^2$으로 압축하여 내부 용적 40.7L의 산소 용기에 충전하였을 때, 용기 속의 산소량은 몇 L인가?

① 4470 ② 5291
③ 6105 ④ 7000

해설 용기 속의 산소량 $=150\times40.7=6105$L

**31.** 다음 중 가스 절단에 있어 양호한 절단면을 얻기 위한 조건으로 옳은 것은?

① 드래그가 가능한 클 것
② 절단면 표면의 각이 예리할 것
③ 슬래그 이탈이 이루어지지 않을 것
④ 절단면이 평활하며 드래그의 홈이 깊을 것

해설 양호한 절단면 : 드래그가 가능한 작고 드래그 홈이 낮으며, 슬래그 이탈이 좋을 것

**32.** 피복 아크 용접봉의 피복 배합제 성분 중 가스 발생제는?

① 산화티탄 ② 규산나트륨
③ 규산칼륨 ④ 탄산바륨

해설 가스 발생제 : ④, 석회석, 녹말, 톱밥, 셀룰로오스 등

**33.** 가스 절단에 대한 설명으로 옳은 것은?

① 강의 절단 원리는 예열 후 고압 산소를 불어내면 강보다 용융점이 낮은 산화철이 생성되고 이때 산화철은 용융과 동시 절단된다.
② 양호한 절단면을 얻으려면 절단면이 평활하며 드래그의 홈이 높고 노치 등이 있을수록 좋다.
③ 절단 산소의 순도는 절단 속도와 절단면에 영향이 없다.
④ 가스 절단 중에 모래를 뿌리면서 절단하는 방법을 가스 분말 절단이라 한다.

해설 절단 산소의 순도는 절단 속도와 절단면에 영향이 크다.

**34.** 가스 용접에 사용되는 가스의 화학식을 잘못 나타낸 것은?

① 아세틸렌 : $C_2H_2$ ② 프로판 : $C_3H_8$
③ 에탄 : $C_4H_7$ ④ 부탄 : $C_4H_{10}$

해설 에탄 : $C_2H_6$

**35.** 다음 중 아크 발생 초기에 모재가 냉각되어

정답 28. ① 29. ④ 30. ③ 31. ② 32. ④ 33. ① 34. ③ 35. ②

있어 용접 입열이 부족한 관계로 아크가 불안정하기 때문에 아크 초기에만 용접 전류를 특별히 크게 하는 장치를 무엇이라 하는가?

① 원격 제어 장치 ② 핫 스타트 장치
③ 고주파 발생 장치 ④ 전격 방지 장치

해설 ① 원격 제어 장치 : 용접기와 멀리 떨어진 곳에서 용접 전류 또는 전압을 조절할 수 있는 장치

**36.** 납땜 용제가 갖추어야 할 조건으로 틀린 것은?

① 모재의 산화 피막과 같은 불순물을 제거하고 유동성이 좋을 것
② 청정한 금속면의 산화를 방지할 것
③ 납땜 후 슬래그의 제거가 용이할 것
④ 침지 땜에 사용되는 것은 젖은 수분을 함유할 것

해설 납땜 용제 구비 조건 : 침지 땜에 사용되는 용제는 수분이 있어서는 절대 안 된다.

**37.** 직류 아크 용접 시 정극성으로 용접할 때의 특징이 아닌 것은?

① 박판, 주철, 합금강, 비철금속의 용접에 이용된다.
② 용접봉의 녹음이 느리다.
③ 비드 폭이 좁다.
④ 모재의 용입이 깊다.

해설 직류 역극성 : 박판, 주철, 합금강, 비철금속의 용접에 이용된다.

**38.** 금속 재료의 경량화와 강인화를 위하여 섬유 강화 금속 복합 재료가 많이 연구되고 있다. 강화 섬유 중에서 비금속계로 짝지어진 것은?

① K, W ② W, Ti
③ W, Be ④ SiC, $Al_2O_3$

해설 비금속계 강화 섬유 : 탄화규소(SiC), 알루미나($Al_2O_3$)

**39.** 피복 아크 용접 결함 중 기공이 생기는 원인으로 틀린 것은?

① 용접 분위기 가운데 수소 또는 일산화탄소 과잉
② 용접부의 급속한 응고
③ 슬래그의 유동성이 좋고 냉각하기 쉬울 때
④ 과대 전류와 용접 속도가 빠를 때

해설 기공 원인 : 슬래그의 유동성이 나쁘고 냉각하기 쉬울 때

**40.** 상자성체 금속에 해당되는 것은?

① Al ② Fe
③ Ni ④ Co

해설 강자성체 : 자성의 성질이 강한 도체, 철, 니켈, 코발트

**41.** 구리(Cu) 합금 중에서 가장 큰 강도와 경도를 나타내며 내식성, 도전성, 내피로성 등이 우수하여 베어링, 스프링 및 전극 재료 등으로 사용되는 재료는?

① 인(P) 청동 ② 규소(Si) 동
③ 니켈(Ni) 청동 ④ 베릴륨(Be) 동

해설 베릴륨(Be) 동 : 강도, 경도가 매우 크며, 내피로성이 우수하여 베어링, 점 용접용 전극 등에 쓰인다.

**42.** 고Mn강으로 내마멸성과 내충격성이 우수하고, 특히 인성이 우수하기 때문에 파쇄 장

정답 36. ④ 37. ① 38. ④ 39. ③ 40. ① 41. ④ 42. ④

치, 기차 레일, 굴착기 등의 재료로 사용되는 것은?

① 엘린바(elinvar)
② 디디뮴(didymium)
③ 스텔라이트(stellite)
④ 해드필드(hadfield)강

해설 ③ 스텔라이트(stellite) : 대표적인 주조 경질 합금

**43.** 시험편의 지름이 15 mm, 최대 하중이 5200 kgf일 때 인장강도는?

① 16.8 kgf/mm² ② 29.4 kgf/mm²
③ 33.8 kgf/mm² ④ 55.8 kgf/mm²

해설 $\sigma = \frac{P}{A} = \frac{5200}{\frac{\pi \times 15^2}{4}} = 29.4\,\text{kgf/mm}^2$

**44.** 다음의 금속 중 경금속에 해당하는 것은?

① Cu ② Be
③ Ni ④ Sn

해설 경금속과 중금속의 구분
비중 4.5(4.0)를 경계로 4.5 이하는 경(가벼운)금속, 이상은 중(무거운)금속이라 한다.

**45.** 순철의 자기 변태($A_2$)점 온도는 약 몇 ℃인가?

① 210℃ ② 768℃
③ 910℃ ④ 1400℃

해설 ① 시멘타이트의 자기 변태 온도

**46.** 주철의 일반적인 성질을 설명한 것 중 틀린 것은?

① 용탕이 된 주철은 유동성이 좋다.
② 공정 주철의 탄소량은 4.3% 정도이다.
③ 강보다 용융 온도가 높아 복잡한 형상이라도 주조하기 어렵다.
④ 주철에 함유하는 전탄소(total carbon)는 흑연+화합 탄소로 나타낸다.

해설 주철 : 강보다 용융 온도가 낮아 복잡한 형상이라도 주조하기 쉽다.

**47.** 포금(gun metal)에 대한 설명으로 틀린 것은?

① 내해수성이 우수하다.
② 성분은 8～12% Sn 청동에 1～2% Zn을 첨가한 합금이다.
③ 용해 주조 시 탈산제로 사용되는 P의 첨가량을 많이 하여 합금 중에 P를 0.05～0.5% 정도 남게 한 것이다.
④ 수압, 수증기에 잘 견디므로 선박용 재료로 널리 사용된다.

해설 ③ 인청동

**48.** 다음과 같은 배관의 등각 투상도(isometric drawing)를 평면도로 나타낸 것으로 맞는 것은?

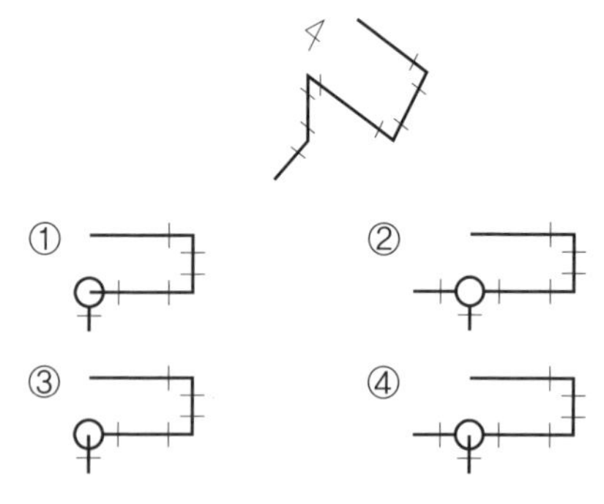

해설 아래로 향한 엘보의 표시는 원의 중심까지 실선이 그려진다.

**49.** 건축용 철골, 볼트, 리벳 등에 사용되는 것

정답 43. ② 44. ② 45. ② 46. ③ 47. ③ 48. ④ 49. ①

으로 연신율이 약 22%이고, 탄소 함량이 약 0.15%인 강재는?

① 연강 ② 경강
③ 최경강 ④ 탄소 공구강

해설 • 극연강 : 0.025~0.12% C의 강
• 연강 : 0.12~0.2% C의 강

**50.** 저용융점(fusible) 합금에 대한 설명으로 틀린 것은?

① Bi를 55% 이상 함유한 합금은 응고 수축을 한다.
② 용도로는 화재통보기, 압축 공기용 탱크 안전 밸브 등에 사용된다.
③ 33~66% Pb를 함유한 Bi 합금은 응고 후 시효 진행에 따라 팽창 현상을 나타낸다.
④ 저용융점 합금은 약 250℃ 이하의 용융점을 갖는 것이며 Pb, Bi, Sn, In 등의 합금이다.

해설 Bi를 55% 이상 함유한 합금은 응고 수축을 거의 하지 않는다.

**51.** 치수 기입 방법이 틀린 것은?

① 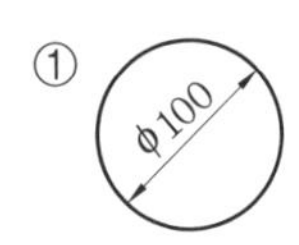

② 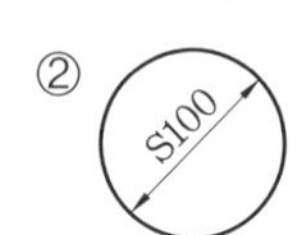

③ 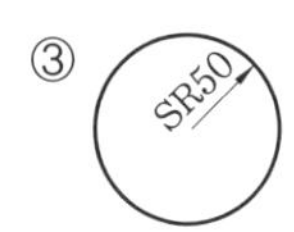

④ 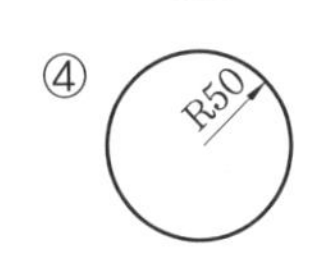


해설 구의 표시이므로 S100이 아니라 'Sø100'으로 해야 된다.

**52.** 황동은 도가니로, 전기로 또는 반사로 중에서 용해하는데, Zn의 증발로 손실이 있기 때문에 이를 억제하기 위해서는 용탕 표면에 어떤 것을 덮어 주는가?

① 소금 ② 석회석
③ 숯가루 ④ Al 분말가루

해설 황동 용탕의 증발 방지를 위해 숯가루로 덮어주면 효과적이다.

**53.** 표제란에 표시하는 내용이 아닌 것은?

① 재질 ② 척도
③ 각법 ④ 제품명

해설 부품표에 기재사항 : 품번, 품명, 수량, 재질 등

**54.** 그림과 같은 용접 기호의 설명으로 옳은 것은?

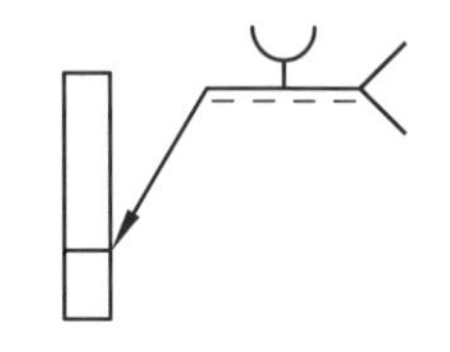

① U형 맞대기 용접, 화살표 쪽 용접
② V형 맞대기 용접, 화살표 쪽 용접
③ U형 맞대기 용접, 화살표 반대쪽 용접
④ V형 맞대기 용접, 화살표 반대쪽 용접

해설 U형 맞대기 용접이며, 기호가 실선에 있으므로 화살표 쪽 용접을 의미한다.

**55.** 전기아연도금 강판 및 강대의 KS 기호 중 일반용 기호는?

① SECD ② SECE
③ SEFC ④ SECC

해설 • 전기아연도금 강판 및 강대 : SECD(드로잉용), SECE(딥드로잉용), SECC(일반용)
• 냉간 압연 강판 및 강대 : SEFC(가공용)

**56.** 다음 [보기] 도면은 정면도와 우측면도만이

정답 50. ① 51. ② 52. ③ 53. ① 54. ① 55. ④ 56. ③

올바르게 도시되어 있다. 평면도로 가장 적합한 것은?

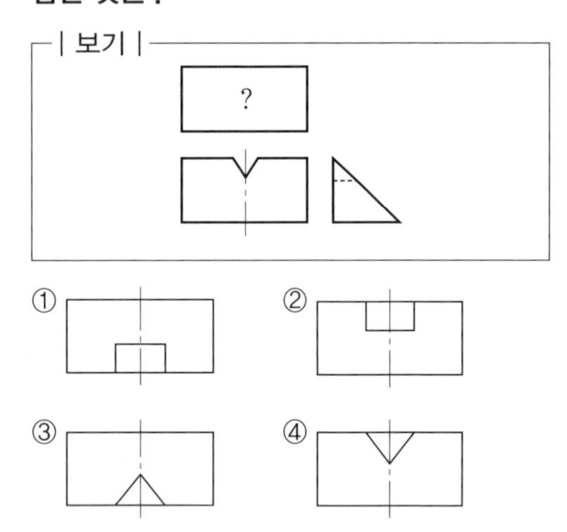


해설 정면도의 상단과 우측면도를 비교하였을 때 ③이 답이 된다.

**57.** 선의 종류와 용도에 대한 설명의 연결이 틀린 것은?

① 가는 실선 : 짧은 중심을 나타내는 선
② 가는 파선 : 보이지 않는 물체의 모양을 나타내는 선
③ 가는 1점 쇄선 : 기어의 피치원을 나타내는 선
④ 가는 2점 쇄선 : 중심이 이동한 중심 궤적을 표시하는 선

해설 가는 2점 쇄선 : 가상선

**58.** KS에서 규정하는 체결 부품의 조립 간략 표시 방법에서 구멍에 끼워 맞추기 위한 구멍, 볼트, 리벳의 기호 표시 중 공장에서 드릴 가공 및 끼워 맞춤을 하는 것은?

① 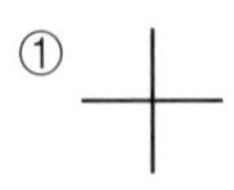
② 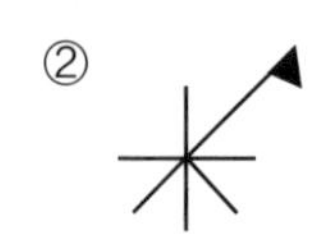
③ 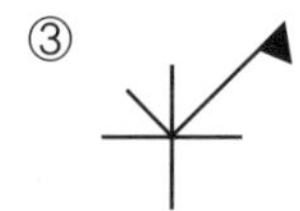
④ 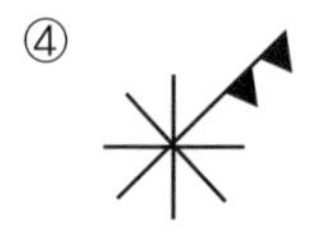

해설 평면도에서 더브테일 홈 안쪽은 보이지 않으므로 파선으로 표시해야 한다.

**59.** [보기] 그림의 입체도를 제3각법으로 올바르게 투상한 투상도는?

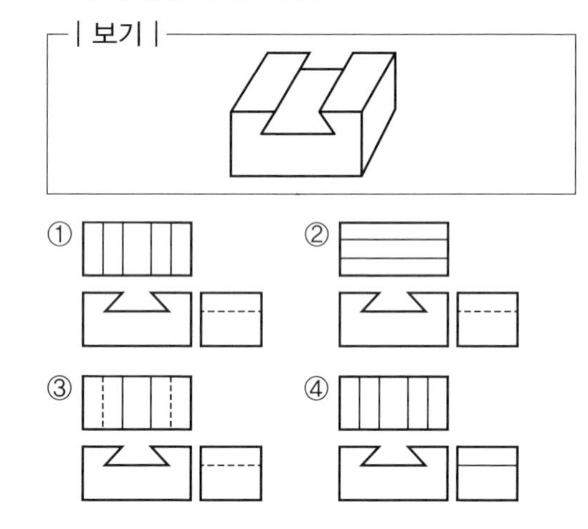


**60.** 다음 그림과 같은 단면도에서 "㉠"이 나타내는 것은?

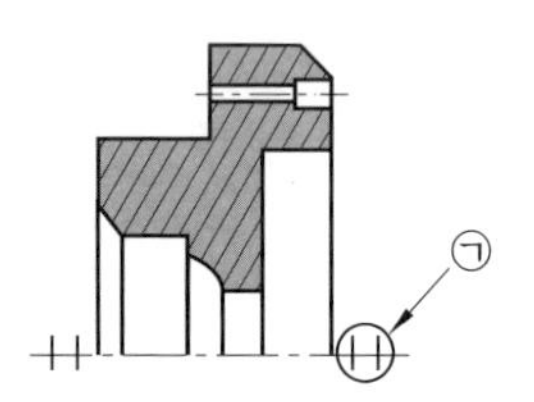


① 바닥 표시 기호
② 대칭 도시 기호
③ 반복 도형 생략 기호
④ 한쪽 단면도 표시 기호

해설 반단면도를 나타낸 것으로 ㉠ 부분은 대칭을 의미한다.

정답 57. ④ 58. ① 59. ③ 60. ②

# 제2회 CBT 실전문제

2015년 7월 19일 시행

**1. 다음 중 텅스텐과 몰리브덴 재료 등을 용접하기에 가장 적합한 용접은?**

① 전자 빔 용접
② 일렉트로 슬래그 용접
③ 탄산가스 아크 용접
④ 서브머지드 아크 용접

해설 전자 빔 용접 : 고융점 재료 용접에 적합하다.

**2. 서브머지드 아크 용접 시, 받침쇠를 사용하지 않을 경우 루트 간격을 몇 mm 이하로 하여야 하는가?**

① 0.2 ② 0.4
③ 0.6 ④ 0.8

해설 SAW에서 받침쇠 없는 루트 간격은 0.8mm 이하로 한다.

**3. 연납땜 중 내열성 땜납으로 주로 구리, 황동용에 사용되는 것은?**

① 인동납 ② 황동납
③ 납-은납 ④ 은납

해설 구리, 황동용 연납 : 납(Pb)-은납을 사용한다.

**4. 용접부 검사법 중 기계적 시험법이 아닌 것은?**

① 굽힘 시험 ② 경도 시험
③ 인장 시험 ④ 부식 시험

해설 부식 시험 : 화학적 시험

**5. 일렉트로 가스 아크 용접의 특징 설명 중 틀린 것은?**

① 판 두께에 관계없이 단층으로 상진 용접한다.
② 판 두께가 얇을수록 경제적이다.
③ 용접 속도는 자동으로 조절된다.
④ 정확한 조립이 요구되며, 이동용 냉각 동판에 급수 장치가 필요하다.

해설 일렉트로 가스 아크 용접 : 일렉트로 슬래그 용접과 같이 후판 용접에 적합하다.

**6. 텅스텐 전극봉 중에서 전자 방사 능력이 현저하게 뛰어난 장점이 있으며 불순물이 부착되어도 전자 방사가 잘 되는 전극은?**

① 순텅스텐 전극
② 토륨 텅스텐 전극
③ 지르코늄 텅스텐 전극
④ 마그네슘 텅스텐 전극

해설 토륨 텅스텐 전극 : 전자 방사 능력이 뛰어나나 요즘은 방사능 유출 문제로 사용이 제한되고 있다.

**7. 다음 중 표면 피복 용접을 올바르게 설명한 것은?**

① 연강과 고장력강의 맞대기 용접을 말한다.
② 연강과 스테인리스강의 맞대기 용접을 말한다.
③ 금속 표면에 다른 종류의 금속을 용착시키는 것을 말한다.
④ 스테인리스 강판과 연강판재를 접합 시 스테인리스 강판에 구멍을 뚫어 용접하는 것을 말한다.

정답 1. ① 2. ④ 3. ③ 4. ④ 5. ② 6. ② 7. ③

해설 표면 피복 용접 : 보통 오버레이에 의해 표면의 경화나 내식성 향상을 위해 용접한다.

**8.** 산업용 용접 로봇의 기능이 아닌 것은?

① 작업 기능 ② 제어 기능
③ 계측 인식 기능 ④ 감정 기능

해설 로봇에 감정 기능은 없다.

**9.** 용접에 있어 모든 열적 요인 중 가장 영향을 많이 주는 요소는?

① 용접 입열 ② 용접 재료
③ 주위 온도 ④ 용접 복사열

해설 용접에 가장 중요한 것은 입열이다.

**10.** 다음 중 일렉트로 슬래그 용접의 특징으로 틀린 것은?

① 박판 용접에는 적용할 수 없다.
② 장비 설치가 복잡하며 냉각 장치가 요구된다.
③ 용접 시간이 길고 장비가 저렴하다.
④ 용접 진행 중 용접부를 직접 관찰할 수 없다.

해설 일렉트로 슬래그 용접 : 용접 시간이 짧고 장비가 고가이다.

**11.** 불활성 가스 금속 아크 용접(MIG)의 용착 효율은 얼마 정도인가?

① 58% ② 78%
③ 88% ④ 98%

해설 MIG 용접 : 용착 효율이 매우 높다.

**12.** 사고의 원인 중 인적 사고 원인에서 선천적 원인은?

① 신체의 결함 ② 무지
③ 과실 ④ 미숙련

해설 ②, ③, ④는 후천적 원인이다.

**13.** TIG 용접에서 직류 정극성을 사용하였을 때 용접 효율을 올릴 수 있는 재료는?

① 알루미늄
② 마그네슘
③ 마그네슘 주물
④ 스테인리스강

해설 직류 정극성 : 스테인리스강, 강 용접에 적용한다.

**14.** 재료의 인장 시험 방법으로 알 수 없는 것은?

① 인장강도 ② 단면 수축률
③ 피로강도 ④ 연신율

해설 피로강도 : 피로 시험에 의해 알 수 있다.

**15.** 용접 변형 방지법의 종류에 속하지 않는 것은?

① 억제법 ② 역변형법
③ 도열법 ④ 취성 파괴법

해설 취성 파괴법 : 재료 시험법의 하나이다.

**16.** 솔리드 와이어와 같이 단단한 와이어를 사용할 경우 적합한 용접 토치 형태로 옳은 것은?

① Y형 ② 커브형
③ 직선형 ④ 피스톨형

해설 커브형 토치는 단단한 와이어 송급에 적당하다.

정답 8. ④ 9. ① 10. ③ 11. ④ 12. ① 13. ④ 14. ③ 15. ④ 16. ②

**17.** 안전 · 보건표지의 색채, 색도 기준 및 용도에서 색채에 따른 용도를 올바르게 나타낸 것은?

① 빨간색 : 안내　② 파란색 : 지시
③ 녹색 : 경고　④ 노란색 : 금지

해설 안전 색채
㉮ 적색 : 금지
㉯ 파란색 : 지시
㉰ 녹색 : 안내
㉱ 노란색 : 경고

**18.** 용접 금속의 구조상의 결함이 아닌 것은?

① 변형　② 기공
③ 언더컷　④ 균열

해설 변형, 형상 불량 : 치수상 결함

**19.** 금속 재료의 미세조직을 금속 현미경을 사용하여 광학적으로 관찰하고 분석하는 현미경 시험의 진행 순서로 맞는 것은?

① 시료 채취 → 연마 → 세척 및 건조 → 부식 → 현미경 관찰
② 시료 채취 → 연마 → 부식 → 세척 및 건조 → 현미경 관찰
③ 시료 채취 → 세척 및 건조 → 연마 → 부식 → 현미경 관찰
④ 시료 채취 → 세척 및 건조 → 부식 → 연마 → 현미경 관찰

해설 현미경 조직 시험 순서
먼저 시험할 시료 채취 후 연마, 세척, 건조, 부식시켜 현미경으로 관찰한다.

**20.** 강판의 두께가 12mm, 폭 100mm인 평판을 V형 홈으로 맞대기 용접 이음할 때, 이음 효율 $\eta$=0.8로 하면 인장력 $P$는? (단, 재료의 최저 인장강도는 40N/mm$^2$이고, 안전율은 4로 한다.)

① 960N　② 9600N
③ 860N　④ 8600N

해설 $S=\dfrac{\text{인장강도}}{\text{허용응력}}$, $\text{허용응력}=\dfrac{40}{4}=10$
$\therefore P=10\times12\times100\times0.8=9600\text{N}$

**21.** 다음 중 목재, 섬유류, 종이 등에 의한 화재의 급수에 해당하는 것은?

① A급　② B급
③ C급　④ D급

해설 A급 화재 : 일반 화재, 종이나 나무 등에 의한 화재

**22.** 용접부의 시험 중 용접성 시험에 해당하지 않는 시험법은?

① 노치 취성 시험
② 열 특성 시험
③ 용접 연성 시험
④ 용접 균열 시험

해설 용접성 시험 : 용접부에 대한 노치, 연성, 균열 등의 특성을 알기 위한 시험

**23.** 다음 중 가스 용접의 특징으로 옳은 것은?

① 아크 용접에 비해서 불꽃의 온도가 높다.
② 아크 용접에 비해 유해 광선의 발생이 많다.
③ 전원 설비가 없는 곳에서는 쉽게 설치할 수 없다.
④ 폭발의 위험이 크고 금속이 탄화 및 산화될 가능성이 많다.

해설 가스 용접 : 아크 용접에 비해 불꽃 온도가 낮고 유해 광선은 적으며, 전원이 없는 곳에서 용접이 가능하다.

정답 17. ② 18. ① 19. ① 20. ② 21. ① 22. ② 23. ④

**24.** **산소-아세틸렌 용접에서 표준 불꽃으로 연강판 두께 2mm를 60분간 용접하였더니 200L의 아세틸렌 가스가 소비되었다면, 다음 중 가장 적당한 가변압식 팁의 번호는?**

① 100번 ② 200번
③ 300번 ④ 400번

해설 가변압식 팁은 1시간당 소비되는 아세틸렌의 양(L)을 번호로 나타낸다.

**25.** **연강용 가스 용접봉의 시험편 처리 표시 기호 중 NSR의 의미는?**

① 625±25℃로서 용착 금속의 응력을 제거한 것
② 용착 금속의 인장강도를 나타낸 것
③ 용착 금속의 응력을 제거하지 않은 것
④ 연신율을 나타낸 것

해설 SR : 용착 금속의 응력을 제거한 것

**26.** **피복 아크 용접에서 사용하는 아크 용접용 기구가 아닌 것은?**

① 용접 케이블
② 접지 클램프
③ 용접 홀더
④ 팁 클리너

해설 팁 클리너 : 가스 용접 팁의 구멍이 막히거나 불량할 때 청소하는 도구

**27.** **피복 아크 용접봉의 피복제의 주된 역할로 옳은 것은?**

① 스패터의 발생을 많게 한다.
② 용착 금속에 필요한 합금 원소를 제거한다.
③ 모재 표면에 산화물이 생기게 한다.
④ 용착 금속의 냉각 속도를 느리게 하여 급랭을 방지한다.

해설 피복제는 스패터의 발생을 적게 하며, 용착 금속에 합금 원소 첨가, 탈산 정련, 아크 안정 등의 역할을 한다.

**28.** **용접의 특징에 대한 설명으로 옳은 것은?**

① 복잡한 구조물 제작이 어렵다.
② 기밀, 수밀, 유밀성이 나쁘다.
③ 변형의 우려가 없어 시공이 용이하다.
④ 용접사의 기량에 따라 용접부의 품질이 좌우된다.

해설 용접 특징 : 기계적 접합에 비해 복잡한 구조물 제작이 쉽고, 기밀, 수밀, 유밀성이 우수하나, 변형의 우려가 있다.

**29.** **AW-300, 무부하 전압 80V, 아크 전압 20V인 교류 용접기를 사용할 때, 다음 중 역률과 효율을 올바르게 계산한 것은? (단, 내부 손실을 4kW라 한다.)**

① 역률 : 80.0%, 효율 : 20.6%
② 역률 : 20.6%, 효율 : 80.8%
③ 역률 : 60.0%, 효율 : 41.7%
④ 역률 : 41.7%, 효율 : 60.0%

해설 ㉮ 역률

$$=\frac{(\text{아크 전압}\times\text{아크 전류})+\text{내부 손실}}{\text{2차 무부하 전압}\times\text{아크 전류}}\times 100$$

$$=\frac{20\times300+4000}{80\times300}\times100=41.7\%$$

㉯ $\text{효율}=\frac{\text{아크 전압}\times\text{아크 전류}}{\text{아크 출력}+\text{내부 손실}}\times 100$

$$=\frac{20\times300}{(20\times300)+4000}\times100=60\%$$

**30.** **스카핑 작업에서 냉간재의 스카핑 속도로 가장 적합한 것은?**

정답 24. ② 25. ③ 26. ④ 27. ④ 28. ④ 29. ④ 30. ②

① 1～3m/min
② 5～7m/min
③ 10～15m/min
④ 20～25m/min

해설 냉간재의 스카핑 속도는 분당 5～7m 정도가 적당하다.

**31.** 가스 절단에서 팁(tip)의 백심 끝과 강판 사이의 간격으로 가장 적당한 것은?

① 0.1～0.3mm
② 0.4～1mm
③ 1.5～2mm
④ 4～5mm

해설 가스 절단 팁과 모재 간의 거리 : 1.5～2mm가 가장 온도가 높고 절단면이 양호하다.

**32.** 가스 용접에서 후진법에 대한 설명으로 틀린 것은?

① 전진법에 비해 용접 변형이 작고 용접 속도가 빠르다.
② 전진법에 비해 두꺼운 판의 용접에 적합하다.
③ 전진법에 비해 열 이용률이 좋다.
④ 전진법에 비해 산화의 정도가 심하고 용착 금속 조직이 거칠다.

해설 후진법은 전진법에 비해 산화의 정도가 적고 용착 금속 조직이 미세하다.

**33.** 피복 아크 용접에 관한 사항으로 아래 그림의 (  )에 들어가야 할 용어는?

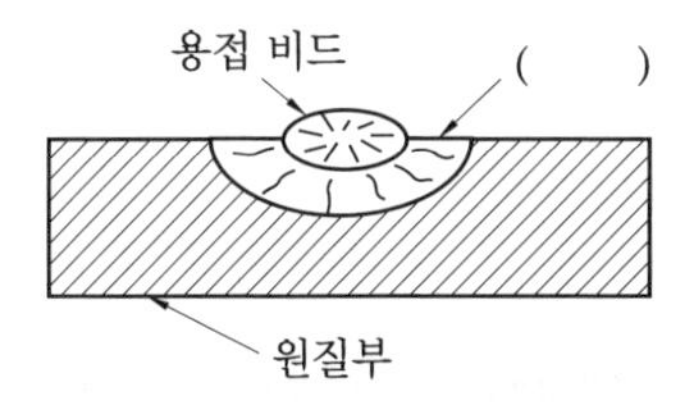


① 용락부 ② 용융지
③ 용입부 ④ 열 영향부

해설 열 영향부 : 모재와 용착 금속의 경계선 부근의 열의 영향을 많이 받은 부분

**34.** 용접봉에서 모재로 용융 금속이 옮겨가는 이행 형식이 아닌 것은?

① 단락형
② 글로뷸러형
③ 스프레이형
④ 철심형

해설 용접봉 이행 형식 : 크게 단락형, 스프레이형, 글로뷸러형이 있다.

**35.** 아세틸렌 가스의 성질로 틀린 것은?

① 순수한 아세틸렌 가스는 무색무취이다.
② 금, 백금, 수은 등을 포함한 모든 원소와 화합 시 산화물을 만든다.
③ 각종 액체에 잘 용해되며, 물에는 1배, 알코올에는 6배 용해된다.
④ 산소와 적당히 혼합하여 연소시키면 높은 열을 발생한다.

해설 아세틸렌 가스 : 금, 백금 등은 왕수 외에 다른 원소와 화합 시 산화되지 않는다.

**36.** 직류 아크 용접에서 용접봉의 용융이 늦고, 모재의 용입이 깊어지는 극성은?

① 직류 정극성
② 직류 역극성
③ 용극성
④ 비용극성

해설 직류 역극성 : 용접봉 용융이 빠르고 모재의 용입이 얕으며, 비드 폭이 넓다.

정답 31. ③ 32. ④ 33. ④ 34. ④ 35. ② 36. ①

**37.** 아크 용접기에서 부하 전류가 증가하여도 단자 전압이 거의 일정하게 되는 특성은 무엇인가?

① 절연 특성
② 수하 특성
③ 정전압 특성
④ 보존 특성

해설 ② 수하 특성 : 용접기의 특성 중에서 부하 전류가 증가하면 단자 전압이 저하하는 특성

**38.** 피복제 중에 산화티탄을 약 35% 정도 포함하였고 슬래그의 박리성이 좋아 비드의 표면이 고우며 작업성이 우수한 특징을 지닌 연강용 피복 아크 용접봉은?

① E 4301 ② E 4311
③ E 4313 ④ E 4316

해설 • E 4301 : 일미나이트계
• E 4311 : 고셀룰로오스계
• E 4313 : 고산화티탄계
• E 4316 : 저수소계

**39.** 공석 조성을 0.80% C라고 하면, 0.2% C 강의 상온에서의 초석페라이트와 펄라이트의 비는 약 몇 %인가?

① 초석페라이트 75% : 펄라이트 25%
② 초석페라이트 25% : 펄라이트 75%
③ 초석페라이트 80% : 펄라이트 20%
④ 초석페라이트 20% : 펄라이트 80%

해설 초석페라이트 양

$$=\frac{0.8-0.2}{0.8-0.0218}\times 100 \fallingdotseq 77.1\%$$

∴ 펄라이트 양 $=100-77.1 \fallingdotseq 23\%$

**40.** 상률(phase rule)과 무관한 인자는?

① 자유도 ② 원소 종류
③ 상의 수 ④ 성분 수

해설 자유도$(F)$=성분 수$(C)$−상의 수$(P)$+2

**41.** 금속의 물리적 성질에서 자성에 관한 설명 중 틀린 것은?

① 연철(鍊鐵)은 잔류자기는 작으나 보자력이 크다.
② 영구자석 재료는 쉽게 자기를 소실하지 않는 것이 좋다.
③ 금속을 자석에 접근시킬 때 금속에 자석의 극과 반대의 극이 생기는 금속을 상자성체라 한다.
④ 자기장의 강도가 증가하면 자화되는 강도도 증가하나 어느 정도 진행되면 포화점에 이르는 이 점을 퀴리점이라 한다.

해설 연철(鍊鐵)은 잔류자기가 크고, 보자력이 작다.

**42.** 주요 성분이 Ni-Fe 합금인 불변강의 종류가 아닌 것은?

① 인바 ② 모넬메탈
③ 엘린바 ④ 플래티나이트

해설 모넬메탈 : Ni−Cu계 합금으로 60~70% Ni 합금

**43.** 다음 중 탄소강의 표준 조직이 아닌 것은?

① 페라이트
② 펄라이트
③ 시멘타이트
④ 마텐자이트

해설 마텐자이트 : 담금질 열처리 조직

정답 37. ③ 38. ③ 39. ① 40. ② 41. ① 42. ② 43. ④

**44.** **탄소강 중에 함유된 규소의 일반적인 영향 중 틀린 것은?**

① 경도의 상승
② 연신율의 감소
③ 용접성의 저하
④ 충격값의 증가

해설 탄소강 중에 함유된 규소 : 충격치 감소

**45.** **다음 중 이온화 경향이 가장 큰 것은?**

① Cr ② K
③ Sn ④ H

해설 이온화 경향 : 금속이 액체와 접촉할 경우 전자를 잃고 산화되어 양이온이 되려는 현상으로 이온화 경향이 큰 순서는 K>Cr>Sn>H이다.

**46.** **실온까지 온도를 내려 다른 형상으로 변형시켰다가 다시 온도를 상승시키면 어느 일정한 온도 이상에서 원래의 형상으로 변화하는 합금은?**

① 제진 합금
② 방진 합금
③ 비정질 합금
④ 형상 기억 합금

해설 형상 기억 합금 : 처음 가공되었을 때의 온도와 형상을 기억하고 있어 변형되었을 때 처음 온도로 상승시키면 원래의 상태로 되돌아가는 합금

**47.** **금속에 대한 설명으로 틀린 것은?**

① 리튬(Li)은 물보다 가볍다.
② 고체 상태에서 결정 구조를 가진다.
③ 텅스텐(W)은 이리듐(Ir)보다 비중이 크다.
④ 일반적으로 용융점이 높은 금속은 비중도 큰 편이다.

해설 텅스텐(W) 비중 : 19.3, 이리듐(Ir) 비중 : 22.42

**48.** **7 : 3 황동에 1% 내외의 Sn을 첨가하여 열교환기, 증발기 등에 사용되는 합금은?**

① 코슨 황동
② 네이벌 황동
③ 애드미럴티 황동
④ 에버듀어 메탈

해설 ② 네이벌 황동 : 6－4 황동에 주석을 1% 첨가한 황동

**49.** **구리에 5～20% Zn을 첨가한 황동으로, 강도는 낮으나 전연성이 좋고 색깔이 금색에 가까워, 모조금이나 판 및 선 등에 사용되는 것은?**

① 톰백 ② 켈밋
③ 포금 ④ 문츠메탈

해설 ② 켈밋 : 동에 납을 30～40% 첨가한 합금으로 베어링 재료에 쓰인다.

**50.** **열간 성형 리벳의 종류별 호칭 길이($L$)를 표시한 것 중 잘못 표시된 것은?**

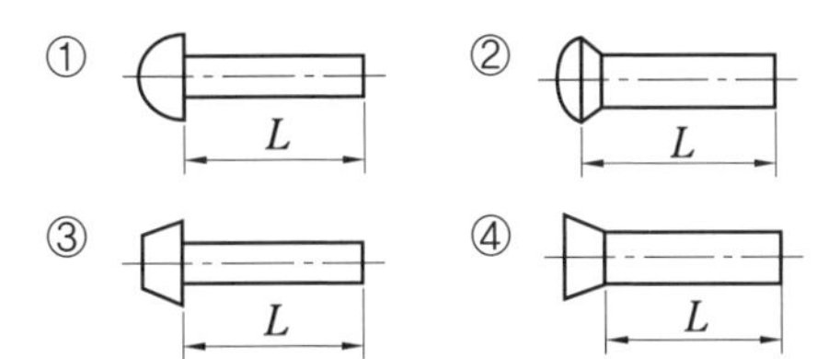


해설 접시 머리 리벳의 길이 표시는 전체 길이로 나타낸다.

정답 44. ④ 45. ② 46. ④ 47. ③ 48. ③ 49. ① 50. ④

**51.** 다음 그림과 같은 KS 용접 보조 기호의 설명으로 옳은 것은?

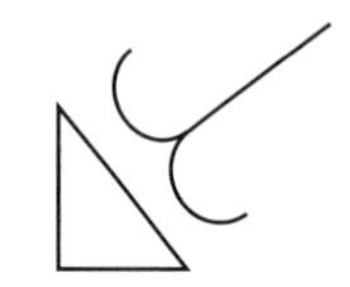

① 필릿 용접부 토우를 매끄럽게 함
② 필릿 용접 끝단부를 볼록하게 다듬질
③ 필릿 용접 끝단부에 영구적인 덮개 판을 사용
④ 필릿 용접 중앙부에 제거 가능한 덮개 판을 사용

해설 필릿 기호 옆에 양방향 갈고리 모양은 용접부 토우를 매끄럽게 하라는 의미이다.

**52.** 다음 중 배관용 탄소 강관의 재질 기호는?

① SPA　　② STK
③ SPP　　④ STS

해설 ① SPA : 배관용 합금강 강관
② STK : 일반 구조용 탄소 강관
④ STS : 합금 공구강

**53.** 고강도 Al 합금으로 조성이 Al－Cu－Mg－Mn인 합금은?

① 라우탈
② Y－합금
③ 두랄루민
④ 하이드로날륨

해설 ② Y－합금 : Al－Cu－Ni－Mg 합금

**54.** 그림과 같은 ㄷ형강의 치수 기입 방법으로 옳은 것은? (단, $L$은 형강의 길이를 나타낸다.)

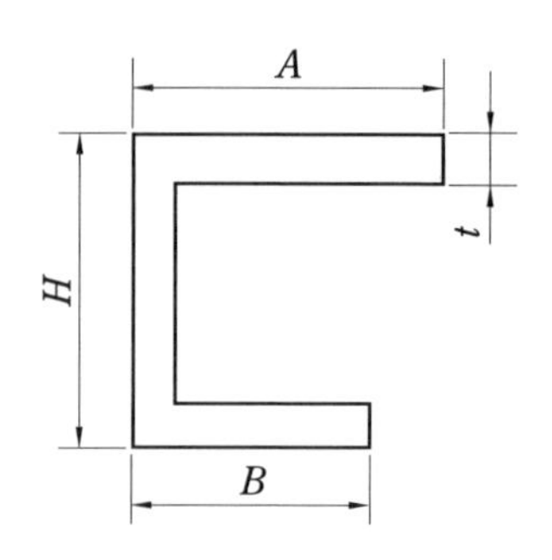


① ㄷ $A\times B\times H\times t-L$
② ㄷ $H\times A\times B\times t-L$
③ ㄷ $B\times A\times H\times t-L$
④ ㄷ $H\times B\times A\times L-t$

해설 형강의 치수 기입은 형강 모양 기호, 세로 치수×가로 치수×두께－길이로 표시한다.

**55.** 도면에서 반드시 표제란에 기입해야 하는 항목으로 틀린 것은?

① 재질
② 척도
③ 투상법
④ 도명

해설 부품표 기재사항 : 품번, 품명, 수량, 재질 등

**56.** 선의 종류와 명칭이 잘못된 것은?

① 가는 실선－해칭선
② 굵은 실선－숨은선
③ 가는 2점 쇄선－가상선
④ 가는 1점 쇄선－피치선

해설 굵은 실선은 외형선으로 물체 외형을 나타내는 선이다.

정답 51. ① 52. ③ 53. ③ 54. ② 55. ① 56. ②

**57.** [보기]와 같은 입체도에서 화살표 방향을 정면으로 할 때 평면도로 가장 적합한 것은?

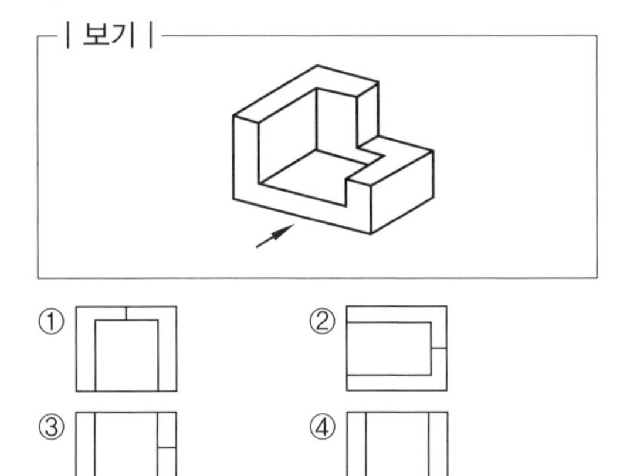

해설 평면도는 양쪽 ㄱ자 모양을 한 도면으로 ①이 답이다.

**58.** 도면의 밸브 표시 방법에서 안전 밸브에 해당하는 것은?

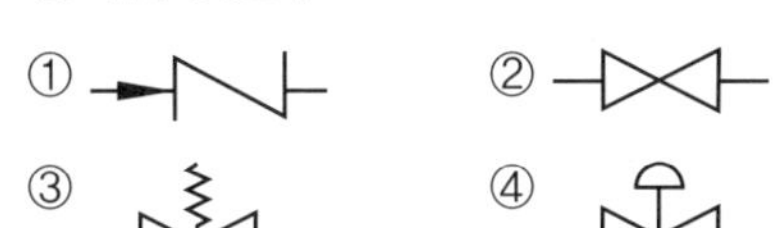

해설 ① 체크 밸브
② 일반 밸브
④ 동력 조작

**59.** 제1각법과 제3각법에 대한 설명 중 틀린 것은?

① 제3각법은 평면도를 정면도의 위에 그린다.
② 제1각법은 저면도를 정면도의 아래에 그린다.
③ 제3각법의 원리는 눈 → 투상면 → 물체의 순서가 된다.
④ 제1각법에서 우측면도는 정면도를 기준으로 본 위치와는 반대쪽인 좌측에 그려진다.

해설 투상도에서 제1각법은 저면도를 정면도의 위에 그리고, 제3각법은 저면도를 정면도의 아래에 그린다.

**60.** 일반적으로 치수선을 표시할 때, 치수선 양 끝에 치수가 끝나는 부분임을 나타내는 형상으로 사용하는 것이 아닌 것은?

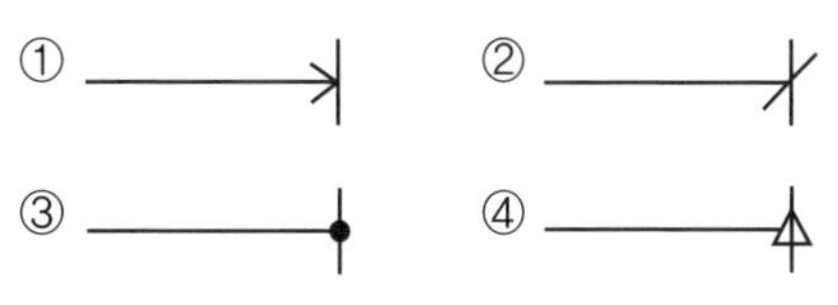

해설 치수 표시선에 ④와 같은 것은 사용하지 않는다.

정답 57. ① 58. ③ 59. ② 60. ④

# 제3회 CBT 실전문제

2015년 10월 10일 시행

**1. 초음파 탐상법의 종류에 속하지 않는 것은?**

① 투과법
② 펄스 반사법
③ 공진법
④ 극간법

해설 극간법은 자분 탐상법의 일종이다.

**2. $CO_2$ 가스 아크 용접에서 기공의 발생 원인으로 틀린 것은?**

① 노즐에 스패터가 부착되어 있다.
② 노즐과 모재 사이의 거리가 짧다.
③ 모재가 오염(기름, 녹, 페인트)되어 있다.
④ $CO_2$ 가스의 유량이 부족하다.

해설 노즐과 모재 사이의 거리가 짧은 경우 기공 발생이 적다.

**3. 연납과 경납을 구분하는 온도는?**

① 550℃ ② 450℃
③ 350℃ ④ 250℃

해설 납의 용융점이 450℃를 기준으로 이하면 연납, 이상이면 경납이라 한다.

**4. 전기저항 용접 중 플래시 용접 과정의 3단계를 순서대로 바르게 나타낸 것은?**

① 업셋 → 플래시 → 예열
② 예열 → 업셋 → 플래시
③ 예열 → 플래시 → 업셋
④ 플래시 → 업셋 → 예열

해설 플래시, 업셋 과정은 소재를 가까이 한 후 예열하고, 통전하면 양끝이 가열되어 플래시가 생기며 용융된다. 이때 업셋하여 접합한다.

**5. 용접 작업 중 지켜야 할 안전사항으로 틀린 것은?**

① 보호장구를 반드시 착용하고 작업한다.
② 훼손된 케이블은 사용 후에 보수한다.
③ 도장된 탱크 안에서의 용접은 충분히 환기시킨 후 작업한다.
④ 전격 방지기가 설치된 용접기를 사용한다.

해설 용접 작업 중 케이블이 훼손된 경우 전원을 차단하고 즉시 보수해야 된다.

**6. 전격의 방지 대책으로 적합하지 않는 것은?**

① 용접기의 내부는 수시로 열어서 점검하거나 청소한다.
② 홀더나 용접봉은 절대로 맨손으로 취급하지 않는다.
③ 절연 홀더의 절연 부분이 파손되면 즉시 보수하거나 교체한다.
④ 땀, 물 등에 의해 습기 찬 작업복, 장갑, 구두 등은 착용하지 않는다.

해설 용접기 내부는 정기적으로 해야지 수시로 열어서 청소나 점검할 필요가 없다.

**7. 다음 중 $CO_2$ 가스 아크 용접의 장점으로 틀린 것은?**

① 용착 금속의 기계적 성질이 우수하다.
② 슬래그 혼입이 없고, 용접 후 처리가 간단하다.

정답 1. ④ 2. ② 3. ② 4. ③ 5. ② 6. ① 7. ④

③ 전류 밀도가 높아 용입이 깊고, 용접 속도가 빠르다.

④ 풍속 2m/s 이상의 바람에도 영향을 받지 않는다.

해설 $CO_2$ 가스 아크 용접은 풍속 2m/s 이상이면 방풍막을 해야 된다.

**8. 다음 중 용접 후 잔류 응력 완화법에 해당하지 않는 것은?**

① 기계적 응력 완화법
② 저온 응력 완화법
③ 피닝법
④ 화염 경화법

해설 화염 경화법 : 소재 표면을 화염으로 가열과 냉각을 통해 담금질하는 방법

**9. 용접 지그나 고정구의 선택 기준에 대한 설명 중 틀린 것은?**

① 용접하고자 하는 물체의 크기를 튼튼하게 고정시킬 수 있는 크기와 강성이 있어야 한다.
② 용접 응력을 최소화할 수 있도록 변형이 자유스럽게 일어날 수 있는 구조이어야 한다.
③ 피용접물의 고정과 분해가 쉬워야 한다.
④ 용접 간극을 적당히 받쳐주는 구조이어야 한다.

해설 지그나 고정구 선택 : 변형이 일어나지 않게 하는 구조일 것

**10. 용접 홈 이음 형태 중 U형은 루트 반지름을 가능한 크게 만드는데 그 이유로 가장 알맞은 것은?**

① 큰 개선 각도
② 많은 용착량
③ 충분한 용입
④ 큰 변형량

해설 U형 홈은 개선각이 거의 없기 때문에 밑 부분의 원형이 크게 되도록 반지름을 크게 하는 것이 좋다.

**11. 다음 중 다층 용접 시 적용하는 용착법이 아닌 것은?**

① 빌드업법
② 캐스케이드법
③ 스킵법
④ 전진 블록법

해설 스킵법(비석법) : 박판의 변형 방지에 효과가 크며, 용접 길이를 짧게 나누어 간격을 두고 용접 후 다시 그 사이를 용접하는 용착법이다.

**12. 다음 중 용접 작업 전에 예열을 하는 목적으로 틀린 것은?**

① 용접 작업성의 향상을 위하여
② 용접부의 수축 변형 및 잔류 응력을 경감시키기 위하여
③ 용접 금속 및 열 영향부의 연성 또는 인성을 향상시키기 위하여
④ 고탄소강이나 합금강의 열 영향부 경도를 높게 하기 위하여

해설 예열을 하는 목적은 고탄소강 등의 열 영향부의 경도를 낮게 하기 위해서이다.

**13. 다음 중 용접 자세 기호로 틀린 것은?**

① F　② V
③ H　④ OS

해설 용접 자세 기호로 OS는 없다.
※ O : 위보기 자세

정답 8. ④　9. ②　10. ③　11. ③　12. ④　13. ④

**14.** 피복 아크 용접 시 지켜야 할 유의사항으로 적합하지 않은 것은?

① 작업 시 전류는 적정하게 조절하고 정리정돈을 잘하도록 한다.
② 작업을 시작하기 전에는 메인 스위치를 작동시킨 후에 용접기 스위치를 작동시킨다.
③ 작업이 끝나면 항상 메인 스위치를 먼저 끈 후에 용접기 스위치를 꺼야 한다.
④ 아크 발생 시 항상 안전에 신경을 쓰도록 한다.

해설 용접 작업이 끝나면 용접기 스위치를 끈 후 메인 스위치를 끈다.

**15.** 다음 중 자동화 용접 장치의 구성 요소가 아닌 것은?

① 고주파 발생 장치 ② 칼럼
③ 트랙 ④ 갠트리

해설 고주파 발생 장치 : 안정한 아크를 얻기 위하여 상용주파의 아크 전류에 고전압의 고주파를 중첩시키는 방법

**16.** 주철 용접 시 주의사항으로 옳은 것은?

① 용접 전류는 약간 높게 하고 운봉하여 곡선 비드 배치하며 용입을 깊게 한다.
② 가스 용접 시 중성 불꽃 또는 산화 불꽃을 사용하고 용제는 사용하지 않는다.
③ 냉각되어 있을 때 피닝 작업을 하여 변형을 줄이는 것이 좋다.
④ 용접봉의 지름은 가는 것을 사용하고, 비드의 배치는 짧게 하는 것이 좋다.

해설 주철 용접은 전류는 가급적 낮게, 봉은 가는 것으로 하며, 가열되었을 때 피닝하는 것이 좋다.

**17.** 전기저항 용접의 발열량을 구하는 공식으로 옳은 것은? (단, $H$ : 발열량(cal), $I$ : 전류(A), $R$ : 저항(Ω), $t$ : 시간(s)이다.)

① $H=0.24IRt$ ② $H=0.24IR^2t$
③ $H=0.24I^2Rt$ ④ $H=0.24IRt^2$

해설 전기저항 열($H$) = $0.24I^2Rt$로 전류의 자승에 비례하므로 전류가 매우 중요하다.

**18.** 다음 중 테르밋 용접의 특징에 관한 설명으로 틀린 것은?

① 용접 작업이 단순하다.
② 용접기구가 간단하고, 작업장소의 이동이 쉽다.
③ 용접 시간이 길고, 용접 후 변형이 크다.
④ 전기가 필요 없다.

해설 테르밋 용접 : 용접 시간이 짧고, 용접 후 변형이 적다.

**19.** 용접 진행 방향과 용착 방향이 서로 반대가 되는 방법으로 잔류 응력은 다소 적게 발생하나 작업의 능률이 떨어지는 용착법은?

① 전진법 ② 후진법
③ 대칭법 ④ 스킵법

해설 후진법은 작업 능률은 전진법에 비해 떨어지나 후판 용접에 적당하다.

**20.** 비용극식, 비소모식 아크 용접에 속하는 것은?

① 피복 아크 용집
② TIG 용접
③ 서브머지드 아크 용접
④ $CO_2$ 용접

해설 TIG 용접 : 전극으로 텅스텐 전극을 사

정답 14. ③ 15. ① 16. ④ 17. ③ 18. ③ 19. ② 20. ②

용하며 전극이 녹지 않고 소모가 거의 안 된다.

**21. TIG 용접에서 직류 역극성에 대한 설명이 아닌 것은?**

① 용접기의 음극에 모재를 연결한다.
② 용접기의 양극에 토치를 연결한다.
③ 비드 폭이 좁고 용입이 깊다.
④ 산화 피막을 제거하는 청정 작용이 있다.

해설 역극성(DCRP) : 비드 폭이 넓고 용입이 얕다.

**22. 재료의 접합 방법은 기계적 접합과 야금적 접합으로 분류하는데 야금적 접합에 속하지 않는 것은?**

① 리벳 ② 융접
③ 압접 ④ 납땜

해설 리벳은 기계적 접합법에 해당된다.

**23. 서브머지드 아크 용접의 특징으로 틀린 것은?**

① 콘택트 팁에서 통전되므로 와이어 중에 저항열이 적게 발생되어 고전류 사용이 가능하다.
② 아크가 보이지 않으므로 용접부의 적부를 확인하기가 곤란하다.
③ 용접 길이가 짧을 때 능률적이며 수평 및 위보기 자세 용접에 주로 이용된다.
④ 일반적으로 비드 외관이 아름답다.

해설 SAW : 용접 길이가 길 때 능률적이며, 주로 아래보기 자세에 적용된다.

**24. 다음 중 알루미늄을 가스 용접할 때 가장 적절한 용제는?**

① 붕사 ② 탄산나트륨
③ 염화나트륨 ④ 중탄산나트륨

해설 알루미늄 용접이나 납땜은 염화물 계통이 적합하다.

**25. 다음 중 연강용 가스 용접봉의 종류인 "GA43"에서 "43"이 의미하는 것은?**

① 가스 용접봉
② 용착 금속의 연신율 구분
③ 용착 금속의 최소 인장강도 수준
④ 용착 금속의 최대 인장강도 수준

해설 GA43 : 최소 인장강도가 $43\text{kgf/mm}^2$인 A종 가스 용접봉

**26. 다음 중 일반적인 용접의 장점으로 옳은 것은?**

① 재질 변형이 생긴다.
② 작업 공정이 단축된다.
③ 잔류 응력이 발생한다.
④ 품질 검사가 곤란하다.

해설 용접은 기밀, 수밀, 유밀성이 우수하다.
※ ①, ③, ④는 단점이다.

**27. 아크 용접에서 아크 쏠림 방지 대책으로 옳은 것은?**

① 용접봉 끝을 아크 쏠림 방향으로 기울인다.
② 접지점을 용접부에 가까이 한다.
③ 아크 길이를 길게 한다.
④ 직류 용접 대신 교류 용접을 사용한다.

해설 아크 쏠림 방지 : 접지점을 멀리, 아크 길이 짧게, 쏠림 반대 방향으로 기울인다.

정답 21. ③ 22. ① 23. ③ 24. ③ 25. ③ 26. ② 27. ④

**28.** 토치를 사용하여 용접 부분의 뒷면을 따내거나 U형, H형으로 용접 홈을 가공하는 것으로 일명 가스 파내기라고 부르는 가공법은?

① 산소창 절단 ② 선삭
③ 가스 가우징 ④ 천공

해설 가우징 : 가스나 아크 에어 가우징이 있으며, 홈 파기, 천공 등에 사용된다.

**29.** 가스 절단 시 예열 불꽃이 약할 때 일어나는 현상으로 틀린 것은?

① 드래그가 증가한다.
② 절단면이 거칠어진다.
③ 역화를 일으키기 쉽다.
④ 절단 속도가 느려지고, 절단이 중단되기 쉽다.

해설 예열 불꽃이 약하면 절단이 안 될 수 있다.

**30.** 환원 가스 발생 작용을 하는 피복 아크 용접봉의 피복제 성분은?

① 산화티탄 ② 규산나트륨
③ 탄산칼륨 ④ 당밀

해설 가스 발생제 : ④, 석회석, 녹말, 톱밥, 셀룰로오스 등

**31.** 용접 작업을 하지 않을 때는 무부하 전압을 20~30V 이하로 유지하고 용접봉을 작업물에 접촉시키면 릴레이(relay) 작동에 의해 전압이 높아져 용접 작업이 가능해지게 하는 장치는?

① 아크 부스터 ② 원격 제어 장치
③ 전격 방지기 ④ 용접봉 홀더

해설 ② 원격 제어 장치 : 용접기와 멀리 떨어진 곳에서 용접 조건 등을 조절할 수 있는 장치

**32.** 직류 아크 용접기와 비교하여 교류 아크 용접기에 대한 설명으로 가장 올바른 것은?

① 무부하 전압이 높고 감전의 위험이 많다.
② 구조가 복잡하고 극성 변화가 가능하다.
③ 자기 쏠림 방지가 불가능하다.
④ 아크 안정성이 우수하다.

해설 교류 아크 용접기 : 직류에 비해 구조가 간단하고 극성 변화가 안 되며, 자기 쏠림이 거의 없으나 아크가 불안정하다.

**33.** 가스 용접에 사용되는 가연성 가스의 종류가 아닌 것은?

① 프로판 가스 ② 수소 가스
③ 아세틸렌 가스 ④ 산소

해설 산소는 지연(조연)성 가스이다.

**34.** 다음 중 아세틸렌 가스의 관으로 사용할 경우 폭발성 화합물을 생성하게 되는 것은?

① 순구리관
② 스테인리스 강관
③ 알루미늄 합금관
④ 탄소 강관

해설 구리가 62% 이상 함유된 동합금을 사용할 경우 폭발성 화합물을 만들 수 있다.

**35.** 가스 용접 모재의 두께가 3.2mm일 때 가장 적당한 용접봉의 지름을 계산식으로 구하면 몇 mm인가?

① 1.6 ② 2.0
③ 2.6 ④ 3.2

해설 가스 용접봉 지름 $= \frac{3.2}{2} + 1 = 2.6\text{mm}$

정답 28. ③ 29. ② 30. ④ 31. ③ 32. ① 33. ④ 34. ① 35. ③

**36.** 피복 아크 용접에서 직류 역극성(DCRP) 용접의 특징으로 옳은 것은?

① 모재의 용입이 깊다.
② 비드 폭이 좁다.
③ 봉의 용융이 느리다.
④ 박판, 주철, 고탄소강의 용접 등에 쓰인다.

해설 직류 역극성 : 정극성에 비해 용입이 얕고 비드 폭이 넓으며, 봉의 녹음은 빠르다.

**37.** 피복 아크 용접기를 사용하여 아크 발생을 8분간 하고 2분간 쉬었다면, 용접기 사용률은 몇 %인가?

① 25　　② 40
③ 65　　④ 80

해설 사용률(%)

$$=\frac{\text{아크 시간}}{\text{아크 시간}+\text{휴식 시간}}\times 100=\frac{8}{10}\times 100=80$$

**38.** 피복제 중에 산화티탄($TiO_2$)을 약 35% 정도 포함한 용접봉으로서 아크는 안정되고 스패터는 적으나, 고온 균열(hot crack)을 일으키기 쉬운 결점이 있는 용접봉은?

① E 4301　　② E 4313
③ E 4311　　④ E 4316

해설 • E 4301 : 일미나이트계
• E 4313 : 고산화티탄계
• E 4311 : 고셀룰로오스계
• E 4316 : 저수소계

**39.** 알루미늄과 마그네슘의 합금으로 바닷물과 알칼리에 대한 내식성이 강하고 용접성이 매우 우수하여 주로 선박용 부품, 화학 장치용 부품 등에 쓰이는 것은?

① 실루민
② 하이드로날륨
③ 알루미늄 청동
④ 애드미럴티 황동

해설 ④ 애드미럴티 황동 : 7-3 황동에 주석을 1% 첨가한 것으로 전연성이 좋다.

**40.** 열과 전기의 전도율이 가장 좋은 금속은?

① Cu　　② Al
③ Ag　　④ Au

해설 전기전도율 순서 : Ag>Cu>Au>Al

**41.** 섬유 강화 금속 복합 재료의 기지 금속으로 가장 많이 사용되는 것으로 비중이 약 2.7인 것은?

① Na　　② Fe
③ Al　　④ Co

해설 Al : 알루미늄으로 비중이 매우 가벼워 대표적인 경금속이며, 섬유 강화 금속 소재로 사용된다.

**42.** 비파괴 검사가 아닌 것은?

① 자기 탐상 시험
② 침투 탐상 시험
③ 샤르피 충격 시험
④ 초음파 탐상 시험

해설 샤르피 충격 시험 : 기계적(파괴), 동적 시험, 아이조드 충격 시험도 있다.

**43.** 주철의 유동성을 나쁘게 하는 원소는?

① Mn　　② C
③ P　　④ S

해설 황(S) : 적열 취성의 원인이 된다.

정답 36. ④　37. ④　38. ②　39. ②　40. ③　41. ③　42. ③　43. ④

**44.** 다음 금속 중 용융 상태에서 응고할 때 팽창하는 것은?

① Sn ② Zn
③ Mo ④ Bi

해설 대부분의 금속은 응고할 때 수축한다.

**45.** 강자성체 금속에 해당되는 것은?

① Bi, Sn, Au
② Fe, Pt, Mn
③ Ni, Fe, Co
④ Co, Sn, Cu

해설 강자성체 : 자성이 강한 물질로 철, 니켈, 코발트가 있다.

**46.** 강에서 상온 메짐(취성)의 원인이 되는 원소는?

① P ② S
③ Al ④ Co

해설 ② S(황) : 고온(적열) 메짐의 원인이 되는 원소이다.

**47.** 60% Cu – 40% Zn 황동으로 복수기용 판, 볼트, 너트 등에 사용되는 합금은?

① 톰백(tombac)
② 길딩메탈(gilding metal)
③ 문츠메탈(muntz metal)
④ 애드미럴티 메탈(admiralty metal)

해설 ② 길딩메탈 : 95～97% Cu와 3～5% Zn으로 이루어진 톰백의 일종이다.

**48.** 구상 흑연 주철에서 그 바탕 조직이 펄라이트이면서 구상 흑연의 주위를 유리된 페라이트가 감싸고 있는 조직의 명칭은?

① 오스테나이트(austenite) 조직
② 시멘타이트(cementite) 조직
③ 레데부라이트(ledeburite) 조직
④ 불스 아이(bull's eye) 조직

해설 구상 흑연 주철은 연성 주철, 닥타일 주철, 흑연의 형상이 불스 아이(황소 눈) 같다.

**49.** 시편의 표점 거리가 125mm, 늘어난 길이가 145mm이었다면 연신율은?

① 16% ② 20%
③ 26% ④ 30%

해설 $e=\frac{145-125}{125}\times 100=16\%$

**50.** 도면에 물체를 표시하기 위한 투상에 관한 설명 중 잘못된 것은?

① 주투상도는 대상물의 모양 및 기능을 가장 명확하게 표시하는 면을 그린다.
② 보다 명확한 설명을 위해 주투상도를 보충하는 다른 투상도를 많이 나타낸다.
③ 특별한 이유가 없을 경우 대상물을 가로 길이로 놓은 상태로 그린다.
④ 서로 관련되는 그림의 배치는 되도록 숨은 선을 쓰지 않도록 한다.

해설 투상도는 이해가 가능한 한 가급적 적게 만드는 것이 좋다.

**51.** 그림과 같은 도시 기호가 나타내는 것은?

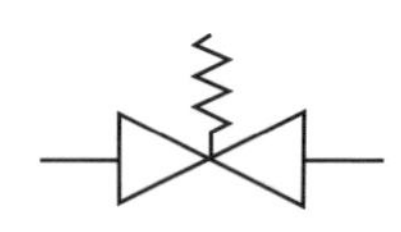

① 안전 밸브 ② 전동 밸브
③ 스톱 밸브 ④ 슬루스 밸브

정답 44. ④ 45. ③ 46. ① 47. ③ 48. ④ 49. ① 50. ② 51. ①

해설 안전 밸브 : 삼각형 2개 접촉부 사이에 스프링 형상을 한 것으로 스프링식 안전 밸브를 의미한다.

**52.** 주변 온도가 변화하더라도 재료가 가지고 있는 열팽창 계수나 탄성계수 등의 특정한 성질이 변하지 않는 강은?

① 쾌삭강
② 불변강
③ 강인강
④ 스테인리스강

해설 불변강은 온도에 따라 길이 불변과 탄성 불변강이 있다.

**53.** 치수 기입의 원칙에 관한 설명 중 틀린 것은?

① 치수는 필요에 따라 기준으로 하는 점, 선 또는 면을 기준으로 하여 기입한다.
② 대상물의 기능, 제작, 조립 등을 고려하여 필요하다고 생각되는 치수를 명료하게 도면에 지시한다.
③ 치수 입력에 대해서는 중복 기입을 피한다.
④ 모든 치수에는 단위를 기입해야 한다.

해설 미터법 단위의 경우 치수는 mm로 하며, 이때 단위는 나타내지 않는다.

**54.** [보기]와 같은 입체도의 화살표 방향 투시도로 가장 적합한 것은?

| 보기 |

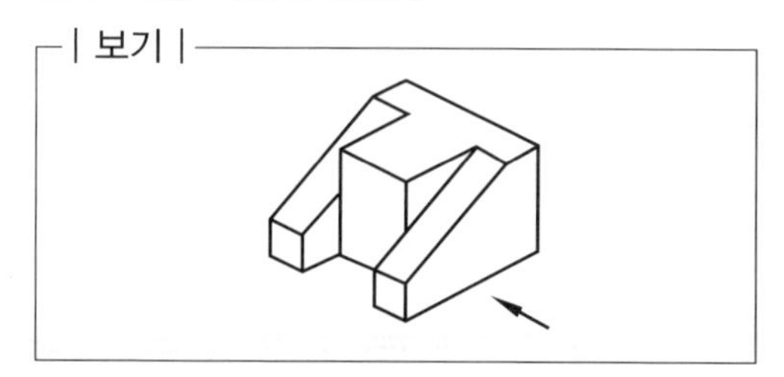

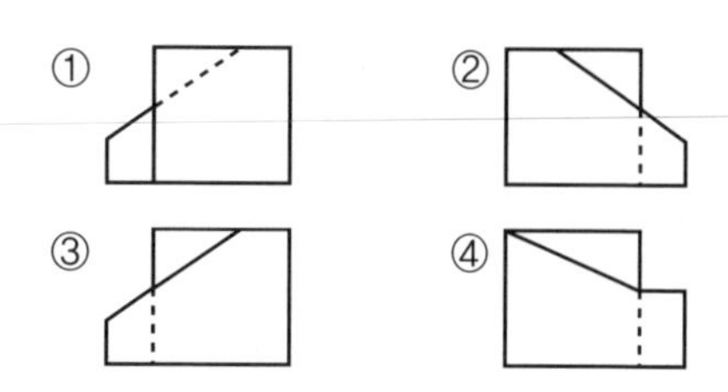

해설 좌측으로 경사져서 돌출된 모양은 외형선으로 나타내야 한다.

**55.** 그림과 같은 KS 용접 기호의 해석으로 올바른 것은?

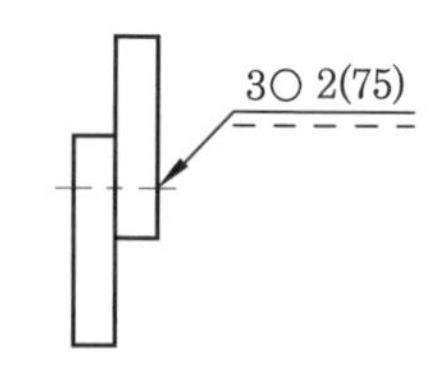


① 지름이 2mm이고, 피치가 75mm인 플러그 용접이다.
② 지름이 2mm이고, 피치가 75mm인 심 용접이다.
③ 용접 수는 2개이고, 피치가 75mm인 슬롯 용접이다.
④ 용접 수는 2개이고, 피치가 75mm인 스폿(점) 용접이다.

해설 실선 위에 있는 ○는 점(스폿) 용접이며, ( ) 안의 치수는 피치를 뜻한다.

**56.** KS 기계 재료 표시 기호 "SS 400"에서 400은 무엇을 나타내는가?

① 경도
② 연신율
③ 탄소 함유량
④ 최저 인장강도

해설 SS 400은 SS 41과 같은 재질로 41kgf/mm$^2$을 SI 단위로 환산하여 41×9.8=401.8을 SS 400으로 나타낸 것이다.

정답 52. ② 53. ④ 54. ③ 55. ④ 56. ④

**57.** [보기]와 같은 입체도를 3각법으로 올바르게 도시한 것은?

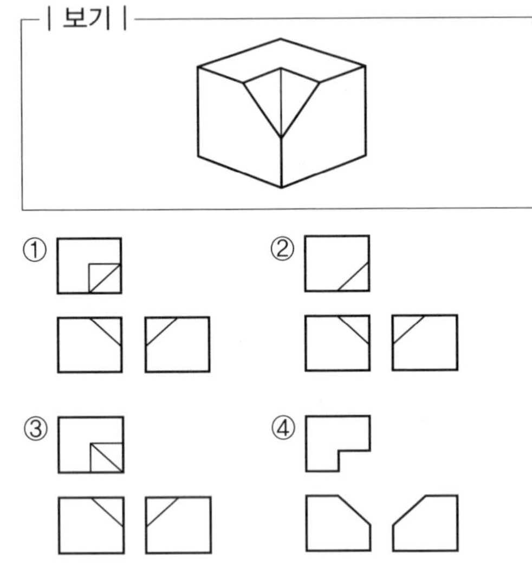


해설 우측 앞쪽이 경사진 V형 홈이므로 평면도에서 좌상 우하의 대각선으로 표시해야 한다.

**58.** 그림과 같이 기계 도면 작성 시 가공에 사용하는 공구 등의 모양을 나타낼 필요가 있을 때 사용하는 선으로 올바른 것은?

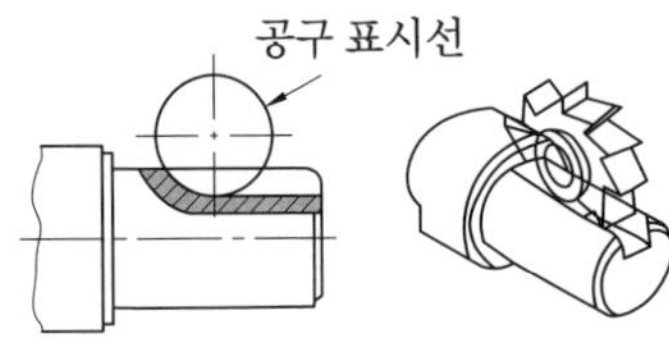


① 가는 실선
② 가는 1점 쇄선
③ 가는 2점 쇄선
④ 가는 파선

해설 가공을 나타내는 공구 등을 표시할 때 가상선을 사용한다.

**59.** 도면의 척도값 중 실제 형상을 확대하여 그리는 것은?

① 2 : 1　　② 1 : $\sqrt{2}$
③ 1 : 1　　④ 1 : 2

해설 • 배척은 대 : 소
• 축척은 소 : 대

**60.** 기호를 기입한 위치에서 먼 면에 카운터 싱크가 있으며, 공장에서 드릴 가공 및 현장에서 끼워 맞춤을 나타내는 리벳의 기호 표시는?

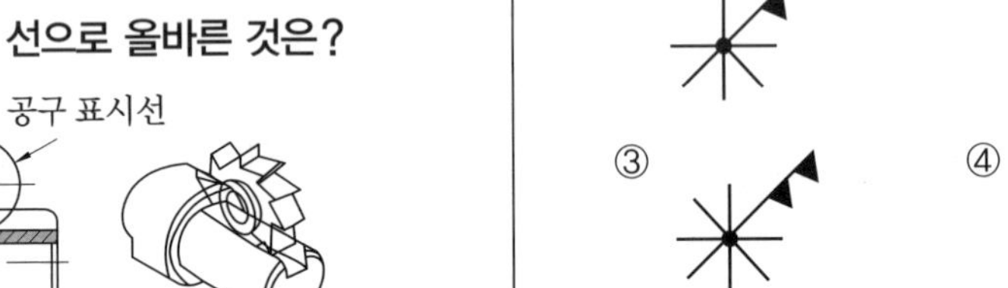


정답 57. ③　58. ③　59. ①　60. ②

# 제4회 CBT 실전문제

2016년 1월 24일 시행

**1. 지름이 10cm인 단면에 8000kgf의 힘이 작용할 때 발생하는 응력은 약 몇 kgf/cm²인가?**

① 89 ② 102
③ 121 ④ 158

해설 $\sigma = \frac{8000}{\frac{\pi \times 10^2}{4}} = 101.9\,\text{kgf/cm}^2$

**2. 화재의 분류 중 C급 화재에 속하는 것은?**

① 전기 화재 ② 금속 화재
③ 가스 화재 ④ 일반 화재

해설 일반 화재 : A급, 유류 화재 : B급, 전기 화재 : C급, 금속 화재 : D급

**3. 다음 중 귀마개를 착용하고 작업하면 안 되는 작업자는?**

① 조선소의 용접 및 취부 작업자
② 자동차 조립공장의 조립 작업자
③ 강재 하역장의 크레인 신호자
④ 판금 작업장의 타출 판금 작업자

해설 신호수는 소리와 손짓 등이 중요한 신호 수단이다.

**4. 기계적 접합으로 볼 수 없는 것은?**

① 볼트 이음
② 리벳 이음
③ 접어 잇기
④ 압접

해설 압접은 야금학적 접합법이다.

**5. 용접 열원을 외부로부터 공급받는 것이 아니라, 금속 산화물과 알루미늄 간의 분말에 점화제를 넣어 점화제의 화학 반응에 의하여 생성되는 열을 이용한 금속 용접법은?**

① 일렉트로 슬래그 용접
② 전자 빔 용접
③ 테르밋 용접
④ 저항 용접

해설 ④ 저항 용접 : 전기저항 열을 이용한 압접이다.

**6. 용접 작업 시 전격 방지 대책으로 틀린 것은?**

① 절연 홀더의 절연 부분이 노출, 파손되면 보수하거나 교체한다.
② 홀더나 용접봉은 맨손으로 취급한다.
③ 용접기의 내부에 함부로 손을 대지 않는다.
④ 땀, 물 등에 의한 습기 찬 작업복, 장갑, 구두 등을 착용하지 않는다.

해설 홀더나 용접봉 등을 맨손으로 잡으면 감전 위험이 크다.

**7. 서브머지드 아크 용접봉 와이어 표면에 구리를 도금한 이유는?**

① 접촉 팁과의 전기 접촉을 원활히 한다.
② 용접 시간이 짧고 변형을 적게 한다.
③ 슬래그 이탈성을 좋게 한다.
④ 용융 금속의 이행을 촉진시킨다.

해설 와이어의 표면에 구리 도금을 하는 이유는 전기적 접촉을 원활하게 하고, 녹스는 것을 방지하기 위함이다.

정답 1. ② 2. ① 3. ③ 4. ④ 5. ③ 6. ② 7. ①

**8.** **플래시 용접(flash welding)법의 특징으로 틀린 것은?**

① 가열 범위가 좁고 열 영향부가 적으며 용접 속도가 빠르다.
② 용접면에 산화물의 개입이 적다.
③ 종류가 다른 재료의 용접이 가능하다.
④ 용접면의 끝맺음 가공이 정확하여야 한다.

해설 플래시 용접법은 용접면의 끝맺음이 나빠도 용접 가능하다.

**9.** **서브머지드 아크 용접부의 결함으로 가장 거리가 먼 것은?**

① 기공 ② 균열
③ 언더컷 ④ 용착

해설 용착 : 결함의 명칭이 아니고 모재와 용가재가 녹아 부착됨을 의미한다.

**10.** **다음이 설명하고 있는 현상은?**

| 알루미늄 용접에서 사용 전류에 한계가 있어 용접 전류가 어느 정도 이상이 되면 청정 작용이 일어나지 않아 산화가 심하게 생기며, 아크 길이가 불안정하게 변동되어 비드 표면이 거칠게 주름이 생기는 현상 |
|---|

① 번 백(burn back)
② 퍼커링(puckering)
③ 버터링(buttering)
④ 멜트 백킹(melt backing)

해설 ① 번 백 : 반자동 아크 용접 등에서 와이어가 콘택트 팁에 달라붙는 현상

**11.** **현미경 시험을 하기 위해 사용되는 부식제 중 철강용에 해당되는 것은?**

① 왕수
② 염화제2철 용액
③ 피크린산
④ 플루오르화수소액

해설 현미경 시험의 부식제
㉮ 철강 : 질산 알코올 용액, 피크린산 알코올 용액
㉯ 구리, 황동, 청동 : 염화제2철 용액
㉰ Au, Pt 등의 귀금속 : 불화수소산, 왕수

**12.** **$CO_2$ 가스 아크 용접 결함에 있어서 다공성이란 무엇을 의미하는가?**

① 질소, 수소, 일산화탄소 등에 의한 기공을 말한다.
② 와이어 선단부에 용적이 붙어 있는 것을 말한다.
③ 스패터가 발생하여 비드의 외관에 붙어 있는 것을 말한다.
④ 노즐과 모재 간 거리가 지나치게 작아서 와이어 송급 불량을 의미한다.

해설 다공성 : 물질의 내부나 표면에 작은 구멍이 많이 생기는 현상이다.

**13.** **아크 쏠림의 방지 대책에 관한 설명으로 틀린 것은?**

① 교류 용접으로 하지 말고 직류 용접으로 한다.
② 용접부가 긴 경우는 후퇴법으로 용접한다.
③ 아크 길이는 짧게 한다.
④ 접지부를 될 수 있는 대로 용접부에서 멀리 한다.

해설 아크 쏠림은 직류 용접을 할 경우에 일어날 수 있다.

정답 8. ④ 9. ④ 10. ② 11. ③ 12. ① 13. ①

**14.** 박판의 스테인리스강의 좁은 홈의 용접에서 아크 교란 상태가 발생할 때 적합한 용접 방법은?

① 고주파 펄스 티그 용접
② 고주파 펄스 미그 용접
③ 고주파 펄스 일렉트로 슬래그 용접
④ 고주파 펄스 이산화탄소 아크 용접

해설 박판 스테인리스강 용접에는 고주파 발생 장치가 부착된 펄스 TIG 용접이 적합하다.

**15.** 용접 자동화의 장점을 설명한 것으로 틀린 것은?

① 생산성 증가 및 품질을 향상시킨다.
② 용접 조건에 따른 공정을 늘일 수 있다.
③ 일정한 전류값을 유지할 수 있다.
④ 용접 와이어의 손실을 줄일 수 있다.

해설 용접 자동화는 용접 공정을 줄일 수 있다.

**16.** 용접부의 연성 결함을 조사하기 위하여 사용되는 시험법은?

① 브리넬 시험 ② 비커스 시험
③ 굽힘 시험 ④ 충격 시험

해설 브리넬, 비커스 시험 : 경도 조사

**17.** 서브머지드 아크 용접에 관한 설명으로 틀린 것은?

① 아크 발생을 쉽게 하기 위하여 스틸 울(steel wool)을 사용한다.
② 용융 속도와 용착 속도가 빠르다.
③ 홈의 개선각을 크게 하여 용접 효율을 높인다.
④ 유해 광선이나 흄(fume) 등이 적게 발생한다.

해설 서브머지드 아크 용접은 홈의 개선각을 적게 해야 된다.

**18.** 가용접에 대한 설명으로 틀린 것은?

① 가용접 시에는 본용접보다 지름이 큰 용접봉을 사용하는 것이 좋다.
② 가용접은 본용접과 비슷한 기량을 가진 용접사에 의해 실시되어야 한다.
③ 강도상 중요한 것과 용접의 시점 및 종점이 되는 끝부분은 가용접을 피한다.
④ 가용접은 본용접을 실시하기 전에 좌우의 홈 또는 이음 부분을 고정하기 위한 짧은 용접이다.

해설 가용접 시에는 본용접보다 지름이 가는 용접봉을 사용하는 것이 좋다.

**19.** 용접 이음의 종류가 아닌 것은?

① 겹치기 이음
② 모서리 이음
③ 라운드 이음
④ T형 필릿 이음

해설 용접 이음에 라운드 이음은 없다.

**20.** 플라스마 아크 용접의 특징으로 틀린 것은?

① 용접부의 기계적 성질이 좋으며 변형도 적다.
② 용입이 깊고 비드 폭이 좁으며 용접 속도가 빠르다.
③ 단층으로 용접할 수 있으므로 능률적이다.
④ 설비비가 적게 들고 무부하 전압이 낮다.

해설 플라스마 아크 용접 : 설비비가 고가이며, 무부하 전압이 높다.

정답 14. ① 15. ② 16. ③ 17. ③ 18. ① 19. ③ 20. ④

**21.** 용접 자세를 나타내는 기호가 틀리게 짝지어진 것은?

① 위보기 자세 : O
② 수직 자세 : V
③ 아래보기 자세 : U
④ 수평 자세 : H

해설 아래보기 자세 : F

**22.** 이산화탄소 아크 용접의 보호 가스 설비에서 저전류 영역의 가스 유량은 약 몇 L/min 정도가 가장 적당한가?

① 1～5　② 6～9
③ 10～15　④ 20～25

해설 $CO_2$ 용접에서 저전류 영역의 가스 유량은 10～15L/min 정도가 적당하다.

**23.** 가스 용접의 특징으로 틀린 것은?

① 응용 범위가 넓으며 운반이 편리하다.
② 전원 설비가 없는 곳에서도 쉽게 설치할 수 있다.
③ 아크 용접에 비해서 유해 광선의 발생이 적다.
④ 열 집중성이 좋아 효율적인 용접이 가능하여 신뢰성이 높다.

해설 가스 용접은 아크 용접보다 열 집중성이 낮아 효율적인 용접이 곤란하여 신뢰성이 낮다.

**24.** 규격이 AW 300인 교류 아크 용접기의 정격 2차 전류 조정 범위는?

① 0～300A　② 20～220A
③ 60～330A　④ 120～430A

해설 교류 아크 용접기의 전류 조정 범위는 용접기 정격 전류의 20～110%이다.

**25.** 가스 용접에서 모재의 두께가 6mm일 때 사용되는 용접봉의 직경은 얼마인가?

① 1mm　② 4mm
③ 7mm　④ 9mm

해설 가스 용접봉의 지름 $D=\frac{T}{2}+1$
$=\frac{6}{2}+1=4\,\text{mm}$

**26.** 아세틸렌 가스의 성질 중 15℃, 1기압에서의 아세틸렌 1L의 무게는 약 몇 g인가?

① 0.151　② 1.176
③ 3.143　④ 5.117

해설 아세틸렌 가스 : 카바이드와 물의 반응에 의해 생성되며, 1L의 무게는 1.176g 정도 된다.

**27.** 피복 아크 용접 시 아크열에 의하여 용접봉과 모재가 녹아서 용착 금속이 만들어지는데 이때 모재가 녹은 깊이를 무엇이라 하는가?

① 용융지　② 용입
③ 슬래그　④ 용적

해설 용입 : 가장 큰 영향을 주는 사항은 전류, 전압, 용접 속도 등이다.

**28.** 직류 아크 용접기로 두께가 15mm이고, 길이가 5m인 고장력 강판을 용접하는 도중에 아크가 용접봉 방향에서 한쪽으로 쏠리었다. 다음 중 이러한 현상을 방지하는 방법이 아닌 것은?

① 이음의 처음과 끝에 엔드 탭을 이용한다.
② 용량이 더 큰 직류 용접기로 교체한다.
③ 용접부가 긴 경우에는 후퇴 용접법으로 한다.
④ 용접봉 끝을 아크 쏠림 반대 방향으로 기울인다.

정답 21. ③　22. ③　23. ④　24. ③　25. ②　26. ②　27. ②　28. ②

해설 아크 쏠림 방지 : 직류를 교류 용접기로 바꾸면 쏠림이 방지된다.

**29. 강재 표면의 홈이나 개재물, 탈탄층 등을 제거하기 위해 얇고, 타원형 모양으로 표면을 깎아내는 가공법은?**

① 가스 가우징
② 너깃
③ 스카핑
④ 아크 에어 가우징

해설 ①, ④ 가우징 : 홈을 파거나 천공 등을 하는 가공법

**30. 가스 용기를 취급할 때 주의사항으로 틀린 것은?**

① 가스 용기의 이동 시는 밸브를 잠근다.
② 가스 용기에 진동이나 충격을 가하지 않는다.
③ 가스 용기의 저장은 환기가 잘 되는 장소에 한다.
④ 가연성 가스 용기는 눕혀서 보관한다.

해설 가연성 가스 용기는 눕혀서 사용하거나 보관해서는 안 된다.

**31. 피복 아크 용접봉은 금속 심선의 겉에 피복제를 발라서 말린 것으로 한쪽 끝은 홀더에 물려 전류를 통할 수 있도록 심선 길이의 얼마만큼을 피복하지 않고 남겨두는가?**

① 3mm ② 10mm
③ 15mm ④ 25mm

해설 피복 아크 용접봉은 홀더에 물려 사용해야 되므로 약 25mm 정도는 피복하지 않는다.

**32. 다음 중 두꺼운 강판, 주철, 강괴 등의 절단에 이용되는 절단법은?**

① 산소창 절단 ② 수중 절단
③ 분말 절단 ④ 포갬 절단

해설 산소창 절단 : 토치의 팁 대신에 가는 강관에 산소를 공급하여 그 강관이 산화 연소할 때의 반응열로 금속을 절단하는 방법

**33. 피복 배합제의 성분 중 탈산제로 사용되지 않는 것은?**

① 규소철 ② 망간철
③ 알루미늄 ④ 유황

해설 유황은 적열 취성의 원인이 되는 원소로 피복제로 거의 쓰이지 않는다.

**34. 고셀룰로오스계 용접봉은 셀룰로오스를 몇 % 정도 포함하고 있는가?**

① 0~5 ② 6~15
③ 20~30 ④ 30~40

해설 피복 아크 용접봉은 대부분 주성분이 20~30% 이상 함유된 성분의 명칭을 붙여 부르고 있다.

**35. 용접법의 분류 중 압접에 해당하는 것은 어느 것인가?**

① 테르밋 용접
② 전자 빔 용접
③ 유도 가열 용접
④ 탄산가스 아크 용접

해설 압접 : 압력을 가해 접합하는 방법, 냉간 압접, 고주파 압접, 전기저항 용접 등이 있다.
※ ①, ②, ④ : 융접

정답 29. ③ 30. ④ 31. ④ 32. ① 33. ④ 34. ③ 35. ③

**36.** 피복 아크 용접에서 일반적으로 가장 많이 사용되는 차광유리의 차광도 번호는?

① 4~5 ② 7~8
③ 10~11 ④ 14~15

해설 차광유리 : 빛의 밝기 정도(보통 전류)에 따라 사용하며 10~11번이 많이 쓰인다.

**37.** 가스 절단에 이용되는 프로판 가스와 아세틸렌 가스를 비교하였을 때 프로판 가스의 특징으로 틀린 것은?

① 절단면이 미세하며 깨끗하다.
② 포갬 절단 속도가 아세틸렌보다 느리다.
③ 절단 상부 기슭이 녹은 것이 적다.
④ 슬래그의 제거가 쉽다.

해설 프로판 가스 절단은 아세틸렌 가스 절단에 비해 후판, 포갬 절단능이 우수하다.

**38.** 교류 아크 용접기의 종류에 속하지 않는 것은?

① 가동 코일형
② 탭 전환형
③ 정류기형
④ 가포화 리액터형

해설 정류기형 : 교류를 정류해서 직류로 변환한 직류 아크 용접기의 종류이다.

**39.** Mg 및 Mg 합금의 성질에 대한 설명으로 옳은 것은?

① Mg의 열전도율은 Cu와 Al보다 높다.
② Mg의 전기전도율은 Cu와 Al보다 높다.
③ Mg 합금보다 Al 합금의 비강도가 우수하다.
④ Mg는 알칼리에 잘 견디나, 산이나 염수에는 침식된다.

해설 Mg : Cu, Al보다 전기 및 열전도율이 낮다. Mg 합금의 비강도는 Al 합금보다 우수하다.

**40.** 금속 간 화합물의 특징을 설명한 것 중 옳은 것은?

① 어느 성분 금속보다 용융점이 낮다.
② 어느 성분 금속보다 경도가 낮다.
③ 일반 화합물에 비하여 결합력이 약하다.
④ $Fe_3C$는 금속 간 화합물에 해당되지 않는다.

해설 금속간 화합물 : 비금속적 성질을 띠며, 비교적 경도, 용융점이 높다.

**41.** 철에 Al, Ni, Co를 첨가한 합금으로 잔류 자속 밀도가 크고 보자력이 우수한 자성 재료는?

① 퍼멀로이 ② 센더스트
③ 알니코 자석 ④ 페라이트 자석

해설 ② 센더스트 : 5% Al, 10% Si, 85% Fe의 조성을 가진 고투자율 합금이다.

**42.** 니켈-크롬 합금 중 사용한도가 1000℃까지 측정할 수 있는 합금은?

① 망가닌 ② 우드메탈
③ 배빗메탈 ④ 크로멜-알루멜

해설 크로멜-알루멜 : 열전대 재료로 쓰인다.

**43.** 주철에 대한 설명으로 틀린 것은?

① 인장강도에 비해 압축강도가 높다.
② 회주철은 편상 흑연이 있어 감쇠능이 좋다.
③ 주철 절삭 시에는 절삭유를 사용하지 않는다.
④ 액상일 때 유동성이 나쁘며, 충격저항이 크다.

정답 36. ③ 37. ② 38. ③ 39. ④ 40. ③ 41. ③ 42. ④ 43. ④

해설 주철 : 주강에 비해 용액의 유동성이 좋으나, 충격 저항성이 매우 낮다.

**44.** 물과 얼음, 수증기가 평형을 이루는 3중점 상태에서의 자유도는?

① 0 ② 1
③ 2 ④ 3

해설 자유도 $F=C-P+2=1-3+2=0$

**45.** 황동의 종류 중 순 Cu와 같이 연하고 코이닝하기 쉬우므로 동전이나 메달 등에 사용되는 합금은?

① 95% Cu-5% Zn 합금
② 70% Cu-30% Zn 합금
③ 60% Cu-40% Zn 합금
④ 50% Cu-50% Zn 합금

해설 95% Cu-5% Zn 합금 : 길딩메탈로 톰백의 일종이다.

**46.** 금속 재료의 표면에 강이나 주철의 작은 입자(ø0.5mm~1.0mm)를 고속으로 분사시켜, 표면의 경도를 높이는 방법은?

① 침탄법 ② 질화법
③ 폴리싱 ④ 쇼트 피닝

해설 피닝 : 작은 강 등의 입자를 고속 임펠러를 통해서 소재 표면에 분사시켜 소성 경화성을 주는 작업이다.

**47.** 탄소강은 200~300℃에서 연신율과 단면 수축률이 상온보다 저하되어 단단하고 깨지기 쉬우며, 강의 표면이 산화되는 현상은?

① 적열 메짐 ② 상온 메짐
③ 청열 메짐 ④ 저온 메짐

해설 ① 적열(고온) 메짐(취성) : 황이 철과 화합하여 황화철이 되어 열처리 등을 할 때 800℃ 이상에서 취성이 생기는 성질이다.

**48.** 강에 S, Pb 등의 특수 원소를 첨가하여 절삭할 때 칩을 잘게 하고 피삭성을 좋게 만든 강은 무엇인가?

① 불변강 ② 쾌삭강
③ 베어링강 ④ 스프링강

해설 ① 불변강 : 온도에 따라 길이나 탄성이 변하지 않는 강

**49.** 주위의 온도 변화에 따라 선팽창 계수나 탄성률 등의 특정한 성질이 변하지 않는 불변강이 아닌 것은?

① 인바 ② 엘린바
③ 코엘린바 ④ 스텔라이트

해설 스텔라이트 : 대표적인 주조 경질 합금이며, Co 40~55%, Cr 25~35%, W 4~25%, C 1~3%로 Co가 주성분이다.

**50.** Al의 비중과 용융점(℃)은 약 얼마인가?

① 2.7, 660℃ ② 4.5, 390℃
③ 8.9, 220℃ ④ 10.5, 450℃

**51.** 기계 제도에서 물체의 보이지 않는 부분의 형상을 나타내는 선은?

① 외형선 ② 가상선
③ 절단선 ④ 숨은선

해설 물체의 보이지 않는 부분은 파선(용도로는 숨은선)으로 표시한다.

정답 44. ① 45. ① 46. ④ 47. ③ 48. ② 49. ④ 50. ① 51. ④

**52.** 그림과 같은 입체도의 화살표 방향을 정면도로 표현할 때 실제와 동일한 형상으로 표시되는 면을 모두 고른 것은?

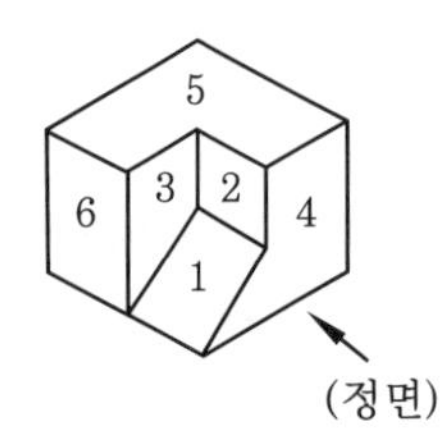


① 3과 4 ② 4와 6
③ 2와 6 ④ 1과 5

해설 정투상도는 물체와 보는 방향에서의 눈과 직각으로 투상되는 상이므로 ①만 보인다.

**53.** 다음 중 한쪽 단면도를 올바르게 도시한 것은?

① 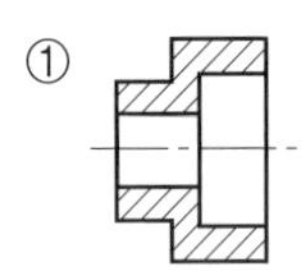
② 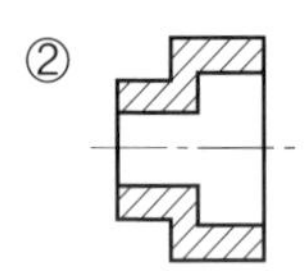
③ 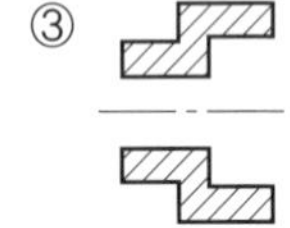
④ 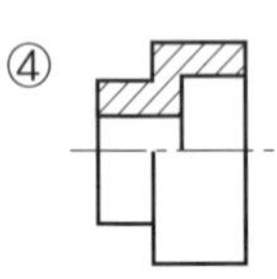

해설 수평 중심선에 대한 한쪽 단면은 중심선 상부에 단면을, 하단에 외형을 도시한다.

**54.** 다음 재료 기호 중 용접 구조용 압연 강재에 속하는 것은?

① SPPS 380
② SPCC
③ SCW 450
④ SM 400C

해설 • SPPS : 압력 배관용 탄소 강관
• SPCC : 냉간 압연 강판 및 강대
• SCW : 용접 구조용 주강품

**55.** 그림의 도면에서 $X$의 거리는?

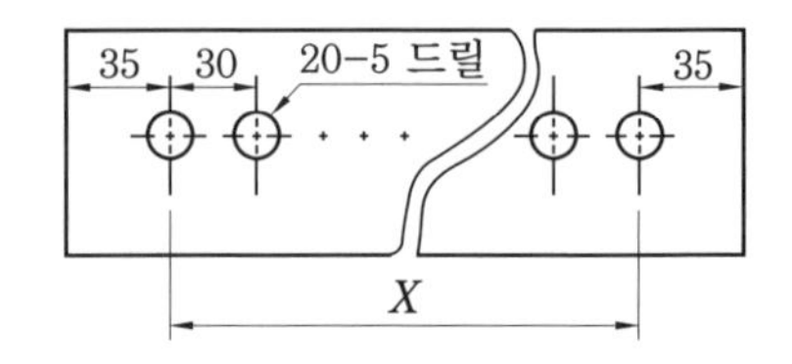


① 510 mm ② 570 mm
③ 600 mm ④ 630 mm

해설 $X=(20-1)\times 30=570\,\text{mm}$

**56.** 다음 치수 중 참고 치수를 나타내는 것은?

① (50) ② □50
③ 50 ④ 50

해설 ② □50 : 한 변의 길이가 50 mm인 정사각형

**57.** 주투상도를 나타내는 방법에 관한 설명으로 옳지 않은 것은?

① 조립도 등 주로 기능을 나타내는 도면에서는 대상물을 사용하는 상태로 표시한다.
② 주투상도를 보충하는 다른 투상도는 되도록 적게 표시한다.
③ 특별한 이유가 없을 경우 대상물을 세로 길이로 놓은 상태로 표시한다.
④ 부품도 등 가공하기 위한 도면에서는 가공에 있어서 도면을 가장 많이 이용하는 공정에서 대상물을 놓은 상태로 표시한다.

해설 주투상도 : 정투상도, 특별한 이유가 없을 경우 대상물을 세로 길이로 놓은 상태로 표시하지 않는다.

정답 52. ① 53. ④ 54. ④ 55. ② 56. ① 57. ③

**58.** 그림에서 나타난 용접 기호의 의미는?

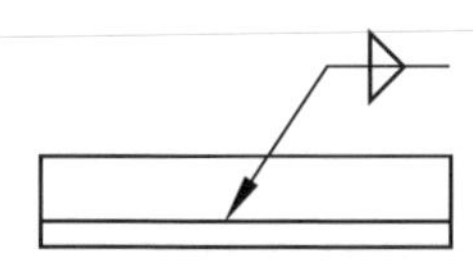

① 플래어 K형 용접
② 양쪽 필릿 용접
③ 플러그 용접
④ 프로젝션 용접

해설 기준선 양쪽에 필릿 용접 기호가 있으므로 ②가 답이다.

**59.** 그림과 같은 배관 도면에서 도시 기호 S는 어떤 유체를 나타내는 것인가?

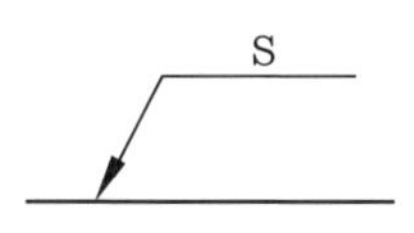


① 공기 ② 가스
③ 유류 ④ 증기

해설 증기 : S(steam), 공기 : A(air), 가스 : G(gas), 유류 : O(oil)

**60.** [보기]의 입체도에서 화살표 방향을 정면으로 하여 제3각법으로 그린 정투상도는?

| 보기 |

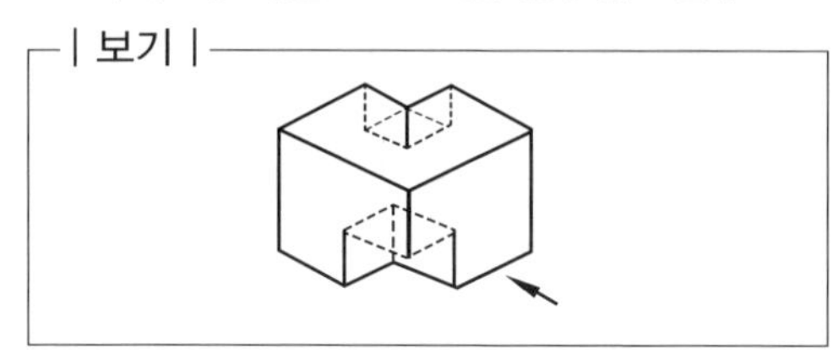

①

②

③

④

정답 58. ② 59. ④ 60. ①

# 제5회 CBT 실전문제

2016년 4월 2일 시행

**1. 서브머지드 아크 용접에서 사용하는 용제 중 흡습성이 가장 적은 것은?**

① 용융형 ② 혼성형
③ 고온소결형 ④ 저온소결형

해설 용융형 : 화학적 균일성이 양호하며, 반복 사용성이 좋으며, 비드 외관이 아름답다.

**2. 고주파 교류 전원을 사용하여 TIG 용접을 할 때 장점으로 틀린 것은?**

① 긴 아크 유지가 용이하다.
② 전극봉의 수명이 길어진다.
③ 비접촉에 의해 융착 금속과 전극의 오염을 방지한다.
④ 동일한 전극봉 크기로 사용할 수 있는 전류 범위가 작다.

해설 고주파 교류 전원 사용 시 동일한 전극봉 크기로 사용할 수 있는 전류 범위가 넓다.

**3. 맞대기 용접 이음에서 판 두께가 9mm, 용접선 길이 120mm, 하중이 7560N일 때, 인장 응력은 몇 N/mm²인가?**

① 5 ② 6
③ 7 ④ 8

해설 $\sigma = \frac{7560}{9 \times 120} = 7\text{N/mm}^2$

**4. 샤르피식의 시험기를 사용하는 시험 방법은?**

① 경도 시험 ② 인장 시험
③ 피로 시험 ④ 충격 시험

해설 샤르피식 충격 시험 : 시험편을 단순보 상태로 고정하고 충격 시험을 한다.

**5. 용접 설계상 주의사항으로 틀린 것은?**

① 용접에 적합한 설계를 할 것
② 구조상의 노치부가 생성되게 할 것
③ 결함이 생기기 쉬운 용접 방법은 피할 것
④ 용접 이음이 한곳으로 집중되지 않도록 할 것

해설 용접 구조상의 노치부가 생기지 않게 할 것

**6. 납땜에 사용되는 용제가 갖추어야 할 조건으로 틀린 것은?**

① 청정한 금속면의 산화를 방지할 것
② 납땜 후 슬래그의 제거가 용이할 것
③ 모재나 땜납에 대한 부식 작용이 최소한일 것
④ 전기저항 납땜에 사용되는 것은 부도체일 것

해설 납땜 용제 : 전기저항 납땜에 사용되는 것은 도체일 것

**7. 용접 이음부에 예열하는 목적을 설명한 것으로 틀린 것은?**

① 수소의 방출을 용이하게 하여 저온 균열을 방지한다.
② 모재의 열 영향부와 용착 금속의 연화를 방지하고, 경화를 증가시킨다.
③ 용접부의 기계적 성질을 향상시키고, 경화 조직의 석출을 방지시킨다.
④ 온도 분포가 완만하게 되어 열응력의 감소

정답 1. ① 2. ④ 3. ③ 4. ④ 5. ② 6. ④ 7. ②

로 변형과 잔류 응력의 발생을 적게 한다.

해설 예열 목적 : 모재의 열 영향부와 용착 금속의 경화 방지, 연화 증가

**8. 전자 빔 용접의 특징으로 틀린 것은?**

① 정밀 용접이 가능하다.
② 용접부의 열 영향부가 크고 설비비가 적게 든다.
③ 용입이 깊어 다층 용접도 단층 용접으로 완성할 수 있다.
④ 유해 가스에 의한 오염이 적고 높은 순도의 용접이 가능하다.

해설 전자 빔 용접 : 용접부의 열 영향부가 적어 좋으나, 설비비가 많이 든다.

**9. 다음 중 서브머지드 아크 용접의 다른 명칭이 아닌 것은?**

① 잠호 용접
② 헬리 아크 용접
③ 유니언 멜트 용접
④ 불가시 아크 용접

해설 헬리 아크 용접은 TIG 용접의 다른 명칭이다.

**10. 용접 제품을 조립하다가 V홈 맞대기 이음 홈의 간격이 5mm 정도 멀어졌을 때 홈의 보수 및 용접 방법으로 가장 적합한 것은?**

① 그대로 용접한다.
② 뒷댐판을 대고 용접한다.
③ 덧살 올림 용접 후 가공하여 규정 간격을 맞춘다.
④ 치수에 맞는 재료로 교환하여 루트 간격을 맞춘다.

해설 간격이 5mm 정도이면 뒷댐판을 대고 용접하면 된다.

**11. 한 부분의 몇 층을 용접하다가 이것을 다음 부분의 층으로 연속시켜 전체 모양이 계단 형태를 이루는 용착법은?**

① 스킵법 ② 덧살 올림법
③ 전진 블록법 ④ 캐스케이드법

해설 ① 스킵법(비석법) : 박판의 변형 방지에 효과가 크며, 용접 길이를 짧게 나누어 간격을 두고 용접 후 다시 그 사이를 용접하는 용착법이다.

**12. 산소와 아세틸렌 용기의 취급상의 주의사항으로 옳은 것은?**

① 직사광선이 잘 드는 곳에 보관한다.
② 아세틸렌 병은 안전상 눕혀서 사용한다.
③ 산소병은 40℃ 이하 온도에서 보관한다.
④ 산소병 내에 다른 가스를 혼합해도 상관없다.

해설 가스 용기 취급 : 직사광선이 없는 곳에 40℃ 이하로 보관하며, 가연성 가스는 눕혀 보관해서는 안 된다.

**13. $CO_2$ 가스 아크 편면 용접에서 이면 비드의 형성은 물론 뒷면 가우징 및 뒷면 용접을 생략할 수 있고, 모재의 중량에 따른 뒤엎기(turn over) 작업을 생략할 수 있도록 홈 용접부 이면에 부착하는 것은?**

① 스캘롭 ② 엔드 탭
③ 뒷댐재 ④ 포지셔너

해설 뒷댐재 : 세라믹이나 금속판으로 이면에 대고 용접하여 이면 비드의 가우징을 피하기 위해 사용한다.

정답 8. ② 9. ② 10. ② 11. ④ 12. ③ 13. ③

**14. 피복 아크 용접의 필릿 용접에서 루트 간격이 4.5mm 이상일 때의 보수 요령은?**

① 규정대로의 각장으로 용접한다.
② 두께 6mm 정도의 뒤판을 대서 용접한다.
③ 라이너를 넣거나 부족한 판을 300mm 이상 잘라내서 대체하도록 한다.
④ 그대로 용접하여도 좋으나 넓혀진 만큼 각장을 증가시킬 필요가 있다.

해설 ④ : 필릿 용접에서 루트 간격이 1.5~4.5mm일 때

**15. 다음 중 초음파 탐상법의 종류가 아닌 것은?**

① 극간법 ② 공진법
③ 투과법 ④ 펄스 반사법

해설 극간법은 자분 탐상법의 일종이다.

**16. 탄산가스 아크 용접의 장점이 아닌 것은?**

① 가시 아크이므로 시공이 편리하다.
② 적용되는 재질이 철 계통으로 한정되어 있다.
③ 용착 금속의 기계적 성질 및 금속학적 성질이 우수하다.
④ 전류 밀도가 높아 용입이 깊고 용접 속도를 빠르게 할 수 있다.

해설 ②는 단점이다.

**17. 현상제(MgO, $BaCO_3$)를 사용하여 용접부의 표면 결함을 검사하는 방법은?**

① 침투 탐상법
② 자분 탐상법
③ 초음파 탐상법
④ 방사선 투과법

해설 위의 설명은 형광 침투 탐상법에 대한 것이다.

**18. 미세한 알루미늄 분말과 산화철 분말을 혼합하여 과산화바륨과 알루미늄 등의 혼합 분말로 된 점화제를 넣고 연소시켜 그 반응열로 용접하는 방법은?**

① MIG 용접
② 테르밋 용접
③ 전자 빔 용접
④ 원자 수소 용접

해설 테르밋 용접 : 테르밋제의 화학 반응열을 이용한 용접법이다.

**19. 용접 결함에서 언더컷이 발생하는 조건이 아닌 것은?**

① 전류가 너무 낮을 때
② 아크 길이가 너무 길 때
③ 부적당한 용접봉을 사용할 때
④ 용접 속도가 적당하지 않을 때

해설 언더컷 : 과대 전류나 용접 속도가 빠를 때, 운봉 불량 시 생길 수 있는 결함

**20. 플라스마 아크 용접 장치에서 아크 플라스마의 냉각 가스로 쓰이는 것은?**

① 아르곤과 수소의 혼합 가스
② 아르곤과 산소의 혼합 가스
③ 아르곤과 메탄의 혼합 가스
④ 아르곤과 프로판의 혼합 가스

해설 플라스마 아크 용접 작동 가스나 보호 가스로 아르곤과 수소의 혼합 가스가 사용된다.

**21. 기체를 수천 도의 높은 온도로 가열하면 그 속도의 가스 원자가 원자핵과 전자로 분리되어 양(+)과 음(−)이온 상태로 된 것을 무엇이라 하는가?**

정답 14. ③ 15. ① 16. ② 17. ① 18. ② 19. ① 20. ① 21. ④

① 전자 빔 ② 레이저
③ 테르밋 ④ 플라스마

해설 기체를 가열하면 기체 원자는 전리되어 양이온과 음이온으로 나누어지는데, 이와 같이 양이온과 음이온이 혼합되어 도전성을 띤 가스체를 플라스마라 한다.

**22.** **피복 아크 용접 작업 시 감전으로 인한 재해의 원인으로 틀린 것은?**

① 1차 측과 2차 측 케이블의 피복 손상부에 접촉되었을 경우
② 피용접물에 붙어 있는 용접봉을 떼려다 몸에 접촉되었을 경우
③ 용접기기의 보수 중에 입출력 단자가 절연된 곳에 접촉되었을 경우
④ 용접 작업 중 홀더에 용접봉을 물릴 때나 홀더가 신체에 접촉되었을 경우

해설 용접기기의 보수 중에 입출력 단자가 절연이 안 된 곳에 접촉되었을 경우 감전 위험이 있다.

**23.** **다음에서 설명하는 서브머지드 아크 용접에 사용되는 용제는?**

- 화학적 균일성이 양호하다.
- 반복 사용성이 좋다.
- 비드 외관이 아름답다.
- 용접 전류에 따라 입자의 크기가 다른 용제를 사용해야 한다.

① 소결형 ② 혼성형
③ 혼합형 ④ 용융형

해설 용융형 용제는 합금 첨가가 곤란하다.

**24.** **정격 2차 전류 300A, 정격사용률 40%인 아크 용접기로 실제 200A 용접 전류를 사용하여 용접하는 경우 전체 시간을 10분으로 하였을 때 다음 중 용접 시간과 휴식 시간을 올바르게 나타낸 것은?**

① 10분 동안 계속 용접한다.
② 5분 용접 후 5분간 휴식한다.
③ 7분 용접 후 3분간 휴식한다.
④ 9분 용접 후 1분간 휴식한다.

해설 허용사용률

$$= \frac{(\text{정격 2차 전류})^2}{(\text{실제 용접 전류})^2} \times \text{정격사용률}$$

$$= \frac{300^2}{200^2} \times 40 = 90\%$$

10분을 기준으로 용접 시간은 9분, 휴식 시간은 1분이다.

**25.** **용해 아세틸렌 취급 시 주의사항으로 틀린 것은?**

① 저장 장소는 통풍이 잘 되어야 된다.
② 저장 장소에는 화기를 가까이 하지 말아야 한다.
③ 용기는 진동이나 충격을 가하지 말고 신중히 취급해야 한다.
④ 용기는 아세톤의 유출을 방지하기 위해 눕혀서 보관한다.

해설 용해 아세틸렌 용기는 아세톤의 유출을 방지하기 위해 세워서 보관해야 한다.

**26.** **다음 중 아크 절단법이 아닌 것은?**

① 스카핑
② 금속 아크 절단
③ 아크 에어 가우징
④ 플라스마 제트

해설 스카핑 : 가스 가공법 중의 하나로 돌기나 흠집을 제거한다.

정답 22. ③ 23. ④ 24. ④ 25. ④ 26. ①

**27.** 피복 아크 용접봉의 피복제 작용을 설명한 것 중 틀린 것은?

① 스패터를 많게 하고, 탈탄 정련 작용을 한다.
② 용융 금속의 용적을 미세화하고, 용착 효율을 높인다.
③ 슬래그 제거를 쉽게 하며, 파형이 고운 비드를 만든다.
④ 공기로 인한 산화, 질화 등의 해를 방지하여 용착 금속을 보호한다.

해설 피복제 : 스패터의 발생을 적게 하며, 탈탄 정련 작용, 아크 안정을 준다.

**28.** 용접법의 분류 중에서 융접에 속하는 것은?

① 심 용접　② 테르밋 용접
③ 초음파 용접　④ 플래시 용접

해설 압접 : ①, ③, ④

**29.** 산소 용기의 윗부분에 각인되어 있는 표시 중 최고 충전 압력의 표시는 무엇인가?

① TP　② FP
③ WP　④ LP

해설 ① TP : 내압 시험 압력

**30.** 2개의 모재에 압력을 가해 접촉시킨 다음 접촉에 압력을 주면서 상대 운동을 시켜 접촉면에서 발생하는 열을 이용하는 용접법은?

① 가스 압접　② 냉간 압접
③ 마찰 용접　④ 열간 압접

해설 ② 냉간 압접 : 냉간 상태에서 충격 등을 주어 압착시키는 접합법

**31.** 사용률이 60%인 교류 아크 용접기를 사용하여 정격 전류로 6분 용접하였다면 휴식 시간은 얼마인가?

① 2분　② 3분
③ 4분　④ 5분

해설 정격사용률은 10분을 기준으로 한다.

$$\text{사용률}(\%) = \frac{\text{아크 시간}}{(\text{아크 시간}+\text{휴식 시간})} \times 100$$

$$= \frac{6}{10} \times 100 = 60\%$$

**32.** 모재의 절단부를 불활성 가스로 보호하고 금속 전극에 대전류를 흐르게 하여 절단하는 방법으로 알루미늄과 같이 산화에 강한 금속에 이용되는 절단 방법은?

① 산소 절단　② TIG 절단
③ MIG 절단　④ 플라스마 절단

해설 MIG 절단 : 아르곤 가스로 보호하며 용융하는 금속 전극에 대전류를 통해 절단하는 방법

**33.** 용접기의 특성 중에서 부하 전류가 증가하면 단자 전압이 저하하는 특성은?

① 수하 특성　② 상승 특성
③ 정전압 특성　④ 자기 제어 특성

해설 ③ 정전압 특성 : 부하 전류가 증가하여도 단자 전압이 거의 일정하게 되는 특성

**34.** 다음 중 산소-아세틸렌 불꽃의 종류가 아닌 것은?

① 중성 불꽃　② 탄화 불꽃
③ 산화 불꽃　④ 질화 불꽃

해설 산소-아세틸렌 불꽃 : ①, ②, ③
※ 질화 불꽃은 없음

정답 27. ①　28. ②　29. ②　30. ③　31. ③　32. ③　33. ①　34. ④

**35.** 리벳 이음과 비교하여 용접 이음의 특징을 열거한 중 틀린 것은?

① 구조가 복잡하다.
② 이음 효율이 높다.
③ 공정의 수가 절감된다.
④ 유밀, 기밀, 수밀이 우수하다.

해설 용접법은 리벳 이음보다 구조가 간단하다.

**36.** 아크 에어 가우징 작업에 사용되는 압축 공기의 압력으로 적당한 것은?

① 1~3kgf/cm² ② 5~7kgf/cm²
③ 9~12kgf/cm² ④ 14~156kgf/cm²

해설 아크 에어 가우징 작업에 적합한 압력은 5~7kgf/cm² 정도이다.

**37.** 탄소 전극봉 대신 절단 전용의 특수 피복을 입힌 전극봉을 사용하여 절단하는 방법은?

① 금속 아크 절단 ② 탄소 아크 절단
③ 아크 에어 가우징 ④ 플라스마 제트 절단

해설 ③ 아크 에어 가우징 : 중공의 피복 용접봉과 모재 사이에 아크를 발생시키고 중심에서 산소를 분출시키면서 절단하는 방법

**38.** 산소 아크 절단에 대한 설명으로 가장 적합한 것은?

① 전원은 직류 역극성이 사용된다.
② 가스 절단에 비하여 절단 속도가 느리다.
③ 가스 절단에 비하여 절단면이 매끄럽다.
④ 철강 구조물 해체나 수중 해체 작업에 이용된다.

해설 산소 아크 절단 : 직류 정극성을 사용하며, 가스 절단에 비해 절단 속도가 빠르지만 절단면이 거칠다.

**39.** 다이캐스팅 주물품, 단조품 등의 재료로 사용되며 융점이 약 660℃이고, 비중이 약 2.7인 원소는?

① Sn ② Ag
③ Al ④ Mn

해설 • Sn : 232℃, 7.26
• Ag : 960℃, 10.5
• Mn : 1247℃, 8.0

**40.** 다음 중 주철에 관한 설명으로 틀린 것은?

① 비중은 C와 Si 등이 많을수록 작아진다.
② 용융점은 C와 Si 등이 많을수록 낮아진다.
③ 주철을 600℃ 이상의 온도에서 가열 및 냉각을 반복하면 부피가 감소한다.
④ 투자율을 크게 하기 위해서는 화합 탄소를 적게 하고 유리 탄소를 균일하게 분포시킨다.

해설 주철의 성장 : 주철을 600℃ 이상의 온도에서 가열 및 냉각을 반복하면 부피가 팽창한다.

**41.** 다음 중 Ni-Cu 합금이 아닌 것은?

① 어드밴스 ② 콘스탄탄
③ 모넬메탈 ④ 니칼로이

해설 니칼로이 : 50% Ni, 50% Fe 합금으로 초투자율, 포화 자기, 전기저항이 크다.

**42.** 금속의 소성 변형을 일으키는 원인 중 원자 밀도가 가장 큰 격자면에서 잘 일어나는 것은?

① 슬립 ② 쌍정
③ 전위 ④ 편석

해설 슬립 : 격자면 사이에서 미끄럼 변형을 일으키는 현상

정답 35. ① 36. ② 37. ① 38. ④ 39. ③ 40. ③ 41. ④ 42. ①

**43.** 침탄법에 대한 설명으로 옳은 것은?

① 표면을 용융시켜 연화시키는 것이다.
② 망상 시멘타이트를 구상화시키는 방법이다.
③ 강재의 표면에 아연을 피복시키는 방법이다.
④ 강재의 표면에 탄소를 침투시켜 경화시키는 것이다.

해설 침탄법 : 표면 경화법의 하나로 연강 등의 저탄소강에 탄소를 확산 침투시킨 후 담금질하면 탄소가 확산된 부분은 경화되고 내부는 그대로 남는 열처리법이다.

**44.** 그림과 같은 결정격자의 금속 원소는?

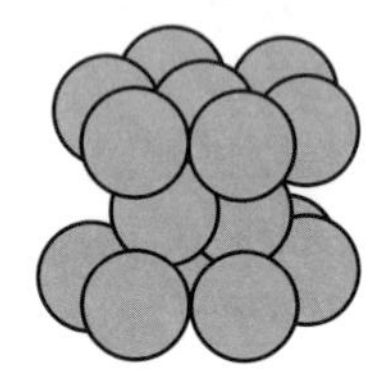
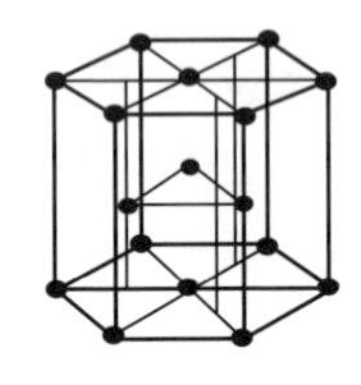

① Ni ② Mg
③ Al ④ Au

해설 • 조밀육방격자 : Zn, Cd, Mg
• 면심입방격자 : Ni, Al, Au

**45.** 구상 흑연 주철은 주조성, 가공성 및 내마멸성이 우수하다. 이러한 구상 흑연 주철 제조 시 구상화제로 첨가되는 원소로 옳은 것은?

① P, S ② O, N
③ Pb, Zn ④ Mg, Ca

해설 구상 흑연 주철 : 용탕에 Mg, Ca 등으로 접종 처리하여 편상 흑연을 구상화시킨 주철이다.

**46.** 전해 인성 구리는 약 400℃ 이상의 온도에서 사용하지 않는 이유로 옳은 것은?

① 풀림 취성을 발생시키기 때문이다.
② 수소 취성을 발생시키기 때문이다.
③ 고온 취성을 발생시키기 때문이다.
④ 상온 취성을 발생시키기 때문이다.

해설 전해 인성 구리 : 99.9% Cu 이상, 0.02~0.05% O 함유, 400℃ 이상에서 산화구리가 수소와 작용하여 수소 취성이 발생한다.

**47.** 형상 기억 효과를 나타내는 합금이 일으키는 변태는?

① 펄라이트 변태
② 마텐자이트 변태
③ 오스테나이트 변태
④ 레데부라이트 변태

해설 형상 기억 효과 : 소성 변형시킨 재료를 그 재료의 고유한 임계점 이상으로 가열했을 때 재료나 변형 전의 형상으로 되돌아가는 현상

**48.** Y합금의 일종으로 Ti과 Cu를 0.2% 정도씩 첨가한 것으로 피스톤에 사용되는 것은?

① 두랄루민
② 코비탈륨
③ 로엑스 합금
④ 하이드로날륨

해설 코비탈륨 : Al, Cu, Ni에 Ti, Cu를 0.2% 첨가한 것으로 내연기관의 피스톤용 재료로 사용한다.

**49.** Fe-C 평형 상태도에서 공정점의 C%는?

① 0.02% ② 0.8%
③ 4.3% ④ 6.67%

해설 Fe-C 평형 상태도상 공정점 : 1130℃,

정답 43. ④ 44. ② 45. ④ 46. ② 47. ② 48. ② 49. ③

4.3% C 점의 액체에서 레데부라이트라는 공정 조직이 정출되는 점

**50. 시험편을 눌러 구부리는 시험 방법으로 굽힘에 대한 저항력을 조사하는 시험 방법은?**

① 충격 시험 ② 굽힘 시험
③ 전단 시험 ④ 인장 시험

해설 굽힘 시험 : 재료의 연성 정도를 파악하는 시험

**51. 배관의 간략 도시 방법에서 파이프의 영구 결합부(용접 또는 다른 공법에 의한다) 상태를 나타내는 것은?**

① 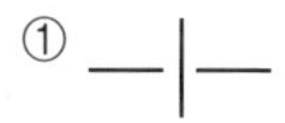 ② 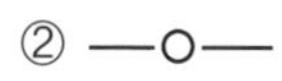
③  ④

해설 ①, ④는 관이 접속하고 있지 않을 때를 나타내며, ③은 관이 접속하고 있을 때(분기)의 상태를 나타낸다.

**52. 다음 용접 기호 중 표면 육성을 의미하는 것은?**

①  ②
③  ④

해설 ② 표면 접합부
③ 경사 접합부
④ 겹침 접합부

**53. 제3각법의 투상도에서 도면의 배치 관계로 옳은 것은?**

① 평면도를 중심으로 정면도는 위에, 우측면도는 우측에 배치된다.
② 정면도를 중심으로 평면도는 밑에, 우측면도는 우측에 배치된다.
③ 정면도를 중심으로 평면도는 위에, 우측면도는 우측에 배치된다.
④ 정면도를 중심으로 평면도는 위에, 우측면도는 좌측에 배치된다.

해설 제3각법은 평면도를 정면도 바로 위에 그리고, 측면도는 오른쪽에서 본 것을 정면도의 오른쪽에 그린다.

**54. [보기]의 그림과 같이 제3각법으로 정투상한 각뿔의 전개도 형상으로 적합한 것은?**

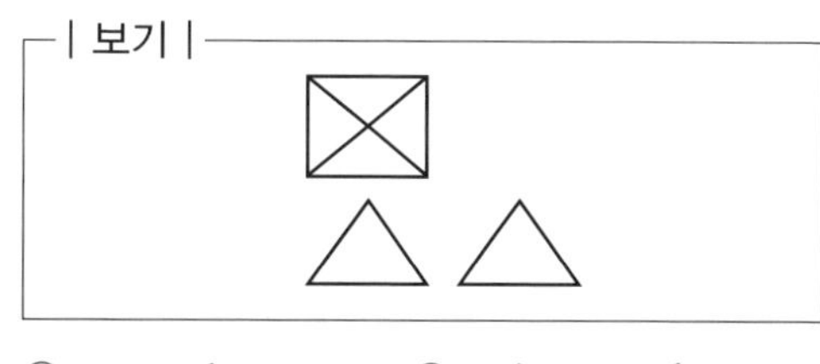


① 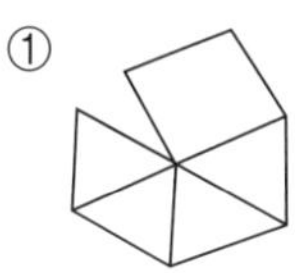 ② 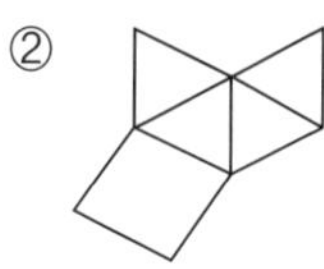
③ 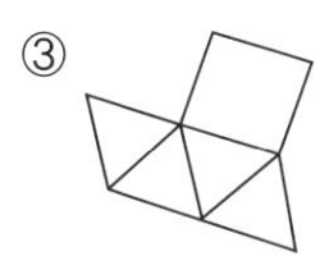 ④ 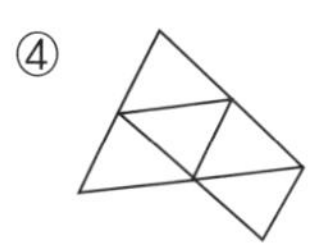

**55. 일반 구조용 탄소 강관의 KS 재료 기호는?**

① SPP ② SPS
③ SKH ④ STK

해설 ① SPP : 배관용 탄소 강관
② SPS : 스프링 강재
③ SKH : 고속도 공구강 강재

정답 50. ② 51. ③ 52. ① 53. ③ 54. ② 55. ④

**56.** 도면에 대한 호칭 방법이 다음과 같이 나타날 때 이에 대한 설명으로 틀린 것은?

| KS B ISO 5457-A1t-TP 112.5-R-TBL |
|---|

① 도면은 KS B ISO 5457을 따른다.
② A1 용지 크기이다.
③ 재단하지 않은 용지이다.
④ 112.5g/$m^2$ 사양의 트레이싱지이다.

해설 KS B ISO 5457에 따라 재단한 용지는 t, 재단하지 않은 용지는 u로 표시한다.

**57.** 그림과 같은 도면에서 나타난 "□40" 치수에서 "□"가 뜻하는 것은?

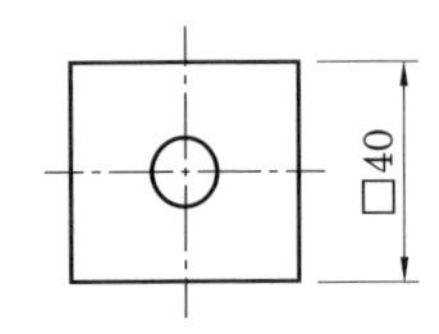


① 정사각형의 변
② 이론적으로 정확한 치수
③ 판의 두께
④ 참고 치수

해설 □40 : 한 변의 길이가 40mm인 정사각형을 나타낸 치수 표시

**58.** 다음 중 가는 실선으로 나타내는 경우가 아닌 것은?

① 시작점과 끝점을 나타내는 치수선
② 소재의 굽은 부분이나 가공 공정의 표시선
③ 상세도를 그리기 위한 틀의 선
④ 금속 구조 공학 등의 구조를 나타내는 선

해설 가는 실선 : 해칭선, 치수선, 치수 보조선, 지시선

**59.** 그림과 같이 원통을 경사지게 절단한 제품을 제작할 때, 다음 중 어떤 전개법이 가장 적합한가?

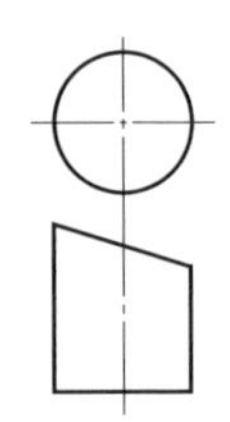

① 사각형법　② 평행선법
③ 삼각형법　④ 방사선법

해설 평행선 전개법 : 경사진 원통 파이프 등의 전개에 적합하다.

**60.** 그림과 같은 도면에서 괄호 안의 치수는 무엇을 나타내는가?

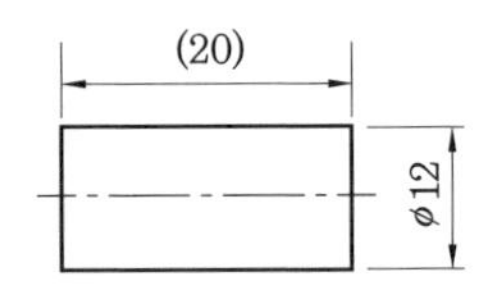


① 완성 치수
② 참고 치수
③ 다듬질 치수
④ 비례척이 아닌 치수

해설 (20) : 괄호 안의 치수를 참고하라는 의미를 나타낸다.

정답 56. ③　57. ①　58. ④　59. ②　60. ②

# 제6회 CBT 실전문제

2016년 7월 10일 시행

**1.** 다음 중 용접 시 수소의 영향으로 발생하는 결함과 가장 거리가 먼 것은?

① 기공 ② 균열
③ 은점 ④ 설퍼

해설 설퍼 : 황(S)에 의한 결함을 의미하며 설퍼 밴드, 설퍼 크랙이 있다.

**2.** 가스 중에서 최소의 밀도로 가장 가볍고 확산 속도가 빠르며, 열전도가 가장 큰 가스는?

① 수소 ② 메탄
③ 프로판 ④ 부탄

해설 수소 : 기체 중에서 가장 가벼운 가스이다(비중 : 0.0695).

**3.** 용착 금속의 인장강도가 55N/m², 안전율이 6이라면 이음의 허용응력은 약 몇 N/m²인가?

① 0.92 ② 9.2
③ 92 ④ 920

해설 안전율 $S = \frac{\text{인장강도}}{\text{허용응력}}$

$\therefore$ 허용응력 $= \frac{\text{인장강도}}{\text{안전율}} = \frac{55}{6} = 9.2\text{N/m}^2$

**4.** 팁 끝이 모재에 닿는 순간 순간적으로 팁 끝이 막혀 팁 속에서 폭발음이 나면서 불꽃이 꺼졌다가 다시 나타나는 현상은?

① 인화 ② 역화
③ 역류 ④ 선화

해설 인화 : 가스 용접 시 팁 끝이 순간적으로 막혀 가스 분출이 나빠지고 혼합실까지 불꽃이 들어가는 현상

**5.** 다음 중 파괴 시험 검사법에 속하는 것은?

① 부식 시험 ② 침투 시험
③ 음향 시험 ④ 와류 시험

해설 부식 시험 : 금속학적 파괴 시험

**6.** TIG 용접 토치의 분류 중 형태에 따른 종류가 아닌 것은?

① T형 토치 ② Y형 토치
③ 직선형 토치 ④ 플렉시블형 토치

해설 TIG 용접 토치에 Y형 토치는 없다.

**7.** 용접에 의한 수축 변형에 영향을 미치는 인자로 가장 거리가 먼 것은?

① 가접
② 용접 입열
③ 판의 예열 온도
④ 판 두께에 따른 이음 형상

해설 가접 : 가용접, 치수, 각도, 형상 등을 맞추기 위해 일부분만 용접하는 것

**8.** 전자동 MIG 용접과 반자동 용접을 비교했을 때 전자동 MIG 용접의 장점으로 틀린 것은?

① 용접 속도가 빠르다.
② 생산 단가를 최소화할 수 있다.
③ 우수한 품질의 용접이 얻어진다.
④ 용착 효율이 낮아 능률이 매우 좋다.

해설 전자동 용접은 반자동 용접보다 용착 효율이 높고 능률이 매우 우수하다.

정답 1. ④ 2. ① 3. ② 4. ② 5. ① 6. ② 7. ① 8. ④

**9.** **다음 중 탄산가스 아크 용접의 자기 쏠림 현상을 방지하는 대책으로 틀린 것은?**

① 엔드 탭을 부착한다.
② 가스 유량을 조절한다.
③ 어스의 위치를 변경한다.
④ 용접부의 틈을 적게 한다.

해설 가스 유량은 자기 쏠림 현상 방지와는 무관하다.

**10.** **다음 용접법 중 비소모식 아크 용접법은?**

① 논 가스 아크 용접
② 피복 금속 아크 용접
③ 서브머지드 아크 용접
④ 불활성 가스 텅스텐 아크 용접

해설 비소모식을 비용극식이라고도 하며, 텅스텐 전극을 사용하는 용접법이 여기에 해당된다.

**11.** **용접부를 끝이 구면인 해머로 가볍게 때려 용착 금속부의 표면에 소성 변형을 주어 인장응력을 완화시키는 잔류 응력 제거법은?**

① 피닝법
② 노내 풀림법
③ 저온 응력 완화법
④ 기계적 응력 완화법

해설 ③ 저온 응력 완화법 : 용접선의 양측을 일정 속도로 이동하는 가스 불꽃에 의해 폭이 약 150 mm에 걸쳐 150～200℃로 가열 한 후에 즉시 수랭함으로써 용접선 방향의 인장응력을 완화시키는 방법

**12.** **용접 변형의 교정법에서 점 수축법의 가열 온도와 가열 시간으로 가장 적당한 것은?**

① 100～200℃, 20초
② 300～400℃, 20초
③ 500～600℃, 30초
④ 700～800℃, 30초

해설 박판에 대한 점 수축법 : 지름 20～30 mm를 500～600℃로 30초 정도 가열 후 곧 수랭한다.

**13.** **수직판 또는 수평면 내에서 선회하는 회전 영역이 넓고 팔이 기울어져 상하로 움직일 수 있어 주로 스폿 용접, 중량물 취급 등에 많이 이용되는 로봇은?**

① 다관절 로봇
② 극좌표 로봇
③ 원통 좌표 로봇
④ 직각 좌표계 로봇

해설 ① 다관절 로봇 : 작업 동작이 3종류 이상이고 3개 이상의 회전 운동기구를 결합시켜 만든 로봇

**14.** **서브머지드 아크 용접 시 발생하는 기공의 원인이 아닌 것은?**

① 직류 역극성 사용
② 용제의 건조 불량
③ 용제의 산포량 부족
④ 와이어 녹, 기름, 페인트

해설 극성과 기공 발생과는 무관하다.

**15.** **안전 · 보건표지의 색채, 색도 기준 및 용도에서 지시의 용도 색채는?**

① 검은색　　② 노란색
③ 빨간색　　④ 파란색

해설 안전 색채
㉮ 적색 : 금지　　㉯ 노란색 : 경고
㉰ 녹색 : 안내　　㉱ 파란색 : 지시

정답 9. ② 10. ④ 11. ① 12. ③ 13. ② 14. ① 15. ④

**16.** X선이나 $\gamma$선을 재료에 투과시켜 투과된 빛의 강도에 따라 사진 필름에 감광시켜 결함을 검사하는 비파괴 시험법은?

① 자분 탐상 검사
② 침투 탐상 검사
③ 초음파 탐상 검사
④ 방사선 투과 검사

해설 ① 자분 탐상 검사 : 자성체를 자화시켜 표면 부근의 결함을 판별하는 검사

**17.** 다음 중 전자 빔 용접에 관한 설명으로 틀린 것은?

① 용입이 낮아 후판 용접에는 적용이 어렵다.
② 성분 변화에 의하여 용접부의 기계적 성질이나 내식성의 저하를 가져올 수 있다.
③ 가공재나 열처리에 대하여 소재의 성질을 저하시키지 않고 용접할 수 있다.
④ $10^{-4}$~$10^{-6}$mmHg 정도의 높은 진공실 속에서 음극으로부터 방출된 전자를 고전압으로 가속시켜 용접을 한다.

해설 전자 빔 용접 : 용입이 깊어 후판 용접에 적합하다.

**18.** 다음 중 용접봉의 용융 속도를 나타낸 것은?

① 단위 시간당 용접 입열의 양
② 단위 시간당 소모되는 용접 전류
③ 단위 시간당 형성되는 비드의 길이
④ 단위 시간당 소비되는 용접봉의 길이

해설 용융 속도 : ④, 아크 전류×용접봉 쪽 전압강하

**19.** 물체와의 가벼운 충돌 또는 부딪침으로 인하여 생기는 손상으로 충격 부위가 부어 오르고 통증이 발생되며 일반적으로 피부 표면에 창상이 없는 상처를 뜻하는 것은?

① 출혈 ② 화상
③ 찰과상 ④ 타박상

해설 ③ 찰과상 : 마찰에 의하여 피부의 표면에 입는 외상

**20.** 일명 비석법이라고도 하며, 용접 길이를 짧게 나누어 간격을 두면서 용접하는 용착법은?

① 전진법 ② 후진법
③ 대칭법 ④ 스킵법

해설 ③ 대칭법 : 길이가 길 때 중심을 기준으로 좌우로 용접하는 방법

**21.** 금속 산화물이 알루미늄에 의하여 산소를 빼앗기는 반응에 의해 생성되는 열을 이용한 용접법은?

① 마찰 용접
② 테르밋 용접
③ 일렉트로 슬래그 용접
④ 서브머지드 아크 용접

해설 테르밋 용접 : 테르밋제의 화학 반응을 이용한 용접

**22.** 저항 용접의 장점이 아닌 것은?

① 대량 생산에 적합하다.
② 후열 처리가 필요하다.
③ 산화 및 변질 부분이 적다.
④ 용접봉, 용제가 불필요하다.

해설 후열 처리는 저항 용접의 단점이다.

정답 16. ④ 17. ① 18. ④ 19. ④ 20. ④ 21. ② 22. ②

**23.** 정격 2차 전류 200A, 정격사용률 40%인 아크 용접기로 실제 아크 전압 30V, 아크 전류 130A로 용접을 수행한다고 가정할 때 허용사용률은 약 얼마인가?

① 70% ② 75%
③ 80% ④ 95%

해설 허용사용률

$$= \frac{(정격\ 2차\ 전류)^2}{(실제\ 용접\ 전류)^2} \times 정격사용률$$

$$= \frac{(200)^2}{(130)^2} \times 40 = 94.67\%$$

**24.** 야금적 접합법에 해당되지 않는 것은?

① 융접(fusion welding)
② 접어 잇기(seam)
③ 압접(pressure welding)
④ 납땜(brazing and soldering)

해설 접어 잇기는 원통 말기 판금 작업 등에 쓰이는 기계적 접합법의 하나이다.

**25.** 아크 전류가 일정할 때 아크 전압이 높아지면 용접봉의 용융 속도가 늦어지고 아크 전압이 낮아지면 용융 속도가 빨라지는 특성을 무엇이라 하는가?

① 부저항 특성
② 절연회복 특성
③ 전압회복 특성
④ 아크 길이 자기 제어 특성

해설 ① 부저항 특성 : 전류가 커지면 저항이 작아져서 전압도 낮아지는 특성

**26.** 강재 표면의 홈이나 개재물, 탈탄층 등을 제거하기 위하여 될 수 있는 대로 얇게 그리고 타원형 모양으로 표면을 깎아내는 가공법은?

① 분말 절단
② 가스 가우징
③ 스카핑
④ 플라스마 절단

해설 ① 분말 절단 : 스테인리스강 등 일반 가스 절단이 곤란한 금속의 경우 가스 절단에 분말을 혼합하여 절단하는 방법

**27.** 다음 중 불꽃의 구성 요소가 아닌 것은?

① 불꽃심 ② 속불꽃
③ 겉불꽃 ④ 환원 불꽃

해설 환원 불꽃은 중성 불꽃, 산화 불꽃 등 불꽃의 종류이다.

**28.** 피복 아크 용접봉에서 피복제의 주된 역할이 아닌 것은?

① 용융 금속의 용적을 미세화하여 용착 효율을 높인다.
② 용착 금속의 응고와 냉각 속도를 빠르게 한다.
③ 스패터의 발생을 적게 하고 전기 절연 작용을 한다.
④ 용착 금속에 적당한 합금 원소를 첨가한다.

해설 피복제 : 용착 금속의 응고와 냉각 속도를 느리게 한다.

**29.** 교류 아크 용접기에서 안정한 아크를 얻기 위하여 상용주파의 아크 전류에 고전압의 고주파를 중첩시키는 방법으로 아크 발생과 용접 작업을 쉽게 할 수 있도록 하는 부속 장치는?

① 전격 방지 장치
② 고주파 발생 장치

정답 23. ④ 24. ② 25. ④ 26. ③ 27. ④ 28. ② 29. ②

③ 원격 제어 장치
④ 핫 스타트 장치

해설 ③ 원격 제어 장치 : 용접기와 멀리 떨어진 곳에서 용접 전류나 전압 등을 제어할 수 있는 장치

**30.** 피복 아크 용접봉의 피복제 중에서 아크를 안정시켜 주는 성분은?

① 붕사 ② 페로망간
③ 니켈 ④ 산화티탄

해설 ① 붕사 : 슬래그 생성제
② 페로망간 : 탈산제
③ 니켈 : 합금제

**31.** 산소 용기의 취급 시 주의사항으로 틀린 것은?

① 기름이 묻은 손이나 장갑을 착용하고는 취급하지 않아야 한다.
② 통풍이 잘 되는 야외에서 직사광선에 노출시켜야 한다.
③ 용기의 밸브가 얼었을 경우에는 따뜻한 물로 녹여야 한다.
④ 사용 전에는 비눗물 등을 이용하여 누설 여부를 확인한다.

해설 산소 용기 : 통풍이 잘 되는 실내에 직사광선을 피하여 보관한다.

**32.** 피복 아크 용접봉의 기호 중 고산화티탄계를 표시한 것은?

① E 4301 ② E 4303
③ E 4311 ④ E 4313

해설 ① E 4301 : 일미나이트계
② E 4303 : 라임티타니아계
③ E 4311 : 고셀룰로오스계

**33.** 가스 절단에서 프로판 가스와 비교한 아세틸렌 가스의 장점에 해당되는 것은?

① 후판 절단의 경우 절단 속도가 빠르다.
② 박판 절단의 경우 절단 속도가 빠르다.
③ 중첩 절단을 할 때에는 절단 속도가 빠르다.
④ 절단면이 거칠지 않다.

해설 프로판 가스 절단은 후판 절단의 경우 절단 속도가 빠르다.

**34.** 용접기의 구비 조건이 아닌 것은?

① 구조 및 취급이 간단해야 한다.
② 사용 중에 온도 상승이 적어야 한다.
③ 전류 조정이 용이하고 일정한 전류가 흘러야 한다.
④ 용접 효율과 상관없이 사용 유지비가 적게 들어야 한다.

해설 용접 효율이 좋고, 사용 유지비가 적게 들어야 한다.

**35.** 다음 중 용융 금속의 이행 형태가 아닌 것은?

① 단락형 ② 스프레이형
③ 연속형 ④ 글로뷸러형

해설 용접봉 이행 형식에 연속형은 없다.

**36.** 강자성을 가지는 은백색의 금속으로 화학반응용 촉매, 공구 소결재로 널리 사용되고 바이탈륨의 주성분 금속은?

① Ti ② Co
③ Al ④ Pt

해설 Co(코발트) : 강자성체
※ CO(일산화탄소)로 표기해서는 안 된다.

정답 30. ④ 31. ② 32. ④ 33. ② 34. ④ 35. ③ 36. ②

**37.** 연강을 가스 용접할 때 사용하는 용제는?

① 붕사
② 염화나트륨
③ 중탄산소다+탄산소다
④ 사용하지 않는다.

해설 연강의 용접에는 용제가 필요 없다.

**38.** 프로판 가스의 특징으로 틀린 것은?

① 안전도가 높고 관리가 쉽다.
② 온도 변화에 따른 팽창률이 크다.
③ 액화하기 어렵고 폭발 한계가 넓다.
④ 상온에서는 기체 상태이고 무색, 투명하다.

해설 프로판 가스 : 액화가 쉽고 폭발 한계가 좁다.

**39.** 피복 아크 용접봉에서 아크 길이와 아크 전압의 설명으로 틀린 것은?

① 아크 길이가 너무 길면 불안정하다.
② 양호한 용접을 하려면 짧은 아크를 사용한다.
③ 아크 전압은 아크 길이에 반비례한다.
④ 아크 길이가 적당할 때 정상적인 작은 입자의 스패터가 생긴다.

해설 아크 전압은 아크 길이에 비례한다.

**40.** 금속의 결정 구조에서 조밀육방격자(HCP)의 배위수는?

① 6 ② 8
③ 10 ④ 12

해설 • 체심입방격자 배위수 : 8
• 면심입방격자 배위수 : 12

**41.** 재료에 어떤 일정한 하중을 가하고 어떤 온도에서 긴 시간 동안 유지하면 시간이 경과함에 따라 스트레인이 증가하는 것을 측정하는 시험 방법은?

① 피로 시험 ② 충격 시험
③ 비틀림 시험 ④ 크리프 시험

해설 크리프 시험 : 일정 온도에서 일정 하중을 시험편에 가해 파단에 이르기까지의 크리프 변형과 크리프 파단 시간을 측정하는 시험

**42.** 주석 청동의 용해 및 주조에서 1.5~1.7%의 아연을 첨가할 때의 효과로 옳은 것은?

① 수축률 감소 ② 침탄 촉진
③ 취성 향상 ④ 가스 흡입

해설 주석 청동 용해 시 아연을 첨가하면 수축률이 낮아진다.

**43.** Al의 표면을 적당한 전해액 중에서 양극 산화 처리하면 표면에 방식성이 우수한 산화 피막층이 만들어진다. 알루미늄의 방식 방법에 많이 이용되는 것은?

① 규산법 ② 수산법
③ 탄화법 ④ 질화법

해설 알루미늄 방식법 : 황산법, 수산법, 크롬산법 등이 있다.

**44.** 강의 표면 경화법이 아닌 것은?

① 풀림
② 금속 용사법
③ 금속 침투법
④ 하드 페이싱

해설 풀림 : 냉간 가공한 강재를 적당히 가열한 후 서랭하여 연화하는 열처리

정답 37. ④ 38. ③ 39. ③ 40. ④ 41. ④ 42. ① 43. ② 44. ①

**45.** 금속의 결정 구조에 대한 설명으로 틀린 것은?

① 결정입자의 경계를 결정입계라 한다.
② 결정체를 이루고 있는 각 결정을 결정입자라 한다.
③ 체심입방격자는 단위 격자 속에 있는 원자수가 3개이다.
④ 물질을 구성하고 있는 원자가 입체적으로 규칙적인 배열을 이루고 있는 것을 결정이라 한다.

해설 체심입방격자 : 단위 격자 속에 있는 원자 수는 2개이다.
→ 8개의 모서리의 원자는 인접 원자와 $\frac{1}{8} \times 8 +$ 내부 원자 $1 = 2$개이다.

**46.** 비금속 개재물이 강에 미치는 영향이 아닌 것은?

① 고온 메짐의 원인이 된다.
② 인성은 향상시키나 경도를 떨어뜨린다.
③ 열처리 시 개재물로 인한 균열을 발생시킨다.
④ 단조나 압연 작업 중에 균열의 원인이 된다.

해설 비금속 개재물 : 인성, 경도 등 기계적 성질을 떨어뜨린다.

**47.** 해드필드강(hadfield steel)에 대한 설명으로 옳은 것은?

① ferrite계 고Ni강이다.
② pearlite계 고Co강이다.
③ cementite계 고Cr강이다.
④ austenite계 고Mn강이다.

해설 해드필드강(고망간강) : 11~14% Mn을 함유한 강으로 1000~1100℃로 가열하여 수랭하면 오스테나이트 조직이 얻어지며, 연성, 인성을 개선시킨 강

**48.** 잠수함, 우주선 등 극한 상태에서 파이프의 이음쇠에 사용되는 기능성 합금은?

① 초전도 합금
② 수소 저장 합금
③ 아모퍼스 합금
④ 형상 기억 합금

해설 ① 초전도 합금 : 전기전도성이 매우 높은 강

**49.** 탄소강에서 탄소의 함량이 높아지면 낮아지는 것은?

① 경도
② 항복강도
③ 인장강도
④ 단면 수축률

해설 탄소량이 증가하면 경도, 강도는 높아지고, 연신율, 단면 수축률은 낮아진다.

**50.** 3~5% Ni, 1% Si를 첨가한 Cu 합금으로 C 합금이라고도 하며, 강력하고 전도율이 좋아 용접봉이나 전극 재료로 사용되는 것은 무엇인가?

① 톰백 ② 문츠메탈
③ 길딩메탈 ④ 코슨 합금

해설 ③ 길딩메탈 : 95~97% Cu와 3~5% Zn으로 이루어진 톰백의 일종이다.

**51.** 인접 부분을 참고로 표시하는데 사용하는 것은?

① 숨은선 ② 가상선
③ 외형선 ④ 피치선

해설 가상선 : 가는 2점 쇄선으로 표시

정답 45. ③ 46. ② 47. ④ 48. ④ 49. ④ 50. ④ 51. ②

**52.** [보기]와 같은 KS 용접 기호의 해독으로 틀린 것은?

| 보기 |

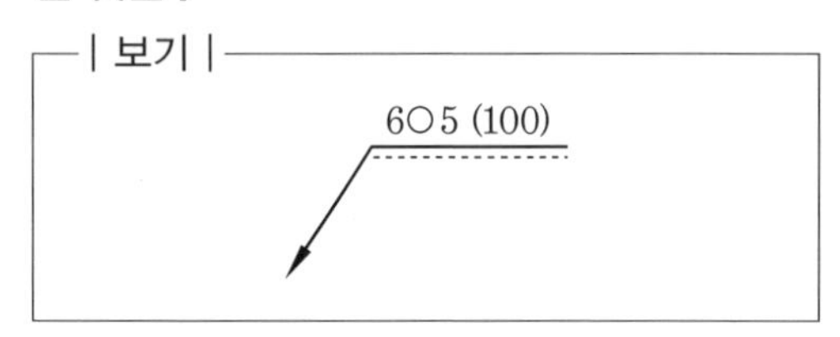


① 화살표 반대쪽 점 용접
② 점 용접부의 지름 6mm
③ 용접부의 개수(용접 수) 5개
④ 점 용접한 간격은 100mm

해설 기준선의 실선에 용접 기호가 붙으면 화살표 쪽에서 용접함을 뜻한다.

**53.** 치수 기입법에서 지름, 반지름, 구의 지름 및 반지름, 모떼기, 두께 등을 표시할 때 사용하는 보조 기호 표시가 잘못된 것은?

① 두께 : D6
② 반지름 : R3
③ 모떼기 : C3
④ 구의 지름 : Sø6

해설 두께를 나타낼 때는 $t$를 사용한다.
→ $t$6 : 두께 6mm

**54.** 좌우, 상하 대칭인 다음 그림과 같은 형상을 도면화하려고 할 때 이에 관한 설명으로 틀린 것은? (단, 물체에 뚫린 구멍의 크기는 같고 간격은 6mm로 일정하다.)

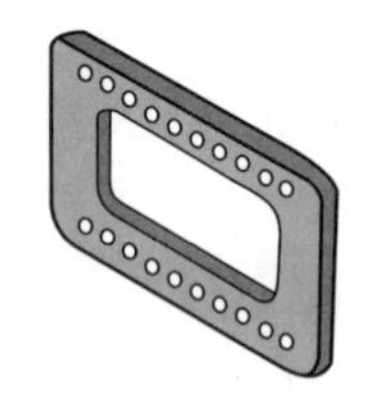
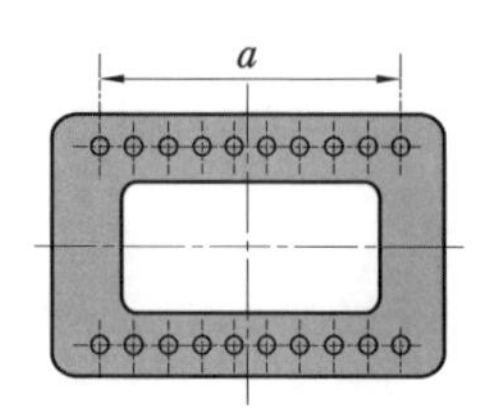


① 치수 $a$는 9×6(=54)로 기입할 수 있다.
② 대칭 기호를 사용하여 도형을 $\frac{1}{2}$로 나타낼 수 있다.
③ 구멍은 동일 형상일 경우 대표 형상을 제외한 나머지 구멍을 생략할 수 있다.
④ 구멍은 크기가 동일하더라도 각각의 치수를 모두 나타내야 한다.

해설 구멍 크기가 같고 일정한 간격일 경우 치수를 모두 나타낼 필요가 없다.

**55.** 3각기둥, 4각기둥 등과 같은 각기둥 및 원기둥을 평행하게 펼치는 전개 방법의 종류는?

① 삼각형을 이용한 전개도법
② 평행선을 이용한 전개도법
③ 방사선을 이용한 전개도법
④ 사다리꼴을 이용한 전개도법

해설 ③ 방사선 전개법 : 원뿔 등의 전개에 적합하다.

**56.** [보기]와 같은 제3각법 정투상도에 가장 적합한 입체도는?

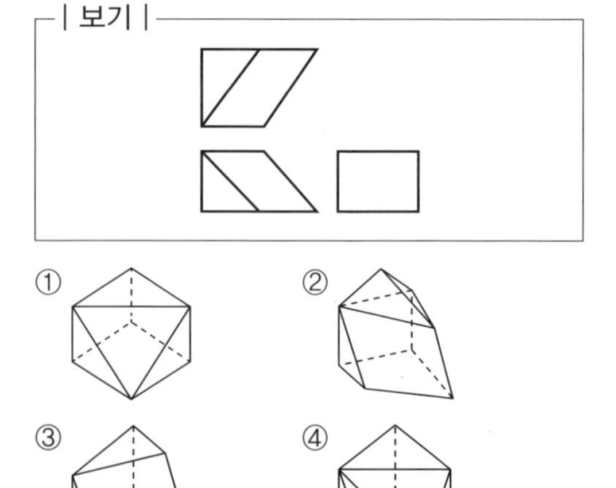


정답 52. ① 53. ① 54. ④ 55. ② 56. ③

**57.** SF−340A는 탄소강 단강품이며, 340은 최저 인장강도를 나타낸다. 이때 최저 인장강도의 단위로 가장 옳은 것은?

① $N/m^2$　② $kgf/m^2$
③ $N/mm^2$　④ $kgf/mm^2$

해설 최저 인장강도가 3 자릿수인 경우 $N/mm^2$로 나타낸다.

**58.** 판금 작업 시 강판 재료를 절단하기 위하여 가장 필요한 도면은?

① 조립도　② 전개도
③ 배관도　④ 공정도

해설 ① 조립도 : 물체의 조립한 모양을 나타낸 도면

**59.** 배관 도면에서 그림과 같은 기호의 의미로 가장 적합한 것은?

① 체크 밸브　② 볼 밸브
③ 콕 일반　④ 안전 밸브

해설 체크 밸브(역지 밸브) : N자 옆에 실선으로 나타낸 기호

**60.** 한쪽 단면도에 대한 설명으로 올바른 것은?

① 대칭형의 물체를 중심선을 경계로 하여 외형도의 절반과 단면도의 절반을 조합하여 표시한 것이다.
② 부품도의 중앙 부위의 전후를 절단하여 단면을 90° 회전시켜 표시한 것이다.
③ 도형 전체가 단면으로 표시된 것이다.
④ 물체의 필요한 부분만 단면으로 표시한 것이다.

해설 한쪽 단면도 : 대칭 물체를 $\frac{1}{4}$로 절단하여 나타낸 도면으로 한쪽은 단면도로, 다른 한쪽은 외형도로 표시한 도면이다.

정답 57. ③　58. ②　59. ①　60. ①

# 제7회 CBT 실전문제

2015년 4월 4일 시행

**1. 피복 아크 용접 후 실시하는 비파괴 검사 방법이 아닌 것은?**

① 자분 탐상법
② 피로 시험법
③ 침투 탐상법
④ 방사선 투과 검사법

해설 피로 시험 : 항복강도 이하의 작은 하중을 일정회만큼 작용시켜 피로한도를 찾는 시험

**2. 다음 중 용접 이음에 대한 설명으로 틀린 것은?**

① 필릿 용접에서는 형상이 일정하고, 미용착부가 없어 응력 분포 상태가 단순하다.
② 맞대기 용접 이음에서 시점과 크레이터 부분에서는 비드가 급랭하여 결함을 일으키기 쉽다.
③ 전면 필릿 용접이란 용접선의 방향이 하중의 방향과 거의 직각인 필릿 용접을 말한다.
④ 겹치기 필릿 용접에서는 루트부에 응력이 집중되기 때문에 보통 맞대기 이음에 비하여 피로강도가 낮다.

해설 필릿 용접부는 미용착부가 있어 응력 분포 상태가 복잡하고 응력 집중이 생기기 쉽다.

**3. 변형과 잔류 응력을 최소로 해야 할 경우 사용되는 용착법으로 가장 적합한 것은?**

① 후진법 ② 전진법
③ 스킵법 ④ 덧살 올림법

해설 스킵법 : 드문 드문 용접 후 다시 그 사이를 용접하는 방법

**4. 이산화탄소 용접에 사용되는 복합 와이어(flux cored wire)의 구조에 따른 종류가 아닌 것은?**

① 아코스 와이어 ② T관상 와이어
③ Y관상 와이어 ④ S관상 와이어

해설 $CO_2$ 용접 와이어에 T관상 와이어는 없다.

**5. 불활성 가스 아크 용접에 주로 사용되는 가스는?**

① $CO_2$ ② $CH_4$
③ Ar ④ $C_2H_2$

해설 불활성 가스 : 아르곤(Ar), 헬륨(He)

**6. 다음 중 용접 결함에서 구조상 결함에 속하는 것은?**

① 기공
② 인장강도의 부족
③ 변형
④ 화학적 성질 부족

해설
• 성질상 결함 : ②, ④
• 치수상 결함 : ③

**7. 다음 TIG 용접에 대한 설명 중 틀린 것은?**

① 박판 용접에 적합한 용접법이다.
② 교류나 직류가 사용된다.

정답 1. ② 2. ① 3. ③ 4. ② 5. ③ 6. ① 7. ④

③ 비소모식 불활성 가스 아크 용접법이다.
④ 전극봉은 연강봉이다.

해설 TIG 용접 시 사용하는 전극 재질은 금속 중 용융점이 가장 높은 텅스텐이다.

**8. 아르곤(Ar) 가스는 1기압하에서 6500L 용기에 몇 기압으로 충전하는가?**

① 100기압 ② 120기압
③ 140기압 ④ 160기압

**9. 불활성 가스 텅스텐(TIG) 아크 용접에서 용착 금속의 용락을 방지하고 용착부 뒷면의 용착 금속을 보호하는 것은?**

① 포지셔너(psitioner)
② 지그(zig)
③ 뒷받침(backing)
④ 엔드 탭(end tap)

해설 맞대기 용접 등에서 용락 방지에 사용되는 것을 뒷받침이라 한다.

**10. 구리 합금 용접 시험편을 현미경 시험할 경우 시험용 부식제로 주로 사용되는 것은?**

① 왕수 ② 피크린산
③ 수산화나트륨 ④ 염화철액

해설 구리, 황동, 청동의 부식제 : 염화제2철 용액
※ 이 문제에서는 답이 없으므로 전항 정답 처리 됨

**11. 용접 결함 중 치수상의 결함에 대한 방지 대책과 가장 거리가 먼 것은?**

① 역변형법 적용이나 지그를 사용한다.
② 습기, 이물질 제거 등 용접부를 깨끗이 한다.
③ 용접 전이나 시공 중에 올바른 시공법을 적용한다.
④ 용접 조건과 자세, 운봉법을 적정하게 한다.

해설 습기 등에 의한 기공은 구조상 결함이다.

**12. TIG 용접에 사용되는 전극봉의 조건으로 틀린 것은?**

① 고용용점의 금속
② 전자 방출이 잘 되는 금속
③ 전기저항률이 많은 금속
④ 열전도성이 좋은 금속

해설 TIG 전극에 전기저항률이 많은 금속은 안 된다.

**13. 철도 레일 이음 용접에 적합한 용접법은?**

① 테르밋 용접
② 서브머지드 용접
③ 스터드 용접
④ 그래비티 및 오토콘 용접

해설 테르밋 용접은 테르밋제의 화학 반응열을 이용한 용접법이다.

**14. 통행과 운반 관련 안전조치로 가장 거리가 먼 것은?**

① 뛰지 말아야 하며 한눈을 팔거나 주머니에 손을 넣고 걷지 말 것
② 기계와 다른 시설물과의 사이의 통행로 폭은 30cm 이상으로 할 것
③ 운반차는 규정 속도를 지키고 운반 시 시야를 가리지 않게 할 것
④ 통행로와 운반차, 기타 시설물에는 안전 표지색을 이용한 안전표지를 할 것

해설 기계와 다른 시설물과의 사이의 통행로 폭은 80cm 이상으로 할 것

정답 8. ③ 9. ③ 10. 전항 정답 11. ② 12. ③ 13. ① 14. ②

**15. 플라스마 아크의 종류 중 모재가 전도성 물질이어야 하며, 열효율이 높은 아크는?**

① 이행형 아크　② 비이행형 아크
③ 중간형 아크　④ 피복 아크

해설 비이행형은 모재가 전도체건 비전도체건 관계없이 이행되는 방법이다.

**16. TIG 용접에서 전극봉은 세라믹 노즐의 끝에서부터 몇 mm 정도 돌출시키는 것이 가장 적당한가?**

① 1～2mm　② 3～6mm
③ 7～9mm　④ 10～12mm

해설 이음의 종류에 따라 다르므로 애매하다. 모서리 이음 : 1～3mm

**17. 다음 파괴 시험 방법 중 충격 시험 방법은?**

① 전단 시험
② 샤르피 시험
③ 크리프 시험
④ 응력 부식 균열 시험

해설 충격 시험 : 인성을 알기 위한 시험으로 샤르피식과 아이조드식이 있다.

**18. 초음파 탐상 검사 방법이 아닌 것은?**

① 공진법　② 투과법
③ 극간법　④ 펄스 반사법

해설 극간법은 자분 탐상법의 일종이다.

**19. 레이저 빔 용접에 사용되는 레이저의 종류가 아닌 것은?**

① 고체 레이저　② 액체 레이저
③ 기체 레이저　④ 도체 레이저

해설 레이저 상태에 따라 고체, 액체, 기체 레이저가 았다.

**20. 다음 중 저탄소강의 용접에 관한 설명으로 틀린 것은?**

① 용접 균열의 발생 위험이 크기 때문에 용접이 비교적 어렵고, 용접법의 적용에 제한이 있다.
② 피복 아크 용접의 경우 피복 아크 용접봉은 모재와 강도 수준이 비슷한 것을 선정하는 것이 바람직하다.
③ 판의 두께가 두껍고 구속이 큰 경우에는 저수소계 계통의 용접봉이 사용된다.
④ 두께가 두꺼운 강재일 경우 적절한 예열을 할 필요가 있다.

해설 저탄소강은 용접 균열의 발생 위험이 적기 때문에 용접이 쉽고, 용접법의 적용에 제한이 적다.

**21. 15℃, 1kgf/cm$^2$ 하에서 사용 전 용해 아세틸렌 병의 무게가 50kgf이고, 사용 후 무게가 47kgf일 때 사용한 아세틸렌의 양은 몇 리터(L)인가?**

① 2915　② 2815
③ 3815　④ 2715

해설 $905(50-47)=2715\text{L}$

**22. 다음 용착법 중 다층 쌓기 방법인 것은?**

① 전진법　② 대칭법
③ 스킵법　④ 캐스케이드법

해설 ①, ②, ③은 비드 쌓기 방향에 따른 용착법이다.

**23. 다음 중 두께 20mm인 강판을 가스 절단**

정답 15. ①　16. ②　17. ②　18. ③　19. ④　20. ①　21. ④　22. ④　23. ③

하였을 때 드래그(drag)의 길이가 5mm이었다면 드래그 양은 몇 %인가?

① 5 ② 20
③ 25 ④ 100

해설 $\frac{5}{20} \times 100 = 25\%$

**24.** 가스 용접에 사용되는 용접용 가스 중 불꽃 온도가 가장 높은 가연성 가스는?

① 아세틸렌 ② 메탄
③ 부탄 ④ 천연가스

해설 • 아세틸렌 : 3420℃
• 그 외 가스 : 2600~2900℃

**25.** 가스 용접에서 전진법과 후진법을 비교하여 설명한 것으로 옳은 것은?

① 용착 금속의 냉각 속도는 후진법이 서랭된다.
② 용접 변형은 후진법이 크다.
③ 산화의 정도가 심한 것은 후진법이다.
④ 용접 속도는 후진법보다 전진법이 더 빠르다.

해설 ②, ③, ④ : 전진법의 특징이다.

**26.** 가스 절단 시 절단면에 일정한 간격의 곡선이 진행 방향으로 나타나는데 이것을 무엇이라 하는가?

① 슬래그(slag) ② 태핑(tapping)
③ 드래그(drag) ④ 가우징(gouging)

해설 표준 드래그는 판 두께의 20% 이하가 적당하다.

**27.** 피복 금속 아크 용접봉의 피복제가 연소한 후 생성된 물질이 용접부를 보호하는 방식이 아닌 것은?

① 가스 발생식 ② 슬래그 생성식
③ 스프레이 발생식 ④ 반가스 발생식

해설 스프레이 발생식은 용접봉의 이행 형식이다.

**28.** 용해 아세틸렌 용기 취급 시 주의사항으로 틀린 것은?

① 아세틸렌 충전구가 동결 시는 50℃ 이상의 온수로 녹여야 한다.
② 저장 장소는 통풍이 잘 되어야 한다.
③ 용기는 반드시 캡을 씌워 보관한다.
④ 용기는 진동이나 충격을 가하지 말고 신중히 취급해야 한다.

해설 아세틸렌 충전구가 동결 시는 40℃ 이하의 물로 녹여야 한다.

**29.** AW 300, 정격사용률이 40%인 교류 아크 용접기를 사용하여 실제 150A의 전류 용접을 한다면 허용사용률은?

① 80% ② 120%
③ 140% ④ 160%

해설 허용사용률

$$= \frac{(\text{정격 2차 전류})^2}{(\text{실제 용접 전류})^2} \times \text{정격사용률}$$

$$= \frac{(300)^2}{(150)^2} \times 40 = 160\%$$

**30.** 용접 용어와 그 설명이 잘못 연결된 것은?

① 모재 : 용접 또는 절단되는 금속
② 용융풀 : 아크열에 의해 용융된 쇳물 부분
③ 슬래그 : 용접봉이 용융지에 녹아 들어가는 것
④ 용입 : 모재가 녹은 깊이

해설 이행 : 용접봉이 용융지에 녹아 들어가는 것

정답 24. ① 25. ① 26. ③ 27. ③ 28. ① 29. ④ 30. ③

**31.** 직류 아크 용접에서 용접봉을 용접기의 음극(−)에, 모재를 양극(+)에 연결한 경우의 극성은?

① 직류 정극성 ② 직류 역극성
③ 용극성 ④ 비용극성

해설 모재 기준으로 모재가 (+)이면 정극성, (−)이면 역극성이라 한다.

**32.** 강재 표면의 홈이나 개재물, 탈탄층 등을 제거하기 위하여 얇고 타원형 모양으로 표면을 깎아내는 가공법은?

① 산소창 절단 ② 스카핑
③ 탄소 아크 절단 ④ 가우징

해설 ④ 가우징 : 절단이나 홈을 파는 가스 가공법

**33.** 가동 철심형 용접기를 설명한 것으로 틀린 것은?

① 교류 아크 용접기의 종류에 해당한다.
② 미세한 전류 조정이 가능하다.
③ 용접 작업 중 가동 철심의 진동으로 소음이 발생할 수 있다.
④ 코일의 감긴 수에 따라 전류를 조정한다.

해설 ④의 내용은 탭 전환형이다.

**34.** 용접 중 전류를 측정할 때 전류계(클램프 미터)의 측정 위치로 적합한 것은?

① 1차 측 접지선
② 피복 아크 용접봉
③ 1차 측 케이블
④ 2차 측 케이블

해설 전류 측정은 전류계를 2차 측 하나의 선에 걸고 측정한다.

**35.** 저수소계 용접봉은 용접 시점에서 기공이 생기기 쉬운데 해결 방법으로 가장 적당한 것은?

① 후진법 사용
② 용접봉 끝에 페인트 도색
③ 아크 길이를 길게 사용
④ 접지점을 용접부에 가깝게 물림

해설 저수소계 봉으로 용접 시 시점은 후진법을 사용하면 기공이 적어진다.

**36.** 다음 중 가스 용접의 특징으로 틀린 것은?

① 전기가 필요 없다.
② 응용 범위가 넓다.
③ 박판 용접에 적당하다.
④ 폭발의 위험이 없다.

해설 가스 용접은 폭발의 위험이 크다.

**37.** 다음 중 피복 아크 용접에 있어 용접봉에서 모재로 용융 금속이 옮겨가는 상태를 분류한 것이 아닌 것은?

① 폭발형 ② 스프레이형
③ 글로뷸러형 ④ 단락형

해설 용접봉 이행 형식에 폭발형은 없다.

**38.** 주철의 용접 시 예열 및 후열 온도는 얼마 정도가 가장 적당한가?

① 100～200℃
② 300～400℃
③ 500～600℃
④ 700～800℃

해설 주철은 경도가 매우 높으나 연성이 없으므로 예열과 후열이 필요하다.

정답 31. ① 32. ② 33. ④ 34. ④ 35. ① 36. ④ 37. ① 38. ③

**39.** 융점이 높은 코발트(Co) 분말과 1～5$\mu$m 정도의 세라믹, 탄화 텅스텐 등의 입자들을 배합하여 확산과 소결 공정을 거쳐서 분말 야금법으로 입자 강화 금속 복합 재료를 제조한 것은?

① FRP
② FRS
③ 서멧(cermet)
④ 진공청정구리(OFHC)

해설 서멧, 초경 합금 등은 분말 야금법에 의해 제조한다.

**40.** 황동에 납(Pb)을 첨가하여 절삭성을 좋게 한 황동으로 스크류, 시계용 기어 등의 정밀 가공에 사용되는 합금은?

① 리드 브라스(lead brass)
② 문츠메탈(munts metal)
③ 틴 브라스(tin brass)
④ 실루민(silumin)

해설 리드는 납을 뜻하며 브라스는 황동을 의미한다.

**41.** 탄소강에 함유된 원소 중에서 고온 메짐(hot shortness)의 원인이 되는 것은?

① Si ② Mn
③ P ④ S

해설 고온(적열) 메짐(취성)의 원인이 되는 원소는 황이며, 이를 방지하는 원소는 망간이다.

**42.** 재료 표면상에 일정한 높이로부터 낙하시킨 추가 반발하여 튀어 오르는 높이로부터 경도값을 구하는 경도기는?

① 쇼어 경도기 ② 로크웰 경도기
③ 비커즈 경도기 ④ 브리넬 경도기

해설 ②, ③, ④는 압입자의 압입 자국에 따라 경도를 측정한다.

**43.** 알루미늄의 표면 방식법이 아닌 것은?

① 수산법 ② 염산법
③ 황산법 ④ 크롬산법

해설 알루미늄 방식법에 염산법은 없다.

**44.** Fe-C 평형 상태도에서 나타날 수 없는 반응은?

① 포정 반응 ② 편정 반응
③ 공석 반응 ④ 공정 반응

해설 Fe-C 평형 상태도에서 편정 반응은 일어나지 않는다. 기름과 물의 경우에 일어난다.

**45.** 강의 담금질 깊이를 깊게 하고 크리프 저항과 내식성을 증가시키며 뜨임 메짐을 방지하는데 효과가 있는 합금 원소는?

① Mo ② Ni
③ Cr ④ Si

해설 몰리브덴(Mo) : 뜨임 취성 방지 원소

**46.** 2～10% Sn, 0.6% P 이하의 합금이 사용되며 탄성률이 높아 스프링 재료로 가장 적합한 청동은?

① 알루미늄 청동 ② 망간 청동
③ 니켈 청동 ④ 인청동

해설 인청동 : 탄성이 커서 스프링 재료로 사용된다.

정답 39. ③ 40. ① 41. ④ 42. ① 43. ② 44. ② 45. ① 46. ④

**47.** 알루미늄 합금 중 대표적인 단련용 Al 합금으로 주요 성분이 Al–Cu–Mg–Mn인 것은?

① 알민　② 알드레이
③ 두랄루민　④ 하이드로날륨

해설 두랄루민 : 시효 경화 합금

**48.** 인장 시험에서 표점 거리가 50mm의 시험편을 시험 후 절단된 표점 거리를 측정하였더니 65mm가 되었다. 이 시험편의 연신율은 얼마인가?

① 20%　② 23%
③ 30%　④ 33%

해설 $e=\frac{65-50}{50}\times 100=30\%$

**49.** 면심입방격자 구조를 갖는 금속은?

① Cr　② Cu
③ Fe　④ Mo

해설 면심입방격자 : Ni, Al, Ag, Au, Cu, Pb, Pt, Ca, 감마철

**50.** 노멀라이징(normalizing) 열처리의 목적으로 옳은 것은?

① 연화를 목적으로 한다.
② 경도 향상을 목적으로 한다.
③ 인성 부여를 목적으로 한다.
④ 재료의 표준화를 목적으로 한다.

해설 노멀라이징(normalizing) : 불림, 조직의 표준화, 결정립 미세화

**51.** 물체를 수직 단면으로 절단하여 그림과 같이 조합하여 그릴 수 있는데, 이러한 단면도를 무슨 단면도라고 하는가?

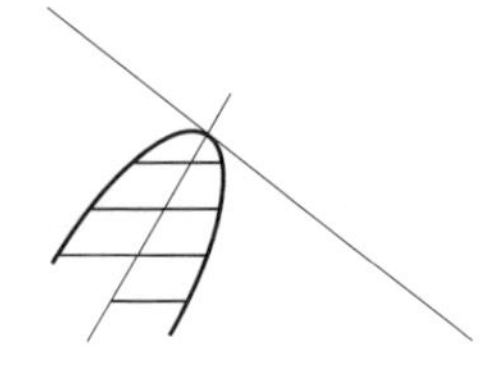

① 온 단면도
② 한쪽 단면도
③ 부분 단면도
④ 회전 도시 단면도

해설 ① 온 단면도 : 물체를 1/2로 절단하여 전체를 단면으로 나타낸 단면도

**52.** 다음 중 일면 개선형 맞대기 용접의 기호로 맞는 것은?

① ╲╱　② |╱
③ )(　④ ○

해설 ① V형 맞대기
③ 플레어 V형 맞대기
④ 점 용접

**53.** 다음 배관 도면에 없는 배관 요소는?

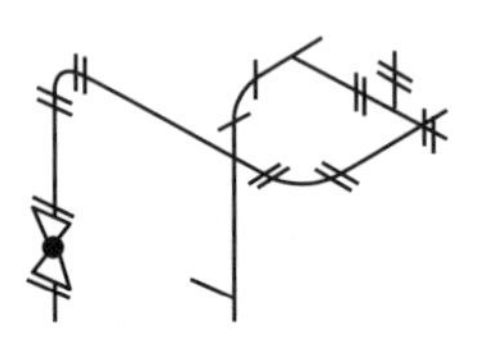

① 티　② 엘보
③ 플랜지 이음　④ 나비 밸브

해설 각진 부분은 엘보, T자 모양 부분은 티 이음, 좌측 하단 밸브와 연결부는 플랜지 이음

**54.** 치수선상에서 인출선을 표시하는 방법으로 옳은 것은?

정답 47. ③　48. ③　49. ②　50. ④　51. ④　52. ②　53. ④　54. ③

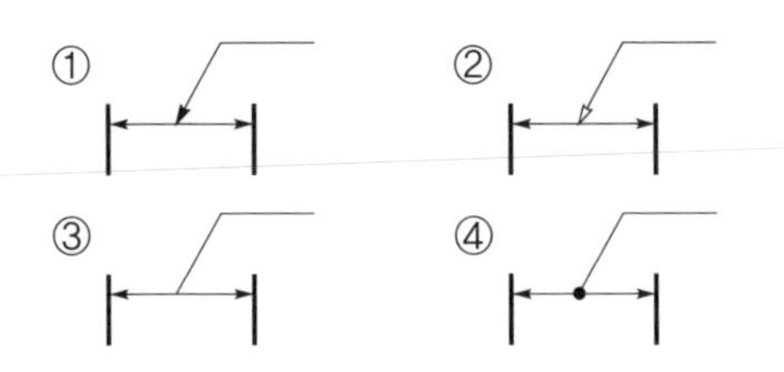

해설 치수선에 인출선을 나타낼 때는 화살을 붙이지 않는다.

**55.** KS 재료 기호 "SM10C"에서 10C는 무엇을 뜻하는가?

① 일련번호
② 항복점
③ 탄소 함유량
④ 최저 인장강도

해설 SM10C : 탄소 함유량이 0.07~0.13% 범위

**56.** [보기]와 같이 정투상도의 제3각법으로 나타낸 정면도와 우측면도를 보고 평면도를 올바르게 도시한 것은?

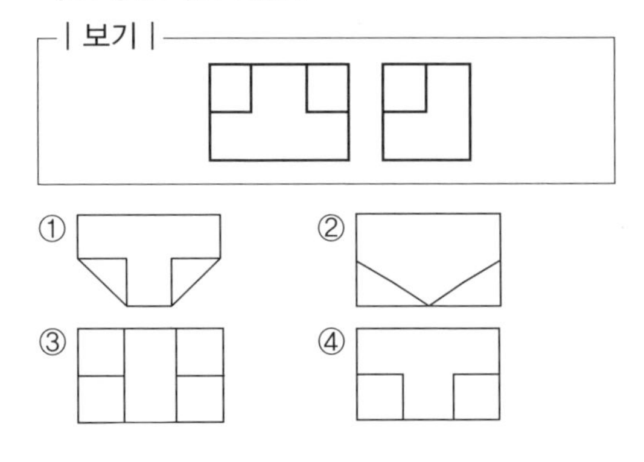

**57.** 도면을 축소 또는 확대했을 경우, 그 정도를 알기 위해서 설정하는 것은?

① 중심 마크 ② 비교 눈금
③ 도면의 구역 ④ 재단 마크

해설 비교 눈금 : 확대나 축소의 정도를 알기 위한 눈금

**58.** 다음 중 선의 종류와 용도에 의한 명칭 연결이 틀린 것은?

① 가는 1점 쇄선 : 무게중심선
② 굵은 1점 쇄선 : 특수 지정선
③ 가는 실선 : 중심선
④ 아주 굵은 실선 : 특수한 용도의 선

해설 가는 2점 쇄선 : 무게중심선

**59.** 다음 중 원기둥의 전개에 가장 적합한 전개도법은?

① 평행선 전개도법
② 방사선 전개도법
③ 삼각형 전개도법
④ 타출 전개도법

해설 ② 방사선 전개법 : 원뿔 전개

**60.** 나사의 단면도에서 수나사와 암나사의 골밑(골지름)을 도시하는데 적합한 선은?

① 가는 실선
② 굵은 실선
③ 가는 파선
④ 가는 1점 쇄선

해설 수나사의 골지름은 가는 실선, 외경은 굵은 선으로 나타낸다.

정답 55. ③ 56. ④ 57. ② 58. ① 59. ① 60. ①

# 제8회 CBT 실전문제

2015년 7월 19일 시행

**1.** $CO_2$ 용접에서 발생되는 일산화탄소와 산소 등의 가스를 제거하기 위해 사용되는 탈산제는?

① Mn ② Ni
③ W ④ Cu

해설 니켈, 텅스텐은 합금제이다.

**2.** 용접부의 균열 발생의 원인 중 틀린 것은?

① 이음의 강성이 큰 경우
② 부적당한 용접봉 사용 시
③ 용접부의 서랭
④ 용접 전류 및 속도 과대

해설 용접부가 예열, 후열로 서랭될 경우 균열 발생 위험이 적다.

**3.** 다음 중 플라스마 아크 용접의 장점이 아닌 것은?

① 용접 속도가 빠르다.
② 1층으로 용접할 수 있으므로 능률적이다.
③ 무부하 전압이 높다.
④ 각종 재료의 용접이 가능하다.

해설 플라스마 아크 용접은 무부하 전압이 높아 감전 위험성이 높다.

**4.** MIG 용접 시 와이어 송급 방식의 종류가 아닌 것은?

① 풀(pull) 방식
② 푸시(push) 방식
③ 푸시 언더(push－under) 방식
④ 푸시 풀(push－pull) 방식

해설 와이어 송급 방식에 푸시 언더(push－under) 방식은 없다.

**5.** 다음 용접 이음부 중에서 냉각 속도가 가장 빠른 이음은?

① 맞대기 이음 ② 변두리 이음
③ 모서리 이음 ④ 필릿 이음

해설 열분산 방향이 많은 필릿 용접이 가장 냉각 속도가 빠르다.

**6.** $CO_2$ 용접 시 저전류 영역에서의 가스 유량으로 가장 적당한 것은?

① 5～10L/min
② 10～15L/min
③ 15～20L/min
④ 20～25L/min

해설 $CO_2$ 용접 시 저전류 영역에서의 가스 유량은 10～15L/min가 적당하다.

**7.** 비소모성 전극봉을 사용하는 용접법은?

① MIG 용접
② TIG 용접
③ 피복 아크 용접
④ 서브머지드 아크 용접

해설 TIG 용접 : 텅스텐 봉을 전극으로 사용하여 아크를 발생시킨 후 용접봉을 용융시켜 용접하는 법

**8.** 용접부 비파괴 검사법인 초음파 탐상법의 종류가 아닌 것은?

정답 1. ① 2. ③ 3. ③ 4. ③ 5. ④ 6. ② 7. ② 8. ③

① 투과법 ② 펄스 반사법
③ 형광 탐상법 ④ 공진법

해설 형광 탐상법은 침투 탐상법의 일종이다.

**9.** 공기보다 약간 무거우며 무색, 무미, 무취의 독성이 없는 불활성 가스로 용접부의 보호 능력이 우수한 가스는?

① 아르곤 ② 질소
③ 산소 ④ 수소

해설 질소, 산소, 수소는 불활성 가스가 아니다.

**10.** 예열 방법 중 국부 예열의 가열 범위는 용접선 양쪽에 몇 mm 정도로 하는 것이 가장 적합한가?

① 0∼50mm ② 50∼100mm
③ 100∼150mm ④ 150∼200mm

해설 용접부 국부 예열 범위는 용접선 양쪽 약 50∼100mm 범위이다.

**11.** 인장강도가 750MPa인 용접 구조물의 안전율은? (단, 허용응력은 250MPa이다.)

① 3 ② 5
③ 8 ④ 12

해설 $S=\frac{\text{인장강도}}{\text{허용응력}}=\frac{750}{250}=3$

**12.** 용접부의 결함은 치수상 결함, 구조상 결함, 성질상 결함으로 구분된다. 구조상 결함들로만 구성된 것은?

① 기공, 변형, 치수 불량
② 기공, 용입 불량, 용접 균열
③ 언더컷, 연성 부족, 표면 결함
④ 표면 결함, 내식성 불량, 융합 불량

해설 변형은 치수상 결함, 연성 부족, 내식성 불량은 성질상 결함이다.

**13.** 다음 중 연납땜(Sn+Pb)의 최저 용융 온도는 몇 ℃인가?

① 327℃ ② 250℃
③ 232℃ ④ 183℃

해설 Sn과 Pb의 성분 차에 따라 최저 온도는 183℃이다.

**14.** 용접부의 연성 결함을 조사하기 위하여 사용되는 시험은?

① 인장 시험 ② 경도 시험
③ 피로 시험 ④ 굽힘 시험

해설 • 굽힘 시험 : 소재의 연성 유무 판단
• 피로 시험 : 피로한계(강도) 판단

**15.** 맴돌이 전류를 이용하여 용접부를 비파괴 검사하는 방법으로 옳은 것은?

① 자분 탐상 검사 ② 와류 탐상 검사
③ 침투 탐상 검사 ④ 초음파 탐상 검사

해설 와류 탐상 검사 : 맴돌이 전류를 이용하여 내외부 결함 판별

**16.** 레이저 용접의 특징으로 틀린 것은?

① 루비 레이저와 가스 레이저의 두 종류가 있다.
② 광선이 용접의 열원이다.
③ 열 영향 범위가 넓다.
④ 가스 레이저로는 주로 $CO_2$ 가스 레이저가 사용된다.

해설 레이저 용접은 레이저 빔이 열원이며, 고밀도 용접으로 열 영향부가 좁다.

정답 9. ① 10. ② 11. ① 12. ② 13. ④ 14. ④ 15. ② 16. ③

**17.** 용융 슬래그와 용융 금속이 용접부로부터 유출되지 않게 모재의 양측에 수랭식 동판을 대어 용융 슬래그 속에서 전극 와이어를 연속적으로 공급하여 주로 용융 슬래그의 저항열로 와이어와 모재 용접부를 용융시키는 것으로 연속 주조 형식의 단층 용접법은?

① 일렉트로 슬래그 용접
② 논 가스 아크 용접
③ 그래비티 용접
④ 테르밋 용접

해설 일렉트로 슬래그 용접 : 수직 상진법의 일종이다.

**18.** 화재 및 폭발의 방지조치로 틀린 것은?

① 대기 중에 가연성 가스를 방출시키지 말 것
② 필요한 곳에 화재 진화를 위한 방화 설비를 설치할 것
③ 배관에서 가연성 증기의 누출 여부를 철저히 점검할 것
④ 용접 작업 부근에 점화원을 둘 것

해설 용접 작업 근처에 점화가 가능한 가연성 물질을 두어서는 안 된다.

**19.** 연납땜의 용제가 아닌 것은?

① 붕산 ② 염화아연
③ 인산 ④ 염화암모늄

해설 붕산은 경납땜용 용제이며, 붕사와 같이 사용한다.

**20.** 점 용접에서 용접점이 앵글재와 같이 용접 위치가 나쁠 때, 보통 팁으로는 용접이 어려운 경우에 사용하는 전극의 종류는?

① P형 팁 ② E형 팁
③ R형 팁 ④ F형 팁

해설 점 용접 팁은 용접물의 형상에 따라 적합한 것을 사용해야 된다.

**21.** 용접 작업의 경비를 절감시키기 위한 유의사항으로 틀린 것은?

① 용접봉의 적절한 선정
② 용접사의 작업 능률의 향상
③ 용접 지그를 사용하여 위보기 자세의 시공
④ 고정구를 사용하여 능률 향상

해설 용접 지그는 작업을 용이하게 하기 위한 것으로 지그를 사용하여 작업 능률이 좋은 아래보기 자세로 시공할 수 있다.

**22.** 다음 중 표준 홈 용접에 있어 한쪽에서 용접으로 완전 용입을 얻고자 할 때 V형 홈 이음의 판 두께로 가장 적합한 것은?

① 1～10mm ② 5～15mm
③ 20～30mm ④ 35～50mm

해설 ④ 판 두께 35～50mm에 적합한 홈 형상 : U형 홈

**23.** 프로판($C_3H_8$)의 성질을 설명한 것으로 틀린 것은?

① 상온에서 기체 상태이다.
② 쉽게 기화하며 발열량이 높다.
③ 액화하기 쉽고 용기에 넣어 수송이 편리하다.
④ 온도 변화에 따른 팽창률이 작다.

해설 프로판은 온도 변화에 따른 팽창률이 크다.

정답 17. ① 18. ④ 19. ① 20. ④ 21. ③ 22. ② 23. ④

**24.** 용접기의 사용률이 40%일 때, 아크 발생 시간과 휴식 시간의 합이 10분이면 아크 발생 시간은?

① 2분 ② 4분
③ 6분 ④ 8분

해설 정격사용률은 정격 전류로 용접 시 10분 중 몇 분을 용접할 수 있느냐로 나타낸다.

**25.** 다음 중 용접기의 특성에 있어 수하 특성의 역할로 가장 적합한 것은?

① 열량의 증가
② 아크의 안정
③ 아크 전압의 상승
④ 개로 전압의 증가

해설 수하 특성 : 수동 용접에서 아크 길이 변화에 따른 아크 안정상 적합하다.

**26.** 다음 중 가스 용접에서 용제를 사용하는 주된 이유로 적합하지 않은 것은?

① 재료 표면의 산화물을 제거한다.
② 용융 금속의 산화 · 질화를 감소하게 한다.
③ 청정 작용으로 용착을 돕는다.
④ 용접봉 심선의 유해성분을 제거한다.

해설 용제는 모재나 봉의 유해성분을 제거한다.

**27.** 피복 아크 용접에서 아크 쏠림 방지 대책이 아닌 것은?

① 접지점을 될 수 있는 대로 용접부에서 멀리 할 것
② 용접봉 끝을 아크 쏠림 방향으로 기울일 것
③ 접지점 2개를 연결할 것
④ 직류 용접으로 하지 말고 교류 용접으로 할 것

해설 아크 쏠림 방지를 위해서는 용접봉 끝을 아크 쏠림 반대 방향으로 기울여야 된다.

**28.** 교류 아크 용접기 종류 중 코일의 감긴 수에 따라 전류를 조정하는 것은?

① 탭 전환형 ② 가동 철심형
③ 가동 코일형 ④ 가포화 리액터형

해설 ③ 가동 코일형 : 1차 코일과 2차 코일의 거리에 따라 전류가 달라지는 형

**29.** 다음 중 피복제의 역할이 아닌 것은?

① 스패터의 발생을 많게 한다.
② 중성 또는 환원성 분위기를 만들어 질화, 산화 등의 해를 방지한다.
③ 용착 금속의 탈산 정련 작용을 한다.
④ 아크를 안정하게 한다.

해설 피복제는 스패터의 발생을 적게 한다.

**30.** 용접봉을 여러 가지 방법으로 움직여 비드를 형성하는 것을 운봉법이라 하는데, 위빙 비드 운봉 폭은 심선 지름의 몇 배가 적당한가?

① 0.5~1.5배 ② 2~3배
③ 4~5배 ④ 6~7배

해설 피복 아크 용접 시 위빙 폭은 심선 지름의 2~3배가 적당하다.

**31.** 수중 절단 작업 시 절단 산소의 압력은 공기 중에서의 몇 배 정도로 하는가?

① 1.5~2배 ② 3~4배
③ 5~6배 ④ 8~10배

해설 수중 절단은 공기 중보다 1.5~2배의 높은 압력이 필요하다.

정답 24. ② 25. ② 26. ④ 27. ② 28. ① 29. ① 30. ② 31. ①

**32.** **산소병의 내용적이 40.7리터인 용기에 압력이 100kgf/cm$^2$로 충전되어 있다면 프랑스식 팁 100번을 사용하여 표준 불꽃으로 약 몇 시간까지 용접이 가능한가?**

① 16시간 ② 22시간
③ 31시간 ④ 41시간

해설 $\frac{40.7 \times 100}{100}$ = 40.7시간

**33.** **가스 용접 토치 취급상 주의사항이 아닌 것은?**

① 토치를 망치나 갈고리 대용으로 사용하여서는 안 된다.
② 점화되어 있는 토치를 아무 곳에나 함부로 방치하지 않는다.
③ 팁 및 토치를 작업장 바닥이나 흙 속에 함부로 방치하지 않는다.
④ 작업 중 역류나 역화 발생 시 산소의 압력을 높여서 예방한다.

해설 가스 용접 작업 중 역류나 역화 발생 시 산소의 압력을 낮추어야 한다.

**34.** **용접기의 특성 중 부하 전류가 증가하면 단자 전압이 저하되는 특성은?**

① 수하 특성 ② 동전류 특성
③ 정전압 특성 ④ 상승 특성

해설 수하 특성 : 전류와 전압이 반대인 특성, 수동 용접에 적합한 특성

**35.** **다음 중 가스 절단 시 예열 불꽃이 강할 때 생기는 현상이 아닌 것은?**

① 드래그가 증가한다.
② 절단면이 거칠어진다.
③ 모서리가 용융되어 둥글게 된다.
④ 슬래그 중의 철 성분의 박리가 어려워진다.

해설 예열 불꽃이 강하면 드래그는 감소한다.

**36.** **다음은 연강용 피복 아크 용접봉을 표시하였다. 설명으로 틀린 것은?**

| E 4316 |
|---|

① E : 전기 용접봉
② 43 : 용착 금속의 최저 인장강도
③ 16 : 피복제의 계통 표시
④ E 4316 : 일미나이트계

해설 E 4316 : 저수소계

**37.** **가스 절단에서 고속 분출을 얻는데 가장 적합한 다이버전트 노즐은 보통의 팁에 비하여 산소 소비량이 같을 때 절단 속도를 몇 % 정도 증가시킬 수 있는가?**

① 5～10% ② 10～15%
③ 20～25% ④ 30～35%

해설 다이버전트 노즐은 가스 통로의 중간 부분이 좁은 형으로 절단 속도는 20～25% 증가한다.

**38.** **직류 아크 용접에서 정극성(DCSP)에 대한 설명으로 옳은 것은?**

① 용접봉의 녹음이 느리다.
② 용입이 얕다.
③ 비드 폭이 넓다.
④ 모재를 음극(-)에 용접봉을 양극(+)에 연결한다.

해설 직류 정극성(DCSP)은 용입이 깊고 비드 폭이 좁다.

정답 32. ④ 33. ④ 34. ① 35. ① 36. ④ 37. ③ 38. ①

**39.** 게이지용 강이 갖추어야 할 성질에 대한 설명 중 틀린 것은?

① HRC 55 이하의 경도를 가져야 한다.
② 팽창계수가 보통 강보다 작아야 한다.
③ 시간이 지남에 따라 치수 변화가 없어야 한다.
④ 담금질에 의하여 변형이나 담금질 균열이 없어야 한다.

해설 게이지용 공구강은 HRC 55 이상의 경도를 가져야 한다.

**40.** 알루미늄에 대한 설명으로 옳지 않은 것은?

① 비중이 2.7로 낮다.
② 용융점은 1067℃이다.
③ 전기 및 열전도율이 우수하다.
④ 고강도 합금으로 두랄루민이 있다.

해설 Al의 용융점은 660℃이다.

**41.** 강의 표면 경화 방법 중 화학적 방법이 아닌 것은?

① 침탄법 ② 질화법
③ 침탄 질화법 ④ 화염 경화법

해설 화염 경화법은 물리적 표면 경화법이다.

**42.** 황동 합금 중에서 강도는 낮으나 전연성이 좋고 금색에 가까워 모조금이나 판 및 선에 사용되는 합금은?

① 톰백(tombac)
② 7−3 황동(cartridge brass)
③ 6−4 황동(muntz metal)
④ 주석 황동(tin brass)

해설 톰백(tombac) : 구리에 아연을 5~20% 함유시킨 합금이다.

**43.** 다음 중 비중이 가장 작은 것은?

① 청동 ② 주철
③ 탄소강 ④ 알루미늄

해설 Al 비중은 2.67로 Al<주철<탄소강<청동 순서이다.

**44.** 냉간 가공 후 재료의 기계적 성질을 설명한 것 중 옳은 것은?

① 항복강도가 감소한다.
② 인장강도가 감소한다.
③ 경도가 감소한다.
④ 연신율이 감소한다.

해설 냉간 가공하면 경도, 강도는 증가하고 연신율은 감소한다.

**45.** 금속 간 화합물에 대한 설명으로 옳은 것은?

① 자유도가 5인 상태의 물질이다.
② 금속과 비금속 사이의 혼합물질이다.
③ 금속이 공기 중의 산소와 화합하여 부식이 일어난 물질이다.
④ 두 가지 이상의 금속 원소가 간단한 원자비로 결합되어 있으며, 원래 원소와는 전혀 다른 성질을 갖는 물질이다.

해설 금속 간 화합물은 비금속적 성질을 띠며, 취성이 크다.

**46.** 물과 얼음의 상태도에서 자유도가 "0(zero)"일 경우 몇 개의 상이 공존하는가?

① 0 ② 1
③ 2 ④ 3

해설 $F=C-P+2$
$=1-3$(고체, 액체, 기체)$+2=0$

정답 39. ① 40. ② 41. ④ 42. ① 43. ④ 44. ④ 45. ④ 46. ④

**47.** 변태 초소성의 조건과 원칙에 대한 설명 중 틀린 것은?

① 재료에 변태가 있어야 한다.
② 변태 진행 중에 작은 하중에도 변태 초소성이 된다.
③ 감도지수($m$)의 값은 거의 0(zero)의 값을 갖는다.
④ 한 번의 열 사이클로 상당한 초소성 변형이 발생한다.

해설 변형 속도 감수성 지수 $m$이 0.3~1의 조건하에서 결정립 지름이 매우 작은 것을 고온과 저변형 속도에서 인장할 때에 초소성과 변태가 일어난다.

**48.** Mg−희토류계 합금에서 희토류 원소를 첨가할 때 미시메탈(micsh−metal)의 형태로 첨가한다. 미시메탈에서 세륨(Ce)을 제외한 합금 원소를 첨가한 합금의 명칭은?

① 탈타뮴 ② 디디뮴
③ 오스뮴 ④ 갈바늄

해설 디디뮴 : 란타늄에서 분리한 새로운 원소에 붙인 이름으로 프라세오디뮴과 네오디뮴의 혼합물이다.

**49.** 화살표가 가리키는 용접부의 반대쪽 이음의 위치로 옳은 것은?

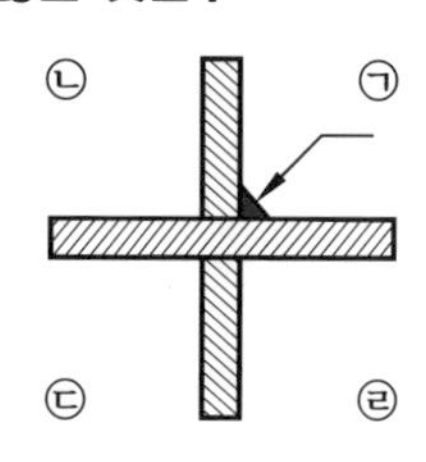


① ㉠ ② ㉡
③ ㉢ ④ ㉣

해설 수평판에 대해 수직으로 세워진 판에서 ㉠ 용접부의 반대편은 ㉡이 된다.

**50.** 인장 시험에서 변형량을 원표점 거리에 대한 백분율로 표시한 것은?

① 연신율 ② 항복점
③ 인장강도 ④ 단면 수축률

해설 연신율 $= \dfrac{\text{늘어난 길이} - \text{표점 거리}}{\text{표점 거리}} \times 100$

**51.** 강에 인(P)이 많이 함유되면 나타나는 결함은?

① 적열 메짐 ② 연화 메짐
③ 저온 메짐 ④ 고온 메짐

해설 황은 고온(적열) 메짐(취성)의 원인이 된다.

**52.** 재료 기호에 대한 설명 중 틀린 것은?

① SS 400은 일반 구조용 압연 강재이다.
② SS 400의 400은 최고 인장강도를 의미한다.
③ SM 45C는 기계 구조용 탄소 강재이다.
④ SM 45C의 45C는 탄소 함유량을 의미한다.

해설 SS 400의 400은 최저(소) 인장강도가 400N/mm$^2$을 의미한다.

**53.** [보기] 입체도의 화살표 방향이 정면일 때 평면도로 적합한 것은?

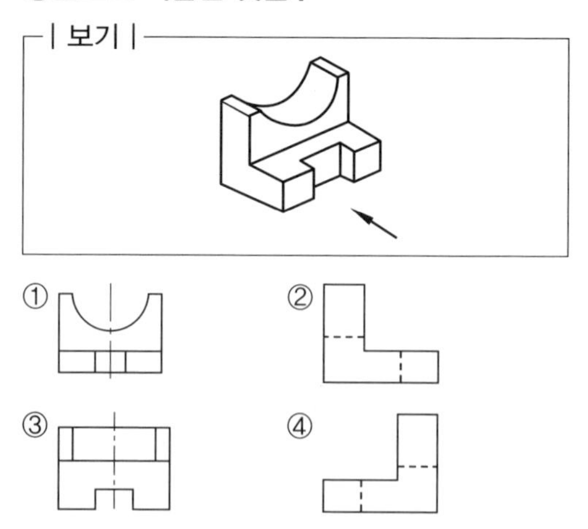


정답 47. ③ 48. ② 49. ② 50. ① 51. ③ 52. ② 53. ②

해설 입체도를 위에서 보았을 때 앞쪽이 ㄷ형이 되는 도면이 답이다.

**54.** 보조 투상도의 설명으로 가장 적합한 것은?

① 물체의 경사면을 실제 모양으로 나타낸 것
② 특수한 부분을 부분적으로 나타낸 것
③ 물체를 가상해서 나타낸 것
④ 물체를 90° 회전시켜서 나타낸 것

해설 보조 투상도 : 물체의 경사면을 실제 모양으로 나타기 위해 경사면과 직각 방향에 나타낸 투상도

**55.** 기계나 장치 등의 실체를 보고 프리핸드(freehand)로 그린 도면은?

① 배치도 ② 기초도
③ 조립도 ④ 스케치도

해설 스케치도 : 프리핸드로 그린다.

**56.** 용접부의 보조 기호에서 제거 가능한 이면 판재를 사용하는 경우의 표시 기호는?

① M ② P
③ MR ④ PR

해설 ①은 제거 불가능한 영구 이면판을 나타낸다.

**57.** [보기] 그림과 같이 상하면의 절단된 경사각이 서로 다른 원통의 전개도 형상으로 가장 적합한 것은?

| 보기 |

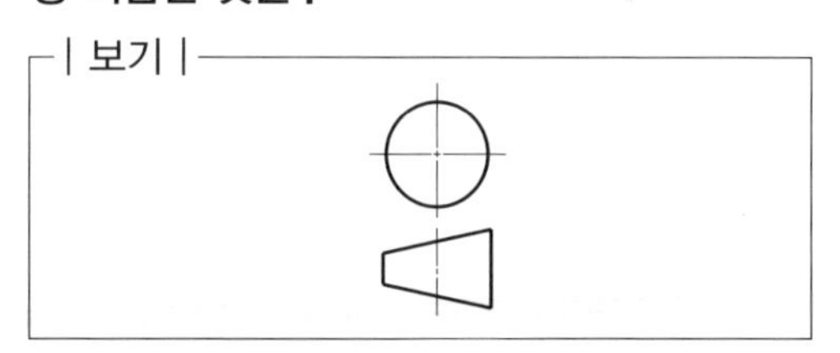

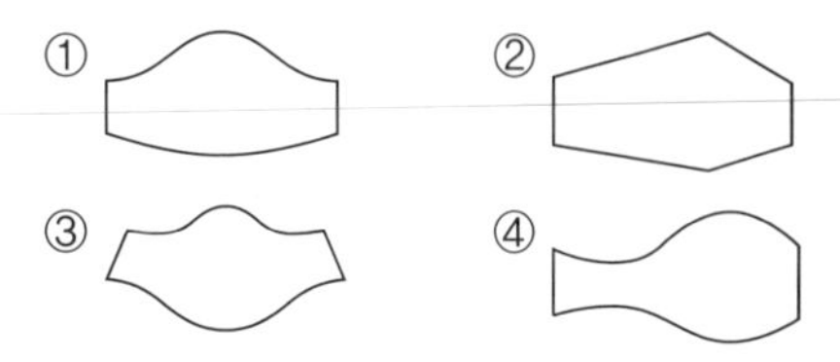

해설 양쪽이 경사진 원통은 전개 시 가운데 부분이 볼록한 곡선을 이룬다.

**58.** 도면에서 2종류 이상의 선이 겹쳤을 때, 우선하는 순위를 바르게 나타낸 것은?

① 숨은선>절단선>중심선
② 중심선>숨은선>절단선
③ 절단선>중심선>숨은선
④ 무게중심선>숨은선>절단선

해설 선의 우선순위 : 외형선>숨은선>절단선>중심선>치수 보조선>치수선

**59.** 관용 테이퍼 나사 중 평행 암나사를 표시하는 기호는? (단, ISO 표준에 있는 기호로 한다.)

① G ② R
③ Rc ④ Rp

해설 • R : 관용 테이퍼 수나사
• Rc : 관용 테이퍼 암나사

**60.** 현의 치수 기입 방법으로 옳은 것은?

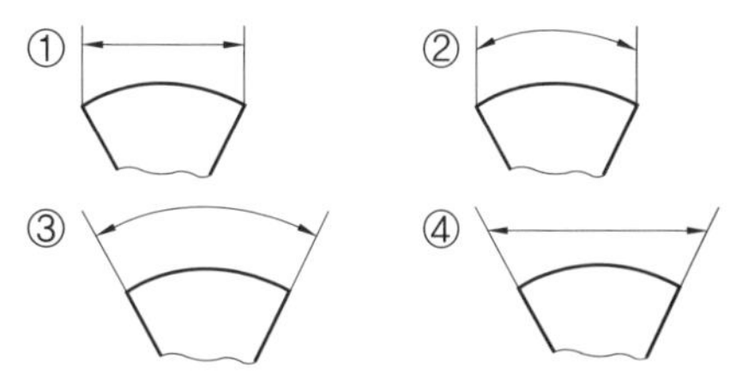

해설 현의 표시는 원호에 활줄을 한 형상이므로 치수선도 원호 사이에 평행으로 나타낸다.

정답 54. ① 55. ④ 56. ③ 57. ④ 58. ① 59. ④ 60. ①

# 제9회 CBT 실전문제

2015년 10월 10일 시행

**1.** $CO_2$ 용접 작업 중 가스의 유량은 낮은 전류에서 얼마가 적당한가?

① 10～15L/min
② 20～25L/min
③ 30～35L/min
④ 40～45L/min

해설 $CO_2$ 용접 가스 유량 : 낮은 전류에서는 10～15L/min, 높은 전류에서는 15～20L/min이 적합하다.

**2.** 피복 아크 용접 결함 중 용착 금속의 냉각 속도가 빠르거나, 모재의 재질이 불량할 때 일어나기 쉬운 결함으로 가장 적당한 것은?

① 용입 불량 ② 언더컷
③ 오버랩 ④ 선상 조직

해설 ① 용입 불량 : 전류가 너무 낮거나 용접 속도가 빠를 때, 운봉 방법 불량 시

**3.** 다음 각종 용접에서 전격 방지 대책으로 틀린 것은?

① 홀더나 용접봉은 맨손으로 취급하지 않는다.
② 어두운 곳이나 밀폐된 구조물에서 작업 시 보조자와 함께 작업한다.
③ $CO_2$ 용접이나 MIG 용접 작업 도중에 와이어를 2명이 교대로 교체할 때는 전원은 차단하지 않아도 된다.
④ 용접 작업을 하지 않을 때에는 TIG 전극봉은 제거하거나 노즐 뒤쪽에 밀어 넣는다.

해설 용접기 수리나 와이어 교체 시는 반드시 전원을 차단한 후 실시해야 된다.

**4.** 각종 금속의 용접부 예열 온도에 대한 설명으로 틀린 것은?

① 고장력강, 저합금강, 주철의 경우 용접 홈을 50～350℃로 예열한다.
② 연강을 0℃ 이하에서 용접할 경우 이음의 양쪽 폭 100mm 정도를 40～75℃로 예열한다.
③ 열전도가 좋은 구리 합금은 200～400℃의 예열이 필요하다.
④ 알루미늄 합금은 500～600℃ 정도의 예열 온도가 적당하다.

해설 알루미늄 합금은 가스 용접 시 200～400℃, 피복 아크 용접 시 200～500℃로 예열한다.

**5.** 다음 중 초음파 탐상법의 종류에 해당하지 않는 것은?

① 투과법 ② 펄스 반사법
③ 관통법 ④ 공진법

해설 관통법은 자분 탐상법의 종류이다.

**6.** 납땜에서 경납용 용제가 아닌 것은?

① 붕사 ② 붕산
③ 염산 ④ 알칼리

해설 염산은 연납용 용제이다.

**7.** 플라스마 아크의 종류가 아닌 것은?

① 이행형 아크 ② 비이행형 아크
③ 중간형 아크 ④ 텐덤형 아크

정답 1. ① 2. ④ 3. ③ 4. ④ 5. ③ 6. ③ 7. ④

해설 텐덤형 아크는 다전극 서브머지드 아크 용접의 하나이다.

**8. 피복 아크 용접 작업의 안전사항 중 전격 방지 대책이 아닌 것은?**

① 용접기 내부는 수시로 분해 · 수리하고 청소를 하여야 한다.
② 절연 홀더의 절연 부분이 노출되거나 파손되면 교체한다.
③ 장시간 작업을 하지 않을 시는 반드시 전기 스위치를 차단한다.
④ 젖은 작업복이나 장갑, 신발 등을 착용하지 않는다.

해설 용접기 내부는 정기적으로 분해·수리하고 청소를 하여야 한다.

**9. 서브머지드 아크 용접에서 동일한 전류, 전압의 조건에서 사용되는 와이어 지름의 영향에 대한 설명 중 옳은 것은?**

① 와이어의 지름이 크면 용입이 깊다.
② 와이어의 지름이 작으면 용입이 깊다.
③ 와이어의 지름과 상관이 없이 같다.
④ 와이어의 지름이 커지면 비드 폭이 좁아진다.

해설 동일 전류에서 와이어 지름이 작으면 전류 밀도가 높아져 용입이 깊어진다.

**10. 맞대기 용접 이음에서 모재의 인장강도는 40 kgf/mm²이며, 용접 시험편의 인장강도가 45 kgf/mm²일 때 이음 효율은 몇 %인가?**

① 88.9　　② 104.4
③ 112.5　　④ 125.0

해설 이음 효율 $= \frac{45}{40} \times 100 = 112.5\%$

**11. 용접 입열이 일정한 경우에는 열전도율이 큰 것일수록 냉각 속도가 빠른데 다음 금속 중 열전도율이 가장 높은 것은?**

① 구리　　② 납
③ 연강　　④ 스테인리스강

해설 구리는 은 다음으로 열전도도가 높다.

**12. 전자 렌즈에 의해 에너지를 집중시킬 수 있고, 고용융 재료의 용접이 가능한 용접법은?**

① 레이저 용접
② 피복 아크 용접
③ 전자 빔 용접
④ 초음파 용접

해설 전자 빔 용접은 전자 빔을 이용한 고밀도 용접법의 하나이다.

**13. 다음 중 연납의 특성에 관한 설명으로 틀린 것은?**

① 연납땜에 사용하는 용가제를 말한다.
② 주석-납계 합금이 가장 많이 사용된다.
③ 기계적 강도가 낮으므로 강도를 필요로 하는 부분에는 적당하지 않다.
④ 은납, 황동납 등이 이에 속하고 물리적 강도가 크게 요구될 때 사용된다.

해설 은납, 황동납 등은 경납으로 물리적 강도가 크게 요구될 때 사용된다.

**14. 일렉트로 슬래그 용접에서 사용되는 수랭식 판의 재료는?**

① 연강　　② 동
③ 알루미늄　　④ 주철

해설 동판은 열전도도가 매우 높아 수랭식 판으로 사용된다.

정답 8. ①　9. ②　10. ③　11. ①　12. ③　13. ④　14. ②

**15.** 용접부의 균열 중 모재의 재질 결함으로서 강괴일 때 기포가 압연되어 생기는 것으로 설퍼 밴드와 같은 층상으로 편재해 있어 강재 내부에 노치를 형성하는 균열은?

① 라미네이션(lamination) 균열
② 루트(root) 균열
③ 응력 제거 풀림(stress relief) 균열
④ 크레이터(crater) 균열

해설 라미네이션 균열 : 압연판 내부에 생기는 층상 균열이다.

**16.** 심(seam) 용접법에서 용접 전류의 통전 방법이 아닌 것은?

① 직 · 병렬 통전법
② 단속 통전법
③ 연속 통전법
④ 맥동 통전법

해설 심 용접에서 직 · 병렬 통전법은 없다. 단속 통전법이 가장 많이 사용된다.

**17.** 용접부의 결함이 오버랩일 경우 보수 방법은?

① 가는 용접봉을 사용하여 보수한다.
② 일부분을 깎아내고 재용접한다.
③ 양단에 드릴로 정지 구멍을 뚫고 깎아내고 재용접한다.
④ 그 위에 다시 재용접한다.

해설 ① : 언더컷 보수
③ : 주철 균열 보수

**18.** 다음 중 용접 열원을 외부로부터 가하는 것이 아니라 금속 분말의 화학 반응에 의한 열을 사용하여 용접하는 방식은?

① 테르밋 용접 ② 전기저항 용접
③ 잠호 용접 ④ 플라스마 용접

해설 테르밋 용접 : 테르밋제인 알루미늄 분말과 철분의 화학 반응열을 이용한 용접법

**19.** 논 가스 아크 용접의 설명으로 틀린 것은?

① 보호 가스나 용제를 필요로 한다.
② 바람이 있는 옥외에서 작업이 가능하다.
③ 용접 장치가 간단하며 운반이 편리하다.
④ 용접 비드가 아름답고 슬래그 박리성이 좋다.

해설 논 가스 아크 용접 : 논 가스(non gas), 즉 보호 가스를 사용하지 않는 용접법

**20.** 로봇 용접의 분류 중 동작 기구로부터의 분류 방식이 아닌 것은?

① PTB 좌표 로봇
② 직각 좌표 로봇
③ 극좌표 로봇
④ 관절 로봇

해설 PTB 좌표 로봇은 없다.

**21.** 용접기의 점검 및 보수 시 지켜야 할 사항으로 옳은 것은?

① 정격사용률 이상으로 사용한다.
② 탭 전환은 반드시 아크 발생을 하면서 시행한다.
③ 2차 측 단자의 한쪽과 용접기 케이스는 반드시 어스(earth)하지 않는다.
④ 2차 측 케이블이 길어지면 전압강하가 일어나므로 가능한 한 지름이 큰 케이블을 사용한다.

해설 용접기는 정격사용율 이하로 사용해야 된다.

정답 15. ① 16. ① 17. ② 18. ① 19. ① 20. ① 21. ④

**22.** 아크 용접에서 피닝을 하는 목적으로 가장 알맞은 것은?

① 용접부의 잔류 응력을 완화시킨다.
② 모재의 재질을 검사하는 수단이다.
③ 응력을 강하게 하고 변형을 유발시킨다.
④ 모재 표면의 이물질을 제거한다.

해설 피닝 : 용접부 등에 구면의 해머 등으로 적당히 두드려 소성 변형을 줌으로써 잔류 응력을 줄이는 법

**23.** 가스 용접에서 프로판 가스의 성질 중 틀린 것은?

① 증발 잠열이 작고, 연소할 때 필요한 산소의 양은 1 : 1 정도이다.
② 폭발한계가 좁아 다른 가스에 비해 안전도가 높고 관리가 쉽다.
③ 액화가 용이하여 용기에 충전이 쉽고 수송이 편리하다.
④ 상온에서 기체 상태이고 무색 · 투명하며 약간의 냄새가 난다.

해설 프로판 가스는 증발 잠열이 크고, 연소할 때 필요한 산소의 양은 1 : 4.5 정도이다.

**24.** 가변압식의 팁 번호가 200일 때 10시간 동안 표준 불꽃으로 용접할 경우 아세틸렌 가스의 소비량은 몇 리터인가?

① 20　　② 200
③ 2000　　④ 20000

해설 200×10시간=2000리터

**25.** 가스 용접에서 토치를 오른손에 용접봉을 왼손에 잡고 오른쪽에서 왼쪽으로 용접을 해 나가는 용접법은?

① 전진법　　② 후진법
③ 상진법　　④ 병진법

해설 전진법을 좌진법이라고도 한다. 이 반대는 우(후)진법이다.

**26.** 다음 중 용접봉의 내균열성이 가장 좋은 것은?

① 셀룰로오스계　　② 티탄계
③ 일미나이트계　　④ 저수소계

해설 내균열성 크기 : 저수소계 > 일미나이트계 > 고셀룰로오스계 > 티탄계

**27.** 수중 절단 작업을 할 때 가장 많이 사용하는 가스로 기포 발생이 적은 연료 가스는?

① 아르곤　　② 수소
③ 프로판　　④ 아세틸렌

해설 수소는 수압에서 다른 가스보다 폭발 위험이 적어 많이 사용한다.

**28.** 정격 2차 전류가 200A, 아크 출력 60kW인 교류 용접기를 사용할 때 소비 전력은 얼마인가? (단, 내부 손실이 4kW이다.)

① 64kW　　② 104kW
③ 264kW　　④ 804kW

해설 소비 전력=아크 출력(정격 2차 전류×아크 전압)+내부 손실=60+4=64kW

**29.** 아크 에어 가우징법의 작업 능률은 가스 가우징법보다 몇 배 정도 높은가?

① 2~3배　　② 4~5배
③ 6~7배　　④ 8~9배

해설 아크 에어 가우징법이 가스 가우징법보다 2~3배 능률이 좋다.

정답 22. ①　23. ①　24. ③　25. ①　26. ④　27. ②　28. ①　29. ①

**30.** 피복 아크 용접에서 홀더로 잡을 수 있는 용접봉 지름(mm)이 5.0~8.0일 경우 사용하는 용접봉 홀더의 종류로 옳은 것은?

① 125호 ② 160호
③ 300호 ④ 400호

해설 봉 지름이 5.0~8.0mm일 경우 번호가 가장 큰 것이 좋다.

**31.** 다음 중 경질 자성 재료가 아닌 것은?

① 센더스트 ② 알니코 자석
③ 페라이트 자석 ④ 네오디뮴 자석

해설 센더스트 : Al 4~8%, Si 6~11%, 나머지가 철로 조성된 것으로, 고투자율 합금, 연성 자성 재료이다.

**32.** 아크가 보이지 않는 상태에서 용접이 진행된다고 하여 일명 잠호 용접이라 부르기도 하는 용접법은?

① 스터드 용접
② 레이저 용접
③ 서브머지드 아크 용접
④ 플라스마 용접

해설 서브머지드 아크 용접 : SAW, 유니온 멜트 용접, 불가시 아크 용접, 잠호 용접

**33.** 용접기의 규격 AW 500의 설명 중 옳은 것은?

① AW은 직류 아크 용접기라는 뜻이다.
② 500은 정격 2차 전류의 값이다.
③ AW은 용접기의 사용률을 말한다.
④ 500은 용접기의 무부하 전압값이다.

해설 AW 500 : 교류 아크 용접기의 정격 전류가 500A이다.

**34.** 피복 아크 용접봉에서 피복제의 주된 역할로 틀린 것은?

① 전기 절연 작용을 하고 아크를 안정시킨다.
② 스패터의 발생을 적게 하고 용착 금속에 필요한 합금 원소를 첨가시킨다.
③ 용착 금속의 탈산 정련 작용을 하며 용융점이 높고, 높은 점성의 무거운 슬래그를 만든다.
④ 모재 표면의 산화물을 제거하고, 양호한 용접부를 만든다.

해설 피복제 : 용착 금속의 탈산 정련 작용을 하며 용융점이 낮고, 점성이 적은 가벼운 슬래그를 만든다.

**35.** 다음 중 부하 전류가 변하여도 단자 전압은 거의 변화하지 않는 용접기의 특성은?

① 수하 특성 ② 하향 특성
③ 정전압 특성 ④ 정전류 특성

해설 정전압 특성 : 반자동 용접기에 주로 적용된다.

**36.** 용접기와 멀리 떨어진 곳에서 용접 전류 또는 전압을 조절할 수 있는 장치는?

① 원격 제어 장치
② 핫 스타트 장치
③ 고주파 발생 장치
④ 수동 전류 조정 장치

해설 ② 핫 스타트 장치 : 용접 초기에 높은 전류를 통전하여 시작 부분의 용입 불량을 방지하는 장치

**37.** 직류 용접기 사용 시 역극성(DCRP)과 비교한 정극성(DCSP)의 일반적인 특징으로 옳은 것은?

정답 30. ④ 31. ① 32. ③ 33. ② 34. ③ 35. ③ 36. ① 37. ③

① 용접봉의 용융 속도가 빠르다.
② 비드 폭이 넓다.
③ 모재의 용입이 깊다.
④ 박판, 주철, 합금강 비철금속의 접합에 쓰인다.

해설 정극성(DCSP) : 비드 폭이 좁고 용입이 깊어 후판, 탄소강 용접에 적용한다.

**38.** 가스 절단면의 표준 드래그(drag) 길이는 판 두께의 몇 % 정도가 가장 적당한가?

① 10% ② 20%
③ 30% ④ 40%

해설 표준 드래그(drag) 길이 : 판 두께의 20%, 길이가 짧을수록 좋다.

**39.** 다음의 조직 중 경도값이 가장 낮은 것은?

① 마텐자이트 ② 베이나이트
③ 소르바이트 ④ 오스테나이트

해설 경도 크기 순서 : 마텐자이트>베이나이트>소르바이트>오스테나이트

**40.** 알루미늄과 알루미늄 가루를 압축 성형하고 약 500~600℃로 소결하여 압출 가공한 분산 강화형 합금의 기호에 해당하는 것은?

① DAP ② ACD
③ SAP ④ AMP

**41.** 컬러 텔레비전의 전자총에서 나온 광선의 영향을 받아 섀도 마스크가 열팽창하면 엉뚱한 색이 나오게 된다. 이를 방지하기 위해 섀도 마스크의 제작에 사용되는 불변강은?

① 인바 ② Ni-Cr강
③ 스테인리스강 ④ 플래티나이트

해설 인바 : 니켈-철 합금, 온도에 따른 길이 불변강의 일종이다.

**42.** 아크 길이가 길 때 일어나는 현상이 아닌 것은?

① 아크가 불안정해진다.
② 용융 금속의 산화 및 질화가 쉽다.
③ 열 집중력이 양호하다.
④ 전압이 높고 스패터가 많다.

해설 아크 길이가 길면 열이 퍼져 집중성이 낮아진다.

**43.** 스테인리스강 중 내식성이 제일 우수하고 비자성이나 염산, 황산, 염소 가스 등에 약하고 결정입계 부식이 발생하기 쉬운 것은?

① 석출 경화계 스테인리스강
② 페라이트계 스테인리스강
③ 마텐자이트계 스테인리스강
④ 오스테나이트계 스테인리스강

해설 표준 오스테나이트계 스테인리스강 : 18% Cr-8% Ni 합금

**44.** 열처리의 종류 중 항온 열처리 방법이 아닌 것은?

① 마퀜칭 ② 어닐링
③ 마템퍼링 ④ 오스템퍼링

해설 어닐링(풀림) : 일반 열처리법

**45.** 자기 변태가 일어나는 점을 자기 변태점이라 하며, 이 온도를 무엇이라고 하는가?

① 상점 ② 이슬점
③ 퀴리점 ④ 동소점

해설 자기 변태점을 일명 퀴리 포인트라고도 하며, 순철의 자기 변태점은 768℃이다.

정답 38. ② 39. ④ 40. ③ 41. ① 42. ③ 43. ④ 44. ② 45. ③

**46. 문츠메탈(muntz metal)에 대한 설명으로 옳은 것은?**

① 90% Cu-10% Zn 합금으로 톰백의 대표적인 것이다.
② 70% Cu-30% Zn 합금으로 가공용 황동의 대표적인 것이다.
③ 70% Cu-30% Zn 황동에 주석(Sn)을 1% 함유한 것이다.
④ 60% Cu-40% Zn 합금으로 황동 중 아연 함유량이 가장 높은 것이다.

해설 문츠메탈 : 전연성이 낮으나 강도가 큰 합금

**47. 탄소 함량 3.4%, 규소 함량 2.4% 및 인 함량 0.6%인 주철의 탄소 당량(CE)은?**

① 4.0　　② 4.2
③ 4.4　　④ 4.6

해설 보통 주철의 탄소 당량

$$Ceq = C\% + \frac{1}{3}(Si\% + P\%)$$
$$= 3.4 + \frac{2.4+0.6}{3} = 4.4$$

**48. 라우탈은 Al-Cu-Si 합금이다. 이 중 3~8% Si를 첨가하여 향상되는 성질은?**

① 주조성　　② 내열성
③ 피삭성　　④ 내식성

해설 라우탈은 Si 첨가로 주조성이 향상된다.

**49. 면심입방격자의 어떤 성질이 가공성을 좋게 하는가?**

① 취성　　② 내식성
③ 전연성　　④ 전기전도성

해설 면심입방격자 : 체심입방격자에 비해 전연성이 좋고 용융점이 낮다.

**50. 다음 냉동 장치의 배관 도면에서 팽창 밸브는?**

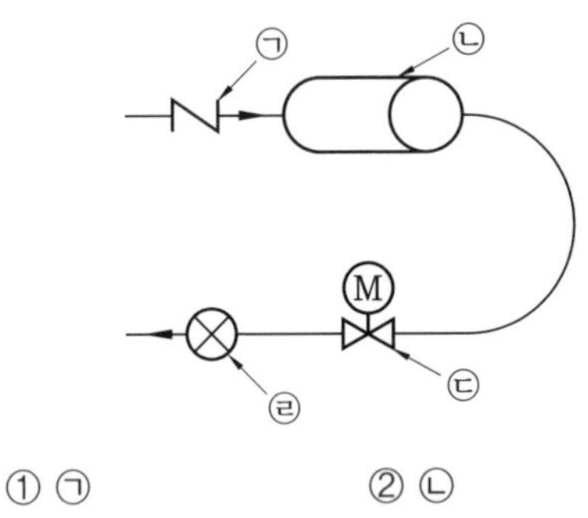


① ㉠　　② ㉡
③ ㉢　　④ ㉣

해설 ㉠ : 체크 밸브, ㉢ : 전동 밸브, ㉣ : 팽창 밸브

**51. 나사의 감김 방향의 지시 방법 중 틀린 것은?**

① 오른나사는 일반적으로 감김 방향을 지시하지 않는다.
② 왼나사는 나사의 호칭 방법에 약호 "LH"를 추가하여 표시한다.
③ 동일 부품에 오른나사와 왼나사가 있을 때는 왼나사에만 약호 "LH"를 추가한다.
④ 오른나사는 필요하면 나사의 호칭 방법에 약호 "RH"를 추가하여 표시할 수 있다.

해설 동일 부품에 오른나사와 왼나사가 있을 때는 각각 쌍방에 표시하며, 오른나사는 "RH", 왼나사는 "LH"를 추가한다.

**52. 다음 중 금속의 조직 검사로서 측정이 불가능한 것은?**

정답 46. ④　47. ③　48. ①　49. ③　50. ④　51. ③　52. ③

① 결함
② 결정입도
③ 내부 응력
④ 비금속 개재물

해설 내부 응력은 잔류 응력 측정에 의해 알 수 있다.

**53.** [보기]와 같이 제3각법으로 정투상한 도면에 적합한 입체도는?

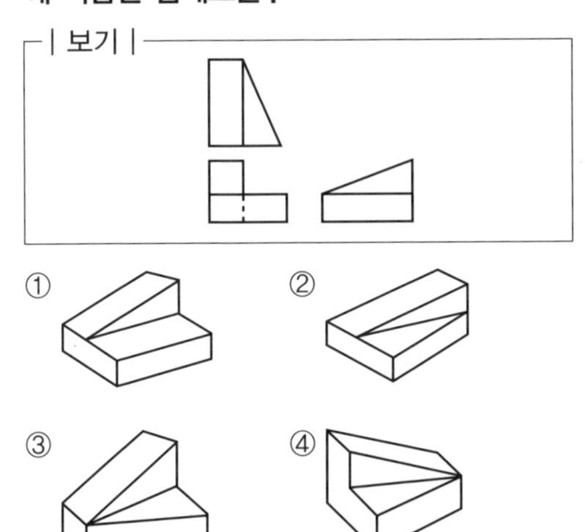


해설 ②와 ③이 유력하나 평면도상 우측 하단 상태로 보아 ②가 답이다.

**54.** 제3각법으로 그린 투상도 중 잘못된 투상이 있는 것은?

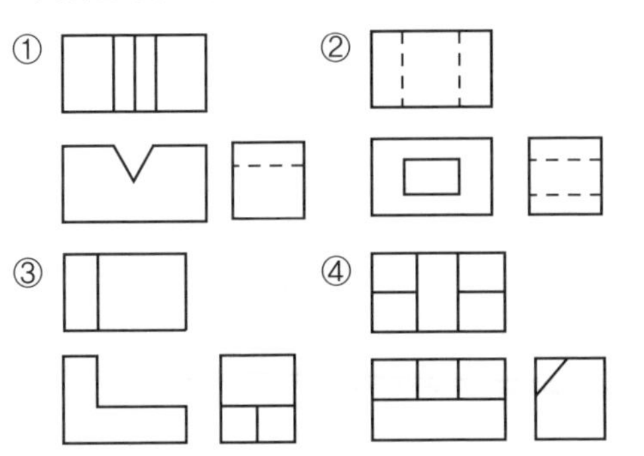


해설 우측면도의 좌상 경사선이 잘못된 것이므로 ④가 답이다.

**55.** 다음 중 열간 압연 강판 및 강대에 해당하는 재료 기호는?

① SPCC ② SPHC
③ STS ④ SPB

해설 • SPCC : 냉간 압연 강판 및 강대
• STS : 합금 공구강 강재

**56.** 동일 장소에서 선이 겹칠 경우 나타내야 할 선의 우선순위를 옳게 나타낸 것은?

① 외형선 > 중심선 > 숨은선 > 치수 보조선
② 외형선 > 치수 보조선 > 중심선 > 숨은선
③ 외형선 > 숨은선 > 중심선 > 치수 보조선
④ 외형선 > 중심선 > 치수 보조선 > 숨은선

해설 선의 우선순위 : 외형선이 가장 우선이고, 숨은선, 중심선, 치수 보조선, 치수선 순이다.

**57.** 일반적인 판금 전개도의 전개법이 아닌 것은?

① 다각 전개법
② 평행선법
③ 방사선법
④ 삼각형법

해설 전개도법에 다각 전개법은 없다.

**58.** 다음 중 치수 보조 기호로 사용되지 않는 것은?

① $\pi$ ② S$\phi$
③ R ④ □

해설 $\pi$ : 파이는 치수와 같이 쓰지 않는다.

정답 53. ② 54. ④ 55. ② 56. ③ 57. ① 58. ①

**59.** 다음 단면도에 대한 설명으로 틀린 것은?

① 부분 단면도는 일부분을 잘라내고 필요한 내부 모양을 그리기 위한 방법이다.
② 조합에 의한 단면도는 축, 핀, 볼트, 너트류의 절단면의 이해를 위해 표시한 것이다.
③ 한쪽 단면도는 대칭형 대상물의 외형 절반과 온 단면의 절반을 조합하여 표시한 것이다.
④ 회전 도시 단면도는 핸들이나 바퀴 등의 암, 림, 훅, 구조물 등의 절단면을 90도 회전시켜서 표시한 것이다.

**해설** 조합에 의한 단면도는 축, 핀, 볼트, 너트류의 절단면을 표시하지 않는다.

**60.** 다음 그림과 같은 도면의 해독으로 잘못된 것은?

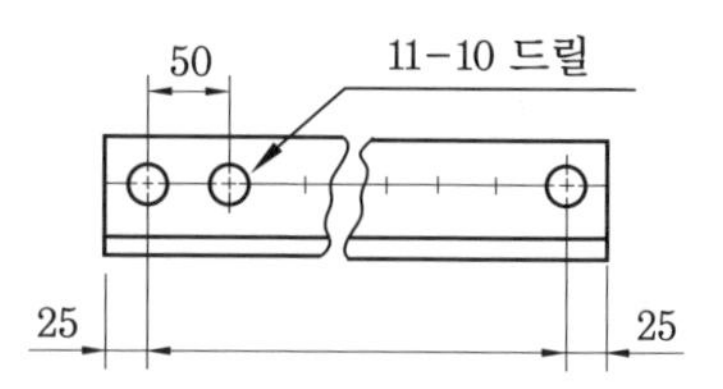


① 구멍 사이의 피치는 50mm
② 구멍의 지름은 10mm
③ 전체 길이는 600mm
④ 구멍의 수는 11개

**해설** 전체 길이 : 구멍의 수가 11개이므로 칸 수는 10개이다.

$\therefore 10 \times 50 + 25 + 25 = 550\text{mm}$

**정답** 59. ② 60. ③

# 제10회 CBT 실전문제

2016년 1월 24일 시행

**1. 용접 이음 설계 시 충격하중을 받는 연강의 안전율은?**

① 12　② 8
③ 5　④ 3

해설 충격하중 : 강은 12, 주철은 15

**2. 다음 중 기본 용접 이음 형식에 속하지 않는 것은?**

① 맞대기 이음　② 모서리 이음
③ 마찰 이음　④ T자 이음

해설 마찰 이음은 이음 형식이 아니라 이음을 위한 열을 받는 방법이다.

**3. 화재의 분류는 소화 시 매우 중요한 역할을 한다. 서로 바르게 연결된 것은?**

① A급 화재-유류 화재
② B급 화재-일반 화재
③ C급 화재-가스 화재
④ D급 화재-금속 화재

해설 ① A급 화재-일반 화재
② B급 화재-유류 화재
③ C급 화재-전기 화재

**4. 불활성 가스가 아닌 것은?**

① $C_2H_2$　② Ar
③ Ne　④ He

해설 $C_2H_2$는 아세틸렌이라는 가연성 가스이다.

**5. 서브머지드 아크 용접 장치 중 전극형상에 의한 분류에 속하지 않는 것은?**

① 와이어(wire) 전극
② 테이프(tape) 전극
③ 대상(hoop) 전극
④ 대차(carriage) 전극

해설 대차 전극은 없다.

**6. 용접 시공 계획에서 용접 이음 준비에 해당되지 않는 것은?**

① 용접 홈의 가공　② 부재의 조립
③ 변형 교정　④ 모재의 가용접

해설 변형 교정은 용접 후의 후처리, 후가공에 속한다.

**7. 다음 중 서브머지드 아크 용접(submerged arc welding)에서 용제의 역할과 가장 거리가 먼 것은?**

① 아크 안정
② 용락 방지
③ 용접부의 보호
④ 용착 금속의 재질 개선

해설 용락 방지를 위해서는 뒷받침이 필요하다.

**8. 다음 중 전기저항 용접의 종류가 아닌 것은?**

① 점 용접　② MIG 용접
③ 프로젝션 용접　④ 플래시 용접

해설 MIG 용접 : 금속 불활성 가스 아크 용접

정답 1. ①　2. ③　3. ④　4. ①　5. ④　6. ③　7. ②　8. ②

**9. 다음 중 용접 금속에 기공을 형성하는 가스에 대한 설명으로 틀린 것은?**

① 응고 온도에서의 액체와 고체의 용해도 차에 의한 가스 방출
② 용접 금속 중에서의 화학 반응에 의한 가스 방출
③ 아크 분위기에서의 기체의 물리적 혼입
④ 용접 중 가스 압력의 부적당

해설 기공의 원인은 가스 유량이 부적당할 때 발생한다.

**10. 가스 용접 시 안전조치로 적절하지 않은 것은?**

① 가스의 누설 검사는 필요할 때만 체크하고 점검은 수돗물로 한다.
② 가스 용접 장치는 화기로부터 5m 이상 떨어진 곳에 설치해야 한다.
③ 작업 종료 시 메인 밸브 및 콕 등을 완전히 잠가준다.
④ 인화성 액체 용기의 용접을 할 때는 증기 열탕물로 완전히 세척 후 통풍 구멍을 개방하고 작업한다.

해설 누설 검사는 수시로 해야 되며, 검사는 비눗물이 적합하다.

**11. TIG 용접에서 가스 이온이 모재에 충돌하여 모재 표면에 산화물을 제거하는 현상은?**

① 제거 효과 ② 청정 효과
③ 용융 효과 ④ 고주파 효과

해설 청정 효과 : 산화물이나 불순물을 깨끗하게 하는 효과

**12. 연강의 인장 시험에서 인장 시험편의 지름이 10mm이고, 최대 하중이 5500kgf일 때 인장강도는 약 몇 kgf/mm²인가?**

① 60 ② 70
③ 80 ④ 90

해설 $\sigma = \frac{P}{A} = \frac{5500}{\frac{\pi \times 10^2}{4}} = 70\,\text{kgf/mm}^2$

**13. 용접부의 표면에 사용되는 검사법으로 비교적 간단하고 비용이 싸며, 특히 자기 탐상 검사가 되지 않는 금속 재료에 주로 사용되는 검사법은?**

① 방사선 비파괴 검사
② 누수 검사
③ 침투 비파괴 검사
④ 초음파 비파괴 검사

해설 침투 탐상 : 자성, 비자성을 불문하고 표면 결함 검사에 적용한다.

**14. 이산화탄소 아크 용접 방법에서 전진법의 특징으로 옳은 것은?**

① 스패터의 발생이 적다.
② 깊은 용입을 얻을 수 있다.
③ 비드 높이가 낮고 평탄한 비드가 형성된다.
④ 용접선이 잘 보이지 않아 운봉을 정확하게 하기 어렵다.

해설 전진법 : 후진법보다 스패터가 많고 용입이 얕으나 용접선이 잘 보여 운봉이 쉽다.

**15. 용접에 의한 변형을 미리 예측하여 용접하기 전에 용접 반대 방향으로 변형을 주고 용접하는 방법은?**

① 억제법 ② 역변형법
③ 후퇴법 ④ 비석법

정답 9. ④ 10. ① 11. ② 12. ② 13. ③ 14. ③ 15. ②

해설 ① 억제법 : 용접 전에 지그 등으로 변형하지 못하도록 고정하는 법

**16.** 다음 중 플라스마 아크 용접에 적합한 모재가 아닌 것은?

① 텅스텐, 백금
② 티탄, 니켈 합금
③ 티탄, 구리
④ 스테인리스강, 탄소강

해설 텅스텐, 백금 등은 플라스마 용접에 적합하지 않다.

**17.** 다음 중 용접 지그를 사용했을 때의 장점이 아닌 것은?

① 구속력을 크게 하여 잔류 응력 발생을 방지한다.
② 동일 제품을 다량 생산할 수 있다.
③ 제품의 정밀도를 높인다.
④ 작업을 용이하게 하고 용접 능률을 높인다.

해설 용접 지그를 사용할 때 구속력이 너무 크면 잔류 응력이나 용접 균열이 발생하기 쉽다.

**18.** 일종의 피복 아크 용접법으로 피더(feeder)에 철분계 용접봉을 장착하여 수평 필릿 용접을 전용으로 하는 일종의 반자동 용접 장치로서 모재와 일정한 경사를 갖는 금속 지주를 용접 홀더가 하강하면서 용접되는 용접법은?

① 그래비티 용접
② 용사
③ 스터드 용접
④ 테르밋 용접

해설 그래비티 용접 : 중력 용접이라고도 하며, 장착봉으로 수평 필릿 용접 시에 적용한다.

**19.** 다음 중 피복 아크 용접에 의한 맞대기 용접에서 개선 홈과 판 두께에 관한 설명으로 틀린 것은?

① I형 : 판 두께 6mm 이하 양쪽 용접에 적용
② V형 : 판 두께 20mm 이하 한쪽 용접에 적용
③ U형 : 판 두께 40～60mm 양쪽 용접에 적용
④ X형 : 판 두께 15～40mm 양쪽 용접에 적용

해설 U형 : 판 두께 40～60mm 한쪽 용접에 적용

**20.** 일렉트로 슬래그 용접에서 주로 사용되는 전극 와이어의 지름은 보통 몇 mm인가?

① 1.2～1.5 ② 1.7～2.3
③ 2.5～3.2 ④ 3.5～4.0

해설 일렉트로 슬래그 용접에서는 지름 2.5～3.2mm의 와이어를 사용한다.

**21.** 볼트나 환봉을 피스톤형의 홀더에 끼우고 모재와 볼트 사이에 순간적으로 아크를 발생시켜 용접하는 방법은?

① 서브머지드 아크 용접
② 스터드 용접
③ 테르밋 용접
④ 불활성 가스 아크 용접

해설 스터드 용접 : 건설 공사장 등에서 사용, 심기 용접이라고도 한다.

정답 16. ① 17. ① 18. ① 19. ③ 20. ③ 21. ②

**22.** 용접 결함과 그 원인에 대한 설명 중 잘못 짝지어진 것은?

① 언더컷－전류가 너무 높은 때
② 기공－용접봉이 흡습되었을 때
③ 오버랩－전류가 너무 낮을 때
④ 슬래그 섞임－전류가 과대되었을 때

해설 슬래그 섞임 : 전류가 낮을 때, 전층 슬래그 제거 불량 시 발생

**23.** 피복 아크 용접봉의 용융 속도를 결정하는 식은?

① 용융 속도=아크 전류×용접봉 쪽 전압강하
② 용융 속도=아크 전류×모재 쪽 전압강하
③ 용융 속도=아크 전압×용접봉 쪽 전압강하
④ 용융 속도=아크 전압×모재 쪽 전압강하

해설 용융 속도 결정 : ①, 단위 시간당 소비되는 용접봉의 길이

**24.** 피복 아크 용접에서 피복제의 성분에 포함되지 않는 것은?

① 피복 안정제　② 가스 발생제
③ 피복 이탈제　④ 슬래그 생성제

해설 피복 아크 용접에서 피복제의 성분은 피복 안정제, 아크 안정제, 가스 발생제, 슬래그 생성제, 탈산제, 고착제 등이 있다.

**25.** 용접법의 분류에서 아크 용접에 해당되지 않는 것은?

① 유도 가열 용접
② TIG 용접
③ 스터드 용접
④ MIG 용접

해설 유도 가열 용접은 압접의 일종이다.

**26.** 피복 아크 용접 시 용접선상에서 용접봉을 이동시키는 조작을 말하며 아크의 발생, 중단, 재아크, 위빙 등이 포함된 작업을 무엇이라 하는가?

① 용입　② 운봉
③ 키홀　④ 용융지

해설 ① 용입 : 열에 의해 모재가 녹아들어 간 깊이

**27.** 다음 중 산소 및 아세틸렌 용기의 취급 방법으로 틀린 것은?

① 산소 용기의 밸브, 조정기, 도관, 취부구는 반드시 기름이 묻은 천으로 깨끗이 닦아야 한다.
② 산소 용기의 운반 시에는 충돌, 충격을 주어서는 안 된다.
③ 사용이 끝난 용기는 실병과 구분하여 보관한다.
④ 아세틸렌 용기는 세워서 사용하며 용기에 충격을 주어서는 안 된다.

해설 가스 기기 취급 : 산소 용기, 부속기 등에 기름이 묻을 경우 폭발성 화합물을 만들게 되므로 폭발 위험이 있다.

**28.** 다음 중 가변 저항의 변화를 이용하여 용접 전류를 조정하는 교류 아크 용접기는?

① 탭 전환형
② 가동 코일형
③ 가동 철심형
④ 가포화 리액터형

해설 ③ 가동 철심형 : 가동 철심이 고정 철심 내의 움직임에 따라 전류가 조정된다.

정답 22. ④　23. ①　24. ③　25. ①　26. ②　27. ①　28. ④

**29.** 가스 용접이나 절단에 사용되는 가연성 가스의 구비 조건으로 틀린 것은?

① 발열량이 클 것
② 연소 속도가 느릴 것
③ 불꽃의 온도가 높을 것
④ 용융 금속과 화학 반응이 일어나지 않을 것

해설 가스 용접 시 가연성 가스는 연소 속도가 빨라야 된다.

**30.** AW-250, 무부하 전압 80V, 아크 전압 20V인 교류 용접기를 사용할 때 역률과 효율은 각각 얼마인가? (단, 내부 손실은 4kW이다.)

① 역률 : 45%, 효율 : 56%
② 역률 : 48%, 효율 : 69%
③ 역률 : 54%, 효율 : 80%
④ 역률 : 69%, 효율 : 72%

해설 ㉮ 역률 $= \frac{(20 \times 250) + 4000}{80 \times 250} \times 100 = 45\%$

㉯ 효율 $= \frac{20 \times 250}{(20 \times 250) + 4000} \times 100 = 55.5\%$

**31.** 혼합 가스 연소에서 불꽃 온도가 가장 높은 것은?

① 산소-수소 불꽃
② 산소-프로판 불꽃
③ 산소-아세틸렌 불꽃
④ 산소-부탄 불꽃

해설 ① : 2982℃, ② : 2926℃, ③ : 3420℃, ④ : 2926℃

**32.** 연강용 피복 아크 용접봉의 종류와 피복제 계통으로 틀린 것은?

① E 4303 : 라임티타니아계
② E 4311 : 고산화티탄계
③ E 4316 : 저수소계
④ E 4327 : 철분산화철계

해설 • E 4311 : 고셀룰로오스계
• E 4313 : 고산화티탄계

**33.** 산소-아세틸렌 가스 절단과 비교한 산소-프로판 가스 절단의 특징으로 옳은 것은?

① 절단면이 미세하며 깨끗하다.
② 절단 개시 시간이 빠르다.
③ 슬래그 제거가 어렵다.
④ 중성 불꽃을 만들기가 쉽다.

해설 산소-프로판 가스 절단이 산소-아세틸렌 절단보다 깨끗하게 절단된다.

**34.** 피복 아크 용접에서 "모재의 일부가 녹은 쇳물 부분"을 의미하는 것은?

① 슬래그 ② 용융지
③ 피복부 ④ 용착부

해설 용융지 : 녹아 있는 쇳물 못

**35.** 다음 중 가스 압력 조정기 취급사항으로 틀린 것은?

① 압력 용기의 설치구 방향에는 장애물이 없어야 한다.
② 압력 지시계가 잘 보이도록 설치하며 유리가 파손되지 않도록 주의한다.
③ 조정기를 견고하게 설치한 다음 조정나사를 잠그고 밸브를 빠르게 열어야 한다.
④ 압력 조정기 설치구에 있는 먼지를 털어내고 연결부에 정확하게 연결한다.

해설 조정기의 조정나사는 풀려 있을 때 닫힌 것이며, 밸브를 서서히 열어야 한다.

정답 29. ② 30. ① 31. ③ 32. ② 33. ① 34. ② 35. ③

**36.** 연강용 가스 용접봉에서 "625±25℃에서 1시간 동안 응력을 제거한 것"을 뜻하는 영문자 표시에 해당되는 것은?

① NSR ② GB
③ SR ④ GA

해설 ① NSR : 응력을 제거하지 않은 것

**37.** 피복 아크 용접에서 위빙(weaving) 폭은 심선 지름의 몇 배로 하는 것이 가장 적당한가?

① 1배 ② 2～3배
③ 5～6배 ④ 7～8배

해설 피복 아크 용접봉의 위빙 폭은 심선 지름의 2～3배가 적당하다.

**38.** 전격 방지기는 아크를 끊음과 동시에 자동적으로 릴레이가 차단되어 용접기의 2차 무부하 전압을 몇 V 이하로 유지시키는가?

① 20～30 ② 35～45
③ 50～60 ④ 65～75

해설 전격 방지기는 감전 방지기로서 무부하 시에는 30V 이하로 유지된다.

**39.** 30% Zn을 포함한 황동으로 연신율이 비교적 크고, 인장강도가 매우 높아 판, 막대, 관, 선 등으로 널리 사용되는 것은?

① 톰백(tombac)
② 네이벌 황동(naval brass)
③ 6 : 4 황동(muntz metal)
④ 7 : 3 황동(cartidge brass)

해설 구리 70%, 아연 30%일 때 가장 연신율이 높다.

**40.** Au의 순도를 나타내는 단위는?

① K(carat) ② P(pound)
③ %(percent) ④ $\mu$m(micron)

해설 금의 순도는 캐럿(K)으로 나타내며, 24K가 가장 순도가 높다.

**41.** 다음 상태도에서 액상선을 나타내는 것은?

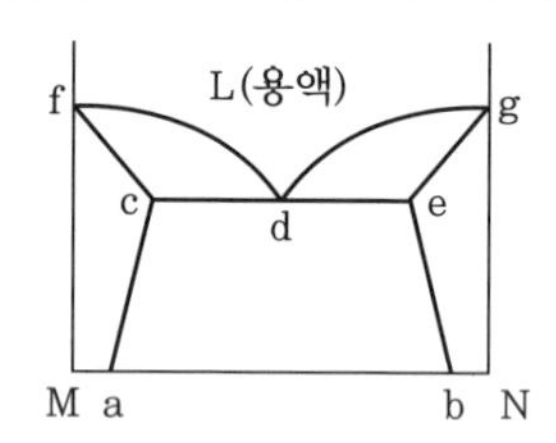


① acf ② cde
③ fdg ④ beg

해설 액상선 : 합금의 용해 시 성분에 따라 이 선을 기준으로 가열되면 액체가, 냉각되면 고체가 된다.

**42.** 금속 표면에 스텔라이트, 초경 합금 등의 금속을 용착시켜 표면 경화층을 만드는 것은?

① 금속 용사법 ② 하드 페이싱
③ 쇼트 피닝 ④ 금속 침투법

해설 ④ 금속 침투법 : 금속 표면에 다른 금속을 확산 침투시켜 내식성, 내마모성 등을 향상시키는 법

**43.** 다음 중 용접법의 분류에서 초음파 용접은 어디에 속하는가?

① 납땜 ② 압접
③ 융접 ④ 아크 용접

해설 압접 : 초음파 용접, 고주파 용접, 냉간 압접 등

정답 36. ③ 37. ② 38. ① 39. ④ 40. ① 41. ③ 42. ② 43. ②

**44.** **주철의 조직은 C와 Si의 양과 냉각 속도에 의해 좌우된다. 이들의 요소와 조직의 관계를 나타낸 것은?**

① C.C.T 곡선
② 탄소 당량도
③ 주철의 상태도
④ 마우러 조직도

해설 ① C.C.T 곡선 : 연속 냉각 변태 곡선

**45.** **Al−Cu−Si계 합금의 명칭으로 옳은 것은?**

① 알민 ② 라우탈
③ 알드리 ④ 코오슨 합금

해설 라우탈 : 주조성이 좋고, 시효 경화성이 있다. Si 첨가로 주조성 개선, Cu 첨가로 실루민의 결점인 절삭성 향상
※ 알민 : Al−Mn 합금

**46.** **Al 표면에 방식성이 우수하고 치밀한 산화피막이 만들어지도록 하는 방식 방법이 아닌 것은?**

① 산화법 ② 수산법
③ 황산법 ④ 크롬산법

해설 알루미늄 방식법에는 수산법, 황산법, 크롬산법 등이 있다.

**47.** **다음 중 해드필드(hadfield)강에 대한 설명으로 틀린 것은?**

① 오스테나이트 조직의 Mn강이다.
② 성분은 10~14% Mn, 0.9~1.3% C 정도이다.
③ 이 강은 고온에서 취성이 생기므로 600~800℃에서 공랭한다.
④ 내마멸성과 내충격성이 우수하고 인성이 우수하기 때문에 파쇄 장치, 임펠러 플레이트 등에 사용한다.

해설 해드필드강 : 고온에서 취성이 생기므로 1000~1100℃에서 수중 담금질 하여 인성을 부여한 강

**48.** **다음 중 재결정 온도가 가장 낮은 것은?**

① Sn ② Mg
③ Cu ④ Ni

해설 Sn의 재결정 온도 : 상온 이하

**49.** **Fe−C 상태도에서 $A_3$와 $A_4$ 변태점 사이에서의 결정 구조는?**

① 체심정방격자 ② 체심입방격자
③ 조밀육방격자 ④ 면심입방격자

해설 $A_3$ 이하에서는 체심입방격자이다.

**50.** **열팽창 계수가 다른 두 종류의 판을 붙여서 하나의 판으로 만든 것으로 온도 변화에 따라 휘거나 그 변형을 구속하는 힘을 발생하며 온도 감응 소자 등에 이용되는 것은?**

① 서멧 재료 ② 바이메탈 재료
③ 형상 기억 합금 ④ 수소 저장 합금

해설 바이메탈 : 열팽창 계수가 다른 두 금속을 붙여 만든 것으로 자동 온도 조절 스위치 등에 사용된다.

**51.** **기계 제도에서 가는 2점 쇄선을 사용하는 것은?**

① 중심선 ② 지시선
③ 피치선 ④ 가상선

해설 가는 2점 쇄선 : 물체의 일부나 활동 범위 등을 가상해서 나타낼 때 사용하는 선

정답 44. ④ 45. ② 46. ① 47. ③ 48. ① 49. ④ 50. ② 51. ④

**52.** 나사의 종류에 따른 표시 기호가 옳은 것은?

① M−미터 사다리꼴 나사
② UNC−미니추어 나사
③ Rc−관용 테이퍼 암나사
④ G−전구 나사

해설 M : 미터 보통 나사, UNC : 유니파이 보통 나사, E : 전구 나사

**53.** 배관용 탄소 강관의 종류를 나타내는 기호가 아닌 것은?

① SPPS 380 ② SPPH 380
③ SPCD 390 ④ SPLT 390

해설 ④ SPLT 390 : 저온 배관용 탄소 강관

**54.** 기계 제도에서 도형의 생략에 관한 설명으로 틀린 것은?

① 도형이 대칭 형식인 경우에는 대칭 중심선의 한쪽 도형만을 그리고, 그 대칭 중심선의 양 끝부분에 대칭 그림 기호를 그려서 대칭임을 나타낸다.
② 대칭 중심선의 한쪽 도형을 대칭 중심선을 조금 넘는 부분까지 그려서 나타낼 수도 있으며, 이때 중심선 양 끝에 대칭 그림 기호를 반드시 나타내야 한다.
③ 같은 종류, 같은 모양의 것이 다수 줄지어 있는 경우에는 실형 대신 그림 기호를 피치선과 중심선과의 교점에 기입하여 나타낼 수 있다.
④ 축, 막대, 관과 같은 동일 단면형의 부분은 지면을 생략하기 위하여 중간 부분을 파단선으로 잘라내서 그 긴요한 부분만을 가까이 하여 도시할 수 있다.

해설 대칭 중심선의 한쪽 도형을 중심선을 조금 넘는 부분까지 그려 표시할 수 있으며, 이때 중심선 양 끝에 대칭 그림 기호를 생략해도 된다.

**55.** 모떼기의 치수가 2mm이고 각도가 45°일 때 올바른 치수 기입 방법은?

① C2 ② 2C
③ 2−45° ④ 45°×2

해설 C2 : 모서리의 가로, 세로를 각 2mm로 모떼기 한다는 의미

**56.** 다음 중 도형의 도시 방법에 관한 설명으로 틀린 것은?

① 소성 가공 때문에 부품의 초기 윤곽선을 도시해야 할 필요가 있을 때는 가는 2점 쇄선으로 도시한다.
② 필릿이나 둥근 모퉁이와 같은 가상의 교차선은 윤곽선과 서로 만나지 않은 가는 실선으로 투상도에 도시할 수 있다.
③ 널링부는 굵은 실선으로 전체 또는 부분적으로 도시한다.
④ 투명한 재료로 된 모든 물체는 기본적으로 투명한 것처럼 도시한다.

해설 투명한 재료의 물체라도 형상대로 도시한다.

**57.** [보기]와 같은 제3각 정투상도에 가장 적합한 입체도는?

| 보기 |

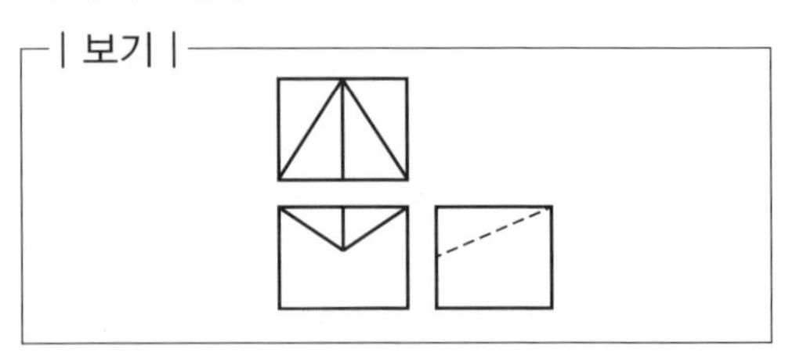

정답 52. ③ 53. ③ 54. ② 55. ① 56. ④ 57. ①

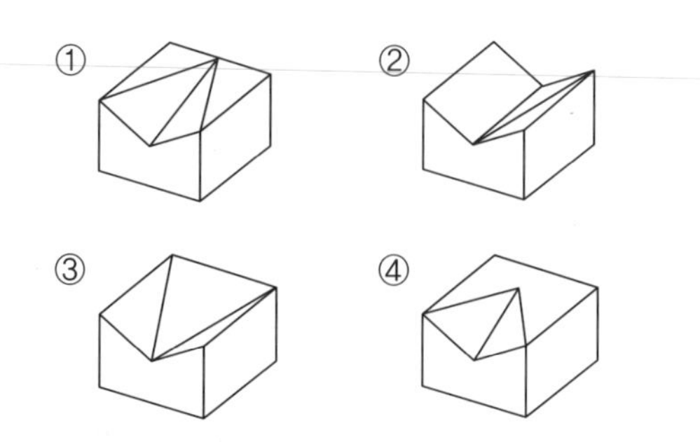


해설 3면도를 비교할 때 상부가 경사진 V홈 형상인 도면이 답이다.

**58.** 제3각법으로 정투상한 [보기] 그림에서 누락된 정면도로 가장 적합한 것은?

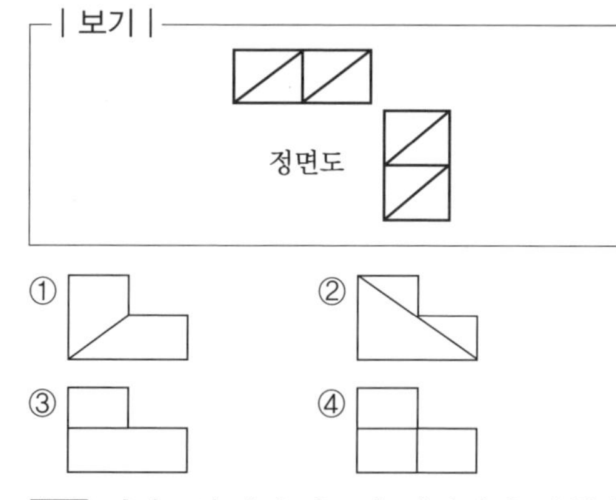


해설 평면도와 우측면도의 경사선과 맞춰지는 도형은 ②이다.

**59.** 다음 중 게이트 밸브를 나타내는 기호는?

① ② ③ ④

해설 ② 체크 밸브
③ 글로브 밸브
④ 일반 밸브

**60.** 그림과 같은 용접 기호는 무슨 용접을 나타내는가?

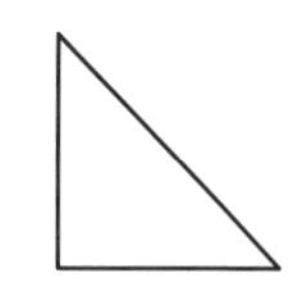

① 심 용접 ② 비드 용접
③ 필릿 용접 ④ 점 용접

해설 삼각형 용접 기호는 필릿 용접 기호이다.

정답 58. ② 59. ① 60. ③

# 제11회 CBT 실전문제

2016년 4월 2일 시행

**1. 가스 용접 시 안전사항으로 적당하지 않은 것은?**

① 호스는 길지 않게 하며 용접이 끝났을 때는 용기 밸브를 잠근다.
② 작업자 눈을 보호하기 위해 적당한 차광 유리를 사용한다.
③ 산소병은 60℃ 이상 온도에서 보관하고 직사광선을 피하여 보관한다.
④ 호스 접속부는 호스 밴드로 조이고 비눗물 등으로 누설 여부를 검사한다.

해설 산소병은 40℃ 이하 온도에서 직사광선을 피하여 보관한다.

**2. 다음 중 일반적으로 모재의 용융선 근처의 열 영향부에서 발생되는 균열이며 고탄소강이나 저합금강을 용접할 때 용접열에 의한 열 영향부의 경화와 변태 응력 및 용착 금속속의 확산성 수소에 의해 발생되는 균열은?**

① 루트 균열
② 설퍼 균열
③ 비드 밑 균열
④ 크레이터 균열

해설 비드 밑 균열 : 언더 비드 크랙이라 하며, 수소가 원인인 저온 균열의 일종이다.

**3. 다음 중 지그나 고정구의 설계 시 유의사항으로 틀린 것은?**

① 구조가 간단하고 효과적인 결과를 가져와야 한다.
② 부품의 고정과 이완은 신속히 이루어져야 한다.
③ 모든 부품의 조립은 어렵고 눈으로 볼 수 없어야 한다.
④ 한 번 부품을 고정시키면 차후 수정 없이 정확하게 고정되어 있어야 한다.

해설 지그는 쉽게 작업이 가능하고 고정이 쉬워야 한다.

**4. 플라스마 아크 용접의 특징으로 틀린 것은?**

① 비드 폭이 좁고 용접 속도가 빠르다.
② 1층으로 용접할 수 있으므로 능률적이다.
③ 용접부의 기계적 성질이 좋으며 용접 변형이 적다.
④ 핀치 효과에 의해 전류 밀도가 작고 용입이 얕다.

해설 플라스마 아크 용접은 핀치 효과에 의해 전류 밀도가 크고 용입이 깊다.

**5. 다음 용접 결함 중 구조상의 결함이 아닌 것은?**

① 기공 ② 변형
③ 용입 불량 ④ 슬래그 섞임

해설 변형은 치수상 결함이다.

**6. 다음 금속 중 냉각 속도가 가장 빠른 금속은?**

① 구리
② 연강
③ 알루미늄
④ 스테인리스강

정답 1. ③ 2. ③ 3. ③ 4. ④ 5. ② 6. ①

해설 냉각 속도 큰 순서 : 구리>알루미늄>연강>스테인리스강
※ 열전도도가 큰 것이 냉각 속도도 크다.

**7.** 다음 중 인장 시험에서 알 수 없는 것은?

① 항복점 ② 연신율
③ 비틀림 강도 ④ 단면 수축률

해설 비틀림 강도는 비틀림 시험으로 알 수 있다.

**8.** 서브머지드 아크 용접에서 와이어 돌출 길이는 보통 와이어 지름을 기준으로 정한다. 적당한 와이어 돌출 길이는 와이어 지름의 몇 배가 가장 적합한가?

① 2배 ② 4배
③ 6배 ④ 8배

해설 SAW 와이어 돌출 길이는 와이어 지름의 8배 정도가 적당하다.

**9.** 용접봉의 습기가 원인이 되어 발생하는 결함으로 가장 적절한 것은?

① 기공 ② 변형
③ 용입 불량 ④ 슬래그 섞임

해설 기공 방지 : 용접봉 건조, 모재 청정

**10.** 저항 용접의 특징으로 틀린 것은?

① 산화 및 변질 부분이 적다.
② 용접봉, 용제 등이 불필요하다.
③ 작업 속도가 빠르고 대량 생산에 적합하다.
④ 열손실이 많고, 용접부에 집중열을 가할 수 없다.

해설 저항 용접 : 열손실이 적고, 용접부에 집중열을 가할 수 있다.

**11.** 다음 중 불활성 가스인 것은?

① 산소 ② 헬륨
③ 탄소 ④ 이산화탄소

해설 불활성 가스 : 아르곤, 헬륨, 네온 등이 있으며, 용접에는 주로 아르곤과 헬륨이 사용된다.

**12.** 은 납땜이나 황동 납땜에 사용되는 용제(flux)는?

① 붕사 ② 송진
③ 염산 ④ 염화암모늄

해설 동합금 용접에 붕사가 많이 사용된다.
※ ②, ③, ④는 연납용 용제

**13.** 아크 용접기의 사용에 대한 설명으로 틀린 것은?

① 사용률을 초과하여 사용하지 않는다.
② 무부하 전압이 높은 용접기를 사용한다.
③ 전격 방지기가 부착된 용접기를 사용한다.
④ 용접기 케이스는 접지(earth)를 확실히 해둔다.

해설 가급적 무부하 전압이 낮은 것이 좋다.

**14.** 용접 순서에 관한 설명으로 틀린 것은?

① 중심선에 대하여 대칭으로 용접한다.
② 수축이 적은 이음을 먼저하고 수축이 큰 이음은 후에 용접한다.
③ 용접선의 직각 단면 중심축에 대하여 용접의 수축력의 합이 0이 되도록 한다.
④ 동일 평면 내에 많은 이음이 있을 때는 수축은 가능한 자유단으로 보낸다.

해설 용접 우선순위 : 수축이 큰 이음을 먼저 하고 수축이 작은 이음은 후에 용접한다.

정답 7. ③ 8. ④ 9. ① 10. ④ 11. ② 12. ① 13. ② 14. ②

**15.** 다음 중 TIG 용접 시 주로 사용되는 가스는 무엇인가?

① $CO_2$ ② $O_2$
③ $O_2$ ④ Ar

해설 TIG 용접 : 텅스텐 불활성 가스 아크 용접으로 사용하는 불활성 가스는 아르곤(Ar), 헬륨(He)이다.

**16.** 서브머지드 아크 용접법에서 두 전극 사이의 복사열에 의한 용접은?

① 탠덤식 ② 횡직렬식
③ 횡병렬식 ④ 종병렬식

해설 횡직렬식 : 아크 복사열에 의해 용접되며, 용입이 매우 얕고 자기 불림이 생길 수 있다.
※ 다전극 방식 : ①, ②, ③, 종병렬식은 없다.

**17.** 다음 중 유도 방사에 의한 광의 증폭을 이용하여 용융하는 용접법은?

① 맥동 용접 ② 스터드 용접
③ 레이저 용접 ④ 피복 아크 용접

해설 레이저 용접은 고밀도 용접으로 열 영향부가 좁다.

**18.** 심 용접의 종류가 아닌 것은?

① 횡 심 용접(circular seam welding)
② 매시 심 용접(mash seam welding)
③ 포일 심 용접(foil seam welding)
④ 맞대기 심 용접(butt seam welding)

해설 횡 심 용접은 없다.

**19.** 맞대기 용접 이음에서 판 두께가 6mm, 용접선 길이가 120mm, 인장응력이 9.5N/mm$^2$일 때 모재가 받는 하중은 몇 N인가?

① 5680 ② 5860
③ 6480 ④ 6840

해설 $P=\sigma A=9.5\times6\times120=6840\,\mathrm{N}$

**20.** 제품을 용접한 후 일부분이 언더컷이 발생하였을 때 보수 방법으로 가장 적당한 것은?

① 홈을 만들어 용접한다.
② 결함 부분을 절단하고 재용접한다.
③ 가는 용접봉을 사용하여 재용접한다.
④ 용접부 전체 부분을 가우징으로 따낸 후 재용접한다.

해설 언더컷 보수는 가는 봉을 사용하여 재용접한다.

**21.** 다음 중 일렉트로 가스 아크 용접의 특징으로 옳은 것은?

① 용접 속도는 자동으로 조절된다.
② 판 두께가 얇을수록 경제적이다.
③ 용접 장치가 복잡하여 취급이 어렵고 고도의 숙련을 요한다.
④ 스패터 및 가스의 발생이 적고, 용접 작업 시 바람의 영향을 받지 않는다.

해설 일렉트로 가스 아크 용접 : 판 두께가 두꺼울수록 경제적이다.

**22.** 다음 중 연소의 3요소에 해당하지 않는 것은?

① 가연물 ② 부촉매
③ 산소 공급원 ④ 점화원

해설 연소의 3요소 : 가연물, 산소, 점화원

정답 15. ④ 16. ② 17. ③ 18. ① 19. ④ 20. ③ 21. ① 22. ②

**23.** 일미나이트계 용접봉을 비롯하여 대부분의 피복 아크 용접봉을 사용할 때 많이 볼 수 있으며, 미세한 용적이 날려서 옮겨 가는 용접 이행 방식은?

① 단락형 ② 누적형
③ 스프레이형 ④ 글로뷸러형

해설 스프레이(분무)형 : 고산화티탄계, 일미나이트계 등에서 발생한다.

**24.** 가스 절단 작업에서 절단 속도에 영향을 주는 요인과 가장 관계가 먼 것은?

① 모재의 온도
② 산소의 압력
③ 산소의 순도
④ 아세틸렌 압력

해설 아세틸렌 압력은 절단 속도에 영향을 미치지 않는다.

**25.** 산소-프로판 가스 절단에서 프로판 가스 1에 대하여 얼마의 비율로 산소를 필요로 하는가?

① 1.5 ② 2.5
③ 4.5 ④ 6

해설 산소-프로판 가스 절단에서 프로판 가스 1에 산소가 4.5배 소요된다.

**26.** 산소 용기를 취급할 때 주의사항으론 가장 적합한 것은?

① 산소 밸브의 개폐는 빨리 해야 한다.
② 운반 중에 충격을 주지 말아야 한다.
③ 직사광선이 쬐이는 곳에 두어야 한다.
④ 산소 용기의 누설 시험에는 순수한 물을 사용해야 한다.

해설 산소 용기는 직사광선이 없는 곳, 40℃ 이하인 곳에 보관한다.

**27.** 산소-아세틸렌 가스 용접기로 두께가 3.2mm인 연강판을 V형 맞대기 이음을 하려면 이에 적합한 연강용 가스 용접봉의 지름(mm)을 계산식에 의해 구하면 얼마인가?

① 2.6 ② 3.2
③ 3.6 ④ 4.6

해설 가스 용접봉 지름 $= \frac{3.2}{2} + 1 = 2.6\,\text{mm}$

**28.** 용접용 2차 측 케이블의 유연성을 확보하기 위하여 주로 사용하는 캡 타이어 전선에 대한 설명으로 옳은 것은?

① 가는 구리선을 여러 개로 꼬아 얇은 종이로 싸고 그 위에 니켈 피복을 한 것
② 가는 구리선을 여러 개로 꼬아 튼튼한 종이로 싸고 그 위에 고무 피복을 한 것
③ 가는 알루미늄선을 여러 개로 꼬아 튼튼한 종이로 싸고 그 위에 니켈 피복을 한 것
④ 가는 알루미늄선을 여러 개로 꼬아 얇은 종이로 싸고 그 위에 고무 피복을 한 것

해설 용접기의 2차 케이블 : 작업 시 부드럽게 하기 위해 가는 구리선을 여러 개로 꼬아 튼튼한 종이로 싸고 고무 피복을 한 것을 사용한다.

**29.** 아크 용접기의 구비 조건으로 틀린 것은?

① 효율이 좋아야 한다.
② 아크가 안정되어야 한다.
③ 용접 중 온도 상승이 커야 한다.
④ 구조 및 취급이 간단해야 한다.

해설 모든 용접기는 사용 중 온도 상승이 작아야 된다.

정답 23. ③ 24. ④ 25. ③ 26. ② 27. ① 28. ② 29. ③

**30.** 아크가 발생될 때 모재에서 심선까지의 거리를 아크 길이라 한다. 아크 길이가 짧을 때 일어나는 현상은?

① 발열량이 작다.
② 스패터가 많아진다.
③ 기공 균열이 생긴다.
④ 아크가 불안정해진다.

해설 아크 길이가 짧으면 스패터, 기공이 적으나 발열량이 작아진다.

**31.** 아크 용접에 속하지 않는 것은?

① 스터드 용접
② 프로젝션 용접
③ 불활성 가스 아크 용접
④ 서브머지드 아크 용접

해설 프로젝션 용접은 전기저항 용접의 일종이다.

**32.** 아세틸렌($C_2H_2$) 가스의 성질로 틀린 것은?

① 비중이 1.906으로 공기보다 무겁다.
② 순수한 것은 무색, 무취의 기체이다.
③ 구리, 은, 수은과 접촉하면 폭발성 화합물을 만든다.
④ 매우 불안전한 기체이므로 공기 중에서 폭발 위험성이 크다.

해설 아세틸렌 가스의 비중은 0.906으로 공기보다 가볍다.

**33.** 피복 아크 용접에서 아크의 특성 중 정극성에 비교하여 역극성의 특징으로 틀린 것은?

① 용입이 얕다.
② 비드 폭이 좁다.
③ 용접봉의 용융이 빠르다.
④ 박판, 주철 등 비철금속의 용접에 쓰인다.

해설 직류 역극성은 비드 폭이 넓고 용입이 얕다.

**34.** 피복 아크 용접 중 용접봉의 용융 속도에 관한 설명으로 옳은 것은?

① 아크 전압×용접봉 쪽 전압강하로 결정된다.
② 단위 시간당 소비되는 전류값으로 결정된다.
③ 동일 종류 용접봉인 경우 전압에만 비례하여 결정된다.
④ 용접봉 지름이 달라도 동일 종류 용접봉인 경우 용접봉 지름에는 관계가 없다.

해설 용융 속도 : 아크 전류×용접봉 쪽 전압강하로 결정된다.

**35.** 프로판 가스의 성질에 대한 설명으로 틀린 것은?

① 기화가 어렵고 발열량이 낮다.
② 액화하기 쉽고 용기에 넣어 수송이 편리하다.
③ 온도 변화에 따른 팽창률이 크고 물에 잘 녹지 않는다.
④ 상온에서는 기체 상태이고 무색, 투명하며 약간의 냄새가 난다.

해설 프로판 가스는 기화가 쉽고 발열량이 높다.

**36.** 가스 용접에서 용제(flux)를 사용하는 가장 큰 이유는?

① 모재의 용융 온도를 낮게 하여 가스 소비량을 적게 하기 위해
② 산화 작용 및 질화 작용을 도와 용착 금속의 조직을 미세화하기 위해
③ 용접봉의 용융 속도를 느리게 하여 용접봉 소모를 적게 하기 위해

정답 30. ① 31. ② 32. ① 33. ② 34. ④ 35. ① 36. ④

④ 용접 중에 생기는 금속의 산화물 또는 비금속 개재물을 용해하여 용착 금속의 성질을 양호하게 하기 위해

해설 용제 : 용접 중에 생기는 산화물, 비금속 개재물을 용해하여 용착 금속의 성질을 양호하게 한다.

**37.** 피복 아크 용접봉에서 피복제의 역할로 틀린 것은?

① 용착 금속의 급랭을 방지한다.
② 모재 표면의 산화물을 제거한다.
③ 용착 금속의 탈산 정련 작용을 방지한다.
④ 중성 또는 환원성 분위기로 용착 금속을 보호한다.

해설 피복제는 용착 금속의 탈산 정련 작용을 하여 용탕을 깨끗하게 한다.

**38.** 가스 용접봉 선택 조건으로 틀린 것은?

① 모재와 같은 재질일 것
② 용융 온도가 모재보다 낮을 것
③ 불순물이 포함되어 있지 않을 것
④ 기계적 성질에 나쁜 영향을 주지 않을 것

해설 가스 용접봉의 용융 온도는 모재와 같은 것이 좋다.

**39.** 금속의 공통적 특성으로 틀린 것은?

① 열과 전기의 양도체이다.
② 금속 고유의 광택을 갖는다.
③ 이온화하면 음(-)이온이 된다.
④ 소성 변형성이 있어 가공하기 쉽다.

해설 금속의 공통적 특성 : ①, ②, ④ 외에 전연성이 풍부하다. 수은을 제외하고 상온에서 고체이다. 비중과 용융점이 높다.

**40.** 담금질한 강을 뜨임 열처리하는 이유는?

① 강도를 증가시키기 위하여
② 경도를 증가시키기 위하여
③ 취성을 증가시키기 위하여
④ 인성을 증가시키기 위하여

해설 뜨임 : 담금질한 강의 경도를 낮추고 인성을 증가시키기 위함(고온 뜨임의 경우)이다.

**41.** 다음 중 Fe-C 평형 상태도에서 가장 낮은 온도에서 일어나는 반응은?

① 공석 반응　　② 공정 반응
③ 포석 반응　　④ 포정 반응

해설 공석 반응 : 723℃, 공정 반응 : 1130℃

**42.** 그림과 같은 결정격자는?

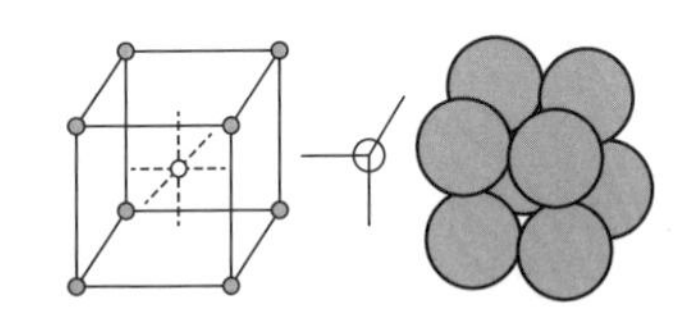

① 면심입방격자　　② 조밀육방격자
③ 저심면방격자　　④ 체심입방격자

해설 체심입방격자 : 육면체의 각 모서리에 원자 1개, 그 중심에 원자 1개가 있는 단위 격자의 모양이다.

**43.** 미세한 결정립을 가지고 있으며, 응력하에서 파단에 이르기까지 수백 % 이상의 연신율을 나타내는 합금은?

① 제진 합금　　② 초소성 합금
③ 비정질 합금　　④ 형상 기억 합금

해설 초소성 합금 : 소성의 성질이 매우 높은 합금

정답 37. ③　38. ②　39. ③　40. ④　41. ①　42. ④　43. ②

**44.** 인장 시험편의 단면적이 50mm²이고, 하중이 500kgf일 때 인장강도는 얼마인가?

① 10kgf/mm²
② 50kgf/mm²
③ 100kgf/mm²
④ 250kgf/mm²

해설 $\sigma = \frac{P}{A} = \frac{500}{50} = 10\,\text{kgf/mm}^2$

**45.** 합금 공구강 중 게이지용 강이 갖추어야 할 조건으로 틀린 것은?

① 경도는 HRC 45 이하를 가져야 한다.
② 팽창계수가 보통 강보다 작아야 한다.
③ 담금질에 의한 변형 및 균열이 없어야 한다.
④ 시간이 지남에 따라 치수의 변화가 없어야 한다.

해설 게이지용 합금 공구강 : 경도는 HRC 55 이상을 가져야 한다.

**46.** 상온에서 방치된 황동 가공재나, 저온 풀림 경화로 얻은 스프링재가 시간이 지남에 따라 경도 등 여러 가지 성질이 악화되는 현상은?

① 자연 균열
② 경년 변화
③ 탈아연 부식
④ 고온 탈아연

해설 ① 자연 균열 : 주로 저온 균열의 현상이며, 시간이 지남에 따라 발생하는 균열

**47.** Mg의 비중과 용융점(℃)은 약 얼마인가?

① 0.8, 350℃　② 1.2, 550℃
③ 1.74, 650℃　④ 2.7, 780℃

해설 마그네슘은 비중이 1.74로 금속 중에서 가장 가볍고, 용융점은 650℃이다.

**48.** Al-Si계 합금을 개량 처리하기 위해 사용되는 접종 처리제가 아닌 것은?

① 금속나트륨
② 염화나트륨
③ 불화알칼리
④ 수산화나트륨

해설 접종 처리한 대표적인 합금으로 실루민이 있다.

**49.** 다음 중 소결 탄화물 공구강이 아닌 것은?

① 듀콜(ducole)강
② 미디아(midia)
③ 카볼로이(carboloy)
④ 텅갈로이(tungalloy)

해설 듀콜강 : 망간 1~2% 함유한 저망간강

**50.** Cu 4%, Ni 2%, Mg 1.5% 등을 알루미늄에 첨가한 Al 합금으로 고온에서 기계적 성질이 매우 우수하고, 금형 주물 및 단조용으로 이용될 뿐만 아니라 자동차 피스톤용에 많이 사용되는 합금은?

① Y합금
② 슈퍼인바
③ 코슨 합금
④ 두랄루민

해설 Y합금 : 내열성이 우수한 알루미늄 합금

**51.** 판을 접어서 만든 물체를 펼친 모양으로 표시할 필요가 있는 경우 그리는 도면을 무엇이라 하는가?

정답 44. ① 45. ① 46. ② 47. ③ 48. ② 49. ① 50. ① 51. ④

① 투상도 ② 개략도
③ 입체도 ④ 전개도

해설 전개도 : 판금 작업 등에서 많이 사용되며, 판을 접어서 만든 물체를 펼친 모양으로 표시할 때 사용한다.

**52.** 재료 기호 중 SPHC의 명칭은?

① 배관용 탄소강
② 열간 압연 연강판 및 강대
③ 용접 구조용 압연 강재
④ 냉간 압연 강판 및 강대

해설 ① : SPP, ③ : SM, ④ : SPC

**53.** 그림과 같이 기점 기호를 기준으로 하여 연속된 치수선으로 치수를 기입하는 방법은 무엇인가?

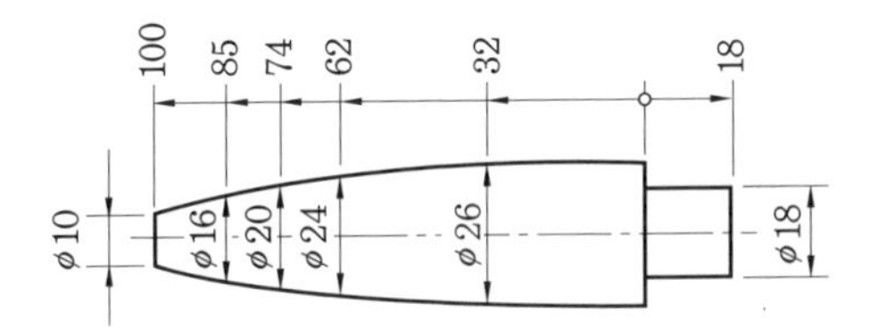


① 직렬 치수 기입법
② 병렬 치수 기입법
③ 좌표 치수 기입법
④ 누진 치수 기입법

해설 누진 치수 기입법 : 기준점을 기준으로 치수를 더하여 기입하는 법으로 치수 수치는 치수 보조선에 나란히 기입하거나 화살표 가까운 곳의 치수선 위쪽에 쓴다.

**54.** 다음 중 나사의 표시 방법에 관한 설명으로 옳은 것은?

① 수나사의 골지름은 가는 실선으로 표시한다.
② 수나사의 바깥 지름은 가는 실선으로 표시한다.
③ 암나사의 골지름은 아주 굵은 실선으로 표시 한다.
④ 완전 나사부와 불완전 나사부의 경계선은 가는 실선으로 표시한다.

해설 수나사의 바깥 지름은 굵은 실선으로 표시한다.

**55.** 다음 중 아주 굵은 실선의 용도로 가장 적합한 것은?

① 특수 가공하는 부분의 범위를 나타내는 데 사용
② 얇은 부분의 단면 도시를 명시하는 데 사용
③ 도시된 단면의 앞쪽을 표현하는 데 사용
④ 이동 한계의 위치를 표시하는 데 사용

해설 ②에 해당하는 내용으로 개스킷, 박판, 형강 등과 같이 절단면이 얇은 경우에는 절단면을 검게 칠하거나, 실제 치수와 관계없이 1개의 아주 굵은 실선으로 표시한다.

**56.** 기계 제도에서 사용하는 척도에 대한 설명으로 틀린 것은?

① 척도의 표시 방법에는 현척, 배척, 축척이 있다.
② 도면에 사용한 척도는 일반적으로 표제란에 기입한다.
③ 한 장의 도면에 서로 다른 척도를 사용할 필요가 있는 경우에는 해당되는 척도를 모두 표제란에 기입한다.
④ 척도는 대상물과 도면의 크기로 정해진다.

해설 다중 도면에서 표제란에는 주된 척도 한 가지만 나타내며, 척도가 다른 경우 해당 도면에 나타낸다.

정답 52. ② 53. ④ 54. ① 55. ② 56. ③

**57.** [보기]와 같은 입체도의 정면도로 적합한 것은?

| 보기 |

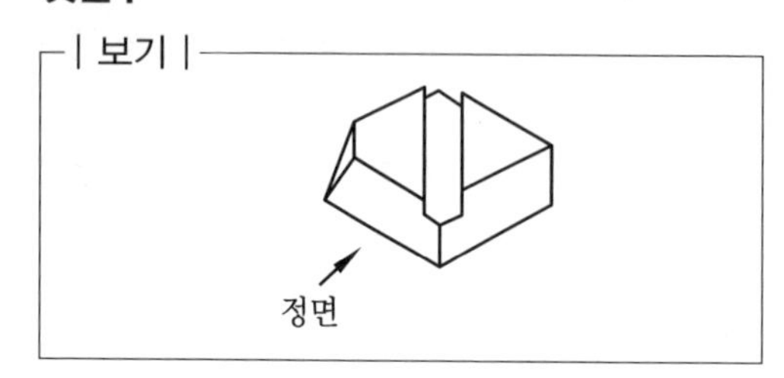


①

② 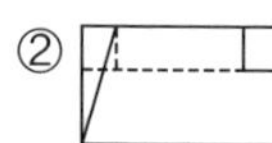

③

④ 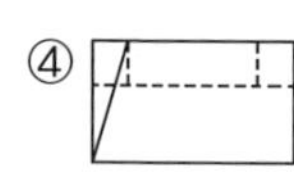

해설 입체도에서 경사 홈 부분이 좌측은 파선, 우측 수직은 보이므로 실선으로 표시한 도면이 답이다.

**58.** 용접 보조 기호 중 "제거 가능한 이면 판재 사용" 기호는?

① MR

② ——

③ ⌣

④ M

해설 ② : 평면
③ : 토우를 매끄럽게 함
④ : 제거 불가능한(영구적인) 이면 판재 사용

**59.** 배관 도시 기호에서 유량계를 나타내는 기호는?

① P

② 

③ F

④ 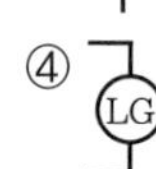


해설 ① : 압력계(P)
② : 온도계(T)

**60.** [보기] 입체도의 화살표 방향을 정면으로 한다면 좌측면도로 적합한 투상도는?

| 보기 |

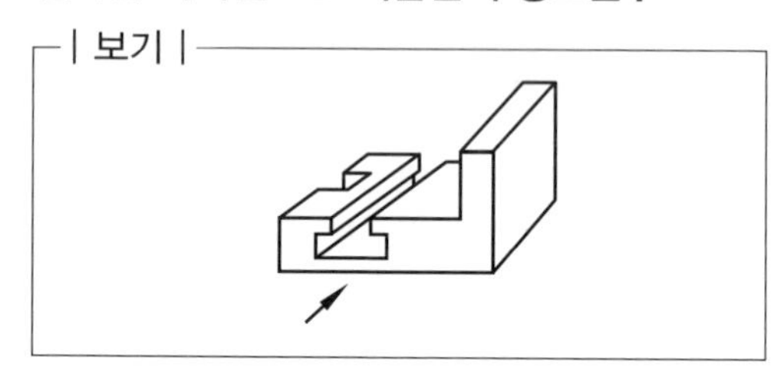

① 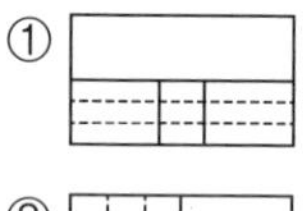

② 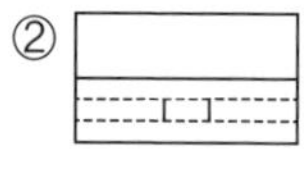

③ 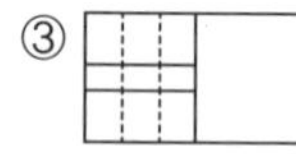

④ 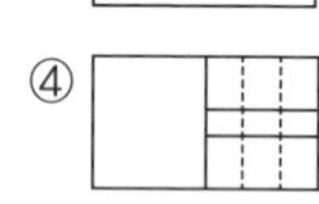

해설 입체도에서 더브테일 홈은 전체 파선, 하단 ㄷ홈의 수직선은 실선으로 표시한 도면이 답이다.

정답 57. ② 58. ① 59. ③ 60. ①

# 제12회 CBT 실전문제

2016년 7월 10일 시행

**1.** 다음 중 MIG 용접에서 사용하는 와이어 송급 방식이 아닌 것은?

① 풀(pull) 방식
② 푸시(push) 방식
③ 푸시 풀(push-pull) 방식
④ 푸시 언더(push-under) 방식

해설 MIG 용접 와이어 송급 방식 : ①, ②, ③ 외에 더블 푸시 풀 방식

**2.** 용접 결함과 그 원인의 연결이 틀린 것은?

① 언더컷-용접 전류가 너무 낮을 경우
② 슬래그 섞임-운봉 속도가 느릴 경우
③ 기공-용접부가 급속하게 응고될 경우
④ 오버랩-부적절한 운봉법을 사용했을 경우

해설 언더컷 : 전류가 너무 높을 때

**3.** 일반적으로 용접 순서를 결정할 때 유의해야 할 사항으로 틀린 것은?

① 용접물의 중심에 대하여 항상 대칭으로 용접한다.
② 수축이 작은 이음을 먼저 용접하고 수축이 큰 이음은 나중에 용접한다.
③ 용접 구조물이 조립되어감에 따라 용접 작업이 불가능한 곳이나 곤란한 경우가 생기지 않도록 한다.
④ 용접 구조물의 중립축에 대하여 용접 수축력의 모멘트 합이 0이 되게 하면 용접선 방향에 대한 굽힘을 줄일 수 있다.

해설 용접 우선순위 : 수축이 큰 이음을 먼저 용접하고 수축이 작은 이음은 나중에 용접한다.

**4.** 용접부에 생기는 결함 중 구조상의 결함이 아닌 것은?

① 기공 ② 균열
③ 변형 ④ 용입 불량

해설 치수상 결함 : 변형, 치수 불량, 형상 불량

**5.** 스터드 용접에서 내열성의 도기로 용융 금속의 산화 및 유출을 막아 주고 아크열을 집중시키는 역할을 하는 것은?

① 페룰 ② 스터드
③ 용접 토치 ④ 제어 장치

해설 페룰 : 스터드 아크 용접 시 용융 금속의 유출 방지, 아크열 집중

**6.** 다음 중 저항 용접의 3요소가 아닌 것은 어느 것인가?

① 가압력
② 통전 시간
③ 용접 토치
④ 전류의 세기

해설 저항(점) 용접 3요소 : ①, ②, ④

**7.** 다음 중 용접 이음의 종류가 아닌 것은 어느 것인가?

① 십자 이음
② 맞대기 이음
③ 변두리 이음
④ 모따기 이음

해설 용접 이음에 모따기 이음은 없다.

정답 1. ④ 2. ① 3. ② 4. ③ 5. ① 6. ③ 7. ④

**8. 다음 중 일렉트로 슬래그 용접의 장점으로 틀린 것은?**

① 용접 능률과 용접 품질이 우수하다.
② 최소한의 변형과 최단시간의 용접법이다.
③ 후판을 단일층으로 한 번에 용접할 수 있다.
④ 스패터가 많으며 80%에 가까운 용착 효율을 나타낸다.

해설 일렉트로 슬래그 용접 : 스패터가 없으며 용착 효율이 100% 가까이다.

**9. 선박, 보일러 등 두꺼운 판의 용접 시 용융 슬래그와 와이어의 저항열을 이용하여 연속적으로 상진하는 용접법은?**

① 테르밋 용접
② 넌실드 아크 용접
③ 일렉트로 슬래그 용접
④ 서브머지드 아크 용접

해설 일렉트로 슬래그 용접 : 후판의 수직 용접법의 일종이다.

**10. 스터드 용접법의 종류가 아닌 것은?**

① 아크 스터드 용접법
② 저항 스터드 용접법
③ 충격 스터드 용접법
④ 텅스텐 스터드 용접법

해설 스터드 용접에 텅스텐 스터드법은 없다.

**11. 탄산가스 아크 용접에서 용착 속도에 관한 내용으로 틀린 것은?**

① 용접 속도가 빠르면 모재의 입열이 감소한다.
② 용착률은 일반적으로 아크 전압이 높은 쪽이 좋다.
③ 와이어 용융 속도는 와이어의 지름과는 거의 관계가 없다.
④ 와이어 용융 속도는 아크 전류에 거의 정비례하며 증가한다.

해설 용착률은 일반적으로 아크 전류가 높은 쪽이 좋다.

**12. 용접 결함 중 은점의 원인이 되는 주된 원소는?**

① 헬륨 ② 수소
③ 아르곤 ④ 이산화탄소

해설 은점 : 수소가 주 원인이라는 설이 있으며, 조직 결함의 일종이다.

**13. 플래시 버트 용접 과정의 3단계는?**

① 업셋, 예열, 후열
② 예열, 검사, 플래시
③ 예열, 플래시, 업셋
④ 업셋, 플래시, 후열

해설 플래시 버트 용접 과정 : 초기 예열한 후 플래시가 발생하여 용융되면 업셋한다.

**14. 다음 중 제품별 노내 및 국부 풀림의 유지 온도와 시간이 올바르게 연결된 것은?**

① 탄소강 주강품 : 625±25℃, 판 두께 25mm에 대하여 1시간
② 기계 구조용 연강재 : 725±25℃, 판 두께 25mm에 대하여 1시간
③ 보일러용 압연 강재 : 625±25℃, 판 두께 25mm에 대하여 4시간
④ 용접 구조용 연강재 : 725±25℃, 판 두께 25mm에 대하여 2시간

해설 탄소강 주강품 예열 : 600~650℃에서 1시간 정도 풀림을 유지한다.

정답 8. ④ 9. ③ 10. ④ 11. ② 12. ② 13. ③ 14. ①

**15.** 용접 시공에서 다층 쌓기로 작업하는 용착법이 아닌 것은?

① 스킵법
② 빌드업법
③ 전진 블록법
④ 캐스케이드법

해설 스킵법(비석법) : 박판의 변형 방지에 효과가 크며, 용접 길이를 짧게 나누어 간격을 두고 용접 후 다시 그 사이를 용접하는 용착법이다.

**16.** 예열의 목적에 대한 설명으로 틀린 것은?

① 수소의 방출을 용이하게 하여 저온 균열을 방지한다.
② 열 영향부와 용착 금속의 경화를 방지하고 연성을 증가시킨다.
③ 용접부의 기계적 성질을 향상시키고 경화 조직의 석출을 촉진시킨다.
④ 온도 분포가 완만하게 되어 열응력의 감소로 변형과 잔류 응력의 발생을 적게 한다.

해설 예열 목적 : 경화 조직 연화, 조직 미세화

**17.** 용접 작업에서 전격의 방지 대책으로 틀린 것은?

① 땀, 물 등에 의해 젖은 작업복, 장갑 등은 착용하지 않는다.
② 텅스텐 봉을 교체할 때 항상 전원 스위치를 차단하고 작업한다.
③ 절연 홀더의 절연 부분이 노출, 파손되면 즉시 보수하거나 교체한다.
④ 가죽장갑, 앞치마, 발 덮개 등 보호구를 반드시 착용하지 않아도 된다.

해설 전격 방지 : 습기 없는 보호구를 반드시 착용해야 한다.

**18.** MIG 용접의 전류 밀도는 TIG 용접의 약 몇 배 정도인가?

① 2　　② 4
③ 6　　④ 8

해설 MIG 용접의 전류 밀도 : TIG 용접의 약 2배이고, 피복 아크 용접보다 5～8배 크다.

**19.** 다음 중 파괴 시험에서 기계적 시험에 속하지 않는 것은?

① 경도 시험　　② 굽힘 시험
③ 부식 시험　　④ 충격 시험

해설 부식 시험 : 금속학적 파괴 시험

**20.** 서브머지드 아크 용접에서 용제의 구비 조건에 대한 설명으로 틀린 것은?

① 용접 후 슬래그(slag)의 박리가 어려울 것
② 적당한 입도를 갖고 아크 보호성이 우수할 것
③ 아크 발생을 안정시켜 안정된 용접을 할 수 있을 것
④ 적당한 합금 성분을 첨가하여 탈황, 탈산 등의 정련 작용을 할 것

해설 모든 용접은 슬래그 박리(제거)가 쉬워야 된다.

**21.** 다음 중 초음파 탐상법에 속하지 않는 것은?

① 공진법　　② 투과법
③ 프로드법　　④ 펄스 반사법

해설 프로드법은 자분 탐상법의 일종이다.

정답 15. ① 16. ③ 17. ④ 18. ① 19. ③ 20. ① 21. ③

**22.** 화재 및 소화기에 관한 내용으로 틀린 것은?

① A급 화재란 일반 화재를 뜻한다.
② C급 화재란 유류 화재를 뜻한다.
③ A급 화재에는 포말 소화기가 적합하다.
④ C급 화재에는 $CO_2$ 소화기가 적합하다.

해설 C급 화재 : 전기 화재

**23.** TIG 절단에 관한 설명으로 틀린 것은?

① 전원은 직류 역극성을 사용한다.
② 절단면이 매끈하고 열효율이 좋으며 능률이 대단히 높다.
③ 아크 냉각용 가스에는 아르곤과 수소의 혼합 가스를 사용한다.
④ 알루미늄, 마그네슘, 구리와 구리 합금, 스테인리스강 등 비철금속의 절단에 이용한다.

해설 TIG 절단에는 직류 정극성이 적합하다.

**24.** 기계적 접합법에 속하지 않는 것은?

① 리벳 ② 용접
③ 접어 잇기 ④ 볼트 이음

해설 용접 : 야금학적 접합법의 일종이다.

**25.** 다음 중 아크 절단에 속하지 않는 것은?

① MIG 절단 ② 분말 절단
③ TIG 절단 ④ 플라스마 제트 절단

해설 분말 절단 : 스테인리스강 등 일반 가스 절단이 곤란한 금속의 경우 가스 절단에 분말을 혼합하여 절단하는 방법

**26.** 가스 절단 작업 시 표준 드래그 길이는 일반적으로 모재 두께의 몇 % 정도인가?

① 5 ② 10
③ 20 ④ 30

해설 표준 드래그 길이는 판 두께의 20%로 한다.

**27.** 용접 중에 아크를 중단시키면 중단된 부분이 오목하거나 납작하게 파진 모습으로 남게 되는 것은?

① 피트 ② 언더컷
③ 오버랩 ④ 크레이터

해설 ② 언더컷 : 과대 전류 사용 시 모재와 비드 경계 사이가 오목하게 파이는 결함

**28.** 10000~30000℃의 높은 열에너지를 가진 열원을 이용하여 금속을 절단하는 절단법은?

① TIG 절단법
② 탄소 아크 절단법
③ 금속 아크 절단법
④ 플라스마 제트 절단법

해설 플라스마 제트 절단 : 플라스마의 고열과 고압 공기 등을 이용하여 절단하는 법

**29.** 일반적인 용접의 특징으로 틀린 것은?

① 재료의 두께에 제한이 없다.
② 작업 공정이 단축되며 경제적이다.
③ 보수와 수리가 어렵고 제작비가 많이 든다.
④ 제품의 성능과 수명이 향상되며 이종 재료도 용접이 가능하다.

해설 용접의 장점 : 기계적 접합법에 비해 보수가 쉽고 제작비가 저렴하다.

**30.** 연강용 피복 아크 용접봉의 종류에 따른 피복제 계통이 틀린 것은?

정답 22. ② 23. ① 24. ② 25. ② 26. ③ 27. ④ 28. ④ 29. ③ 30. ④

① E 4340 : 특수계
② E 4316 : 저수소계
③ E 4327 : 철분산화철계
④ E 4313 : 철분산화티탄계

해설 • E 4313 : 고산화티탄계
• E 4324 : 철분산화티탄계

**31.** **아크 쏠림 방지 대책으로 틀린 것은?**

① 접지점 2개를 연결할 것
② 용접봉 끝은 아크 쏠림 반대 방향으로 기울일 것
③ 접지점을 될 수 있는 대로 용접부에서 가까이할 것
④ 큰 가접부 또는 이미 용접이 끝난 용착부를 향하여 용접할 것

해설 아크 쏠림 방지 : 접지점을 될 수 있는 대로 용접부에서 멀리할 것

**32.** **일반적으로 두께가 3.2 mm인 연강판을 가스 용접하기에 가장 적합한 용접봉의 직경은?**

① 약 2.6mm ② 약 4.0mm
③ 약 5.0mm ④ 약 6.0mm

해설 가스 용접봉 지름 $= \frac{3.2}{2} + 1 = 2.6\text{mm}$

**33.** **양호한 절단면을 얻기 위한 조건으로 틀린 것은?**

① 드래그가 가능한 클 것
② 슬래그 이탈이 양호할 것
③ 절단면 표면의 각이 예리할 것
④ 절단면이 평활하고 드래그의 홈이 낮을 것

해설 양호한 절단면은 드래그가 가능한 작아야 된다.

**34.** **산소-아세틸렌 가스 절단과 비교하여 산소-프로판 가스 절단의 특징으로 틀린 것은 어느 것인가?**

① 슬래그 제거가 쉽다.
② 절단면 윗 모서리가 잘 녹지 않는다.
③ 후판 절단 시에는 아세틸렌보다 절단 속도가 느리다.
④ 포갬 절단 시에는 아세틸렌보다 절단 속도가 빠르다.

해설 후판 절단 시 산소-프로판 절단이 산소-아세틸렌보다 절단 속도가 빠르다.

**35.** **용접기의 사용률(duty cycle)을 구하는 공식으로 옳은 것은?**

① 사용률(%)=휴식 시간/(휴식 시간+아크 발생 시간)×100
② 사용률(%)=아크 발생 시간/(아크 발생 시간+휴식 시간)×100
③ 사용률(%)=아크 발생 시간/(아크 발생 시간−휴식 시간)×100
④ 사용률(%)=휴식 시간/(아크 발생 시간−휴식 시간)×100

해설 용접기의 사용률은 10분 단위로 하며, 총 작업 시간 중 실제 아크 발생 시간의 비를 말한다.

**36.** **가스 절단에서 예열 불꽃의 역할에 대한 설명으로 틀린 것은?**

① 절단 산소 운동량 유지
② 절단 산소 순도 저하 방지
③ 절단 개시 발화점 온도 가열
④ 절단재의 표면 스케일 등의 박리성 저하

해설 가스 절단 시 예열 불꽃은 스케일 박리성을 향상시킨다.

정답 31. ③ 32. ① 33. ① 34. ③ 35. ② 36. ④

**37.** 가스 용접 작업에서 양호한 용접부를 얻기 위해 갖추어야 할 조건으로 틀린 것은?

① 용착 금속의 용접 상태가 균일해야 한다.
② 용접부에 첨가된 금속의 성질이 양호해야 한다.
③ 기름, 녹 등을 용접 전에 제거하여 결함을 방지한다.
④ 과열의 흔적이 있어야 하고 슬래그나 기공 등도 있어야 한다.

해설 양호한 가스 용접부는 과열의 흔적이 없고 슬래그, 기공 등의 결함이 없어야 한다.

**38.** 용접기 설치 시 1차 입력이 10kVA이고 전원 전압이 200V이면 퓨즈 용량은?

① 50A ② 100A
③ 150A ④ 200A

해설 퓨즈 용량 $=\frac{10000}{200}=50\,A$

**39.** 다음의 희토류 금속 원소 중 비중이 약 16.6, 용융점은 약 2996℃이고, 150℃ 이하에서 불활성 물질로서 내식성이 우수한 것은 무엇인가?

① Se ② Te
③ In ④ Ta

해설 Ta(탄탈륨) : 밀도가 크며 녹는점이 대단히 높고, 산에 대한 내성이 뛰어나다. 전성과 연성이 풍부한 금속이다.

**40.** 압입체의 대면각이 136°인 다이아몬드 피라미드에 하중 1~120kg을 사용하여 특히 얇은 물건이나 표면 경화된 재료의 경도를 측정하는 시험법은 무엇인가?

① 로크웰 경도 시험법
② 비커스 경도 시험법
③ 쇼어 경도 시험법
④ 브리넬 경도 시험법

해설 비커스 경도 시험법(Hv) : 대체로 경화강의 경도를 측정한다.

**41.** T.T.T 곡선에서 하부 임계 냉각 속도란?

① 50% 마텐자이트를 생성하는데 요하는 최대의 냉각 속도
② 100% 오스테나이트를 생성하는데 요하는 최소의 냉각 속도
③ 최초의 소르바이트가 나타나는 냉각 속도
④ 최초의 마텐자이트가 나타나는 냉각 속도

해설 T.T.T 곡선 : 시간-온도-변태 곡선, 항온 변태 곡선=C 곡선

**42.** 1000~1100℃에서 수중 냉각함으로써 오스테나이트 조직으로 되고, 인성 및 내마멸성 등이 우수하여 광석 파쇄기, 기차 레일, 굴삭기 등의 재료로 사용되는 것은?

① 고Mn강
② Ni-Cr강
③ Cr-Mo강
④ Mo계 고속도강

해설 고망간강 : 해드필드강이라고도 하며, 내마모성이 매우 우수한 강

**43.** 게이지용 강이 갖추어야 할 성질로 틀린 것은?

① 담금질에 의해 변형이나 균열이 없을 것
② 시간이 지남에 따라 치수 변화가 없을 것
③ HRC 55 이상의 경도를 가질 것
④ 팽창계수가 보통 강보다 클 것

정답 37. ④ 38. ① 39. ④ 40. ② 41. ④ 42. ① 43. ④

해설 게이지용 강 : 온도에 따른 팽창계수가 불변하는 불변강이 적합하다.

**44.** 두 종류 이상의 금속 특성을 복합적으로 얻을 수 있고 바이메탈 재료 등에 사용되는 합금은 무엇인가?

① 제진 합금
② 비정질 합금
③ 클래드 합금
④ 형상 기억 합금

해설 클래드 합금 : 합판, 스테인리스강+탄소강 등

**45.** 알루미늄을 주성분으로 하는 합금이 아닌 것은?

① Y합금　② 라우탈
③ 인코넬　④ 두랄루민

해설 인코넬 : 크롬과 니켈의 합금, 내열성이 매우 좋다.

**46.** 황동 중 60% Cu+40% Zn 합금으로 조직이 $\alpha+\beta$이므로 상온에서 전연성이 낮으나 강도가 큰 합금은?

① 길딩메탈(gilding metal)
② 문츠메탈(muntz metal)
③ 듀라나 메탈(durana metal)
④ 애드미럴티 메탈(admiralty metal)

해설 ④ 애드미럴티 메탈 : 7－3 황동에 주석을 1～2% 함유시킨 동합금

**47.** 가단 주철의 일반적인 특징이 아닌 것은?

① 담금질 경화성이 있다.
② 주조성이 우수하다.
③ 내식성, 내충격성이 우수하다.
④ 경도는 Si 양이 적을수록 좋다.

해설 주철에서 규소는 탄소와 비슷한 역할을 한다.

**48.** 다음 중 금속에 대한 성질을 설명한 것으로 틀린 것은?

① 모든 금속은 상온에서 고체 상태로 존재한다.
② 텅스텐(W)의 용융점은 약 3410℃이다.
③ 이리듐(Ir)의 비중은 약 22.5이다.
④ 열 및 전기의 양도체이다.

해설 수은(용융점 : －38.8℃)을 제외한 대부분의 금속은 상온에서 고체이다.

**49.** 순철이 910℃에서 $Ac_3$ 변태를 할 때 결정격자의 변화로 옳은 것은?

① BCT → FCC　② BCC → FCC
③ FCC → BCC　④ FCC → BCT

해설 순철의 $Ac_3$ 변태 : c는 가열을 뜻하며, 체심입방격자(BCC)에서 면심입방격자(FCC)로 변한다.

**50.** 압력이 일정한 Fe－C 평형 상태도에서 공정점의 자유도는?

① 0　② 1
③ 2　④ 3

해설 자유도 $F=C-P+1$
$=2$(철, 탄소)$-3$(액체, 감마 고용체, 시멘타이트)$+1=0$
여기서, $F$ : 자유도
$C$ : 구성 물질의 성분 수
$P$ : 존재하는 상의 수

정답 44. ③ 45. ③ 46. ② 47. ④ 48. ① 49. ② 50. ①

**51.** 다음 중 도면의 일반적인 구비 조건으로 관계가 가장 먼 것은?

① 대상물의 크기, 모양, 자세, 위치의 정보가 있어야 한다.
② 대상물을 명확하고 이해하기 쉬운 방법으로 표현해야 한다.
③ 도면의 보존, 검색 이용이 확실히 되도록 내용과 양식을 구비해야 한다.
④ 무역과 기술의 국제 교류가 활발하므로 대상물의 특징을 알 수 없도록 보안성을 유지해야 한다.

해설 도면은 누구나 규칙을 알면 이해할 수 있도록 한 규칙도이다.

**52.** [보기] 입체도를 제3각법으로 올바르게 투상한 것은?

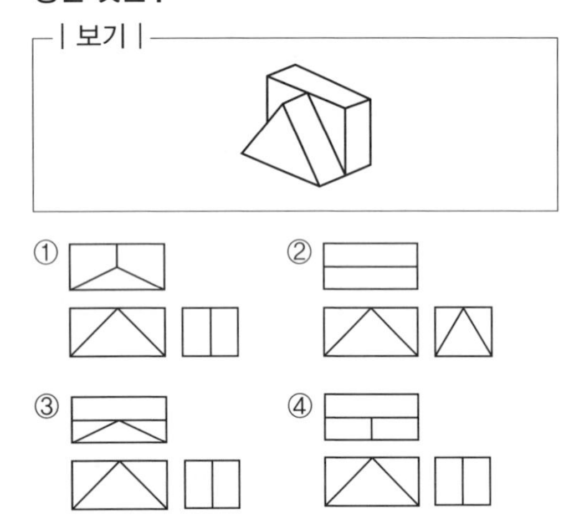

**53.** 배관도에서 유체의 종류와 문자 기호를 나타내는 것 중 틀린 것은?

① 공기 : A
② 연료 가스 : G
③ 증기 : W
④ 연료유 또는 냉동기유 : O

해설 증기 : S(steam), 물 : W(water)

**54.** 리벳의 호칭 표기법을 순서대로 나열한 것은?

① 규격 번호, 종류, 호칭 지름×길이, 재료
② 종류, 호칭 지름×길이, 규격 번호, 재료
③ 규격 번호, 종류, 재료, 호칭 지름×길이
④ 규격 번호, 호칭 지름×길이, 종류, 재료

해설 리벳의 경우 ①처럼 표기한다. 리벳의 호칭 표기법을 예로 들면 다음과 같다.
[예시] KS B 0112 열간 둥근 머리 리벳 16×40 SBV 34

**55.** 다음 중 일반적으로 긴 쪽 방향으로 절단하여 도시할 수 있는 것은?

① 리브 ② 기어의 이
③ 바퀴의 암 ④ 하우징

해설 기어의 이, 바퀴의 암 등은 길이 방향으로 절단할 수 없으며, 회전 단면이 가능하다.

**56.** 단면의 무게중심을 연결한 선을 표시하는데 사용하는 선의 종류는?

① 가는 1점 쇄선
② 가는 2점 쇄선
③ 가는 실선
④ 굵은 파선

해설 물체의 무게중심을 표시 : 가는 2점 쇄선

**57.** 다음 용접 보조 기호 중 현장 용접 기호는?

① ⌓ ② ▶(깃발)
③ ○ ④ —

해설 현장 용접 기호는 검게 칠해진 삼각 깃발로 표시한다.

정답 51. ④ 52. ④ 53. ③ 54. ① 55. ④ 56. ② 57. ②

**58.** [보기] 입체도의 화살표 방향 투상 도면으로 가장 적합한 것은?

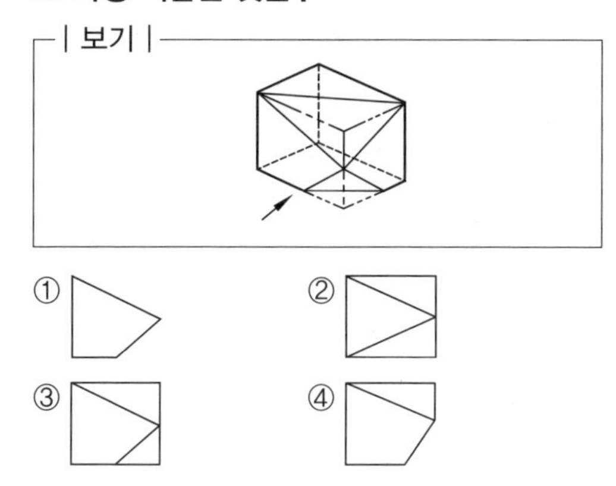


**59.** 탄소강 단강품의 재료 표시 기호 "SF 490A"에서 "490"이 나타내는 것은?

① 최저 인장강도　② 강재 종류 번호
③ 최대 항복강도　④ 강재 분류 번호

해설 490 : 최저(소) 인장강도가 490N/mm$^2$ 임을 의미한다.

**60.** 다음 중 호의 길이 치수를 나타내는 것은?

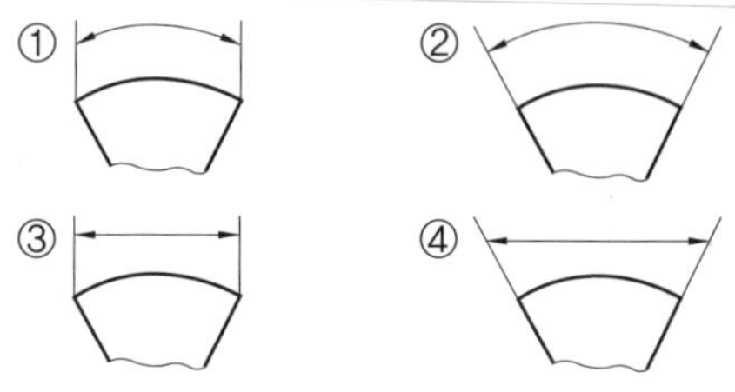


해설 원호 등을 도시할 때 치수 보조선은 그 호와 직각으로 표시하며 치수 보조선 사이에 호의 형상과 같은 화살 원호로 나타내야 한다.

정답 58. ③ 59. ① 60. ①

# 제13회 CBT 실전문제

**1.** 안전을 위하여 가죽장갑을 사용할 수 있는 작업은?

① 드릴링 작업
② 선반 작업
③ 용접 작업
④ 밀링 작업

해설 • 드릴 작업 등 회전 기계의 경우 장갑 등을 사용하면 위험도가 크다.
• 용접 장갑은 용접 작업 시 안전을 위해 필수적으로 착용하여야 한다.

**2.** $CO_2$ 가스 아크 용접을 보호 가스와 용극 가스에 의해 분류했을 때 용극식의 솔리드 와이어 혼합 가스법에 속하는 것은?

① $CO_2$+C법
② $CO_2$+CO+Ar법
③ $CO_2$+CO+$O_2$법
④ $CO_2$+Ar법

해설 용극식 혼합 가스법 : ④, $CO_2+O_2$, $CO_2+O_2+Ar$, $CO_2+O_2+Ar+He$법

**3.** 다음 중 연소를 가장 바르게 설명한 것은?

① 물질이 열을 내며 탄화한다.
② 물질이 탄산가스와 반응한다.
③ 물질이 산소와 반응하여 환원한다.
④ 물질이 산소와 반응하여 열과 빛을 발생한다.

해설 연소 : 가연성 물질이 산소와 반응하여 빛과 열을 발생하는 현상으로 물질이 산소와 화합할 때 많은 양의 빛과 열이 발생한다.

**4.** 구조물의 본용접 작업에 대하여 설명한 것 중 맞지 않는 것은?

① 위빙 폭은 심선 지름의 2~3배 정도가 적당하다.
② 용접 시단부의 기공 발생 방지 대책으로 핫 스타트(hot start) 장치를 설치한다.
③ 용접 작업 종단에 수축공을 방지하기 위하여 아크를 빨리 끊어 크레이터를 남게 한다.
④ 구조물의 끝부분이나 모서리, 구석 부분과 같이 응력이 집중되는 곳에서 용접봉을 갈아 끼우는 것을 피하여야 한다.

해설 크레이터 부분을 채우지 않고 남게 하면 균열 발생의 우려가 있다.

**5.** 대전류, 고속도 용접을 실시하므로 이음부의 청정(수분, 녹, 스케일 제거 등)에 특히 유의하여야 하는 용접은?

① 수동 피복 아크 용접
② 반자동 이산화탄소 아크 용접
③ 서브머지드 아크 용접
④ 가스 용접

해설 서브머지드 아크 용접은 대입열 용접으로 용접부의 청정이 중요하다.

**6.** $CO_2$ 가스 아크 용접 시 작업장의 $CO_2$ 가스가 몇 % 이상이면 인체에 위험한 상태가 되는가?

① 1% ② 4% ③ 10% ④ 15%

해설 • 농도가 3~4% : 두통, 뇌빈혈
• 농도가 15% 이상 : 위험 상태
• 농도가 30% 이상 : 극히 위험

정답 1. ③ 2. ④ 3. ④ 4. ③ 5. ③ 6. ④

**7.** 그림과 같이 길이가 긴 T형 필릿 용접을 할 경우에 일어나는 용접 변형의 영향은?

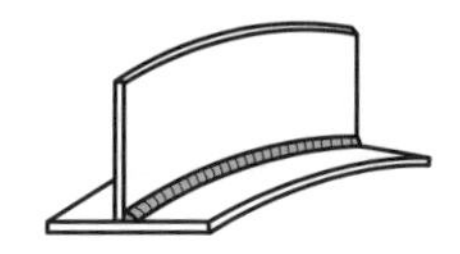

① 회전 변형
② 세로 굽힘 변형
③ 좌굴 변형
④ 가로 굽힘 변형

해설 필릿 용접에서 용접부 방향으로 생긴 변형을 종(세로) 굽힘 변형이라 한다.

**8.** 다음 중 용접부의 외관 검사 시 관찰사항이 아닌 것은?

① 용입 ② 오버랩
③ 언더컷 ④ 경도

해설 경도는 경도 시험으로 확인할 수 있다.

**9.** 용접 균열의 분류에서 발생하는 위치에 따라서 분류한 것은?

① 용착 금속 균열과 용접 열 영향부 균열
② 고온 균열과 저온 균열
③ 매크로 균열과 마이크로 균열
④ 입계 균열과 입안 균열

해설 ② : 온도에 따른 분류
③ : 미세 여부에 따른 분류

**10.** 플라스마 아크 용접 장치에서 아크 플라스마의 냉각 가스로 쓰이는 것은?

① 아르곤과 수소의 혼합 가스
② 아르곤과 산소의 혼합 가스
③ 아르곤과 메탄의 혼합 가스
④ 아르곤과 프로판의 혼합 가스

해설 플라스마 아크 용접의 냉각 가스로 아르곤과 수소의 혼합 가스가 쓰인다.

**11.** 불활성 가스 텅스텐 아크 용접에서 고주파 전류를 사용할 때의 이점이 아닌 것은?

① 전극을 모재에 접촉시키지 않아도 아크 발생이 용이하다.
② 전극을 모재에 접촉시키지 않으므로 아크가 불안정하여 아크가 끊어지기 쉽다.
③ 전극을 모재에 접촉시키지 않으므로 전극의 수명이 길다.
④ 일정한 지름의 전극에 대하여 광범위한 전류의 사용이 가능하다.

해설 TIG 용접 시 고주파 발생 장치를 사용하면 아크가 더 안정해진다.

**12.** 용접부 시험 중 비파괴 시험 방법이 아닌 것은?

① 초음파 시험
② 크리프 시험
③ 침투 시험
④ 맴돌이 전류 시험

해설 크리프 시험은 파괴 시험의 일종이다.

**13.** 다음 중 MIG 용접에서 와이어 송급 방식이 아닌 것은?

① 푸시 방식
② 풀 방식
③ 푸시 풀 방식
④ 포터블 방식

해설 MIG 용접에서 와이어 송급 방식은 ①, ②, ③ 외에 더블 푸시 풀 방식이 있다.

정답 7. ② 8. ④ 9. ① 10. ① 11. ② 12. ② 13. ④

**14.** 다음 중 오스테나이트계 스테인리스강을 용접하면 냉각하면서 고온 균열이 발생할 수 있는 경우는?

① 아크 길이가 너무 짧을 때
② 크레이터 처리를 하지 않을 때
③ 모재 표면이 청정했을 때
④ 구속력이 없는 상태에서 용접할 때

해설 스테인리스강 용접의 경우 특히 크레이터 처리가 중요하다.

**15.** 다음 용착법 중에서 비석법을 나타낸 것은 어느 것인가?

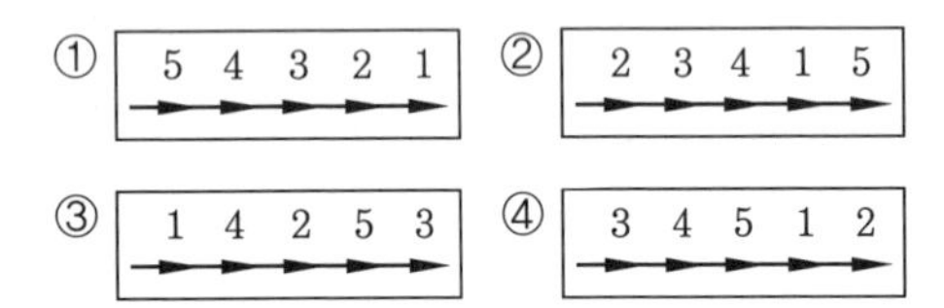


해설 ① : 후퇴법
③ : 비석법

**16.** 알루미늄을 TIG 용접법으로 접합하고자 할 경우 필요한 전원과 극성으로 가장 적합한 것은?

① 직류 정극성 ② 직류 역극성
③ 교류 저주파 ④ 교류 고주파

해설 스테인리스강, 탄소강은 직류 정극성을, 알루미늄, 마그네슘 합금 등에는 고주파 교류 전원을 사용하는 것이 좋다.

**17.** 다음 중 연납땜에 가장 많이 사용되는 용가재는?

① 주석납 ② 인동납
③ 양은납 ④ 황동납

해설 연납은 용융점이 450℃ 이하인 납으로 주석납이 가장 많이 사용된다.

**18.** 충전 가스 용기 중 암모니아 가스 용기의 도색은?

① 회색 ② 청색
③ 녹색 ④ 백색

해설 ① 회색 : LPG
② 청색 : $CO_2$ 가스
③ 녹색 : 산소

**19.** 다음 그림에서 루트 간격을 표시하는 것은 어느 것인가?

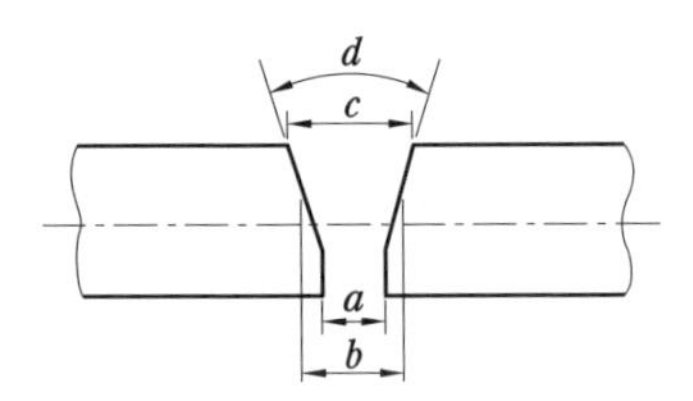


① $a$ ② $b$
③ $c$ ④ $d$

해설 그림에서 $a$는 루트 간격, $b$는 U형, J형에서의 루트 반지름, $c$는 표면 간격, $d$는 홈 각도이며 베벨 각을 나타낸다.

**20.** 일렉트로 가스 아크 용접에 주로 사용하는 실드 가스는?

① 아르곤 가스
② $CO_2$ 가스
③ 프로판 가스
④ 헬륨 가스

해설 일렉트로 가스 아크 용접은 일렉트로 슬래그 용접과 같이 후판의 수직 용접에 쓰이며, 주로 $CO_2$ 가스를 사용한다.

정답 14. ② 15. ③ 16. ④ 17. ① 18. ④ 19. ① 20. ②

**21.** 이음 형상에 따라 저항 용접을 분류할 때 맞대기 용접에 속하는 것은?

① 업셋 용접 ② 스폿 용접
③ 심 용접 ④ 프로젝션 용접

해설 맞대기 저항 용접에는 업셋 용접, 플래시 버트 용접 등이 있다.

**22.** 용접기의 보수 및 점검사항 중 잘못 설명한 것은?

① 습기나 먼지가 많은 장소는 용접기 설치를 피한다.
② 용접기 케이스와 2차 측 단자의 두 쪽 모두 접지를 피한다.
③ 가동 부분 및 냉각판을 점검하고 주유를 한다.
④ 용접 케이블의 파손된 부분은 절연 테이프로 감아준다.

해설 교류 아크 용접기는 용접기 케이스 등에 반드시 접지를 실시해야 된다.

**23.** 다음 중 교류 아크 용접기의 종류에 속하지 않는 것은?

① 가동 코일형 ② 가동 철심형
③ 전동기 구동형 ④ 탭 전환형

해설 전동기 구동형은 직류 아크 용접기의 일종이다.

**24.** 용접봉에서 모재로 용융 금속이 옮겨가는 용적 이행 상태가 아닌 것은?

① 단락형
② 스프레이형
③ 탭 전환형
④ 글로뷸러형

해설 탭 전환형은 교류 아크 용접기의 일종이다.

**25.** 가스 용접에서 탄화 불꽃의 설명과 관련이 가장 적은 것은?

① 속불꽃과 겉불꽃 사이에 밝은 백색의 제3 불꽃이 있다.
② 산화 작용이 일어나지 않는다.
③ 아세틸렌 과잉 불꽃이다.
④ 표준 불꽃이다.

해설 표준 불꽃은 중성 불꽃을 칭하는 다른 이름이다.

**26.** 교류와 직류 아크 용접기를 비교해서 직류 아크 용접기의 특징이 아닌 것은?

① 구조가 복잡하다.
② 아크의 안정성이 우수하다.
③ 비피복 용접봉 사용이 가능하다.
④ 역률이 불량하다.

해설 직류 아크 용접기는 무부하 전압이 낮아 교류 아크 용접기보다 역률이 좋다.

**27.** 전기 용접봉 E 4301은 어느 계인가?

① 저수소계
② 고산화티탄계
③ 일미나이트계
④ 라임티타니아계

해설 ① 저수소계 : E 4316
② 고산화티탄계 : E 4313
④ 라임티타니아계 : E 4303

**28.** 가스 절단 작업 시의 표준 드래그 길이는 일반적으로 모재 두께의 몇 % 정도인가?

① 5 ② 10
③ 20 ④ 30

해설 표준 드래그 길이는 판 두께의 20%로 하고 있다.

정답 21. ① 22. ② 23. ③ 24. ③ 25. ④ 26. ④ 27. ③ 28. ③

**29.** 산소 용기의 표시로 용기 윗부분에 각인이 찍혀 있다. 잘못 표시된 것은?

① 용기 제작사 명칭 및 기호
② 충전 가스 명칭
③ 용기 중량
④ 최저 충전 압력

해설 용기의 각인은 최고 충전 압력(TP)을 표시하는 각인을 나타낸다.

**30.** 피복 아크 용접기의 아크 발생 시간과 휴식 시간 전체가 10분이고 아크 발생 시간이 3분일 때 이 용접기의 사용률(%)은?

① 10%　　② 20%
③ 30%　　④ 40%

해설 피복 아크 용접기의 사용률은 10분 단위로 표시한다.

$$\text{사용률} = \frac{\text{아크 시간}}{\text{아크 시간} + \text{휴식 시간}} \times 100$$

$$= \frac{3}{10} \times 100 = 30\%$$

**31.** 다음 절단법 중에서 두꺼운 판, 주강의 슬래그 덩어리, 암석의 천공 등의 절단에 이용되는 절단법은?

① 산소창 절단　　② 수중 절단
③ 분말 절단　　④ 포갬 절단

해설 산소창 절단 : 토치의 팁 대신에 가는 강관에 산소를 공급하여 그 강관이 산화 연소할 때의 반응열로 금속을 절단하는 방법

**32.** 다음 중 직류 정극성을 나타내는 기호는?

① DCSP　　② DCCP
③ DCRP　　④ DCOP

해설 ②와 ④는 극성 기호가 없는 것이고, ③은 직류 역극성을 나타낸다.

**33.** 용접에서 직류 역극성의 설명 중 틀린 것은 어느 것인가?

① 모재의 용입이 깊다.
② 봉의 녹음이 빠르다.
③ 비드 폭이 넓다.
④ 박판, 합금강, 비철금속의 용접에 사용한다.

해설 직류 정극성은 봉의 녹음이 느리고, 비드 폭이 좁으며, 모재의 용입이 깊어 후판 용접에 적합하다.

**34.** 피복 아크 용접봉의 피복제에 합금제로 첨가되는 것은?

① 규산칼륨　　② 페로망간
③ 이산화망간　　④ 붕사

해설 합금제 : 페로망간, 페로실리콘, 페로티탄, 페로바나듐, 산화몰리브덴, 산화니켈, 망간, 크롬, 페로크롬, 니켈 등

**35.** 100A 이상 300A 미만의 피복 금속 아크 용접 시 차광유리의 차광도 번호가 가장 적합한 것은?

① 4~5번　　② 8~9번
③ 10~12번　　④ 15~16번

해설
- 금속 아크 용접 시 용접 전류가 100~200A일 때 차광도 번호는 10이다.
- 금속 아크 용접 시 용접 전류가 150~250A일 때 차광도 번호는 11이다.
- 금속 아크 용접 시 용접 전류가 200~300A일 때 차광도 번호는 12이다.

정답 29. ④　30. ③　31. ①　32. ①　33. ①　34. ②　35. ③

**36.** 가스 절단에서 절단 속도에 영향을 미치는 요소가 아닌 것은?

① 예열 불꽃의 세기
② 팁과 모재의 간격
③ 역화 방지기의 설치 유무
④ 모재의 재질과 두께

해설 역화 방지기는 연소 가스의 역류를 방지하는 기구로 절단 속도와는 무관하다.

**37.** 두께가 6.0mm인 연강판을 가스 용접하려고 할 때 가장 적합한 용접봉의 지름은 몇 mm인가?

① 1.6 ② 2.6
③ 4.0 ④ 5.0

해설 가스 용접봉 지름

$$=\frac{\text{판 두께(mm)}}{2}+1=\frac{6}{2}+1=4\,\text{mm}$$

**38.** 가스 혼합비(가연성 가스 : 산소)가 최적의 상태일 때 가연성 가스의 소모량이 1이면 산소의 소모량이 가장 적은 가스는?

① 메탄 ② 프로판
③ 수소 ④ 아세틸렌

해설 산소(4.5)의 소비량이 가장 많은 가연성 가스는 프로판(1)이다.

**39.** 가변압식 토치의 팁 번호 400번을 사용하여 표준 불꽃으로 2시간 동안 용접할 때 아세틸렌 가스의 소비량은 몇 L인가?

① 400 ② 800
③ 1600 ④ 2400

해설 가변압식(B형) 토치 팁은 1시간 동안 표준 불꽃으로 용접할 경우 분출되는 가스의 소비량을 L로 나타낸다.

**40.** 탄소강에 관한 설명으로 옳은 것은?

① 탄소가 많을수록 가공 변형은 어렵다.
② 탄소강의 내식성은 탄소가 증가할수록 증가한다.
③ 아공석강에서 탄소가 많을수록 인장강도가 감소한다.
④ 아공석강에서 탄소가 많을수록 경도가 감소한다.

해설 탄소강은 탄소량이 증가할수록 경도, 강도가 증가하게 되므로 가공 변형이 어렵다.

**41.** 두랄루민(duralumin)의 합금 성분은?

① Al+Cu+Sn+Zn
② Al+Cu+Si+Mo
③ Al+Cu+Ni+Fe
④ Al+Cu+Mg+Mn

해설 두랄루민은 경도가 높고 기계적 성질이 우수하여 항공기나 경주용 자동차 등을 만드는데 쓰인다.

**42.** 용접 재료에서 강의 사용 시 탄소 함량은 약 얼마 정도가 용접성이 좋은가?

① 0.5% 이상 ② 0.2% 이하
③ 0.6% ④ 1% 이상

해설 탄소가 많은 강일수록 균열이 생기며, 용접이 저하된다. 연신율이 적어서 취성이 커진다.

**43.** 다음 금속의 기계적 성질에 대한 설명 중 틀린 것은?

① 탄성 : 금속에 외력을 가해 변형되었다가 외력을 제거했을 때 원래 상태로 돌아오는 성질
② 경도 : 금속 표면이 외력에 저항하는 성질,

정답 36. ③ 37. ③ 38. ③ 39. ② 40. ① 41. ④ 42. ② 43. ④

즉 물체의 기계적인 단단함의 정도를 나타내는 것

③ 취성 : 강도가 크면서 연성이 없는 것, 즉 물체가 약간의 변형에도 견디지 못하고 파괴되는 성질

④ 피로 : 재료에 인장과 압축하중을 오랜 시간 동안 연속적으로 되풀이하여도 파괴되지 않는 현상

해설 피로 : 항복점 이하의 작은 하중이라도 장시간 반복하면 파괴되는 현상

**44.** **다이캐스팅 합금강 재료의 요구 조건에 해당되지 않는 것은?**

① 유동성이 좋아야 한다.
② 열간 메짐성(취성)이 적어야 한다.
③ 금형에 대한 점착성이 좋아야 한다.
④ 응고 수축에 대한 용탕 보급성이 좋아야 한다.

해설 다이캐스팅 : 금형에 용융 금속을 주입하여 주조하는 방법으로 용탕이 금형에 접착하는 성질이 적어야 된다.

**45.** **강을 담금질할 때 다음 냉각액 중에서 냉각 효과가 가장 빠른 것은?**

① 기름 ② 공기
③ 물 ④ 소금물

해설 냉각 효과가 큰 순서 : 소금물 > 물 > 기름 > 공기

**46.** **주석 청동 중에 납(Pb)을 3~26% 첨가한 것으로 베어링 패킹 재료 등에 널리 사용되는 것은?**

① 인청동 ② 연청동
③ 규소 청동 ④ 베릴륨 청동

해설 • 연청동 : 주석 청동 중에 납(Pb)을 3~26% 첨가한 것
• 인청동 : 청동에 인을 첨가한 합금

**47.** **페라이트계 스테인리스강의 특징이 아닌 것은?**

① 표면 연마된 것은 공기나 물에 부식되지 않는다.
② 질산에는 침식되나 염산에는 침식되지 않는다.
③ 오스테나이트계에 비하여 내산성이 낮다.
④ 풀림 상태 또는 표면이 거친 것은 부식되기 쉽다.

해설 스테인리스강은 염산에는 침식이 잘 된다.

**48.** **다음은 Mg(마그네슘)의 특성을 나타낸 것이다. 틀린 것은?**

① Fe, Ni 및 Cu 등의 함유에 의하여 내식성이 대단히 좋다.
② 비중이 1.74로 실용 금속 중에서 매우 가볍다.
③ 알칼리에는 견디나 산이나 열에는 약하다.
④ 바닷물에 대단히 약하다.

해설 마그네슘은 내식성이 약해서 망간, 아연 등을 합금하여 내식성을 개선시킨다.

**49.** **다음은 주강에 대한 설명이다. 잘못된 것은?**

① 용접에 의한 보수가 용이하다.
② 주철에 비해 기계적 성질이 우수하다.
③ 주철로서는 강도가 부족할 경우에 사용한다.
④ 주철에 비해 용융점이 낮고 수축률이 크다.

해설 주강은 주철에 비해 용융점이 많이 높고 수축률이 크다.

정답 44. ③ 45. ④ 46. ② 47. ② 48. ① 49. ④

**50.** 가볍고 강하며 내식성이 우수하나 600℃ 이상에서는 급격히 산화되어 TIG 용접 시 용접 토치에 특수(shield gas) 장치가 반드시 필요한 금속은?

① Al ② Ti
③ Mg ④ Cu

해설 티타늄(Ti) 용접 시 청정과 보호 가스 장치는 필수이다.

**51.** 그림의 형강을 올바르게 나타낸 치수 표시법은? (단, 형강 길이는 $K$이다.)

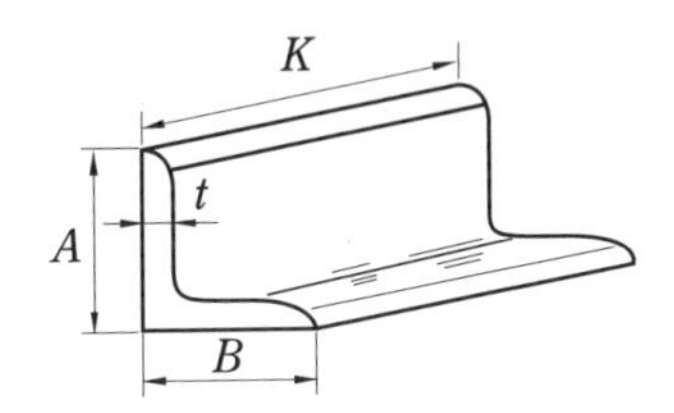


① L 75×50×5×$K$ ② L 75×50×5−$K$
③ L 50×75×5−$K$ ④ L 50×75×5×$K$

해설 형강 표시 : L $A$(장축 길이)×$B$(단축 길이)×$t$(두께)−형강 길이

**52.** 기계 제도에 관한 일반사항의 설명으로 틀린 것은?

① 도형의 크기와 대상물의 크기와의 사이에는 올바른 비례관계를 보유하도록 그린다. 다만 잘못 볼 염려가 없다고 생각되는 도면은 도면의 일부 또는 전부에 대하여 이 비례관계는 지키지 않아도 좋다.
② 선의 굵기 방향의 중심은 선의 이론상 그려야 할 위치 위에 있어야 한다.
③ 서로 근접하여 그리는 선의 선 간격(중심거리)은 원칙적으로 평행선의 경우 선의 굵기의 3배 이상으로 하고 선과 선의 간격은 0.7mm 이상으로 하는 것이 좋다.
④ 투명한 재료로 만들어지는 대상물 또는 부분은 투상도에서 전부 투명한 것(없는 것)으로 하여 나타낸다.

해설 투명한 재료라도 도면에서는 있는 것으로 표시해야 된다.

**53.** [보기]와 같은 제3각 투상도에 가장 적합한 입체도는?

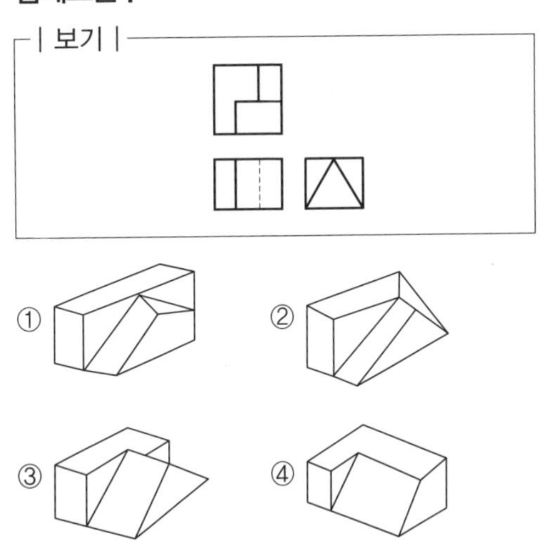


해설 우측면도를 볼 때 가장 적합한 형상은 ③이다.

**54.** 배관 제도 밸브 도시 기호에서 일반 밸브가 닫힌 상태를 도시한 것은?

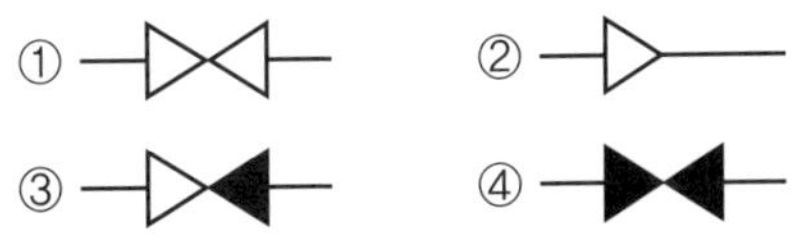


해설 밸브 및 콕이 닫혀 있는 상태는 그림 기호를 칠하여 표시하든가 글자 C를 첨가해서 표시한다.

정답 50. ② 51. ② 52. ④ 53. ③ 54. ④

**55.** 다음 용접 기호의 설명으로 옳은 것은?

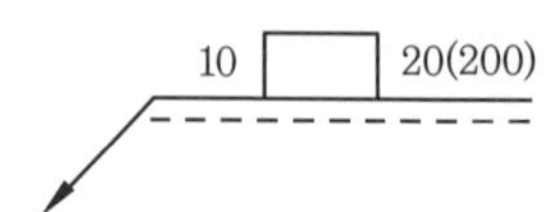


① 플러그 용접을 의미한다.
② 용접부 지름은 20mm이다.
③ 용접부 간격은 10mm이다.
④ 용접부 수는 200개이다.

해설 플러그 용접으로 용접부 지름 10mm, 용접부 간격 200mm, 용접부 수는 20개이다.

**56.** 정투상법의 제1각법과 제3각법에서 배열 위치가 정면도를 기준으로 동일한 위치에 놓이는 투상도는?

① 좌측면도　② 평면도
③ 저면도　④ 배면도

해설 1, 3각법 모두 동일한 위치에 놓이는 것은 정면도와 배면도이다.

**57.** 다음 중 원기둥의 전개에 가장 적합한 전개 도법은?

① 평행선 전개도법
② 방사선 전개도법
③ 삼각형 전개도법
④ 역삼각형 전개도법

해설 역삼각형 전개도법은 전개 방법에 없는 방법이며, 원기둥에 적합한 방법은 평행 전개도법이다. 원뿔 전개에는 방사선 전개법이 적합하다.

**58.** 관의 두께를 나타내는 치수 보조 기호는?

① C　② R
③ □　④ $t$

해설 ① C : 모따기
② R : 반지름
③ □ : 정사각형

**59.** KS 재료 기호 SM10C에서 10C는 무엇을 뜻하는가?

① 제작 방법
② 종별 번호
③ 탄소 함유량
④ 최저 인장강도

해설 숫자 뒤에 C가 붙으면 탄소 함유량을 나타낸다.

**60.** 토륨 텅스텐 전극봉에 대한 설명으로 맞는 것은?

① 전자 방사 능력이 떨어진다.
② 아크 발생이 어렵고 불순물 부착이 많다.
③ 직류 정극성에는 좋으나 교류에는 좋지 않다.
④ 전극의 소모가 많다.

해설 토륨 텅스텐 전극봉은 직류 정극성(DCSP)에는 좋으나 교류(AC)에는 좋지 않으며, 용도는 강이나 스테인리스강 용접 시 사용된다.

정답 55. ①　56. ④　57. ①　58. ④　59. ③　60. ③

# 제14회 CBT 실전문제

**1. 다음은 아크 용접과 가스 용접을 비교한 것이다. 아크 용접의 장점이 아닌 것은 어느 것인가?**

① 용접 변형이 적다.
② 모재 가열 시 열량 조절이 비교적 자유롭다.
③ 작업 속도가 빠르다.
④ 폭발의 위험성이 없다.

해설 가스 용접의 장점
㉮ 용융 범위가 넓다.
㉯ 전기가 필요 없다.
㉰ 가열 시 열량 조절이 비교적 자유롭다.
㉱ 박판 용접에 적당하다.
㉲ 유해 광선 발생이 적다.
㉳ 용접 장치의 설비가 용이하다.

**2. 다음 중 용접법의 종류가 아닌 것은?**

① 압접 ② 납땜
③ 융접 ④ 단접

해설 용접에는 융접, 압접, 납땜 등이 있다.

**3. 아세틸렌 발생기를 사용하여 용접하는 경우 아세틸렌 가스의 역류나 역화 또는 인화로 발생기가 폭발되는 위험을 방지하기 위해 사용되는 기구는?**

① 청정기 ② 안전기
③ 조정기 ④ 차단기

해설 • 안전기 : 토치로부터 발생되는 역류, 역화, 인화 시의 불꽃 및 가스의 흐름을 차단하는 장치이다.
• 청정기 : 아세틸렌 발생기에서 카바이드로부터 아세틸렌 가스를 발생시킬 때, 석회 분말, 황화수소, 인화수소 등의 불순물이 발생되는데 이것을 제거하는 장치이다.
• 조정기 : 산소, 아세틸렌 용기의 압력을 용접 작업하는데 적당하도록 조절하는 장치이다.

**4. 다음 용접법 중 전기저항 용접은 어느 것인가?**

① 전자 빔 용접
② 원자 수소 용접
③ 프로젝션 용접
④ 테르밋 용접

해설 용접 방법에 의해 크게 겹치기 저항 용접과 맞대기 저항 용접으로 나뉠 수 있고 겹치기 저항 용접은 점 용접, 심 용접, 프로젝션 용접(돌기 용접)으로 나뉘며, 맞대기 저항 용접은 업셋 용접, 플래시 용접, 퍼커션 용접(충격 용접)으로 나뉜다.

**5. 경납땜에 관한 설명 중 틀린 것은?**

① 용융 온도가 450℃ 이상의 납땜 작업이다.
② 연납에 비해 높은 강도를 갖는다.
③ 가스 토치 및 램프가 필요하다.
④ 용제가 필요 없다.

해설 용제로는 알칼리, 붕사($Na_2B_4O_7$), 붕산($H_3BO_3$) 등이 있다.

**6. 일반적으로 스텃 용접의 아크 발생 시간은?**

① 0.1～2초 정도

정답 1. ② 2. ④ 3. ② 4. ③ 5. ④ 6. ①

② 3~4초 정도
③ 5~6초 정도
④ 7~8초 정도

해설 자동 아크 용접으로 강판이나 형강에 볼트, 환봉, 핀 등을 아크 발생(0.1~2초 정도)하여 접합하는 용접법이며, 셀렌 정류기의 직류 용접기가 주로 쓰인다.
※ 상품명 : 사이크, 아크, 넬슨

**7. 아크 점 용접법에서 비용극식 용접법에 해당하는 것은?**

① 불활성 가스 텅스텐 아크 점 용접법
② 불활성 가스 금속 아크 점 용접법
③ 이산화탄소 아크 점 용접법
④ 피복 아크 점 용접법

해설 아크 점 용접법 : 아크의 고열과 그 집중성을 이용하여 겹쳐진 2장의 판재를 한쪽에서 아크를 0.5~5초 정도 발생시켜 전극 팁의 바로 아래 부분을 국부적으로 융합시키는 용접에 의한 점 용접법으로 비용극식인 불활성 가스 텅스텐 아크 점 용접법과 용극식인 불활성 가스 금속 아크 점 용접법, 이산화탄소-산소 아크 점 용접법, 이산화탄소 아크 점 용접법, 피복 아크 점 용접법이 있다.

**8. 6 : 4 황동에 철을 1~2% 첨가한 것으로 일명 철황동이라 하며 강도가 크고 내식성도 좋아 광산 기계, 선박용 기계, 화학 기계 등에 사용되는 특수 황동은?**

① 애드미럴티 황동(admiralty brass)
② 네이벌 황동(naval brass)
③ 델타메탈(delta metal)
④ 쾌삭 황동(free cutting brass)

해설 ① 7 : 3 황동+Sn 1%
② 6 : 4 황동+Sn 1%
④ 6 : 4 황동+Pb 1.5~3%

**9. 다음 가스 중독 방지 대책이 아닌 것은?**

① 환기와 통풍을 잘한다.
② 보호 마스크를 사용한다.
③ 아연, 납 등의 용접 시는 주의하지 않아도 된다.
④ 중독성이 없는 금속을 용접한다.

해설 Zn, Cd, Pb 등은 용접 시 유독가스가 발생하므로 주의해야 한다.

**10. 구리 합금을 가스 용접법으로 할 때 장점에 해당되지 않는 것은?**

① 장치가 간단하다.
② 변형이 작다.
③ 얇은 판에 적당하다.
④ 황동 용접이 가능하다.

해설 황동의 가스 용접에서는 아연이 증발하여 산화아연의 흰 연기가 생겨서 용접 비드가 보이지 않으므로 용접 작업이 대단히 곤란하고 기포가 생기기 쉽다.

**11. 용해 아세틸렌 병의 취급 중 틀린 것은?**

① 고압 밸브를 열 때는 밸브 요업 핸들로 $\frac{1}{4}$~$\frac{1}{2}$ 회전만 돌린다.
② 용해 아세틸렌 병 속에 물이 들어 있지 않아서 눕혀 놓고 사용해도 별일은 없다.
③ 직사광선을 피하고 병의 운반 시 충격이 없게 한다.
④ 용접 중일 경우에는 고압 밸브 핸들을 끼워 둔 채로 용접해야 한다.

해설 눕혀 놓을 경우 용해 아세틸렌 액이 흘러나오므로 작업할 수 없다.

정답 7. ① 8. ③ 9. ③ 10. ④ 11. ②

**12.** 그림 원뿔 전개도에서 원호의 반지름 $l$은 얼마인가?

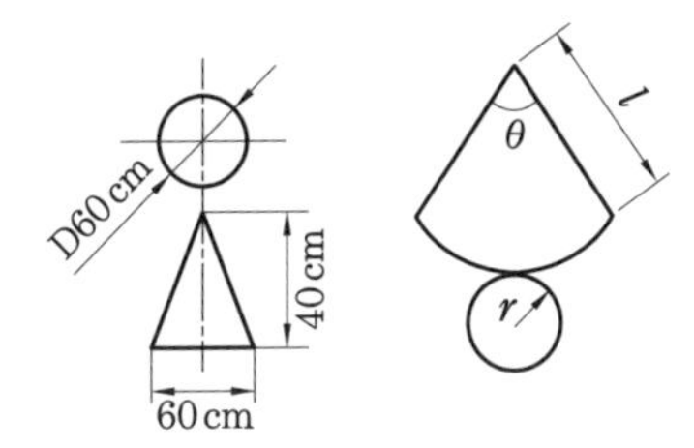


① 50cm ② 60cm
③ 45cm ④ 55cm

해설 그림에서 $l$의 길이는 빗변이 되며, 직각 삼각형은 피타고라스 정리에 의해 다음과 같다.

$l^2=30^2+40^2$

$\therefore l=\sqrt{(900+1600)\,\text{cm}^2}$

$=\sqrt{2500\,\text{cm}^2}=50\,\text{cm}$

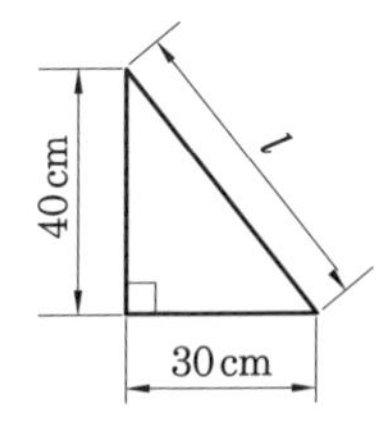


**13.** 다음은 이산화탄소 아크 용접법의 특징에 대한 것이다. 틀린 것은?

① 가는 선재의 고속도 용접이 가능하며, 용접 비용이 수동 용접에 비하여 비싸다.
② 필릿 용접 이음에서는 종래의 수동 용접에 비하여 깊은 용입을 얻을 수 있다.
③ 가시 아크이므로 시공이 편리하다.
④ 필릿 용접 이음의 정적 강도, 피로강도 등이 수동 용접에 비하여 매우 좋다.

해설 $CO_2$ 용접의 용접 비용은 수동 용접에 비하여 싸다.

**14.** 플라스마 아크 용접법의 특징에 대한 설명 중 틀린 것은?

① 플라스마 아크에 의하여 천공 현상이 생긴 후 아크의 이동과 더불어 키홀도 이동하므로 용접부에는 스타팅 탭과 엔드 탭이 필요하다.
② 에너지는 전자 용접에 비해 약 $\frac{1}{2}$ 정도이지만 에너지 밀도가 높으므로 용접 속도가 빠르다.
③ 용접 홈은 모재의 두께에 영향을 받지 않고 V형 홈으로 단층 용접을 한다.
④ 용접 속도를 크게 하면 가스 보호가 불충분하며, 용접부에 경화 현상이 일어나기 쉽다.

해설 용접 홈은 J형으로 맞대기 용접을 하고, 모재의 두께는 25mm 이하로 제한된다.

**15.** 다음 중 초음파 탐상법의 종류에 해당하지 않는 것은?

① 투과법 ② 염료 침투법
③ 펄스 반사법 ④ 공진법

해설 초음파 탐상법의 종류

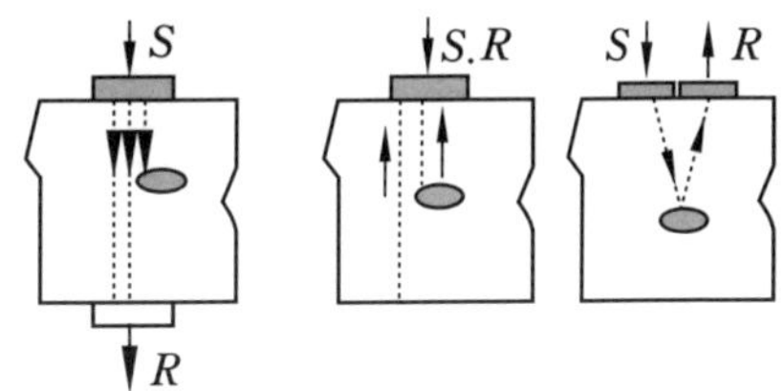

(a) 투과법 (b) 펄스 반사법

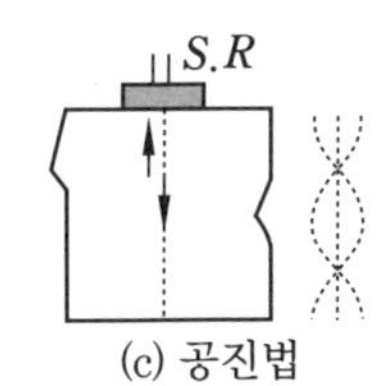

(c) 공진법

$S$ : 송신용 진동차
$R$ : 수신용 진동차

**16.** 다음 중 용접부의 내부 결함 검사에 가장 적합한 검사 방법은?

① 피로 시험법 ② 형광 검사법
③ 인장 시험법 ④ 방사선 투과 시험법

정답 12. ① 13. ① 14. ③ 15. ② 16. ④

해설 방사선 투과 검사에 의하여 검출되는 결함은 균열, 융합 불량, 용입 불량, 기공, 슬래그 섞임, 비금속 개재물, 언더컷 등이 있다.

**17.** **용접성을 저해시키지 않는 원소는?**

① Si ② P
③ S ④ Mn

해설 Mn(망간)은 탈산 작용을 하며, 강도를 저하시키지 않는다.

**18.** **용접 재료 원소 중 용접성에 가장 영향을 주는 것은?**

① 탄소(C) ② 규소(Si)
③ 인(P) ④ 유황(S)

해설 유황은 용접부의 저항력을 감소시키고 기공을 발생하며, 설퍼 크랙(sulfur crack)의 원인이 되고 적열 취성, 편석을 발생하게 한다.

**19.** **다음 중 경납땜에 해당되지 않는 것은 어느 것인가?**

① 가스 납땜 ② 저항 납땜
③ 인두 납땜 ④ 진공 납땜

해설 인두 납땜은 연납땜에 속한다.

**20.** **다음 중 프로젝션 용접과 관계있는 것은?**

① 융접 ② 저항 용접
③ 다크 용접 ④ 납땜

해설 전기저항 용접에는 점 용접, 심 용접, 프로젝션 용접, 버트 용접 등이 있다.

**21.** **파이프 내부에 흐르는 유체의 문자 기호 중에서 "S"가 뜻하는 것은?**

① 물 ② 진공
③ 기름 ④ 수증기

해설 유체의 기호

| 공기 | 가스 | 수증기 | 물 | 기름 | 증기 | 진공 |
|---|---|---|---|---|---|---|
| A | G | S | W | O | V | P |

**22.** **다음 중 파이프 연결을 도시한 것 중 틀린 것은?**

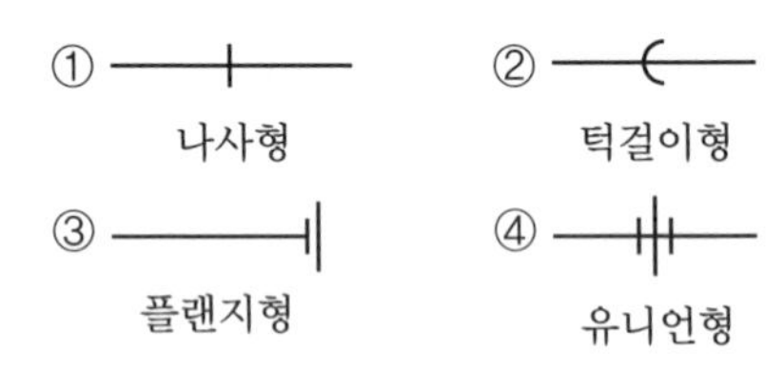


해설 ③의 도시는 —||— 이다.

**23.** **납땜에 대한 설명 중 틀린 사항은?**

① 비금속 접합에 이용되고 있다.
② 납은 접합할 금속보다 높은 온도에서 녹아야 한다.
③ 용접용 땜납으로 경납을 사용한다.
④ 일반적으로 땜납은 합금으로 되어 있다.

해설 접합할 금속과 고용체가 될 수 있는 재료가 좋으며, 낮은 온도에서 녹아야 한다.

**24.** **원자 수소 아크 용접법의 원자 수소 아크 용접법의 특징 사항 중 틀린 것은?**

① 탄소강은 탄소 함량 23.25%, 크롬강은 크롬 50%까지 용접할 수 있다.
② 내식성을 요구하는 부분에 사용한다.
③ 특수 금속인 니켈, 스테인리스강, 몰리브덴 등에 사용한다.
④ 청동, 주물, 주강 등의 홈을 메울 때의 용접 작업에 사용한다.

해설 탄소 함량 1.25%, 크롬 40%까지 용접을 할 수 있다.

정답 17. ④ 18. ④ 19. ③ 20. ② 21. ④ 22. ③ 23. ② 24. ①

**25.** **화이트 메탈(white metal)은 다음 중 어느 합금에 속하는가?**

① 내열 재료 합금
② 내부식 재료 합금
③ 베어링 재료 합금
④ 내마감 재료 합금

해설 베어링용 메탈 : Pb, Sn을 주성분으로 하는 베어링 합금을 총칭하여 화이트 메탈이라 하며, 베어링의 필요 조건은 다음과 같다.
㉮ 비중이 크고 열전도율이 크며 상당한 경도와 내압력을 가져야 한다.
㉯ 주조성이 좋으며 충분한 점성과 인성이 있어야 한다.
㉰ 마찰 계수가 작고 마찰 저항이 커야 한다.
㉱ 내식성이 있고 가격이 싸야 한다.

**26.** **피복 아크 용접봉에서 용접 작업 준비에 해당되지 않는 사항은?**

① 용접 속도 ② 용접 전류 조정
③ 모재의 청소 ④ 환기 장치

해설 • 용접 작업 준비
㉮ 용접 설비 점검 및 전류 조정
㉯ 보호구의 착용
㉰ 용접봉의 건조
㉱ 모재의 청소
㉲ 환기 장치
• 용접 조건
㉮ 아크의 길이 및 아크 전압
㉯ 용접봉의 각도
㉰ 용접 전류
㉱ 용접 속도

**27.** **용접사가 지켜야 할 안전사항으로서 잘못된 것은?**

① 용접봉을 갈아 끼울 경우 홀더의 충전부에 몸이 닿지 않게 한다.
② 작업장을 이동할 때는 홀더만 꼭 잡고 이동하도록 한다.
③ 캡타이어 케이블은 사용 전에 상처가 있는지 점검한다.
④ 접지선을 완전히 접지한 후 작업을 한다.

해설 용접 작업 시 안전사항
㉮ 용접기에 전격 방지기를 반드시 붙여야 한다.
㉯ 건조된 안전한 절연장갑과 신발을 착용한다.
㉰ 도선은 절연이 완전한 것을 사용하며, 만일 손상된 곳이 있으면 절연 테이프로 완전히 감는다.
㉱ 홀더를 함부로 방치하지 말아야 한다.
㉲ 용접기의 어스를 완전히 취한다.
㉳ 용접봉을 바꾸어 끼울 때 주의한다.
㉴ 작업을 중단할 때에는 항상 용접기의 스위치를 끊어야 한다.

**28.** **큰 동판을 납땜할 때 다음 중 어느 방법이 좋은가?**

① 인두를 가열하여 한다.
② 동판을 미리 예열한 후 인두를 가열한다.
③ 동판을 가열한 후, 그 열로 한다.
④ 얇은 동판과 같은 방법으로 한다.

해설 동판은 전도율이 높으므로 납땜 인두의 열이 사방으로 퍼져 접합부의 온도가 오르지 않으므로 미리 덮혀 놓을 필요가 있다.

**29.** **황동납의 결점으로 맞는 것은?**

① 250℃ 이상에서는 인장강도가 대단히 약해진다.

정답 25. ③ 26. ① 27. ② 28. ① 29. ①

② 40% Zn에서 인장강도가 대단히 약해진다.
③ 가열 시 주의하지 않아도 된다.
④ 가격이 비교적 비싸다.

해설 250℃ 이상 시 아연이 기공을 일으키거나 재질 변화가 온다.

**30.** 1차 입력이 24kVA의 용접기에 사용되는 퓨즈는?

① 80A ② 100A
③ 120A ④ 140A

해설 퓨즈 용량을 결정하는 데에는 1차 입력(kVA)을 전원 전압(200V)으로 나누면 1차 전류값을 구할 수 있다.

$$\frac{24\,kVA}{200\,V} = \frac{24000\,VA}{200\,V} = 120\,A$$

**31.** 알루미늄의 연신율이 극히 증대되며, 압연 및 압출 등의 가공을 하기 알맞은 온도는?

① 250～300℃
② 300～350℃
③ 350～400℃
④ 400～500℃

해설 • Al 열간 가공 온도 : 400～500℃
• 재결정 온도 : 150～240℃
• 풀림 온도 : 250～300℃

**32.** 석회석($CaCO_3$) 염기성 탄성염을 주성분으로 하고 피복제 중에 수소 성분이 적으며 용착 금속은 인성(toughness)이 좋고 기계적 성질이 양호한 용접봉은?

① E 4311 ② E 4301
③ E 4313 ④ E 4316

해설 저수소계(E 4316) 용접봉은 용착 금속 중의 수소 함유량이 다른 피복 용접봉에 비해 현저히 낮고$\left(\text{약 } \frac{1}{10} \text{ 정도}\right)$ 강력한 탈산 작용 때문에 산소량도 적으므로 용착 금속은 강인하고 기계적 성질, 내균열성이 우수하다.

**33.** TIG 용접에서 역극성으로 용접 시 전극은?

① 정극성 시보다 $\frac{1}{2}$ 정도 가늘어야 한다.
② 정극성보다 2배 정도 굵어야 한다.
③ 정극성보다 4배 정도 굵어야 한다.
④ 굵기는 지장 없다.

해설 • 정극성 : 전극봉은 125A일 때 ϕ1.6mm이다.
• 역극성 : 전극봉은 125A일 때 ϕ6.4mm이다.

**34.** 다음 중 포정 반응을 하는 합금은 어느 것인가?

① Al－Pb ② Ag－Ni
③ Bi－Cr ④ Fe－Au

해설 • 포정 반응

$$L(\text{융체})+\alpha(\text{고용체}) \underset{\text{가열}}{\overset{\text{냉각}}{\rightleftarrows}} \beta(\text{고용체})$$

• 포정 반응을 하는 합금 : Ag－Cd, Ag－Pt, Fe－Au, Ag－Sn, Al－Cu

**35.** 아세틸렌 용기에 있는 저압 게이지의 압력이 얼마 이하가 되면 아세틸렌을 사용할 수가 없는가?

① 0.1kg/cm² ② 0.8kg/cm²
③ 0.6kg/cm² ④ 0.25kg/cm²

해설 아세틸렌 병 속에는 약 0.1kg/cm² 정도의 잔압을 남겨두고 사용해야 하며, 용접 시 아세틸렌 공급량이 적을 때 역류 현상이 생기므로 요주의가 필요하다.

정답 30. ③ 31. ④ 32. ④ 33. ③ 34. ④ 35. ①

**36.** 다음은 알루미늄 합금의 가스 요업에 관한 사항이다. 틀린 것은?

① 약간 산화 불꽃을 사용한다.
② 200～400℃의 예열을 한다.
③ 얇은 판의 용접에서는 변형을 막기 위하여 스킵법(skip method)을 사용한다.
④ 토치는 철강 용접의 경우보다 큰 것을 써야 하지만 알루미늄은 용융점이 낮으므로 조작을 빨리 하여야 한다.

해설 가스 용접법에서는 약간 탄화된 불꽃을 쓰는 것이 유리하다.

**37.** X선으로 투과하기 힘든 후판의 검사법으로 옳은 것은?

① 맴돌이 전류 검사 ② 형광 침투 검사
③ 매크로 검사 ④ $\gamma$선 투과 검사

해설 X선으로는 투과하기 힘든 두꺼운 판에 대해서는 X선보다 더욱 파장이 짧고 투과력이 강한 $\gamma$선이 사용된다.

**38.** 일렉트로 슬래그 용접법으로 두꺼운 판 용접에는 전극 진동, 진폭 장치를 갖추어 전극을 좌우로 흔들어 주는 것이 좋으며, 이때 흔드는 속도는 얼마 정도가 좋은가?

① 10～25 mm/min
② 16～30 mm/min
③ 40～50 mm/min
④ 50～75 mm/min

해설 일렉트로 슬래그 용접의 두꺼운 판 용접에서는 전극을 좌우로 흔들어주며, 흔들 때는 수랭식 구리판으로부터 10 mm의 거리까지 접근시켜 약 5초간 정지한 후 반대 방향으로 움직이고, 흔드는 속도는 40～50 mm/min 정도가 좋다.

**39.** 도면의 KS 용접 기호를 옳게 설명한 것은?

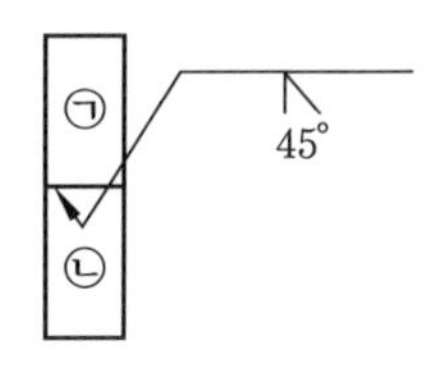


① 화살표 반대쪽 또는 건너 쪽 ㉠ 부품을 홈의 각도 45°로 개선하여 용접한다.
② 화살표 쪽 또는 앞쪽에서 ㉠ 핀을 홈의 각도 45°로 개선하여 용접한다.
③ 화살표 쪽 또는 양쪽 용접으로 ㉡ 핀을 홈의 각도 45°로 하여 용접한다.
④ 화살표 쪽 또는 양쪽 용접으로 홈의 각도는 90°이다.

해설 V형, K형, J형의 홈이 핀 부재의 면, 또는 플레어(flare)가 있는 부재의 면을 지시할 때는 화살을 절선으로 한다.

**40.** 저항 용접에서 이용하는 전기 법칙은?

① 줄의 법칙
② 플레밍의 법칙
③ 뉴턴의 법칙
④ 전자 유도 법칙

해설 • 줄(joule)의 법칙 : 전기가 도체 통과 시 열을 발생하는데, 열량 $Q=0.24I^2RT$이다.
• 플레밍의 법칙 : 전자 유도 및 자기 유도 법칙

**41.** 가스 절단면의 드래그(drag)는 대체로 판 두께의 어느 정도를 표준으로 하고 있는가?

① $\frac{1}{3}$ ② $\frac{1}{4}$
③ $\frac{1}{5}$ ④ $\frac{1}{6}$

해설 드래그는 판 두께 20%를 표준으로 한다.

정답 36. ① 37. ④ 38. ③ 39. ② 40. ① 41. ③

**42.** 일명 버트 용접이라고 불리는 것은?

① 업셋 용접
② 플래시 용접
③ 프로젝션 용접
④ 스폿 용접

해설 업셋 용접을 버트 용접이라 하고, 플래시 용접은 불꽃 용접이라고 부른다.

**43.** 다음은 버트 용접법에 대한 설명이다. 틀린 사항은?

① 버트 용접법의 압력은 스프링 가압식이 주로 사용되고 있다.
② 전극은 텅스텐을 사용한다.
③ 변압기는 보통 1차 권선 수를 변화시켜 2차 전류를 조정한다.
④ 버트 용접법은 플래시 용접법에 비해 용접 시간이 길며, 가열 속도가 늦다.

해설 전극으로 전기전도도가 좋은 순구리 또는 구리 합금이 사용된다. ③은 2차 권선 수가 단권이기 때문에 1차 권선 수를 변화시켜 사용한다.

**44.** 일반적인 CAD 시스템에서 직선의 작성 방법이 아닌 것은?

① 임의의 2점 지정에 의한 방법
② 증분 좌표값 지정에 의한 방법
③ 극좌표값 지정에 의한 방법
④ 곡면의 교차에 의한 방법

해설 직선은 가장 많이 사용되는 도형 요소로서 다음과 같은 작성 방법이 있다.
㉮ 임의의 2점 지정에 의하여 작성하는 법
㉯ 절대 좌표값 입력에 의하여 작성하는 법
㉰ 증분 좌표값 입력에 의하여 작성하는 법
㉱ 1점을 지나는 수평선에 의하여 작성하는 법
㉲ 1점을 지나는 수직선에 의하여 작성하는 법
㉳ 간격 지정에 의한 평행선에 의하여 작성하는 법
㉴ 극좌표값(반지름, 각도) 지정에 의하여 작성하는 법
㉵ 2요소의 접선에 의하여 작성하는 법
㉶ 임의의 2요소의 끝점의 연결선으로 작성하는 법
㉷ 수평면의 교차선으로 작성하는 법
㉸ 모떼기(chamfer)선으로 작성하는 법

**45.** 심선을 자동으로 노즐로 밀어내고 별도로 호퍼에 저장된 자성 용제가 이산화탄소에 의하여 밀려 나오면서 용접하는 방법은?

① 불활성 가스 아크 용접
② 이산화탄소 아크 용접
③ 유니언 아크 용접
④ 스터드 용접

해설 유니언 아크법



**46.** 아세틸렌 가스 1810$l$를 만들려면 얼마의 용해 아세틸렌이 기화되어야 하는가?

① 약 0.5kg ② 약 1kg
③ 약 2kg ④ 약 3kg

해설 용해 아세틸렌 1kg이 기화하였을 때 15℃, 1기압하에서 아세틸렌 가스 용적은 905$l$이므로 $1810l \div 905l = 2$kg

정답 42. ① 43. ② 44. ④ 45. ③ 46. ③

**47.** $CO_2$ 가스에 $O_2$(산소)를 첨가한 효과가 아닌 것은 다음 중 어느 것인가?

① 슬래그 생성량이 많아져 비드 외관이 개선된다.
② 용입이 낮아 박판 용접에 유리하다.
③ 용융 시의 온도가 상승된다.
④ 불순물이 떠오르기 쉬우므로 용착강이 청결하다.

해설 $CO_2-O_2$법에서 $CO_2$ 75%, $O_2$ 25%를 혼합하며, $O_2$(산소)는 청정 작용을 활발하게 하고, 용입을 크게 하는 작용을 한다.

**48.** 다음 중 가스 용접에 속하지 않는 것은?

① 산소 아세틸렌 용접
② 산소 수소 용접
③ 공기 아세틸렌 용접
④ 산소 아르곤 용접

해설 산소-수소, 공기-아세틸렌 등은 경납땜에서 많이 사용되고 산소-아세틸렌은 가스 절단에서 아세틸렌 대체용으로 사용되며, 절단 시 예열 시간은 약간 늦으나 역화의 위험성이 거의 없고 가격이 저렴하여 현재 새로이 사용되고 있다.

**49.** 화이트 메탈(white metal)의 주성분은?

① Sn, Sb, Zn
② Zn, Sn, Cu
③ Pb, Zn, Ni
④ Zn, Cu, Cr

해설 Zn, Sn, Sb, Bi, Pb 등의 융점이 낮은 백색의 합금을 화이트 메탈이라 하며 항압력, 점성, 인성 등이 커서 베어링에 적합하다.

**50.** 다음 그림과 같은 관을 전개할 때의 설명이다. 틀린 것은?

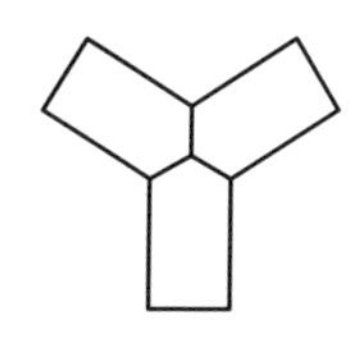

① 1 : 1 실척을 그린다.
② 원둘레의 길이를 4등분한 뒤, 그 사이를 3등분하여 12등분 수직선을 긋는다.
③ 전개도의 위치에 수평선을 원둘레의 길이로 그어 끝에 수직선을 긋는다.
④ 현도의 위치를 정하여 수직 직교선을 그어준 뒤, 1사분면의 90°를 2등분한다.

해설 ④의 설명은 이경 45° Y 분기관 제작 방식이다.

**51.** 황동의 탈아연 현상을 방지하는 방법은?

① 아연판을 도선으로 연결한다.
② 고온에서 풀림 처리를 한다.
③ 암모니아가 닿지 않게 한다.
④ 입간 부식을 일으키지 않게 한다.

해설 탈아연 현상 : 황동이 해수에 접촉되면 황동 표면부터 아연이 용해하여 부식되는 현상이다.

**52.** 다음은 텅스텐 전극의 수명을 길게 하는 방법이다. 틀린 것은?

① 과소 전류를 피한다.
② 모재와 용접봉과의 접촉에 주의한다.
③ 과대 전류를 피한다.
④ 용접 후 전극 온도가 약 100℃로 되기까지 가스를 흘려 보호한다.

해설 용접 후 전극 온도가 약 300℃로 되기까지 가스를 흘려 보호해야 한다.

정답 47. ② 48. ④ 49. ① 50. ④ 51. ① 52. ④

**53.** 다음은 알루미늄 용접의 용제에 관한 사항이다. 틀린 것은?

① 알루미늄 용접 시 용제의 질이 용접 결과를 크게 좌우한다.
② 주로 알칼리 금속의 할로겐 화합물 또는 유산염 등의 혼합제가 많이 사용된다.
③ 용제 중에 가장 중요한 것은 코발트(Co), 니오브(niobium Nb)이다.
④ 알루미늄은 산화하기 쉽고 가스 흡수가 심하다.

해설 용제 중 중요한 것은 염화리튬(LiCl)으로 이것을 주성분으로 하는 용제가 많이 사용되지만, 염화리튬은 흡수성이 있으므로 주의를 요한다.

**54.** 다음 중 용접 균열이 아닌 것은 어느 것인가?

① 비드 균열　② 세로 균열
③ 크레이터 균열　④ 수직 균열

해설 용접 균열

| 균열 | 용접 금속 균열 | 비드의 균열 | 세로 균열, 가로 균열, 호상 균열, 설퍼 크랙 |
|---|---|---|---|
| | | 크레이터 균열 | 십자 균열, 세로 균열, 가로 균열 |
| | 열 영향부 균열 | | 루트 균열, 비드 균열, 끝단 균열(토우 크랙) |

**55.** 다음은 지름이 같은 상관체의 그림이다. 상관선이 맞지 않는 것은?

①
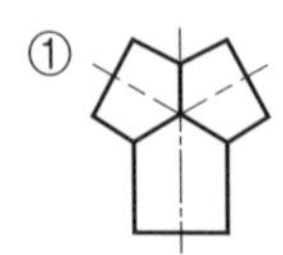
②
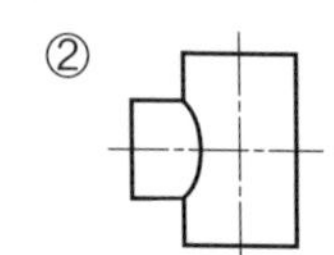
③
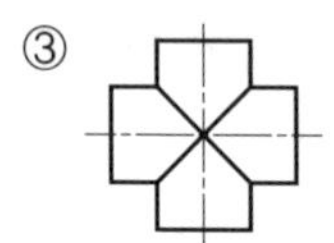
④
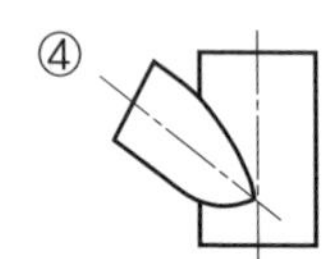

해설 두 개의 입체가 서로 상대방의 입체를 꿰뚫은 것처럼 놓여 있을 때 두 입체의 표면이 만나는 선을 상관선이라 한다.

**56.** 아크 용접에서 아크가 길어지면 생기는 현상이 아닌 것은?

① 용입이 나빠진다.
② 블로 홀이 생긴다.
③ 재질이 약해진다.
④ 아크가 안정된다.

해설 아크가 길어지면 전류가 커지므로 ①, ②, ③과 같은 현상이 발생된다.

**57.** LP 가스에 관한 사항 중 틀린 것은 어느 것인가?

① 액화하기 쉬우며, 용기에 충전하여 수송하기가 편리하다.
② 액화해도 손쉽게 가스 상태로 돌아오며, 발열량이 많다.
③ 다른 가스에 비하여 폭발 한계가 넓어 위험성이 가장 많다.
④ 공업용 프로판 가스는 프로판 외에 에탄, 부탄, 펜탄 등이 섞여 있는 혼합 기체이다.

해설 상온에서 안전한 기체로 열량이 높고 폭발 위험성이 적다.

**58.** 다음 사항 중 틀린 것은?

① 공동으로 중량물 운반 시에는 체력과 기량

정답 53. ③　54. ④　55. ②　56. ④　57. ③　58. ④

이 같은 사람을 골라 보조와 속도를 맞출 것

② 중량물은 필요 이상 높이 달지 말고 오래 매달지 말 것

③ 슬링(sling)을 걸을 때에는 그 각도를 60° 이내로 할 것

④ 물건을 매달 때에는 직접 3각으로 매달아 한 곳에서 수평으로 달아 올릴 것

해설 중량물에 로프를 걸어 들어 올릴 때 두 줄을 수직으로 걸 때는 1개의 로프에 $\frac{1}{2}$ 하중이 작용하나 120°의 각으로 걸면 1개의 전체의 하중이 작용한다.

**59. 담금질된 Al(알루미늄) 재료를 어느 온도로 가열하면 시효 현상을 촉진시킬 수 있는가?**

① 160℃ 정도

② 250～300℃ 정도

③ 350℃ 정도

④ 400℃ 정도

해설 석출 경화 현상이 상온에서 일어나는 것을 시효 경화라 한다. 대기 중에서 진행하는 것은 자연 시효 담금질된 재료를 160℃ 정도의 온도로 가열하여 시효하는 것을 인공 시효라고 한다.

**60. 다음 도면에서 ㉠판의 두께는?**

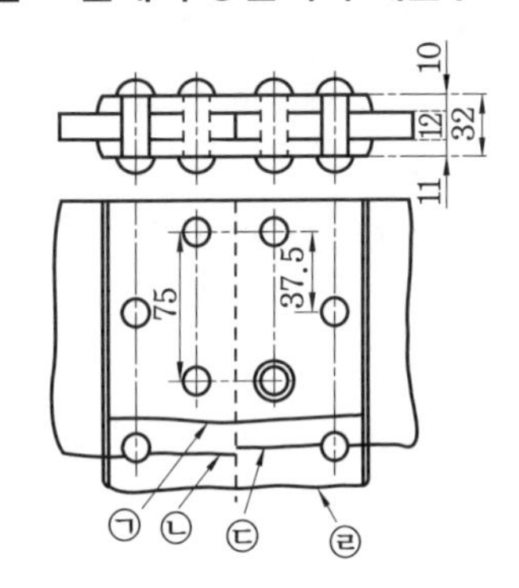


① 10mm　　② 11mm

③ 12mm　　④ 32mm

해설 양쪽 덮개판 2열 지그재그형이다. 여기서 ㉠판은 위쪽 덮개판을 가리킨다.

정답 59. ①　60. ①

# 제15회 CBT 실전문제

**1. 용접을 설명한 것으로 옳은 것은?**

① 금속에 열을 주어 접합시키는 작업
② 접합할 금속을 충분히 접근시켜 원자 간의 인력으로 결합시키는 작업
③ 기계적 접합법에 의해서 결합시키는 작업
④ 금속 간의 자력에 의해서 결합시키는 작업

해설 원자 간을 $10^{-8}$cm만큼 접근시키면 금속 간 인력에 의하여 접합한다.

**2. 다음 중 플래시 용접의 특징이 아닌 것은?**

① 가열 범위가 좁고 열 영향부가 좁다.
② 용접면에 산화물 개입이 많다.
③ 용접면의 끝맺음 가공을 정확하게 할 필요가 없다.
④ 종류가 다른 재료의 용접이 가능하다.

해설 플래시 용접의 특징
㉮ 가열 범위가 좁고 열 영향부가 좁다.
㉯ 용접면에 산화물의 개입이 적다.
㉰ 용접면의 끝맺음 가공을 정확하게 할 필요가 없다.
㉱ 신뢰도가 높고 이음 강도가 좋다.
㉲ 동일한 전기 용량에 큰 물건의 용접이 가능하다.
㉳ 종류가 다른 재료의 용접이 가능하다.
㉴ 용접 시간이 적고 소비 전력도 적다.
㉵ 능률이 극히 높고, 강재, 니켈, 니켈 합금에서 좋은 용접 결과를 얻을 수 있다.

**3. 가스 절단 시 철강이 절단되기 위한 구비 조건 중 틀린 것은?**

① 모재의 산화 연소하는 온도가 그 금속의 용융점보다 낮을 것
② 생성된 금속 산화물의 용융 온도가 모재의 용융 온도보다 낮을 것
③ 생성된 산화물의 유동성이 좋을 것
④ 절단면을 깨끗하게 하는 불연성 물질이 있을 것

해설 가스 절단 조건
㉮ 모재의 산화 연소 온도가 절단재의 용융점보다 낮을 것
㉯ 생성된 산화물의 용융 온도는 절단재의 용융 온도보다 낮을 것
㉰ 생성된 산화물은 유동성이 좋을 것
㉱ 절단재는 불연성 물질을 함유하지 않을 것
㉲ 산화 반응이 격렬하고 많은 열을 발생할 것

**4. 저항 용접이 아크 용접에 비하여 좋은 점이 아닌 것은?**

① 용접 정밀도가 높다.
② 열에 의한 변형이 적다.
③ 용접 시간이 짧다.
④ 용접 전류가 낮다.

해설 전기저항 용접의 전원
고전압, 소전류가 저전압(1~15V 이하), 대전류(100~수십만 A)로 만들어진다. 보통의 아크 용접에 비하여 대전류가 필요하다.

**5. 전기 화재 소화 시 가장 좋은 것은 어느 것인가?**

① 젖은 모래
② 포말 소화기
③ 분말 소화기
④ $CO_2$ 소화기

정답 1. ② 2. ② 3. ④ 4. ④ 5. ④

**해설** 소화기의 종류와 용도

| 소화기 \ 종류 | 보통 화재 | 기름 화재 | 전기 화재 |
|---|---|---|---|
| 포말 소화기 | 적합 | 적합 | 부적합 |
| 분말 소화기 | 양호 | 적합 | 양호 |
| $CO_2$ 소화기 | 양호 | 양호 | 적합 |

## 6. 다음 중 필릿 용접에 대한 설명으로 올바른 것은?

① 전면 필릿은 용접선의 방향과 하중의 방향이 직교하는 것이다.

② 평행 필릿은 용접선의 방향과 하중의 방향이 평행한 것이다.

③ 측면 필릿은 용접선의 방향에 하중이 경사진 것이다.

④ 경사 필릿은 용접선의 방향과 하중이 원형을 이루는 것이다.

**해설** 필릿 용접

용접선의 방향과 힘이 전달하는 응력이 이루는 각에 따라 3종류로 분류한다.

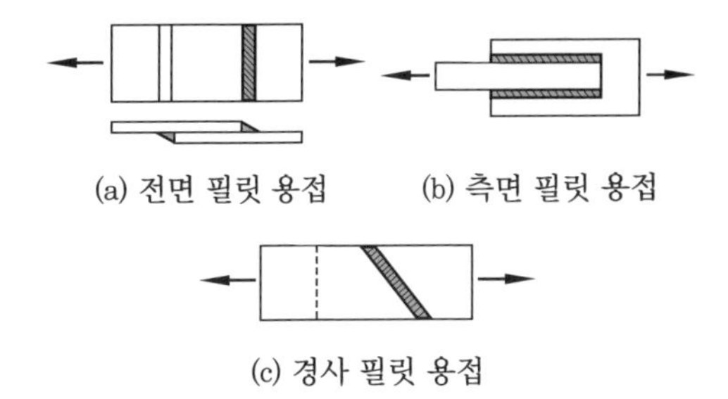

(a) 전면 필릿 용접 (b) 측면 필릿 용접

(c) 경사 필릿 용접

## 7. 탄소강에 대한 다음 설명 중 틀린 것은 어느 것인가?

① 탄소강의 표준 상태에서 인장강도와 경도는 공석 조직 부근에서 최대이다.

② 극연강, 연강, 반연강은 단접이 잘 된다.

③ 반경강, 경강, 초경강은 열처리 효과가 적다.

④ 연강의 탄소 함유량은 0.13～0.20%이다.

**해설** 탄소강의 종류와 용도

| 종별 | C(%) | 인장강도 (kg/mm²) | 연신율 (%) | 용도 |
|---|---|---|---|---|
| 극연강 | <0.12 | <38 | 25 | 철판, 철선, 못, 파이프, 와이어, 리벳 |
| 연강 | 0.13~0.20 | 38~44 | 22 | 관, 교량, 각종 강철봉, 판, 파이프, 건축용 철골, 철교, 볼트, 리벳, 기어, 레버, 강철판, 볼트, 너트 |
| 반연강 | 0.20~0.30 | 44~50 | 20~18 | 파이프 |
| 반경강 | 0.30~0.40 | 50~55 | 18~14 | 철골, 강철판, 차축 |
| 경강 | 0.40~0.50 | 55~60 | 14~10 | 차축, 기어, 캠, 레일 |
| 최경강 | 0.50~0.70 | 60~70 | 10~7 | 축, 기어, 레일, 스프링, 단조 공구, 피아노선 |
| 탄소 공구강 | 0.70~1.50 | 70~50 | 7~2 | 각종 목공구, 석공구, 수공구, 절삭공구, 게이지 |
| 표면 경화강 | 0.08~0.2 | 40~45 | 15~20 | 표면 경화강, 기어, 캠, 축류 |

## 8. 다음 중 파이프와 온도계의 접속 상태를 도시한 것은 어느 것인가?

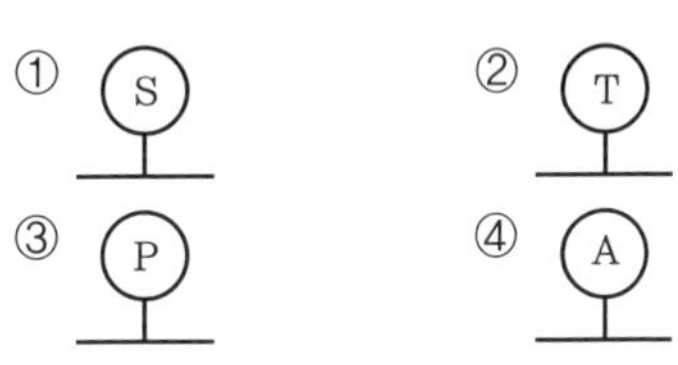


**해설** ① : 증기(steam)

② : 온도(temperature)

③ : 압력(pressure)

④ : 공기(air)

## 9. 담금질 조직 중에서 경도가 가장 낮은 조직은 무엇인가?

① 마텐자이트 ② 소르바이트

③ 오스테나이트 ④ 트루스타이트

**정답** 6. ① 7. ③ 8. ② 9. ③

해설 ① M : 600 ~ 700 HB
② S : 270 ~ 275 HB
③ A : 150 ~ 155 HB
④ T : 400 HB

**10. 고셀룰로오스계(high cellulose type E 4311) 용접봉에 관한 사항으로 틀린 것은 어느 것인가?**

① 피복제 중에 유기물(셀룰로오스)을 약 30% 정도 이상 포함하고 있다.
② 피복의 두께가 두꺼우며, 슬래그의 양이 극히 많아서 아래보기 또는 수평 자세 또는 넓은 곳의 용접에 작업성이 좋다.
③ 아크 스프레이형이고 용입도 좋으나 스패터가 많다.
④ 비드 표면의 파형(ripple)이 거칠다.

해설 이 용접봉은 피복의 두께가 얇으며, 슬래그 양이 극히 적어서 수직 또는 위보기 자세 또는 좁은 틈의 용접에 작업성이 좋다.

**11. 다음 가연성 가스 중에서 연소 범위가 넓은 것부터 순서대로 나열한 것은 어느 것인가?**

① 수소, 아세틸렌, 메탄, 일산화탄소
② 메탄, 일산화탄소, 아세틸렌, 수소
③ 아세틸렌, 수소, 일산화탄소, 메탄
④ 아세틸렌, 일산화탄소, 수소, 메탄

해설 혼합 기체의 폭발 한계

| 기체 | 공기 중의 기체 함유량(%) |
|---|---|
| 수소 | 4 ~ 74 |
| 메탄 | 5 ~ 15 |
| 프로판 | 2.4 ~ 9.5 |
| 아세틸렌 | 2.5 ~ 80 |
| 일산화탄소 | 15 ~ 74 |
| 암모니아 | 20 ~ 35 |

**12. 다음 중 리벳의 길이 표시로 옳은 방법은?**

① 머리 부분을 포함한 전체 길이
② 머리 부분을 제외한 전체 길이
③ 머리 부분의 길이
④ 리벳 이음 후의 전체 길이

해설 리벳의 전체 길이는 철판에 들어가는 부분의 길이이다.

**13. 가스 절단 시 드래그(drag)는 가스 절단의 양부를 결정한다. 다음 그림에서 드래그는 어느 것인가?**

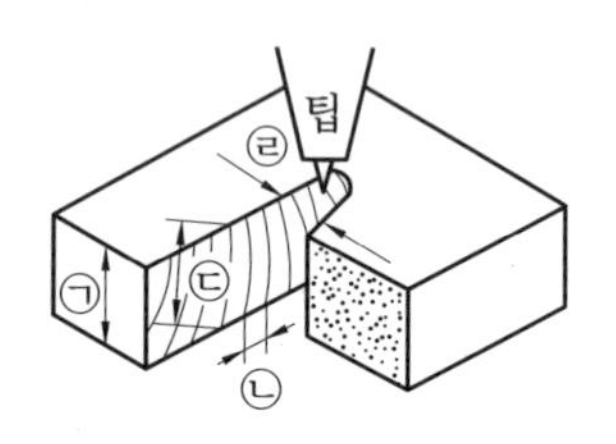


① ㉠ ② ㉡ ③ ㉢ ④ ㉣

해설 ㉠ : 판 두께
㉡ : 드래그
㉢ : 드래그 라인
㉣ : 커프 너비

**14. 용접용 케이블에서 용접기 용량이 300A일 때, 1차 측 케이블의 지름은?**

① 5.5mm ② 8mm
③ 14mm ④ 20mm

해설 1차 케이블과 2차 케이블

| 분류 | 설치위치 | 용접기 용량 | 케이블 굵기와 단면적 |
|---|---|---|---|
| 1차 케이블 | 전원과 용접기 사이 | 200A | 5.5mm |
| | | 300A | 8mm |
| | | 400A | 14mm |
| 2차 케이블 | 용접기와 홀더 사이 | 200A | $50 mm^2$ |
| | | 300A | $60 mm^2$ |
| | | 400A | $80 mm^2$ |

정답 10. ② 11. ③ 12. ② 13. ② 14. ②

**15.** 탄산가스 아크 용접 시 비드의 외관이 불량하게 되었을 경우 그 시정조치로서 올바른 것은?

① 운봉 속도를 빠르게 한다.
② 모재를 과열시킨다.
③ 운봉 속도를 고르게 한다.
④ 아크 전압을 높게 한다.

해설 탄산가스 아크 용접부의 결함과 방지 대책

| 결함 | 원인 | 방지 대책 |
|---|---|---|
| 기공이나 피트(pit) | ㉮ 가스 실드가 불완전 | ㉮ 가스 유량, 노즐 높이 등을 조정하여 가스 실드를 완전하게 한다. |
| | ㉯ $CO_2$ 가스 중에 수분이 흡입 | ㉯ 순도가 높은 $CO_2$ 가스를 사용하거나, 가스 건조기를 써서 건조한다. |
| | ㉰ 아크가 불안정 | ㉰ 와이어 송급 속도 회로의 접속을 조사하여 알맞게 한다. |
| | ㉱ 솔리드 와이어에 녹이 있다. | ㉱ 녹이 없는 와이어를 사용한다. |
| | ㉲ 복합 와이어에 습기가 흡수되어 있다. | ㉲ 와이어를 200～300℃로 1～2시간 건조한다. |
| | ㉳ 용접 홈 면에 기름류, 먼지 등이 부착되어 더러워져 있다. | ㉳ 용접 홈 면을 깨끗이 청소한다. |
| 스패터 | ㉮ 아크 전압이 높다. | ㉮ 아크 전압을 알맞게 한다. |
| | ㉯ 용접 전류가 낮다. | ㉯ 용접 전류를 알맞게 한다. |
| | ㉰ 모재가 과열되어 있다. | ㉰ 모재의 냉각을 기다렸다가 다음 층 용접을 한다. |
| | ㉱ 아크가 불안정하다. | ㉱ 와이어의 송급 속도나 회로의 접속을 조사하여 알맞게 한다. |
| 언더컷 | ㉮ 아크 전압이 높다. | ㉮ 아크 전압을 알맞게 한다. |
| | ㉯ 와이어 운봉 속도가 빠르다. | ㉯ 와이어 운봉 속도를 알맞게 한다. |
| | ㉰ 용접 전류가 높다. | ㉰ 용접 전류를 알맞게 한다. |
| 비드의 외관이 불량 | ㉮ 아크 전압이 높다. | ㉮ 아크 전압을 알맞게 한다. |
| | ㉯ 운봉 속도가 빠르다. | ㉯ 운봉 속도를 알맞게 한다. |
| | ㉰ 모재가 과열되어 있다. | ㉰ 모재의 냉각을 기다렸다가 다음 층 용접을 한다. |
| | ㉱ 운봉 속도가 고르지 못하다. | ㉱ 일정하고 알맞은 속도로 운봉한다. |
| | ㉲ 노즐과 모재 사이의 거리가 지나치게 멀다. | ㉲ 노즐과 모재 사이의 거리를 알맞게 한다. |
| 필릿의 각장이 고르지 못함 | ㉮ 아크 전압이 높다. | ㉮ 아크 전압을 알맞게 한다. |
| | ㉯ 운봉 속도가 고르지 못하다. | ㉯ 일정하고 알맞은 속도로 운봉한다. |
| | ㉰ 토치의 위치가 나쁘다. | ㉰ 토치의 위치를 조정한다. |

**16.** 가스 발생제에 해당되는 것은?

① 이산화망간 ② 형석
③ 녹말 ④ 알루미늄

해설 가스 발생제는 가스를 발생하여 아크 분위기를 대기로부터 차단하여 용융 금속의 산화나 질화를 방지하는 작용을 하며 녹말, 모개, 톱밥, 셀룰로오스(cellulose), 석회석 등이 속한다.

**17.** 교류 아크 용접기로 두께 5mm의 모재를 지름 4mm의 용접봉으로 용접할 경우 다음 전류 중 어느 것을 사용하는 것이 적당한가?

① 230～260A ② 170～200A
③ 110～130A ④ 200～230A

해설 용접에 알맞은 전류의 세기는 용접봉의 단면적 $1mm^2$당 10～11A로 한다. 따라서 지름 4mm의 용접봉 단면적은 $12.56mm^2$이므로 알맞은 전류의 세기는 120A이다.

정답 15. ③ 16. ③ 17. ③

**18.** 일반적인 피복 아크 용접봉의 건조 시간은?

① 70~100℃에서 1시간
② 100~150℃에서 1시간
③ 150~250℃에서 1시간
④ 300~350℃에서 2시간

해설 저수소계 용접봉의 건조는 300~350℃에서 2시간이다.

**19.** 전기저항의 심 용접법에서 연강 용접의 경우 모재의 과열을 방지하기 위해 통전 시간과 중지 시간의 비율은 얼마 정도로 하는가?

① 1 : 1　② 1 : 2
③ 1 : 3　④ 2 : 3

해설 큰 전류를 계속해서 통전하면 모재에 가해지는 열량이 너무 지나쳐 과열이 될 우려가 있어 과열 방지를 위해 잠시 냉각시킨 후 용접을 계속하며, 통전과 중단 시간의 비율은 연강 용접의 경우 1 : 1 정도이며, 경합금은 1 : 3 정도로 한다.

**20.** 용접 결함 중 선상 조직 및 황 균열을 만드는 원소는?

① 산소　② 수소
③ 질소　④ 유황

해설 선상 조직과 은점

|  |  |
|---|---|
| 원인 | ㉮ 냉각 속도가 빠를 때<br>㉯ 모재에 탄소, 황 등이 많을 때<br>㉰ 수소의 양이 많을 때<br>㉱ 용접 속도가 빠를 때 |
| 대책 | ㉮ 예열과 후열을 할 것<br>㉯ 재질에 주의할 것<br>㉰ 저수소계 용접봉을 사용할 것<br>㉱ 용접 속도를 느리게 할 것 |

**21.** 가스 절단 시 팁 선단부터 모재 표면까지의 간격, 즉 팁 거리가 너무 가까우면 나타나는 현상 중 틀린 것은?

① 절단면 상부가 용융되어 눌어붙는다.
② 절단부가 현저하게 탄화된다.
③ 절단이 전혀 안 된다.
④ 절단 폭이 넓어진다.

해설 팁 거리는 예열 불꽃의 백심 끝이 모재 표면에서 약 1.5~2.0mm 위에 있을 정도가 좋다.

**22.** 용접부의 외관 검사 시 관찰사항이 아닌 것은?

① 용입　② 오버랩
③ 언더컷　④ 경도

해설 외관 검사(visual inspection) : 가장 간편하여 널리 쓰이는 방법으로서 용접부의 신뢰도를 외관에 나타나는 비드 형상에 의하여 육안으로 판단하는 것이다. 비드 파형과 균등성의 양부, 덧붙임의 형태, 용입 상태, 균열, 피트, 스패터 발생, 비드의 시점과 크레이터, 언더컷, 오버랩, 표면 균열, 형상 불량, 변형 등을 검사한다.

**23.** 가스 용접 작업 시 용제(flux)를 사용하지 않아도 좋은 금속은?

① 주철　② 구리
③ 알루미늄　④ 연강

해설 ① : 탄산소다 15%, 붕산 15%, 중탄산소다 70%의 용제 사용
② : 붕산 75%, 염화나트륨 25%의 용제 사용
③ : 염화리튬 15%, 염화칼리 45%, 염화나트륨 30%, 플루오르화칼륨 7%, 황산칼륨 3%의 용제 사용
④ : 용제가 필요 없다(간혹 붕사, 붕산 등 사용).

정답 18. ①　19. ①　20. ④　21. ③　22. ④　23. ④

**24.** 통로 및 작업장에 대한 안전사항 중 가장 적합하지 않은 것은?

① 근로자 전용 통로에 설치하도록 한다.
② 작업장 통로면을 매끈하게 만들도록 한다.
③ 기계와 기계 사이의 거리는 80cm 이상 확보되도록 한다.
④ 50인 이상의 근로자가 있을 시는 2개 이상의 비상 통로를 설치하도록 한다.

해설 
- 통로의 설치 : 근로자가 사용할 통로를 설치하여야 한다.
- 통로의 안전 장치 : 통로면은 넘어지거나 미끄러지는 등의 위험이 없도록 하여야 한다.
- 기계 사이의 통로의 너비 : 기계와 기계 사이의 너비는 최소 80cm 이상이어야 한다.
- 비상용 통로 : 폭발성, 발화성, 인화성 물품을 제조 또는 취급하는 사업장과 상시 50인 이상의 근로자가 취업하는 사업장에는 2개 이상의 비상용 통로를 설치하여야 한다.
- 통행의 우선순위 : 기중기 → 적재 차량 → 빈차 → 보행자
- 운반 차량의 적당한 구내 속도는 8km/h 이다.

**25.** 다음 중 가스 침탄법에 사용되지 않는 가스는 어느 것인가?

① 메탄 가스($CH_4$)
② 일산화탄소(CO)
③ 프로판 가스($C_3H_8$)
④ 암모니아 가스($NH_3$)

해설 가스 침탄법 : 탄산가스($CO_2$), 일산화탄소(CO), 메탄($CH_4$), 에탄($C_2H_6$), 프로판($C_3H_8$)과 같은 탄화수소계의 가스를 이용하여 침탄하는 조작으로 고온에서 강재에 접촉되면 활성 탄소를 석출함으로써 침탄이 이루어진다. 열효율이 좋고 작업이 간단하고 연속적인 침탄이 가능하다. 또한, 침탄 온도에서 직접 담금질할 수 있어 대량 생산에 적합하다.

**26.** 주철을 함유하는 탄소의 상태와 파단면의 색깔에 따라 나눌 때 이 종류에 속하지 않는 것은?

① 회주철 ② 백주철
③ 흑주철 ④ 반주철

해설 파단면의 색에 따른 분류

| | | |
|---|---|---|
| 백주철 | C.C | ㉮ 탄소, 규소량이 적을 때 발생한다.<br>㉯ 매우 단단하며 화합 탄소로 된다. |
| 회주철 | G.C | ㉮ 탄소, 규소량이 증가될수록 발생이 잘 된다.<br>㉯ 백주철보다 강도가 떨어지며 인성은 크다.<br>㉰ 유리 탄소로 존재한다. |
| 반회주철 | C.C – G.C | ㉮ 백주철과 회주철의 중간이다. |

**27.** 다음은 연납에 대한 설명이다. 틀린 것은?

① 연납은 인장강도 및 경도가 낮고 용융점이 낮으므로 납땜 작업이 쉽다.
② 연납의 흡착 작용은 주로 아연의 함량에 의존되며 아연 100%의 것이 유효하다.
③ 연납땜의 용제로는 염화아연을 사용한다.
④ 페이스트라고 하는 것은 유지 염화아연 및 분말 연납땜재 등을 혼합하여 풀 모양으로 한 것으로 표면에 발라서 쓴다.

해설 연납의 흡착 작용은 주로 주석의 함량에 의존되며 주석 100%의 것이 가장 유효하며 아연 100%의 것은 흡착 작용이 없다.

정답 24. ② 25. ④ 26. ③ 27. ②

**28.** 46.6$l$의 산소 용기에 150기압으로 산소를 충전하였다면 이것을 대기 중에서 환산하면 약 몇 $l$의 산소가 되겠는가?

① 7000$l$ ② 8000$l$
③ 6000$l$ ④ 5000$l$

해설 $L=P\times V$
$L=150\times 46.6=6990l$
여기서, $L$ : 용기 속의 산소량($l$)
$P$ : 용기 속의 압력(kg/cm$^2$)
$V$ : 용기의 내부 용적($l$)

**29.** 6 : 4 황동에 철을 1～2% 첨가한 것으로 일명 철황동이라 하며 강도가 크고 내식성도 좋아 광산 기계, 선박용 기계, 화학 기계 등에 사용되는 특수 황동은?

① 애드미럴티 황동(admiralty brass)
② 네이벌 황동(naval brass)
③ 델타메탈(delta metal)
④ 쾌삭 황동(free cutting brass)

해설 ① 7 : 3 황동+Sn 1%
② 6 : 4 황동+Sn 1%
④ 6 : 4 황동+Pb 1.5～3%

**30.** 연강용 피복 아크 용접봉의 E 43 △ □에 대한 설명이다. 틀린 것은?

① 43 : 전용착 금속의 최대 인장강도(kg/mm$^2$)
② △ : 용접 자세
③ E : 전기 용접봉(electrode)의 약자
④ □ : 피복제의 종류

해설 • E : 전기 용접봉(electrode)의 약자
• 43 : 전용착 금속의 최저 인장강도(kg/mm$^2$)
• △ : 용접 자세(0, 1 : 전자세, 2 : 아래보기 및 수평 필릿 용접, 3 : 아래보기, 4 : 전자세 또는 특정 자세의 용접)
• □ : 피복제의 종류

| 한국 | 일본 | 미국 |
|---|---|---|
| E 4301 | D 4301 | E 6001 |
| E 4316 | D 4316 | E 7016 |

**31.** 용접 장치가 모재와 일정한 경사각을 이루고 있는 금속지주에 홀더를 장치하고 여기에 물린 길이가 긴 피복 용접봉이 중력에 의해 녹아 내려가면서 일정한 용접선을 이루는 아래보기와 수평 필릿 용접을 하는 용접법은?

① 서브머지드 아크 용접
② 그래비티 아크 용접
③ 퓨즈 아크 용접
④ 자기식 용접

해설 그래비티 아크 용접은 피복 용접봉의 길이가 500～700 mm 정도 긴 것을 사용하며 아크 발생 후 용접봉이 중력에 의해 밑으로 녹아 내려가면서 용접하는 방법이다.

**32.** 모재의 열 영향부가 경화할 때 비드 끝단에 일어나기 쉬운 균열은?

① 유황 균열
② 토우 균열
③ 비드 아래 균열
④ 은점

해설 토우 균열(toe crack) : 맞대기 이음, 필릿 이음 등에서 비드 끝과 모재의 표면 경계부에서 발생한다.

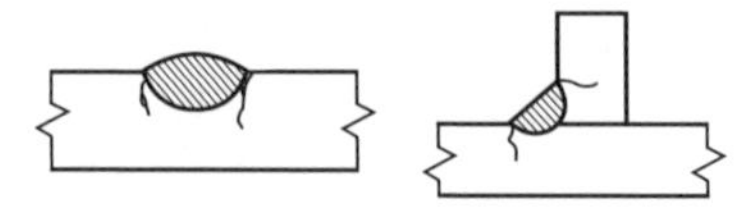

정답 28. ① 29. ③ 30. ① 31. ② 32. ②

**33.** **다음 그림과 같이 외경 550mm, 두께 6mm, 높이 900mm인 원통을 만들려고 할 때, 소요되는 철판의 크기로 가장 적당한 것은? (단, 양쪽 마구리는 트여진 상태이며, 이음새 부위는 고려하지 않는다.)**

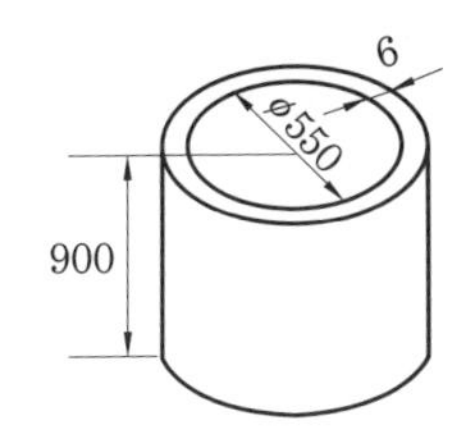


① 900×1709 ② 900×1727
③ 900×1747 ④ 900×1765

해설 • 소요 길이 $l=\pi(D+t)$ : 얇은 판인 경우
• 소요 길이 $l=\pi D$ : 두꺼운 판인 경우
문제의 그림에서 $t=6$은 두꺼운 판에 속한다.
$\therefore\ l=\pi D=3.14\times550=1727\,\text{mm}$

**34.** **가스 용접용 토치에 대한 다음 설명 중 틀린 것은?**

① 가변압식 토치는 팁의 구조가 복잡하므로 작업자가 무겁게 느껴진다.
② 불변압식 토치는 혼합 가스의 통로가 짧아 역화를 일으켜 또 인화될 위험이 적다.
③ 가변압식 토치는 프랑스식 토치이다.
④ 불변압식 토치는 독일식 토치이다.

해설 가변압식 토치는 구조가 간단하고 가볍다. 불변압식은 팁, 혼합실, 산소 분출 구멍에 따른 흡입 장치가 한 개 조의 장치로 되어 있으며, 이것을 팁이라 한다.

**35.** **다음 중 아크 길이가 짧아지면 아크 전압은?**

① 낮아진다.
② 높아진다.
③ 낮아졌다 높아진다.
④ 변동 없다.

해설 짧은 용접 시의 현상은 아크의 불연속, 불충분한 용입, 발생되는 열량이 작아진다.

**36.** **티탄과 그 합금에 관한 설명으로 틀린 것은?**

① 티탄은 비중에 비해서 강도가 크며, 고온에서 내식성이 좋다.
② 티탄에 Mo, V 등을 첨가하면 내식성이 더욱 향상 된다.
③ 티탄 합금은 인장강도가 작고 또 고온에서 크리프(creep) 한계가 낮다.
④ 티탄은 가스 터빈 재료로서 사용된다.

해설 Ti은 해수와 염산·황산에 대한 내식성이 크며 용융점이 높고 고온 저항, 즉 크리프 강도가 크다.

**37.** **다음 중 스터드 아크 용접의 특징으로 틀린 사항은?**

① 자동 아크 용접이며, 순간적으로 모재와 스터드 사이에 아크를 발생시켜 이 열로 융합 용접을 한다.
② 강판이나 형강에 볼트, 환봉, 핀 등을 직접 용접을 한다.
③ 스터드 끝 부분에 탈산제를 넣으므로 좋은 기계적 성질을 얻는다.
④ 스터드 모양은 어떠한 형태라도 관계없다.

해설 스터드 모양은 원형 및 장방형이며, 크기는 $\phi5\sim16\,\text{mm}$ 정도이고 원형이 많이 사용된다.

**38.** **용접 전류가 적을 때 발생되는 현상은?**

① 스패터 ② 언더컷
③ 오버랩 ④ 깊은 용입

해설 ①, ②, ④의 현상은 용접 전류가 강할 때 발생한다.

정답 33. ② 34. ① 35. ① 36. ③ 37. ④ 38. ③

**39.** 규소 또는 칼슘 규소 분말을 첨가하여 흑연의 핵 형성을 촉진시켜 흑연의 형성을 미세하고 균일하게 분포시킨 주철은?

① 구상 흑연 주철(nodular graphite cast iron)
② 흑심 가단 주철(black heart cast iron)
③ 백심 가단 주철(white heart cast iron)
④ 미하나이트 주철(meehanite cast iron)

해설 미하나이트(meehanite) 주철은 일종의 상품명으로서 미하나이트 회사에서 만든 것이다. 이것은 (C+Si)%가 적은 백주철 또는 얼룩 주철로 될 용융 금속에 칼슘-규소를 첨가하여 미세한 흑연을 균등하게 적출시킨 주철이다.

**40.** 아세틸렌 용접 장치의 성능 검사를 받을 때 준비해야 되는 것은 무엇인가? (단, 산소-아세틸렌 용접에서)

① 장치의 필요 부분을 분해, 소제
② 장치의 주요 부분을 분해, 소제
③ 검사자의 지시에 따라 분해, 소제
④ 전체를 분해, 소제

해설 고압의 용기는 1년마다, 아세틸렌 용접 장치는 3년마다 실시하는데, 장치의 주요 부분을 분해, 소제하거나 기타 검사에 필요한 준비를 하여야 한다.

**41.** AW-200, 무부하 전압 70V, 아크 전압 30V인 교류 용접기의 역률은? (단, 내부 손실은 3kW이다.)

① 약 57.8% ② 약 60.3%
③ 약 62.5% ④ 약 64.3%

해설 역률

$$= \frac{(\text{아크 전압} \times \text{아크 전류}) + \text{내부 손실}}{(\text{2차 무부하 전압} \times \text{아크 전류})} \times 100$$

$$= \frac{(30 \times 200) + 3000}{(70 \times 200)} \times 100$$

$$= \frac{6.0 + 3.0}{14} \times 100 = 64.3\%$$

**42.** 다음 그림은 경유 서비스 탱크 지지 철물의 정면도와 측면도이다. 소요되는 T형강은 얼마나 되는가? (단, 좌우 대칭이며, ㄱ자형 [L-50×50×6]의 단위 중량은 4.43kg/m이다.)

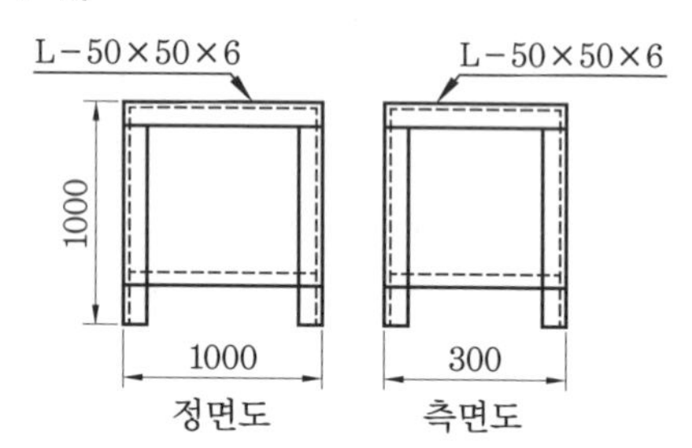


① 약 55.7kg ② 약 40.8kg
③ 약 55.4kg ④ 약 66.5kg

해설 ㄱ자형(L-50×50×6)의 1m당 무게는 4.43kg이다.
따라서, (4.43×8×1)+(4.43×4×0.3) =40.756kg

**43.** 용해 아세틸렌 병 전체의 무게가 15℃, 1기압하에서 61kg이고 빈병의 무게가 56kg일 때 아세틸렌 가스의 용적은 몇 $l$인가?

① 4300$l$
② 4525$l$
③ 5000$l$
④ 5250$l$

해설 $C = 905(A - B)l$
$C = 905(61 - 56) = 4525l$
여기서, $C$ : 아세틸렌의 양($l$)
$A$ : 충전된 용기의 무게(kg)
$B$ : 빈병의 무게(kg)

정답 39. ④ 40. ② 41. ④ 42. ② 43. ②

**44.** TIG 용접 시에 고주파 전류를 더하면 다음과 같은 이점이 있다. 이 중 틀린 것은?

① 전극을 모재에 접촉시키지 않아도 손쉽게 아크를 발생시킬 수 있다.
② 아크가 대단히 안정한 반면, 아크가 길어지면 쉽게 끊어진다.
③ 전극의 수명이 길다.
④ 일정한 지름의 전극에 대해 광범위한 전류의 사용이 가능하다.

해설 교류 전원에서는 아크가 불안정하여 용접 전류에 고주파 약전류를 중첩시켜 아크를 안정시킬 수 있다. 고주파를 중첩시켰을 때 장점은 다음과 같다.
㉮ 아크는 전극을 모재에 접촉시키지 않아도 발생하므로 접촉에 의한 오손이 없어 전극의 수명이 길다.
㉯ 아크가 매우 안정되며 아크 길이가 길어져도 끊어지지 않는다.
㉰ 일정 지름의 전극에서 광범위한 전류의 사용이 가능하다.

**45.** TIG 용접에서 헬륨 아크(helium arc) 용접법은 아르곤 아크(argon arc) 용접법에 비하여 용접 속도가 일반적으로 어떠한가?

① 빠르다.
② 느리다.
③ 같다.
④ 조작에 따라 다르다.

해설 He 가스는 Ar 가스보다 아크 전압이 현저히 높아 He 가스를 쓰면 입열이 높아져 용입이 증가되고 용접 속도도 빠르다.

**46.** 용접 재료의 시험에서 꼭지각 136°의 다이아몬드 사각추를 1～120kg의 하중으로 밀어 넣어 시험하는 경도 시험은?

① 브리넬 경도 시험
② 로크웰 경도 시험
③ 비커즈 경도 시험
④ 쇼어 경도 시험

해설 비커즈 경도 시험

| 비커즈 경도(vicker's) Hv |
|---|
| 대면각이 136°인 다이아몬드 피라미드 |
| $\text{Hv} = 1854\dfrac{P}{d^2}$ [kg/mm²] |
| 자국의 표면적으로 하중을 나눈 값 |
| ㉮ 하중은 표면의 거칠기, 시편의 두께 및 재질에 따라서 결정한다.<br>㉯ 균일한 재질이면 하중의 크기와 관계없이 측정값이 같다.<br>㉰ 하중 작용 시간은 30초가 표준이며, 철강은 15～20초로 한다. |
| ㉮ 재료의 굳기에 따라 1～120kg의 하중으로 시험한다.<br>㉯ 얇은 재료인 질화층 및 침탄층의 측정이 가능하다. |

**47.** Si(규소)를 14% 정도 포함한 내산 주철로서 염산에는 어느 정도 견디나 진한 염산에는 견디지 못하고 절삭가공이 안 되고 메짐성이 높은 것이 결점인 주철은?

① 니크로 시랄(nicrosiral)
② 듀리론(duriron)
③ 니레지스트(niresist)
④ 오스테나이트(austenite) 주철

해설 듀리론(duriron)
㉮ Ni－Cr－Si계 합금 주철의 일종으로 내열, 내식성이 좋다.
㉯ 고규소의 내산 주물의 일종으로 Si 14% 정도를 포함한다.
㉰ Ni－Cr계의 오스테나이트 주철이다.

**48.** 서브머지드 아크 용접 시 아크 전압이 낮을 때 생기는 현상이 아닌 것은?

정답 44. ② 45. ① 46. ③ 47. ② 48. ④

① 용입이 깊어진다.
② 비드 폭이 좁아진다.
③ 보강 덧붙이가 커진다.
④ 오버랩이 생긴다.

해설 아크 전압이 낮으면 용입이 깊어지고, 비드 폭이 좁아지며, 보강 덧붙이가 커지게 된다. 또한, 아크 길이가 길어져서 전압이 높아지면 용입이 얕아지고, 비드 폭은 넓어진다.

**49.** 용접봉 피복제의 편심률은 KS에서 몇 % 이하로 규정하는가?

① 1%　② 2%
③ 3%　④ 4%

해설 편심률 $= \frac{D'-D}{D} \times 100\%$

**50.** 다음 부등변 앵글의 치수 표시가 맞는 것은 어느 것인가?

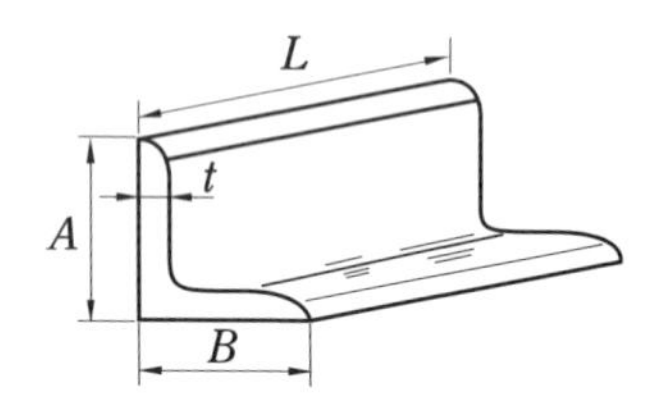


① L $A \times B \times t - L$
② L $B \times t \times A - L$
③ L $L - t \times A \times B$
④ L $L - A \times t \times B$

해설 • 평강의 치수 기입 : 폭×두께－길이
• 형강의 치수 기입 : 종별 기호, 높이×너비×두께－길이

**51.** 다음은 납땜법의 원리이다. 틀린 것은?

① 납땜법은 접합해야 할 모재 금속을 용융시키지 않고 그들 금속의 이음면 틈에 모재보다 용융점이 낮은 금속을 용융 첨가하여 이음을 하는 방법이다.
② 땜납의 대부분은 합금으로 되어 있다.
③ 용접용 땜납으로는 연납을 사용한다.
④ 땜납은 모재보다 용융점이 낮아야 하고 표면장력이 적어 모재 표면에 잘 퍼져야 한다.

해설 용접용 땜납으로 경납을 사용한다.

**52.** 가스 용접에 사용되는 용접 가스 혼합에 맞지 않는 것은?

① 산소－수소　② 공기－석탄 가스
③ 산소－아세틸렌　④ 수소－아세틸렌

해설 용접 가스의 혼합은 지연성 가스와 가연성 가스를 혼합해야 하는데 수소, 아세틸렌은 모두 가연성 가스이다.

**53.** 산화티탄($TiO_2$)이 약 30% 포함되었으며 박판용에 사용하는 용접봉은?

① E 4301　② E 4303
③ E 4311　④ E 4326

해설 ① E 4301 : 일미나이트 30%
③ E 4311 : 고셀룰로오스 30%
④ E 4326 : 철분 50%

**54.** 불활성 가스 아크 용접에서 직류 전원을 연결할 경우 틀린 것은?

① DCSP로 접속하면 비드 폭이 좁고 용입이 깊어진다.
② DCSP에 있어서 125A의 전류를 사용하려면 전극은 ϕ1.6mm인 것이 적당하다.
③ DCSP는 고속의 전자가 전극으로부터 모재 쪽으로 흐른다.
④ DCSP에 있어서는 DCRP보다 굵은 전극을 사용한다.

정답 49. ③　50. ①　51. ③　52. ④　53. ②　54. ④

해설 • 직류 정극성 : 비드 폭이 좁고 용입이 깊다. 텅스텐 전극이 가늘고(125A에서 ø1.6mm) 청정 효과가 없다.
• 직류 역극성 : 비드 폭이 넓고 용입이 얕다. 텅스텐 전극이 굵고(125A에서 ø6.4mm) 청정 효과가 있다.

**55.** 용접부에 생기는 파열을 방지하는 사항이 아닌 것은?

① 루트 간격을 좁게 한다.
② 용접 속도를 느리게 한다.
③ 예열한다.
④ 구속 지그를 사용하여 용접한다.

해설 • 균열이라는 관점에서 볼 때 루트 간격이 좁은 것이 좋다.
• 급랭으로 인한 수축에 의해 균열 발생의 우려가 있으므로 냉각 속도를 느리게 하여 용접하거나 예열하는 것이 좋다.

**56.** 황동의 내식성을 개량하기 위하여 1% 정도의 주석을 넣은 것으로 7 : 3 황동에 첨가한 것을 애드미럴티 황동이라 하고, 4 : 6 황동에 첨가한 것은 네이벌 황동이라 하는 특수 황동은?

① 연황동　② 강력 황동
③ 주석 황동　④ 델타메탈

해설 특수 황동
㉮ 주석 황동
• 애드미럴티 황동-7 : 3 황동+1%(Sn)
• 네이벌 황동-6 : 4 황동+1%(Sn)
㉯ 철황동(델타 황동)-6 : 4 황동+1~2%(Fe)
㉰ 연황동(쾌삭 황동)-6 : 4 황동+1.5~3%(Pb)
㉱ 양은(니켈 실버)-7 : 3 황동+15~20%(Ni)

**57.** 강의 탄소 아크 절단 시 전극봉의 지름과 사용 전류와의 관계를 나타낸 것 중 틀린 것은? (단, 전극봉의 지름-전류인 경우이다.)

① 9.5mm-400A
② 15.9mm-600A
③ 22.2mm-800A
④ 32.4mm-1300A

해설 탄소강의 탄소 아크 절단 조건

| 판 두께 (mm) | 전극봉 직경 (mm) | 전류 (A) | 절단 속도 (mm/min) |
|---|---|---|---|
| 65 | 9.5 | 600 | 380 |
| 12.7 | 9.5 | 400 | 250 |
| 25.4 | 15.9 | 700 | 80 |
| 50.8 | 15.9 | 600 | 40 |
| 76.2 | 15.9 | 600 | 30 |
| 101.6 | 15.9 | 600 | 18 |
| 152.4 | 22.2 | 800 | 70 |
| 203.2 | 22.2 | 800 | 7.5 |

**58.** 다음은 가스 압접의 밀착법에 관한 사항이다. 틀린 것은?

① 재결정 온도 이상으로 토치로 열을 가한 후 수평 방향에서 가압하여 압접을 한다.
② 접합부는 용융시키지 않는다.
③ 접합면의 이물질을 제거 후 작업을 하여야 한다.
④ 접합면이 용융될 때 수평 방향으로 가압하여 압접을 한다.

해설 ④는 가스 압접법의 개방법에 속하며, 국부적으로 접합면이 열을 받기 때문에 열효율이 매우 우수하다.

정답 55. ④　56. ③　57. ④　58. ④

**59.** 도면의 KS 용접 기호를 가장 올바르게 설명한 것은?

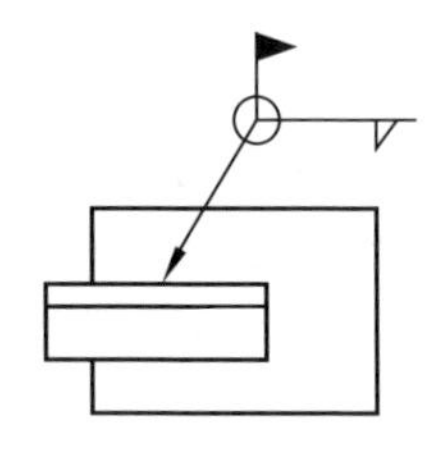

① 전체 둘레 현장 연속 필릿 용접
② 현장 연속 필릿 용접(화살표 있는 한 변만 용접)
③ 전체 둘레 용접 단속 필릿 용접
④ 현장 단속 필릿 용접(화살표 있는 한 변만 용접)

해설 는 전체 둘레 현장 용접 기호이다.

**60.** 밀착 맞대기법과 개방 맞대기법의 두 종류가 있는 용접법은?

① 가스 압접
② 피복 아크 용접
③ 서브머지드 아크 용접
④ MIG 용접

해설 일반적으로 산화 작용이 적고 겉모양이 아름다운 밀착 맞대기법이 많이 이용되고 있다.

정답 59. ① 60. ①

# 제16회 CBT 실전문제

**1. 일반적으로 MIG 용접의 전류 밀도는 아크 용접의 몇 배 정도 되는가?**

① 2～4배　② 4～6배
③ 6～8배　④ 8～11배

해설 MIG 용접의 전류 밀도는 피복 아크 용접보다 6～8배 더 높다.

**2. 미세한 알루미늄 분말과 산화철 분말을 혼합하여 과산화바륨과 알루미늄 등 혼합분말로 된 점화제를 넣고 연소시켜 그 반응열로 용접하는 것은?**

① 테르밋 용접
② 전자 빔 용접
③ 불활성 가스 아크 용접
④ 원자 수소 용접

해설 테르밋 용접은 알루미늄 분말 3～4, 산화철 분말 1의 비율로 혼합한 용제를 사용한다.

**3. 아크 용접에서 피복제 중 아크 안정제에 해당되지 않는 것은?**

① 산화티탄($TiO_2$)　② 석회석($CaCO_3$)
③ 규산칼륨($K_2SiO_2$)　④ 탄산바륨($BaCO_3$)

해설 가스 발생제 : 탄산바륨, 석회석, 녹말, 톱밥, 셀룰로오스 등

**4. 가스 용접으로 연강 용접 시 사용하는 용제는?**

① 염화리튬　② 붕사
③ 염화나트륨　④ 사용하지 않는다.

해설 연강 용접 시는 용제를 사용하지 않는다.

**5. 교류 아크 용접기에서 교류 변압기의 2차 코일에 전압이 발생하는 원리는 다음 중 무슨 작용인가?**

① 저항 유도 작용　② 전자 유도 작용
③ 전압 유도 작용　④ 전류 유도 작용

해설 교류 아크 용접기 : 변압기의 전자 유도 작용을 이용한 용접기이다.

**6. 철분 또는 용제를 연속적으로 절단용 산소에 공급하여 그 산화열 또는 용제의 화학 작용을 이용하여 절단하는 것은?**

① 산소창 절단　② 스카핑
③ 탄소 아크 절단　④ 분말 절단

해설 ① 산소창 절단 : 토치의 팁 대신에 가는 강관에 산소를 공급하여 그 강관이 산화 연소할 때의 반응열로 금속을 절단하는 방법

**7. 용접봉에 아크가 한쪽으로 쏠리는 아크 쏠림 방지책이 아닌 것은?**

① 짧은 아크를 사용할 것
② 접지점을 용접부로부터 멀리할 것
③ 긴 용접에는 전진법으로 용접할 것
④ 직류 용접을 하지 말고 교류 용접을 사용할 것

해설 아크 쏠림 방지 : 긴 용접에는 후진법으로 용접할 것

**8. 용접봉의 종류에서 용융 금속의 이행 형식에 따른 분류가 아닌 것은?**

정답 1. ③　2. ①　3. ④　4. ④　5. ②　6. ④　7. ③　8. ④

① 단락형　② 글로뷸러형
③ 스프레이형　④ 직렬식 노즐형

해설 용접봉 이행 형식에 직렬식 노즐형은 없다.

**9.** 아세틸렌 가스의 자연 발화 온도는 몇 ℃ 정도인가?

① 250～300℃　② 300～397℃
③ 406～408℃　④ 700～705℃

해설 아세틸렌 가스는 406～408℃ 정도가 되면 자연 발화하고, 505～515℃가 되면 폭발하며, 산소가 없어도 780℃ 이상이 되면 자연 폭발한다.

**10.** 수동 가스 절단 시 일반적으로 팁 끝과 강판 사이의 거리는 백심에서 몇 mm 정도 유지시키는가?

① 0.1～0.5　② 1.5～2.0
③ 3.0～3.5　④ 5.0～7.0

해설 수동 가스 절단 시 팁과 모재 간 거리는 열효율이 높은 1.5～2.0mm가 적합하다.

**11.** 다음 중 알루미늄 등의 경금속에 아르곤과 수소의 혼합 가스를 사용하여 절단하는 방식인 것은?

① 분말 절단　② 산소 아크 절단
③ 플라스마 절단　④ 수중 절단

해설 분말 절단은 철분 또는 용제를 연속적으로 절단용 산소에 공급하여 그 산화열 또는 용제의 화학 작용을 이용하여 절단한다.

**12.** 산소 용기의 윗부분에 각인되어 있지 않은 것은?

① 용기의 중량　② 최저 충전 압력
③ 내압 시험 압력　④ 충전 가스의 내용적

해설 가스 용기의 각인은 최고 충전 압력을 나타낸다(FP).

**13.** 용접에서 아크가 길어질 때 발생하는 현상이 아닌 것은?

① 아크가 불안정하게 된다.
② 스패터가 심해진다.
③ 산화 및 질화가 일어난다.
④ 아크 전압이 감소한다.

해설 아크 길이가 길어지면 아크 전압도 높아진다.

**14.** 용접 열원으로 전기가 필요 없는 용접법은?

① 테르밋 용접
② 원자 수소 용접
③ 일렉트로 슬래그 용접
④ 일렉트로 가스 아크 용접

해설 테르밋 용접 : 테르밋제의 화학 반응열을 이용한 용접으로 다른 열원이나 전기가 필요 없다.

**15.** 중공의 피복 용접봉과 모재 사이에 아크를 발생시키고 중심에서 산소를 분출시키면서 절단하는 방법은?

① 아크 에어 가우징(arc air gouging)
② 금속 아크 절단(metal arc cutting)
③ 탄소 아크 절단(carbon arc cutting)
④ 산소 아크 절단(oxygen arc cutting)

해설 ① 아크 에어 가우징 : 탄소 전극봉과 압 축공기를 사용하여 홈을 파거나 천공 등을 하는 절단법

정답 9. ③　10. ②　11. ③　12. ②　13. ④　14. ①　15. ④

**16.** 연강용 피복 아크 용접봉의 "E 4316"에 대한 설명 중 틀린 것은?

① E : 피복 금속 아크 용접봉
② 43 : 전용착 금속의 최대 인장강도
③ 16 : 피복제의 계통
④ E 4316 : 저수소계 용접봉

해설 E 4316(저수소계)에서 E : 전기 용접봉, 43 : 전용착 금속의 최저 인장강도, 16 : 피복제의 계통을 표시하고 있다.

**17.** 용접기 설치 시 1차 입력이 10kVA이고 전원 전압이 200V이면 퓨즈 용량은?

① 50A ② 100A
③ 150A ④ 200A

해설 퓨즈 용량 $= \dfrac{10000\,\text{VA}}{200\,\text{V}} = 50\,\text{A}$

**18.** 특수 황동에 대한 설명으로 가장 적합한 것은?

① 주석 황동 : 황동에 10% 이상의 Sn을 첨가한 것
② 알루미늄 황동 : 황동에 10~15%의 Al을 첨가한 것
③ 철황동 : 황동에 5% 정도의 Fe을 첨가한 것
④ 니켈 황동 : 황동에 7~30%의 Ni을 첨가한 것

해설 ① 주석 황동 : 황동에 1~2%의 Sn을 첨가한 것
② 알루미늄 황동 : Al 소량 첨가
③ 철황동 : 황동에 1~2%의 Fe을 첨가한 것

**19.** 탄소강의 기계적 성질 변화에서 탄소량이 증가하면 어떠한 현상이 생기는가?

① 강도와 경도는 감소하나 인성 및 충격값 연신율, 단면 수축률은 증가한다.
② 강도와 경도가 감소하고 인성 및 충격값 연신율, 단면 수축률도 감소한다.
③ 강도와 경도가 증가하고 인성 및 충격값 연신율, 단면 수축률도 증가한다.
④ 강도와 경도는 증가하나 인성 및 충격값 연신율, 단면 수축률은 감소한다.

해설 탄소량이 증가하면 용접성이 나빠진다. 강도와 경도는 증가하나 연신율, 단면 수축률은 감소한다.

**20.** 스테인리스강을 불활성 가스 금속 아크 용접법으로 용접 시 장점이 아닌 것은?

① 아크열 집중성보다 확장성이 좋다.
② 어떤 방향으로도 용접이 가능하다.
③ 용접이 고속도로 아크 방향으로 방사된다.
④ 합금 원소가 98% 이상으로 거의 전부가 용착 금속에 옮겨진다.

해설 스테인리스강을 MIG 용접 시 아크열 집중성이 좋다.

**21.** 일반적으로 중금속과 경금속을 구분하는 비중은?

① 1.0 ② 3.0
③ 5.0 ④ 7.0

해설 경금속과 중금속의 구분은 비중 4.5(5.0)를 기준으로 이상은 중(무거운) 금속이라 한다.

**22.** 다음 중 연강에 비해 고장력강의 장점이 아닌 것은?

① 소요 강재의 중량을 상당히 경감시킨다.
② 재료의 취급이 간단하고 가공이 용이하다.
③ 구조물의 하중을 경감시킬 수 있어 그 기초

정답 16. ② 17. ① 18. ④ 19. ④ 20. ① 21. ③ 22. ④

공사가 단단해진다.

④ 동일한 강도에서 관의 두께를 두껍게 할 수 있다.

해설 고장력강은 동일한 강도에서 관의 두께를 얇게 할 수 있다.

**23. 가단 주철의 종류가 아닌 것은?**

① 산화 가단 주철 ② 백심 가단 주철
③ 흑심 가단 주철 ④ 펄라이트 가단 주철

해설 산화 가단 주철은 없다.

**24. 침탄법의 종류에 속하지 않는 것은?**

① 고체 침탄법 ② 증기 침탄법
③ 가스 침탄법 ④ 액체 침탄법

해설 사용 재료에 따른 침탄법은 ①, ③, ④이다.

**25. 재료의 잔류 응력을 제거하기 위해 적당한 온도와 시간을 유지한 후 냉각하는 방식으로 일명 저온 풀림이라고 하는 것은?**

① 재결정 풀림 ② 확산 풀림
③ 응력 제거 풀림 ④ 중간 풀림

해설 응력 제거 풀림 : 냉간 가공 재료의 잔류 응력을 제거하기 위한 풀림

**26. 용접 순서의 결정 시 가능한 변형이나 잔류 응력의 누적을 피할 수 있도록 하기 위한 유의사항으로 잘못된 것은?**

① 용접물의 중심에 대하여 항상 대칭으로 용접을 해 나간다.

② 수축이 적은 이음을 먼저 용접하고 수축이 큰 이음은 나중에 용접한다.

③ 용접물이 조립되어 감에 따라 용접 작업이 불가능한 곳이나 곤란한 경우가 생기지 않도록 한다.

④ 용접물의 중립축을 참작하여 그 중립축에 대한 용접 수축력의 모멘트의 합 "0"이 되게 하면 용접선 방향에 대한 굽힘이 없어진다.

해설 용접 순서 : 수축이 큰 맞대기 이음을 먼저 용접하고, 수축이 적은 필릿 이음은 나중에 용접한다.

**27. 알루미늄 합금으로 강도를 높이기 위해 구리, 마그네슘 등을 첨가하여 열처리 후 사용하는 것으로 교량, 항공기 등에 사용하는 것은?**

① 주조용 알루미늄 합금

② 내열 알루미늄 합금

③ 내식 알루미늄 합금

④ 고강도 알루미늄 합금

해설 항공기, 교량 등에는 강도가 큰 재료가 필요하다.

**28. Mg-Al계 합금에 소량의 Zn, Mn을 첨가한 마그네슘 합금은?**

① 다우메탈 ② 일렉트론 합금
③ 하이드로날륨 ④ 라우탈 합금

해설 다우메탈 : Al, Mg, Cu, Zn, Cd 등을 혼합하여 제조한 합금

**29. 높은 곳에서 용접 작업 시 지켜야 할 사항으로 틀린 것은?**

① 족장이나 발판이 견고하게 조립되어 있는지 확인한다.

② 고소 작업 시 착용하는 안전모의 내부 수직 거리는 10mm 이내로 한다.

③ 주변에 낙하 물건 및 작업 위치 아래에 인화성 물질이 없는지 확인한다.

정답 23. ① 24. ② 25. ③ 26. ② 27. ④ 28. ② 29. ②

④ 고소 작업장에서 용접 작업 시 안전벨트 착용 후 안전로프를 핸드레일에 고정시킨다.

해설 고소 작업 시 착용하는 안전모의 내부 수직 거리는 25mm 이내로 한다.

**30.** **용접부의 시험 및 검사의 분류에서 크리프 시험은 무슨 시험에 속하는가?**

① 물리적 시험 ② 기계적 시험
③ 금속학적 시험 ④ 화학적 시험

해설 크리프 시험 : 기계적 파괴 시험

**31.** **금속 표면이 녹슬거나 산화물질로 변화되어가는 금속의 부식 현상을 개선하기 위해 이용되는 강은?**

① 내식강 ② 내열강
③ 쾌삭강 ④ 불변강

해설 내식강 : 부식에 강한 강

**32.** **자분 탐상 검사에서 검사 물체를 자화하는 방법으로 사용되는 자화 전류로서 내부 결함의 검출에 적합한 것은?**

① 교류
② 자력선
③ 직류
④ 교류나 직류 상관없다.

해설 직류 : 내부 결함 검사 시 적합한 자화 전류이다. 자화 전류는 표면 결함 검출에는 교류가 사용되고, 내부 결함의 검출에는 직류가 사용되고 있다.

**33.** **다음 중 납땜 용제의 구비 조건으로 맞지 않는 것은?**

① 침지땜에 사용되는 것은 수분을 함유할 것
② 청정한 금속면의 산화를 방지할 것
③ 전기저항 납땜에 사용되는 것은 전도체일 것
④ 모재나 땜납에 대한 부식 작용이 최소한일 것

해설 침지땜에 사용되는 것은 수분을 함유하지 않을 것

**34.** **TIG 용접에서 사용되는 텅스텐 전극에 관한 설명으로 옳은 것은?**

① 토륨을 1~2% 함유한 텅스텐 전극은 순텅스텐 전극에 비해 전자 방사 능력이 떨어진다.
② 토륨을 1~2% 함유한 텅스텐 전극은 저전류에서도 아크 발생이 용이하다.
③ 직류 역극성은 직류 정극성에 비해 전극의 소모가 적다.
④ 순텅스텐 전극은 온도가 높으므로 용접 중 모재나 용접봉과 접촉되었을 경우에도 오염되지 않는다.

해설 토륨을 1~2% 함유한 텅스텐 전극은 저전류에서도 전자 방사 능력이 좋아 아크 발생이 용이하나, 요즘 방사능 방출 문제로 사용을 자제하는 추세이다.

**35.** **자동 아크 용접봉 중의 하나로서 다음 그림과 같은 원리로 이루어지는 용접법은 어느 것인가?**

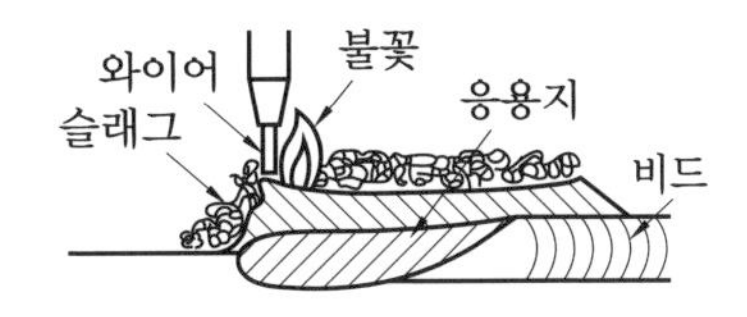


① 전자 빔 용접
② 서브머지드 아크 용접
③ 테르밋 용접
④ 불활성 가스 아크 용접

정답 30. ② 31. ① 32. ③ 33. ① 34. ② 35. ②

해설 서브머지드 아크 용접 : 잠호 용접, 불가시 아크 용접, 유니언 멜트 용접
서브머지드 아크 용접은 아크가 보이지 않는 상태에서 용접이 진행된다고 하여 일명 잠호 용접이라고도 부른다.

**36. 다음은 잔류 응력의 영향에 대한 설명이다. 가장 옳지 않은 것은?**

① 재료의 연성이 어느 정도 존재하면 부재의 정적 강도에는 잔류 응력이 크게 영향을 미치지 않는다.
② 일반적으로 하중 방향의 인장 잔류 응력은 피로강도에 무관하며 압축 잔류 응력은 피로강도에 취약한 것으로 생각된다.
③ 용접부 부근에는 항상 항복점에 가까운 잔류 응력이 존재하므로 외부 하중에 의한 근소한 응력이 가산되어도 취성파괴가 일어날 가능성이 있다.
④ 잔류 응력이 존재하는 상태에서 고온으로 수개월 이상 방치하면 거의 소성 변형이 일어나지 않고 균열이 발생하여 파괴하는데 이것을 시즌 크랙(season crack)이라 한다.

해설 일반적으로 하중 방향의 인장 잔류 응력은 피로강도와 관계가 크며 압축 잔류 응력은 피로강도에 취약한 것으로 생각된다.

**37. 아크를 발생시키지 않고 와이어와 용융 슬래그 모재 내에 흐르는 전기저항 열에 의하여 용접하는 방법은?**

① TIG 용접
② MIG 용접
③ 일렉트로 슬래그 용접
④ 이산화탄소 아크 용접

해설 일렉트로 슬래그 용접 : 초기에 아크를 발생시켜 용접이 진행되면 와이어와 용융 슬래그 사이에서 전기저항 열이 발생하여 용접이 진행되는 용접법

**38. 전기 용접 작업의 안전사항 중 전격 방지 대책이 아닌 것은?**

① 용접기 내부는 수시로 분해 수리하고 청소를 하여야 한다.
② 절연 홀더의 절연 부분이 노출되거나 파손되면 교체한다.
③ 장시간 작업을 하지 않을 시는 반드시 전기 스위치를 차단한다.
④ 젖은 작업복이나 장갑, 신발 등을 착용하지 않는다.

해설 용접기 내부는 정기적으로 점검하고 청소를 하여야 한다.

**39. 탄산가스 아크 용접의 종류에 해당되지 않는 것은?**

① NCG법 ② 테르밋 아크법
③ 유니언 아크법 ④ 퓨즈 아크법

해설 ①, ③, ④는 탄산가스 아크 용접의 분류에서 용제가 들어 있는 와이어 이산화탄소법이다.
※ 테르밋 용접 : 테르밋제의 화학 반응열을 이용한 용접법

**40. 맞대기 용접에서 용접 기호는 기준선에 대하여 90도의 수직선을 그리어 나타내며 주로 얇은 관에 많이 사용되는 홈 용접은?**

① V형 용접 ② H형 용접
③ X형 용접 ④ I형 용접

해설 | | : I형 맞대기 용접 기호, 6mm 이하의 얇은 (박)판 용접 시에 사용한다.

정답 36. ② 37. ③ 38. ① 39. ② 40. ④

**41.** 필릿 용접에서 루트 간격이 1.5mm 이하일 때 보수 용접 요령으로 가장 적합한 것은?

① 다리 길이를 3배수로 증가시켜 용접한다.
② 그대로 용접하여도 좋으나 넓혀진 만큼 다리 길이를 증가시킬 필요가 있다.
③ 그대로 규정된 다리 길이로 용접한다.
④ 라이너를 넣든지 부족한 판을 300mm 이상 잘라내서 대체한다.

해설 루트 간격 1.5～4.5mm : 그대로 용접하여도 좋으나, 넓혀진 만큼 다리 길이를 증가시킬 필요가 있다.

**42.** 원자 수소 용접에 사용되는 전극은?

① 구리 전극 ② 알루미늄 전극
③ 텅스텐 전극 ④ 니켈 전극

해설 원자 수소 용접 : 2개의 텅스텐 전극끼리 아크를 발생하여 그 복사열로 용접한다.

**43.** TIG 용접용 텅스텐 전극봉의 전류 전달 능력에 영향을 미치는 요인이 아닌 것은?

① 사용 전원 극성
② 전극봉의 돌출 길이
③ 용접기 종류
④ 전극봉 홀더 냉각 효과

해설 TIG 용접에서 전극봉의 전류 전달 능력에 영향을 미치는 요인이 아닌 것은 용접기 종류가 해당되며, 여러 가지 용접기 종류가 있다.

**44.** $CO_2$ 가스 아크 편면 용접에서 이면 비드의 형성은 물론 뒷면 가우징 및 뒷면 용접을 생략할 수 있고 모재의 중량에 따른 뒤엎기(turn over) 작업을 생략할 수 있도록 홈 용접부 이면에 부착하는 것은?

① 포지셔너 ② 스캘럽
③ 엔드 탭 ④ 뒷댐재

해설 ③ 엔드 탭 : 용접할 때 시점, 종점의 용착 불량을 방지하기 위하여 모재의 양쪽에 덧대는 강판

**45.** 다음 중 불활성 가스 텅스텐 아크 용접에 사용되는 전극봉이 아닌 것은?

① 티타늄 전극봉
② 순텅스텐 전극봉
③ 토륨 텅스텐 전극봉
④ 산화란탄 텅스텐 전극봉

해설 TIG 용접 전극은 용융점이 높은 금속이 필요하다.

**46.** MIG 용접용의 전류 밀도는 TIG 용접의 약 몇 배 정도인가?

① 2 ② 4
③ 6 ④ 8

해설 MIG 용접의 전류 밀도는 TIG 용접보다 2배, 피복 아크 용접보다 6～8배 높다.

**47.** 아크를 보호하고 집중시키기 위하여 내열성의 도기로 만든 페룰(ferrule)이라는 기구를 사용하는 용접은?

① 스터드 용접
② 테르밋 용접
③ 전자 빔 용접
④ 플라스마 용접

해설 스터드 용접 : 심기 용접이라고도 하며, 건설 공사 등에 많이 사용된다. 스터드 선단에 페룰이라고 불리는 보조 링을 끼우고, 용융지에 압력을 가하여 접합하는 원리이다.

정답 41. ③ 42. ③ 43. ③ 44. ④ 45. ① 46. ① 47. ①

**48.** **잔류 응력의 경감 방법 중 노내 풀림법에서 응력 제거 풀림에 대한 설명으로 가장 적합한 것은?**

① 유지 온도가 높을수록, 또한 유지 시간이 길수록 효과가 크다.
② 유지 온도가 낮을수록, 또한 유지 시간이 짧을수록 효과가 크다.
③ 유지 온도가 높을수록, 또한 유지 시간이 짧을수록 효과가 크다.
④ 유지 온도가 낮을수록, 또한 유지 시간이 길수록 효과가 크다.

해설 응력 제거 효과는 유지 온도가 높을수록, 또한 유지 시간이 길수록 효과가 크지만, 유지 온도가 너무 높으면 조직이 거칠어질 수 있다.

**49.** **용접 전류가 용접하기에 적합한 전류보다 높을 때 가장 발생되기 쉬운 용접 결함은?**

① 용입 불량　② 언더컷
③ 오버랩　④ 슬래그 섞임

해설 전류가 너무 낮으면 용입 불량, 오버랩, 슬래그 섞임 등이 발생할 수 있다.

**50.** **재해와 숙련도 관계에서 사고가 가장 많이 발생하는 근로자는?**

① 경험이 1년 미만인 근로자
② 경험이 3년인 근로자
③ 경험이 5년인 근로자
④ 경험이 10년인 근로자

해설 경험이 적은 작업자가 숙련자보다 안전사고가 많이 일어난다.

**51.** **초음파 탐상법에 속하지 않는 것은?**

① 펄스 반사법　② 투과법
③ 공진법　④ 관통법

해설 관통법은 자분 탐상법의 일종이다.

**52.** **구의 지름을 나타낼 때 사용되는 치수 보조 기호는?**

① ø　② S　③ Sø　④ SR

해설 ø : 지름, Sø : 구의 지름, SR : 구의 반지름

**53.** **그림과 같은 배관 접합(연결) 기호의 설명으로 옳은 것은?**

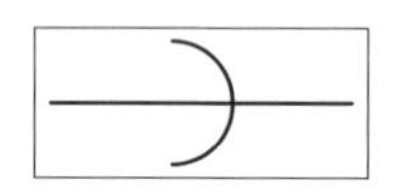

① 마개와 소켓 연결
② 플랜지 연결
③ 칼라 연결
④ 유니언 연결

해설 • ─┤├─ : 플랜지 연결
• ─┤|├─ : 유니언 연결

**54.** **물체의 일부분을 파단한 경계 또는 일부를 떼어낸 경계를 나타내는 선으로 불규칙한 파형의 가는 실선인 것은?**

① 파단선　② 지시선
③ 가상선　④ 절단선

해설 파단선 : 가는 자유 실선으로 프리핸드로 나타낸다.

**55.** **기계 재료의 종류 기호 "SM 400A"가 뜻하는 것은?**

① 일반 구조용 압연 강재

정답 48. ①　49. ②　50. ①　51. ④　52. ③　53. ①　54. ①　55. ③

② 기계 구조용 압연 강재
③ 용접 구조용 압연 강재
④ 자동차 구조용 열간 압연 강판

해설 SM 400A : 최저 인장강도가 400N/$mm^2$인 용접 구조용 압연 강재 A종

**56.** 2차 무부하 전압이 80V, 아크 전류가 200A, 아크 전압 30V, 내부 손실 3kW일 때 역률(%)은?

① 48.00% ② 56.25%
③ 60.00% ④ 66.67%

해설 역률

$$= \frac{(\text{아크 전압} \times \text{아크 전류}) + \text{내부 손실}}{(\text{2차 무부하 전압} \times \text{아크 전류})} \times 100$$

$$= \frac{(30 \times 200) + 3000}{80 \times 200} \times 100 = 56.25\%$$

**57.** 피복 아크 용접에서 직류 정극성(DCSP)을 사용하는 경우 모재와 용접봉의 열 분배율은?

① 모재 70%, 용접봉 30%
② 모재 30%, 용접봉 70%
③ 모재 60%, 용접봉 40%
④ 모재 40%, 용접봉 60%

해설 (+)극에 약 70%, (−)극에 30% 정도의 열이 발생한다. 따라서 정극성의 경우 모재에 70%, 용접봉에 30%이다.

**58.** 다음 그림과 같은 용접 도시 기호를 올바르게 설명한 것은?

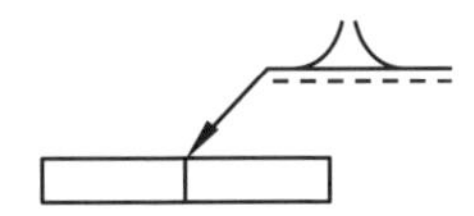

① 돌출된 모서리를 가진 평판 사이의 맞대기 용접이다.
② 평행(I형) 맞대기 용접이다.
③ U형 이음으로 맞대기 용접이다.
④ J형 이음으로 맞대기 용접이다.

해설 U : U형 맞대기 용접 기호

**59.** 다음 투상도 중 1각법이나 3각법으로 투상하여도 정면도를 기준으로 그 위치가 동일한 곳에 있는 것은?

① 우측면도 ② 평면도
③ 배면도 ④ 저면도

해설 1각법은 정면도를 기준으로 보는 방향과 반대 방향에 그리며, 3각법은 보는 방향에 나타내나, 배면도는 동일한 위치에 나타나진다.

**60.** 도면에 관한 설명으로 틀린 것은? (단, 도면의 등변 ㄱ형강 길이는 160mm이다.)

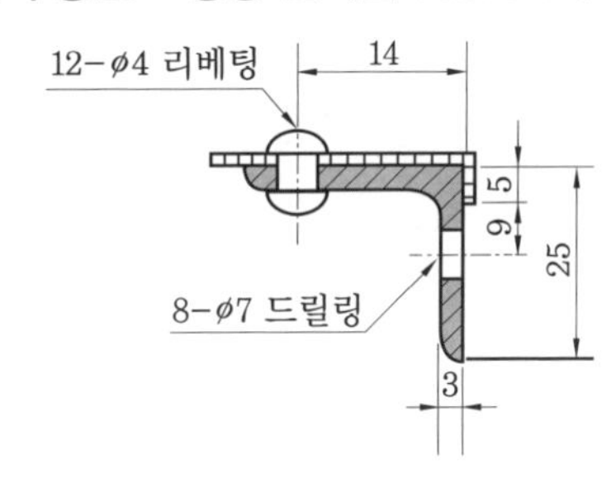


① 등변 ㄱ형강 호칭은 L 25×25×3−160이다.
② ϕ4 리벳의 개수는 알 수 없다.
③ ϕ7 구멍의 개수는 8개이다.
④ 리베팅의 위치는 치수가 14mm인 위치에 있다.

해설 ϕ4 리벳의 개수를 알 수 있으며, 12개이다.

정답 56. ② 57. ① 58. ① 59. ③ 60. ②

# 제17회 CBT 실전문제

**1. 다음은 서브머지드 아크 용접의 용융형 용제(fusion type flux)에 대한 설명이다. 틀린 것은?**

① 원료 광석을 용해하여 응고시킨 다음 부수어 입자를 고르게 한 것이다.
② 입도는 12×150mesh, 20×D 등이 잘 쓰인다.
③ 미국의 린데(Linde) 회사의 것이 유명하다.
④ 낮은 전류에서는 입도가 큰 것 20×D를 사용하면 기공 발생이 적다.

해설 입도 20×D는 입도가 큰 것이 아니라 20 매쉬에서 미분(dust)의 표시이다. 낮은 전류에는 입도가 큰 것 12×150mesh가 필요하다. 용융형 용제 주성분에는 MnO, $MnO_2$, $FeO_2$ MgO 등이 있다.

**2. 다음 중 탄소 아크 용접법의 개발자는?**

① 베르나도스(러시아)
② 슬라비아노프(러시아)
③ 랑그 뮤어(미국)
④ 아니이니 초지코프(러시아)

해설 1885년 러시아의 베르나도스와 울제프스키가 개발하였다.

**3. 다량의 마찰 전기를 일으키는 기계를 만들었고, 이것에 의해 불꽃 방전을 개발해 낸 개발자는?**

① 패러데이 ② 베르나도스
③ 게리케 ④ 호버트

해설 1672년 독일의 게리케에 의해 개발되었다.

**4. 용접 자세의 기호를 설명한 것 중 틀린 것은?**

① F : 아래보기 자세
② V : 수직 자세
③ OH : 위보기 자세
④ H : 수평 자세

해설 • F : 아래보기 자세(flat position)
• V : 수직 자세(vertical position)
• H : 수평 자세(horizontal position)
• O : 위보기 자세(overheat position)

**5. 다음 중 아크 전류가 200A, 아크 전압이 25V, 용접 속도가 15cm/min인 경우 용접 길이 1cm당 발생되는 용접 입열은?**

① 15000J/cm ② 20000J/cm
③ 25000J/cm ④ 30000J/cm

해설 $H=\dfrac{60EI}{V}$[J/cm]이므로

$H=\dfrac{60\times25\times200}{15}=20000$J/cm이다.

**6. 맥동 점 용접의 사용 적응이 아닌 것은?**

① 얇은 비철금속
② 겹치기 판수가 많을 경우
③ 두꺼운 판의 용접
④ 모재 두께 다른 경우

해설 맥동 점 용접은 한쪽은 계속 전류가 흐르게 하고 다른 쪽은 전류의 강약을 주는 점 용접이다.

**7. 경납 접합법에 해당하지 않는 것은?**

정답 1. ④ 2. ① 3. ③ 4. ③ 5. ② 6. ① 7. ④

① 접합부를 닦아서 깨끗이 한 뒤 용제 등으로 기름을 제거한다.
② 용제를 배합한 경납 가루를 가열 접합부에 바른다.
③ 가스 토치 또는 노속에서 가열하여 접합한다.
④ 용제를 접합면에 바르고 납인두로 경납을 녹여서 흘러 들어가게 한다.

해설 경납은 납인두로 녹지 않는다.

**8.** AW-200, 무부하 전압 70V, 아크 전압 30V인 교류 용접기의 역률은? (단, 내부 손실은 3kW이다.)

① 약 57.8%　② 약 60.3%
③ 약 62.5%　④ 약 64.3%

해설 역률

$$=\frac{(\text{아크 전압}\times\text{아크 전류})+\text{내부 손실}}{(\text{2차 무부하 전압}\times\text{아크 전류})}\times 100$$

$$=\frac{(30\times 200)+3000}{(70\times 200)}\times 100$$

$$=\frac{6.0+3.0}{14}\times 100=64.3\%$$

**9.** 1차 입력이 24kVA의 용접기에 사용되는 퓨즈는?

① 80A　② 100A
③ 120A　④ 140A

해설 퓨즈 용량을 결정하는 데에는 1차 입력(kVA)을 전원 전압(200V)으로 나누면 1차 전류값을 구할 수 있다.

$$\frac{24\,\text{kVA}}{200\text{V}}=\frac{24000\,\text{VA}}{200\text{V}}=120\,\text{A}$$

**10.** 일렉트로 슬래그 용접으로 시공하는 것이 가장 적합한 것은?

① 후판 알루미늄 용접
② 박판의 겹침 이음 용접
③ 후판 드럼 및 압력 용기의 세로 이음과 원주 용접
④ 박판의 마그네슘 용접

해설 보일러 드럼, 압력 용기 수직 이음과 원주 이음, 대형 부품, 대형 공작 기계, 롤러 등의 후판 용접에 이용된다.

**11.** 용융 용접의 일종으로서 아크열이 아닌 와이어와 용융 슬래그 사이에 통전된 전류의 저항열을 이용하여 용접을 하는 용접법은?

① 이산화탄소의 아크 용접
② 불활성 가스 아크 용접
③ 테르밋 아크 용접
④ 일렉트로 슬래그 용접

해설 일렉트로 슬래그 용접 : 아크열이 아닌 와이어와 용융 슬래그 사이에 통전된 전류의 전기저항 열(줄의 열)을 주로 이용하여 모재와 전극 와이어를 용융시키면서 미끄럼판을 서서히 위쪽으로 이동 시 연속 주조 방식에 의해 단층 상진 용접을 하는 것이다.

**12.** 서브머지드 아크 용접용 용제의 구비 조건은 다음과 같다. 틀린 것은?

① 안정한 용접 과정을 얻을 것
② 합금 원소 첨가, 탈산 등 야금 반응의 결과로 양질의 용접 금속이 얻어질 것
③ 적당한 용융 온도 및 점성을 가지고 비드가 양호하게 형성될 것
④ 용제는 사용 전에 250~450℃에서 30~40분간 건조하여 사용할 것

해설 용제는 사용 전에 150~250℃에서 30~40분간 건조하여 사용한다.

정답 8. ④　9. ③　10. ③　11. ④　12. ④

**13.** 용접 결함과 그 원인을 조합한 것 중 틀린 것은?

① 변형-홈 각도의 과대
② 기공-용접봉의 습기
③ 슬래그 섞임-전층의 언더컷
④ 용입 부족-홈 각도의 과대

해설 용입은 모재가 녹아들어 간 깊이를 말하므로 홈 각도와 관계없고 용접 전류, 운봉 속도 등에 관계가 있다.

**14.** 다음 중 아크의 길이가 길어질 때와 관계없는 것은?

① 아크가 불안정하다.
② 용입이 나빠진다.
③ 열량이 대단히 작아진다.
④ 가공이나 균열을 일으킨다.

해설 ③은 아크 길이가 짧아질 때 생기는 현상이다.

**15.** 다음 중 언더컷의 발생 원인이 아닌 것은 어느 것인가?

① 용접 전류가 강할 때
② 용접 속도가 느릴 때
③ 모재 온도가 높을 때
④ 운봉법이 틀렸을 때

해설 ②의 경우 오버랩이 생긴다.

**16.** 다음 중 수직 용접의 상진법에 적합한 운봉법은?

① 원형　　② 부채꼴 모양
③ 타원형　　④ 백스탭

해설 운봉법

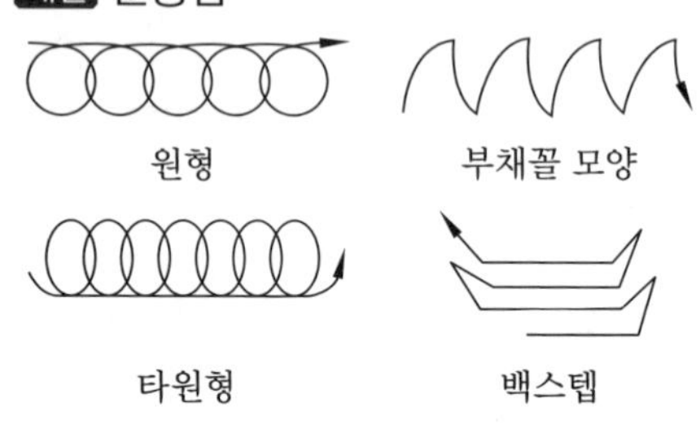


**17.** 다음 그림은 제도판 위에 3각자 1쌍과 T자를 그림과 같이 밀착시켜 놓은 상태이다. 이 때 A선분이 수평선과 이루는 각도는?

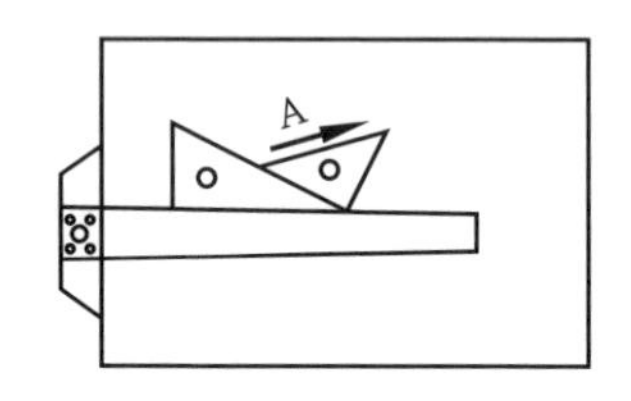


① 15°　　② 60°
③ 30°　　④ 45°

해설 1쌍의 3각자로 구할 수 있는 각도는 15°와 75°이다. 이 그림에서는 다음과 같다.

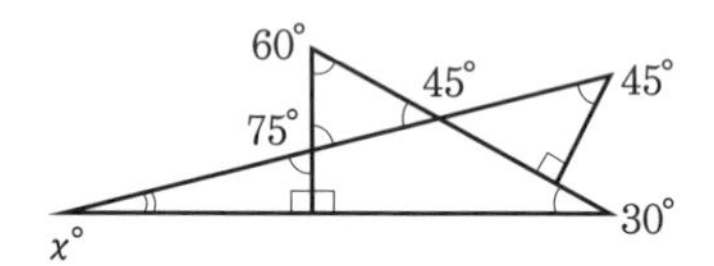


**18.** 용접 재료에서 강의 사용 시 탄소 함량은 약 얼마 정도가 용접성이 좋은가?

① 0.5% 이상
② 0.2% 이하
③ 0.6%
④ 1% 이상

해설 탄소가 많은 강일수록 균열이 생기며, 용접이 저하된다. 연신율이 적어서 취성이 커진다.

정답 13. ④ 14. ③ 15. ② 16. ④ 17. ① 18. ②

**19.** 저항 용접의 용접 재료로 주로 사용되는 것은 어느 것인가?

① 철강 ② 구리
③ 알루미늄 ④ 두랄루민

해설 용융점이 낮고 열전도가 크며, 고유저항이 작은 금속의 용접은 곤란하다.

**20.** 맞대기 저항 용접이 아닌 것은?

① 업셋 용접
② 플래시 용접
③ 퍼커션 용접
④ 프로젝션 용접

해설 겹치기 저항 용접으로 점 용접, 심 용접, 프로젝션 용접 등이 있다.

**21.** KS 규격에서 규정하고 있는 전기 용접봉의 지름이 아닌 것은?

① 2.6mm ② 3.2mm
③ 5.2mm ④ 6.4mm

해설 연강용 피복 아크 용접봉 심선의 화학 성분(KS D 3508)

| 심선 종류 | | 기호 | C | Si | Mn | P | S | Cu |
|---|---|---|---|---|---|---|---|---|
| 1종 | A | SWRW 1A | ≦0.09 | ≦0.03 | 0.35~0.65 | ≦0.020 | ≦0.023 | ≦0.20 |
| | B | SWRW 1B | ≦0.09 | ≦0.03 | 0.35~0.65 | ≦0.030 | ≦0.030 | ≦0.30 |
| 2종 | A | SWRW 2A | 0.10~0.15 | ≦0.03 | 0.35~0.65 | ≦0.020 | ≦0.023 | ≦0.20 |
| | B | SWRW 2B | 0.10~0.15 | ≦0.03 | 0.35~0.65 | ≦0.030 | ≦0.030 | ≦0.30 |
| 지름 | 1.0, 1.4, 2.6, 3.2, 4.0, 4.5, 5.0, 5.5, 6.0, 6.4, 7.0, 8.0, 9.0, 10.0 | | | | | 허용 오차 ±0.05 mm (지름 8 mm 이하) ±0.10 mm(지름 9~10 mm 이하) | | |

**22.** 다음은 저항 용접의 장점을 열거한 것이다. 잘못 설명한 것은?

① 용접 시간이 단축된다.
② 용접 밀도가 높다.
③ 열에 의한 변형이 적다.
④ 가열 시간이 많이 걸린다.

해설 저항 용접은 순간적인 대전류에 의해 짧은 시간에 용접된다.

**23.** 경납땜에 관한 설명 중 틀린 것은?

① 용융 온도가 450℃ 이상의 납땜 작업이다.
② 연납에 비해 높은 강도를 갖는다.
③ 가스 토치 및 램프가 필요하다.
④ 용제가 필요 없다.

해설 용제로는 알칼리, 붕사, 붕산 등이 있다.

**24.** 납땜 인두의 머리 부분을 구리로 만드는 이유는?

① 가열해도 부식되지 않으므로
② 가열이 쉬우므로
③ 땜납과의 친화력이 매우 크므로
④ 비중이 작으므로

해설 납땜 인두는 가스 불꽃 및 숯불로 가열하여 사용한다.

**25.** 납땜에 대한 설명 중 틀린 사항은?

① 비금속 접합에 이용되고 있다.
② 납은 접합할 금속보다 높은 온도에서 녹아야 한다.
③ 용접용 땜납으로 경납을 사용한다.
④ 일반적으로 땜납은 합금으로 되어 있다.

해설 접합할 금속과 고용체가 될 수 있는 재료가 좋으며, 낮은 온도에서 녹아야 한다.

정답 19. ① 20. ④ 21. ③ 22. ④ 23. ④ 24. ③ 25. ②

**26.** 다음 중 로봇의 구성이 아닌 것은?

① 제어기
② 매니퓰레이터
③ 뤼스트
④ 필러

해설 필러(pillar)는 원통 좌표계 로봇의 구조 베이스에 있다.

**27.** AW-200, 무부하 전압 80V, 아크 전압 30V인 교류 용접기를 사용할 때 역률과 효율은 각각 얼마인가? (단, 내부 손실은 4kW이다.)

① 역률 62.5%, 효율 60%
② 역률 30%, 효율 25%
③ 역률 75.5%, 효율 55%
④ 역률 80%, 효율 70%

해설 ㉮ $역률 = \frac{소비\ 전력(kW)}{전원\ 입력(kVA)} \times 100\%$

㉯ 전원 입력 $= 80\,V \times 200\,A = 16\,kVA$

$\therefore$ $역률 = \frac{6+4}{16} \times 100 = 62.5\%$

㉰ $효율 = \frac{아크\ 출력(kW)}{소비\ 전력(kVA)} \times 100\%$

㉱ 아크 출력 $= 30\,V \times 200\,A = 6\,kW$

$\therefore$ $효율 = \frac{6}{6+4} \times 100 = 60\%$

**28.** 다음 중 납땜을 할 수 없는 재료는?

① 주석판
② 스테인리스 강판
③ 함석판
④ 구리판

해설 ②와 Al판은 표면에 강한 산화막이 형성되어 있으므로 납땜을 할 수가 없다.

**29.** 아크 용접 시 비드의 종점에 오목하게 발생하는 결함은?

① 스패터(spatter)
② 크레이터(crater)
③ 언더컷(under cut)
④ 오버랩(overlap)

해설 아크를 중단시키면 비드 끝에 약간 움푹 들어간 크레이터(crater)가 생긴다. 이때 크레이터를 없애려면 아크의 길이를 서서히 짧게 하여 중지시킨다.

**30.** 가공 경화와 관계가 없는 작업은?

① 인발　② 단조
③ 주조　④ 압연

해설 가공경화(work hardening) : 금속이 가공되면서 더욱 단단해지고 부서지기 쉬운 성질을 갖게 되는 것으로 대부분의 금속은 상온 가공에서 가공 경화 현상을 일으킨다.

**31.** 정투상법에서 투상선과 투상면의 관계는?

① 평행　② 수평
③ 경사　④ 직각

해설 정투상법은 투상면에 직각으로 투사하는 평행 광선에 의해 투상한 것이다.

**32.** 다음 중 틀린 것은?

① 정면도의 가로 길이는 평면도의 가로 길이와 같다.
② 평면도는 정면도의 수직선 위에 있다.
③ 정면도의 높이와 평면도의 높이는 같다.
④ 평면도의 세로의 길이는 우측면도의 가로 길이와 같다.

정답 26. ④　27. ①　28. ②　29. ②　30. ③　31. ④　32. ③

해설

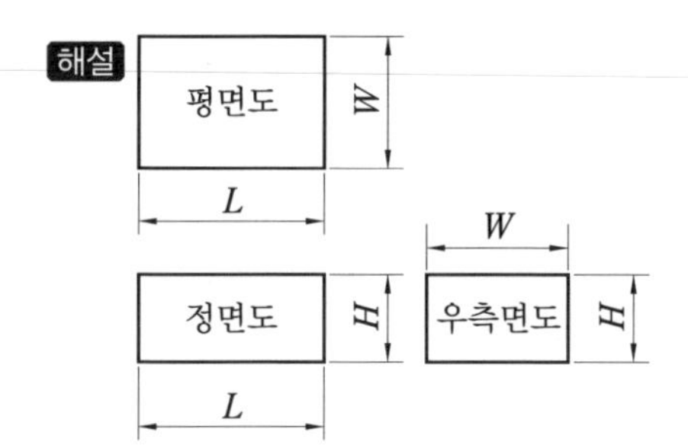


**33.** **아크 용접에서 기공의 발생 원인이 아닌 것은?**

① 아크 길이가 길 때
② 피복제 속에 수분이 있을 때
③ 용착 금속 속에 가스가 남아 있을 때
④ 용접부 냉각 속도가 느릴 때

해설 기공은 과대 전류 사용 및 용접 속도가 빠를 때 나타난다.

**34.** **용접봉을 선택할 때 모재의 재질, 제품의 형상, 사용 용접기기, 용접 자세 등 사용 목적에 따른 고려사항으로 가장 먼 것은?**

① 용접성 ② 작업성
③ 경제성 ④ 환경성

해설 용접봉 선택 조건 : 용접성과 작업성이 중요하며, 경제적인 것도 요구된다. 환경성은 거의 고려되지 않는다.

**35.** **보호 가스의 공급이 없이 와이어 자체에서 발생하는 가스에 의해 아크 분위기를 보호하는 용접법은?**

① 일렉트로 슬래그 용접
② 스터드 용접
③ 논 가스 아크 용접
④ 플라스마 아크 용접

**36.** **TIG 용접에서 고주파 교류(ACHF)의 특성을 잘못 설명한 것은?**

① 고주파 전원을 사용하므로 모재에 접촉시키지 않아도 아크가 발생한다.
② 긴 아크 유지가 용이하다.
③ 전극의 수명이 짧다.
④ 동일한 전극봉에서 직류 정극성(DCSP)에 비해 고주파 교류(ACHF)가 사용 전류 범위가 크다.

해설 고주파 교류는 직류 정극성과 역극성의 중간 형태의 용입과 비드 폭을 얻을 수 있으며, 청정 효과가 있어 알루미늄이나 마그네슘 등의 용접에 이용되며, 전극 수명은 길다.

**37.** **상온 가공에서 경화된 구리의 완전 풀림 방법은?**

① 600～700℃ 30분간 풀림 급랭
② 800～900℃ 30분간 풀림 서랭
③ 500～600℃ 1시간 풀림 급랭
④ 600～700℃ 1시간 풀림 서랭

해설 전연성이 크고 인장강도는 가공의 70% 부근에서 최대가 되며, 가공 경화된 것은 600～700℃에서 30분 정도 풀림 또는 수랭하여 연화한다. 열간 가공은 750～850℃에서 행한다.

**38.** **인접 부분을 참고로 표시하는데 사용하는 선은?**

① 숨은선 ② 가상선
③ 외형선 ④ 피치선

해설 가상선으로, 선의 종류는 가는 이점 쇄선을 쓴다.

정답 33. ④ 34. ④ 35. ③ 36. ③ 37. ① 38. ②

**39.** 3개의 좌표 축의 투상이 서로 120°가 되는 축 측 투상으로 평면, 측면, 정면을 하나의 투상면 위에 동시에 볼 수 있도록 그려진 투상법은?

① 등각 투상법
② 국부 투상법
③ 정투상법
④ 경사 투상법

해설 정면, 평면, 측면을 하나의 투상면 위에 볼 수 있도록 두 개의 옆면 모서리가 30°가 되게 하여 세 축이 120°의 등각이 되도록 입체도로 투상한 것을 등각 투상도라 한다.

**40.** 적색 황동 주물, 즉 납땜 황동은 Zn이 몇 % 이하이어야 하는가?

① 10%　　② 20%
③ 30%　　④ 40%

해설 경납
㉮ 황동납 : Zn 34~67%
㉯ 은납 : Ag−Cu−Zn
㉰ 금납 : Au−Ag−Cu
㉱ Al 및 Al 합금 용납 : 크라운 땜납, 스터링 땜납, 소루미늄 땜납

**41.** 양면 용접부 조합 기호에 대하여 그 명칭이 틀린 것은?

① X : 양면 V형 맞대기 용접
② )( : 넓은 루트 면이 있는 K형 맞대기 용접
③ K : K형 맞대기 용접
④ (양면 U형 기호) : 양면 U형 맞대기 용접

해설 ② : 넓은 루트 면이 있는 양면 V형 맞대기 용접

**42.** KS 재료 중에서 탄소강 주강품을 나타내는 "SC 410"의 기호 중에서 "410"이 의미하는 것은?

① 최저 인장강도　　② 규격 순서
③ 탄소 함유량　　④ 제작 번호

해설 410의 의미는 최저 인장강도를 뜻하고 있다.

**43.** 다음은 용접 작업을 구성하는 주요 요소이다. 틀린 것은?

① 용접 대상이 되는 용접 모재
② 열원
③ 용가재
④ 용접 잔류 응력 발생

해설 용접 작업의 주요 구성 요소

| 구성 요소 | 구성 요소의 설명 | 구성 요소의 예 | 쓰이는 곳 |
|---|---|---|---|
| 용접 모재 | 용접 대상이 되는 재료 | 철강, 비철금속 등 | 모든 용접에 사용됨 |
| 열원 | 용접 모재 및 용가재를 용융시키는데 필요한 열을 발생 | 산소−아세틸렌<br>아크열 | 가스 용접, 아크 용접 |
| 용가재 | 용접 모재를 접합시키는 재료 | 용접봉, 납 | 아크 용접, 납땜 |
| 용접 기구 | 용접에 사용되는 기구 | 아크 용접기 토치, 팁, 인두 | 아크 용접, 가스 용접, 납땜 |

**44.** 다음은 단락 옮김 아크 용접법의 원리이다. 틀린 것은?

① 용접 중의 아크 발생 시간이 짧아진다.
② 모재의 열 입력도 적어진다.
③ 용입이 얕아진다.
④ 2mm 이하 판 용접은 할 수 없다.

해설 0.8mm 정도의 얇은 판 용접이 가능하다.

정답 39. ①　40. ④　41. ②　42. ①　43. ④　44. ④

**45.** 모재의 열 영향부가 경화할 때 비드 끝단에 일어나기 쉬운 균열은?

① 유황 균열 ② 토우 균열
③ 비드 아래 균열 ④ 은점

해설 토우 균열(toe crack) : 맞대기 이음, 필릿 이음 등에서 비드 끝과 모재의 표면 경계부에서 발생한다.

**46.** 도면에 표시된 3/8-16 UNC-2A를 해석한 것으로 옳은 것은?

① 피치는 3/8인치이다.
② 산의 수는 1인치당 16개이다.
③ 유니파이 가는 나사이다.
④ 나사부의 길이는 2인치이다.

해설 나사의 호칭(피치를 산의 수로 나타낼 경우), 즉 유니파이 나사의 경우 다음과 같이 나타낸다.

| 나사의 지름 | 산의 수 | 나사의 종류 기호 |
|---|---|---|
| 3/8″ | 16 | UNC |

**47.** 내열강 중 내열 재료의 구비 조건으로 옳지 않은 것은?

① 열팽창 및 열응력이 클 것
② 고온에서 화학적으로 안정성이 있을 것
③ 고온도에서 경도 및 강도 등의 기계적 성질이 좋을 것
④ 주조, 소성 가공, 절삭 가공, 용접 등이 쉬울 것

해설 내열강의 필요 조건
㉮ 고온에서 화학적으로 안정되며 기계적 성질이 좋을 것
㉯ 사용 온도에서 변태를 일으키거나 탄화물이 분해되지 말 것
㉰ 열팽창 및 열에 의한 변형이 적을 것

**48.** 스테인리스강 중에서 용접에 의한 경화가 심하므로 예열을 필요로 하는 것은?

① 시멘타이트계 ② 페라이트계
③ 오스테나이트계 ④ 마텐자이트계

해설 STS 마텐자이트계는 모재와 동일 용접봉 사용 시 편심 방지를 위해 200~400℃ 예열을 해준다.

**49.** 그림과 같이 외경 550mm, 두께 6mm, 높이 900mm인 원통을 만들려고 할 때, 소요되는 철판의 크기로 가장 적당한 것은? (단, 양쪽 마구리는 트여진 상태이며, 이음새 부위는 고려하지 않는다.)

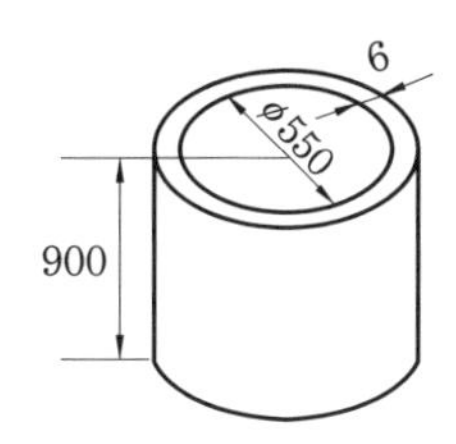


① 900×1709 ② 900×1727
③ 900×1747 ④ 900×1765

해설 • 소요 길이 $l=\pi(D+t)$ : 얇은 판인 경우
• 소요 길이 $l=\pi D$ : 두꺼운 판인 경우
문제의 그림에서 $t=6$은 두꺼운 판에 속한다.
$\therefore\ l=\pi D=3.14\times550=1727\,\text{mm}$

**50.** 용접 결함 중 내부 결함이 아닌 것은?

① 블로 홀과 피트
② 용입 불량과 융합 불량
③ 선상 조직
④ 언더컷

해설 • 용접 금속 내부의 결함 : 주상 조직, 기공, 슬래그
• 표면의 결함 : 오버랩, 언더컷, 비드 불량, 피트(표면의 기공)

정답 45. ② 46. ② 47. ① 48. ④ 49. ② 50. ④

**51.** 체심입방격자에서 격자 상수를 $a$라고 할 때 원자의 반지름은?

① $\frac{a\sqrt{2}}{2}$ ② $\frac{a\sqrt{3}}{4}$

③ $\frac{a\sqrt{3}}{2}$ ④ $\frac{a\sqrt{2}}{4}$

해설 체심입방격자 원자의 지름 $d = \frac{a}{\sqrt{2}} = \frac{a\sqrt{2}}{2}$이므로 반지름은 $\frac{a\sqrt{2}}{4}$이다.

**52.** 변태점 측정 방법이 아닌 것은?

① 파면 검사법 ② 열 분석법
③ 열 팽창법 ④ 자기 분석법

해설 변태점 측정법
㉮ 열 분석법 ㉯ 시차 열 분석법
㉰ 비열법 ㉱ 전기저항법
㉲ 열 팽창법 ㉳ 자기 분석법
㉴ X-선 분석법

**53.** 용접부의 작업 검사에 대한 다음 사항 중 가장 올바른 것은?

① 각 층의 융합 상태, 슬래그 섞임, 균열 등은 용접 중의 작업 검사이다.
② 용접봉의 건조 상태, 용접 전류, 용접 순서 등은 용접 전의 작업 검사이다.
③ 예열, 후열 등은 용접 후의 작업 검사이다.
④ 비드의 겉 모양, 크레이터 처리 등은 용접 후의 검사이다.

해설 • 용접 전의 작업 검사 : 용접 설비, 용접봉, 모재, 용접 시공과 용접공의 기능
• 용접 중의 작업 검사 : 용접봉의 건조 상태, 청정상 표면, 비드 형상, 융합 상태, 용입 부족, 슬래그 섞임, 균열 비드의 리플, 크레이터의 처리
• 용접 후의 작업 검사 : 용접 후의 열처리, 변형 잡기

**54.** 아크 용접 시 비드의 종점에 오목하게 발생하는 결함은?

① 스패터(spatter) ② 크레이터(crater)
③ 언더컷(under cut) ④ 오버랩(overlap)

해설 아크를 중단시키면 비드 끝에 약간 움푹 들어간 크레이터(crater)가 생긴다. 이때 크레이터를 없애려면 아크의 길이를 서서히 짧게 하여 중지시킨다.

**55.** 황동 용접을 할 때 가장 좋은 효과를 얻는 용접법은 다음 중 어느 것인가?

① 피복 금속 아크 용접법
② 불활성 가스 아크 용접법
③ 테르밋 용접
④ 가스 용접

해설 구리 합금은 용융 용접에서 주로 불활성 가스 텅스텐 아크 용접법에 많이 사용되며 서브머지드 아크 용접법도 실용화되고 있다. 피복 금속 아크 용접은 슬래그 섞임과 기포의 발생이 많으므로 사용이 곤란하다. 전기저항 용접법, 압접법, 초음파 용접법(ultrasonics welding) 등은 얇은 판에 쓰이고, 납땜법도 널리 사용되고 있다.

**56.** 복각 투상도의 설명 중 틀린 것은?

① 중심선에 대해 대칭형이고 표면과 내면이 서로 다른 경우에 사용한다.
② 중심선을 경계로 해서 왼쪽은 3각법, 우측은 1각법으로 표시한다.
③ 중심선을 경계로 하여 왼쪽은 1각법, 우측은 3각법으로 표시한다.
④ 동일 도면에 물체의 형상을 모두 나타낼 때 사용한다.

해설 복각 투상도는 정면도를 중심으로 오

정답 51. ④ 52. ① 53. ① 54. ② 55. ② 56. ①

른쪽에 측면도를 그릴 때는 중심선의 왼쪽은 1각법, 오른쪽은 3각법으로 그리고, 정면도를 중심으로 왼쪽에 측면도를 그릴 때는 왼쪽은 3각법, 오른쪽은 1각법으로 그린다.

**57.** **용접 시공에서 용접 이음 준비에 해당되지 않는 것은?**

① 홈 가공 ② 조립
③ 모재 재질의 확인 ④ 이음부의 청소

해설 • 일반 준비
㉮ 모재 재질의 확인
㉯ 용접봉 및 용접기의 선택
㉰ 지그의 결정
㉱ 용접공의 선입
• 이음 준비
㉮ 홈 가공
㉯ 가접
㉰ 조립
㉱ 이음부의 청소

**58.** **다음 중 배빗메탈(babbitt metal)이란 무엇인가?**

① Pb를 기지로 한 화이트 메탈
② Sn를 기지로 한 화이트 메탈
③ Sb를 기지로 한 화이트 메탈
④ Zn를 기지로 한 화이트 메탈

해설 배빗메탈(Sn 75～90%, Sb 3～15%, Cu 3～10%) : 압축 강도 4～16 kg/mm$^2$, 항복점 5～6kg/mm$^2$, HB 28～34 정도로 Pb를 주로 하는 합금보다 경도가 크고 중하중에 견디며 인성이 있어 충격과 진동에도 잘 견딘다. 비열이 적고 열전도도가 크며 축에 눌어붙는 성질이 없다. 고온에서의 성능이 과히 나쁘지 않고 유동성, 주조성이 좋아 대하중이 기계용에 적합하다.

**59.** **두께가 25.4mm인 강판을 가스 절단하려 할 때 가장 적합한 표준 드래그의 길이는?**

① 2.4mm ② 5.2mm
③ 6.6mm ④ 7.8mm

해설 표준 드래그의 길이

| 판 두께(mm) | 12.7 | 25.4 | 51 | 51～152 |
|---|---|---|---|---|
| 드래그 길이(mm) | 2.4 | 5.2 | 5.6 | 6.4 |

**60.** **다음은 규탕 가열기의 저장 탱크이다. 4mm의 강판을 도면과 같이 외경 500mm의 원통으로 구부릴 때 필요로 하는 다듬질한 판의 길이가 얼마인가?**

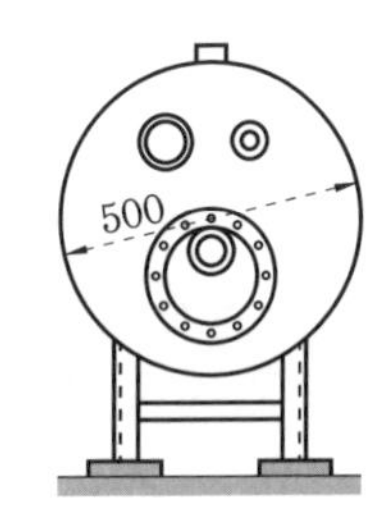


① 1544.9mm ② 1557.4mm
③ 1582.6mm ④ 1595.1mm

해설 판 길이 $l=\pi(D+t)$
$=3.14\times(500+4)$
$=1582.56 \fallingdotseq 1582.6\,\text{mm}$

정답 57. ③ 58. ② 59. ② 60. ③

# 제18회 CBT 실전문제

**1. TIG 정극성 용접의 특성이 될 수 없는 것은?**

① 전극은 그다지 과열되지 않는다.
② 용입이 DCRP나 교류보다 깊다.
③ 직경이 적은 전극에서 큰 전류를 흐르게 할 수 있다.
④ 역극성의 전극보다 4배의 큰 전극이 필요하다.

해설 역극성의 경우는 정극성보다 전극이 4배 것이 필요하다.

**2. 다음에서 내열 재료가 아닌 것은?**

① 엘린바
② 인코넬-X
③ SUH-34
④ 하스텔로이-B

해설 내열 재료란 열에 강한 재료이며, 엘린바는 불변강으로 시계 유사, 저울추에 사용된다.

**3. 안전기 사용 시 가장 주의해야 할 점은?**

① 수위에 주의할 것
② 아세틸렌 압력에 주의할 것
③ 안전기의 물은 수시로 교환할 것
④ 안전기는 수평으로 설치할 것

해설 항시 안전 수위 25 mm 이상을 유지해야 하며, 안전기는 수직으로 걸어야 정확한 수위를 점검할 수 있다.

**4. E 4301(일미나이트계) 용접봉의 연신율은 얼마 이상이 되겠는가?**

① 22%　　② 30%
③ 32%　　④ 35%

해설 용착 금속의 기계적 성질

| 종류 | 인장강도 (kg/mm²) | 항복점 (kg/mm²) | 연신율 (%) | 충격값(0C, V 노치샤르피) (kg/m) |
|---|---|---|---|---|
| E 4301<br>E 4303 | 43<br>43 | 35<br>35 | 22<br>22 | 4.8<br>4.8 |
| E 4311<br>E 4313<br>E 4316 | 43<br>43<br>43 | 35<br>35<br>35 | 22<br>17<br>25 | 2.8<br>–<br>4.8 |
| E 4324<br>E 4326<br>E 4327 | 43<br>43<br>43 | 35<br>35<br>35 | 17<br>25<br>25 | –<br>4.8<br>2.8 |
| E 4340 | 43 | 35 | 22 | 2.8 |

**5. 용접부의 다듬질 방법을 보조 기호로 나타낸 것이다. 다듬질 방법을 지정하지 않을 경우 어떤 기호를 사용하는가?**

① M　　② G
③ F　　④ C

해설 용접부의 다듬질 방법 : 치핑(C), 연삭(G), 절삭(M), 다듬질 방법을 지정하지 않을 경우(F)

**6. 듀콜강이란 무엇인가?**

① 고망간강
② 고코발트강
③ 저망간강
④ 저코발트강

정답 1. ④　2. ①　3. ①　4. ①　5. ③　6. ③

해설 ducol강은 펄라이트 망간강이라고도 하며, C 0.20~0.30%, Mn 1.20~2.00% 정도로 인장강도가 크고, 전연성이 비교적 작다.

**7. 고장력강용 피복 아크 용접봉에 대한 다음 설명 중 그 내용이 틀린 것은 어느 것인가?**

① 인장강도는 50kg/mm² 이상이다.
② 구조물 용접에 특히 적합하다.
③ 탄소 함유량을 적게하여 노치 인성 저하와 여린 성질을 방지한다.
④ 용착부의 항복점과 인장력을 높이기 위하여 마그네슘, 주석 등의 원소를 첨가시킨다.

해설 고장력강은 연강의 강도를 높이기 위해 Ni, Cr, Si, Mn, Mo 등의 원소를 첨가한 저합금강으로 항복점은 약 32kg/mm² 이상, 인장강도는 50kg/mm² 이상이다.

**8. 다음 중 스터드 아크 용접의 상품명은 무엇인가?**

① 에어 코메틱
② 시그마
③ 아르고노트
④ 넬슨

해설 ①, ②, ③은 MIG 용접의 상품명이며, 이외에 사이크 아크도 있다.

**9. 다음 중 용접에서 스터드라는 뜻은 무엇인가?**

① 맨 처음 시작하는 용접을 의미한다.
② 핀, 환봉, 볼트 등을 의미한다.
③ 전자세 용접을 의미한다.
④ 후판 용접 작업을 의미한다.

해설 보통의 의미로서는 압정, 장식 보턴, 장식 못 등을 말한다.

**10. 주철의 보수 용접이나 고탄소강의 용접에서 효과가 크며 용착 금속에서 첫 층 정도에 모재와 잘 어울리는 성분의 용접봉으로 용착시킨 후 고장력강 저수소계봉 등으로 접합시키는 방법은?**

① 스터딩법(studing)
② 로킹(locking)
③ 버터링(buttering)
④ 피닝(peening)

해설 버터링은 빵에 버터를 바르듯 모재에 용착 금속을 발라 싸면서 사이를 좁힌 후 고장력강 저수소계 등으로 결합시키는 방법이다.

**11. 다음 피복 아크 용접봉 중에서 이산화탄소가 가장 많이 발생하는 용접봉은?**

① E 4301 ② E 4311
③ E 4313 ④ E 4316

해설 아크 분위기의 조성은 저수소계(E 4316)에서는 수소 가스가 극히 적고, 그 대신 이산화탄소가 상당히 많이 포함되어 있으나, 그 외의 용접봉은 일산화탄소와 수소 가스가 대부분을 차지하고 거기에 이산화탄소와 수증기가 약간 포함되어 있다.

**12. 다음 조직 중 순철에 가장 가까운 것은?**

① 페라이트
② 소르바이트
③ 펄라이트
④ 마텐자이트

해설 ferrite 조직이 순철에 가장 가깝다.

정답 7. ④ 8. ④ 9. ② 10. ③ 11. ④ 12. ①

**13. 비중이 4.5 정도이며 강도는 알루미늄(Al)이나 마그네슘(Mg)보다 크고, 해수에 대한 내식성이 스테인리스강과 비등하고 순수한 것은 50kg/mm$^2$ 정도의 강도를 갖는 비철금속은?**

① 티탄(Ti) ② 아연(Zn)
③ 크롬(Cr) ④ 마그네슘(Mg)

해설 • 티탄(Ti)의 성질 : 비중 4.5, 용융점 1800℃, 인장강도 50kg/mm$^2$이며, 비강도가 가장 크다.
• 장점 : 고온 강도, 내식성, 내열성 우수
• 단점 : 절삭성, 주조성 나쁨

**14. 기준 치수에 대한 설명 중 옳은 것은?**

① 최대 허용 치수와 최소 허용 치수와의 차를 말한다.
② 실제 치수에 대해 허용되는 한계 치수
③ 실제로 가공된 기계 부품의 치수
④ 허용 한계 치수의 기준이 되며 호칭 치수라고도 한다.

해설 ①은 치수 공차(tolerance), ②는 허용 한계 치수, ③은 실제 치수에 대한 설명이다.

**15. 아크 용접할 때 아크열에 의해 모재가 녹는 깊이를 무엇이라 하는가?**

① 용적지 ② 용착
③ 용융지 ④ 용입

해설 ① 용적지 : 아크의 강한 열에 의해 용접봉이 녹아 물방울처럼 떨어지는 곳
② 용착 : 용접봉이 녹아 모재에 합류되는 것
③ 용융지 : 아크열에 의하여 용융된 모재 부분이 오목 들어간 곳

**16. 다음은 불활성 가스 아크 용접법에 대한 설명이다. 틀린 것은?**

① 아르곤(Ar), 헬륨(He) 등 고온에서도 금속과 반응하지 않는 불활성 가스 분위기 속에서 텅스텐 또는 금속선을 전극으로 하여 모재와의 사이에 아크를 발생시켜 용접하는 방법이다.
② 불활성 가스 아크 용접법에서는 모재가 극히 얇은 것에 대해서는 용접봉을 쓰지 않고 두꺼운 판에 대해서만 용접봉을 사용한다.
③ 불활성 가스 아크 용접법에서는 모재가 극히 얇은 것에 대해서는 용접봉을 쓰지 않고 두꺼운 판에 대해서만 용접봉을 사용한다.
④ 불활성 가스 아크 용접법은 알루미늄 등의 경합금, 구리 및 구리 합금, 스테인리스강 등의 용접에 많이 사용된다.

해설 불활성 가스 아크 용접법은 1930년경 호버트(hobart), 데버(dever) 등에 의해서 발명되어 1940년에 실용화되었다.

**17. 시멘테이션(cementation)에 의한 철강의 표면 경화 방법 중 틀린 것은?**

① 크로마이징(chromizing)－크롬의 침투
② 칼로라이징(calorizing)－구리의 침투
③ 실리코나이징(siliconizing)－규소의 침투
④ 보로나이징(boronizing)－붕소의 침투

해설 칼로라이징(calorizing) : 강의 표면에 Al의 침투로 내스케일성 증가

**18. 일렉트로 가스 용접을 다른 명칭으로 무엇이라 부르는가?**

① ESS법
② 탄산가스 엔크로스 아크 용접
③ BBC 용접
④ 3시 용접

정답 13. ① 14. ④ 15. ④ 16. ② 17. ② 18. ②

해설 양판에 수랭식 미끄럼판을 붙이기 때문이다.

**19.** 다음에서 합금 공구강은 어느 것인가?

① STS ② SKH
③ SS ④ STD

해설 • 고속도강 : SKH
• 탄소 공구강 : STC
• 합금 공구강 : STS
• 일반 구조용 압연강 : SS
• 특수 용도강 : SU
• 고탄소강 : SH
• 다이스강 : STD

**20.** 다음 중 슬루스 밸브의 도시 기호는?

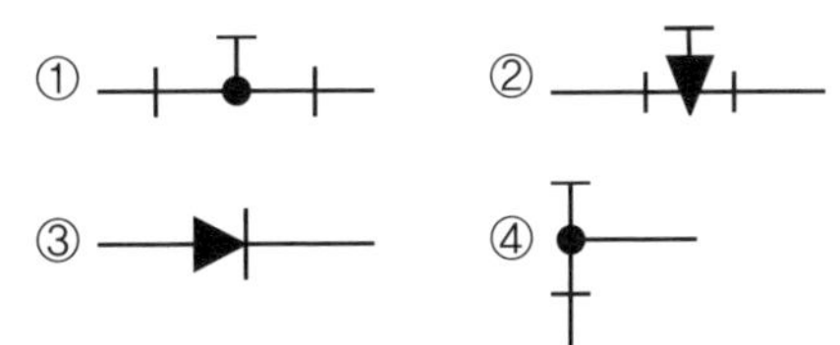

해설 ① 스톱 밸브
③ 체크밸브(리프트형)
④ 앵글 밸브

**21.** 산소 아세틸렌 용접에 사용하는 호스에 대한 설명 중 잘못된 것은?

① 호스의 소제는 압축 산소를 사용한다.
② 절단용 산소 호스는 이음매가 없는 것을 가능한 사용한다.
③ 아세틸렌 호스의 색깔은 적색인 것을 사용한다.
④ 호스를 밟지 않는다.

해설 호스의 청소는 압축 공기를 이용하여 청소하는 것이 좋다. 산소는 지연성이므로 작업 시 위험하다.

**22.** 다음 중 저온 풀림에 해당하는 것은 어느 것인가?

① 재결정 풀림(recrystallization annealing)
② 항온 풀림(isothermal annealing)
③ 완전 풀림(full annealing)
④ 확산 풀림(diffusion annealing)

해설 저온 풀림
㉮ 응력 제거 풀림(stress relief annealing)
㉯ 프로세서 풀림(process annealing)
㉰ 재결정 풀림(recrystallization annealing)
㉱ 구상화 풀림(spheroidizing annealing)

**23.** 다음과 같은 그림은 어느 것에 속하는가?

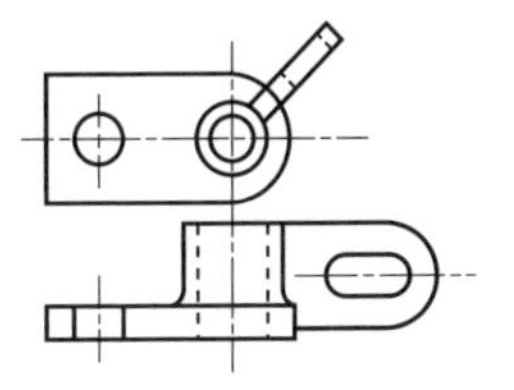

① 국부 투상도법 ② 보조 투상도법
③ 회전 투상도법 ④ 관용도법

해설 방사형의 물체나 보스에서 어느 만큼 각도를 가지는 물체는 그 부분을 90° 회전시켜 실형을 나타내는데 이것을 회전 투상도라 한다.

**24.** 경납 접합법에 해당하지 않는 것은 어느 것인가?

① 접합부를 닦아서 깨끗이 한 뒤 용제 등으로 기름을 제거한다.
② 용제를 배합한 경납 가루를 가열 접합부에 바른다.
③ 가스 토치 또는 노속에서 가열하여 접합한다.
④ 용제를 접합면에 바르고 납인두로 경납을 녹여서 흘러 들어가게 한다.

해설 경납은 납인두로 녹지 않는다.

정답 19. ① 20. ② 21. ① 22. ① 23. ③ 24. ④

**25.** **가열했을 때 유동성이 증가하여 주물을 할 수 있게 하는 성질은?**

① 가단성 ② 가주성
③ 변태성 ④ 인성

해설 ①은 전성과 같으며 단조, 압연, 인발 등에 의해 변형시킬 수 있는 성질
④는 외력에 대하여 견디는 성질

**26.** **다음 중 탄소강의 5원소가 아닌 것은?**

① C ② Mn
③ Si ④ Pb

해설 탄소강의 5원소는 C(탄소), Si(규소), S(황), P(인), Mn(망간)이다.

**27.** **회주물의 보수 용접에서 가스 용접으로 시공할 때의 사항이다. 틀린 것은?**

① 탄소 3.5%, 규소 3~4%, 알루미늄 1%의 주철 용접봉을 사용한다.
② 예열 및 후열 온도는 200~300℃가 적당하다.
③ 용제는 붕사($Na_2B_4O_7$) 15%, 탄산나트륨($Na_2CO_3$) 15%, 탄산수소나트륨($NaHCO_3$) 70%, 알루미늄 가루, 소량의 혼합제가 널리 쓰인다.
④ 가스 불꽃은 환원성인 것이 좋다.

해설 예열 및 후열 온도는 대략 500~550℃가 적당하다.

**28.** **다음 중 금속의 분류 사항에 해당되지 않는 것은?**

① 준금속 ② 중금속
③ 경금속 ④ 고금속

해설 ① : 규소, 붕소 등
② : Fe, Ni, Cu 등
③ : Mg, Na, Be, Al, Ca 등

**29.** **다음 중 피복 아크 용접봉 심선의 편심률 허용 값은?**

① 1% 이내 ② 3% 이내
③ 4% 이내 ④ 5% 이내

해설 양호한 용접부를 얻기 위해 용접봉 피복제의 편심률은 3% 이내이어야 한다.

**30.** **탄소강의 물리적 성질을 설명한 것이다. 이 중 올바른 것은?**

① 탄소강의 비중, 열팽창 계수는 탄소량의 증가에 의해 증가한다.
② 비열, 전기저항, 항자력은 탄소량의 증가에 의해 감소한다.
③ 내식성은 탄소량의 증가에 따라 증가한다.
④ 탄소강에 소량의 구리(Cu)를 첨가하면 내식성은 증가한다.

해설 탄소강에서 탄소량의 증가에 따라 비중, 열팽창 계수, 내식성, 열전도도, 온도계수는 감소하고 비열, 전기저항, 항자력은 증가한다.

**31.** **피복 아크 용접으로 용접하지 않는 금속은 어느 것인가?**

① 저탄소강
② 마그네슘 합금
③ 탄소강
④ 고니켈 합금

해설 마그네슘 합금과 티탄 합금은 피복 아크 용접으로 불가하므로 불활성 가스 아크 용접을 사용한다.

정답 25. ② 26. ④ 27. ② 28. ④ 29. ② 30. ④ 31. ②

**32.** 황동 용접 시 산화아연으로 인한 중독을 방지하는 방법은?

① 마스크를 착용하지 않는다.
② 마스크를 NaOH(가성소다)에 적시어 사용한다.
③ 마스크를 냉수에 적시어 사용한다.
④ 마스크를 온수에 적시어 사용한다.

해설 산화아연을 중화시키기 위해 NaOH를 가볍게 적시어 사용한다.

**33.** 피복 아크 용접의 아크 길이 및 아크 전압에 대한 설명 중 옳지 않은 것은?

① 아크 길이가 변동하면 발열량도 변한다.
② 아크를 처음 발생시킬 때 찬 모재를 예열하기 위해 짧은 아크를 이용할 때가 많다.
③ 아크 길이는 심선의 지름과 거의 같은 것이 좋다.
④ 품질이 좋은 용접을 하려면 원칙적으로 짧은 아크를 사용하여야 한다.

해설 아크 길이가 길어지면 전압이 높아져 발열량이 커지므로 찬 모재를 예열하기 위해 사용한다.

**34.** 다음 둥근 머리 리벳 중 공장 리벳 이음 작업을 나타내는 것은?

①

②
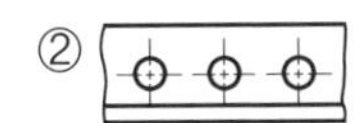

③

④
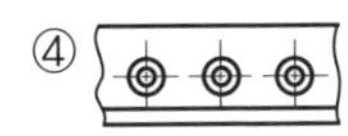

해설 ① 둥근 머리 현장 리벳
③ 접시 머리 현장 리벳
④ 접시 머리 공장 리벳

**35.** 다음 중 탈탄제의 작용이 있는 용제는?

① 붕사　　② 붕산
③ 산화제일구리　　④ 빙정석

해설 붕사와 섞어 주철의 경납용에 사용한다.

**36.** 이물질의 용해력이 높아 구리 납땜용의 용제로 사용되는 것은?

① 붕사　　② 붕산
③ 소금　　④ 빙정석

해설 알루미늄, 나트륨의 플루오르 화합물이다.

**37.** 다음 해머 작업 중 안전 작업에 해당하지 않는 것은?

① 해머는 사용 중 수시로 확인할 것
② 장갑을 끼고 해머를 사용하지 말 것
③ 열처리된 재료는 강하게 때릴 것
④ 해머의 공동 작업 시는 호흡을 맞출 것

해설 열처리된 재료는 타격 시 강하게 튀어 오르므로 주의해야 한다.

**38.** 탄소강의 용접에서 탄소강이 0.2% 이하일 때 일반적인 예열 온도는?

① 90℃ 이하　　② 90～150℃
③ 150～260℃　　④ 260～420℃

해설 예열 온도

| 탄소량(%) | 예열 온도(℃) |
|---|---|
| 0.2 이하 | 90 이하 |
| 0.20～0.30 | 90～150 |
| 0.30～0.45 | 150～260 |
| 0.45～0.80 | 260～420 |

정답 32. ② 33. ② 34. ② 35. ③ 36. ④ 37. ③ 38. ①

**39.** 다음 중 경금속에 해당하지 않는 것으로만 되어 있는 항은?

① Al, Be, Na　　② Si, Ca, Ba
③ Mg, Ti, Li　　④ Cd, Mn, Pb

해설 경금속과 중금속은 비중 4를 기준으로 구분한다(Cd : 8.65, Mn : 7.4, Pb : 11.34)

**40.** 용접부의 비파괴 검사 기본 기호 중 틀린 것은?

① VT : 육안 시험
② RT : 방사선 투과 시험
③ PT : 와류 탐상 시험
④ UT : 초음파 탐상 시험

해설 • PT : 침투 탐상 시험
• ET : 와류 탐상 시험

**41.** 탈산이 충분히 되지 않아 재질이 균일하지 못한 림드강의 탄소 함유량은?

① 0.3% C 이하　　② 0.8% C 이하
③ 1.7% C 이하　　④ 2.0% C 이하

해설 0.3% C 이상 및 특수강은 반드시 킬드강으로 한다.

**42.** 다음 그림과 같은 L형강의 기호와 치수 표시법이 맞는 것은? (단, 길이는 $L$이다.)

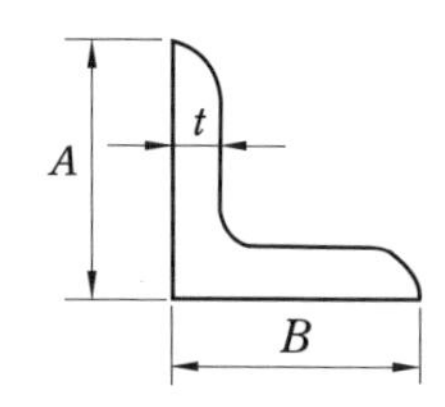


① $A \times t - L$
② L $A \times B \times (t_1/t_2) - L$
③ L $A \times B \times t - L$
④ I $A \times B \times t - L$

해설 ①은 평강, ②는 두께가 다른 L형강, ④는 I형강을 나타낸다.

**43.** 탄소강은 표준 상태에서 탄소량이 증가하면 경도와 인장강도는 어떻게 되는가?

① 작아진다.
② 커진다.
③ 변하지 않는다.
④ 커지다가 작아진다.

해설 탄소량이 증가하면 인장강도, 경도, 항복점 등은 증가, 연율 및 단면 수축률을 감소한다.

**44.** 용접 시 발생한 변형을 교정하는 방법 중 틀린 것은?

① 박판에 대한 점 수축법
② 롤러 가공
③ 형재에 대한 직선 수축법
④ 박판에 대하여 가열 후 압력을 가하고 수랭하는 방법

해설 박판이 아니라 후판이며, 교정 방법에는 피닝법(가열 후 해머질 하는 방법) 및 절단하여 정형 후 재용접하는 방법 등이 있다.

**45.** 탄소가 0.04~0.86%인 어떤 아공석강의 브리넬 경도값이 155일 때 인장강도($\sigma_B$)는?

① 55.36 kg/mm$^2$　　② 51.21 kg/mm$^2$
③ 63.42 kg/mm$^2$　　④ 71.54 kg/mm$^2$

해설 $\sigma_B = \frac{H_B}{2.8} = \frac{155}{2.8} = 55.36\,\text{kg/mm}^2$

정답 39. ④　40. ③　41. ①　42. ③　43. ②　44. ④　45. ①

**46.** 아세틸렌과 접촉하는 부분에 구리를 사용하면 안 되는 이유는?

① 아세틸렌의 부식
② 아세틸렌으로 구리의 부식
③ 폭발성이 있는 화합물
④ 구리가 가열

해설 아세틸렌 가스 충전 용기에 구리 또는 구리의 함유량이 62% 이상인 구리 합금을 사용하면 폭발성 화합물을 발생한다.

**47.** 바닥 배수구의 도면 기호는?

① 

② 
③ 
④ 

해설 ①은 양수기, ②는 하우스트랩, ④는 기구 배수구의 도면 기호이다.

**48.** 다음 중 스터드 아크 용접에 적용되는 재료로서 가장 좋은 것은?

① 구리 ② 고탄소강
③ 저탄소강 ④ 스테인리스강

해설 스터드 아크 용접에 적용되는 금속은 탄소강 외에 구리, 황동, 알루미늄, 스테인리스강 등이 있으나 용접 후 냉각 속도가 빨라 모재가 급열, 급랭되기 때문에 저탄소강이 가장 좋다.

**49.** 다음 중 탄소 아크 용접법의 개발자는?

① 베르나도스(러시아)
② 슬라비아노프(러시아)
③ 랑그 뮤어(미국)
④ 아니이니 초지코프(러시아)

해설 1885년 러시아의 베르나도스와 울제프스키가 개발하였다.

**50.** 용해 아세틸렌은 몇 기압 이하로 사용하는 것이 안전한가?

① 2기압 ② 1.5기압
③ 1.3기압 ④ 2.5기압

해설 2기압 이상은 폭발한다.

**51.** 다음 중 틀린 것은?

① 절단 시 불꽃 비산을 막기 위해서 방염시트를 사용한다.
② 주위의 가연물을 제거 청소한다.
③ 소화기를 준비해 두고 작업한다.
④ 절단 시 주위와는 관계없으므로 장소를 가리지 않고 한다.

해설 절단 시 인화물질 주변에서는 절대 하지 않는다.

**52.** 다음 주철을 탈탄하여 연성을 부여하여 만든 주철은?

① 가단 주철 ② 칠드 주철
③ 회주철 ④ 반주철

해설 가단 주철이란 노속에서 천천히 냉각시켜 만든 주철이다.

**53.** 심 용접의 특징 사항이 아닌 것은?

① 기밀, 수밀, 유밀을 요구하는 이음에 사용한다.
② 점 용접에 비해 전류(2.5～4배), 가압력(2.2～2.6배)을 요구한다.
③ 0.2～0.4mm 정도의 박판에 사용한다.
④ 점 용접에 비해 판 두께는 좁다.

해설 전류는 1.5～2배이고, 가압력은 1.2～1.6배이다.

정답 46. ③ 47. ③ 48. ③ 49. ① 50. ③ 51. ④ 52. ① 53. ②

**54.** 200V용 아크 용접기의 1차 입력이 30 kVA일 때 퓨즈의 용량은 몇 A가 가장 적당한가?

① 60A ② 100A
③ 150A ④ 200A

해설 퓨즈 용량$=\dfrac{\text{용접기 입력}}{\text{전원 전압}}$

$=\dfrac{30000\text{VA}}{200\text{V}}=150\text{A}$

**55.** 다음 기호 중 관의 접속을 표시한 것은?

해설 ①, ②, ③은 관이 접속되지 않은 상태를 나타내는 것이다.

**56.** 규소가 적은 백주철을 산화철 등의 탈탄제와 함께 상자에 넣어 풀림한 주철을 무엇이라고 하는가?

① 합금 주철 ② 칠드 주철
③ 고급 주철 ④ 가단 주철

해설 가단 주철은 처리 방법에 따라 백심 가단 주철, 흑심 가단 주철, 펄라이트(고력) 가단 주철 등이 있다.

**57.** 저합금강 용접 시 망간이 용접부에 미치는 영향은?

① 인장강도 향상 ② 산화물 생성
③ 질화물 생성 ④ 취성 증가

해설 Mn은 연신율을 감소시키지 않고 강도를 증가시킨다.

**58.** 탄산가스 아크 용접의 원리와 같은 것은?

① 원자 수소 용접
② 테르밋 용접
③ 일렉트로 슬래그 용접
④ 불활성 가스 아크 용접

해설 $CO_2$ 가스 아크 용접은 불활성 가스 아크 용접에서 사용되는 아르곤이나 헬륨 가스 대신 탄산가스($CO_2$)를 사용하는 용극식 용접법이다.

**59.** 다음 중 아크 전류가 200A, 아크 전압이 25V, 용접 속도가 15cm/min인 경우 용접 길이 1cm당 발생되는 용접 입열은?

① 15000J/cm ② 20000J/cm
③ 25000J/cm ④ 30000J/cm

해설 $H=\dfrac{60EI}{V}$[J/cm]이므로

$H=\dfrac{60\times25\times200}{15}=20000\text{J/cm}$이다.

**60.** 다음 중 주철의 성장을 방지하는 방법이 아닌 것은?

① 조직을 치밀하게 할 것
② 산화하기 쉬운 규소를 적게할 것
③ 반복 가열, 냉각에 의한 균열 처리를 할 것
④ 크롬과 같은 내열 원소를 가하여 시멘타이트의 분해를 방지할 것

해설 주철의 성장 방지법
㉮ 조직을 치밀하게 한다.
㉯ Cr을 첨가하여 $Fe_3C$ 분해를 방지한다.
㉰ 산화하기 쉬운 Si의 양을 적게하고, Ni을 첨가하여 안정성을 준다.

정답 54. ③ 55. ④ 56. ④ 57. ① 58. ④ 59. ② 60. ③

# 제19회 CBT 실전문제

**1. 용접부의 비파괴 시험 방법의 기본 기호 중 "PT"에 해당하는 것은?**

① 방사선 투과 시험
② 자기 분말 탐상 시험
③ 초음파 탐상 시험
④ 침투 탐상 시험

해설 비파괴 시험 종류의 기호

| 기호 | 시험의 종류 |
|---|---|
| RT | 방사선 투과 시험 |
| UT | 초음파 탐상 시험 |
| MT | 자분 탐상 시험 |
| PT | 침투 탐상 시험 |
| ET | 와류 탐상 시험 |
| ST | 변형도 측정 시험 |
| VT | 육안 시험 |
| LT | 누설 시험 |
| PRT | 내압 시험 |
| AET | 어코스틱 에미션 시험 |

**2. 다음 중 TIG 용접의 용접 장치 종류가 아닌 것은?**

① 전원 장치
② 제어 장치
③ 가스 공급 장치
④ 전원 전격 방지 조정기

해설 주요 장치로는 전원을 공급하는 전원 장치(power source), 용접 전류 등을 제어하는 제어 장치(controller), 보호 가스를 공급, 제어하는 가스 공급 장치(shield gas supply unit), 고주파 발생 장치(high frequency testing equipment), 용접 토치(welding torch) 등으로 구성되고, 부속 기구로는 전원 케이블, 가스 호스, 원격 전류 조정기 및 가스 조정기 등으로 구성된다.

**3. 가스 텅스텐 아크 용접의 단점으로 적절하지 않은 것은?**

① 후판의 용접에서는 소모성 전극 방식보다 능률이 높아진다.
② 용융점이 낮은 금속(Pb, Sn 등)의 용접이 곤란하다.
③ 텅스텐 전극의 용융으로 용착 금속 혼입에 의한 용접 결함이 발생할 우려가 있다.
④ 협소한 장소에서는 토치의 접근이 어려워 용접이 곤란하다.

해설 후판의 용접에서는 소모성 전극 방식보다 능률이 떨어진다.

**4. 덕트에 관한 설명이 아닌 것은?**

① 가능하면 길이는 길게 하고 굴곡부의 수는 적게 할 것
② 접속부의 안쪽은 돌출된 부분이 없도록 할 것
③ 청소구를 설치하는 등 청소하기 쉬운 구조로 할 것
④ 덕트 내부에 오염 물질이 쌓이지 않도록 이송 속도를 유지할 것

해설 가능하면 길이는 짧게 하고 굴곡부의 수는 적게 할 것

정답 1. ④ 2. ④ 3. ① 4. ①

**5. 전기시설 취급 요령 중 옳지 않은 것은?**

① 배전반, 분전반 설치는 반드시 200V로만 설치한다.
② 방수형 철제로 제작하고 시건 장치를 설치한다.
③ 교통 또는 보행에 지장이 없는 장소에 고정한다.
④ 위험 표지판을 부착한다.

해설 배전반, 분전반 설치는 200V, 380V 등으로 구분한다.

**6. 아크와 전기장의 관계가 맞지 않는 것은?**

① 모재와 용접봉과의 거리가 가까워 전기장이 강할 때에는 자력선 아크가 유지된다.
② 모재와 용접봉과의 거리가 가까워 전기장이 강할 때에는 자력선 아크가 약해지고 아크가 꺼지게 된다.
③ 자력선은 전류가 흐르는 방향과 직각인 평면 위를 동심원 모양으로 발생한다.
④ 자장이 움직이면(변화하면) 전류가 발생한다.

해설 모재와 용접봉과의 거리가 가까워 전기장이 강할 때에는 자력선 아크가 유지되나 거리가 점점 멀어져 전기장(자력 또는 전기력)이 약해지면 아크가 꺼지게 된다.

**7. 용접기 설치장소에 작업 전 옥내 작업 시 준수사항이 아닌 것은?**

① 용접 작업 시 국소배기시설(포위식 부스)을 설치한다.
② 국소배기시설로 배기되지 않는 용접 흄은 전체 환기시설을 설치한다.
③ 작업 시에는 국소배기시설을 반드시 정상 가동시킨다.
④ 이동 작업 공정에서는 전체 환기시설을 설치한다.

해설 옥내 작업 시 준수사항
㉮ 용접 작업 시 국소배기시설(포위식 부스)을 설치한다.
㉯ 국소배기시설로 배기되지 않는 용접 흄은 전체 환기시설을 설치한다.
㉰ 작업 시에는 국소배기시설을 반드시 정상 가동시킨다.
㉱ 이동 작업 공정에서는 이동식 팬을 설치한다.
㉲ 방진 마스크 및 차광안경 등의 보호구를 착용한다.

**8. 교류 아크 용접기의 보수 및 정비 방법에서 아크가 발생하지 않을 때의 고장 원인으로 맞지 않는 것은?**

① 배전반의 전원 스위치 및 용접기 전원 스위치가 "OFF" 되었을 때
② 용접기 및 작업대 접속 부분에 케이블 접속이 중복되어 있을 때
③ 용접기 내부의 코일 연결 단자가 단선이 되어 있을 때
④ 철심 부분이 단락되거나 코일이 절단되었을 때

해설 ② 용접기 및 작업대 접속 부분에 케이블 접속이 안 되어 있을 때 → 용접기 및 작업대의 케이블에 연결을 확실하게 한다.

**9. 용접기에 전격방지기를 설치하는 방법으로 틀린 것은?**

① 반드시 용접기의 정격용량에 맞는 분전함을 통하여 설치한다.
② 1차 입력전원을 OFF시킨 후 설치하여 결선 시 볼트와 너트로 정확히 밀착되게 조인다.

정답 5. ① 6. ② 7. ④ 8. ② 9. ①

③ 방지기에 2번 전원입력(적색캡)을 입력전원 L1에 연결하고 3번 출력(황색캡)을 용접기 입력단자(P1)에 연결한다.
④ 방지기의 4번 전원입력(적색선)과 입력전원 L2를 용접기 전원입력(P2)에 연결한다.

해설 용접기에 전격방지기를 설치하는 방법은 다음과 같다.
㉮ 반드시 용접기의 정격용량에 맞는 누전차단기를 통하여 설치한다.
㉯ 1차 입력전원을 OFF시킨 후 설치하여 결선 시 볼트와 너트로 정확히 밀착되게 조인다.
㉰ 방지기에 2번 전원입력(적색캡)을 입력전원 L1에 연결하고 3번 출력(황색캡)을 용접기 입력단자(P1)에 연결한다.
㉱ 방지기의 4번 전원입력(적색선)과 입력전원 L2를 용접기 전원입력(P2)에 연결한다.
㉲ 방지기의 1번 감지(C, T)에 용접선(P선)을 통과시켜 연결한다.
㉳ 정확히 결선을 완료하였으면 입력전원을 ON시킨다.

**10.** 불활성 가스 아크 용접법에서 실드 가스는 바람의 영향이 풍속(m/s) 얼마에 영향을 받는가?

① 0.1～0.3 ② 0.3～0.5
③ 0.5～2 ④ 1.5～3

해설 실드 가스는 비교적 값이 비싸고 바람의 영향(풍속이 0.5～2m/s 이상이면 아르곤 가스의 보호 능력이 떨어진다)을 받기 쉽다는 결점과 용착 속도가 느리고 고속, 고능률 용접에는 그다지 적합하지 않다.

**11.** 점 용접 조건의 3대 요소가 아닌 것은?

① 고유저항 ② 가압력
③ 전류의 세기 ④ 통전 시간

해설 점 용접의 3대 요소는 전류의 세기, 가압력, 통전 시간이다.

**12.** 가스 텅스텐 아크 용접기에 대한 설명 중 틀린 것은?

① 저주파를 이용한 교류 용접기와 고주파를 이용한 교류 용접기가 있다.
② 아크가 불안정하므로 고주파를 병용하여 아크를 발생시켜 작업을 효율적으로 수행할 수 있다.
③ 알루미늄 및 그 합금의 경우 모재 표면에 강한 산화알루미늄 피막이 형성되어 직류 역극성만 사용할 수 있고 교류에서는 안 된다.
④ 교류 용접기를 사용하면 청정 효과가 발생하므로 청정 효과를 필요로 하는 금속의 용접에 주로 사용된다.

해설 가스 텅스텐 아크 용접(GTAW)에서는 직류(DC)와 교류(AC)의 전원이 모두 사용 가능하다. 알루미늄 및 그 합금의 경우 모재 표면에 강한 산화알루미늄($Al_2O_3$ : 용융점 2050℃) 피막이 형성되어 있어 용접을 방해하는 원인이 되는데 용접 시 교류 용접기를 사용하면 이 산화피막을 제거하는 청정 작용이 발생한다.

**13.** 이산화탄소 가스 아크 용접에서 아크 전압이 높을 때 비드 형상으로 맞는 것은?

① 비드가 넓어지고 납작해진다.
② 비드가 좁아지고 납작해진다.
③ 비드가 넓어지고 볼록해진다.
④ 비드가 좁아지고 볼록해진다.

해설 아크 전압이 높으면 비드가 넓어지고 납작해지며 지나치게 높으면 기포가 발생한다. 너무 낮으면 볼록하고 좁은 비드를

정답 10. ③ 11. ① 12. ③ 13. ①

형성하며 와이어가 녹지 않고 모재 바닥에 부딪히며 토치를 들고 일어나는 현상이 발생한다.

**14. 용융 슬래그 속에서 전극 와이어를 연속적으로 공급하여 주로 용융 슬래그의 저항열에 의하여 와이어와 모재를 용융시키는 용접은?**

① 원자 수소 용접
② 일렉트로 슬래그 용접
③ 테르밋 용접
④ 플라스마 아크 용접

해설 문제는 일렉트로 슬래그 용접의 원리를 설명한 것이다.

**15. 크레이터 처리 미숙으로 일어나는 결함이 아닌 것은?**

① 냉각 중에 균열이 생기기 쉽다.
② 파손이나 부식의 원인이 된다.
③ 불순물과 편석이 남게 된다.
④ 용접봉의 단락 원인이 된다.

해설 크레이터는 용접 중에 아크를 중단시키면 중단된 부분이 오목하거나 납작하게 파진 모습으로, 불순물과 편석이 남게 되고 냉각 중에 균열이 발생할 우려가 있어 아크 중단 시 완전하게 메꾸어 주는 것을 크레이터 처리라고 한다.

**16. 직류 아크 용접의 정극성에 대한 결선 상태가 맞는 것은?**

① 용접봉(−), 모재(+)
② 용접봉(+), 모재(−)
③ 용접봉(−), 모재(−)
④ 용접봉(+), 모재(+)

해설 ㉮ 극성은 직류(DC)에서만 존재하며 종류는 직류 정극성(DCSP : Direct Current Straight Polarity)과 직류 역극성(DCRP : Direct Current Reverse Polarity)이 있다.
㉯ 일반적으로 양극(+)에서 발열량이 70% 이상 나온다.
㉰ 정극성일 때 모재에 양극(+)을 연결하므로 모재 측에서 열 발생이 많아 용입이 깊게 되고, 음극(−)을 연결하는 용접봉은 천천히 녹는다.
㉱ 역극성일 때 모재에 음극(−)을 연결하므로 모재 측에서 열 발생이 적어 용입이 얕고 넓게 되며, 용접봉은 양극(+)에 연결하므로 빨리 녹게 된다.
㉲ 일반적으로 모재가 용접봉에 비하여 두꺼워 모재 측에 양극(+)을 연결하는 것을 정극성이라 한다.

**17. 연강판 두께 4.4mm의 모재를 가스 용접할 때 가장 적당한 가스 용접봉의 지름은 몇 mm인가?**

① 1.0　　② 1.6
③ 2.0　　④ 3.2

해설 용접봉의 지름

$$D=\frac{T}{2}+1=\frac{4.4}{2}+1=3.2\,\mathrm{mm}$$

여기서, $D$ : 용접봉의 지름(mm)
$T$ : 판 두께(mm)

**18. 용접 이음에 대한 특성 설명 중 옳은 것은?**

① 복잡한 구조물 제작이 어렵다.
② 기밀, 수밀, 유밀성이 나쁘다.
③ 변형의 우려가 없어 시공이 용이하다.
④ 이음 효율이 높고 성능이 우수하다.

정답 14. ② 15. ④ 16. ① 17. ④ 18. ④

해설 용접 이음에서는 이음 강도의 100%까지 누수가 없으며 용접 이음 효율은 100%이다.

**19. 철계 주조재의 기계적 성질 중 인장강도가 가장 낮은 주철은?**

① 구상 흑연 주철 ② 가단 주철
③ 고급 주철 ④ 보통 주철

해설 인장강도(MPa)는 구상 흑연 주철이 370~800, 가단 주철이 270~540, 보통 주철이 100~250, 고급(강인) 주철이 300~350으로 가장 낮은 것은 보통 주철이다.

**20. 물체에 인접하는 부분을 참고로 도시할 경우에 사용하는 선은?**

① 가는 실선 ② 가는 파선
③ 가는 1점 쇄선 ④ 가는 2점 쇄선

해설 도면에서의 선의 종류
㉮ 굵은 실선 : 외형선
㉯ 가는 실선 : 치수선, 치수 보조선, 지시선, 회전 단면선, 중심선, 수준면선
㉰ 가는 파선 또는 굵은 파선 : 숨은선
㉱ 가는 1점 쇄선 : 중심선, 기준선, 피치선
㉲ 굵은 1점 쇄선 : 특수 지정선
㉳ 가는 2점 쇄선 : 가상선, 무게중심선
㉴ 불규칙한 파형의 가는 실선 또는 지그재그선 : 파단선

**21. 다음 중 용접기의 특성에 있어 수하 특성의 역할로 가장 적합한 것은?**

① 열량의 증가 ② 아크의 안정
③ 아크 전압의 상승 ④ 저항의 감소

해설 수하 특성은 용접 작업 중 아크를 안정하게 지속시키기 위하여 필요한 특성으로 피복 아크 용접, TIG 용접처럼 토치의 조작을 손으로 함에 따라 아크의 길이를 일정하게 유지하는 것이 곤란한 용접법에 적용된다.

**22. 용접 홀더 종류 중 용접봉을 잡는 부분을 제외하고는 모두 절연되어 있어 안전 홀더라고도 하는 것은?**

① A형 ② B형
③ C형 ④ D형

해설 KS C 9607에 규정된 용접용 홀더의 종류에서 A형은 손잡이 부분을 포함하여 전체가 절연이 된 것이고, B형은 손잡이 부분만 절연된 것으로 A형을 안전 홀더라고 한다.

**23. 다음 중 불변강의 종류가 아닌 것은?**

① 인바 ② 스텔라이트
③ 엘린바 ④ 퍼멀로이

해설 불변강은 인바, 초인바, 엘린바, 코엘린바, 퍼멀로이, 플래티나이트가 있으며, 스텔라이트는 주조 경질 합금이다.

**24. 용접 작업의 경비를 절감하기 위한 유의사항 중 틀린 것은?**

① 용접봉의 적절한 선택
② 용접사의 작업 능률 향상
③ 고정구를 사용하여 능률 향상
④ 용접 지그 사용에 의한 위보기 자세의 시공

해설 용접 경비의 절감
㉮ 용접봉의 적절한 선택과 경제적 사용
㉯ 용접사의 작업 능률 향상
㉰ 재료의 절약과 고정구 사용에 의한 능률 향상

정답 19. ④ 20. ④ 21. ② 22. ① 23. ② 24. ④

㉣ 용접 지그 사용에 의한 아래보기 자세의 시공
㉤ 적절한 용접법 이용

**25. 용접 지그를 사용하여 용접했을 때 얻을 수 있는 장점이 아닌 것은?**

① 동일 제품을 대량 생산할 수 있다.
② 제품의 정밀도와 신뢰성을 높일 수 있다.
③ 구속력을 크게 하면 잔류 응력이나 균열을 막을 수 있다.
④ 작업을 용이하게 하고 용접 능률을 높인다.

해설 • 장점
㉮ 동일 제품을 다량 생산할 수 있다.
㉯ 제품의 정밀도와 용접부의 신뢰성을 높인다.
㉰ 작업을 용이하게 하고 용접 능률을 높인다.
• 단점
㉮ 구속력이 너무 크면 잔류 응력이나 용접 균열이 발생하기 쉽다.
㉯ 지그의 제작비가 많이 들지 않아야 한다.
㉰ 사용이 간단해야 한다.

**26. 다음 중 산소-아세틸렌 가스 용접의 단점이 아닌 것은?**

① 가열 시간이 오래 걸린다.
② 폭발할 위험이 있다.
③ 열 효율이 낮다.
④ 가열할 때 열량의 조절이 제한적이다.

해설 가스 용접은 가열할 때 열량의 조절이 자유롭다.

**27. 다음 중 아크 용접봉 피복제의 역할로 옳은 것은?**

① 스패터의 발생을 증가시킨다.
② 용착 금속의 응고와 냉각 속도를 빠르게 한다.
③ 용착 금속에 적당한 합금 원소를 첨가한다.
④ 대기 중으로부터 산화, 질화 등을 활성화시킨다.

해설 피복제의 역할
㉮ 아크를 안정시킨다.
㉯ 용융 금속의 용적을 미세화하여 용착 효율을 높인다.
㉰ 중성 또는 환원성 분위기로 대기 중으로부터 산화, 질화 등의 해를 방지하여 용착 금속을 보호한다.
㉣ 용착 금속의 급랭을 방지하고 탈산 정련 작용을 하며 용융점이 낮은 적당한 점성의 가벼운 슬래그를 만든다.
㉤ 슬래그를 제거하기 쉽고 파형이 고운 비드를 만들며 모재 표면의 산화물을 제거하고 양호한 용접부를 만든다.
㉥ 스패터의 발생을 적게 하고 용착 금속에 필요한 합금 원소를 첨가시키며 전기 절연 작용을 한다.

**28. 강괴를 용강의 탈산 정도에 따라 분류할 때 해당되지 않는 것은?**

① 킬드강　　② 세미 킬드강
③ 정련강　　④ 림드강

해설 강괴는 탈산 정도에 따라 림드강 → 세미 킬드강 → 킬드강으로 분류되고, 탈산제는 탈산 능력에 따라 망간 → 규소 → 알루미늄의 순서로 된다.

**29. 침투 탐상 검사법의 장점에 대한 설명으로 틀린 것은?**

① 시험 방법이 간단하다.

정답 25. ③　26. ④　27. ③　28. ③　29. ③

② 고도의 숙련이 요구되지 않는다.

③ 검사체의 표면이 침투제와 반응하여 손상되는 제품도 탐상할 수 있다.

④ 제품의 크기, 형상 등에 크게 구애받지 않는다.

해설 검사체의 표면이 침투제 등과 반응하여 손상을 입는 제품은 검사할 수 없고 후처리가 요구된다.

**30.** 가스 용접 토치의 취급상 주의사항으로 틀린 것은?

① 토치를 망치 등 다른 용도로 사용해서는 안 된다.

② 팁을 바꿔 끼울 때는 반드시 양쪽 밸브를 모두 열고 난 다음에 행한다.

③ 토치를 작업장 바닥이나 흙 속에 방치하지 않는다.

④ 작업 중 발생하기 쉬운 역류, 역화, 인화에 항상 주의해야 한다.

해설 가스 용접 토치의 취급상 주의사항

㉮ 팁 및 토치를 작업장 바닥이나 흙 속에 함부로 방치하지 않는다.

㉯ 점화되어 있는 토치를 아무 곳에나 함부로 방치하지 않는다(주위에 인화성 물질이 있을 때 화재 및 폭발의 위험).

㉰ 토치를 망치나 갈고리 대용으로 사용해서는 안 된다(토치는 구리 합금으로 강도가 약하여 쉽게 변형됨).

㉱ 팁을 바꿔 끼울 때는 반드시 양쪽 밸브를 모두 닫은 다음에 행한다(가스의 누설로 화재, 폭발 위험).

㉲ 팁이 과열 시 아세틸렌 밸브를 닫고 산소 밸브만을 조금 열어 물속에 담가 냉각시킨다.

㉳ 작업 중 발생되기 쉬운 역류, 역화, 인화에 항상 주의하여야 한다.

**31.** 다음 중 발화성 물질이 아닌 것은?

① 카바이드 ② 금속나트륨

③ 황린 ④ 질산에틸

해설 발화성 물질은 스스로 발화하거나 물과 접촉하여 발화하는 등 발화가 용이하고 가연성 가스가 발생할 수 있는 물질이며, 질산에틸은 폭발성 물질이다.

**32.** 다음 중 철강에 주로 사용되는 부식액이 아닌 것은?

① 염산 1 : 물 1의 액

② 염산 3.8 : 황산 1.2 : 물 5.0의 액

③ 수산 1 : 물 1.5의 액

④ 초산 1 : 물 3의 액

해설 매크로 시험에서 철강재에 사용되는 부식액은 다음과 같으며, 물로 깨끗이 씻은 후 건조하여 관찰한다.

㉮ 염산 3.8 : 황산 1.2 : 물 5.0

㉯ 염산 1 : 물 1

㉰ 초산 1 : 물 3

**33.** 용접의 결함과 원인을 각각 짝지은 것 중 틀린 것은?

① 용입 불량 : 이음 설계가 불량할 때

② 언더컷 : 용접 전류가 너무 높을 때

③ 오버랩 : 용접 전류가 너무 낮을 때

④ 기공 : 저수소계 용접봉을 사용했을 때

해설 용접 결함의 기공 원인

㉮ 용접 분위기 가운데 수소, 일산화탄소의 과잉

㉯ 용접부 급랭이나 과대 전류 사용

㉰ 용접 속도가 빠를 때

㉱ 아크 길이, 전류 조작의 부적당, 모재에 유황 함유량 과대

㉲ 강재에 부착되어 있는 기름, 녹, 페인트 등

정답 30. ② 31. ④ 32. ③ 33. ④

**34.** **산소 용기에 표시된 기호 "TP"가 나타내는 뜻으로 옳은 것은?**

① 용기의 내용적
② 용기의 내압 시험 압력
③ 용기의 중량
④ 용기의 최고 충전 압력

해설 V : 내용적, W : 용기 중량, TP : 내압 시험 압력, FP : 최고 충전 압력

**35.** **작업자가 연강판을 잘라 슬래그 해머(hamer)를 만들어 담금질을 하였으나 경도가 높아지지 않았을 때 가장 큰 이유에 해당하는 것은?**

① 단조를 하지 않았기 때문이다.
② 탄소의 함유량이 적었기 때문이다.
③ 망간의 함유량이 적었기 때문이다.
④ 가열 온도가 맞지 않았기 때문이다.

해설 담금질 : 강을 $A_3$ 변태 및 $A_1$점보다 30~50℃ 이상으로 가열한 후 급랭시켜 오스테나이트 조직을 마텐자이트 조직으로 하여 경도와 강도를 증가시키는 방법이다.

**36.** **탄소강에 특정한 기계적 성질을 개선하기 위해 여러 가지 합금 원소를 첨가하는데, 다음 중 탈산제로서의 사용 이외에 황의 나쁜 영향을 제거하는데도 중요한 역할을 하는 것은?**

① 니켈(Ni) ② 크롬(Cr)
③ 망간(Mn) ④ 바나듐(V)

해설 황으로 인한 적열 취성을 방지하고 고온 가공을 용이하게 하는 합금 원소는 망간이다.

**37.** **화염 경화 처리의 특징과 가장 거리가 먼 것은?**

① 설비비가 적게 든다.
② 담금질 변형이 적다.
③ 가열 온도의 조절이 쉽다.
④ 부품의 크기나 형상에 제한이 없다.

해설 • 화염 경화법의 장점
㉮ 부품의 크기나 형상에 제한이 없다.
㉯ 국부 담금질이 가능하다.
㉰ 일반 담금질법에 비해 담금질 변형이 적다.
㉱ 설비비가 적다.
• 단점 : 가열 온도의 조절이 어렵다.

**38.** **60~70% 니켈(Ni) 합금으로 내식성, 내마모성이 우수하여 터빈 날개, 펌프 임펠러 등에 사용되는 것은?**

① 콘스탄탄(constantan)
② 모넬 메탈 (monel metal)
③ 큐프로 니켈(cupro nickel)
④ 문츠 메탈(muntz metal)

해설 모넬 메탈(monel metal) : Ni 65~70%, Fe 1.0~3.0%, 강도와 내식성이 우수하며, 화학 공업용으로 사용한다(개량형 : Al 모넬, Si 모넬, H 모넬, S 모넬, KR 모넬 등이 있다).

**39.** **공정 주철의 탄소 함유량으로 가장 적합한 것은?**

① 1.3% C ② 2.3% C
③ 4.3% C ④ 6.3% C

해설 Fe-C 평형 상태도에서 공석점은 탄소 함유량이 0.8%, 공정점은 4.3%로서 레데뷰라이트선이라고도 한다.

정답 34. ② 35. ④ 36. ③ 37. ③ 38. ② 39. ③

**40.** 피복제가 습기를 흡습하기 쉽기 때문에 사용하기 전 300～350℃로 1～2시간 정도 건조시켜 사용해야 하는 용접봉은?

① E 4301　② E 4311
③ E 4316　④ E 4340

해설 저수소계(E 4316) 용접봉은 석회석이나 형석이 주성분으로 피복제가 습기를 흡수하기 쉽기 때문에 사용하기 전에 300～350℃ 정도로 1～2시간 정도 건조시켜 사용해야 한다.

**41.** 스터드 용접에서 내열성의 도기로 용융 금속의 산화 및 유출을 막아 주고 아크열을 집중시키는 역할을 하는 것은?

① 페룰　② 스터드
③ 용접 토치　④ 제어 장치

해설 페룰의 역할 : 페룰은 내열성의 도기로 아크를 보호하며 내부에 발생하는 열과 가스를 방출하는 역할로서 다음과 같다.
㉮ 용접이 진행되는 동안 아크열을 집중시켜 준다.
㉯ 용융 금속의 유출을 막아주고 산화를 방지한다.
㉰ 용착부의 오염을 방지한다.
㉱ 용접사의 눈을 아크 광선으로부터 보호한다.

**42.** 다음 중 점 용접에서 전극의 재질로 사용되는 것은?

① 텅스텐
② 마그네슘
③ 알루미늄
④ 구리 합금, 순구리

해설 점 용접은 용접하려 하는 2개 또는 그 이상의 금속을 두 구리 및 구리 합금제의 전극 사이에 끼워 넣고 가압하면서 전류를 통하면 접촉면에서 줄의 법칙에 의하여 저항열이 발생하여 접촉면을 가열 용융시켜 용접하는 방법이다. 경합금이나 구리 합금의 용접에는 전기 및 열전도도가 높은 순구리가 사용되며 구리 용접에는 크롬, 티탄, 니켈 등을 첨가한 구리 합금이 사용된다.

**43.** TIG 용접에서 전극봉의 어느 한쪽의 끝부분에 식별용 색을 칠하여야 한다. 순텅스텐 전극봉의 색은?

① 황색　② 적색
③ 녹색　④ 회색

해설 텅스텐 전극봉의 종류(AWS)

<table>
<tr><th>등급 기호 (AWS)</th><th>종류</th><th>전극 표시 색상</th><th>사용 전류</th><th>용도</th></tr>
<tr><td>EWP</td><td>순텅스텐</td><td>녹색</td><td>ACHF (고주파 교류)</td><td>Al, Mg 합금</td></tr>
<tr><td>EWTh1</td><td>1% 토륨 텅스텐</td><td>황색</td><td rowspan="3">DCSP (직류 정극성)</td><td rowspan="3">강, 스테인리스강</td></tr>
<tr><td>EWTh2</td><td>2% 토륨 텅스텐</td><td>적색</td></tr>
<tr><td>EWTh3</td><td>1～2% 토륨 (전체 길이 편측에)</td><td>청색</td></tr>
<tr><td>EWZr</td><td>지르코늄 텅스텐</td><td>갈색</td><td>ACHF</td><td>Al, Mg 합금</td></tr>
</table>

정답 40. ③　41. ①　42. ④　43. ③

**44.** 용접부의 형상에 따른 필릿 용접의 종류가 아닌 것은?

① 전면 필릿　② 측면 필릿
③ 연속 필릿　④ 경사 필릿

해설 필릿 용접에서는 하중의 방향에 따라 용접선의 방향과 하중의 방향이 직교한 것을 전면 필릿 용접, 평행하게 작용하면 측면 필릿 용접, 경사져 있는 것을 경사 필릿 용접이라 한다.

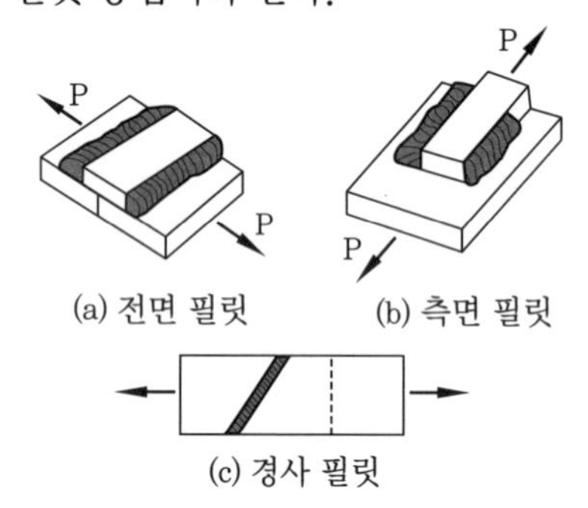

(a) 전면 필릿　(b) 측면 필릿
(c) 경사 필릿

**45.** 다음 중 고주파 제어 장치 취급 방법으로 틀린 것은?

① 교류 용접기를 사용하는 경우에는 아크의 불안정으로 텅스텐 전극의 오염 및 소손의 우려가 있다.
② 고주파 전원을 사용하게 되면 전극이 모재와 접촉하지 않아도 아크가 발생하게 되므로 아크의 발생이 용이하다.
③ 동일한 전극봉을 사용할 때 용접 전류의 범위가 크다.
④ 고주파 전원을 사용하게 되면 전극봉의 오염이 적지만 수명이 짧아진다.

해설 고주파 전원을 사용하게 되면 전극이 모재와 접촉하지 않아도 아크가 발생하게 되므로 아크의 발생이 용이하며, 전극봉의 오염이 적고 수명이 연장된다.

**46.** 서브머지드 아크 용접의 현장 조립용 간이 백킹법 중 철분 충진제의 사용 목적으로 틀린 것은?

① 홈의 정밀도를 보충해 준다.
② 양호한 이면 비드를 형성시킨다.
③ 슬래그와 용융 금속의 선행을 방지한다.
④ 아크를 안정시키고 용착량을 적게 한다.

해설 서브머지드 아크 용접에서 현장 조립용 간이 백킹법 중 철분 충진제의 사용 목적은 ①, ②, ③ 외에 아크를 안정시키고 용착량이 많아지므로 능률적이다.

**47.** 열처리에 의해 니켈-크롬 주강에 비교될 수 있을 정도의 기계적 성질을 가지고 있는 저망간 주강의 조직으로, 구조용 부품이나 제지용 롤러 등에 이용되는 것은?

① 페라이트　② 펄라이트
③ 마텐자이트　④ 시멘타이트

해설 0.9~1.2% 망간 주강은 저망간 주강이며, 펄라이트 조직으로 인성 및 내마모성이 크다.

**48.** 철강의 열처리에서 열처리 방식에 따른 종류가 아닌 것은?

① 계단 열처리
② 항온 열처리
③ 표면 경화 열처리
④ 내부 경화 열처리

해설 철강의 열처리 방식에서 기본 열처리 방법으로는 담금질, 불림, 풀림, 뜨임이 있고, 열처리 방식에 따른 열처리 종류에는 계단 열처리, 항온 열처리, 연속 냉각 열처리, 표면 경화 열처리 등이 있다.

정답 44. ③　45. ④　46. ④　47. ②　48. ④

**49.** Al-Mg 합금으로 내해수성, 내식성, 연신율이 우수하여 선박용 부품, 조리용 기구, 화학용 부품에 사용되는 Al 합금은?

① Y 합금　　② 두랄루민
③ 라우탈　　④ 하이드로날륨

해설 하이드로날륨(hydronalium) : Al-Mg계 합금으로 내식성, 강도가 좋으며, 온도에 따른 변화가 적고 용접성도 좋다.

**50.** 마그네슘 합금이 구조 재료로서 갖는 특성에 해당하지 않는 것은?

① 비강도(강도/중량)가 작아서 항공우주용 재료로서 매우 유리하다.
② 기계 가공성이 좋고 아름다운 절삭면이 얻어진다.
③ 소성 가공성이 낮아서 상온 변형은 곤란하다.
④ 주조 시의 생산성이 좋다.

해설 마그네슘은 알루미늄 합금용, 티탄 제련용, 구상 흑연 주철 첨가제, 건전지 음극 보호용으로 사용된다.

**51.** 구리, 마그네슘, 망간, 알루미늄으로 조성된 고강도 알루미늄 합금은?

① 실루민　　② Y 합금
③ 두랄루민　　④ 포금

해설 두랄루민이란 단조용 알루미늄 합금의 대표적인 것으로 강력 알루미늄 합금으로는 초두랄루민, 초강 두랄루민(일명 ESD 합금) 등이 있다.

**52.** 구리의 일반적인 성질 설명으로 틀린 것은?

① 체심입방정(BCC) 구조로서 성형성과 단조성이 나쁘다.
② 화학적 저항력이 커서 부식되지 않는다.
③ 내산화성, 내수성, 내염수성의 특성이 있다.
④ 전기 및 열의 전도성이 우수하다.

해설 구리는 면심입방격자로서 변태점이 없고 비자성체, 전기 및 열의 양도체이다.

**53.** 다음 가공법 중 소성 가공이 아닌 것은?

① 압연 가공
② 선반 가공
③ 단조 가공
④ 인발 가공

해설 소성 가공에는 단조 가공, 압연 가공, 인발 가공, 프레스 가공이 있다.

**54.** 다음의 그림에서 화살표 방향을 정면도로 선정할 경우 평면도로 가장 적합한 것은?

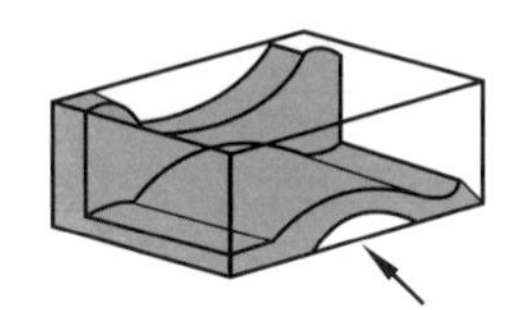

① 
② 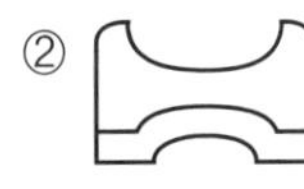
③ 
④ 

**55.** KS 재료 기호 SM10C에서 10C는 무엇을 뜻하는가?

① 제작 방법
② 종별 번호
③ 탄소 함유량
④ 최저 인장강도

정답 49. ④　50. ①　51. ③　52. ①　53. ②　54. ③　55. ③

**56.** 그림과 같은 외형도에서 파단선을 경계로 필요로 하는 요소의 일부만 단면으로 표시하는 단면도는?

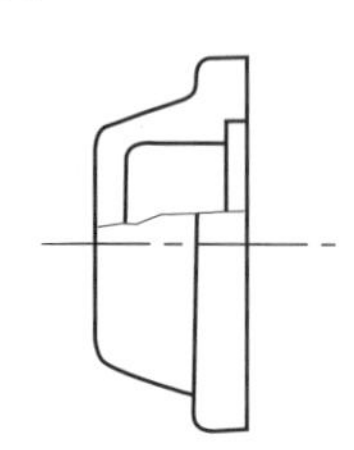

① 온 단면도 ② 부분 단면도
③ 한쪽 단면도 ④ 회전 도시 단면도

**57.** 전체 둘레 현장 용접의 보조 기호로 맞는 것은?

①  ② 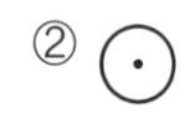
③  ④ 

해설 ①은 스폿 용접, ③은 현장 용접, ④는 전체 둘레 현장 용접의 보조 기호이다.

**58.** 전개도법 중 꼭짓점을 도면에서 찾을 수 있는 원뿔의 전개에 가장 적합한 것은?

① 평행선 전개법
② 방사선 전개법
③ 삼각형 전개법
④ 사변형 전개법

해설 방사선 전개법은 각뿔이나 원뿔처럼 꼭짓점을 중심으로 부채꼴 모양으로 전개하는 방법이다.

**59.** [보기]와 같은 배관 도시 기호에서 계기 표시가 압력계일 때 원 안에 사용하는 문자 기호는?

| 보기 |

① A ② F
③ P ④ T

해설 ㉮ T : 온도(temperature)
㉯ P : 압력(pressure)
㉰ S : 증기(steam)
㉱ A : 공기(air)

**60.** KS 규격에서 용접부 표면 또는 용접부의 형상에 대한 보조 기호 설명으로 옳지 않은 것은?

① —— : 동일 평면으로 다듬질 함
② ⩗ : 끝단부를 오목하게 함
③ M : 영구적인 덮개판을 사용함
④ MR : 제거 가능한 덮개판을 사용함

해설 ②는 토우(끝단부)를 매끄럽게 하라는 기호이며, 끝단부를 오목하게 하는 기호는 ◡이다.

정답 56. ② 57. ④ 58. ② 59. ③ 60. ②

# 제20회 CBT 실전문제

**1. 다음 중 용접 방법을 바르게 설명한 것은?**

① 스터드 용접 : 볼트나 환봉 등을 직접 강판이나 형강에 용접하는 방법이다.

② 서브머지드 아크 용접 : 잠호 용접이라고도 부르며 상품명으로는 유니언 아크 용접이 있다.

③ 불활성 가스 아크 용접 : TIG와 MIG가 있으며, 보호 가스로는 Ar, $O_2$ 가스를 사용한다.

④ 이산화탄소 아크 용접 : 이산화탄소 가스를 이용한 용극식 용접 방법으로, 비가시 아크이다.

해설 ㉮ 서브머지드 아크 용접은 잠호 용접이라고도 부르며, 상품명으로는 유니언 멜트 용접법 또는 링컨 용접법이라고도 한다.

㉯ 불활성 가스 아크 용접은 TIG와 MIG가 있으며 보호 가스로는 Ar, He 가스를 사용한다.

㉰ 이산화탄소 아크 용접은 $CO_2$ 가스를 이용한 용극식 용접 방법으로 가시 아크이다.

**2. 용접 중 전류를 측정할 때 전류계의 측정 위치로 적합한 것은?**

① 1차 측 접지선 ② 1차 측 케이블

③ 2차 측 접지선 ④ 2차 측 케이블

해설 용접 중에 용접 전류계를 사용하여 용접 전류를 측정하는 위치는 2차 측 케이블이다.

**3. TIG 용접에서 용접 전류 제어 장치 설명 중 틀린 것은?**

① 전류 제어는 펄스 전류 선택과 크레이터 전류 선택으로 구분되어 있다.

② 펄스 기능을 선택하면 주 전류와 펄스 전류를 선택할 수 있는데 전류의 선택 비율을 15～85%의 범위에서 할 수 있다.

③ 주 전류와 펄스 전류 사이에서 진폭과 펄스 높이를 조절하여 용접 조건에 맞도록 하는 방법으로 박판이나 경금속의 용접 시 유리하다.

④ 주 전류와 펄스 전류 사이에서 진폭과 펄스 높이를 조절하여 용접 조건에 맞도록 하는 방법으로 박판이나 경금속의 용접 시 불리하다.

해설 용접 전류 제어 장치

㉮ 전류 제어는 펄스 전류 선택과 크레이터 전류 선택으로 구분되어 있다.

㉯ 펄스 기능을 선택하면 주 전류와 펄스 전류를 선택할 수 있는데 전류의 선택 비율을 15～85%의 범위에서 할 수 있다.

㉰ 주 전류와 펄스 전류 사이에서 진폭과 펄스 높이를 조절하여 용접 조건에 맞도록 하는 방법으로 박판이나 경금속의 용접 시 유리하다.

**4. 용접기의 접지 목적에 맞지 않는 것은?**

① 용접기를 대지(150V)와 전기적으로 접속하여 지락사고 발생 시 전위 상승으로 인한 장해를 방지한다.

② 접지는 위험 전압으로 상승된 전위를 저감시켜 인체 감전 위험을 줄이고 사고 전로를 크게 하여 차단기 등 각종 보호 장치의 동작을 확실히 할 수 있도록 한다.

정답 1. ① 2. ④ 3. ④ 4. ④

③ 접지는 계통 접지, 기기 접지, 피뢰용 접지 등 안전을 위한 보호용 접지와 노이즈 방지 접지, 전위 기준용 접지 등 기능용 접지로 나눈다.
④ 보호용 접지는 대전류, 고주파 영역이고, 기능용 접지는 소주파, 저주파 영역의 특성을 갖는다.

해설 보호용 접지는 대전류, 저주파 영역이고, 기능용 접지는 소전류, 고주파 영역의 특성을 갖는다.

**5. 가스 텅스텐 아크 용접의 원리에서 모재와 접촉하지 않아도 아크가 발생되는 것은 어떠한 발생 장치를 이용하는가?**

① 고주파 발생 장치
② 원격 리모트 발생 장치
③ 인버터 발생 장치
④ 전격 방지 장치

해설 가스 텅스텐 아크 용접의 원리 : 고온에서도 금속과의 화학적 반응을 일으키지 않는 불활성 가스(아르곤, 헬륨 등) 공간 속에서 텅스텐 전극과 모재 사이에 전류를 공급하고, 모재와 접촉하지 않아도 아크가 발생하도록 고주파 발생 장치를 사용하여 아크를 발생시켜 용접하는 방식이다.

**6. TIG 용접에서 보호 가스 제어 장치에 대한 설명으로 틀린 것은?**

① 전극과 용융지를 보호하는 역할을 한다.
② 초기 아크 발생 시와 마지막 크레이터 처리 시 보호 가스의 공급이 불충분하여도 전극봉과 용융지가 산화 및 오염될 가능성이 없다.
③ 용접 아크 발생 전 초기 보호 가스를 수 초간 미리 공급하여 대기와 차단하는 역할을 한다.
④ 용접 종료 후에도 후류 가스를 수 초간 공급함으로써 전극봉의 냉각과 크레이터 부위를 대기와 차단시켜 전극봉 및 크레이터 부위의 오염 및 산화를 방지하는 역할을 한다.

해설 초기 아크 발생 시와 마지막 크레이터 처리 시 보호 가스의 공급이 불충분하면 전극봉과 용융지가 산화 및 오염이 되므로 용접 아크 발생 전 초기 보호 가스를 수 초간 미리 공급하여 대기와 차단하는 역할을 한다.

**7. 산소 절단 시 예열 불꽃이 너무 강한 경우 나타나는 현상으로 틀린 것은?**

① 드래그가 증가한다.
② 절단면이 거칠게 된다.
③ 슬래그 중 철 성분의 박리가 어렵게 된다.
④ 절단 모서리가 둥글게 된다.

해설 예열 불꽃이 너무 강한 경우는 절단면의 모서리가 녹아 둥그스름하게 되어 거칠게 되며, 슬래그 중 철 성분의 박리가 어렵게 된다.

**8. 아크 에어 가우징을 할 때 압축 공기의 압력은 몇 $kgf/cm^2$ 정도의 압력이 가장 좋은가?**

① 0.5~1 ② 3~4
③ 5~7 ④ 9~10

해설 아크 에어 가우징을 할 때 압축 공기의 압력은 0.5~0.7 MPa(5~7 $kgf/cm^2$) 정도가 좋으며, 약간의 압력 변동은 작업에 거의 영향을 미치지 않으나 0.5 MPa 이하의 경우는 양호한 작업 결과를 기대할 수 없다.

**9. 피복 아크 용접에서 아크쏠림 현상에 대한 설명으로 틀린 것은?**

정답 5. ① 6. ② 7. ① 8. ③ 9. ②

① 직류를 사용할 경우 발생한다.
② 교류를 사용할 경우 발생한다.
③ 용접봉에 아크가 한쪽으로 쏠리는 현상이다.
④ 짧은 아크를 사용하면 아크쏠림 현상을 방지할 수 있다.

해설 아크쏠림(자기불림(magnetic blow)) : 직류 용접에서 용접봉에 아크가 한쪽으로 쏠리는 현상으로 용접 전류에 의해 아크 주위에 자장이 용접에 대하여 비대칭으로 나타나는 현상이며, 짧은 아크를 사용하면 방지할 수 있다.

**10.** 내용적 40L, 충전 압력이 150kgf/cm$^2$인 산소 용기의 압력이 100kgf/cm$^2$까지 내려갔다면 소비한 산소의 양은 몇 L인가?

① 2000 ② 3000
③ 4000 ④ 5000

해설 산소의 양=내용적×고압 게이지 압력
=40×(150－100)=2000L

**11.** AW－300, 무부하 전압 80V, 아크 전압 30V인 교류 용접기를 사용할 때 역률과 효율은 각각 얼마인가? (단, 내부 손실은 4kW이다.)

① 역률 : 54%, 효율 : 69%
② 역률 : 69%, 효율 : 72%
③ 역률 : 80%, 효율 : 72%
④ 역률 : 54%, 효율 : 80%

해설 ㉮ 역률$=\frac{\text{소비전력(kW)}}{\text{전원입력(kVA)}}\times 100$

$=\frac{(\text{아크 전압}\times\text{아크 전류})+\text{내부 손실}}{(\text{2차 무부하 전압}\times\text{아크 전류})}\times 100$

$=\frac{(30\times 300)+4000}{80\times 300}\times 100 \fallingdotseq 54\%$

㉯ 효율$=\frac{\text{아크 출력(kW)}}{\text{소비전력(kW)}}\times 100$

$=\frac{(\text{아크 전압}\times\text{아크 전류})}{(\text{아크 전압}\times\text{아크 전류})+\text{내부 손실}}\times 100$

$=\frac{30\times 300}{(30\times 300)+4000}\times 100 \fallingdotseq 69\%$

**12.** 중공의 피복 용접봉과 모재와의 사이에 아크를 발생시키고 이 아크열을 이용하여 절단하는 방법은?

① 산소 아크 절단 ② 플라스마 제트 절단
③ 산소창 절단 ④ 스카핑

해설 산소 아크 절단(oxygen arc cutting) : 예열원으로서 아크열을 이용한 가스 절단법으로 보통 안에 구멍이 나 있는 강에 전극을 사용하여 전극과 모재 사이에 발생되는 아크열로 용융시킨 후에 전극봉 중심에서 산소를 분출시켜 용융된 금속을 밀어내며 전원은 보통 직류 정극성이 사용되나 교류로서도 절단된다.

**13.** 가스 용접에 사용되는 기체의 폭발 한계가 가장 큰 것은?

① 수소 ② 메탄
③ 프로판 ④ 아세틸렌

해설 혼합 기체의 폭발 한계를 공기 중의 기체 함유량(%)으로 나타내면 수소 4～74%, 메탄 5～15%, 프로판 2.4～9.5%, 아세틸렌 2.5～80%이다.

**14.** 연강용 피복 금속 아크 용접봉에서 피복제 중 $TiO_2$을 약 35% 포함한 슬래그 생성계이며, 일반 경구조물 용접에 많이 사용되는 것은?

정답 10. ① 11. ① 12. ① 13. ④ 14. ③

① 저수소계 ② 일루미나이트계
③ 고산화티탄계 ④ 고셀룰로오스계

해설 피복제 중에 산화티탄($TiO_2$)을 E 4313(고산화티탄계)은 약 35%, E 4303(라임티타니아계)은 약 30% 정도 포함한다.

**15.** 산소창 절단 방법으로 절단할 수 없는 것은?

① 알루미늄 관
② 암석의 천공
③ 두꺼운 강판의 절단
④ 강괴의 절단

해설 주철, 10% 이상의 크롬을 포함하는 스테인리스강이나 알루미늄과 같은 비철금속의 절단은 산소창 절단 방법으로는 어렵다.

**16.** KS 연강용 가스 용접봉 용착 금속의 기계적 성질에서 시험편의 처리에 사용한 기호 중 "용접 후 열처리를 한 것"을 나타내는 기호는?

① P ② A
③ GA ④ GP

해설 가스 용접 기호 중에서 GA는 용접봉 재질이 높은 연성, 전성인 것으로 열처리를 한 것이고, GB는 용접봉 재질이 낮은 연성, 전성인 것으로 열처리를 한 것이다.

**17.** 직류 아크 용접기의 종류별 특징 중 옳게 설명된 것은?

① 전동 발전형 용접기는 완전한 직류를 얻을 수 없다.
② 전동 발전형 용접기는 구동부와 발전기부로 되어 있고, 보수와 점검이 어렵다.
③ 정류기 용접기는 보수와 점검이 어렵다.
④ 정류기 용접기는 교류를 정류하므로 완전한 직류를 얻을 수 있다.

해설 직류 아크 용접기 중 전동 발전형 용접기는 완전한 직류를 얻을 수 있으며, 구동부와 발전기부로 되어 있고, 보수와 점검이 어렵다.

**18.** 가스 용접봉의 조건이 아닌 것은?

① 모재와 같은 재질일 것
② 불순물이 포함되어 있지 않을 것
③ 용융 온도가 모재보다 낮을 것
④ 기계적 성질에 나쁜 영향을 주지 않을 것

해설 가스 용접봉은 모재와 같은 재질이므로 용융 온도가 같아야 한다.

**19.** 현장에서 용접기 사용률이 40%일 때 10분을 기준으로 하여 아크가 몇 분 발생하는 것이 좋은가?

① 10분 ② 6분
③ 4분 ④ 2분

해설 ㉮ 용접 작업 시간은 휴식 시간과 용접기 사용 시 아크가 발생한 시간을 포함한다.

㉯ $\text{사용률}(\%) = \dfrac{\text{아크 시간}}{\text{아크 시간} + \text{휴식 시간}} \times 100$

㉰ 아크 시간

$= \dfrac{\text{사용률} \times (\text{아크 시간} + \text{휴식 시간})}{100}$

$= \dfrac{40 \times 10}{100} = 4\text{분}$

**20.** TIG 용접 장소에서 환기장치를 확인하는데 틀린 것은?

정답 15. ① 16. ③ 17. ② 18. ③ 19. ③ 20. ②

① 흄 또는 분진이 발산되는 옥내 작업장에 대하여는 국소배기시설과 같이 배기장치를 설치한다.
② 국소배기시설로 배기되지 않는 용접 흄은 이동식 배기팬 시설을 설치한다.
③ 이동 작업 공정에서는 이동식 배기팬을 설치한다.
④ 용접 작업에 따라 방진, 방독 또는 송기마스크를 착용하고 작업에 임하고 용접 작업 시에는 국소배기시설을 반드시 정상 가동시킨다.

해설 문제의 ①, ③, ④ 외에 ㉮ 국소배기시설로 배기되지 않는 용접 흄은 전체 환기 시설을 설치한다. ㉯ 탱크 내부 등 통풍이 불충분한 장소에서 용접 작업을 할 때에는 탱크 내부의 산소농도를 측정하여 산소농도가 18% 이상이 되도록 유지하거나, 공기 호흡기 등의 호흡용 보호구(송기마스크 등)를 착용한다.

**21.** 스카핑의 설명으로 맞는 것은?

① 가우징에 비해 너비가 좁은 홈을 가공한다.
② 가우징 토치에 비해 능력이 작다.
③ 작업방법은 스카핑 토치를 공작물의 표면과 직각으로 한다.
④ 강재 표면의 탈탄층 또는 홈을 제거하기 위해 사용한다.

해설 ㉮ 스카핑(scarfing) : 각종 강재의 표면에 균열, 주름, 탈탄층 또는 홈을 불꽃 가공에 의해서 제거하는 작업방법으로 토치는 가스 가우징에 비하여 능력이 크며 팁은 저속 다이버전트형으로서 수동형에는 대부분 원형 형태, 자동형에는 사각이나 사각형에 가까운 모양이 사용된다.
㉯ 가스 가우징(gas gauging) : 가스 절단과 비슷한 토치를 사용해서 강재의 표면에 둥근 홈을 파내는 작업으로 일반적으로 용접부 뒷면을 따내든지 U형, H형 용접 홈을 가공하기 위하여 깊은 홈을 파내든지 하는 가공법이다.

**22.** 위빙 비드에 해당되지 않는 것은?

① 위빙 운봉 폭은 심선 지름의 2~3배로 한다.
② 박판 용접 및 홈 용접의 이면 비드 형성 시 사용한다.
③ 크레이터 발생과 언더컷 발생이 생길 염려가 있다.
④ 용접봉은 용접 진행 방향으로 70~80°, 좌우에 대하여 90°가 되게 한다.

해설 박판 용접 및 홈 용접의 이면 비드 형성 시 일반적으로 직선 비드를 사용한다.

**23.** 가스 용접에서 압력 조정기의 압력 전달 순서가 올바르게 된 것은?

① 부르동관 → 링크 → 섹터기어 → 피니언
② 부르동관 → 피니언 → 링크 → 섹터기어
③ 부르동관 → 링크 → 피니언 → 섹터기어
④ 부르동관 → 피니언 → 섹터기어 → 링크

해설 압력 조정기의 압력 지시의 진행은 부르동관 → 켈리브레이팅 링크 → 섹터기어 → 피니언 → 지시 바늘의 순서이다.

**24.** TIG 용접기 설치 상태와 이상 유무를 확인하는 내용 중 틀린 것은?

① 배선용 차단기의 적색 버튼을 눌러 정상 작동 여부를 점검한다.
② 분전반과 용접기의 접지 여부를 확인한다.
③ 용접기 윗면의 케이스 덮개를 분리하고 콘덴서의 잔류 전류가 소멸되도록 전원을 차단하고 3분 정도 경과 후에 덮개를 열고 먼지를 깨끗하게 불어낸다.

정답 21. ④ 22. ② 23. ① 24. ④

④ 선을 용접기에 견고하게 연결하고 녹색선을 홀더선이 연결되는 곳에 접속한다.

해설 선을 용접기에 견고하게 연결하고 녹색 접지선은 용접기 케이스에 설치된 접지에 연결한다.

**25.** 용접용 안전 보호구에 해당되지 않는 것은?

① 치핑 해머 ② 용접 헬멧
③ 핸드 실드 ④ 용접 장갑

해설 치핑 해머는 용접 공구이다.

**26.** KS에 규정된 용접봉의 지름 치수에 해당하지 않는 것은?

① 1.6 ② 2.0 ③ 3.0 ④ 4.0

해설 용접봉의 지름(길이)은 KS 규격으로 1.6(230, 250), 2.0(250, 300), 2.6(300, 350), 3.2(350, 400), 4.0(350, 400, 450, 550), 4.5(400, 450, 550), 5.0(400, 450, 550, 700), 5.5(450, 550, 700), 6.0(450, 550, 700, 900), 6.4(450, 550, 700, 900), 7.0(450, 550, 700, 900), 8.0(450, 550, 700, 900)이 있다.

**27.** 용해 아세틸렌 가스는 몇 ℃, 몇 $kgf/cm^2$로 충전하는 것이 가장 적당한가?

① 40℃, 160 $kgf/cm^2$
② 35℃, 150 $kgf/cm^2$
③ 20℃, 30 $kgf/cm^2$
④ 15℃, 15 $kgf/cm^2$

해설 일반적으로 15℃, 15 $kgf/cm^2$로 충전하며, 용기 속에 충전되는 아세톤에 25배가 용해되므로 25×15=375L가 용해된다.

**28.** 가스 용접법에 대한 설명 중 맞는 것은?

① 열 이용률은 전진법보다 후진법이 우수하다.
② 용접 변형은 후진법이 크다.
③ 산화의 정도가 심한 것은 후진법이다.
④ 용접 속도는 전진법에 비해 후진법이 느리다.

해설 전진법과 후진법의 비교

| 항목 | 전진법 | 후진법 |
|---|---|---|
| 열 이용률 | 나쁘다. | 좋다. |
| 비드 모양 | 보기 좋다. | 매끈하지 못하다. |
| 홈 각도 | 크다(80°). | 작다(60°). |
| 산화의 정도 | 심하다. | 약하다. |
| 용접 속도 | 느리다. | 빠르다. |
| 용접 변형 | 크다. | 작다. |
| 용접 모재 두께 | 얇다 (5 mm 까지). | 두껍다. |
| 용착 금속의 냉각도 | 급랭 | 서랭 |
| 용착 금속의 조직 | 거칠다. | 미세하다. |

**29.** 킬드강을 제조할 때 사용되는 탈산제는?

① C, Fe-Mn
② C, Al
③ Fe-Mn, S
④ Fe-Si, Al

해설 제강에서 강괴를 만들 때 탈산제는 탈산력에 따라 Fe-Mn(페로망간) → Fe-Si(페로실리콘) → Al(알루미늄) 등으로 구분한다. 림드강은 탈산력이 약한 Mn을 사용하며, 킬드강은 Fe-Si, Al 등 강한 탈산제를 사용한다.

정답 25. ① 26. ③ 27. ④ 28. ① 29. ④

**30.** **가스 절단면의 표준 드래그의 길이는 얼마 정도로 하는가?**

① 판 두께의 $\frac{1}{2}$　② 판 두께의 $\frac{1}{3}$
③ 판 두께의 $\frac{1}{5}$　④ 판 두께의 $\frac{1}{7}$

해설 가스 절단면의 표준 드래그의 길이는 판 두께의 20%$\left(\frac{1}{5}\right)$ 정도로 한다.

**31.** **철계 주조재의 기계적 성질 중 인장강도가 가장 낮은 주철은?**

① 구상 흑연 주철　② 가단 주철
③ 고급 주철　④ 보통 주철

해설 인장강도(MPa)는 구상 흑연 주철이 370～800, 가단 주철이 270～540, 보통 주철이 100～250, 고급(강인) 주철이 300～350으로 가장 낮은 것은 보통 주철이다.

**32.** **TIG 용접에서 용접 전류는 150～200A를 사용하는데 직류 정극성 용접을 할 때 노즐 지름(mm)과 가스 유량(L/min)의 적당한 규격으로 맞는 것은? (단, 앞이 노즐 지름, 뒤가 가스 유량이다.)**

① 5～9.5－4～5　② 5～9.0－6～8
③ 6～12－6～8　④ 8～13－8～9

해설 용접 전류가 150～200A일 때 직류 정극성 용접 시 노즐 지름 6～12mm, 가스 유량 6～8L/min이고, 교류 용접 시 노즐 지름 11～13mm, 가스 유량 7～10L/min이다.

**33.** **황동의 조성으로 맞는 것은?**

① 구리＋아연　② 구리＋주석
③ 구리＋납　④ 구리＋망간

해설 황동은 구리와 아연의 합금이고 청동은 구리와 주석의 합금이다.

**34.** **다음 금속 재료 중 피복 아크 용접이 가장 어려운 재료는?**

① 탄소강　② 주철
③ 주강　④ 티탄

해설 티탄(Ti)은 활성적이고 산화하기 쉬운 금속으로 불활성 가스 분위기 속이나 진공 상태에서 용접을 하여야 한다.

**35.** **금속 표면에 내식성과 내산성을 높이기 위해 다른 금속을 침투 확산시키는 방법으로 종류와 침투제가 바르게 연결된 것은?**

① 세라다이징－Mn
② 크로마이징－Cr
③ 칼로라이징－Fe
④ 실리코나이징－C

해설 금속 침투법에는 Cr(크로마이징), Si(실리코나이징), Al(칼로라이징), B(보로나이징), Zn(세라다이징)이 있다.

**36.** **고강도 알루미늄 합금으로 대표적인 시효 경화성 알루미늄 합금명은?**

① 두랄루민(duralumin)
② 양은(nickel silver)
③ 델타 메탈(dalta metal)
④ 실루민(silumin)

해설 두랄루민은 주물의 결정 조직을 열간 가공으로 완전히 파괴한 뒤 고온에서 물에 급랭한 후 시효 경화시켜 강인성을 얻는다.

정답 30. ③　31. ④　32. ③　33. ①　34. ④　35. ②　36. ①

**37. 공구용 재료로 구비해야 할 조건이 아닌 것은?**

① 열처리가 용이할 것
② 내마모성이 클 것
③ 강인성이 있을 것
④ 상온 및 고온 경도가 낮을 것

해설 공구용 재료는 고온 경도, 내마모성, 강인성이 크고, 열처리가 쉬워야 한다.

**38. 탄소강 중에 규소(Si)가 함유되는데, 규소가 탄소강에 미치는 영향은?**

① 연신율과 충격값을 향상시킨다.
② 용접성을 저하시킨다.
③ 인장강도, 탄성한계, 경도를 감소시킨다.
④ 결정립을 조대화시키고 가공성을 증가시킨다.

해설 Si의 영향
㉮ 인장강도, 탄성한도, 경도 증가
㉯ 주조성(유동성) 증가, 단접성 저하
㉰ 연신율, 충격값 저하
㉱ 결정립 조대화, 냉간 가공성 및 용접성 저하

**39. 6 : 4 황동에 Fe이 1% 정도 첨가된 것으로 강도가 크고 내식성이 좋아 광산 기계, 선박용 기계, 화학 기계 등에 사용되는 합금은?**

① 연 황동
② 주석 황동
③ 델타 메탈
④ 망간 황동

해설 철 황동(델타 메탈) : 6 : 4 황동에 1~2% Fe이 포함된 것으로 강도가 크고 내식성이 좋으며, 광산 기계, 선박 기계, 화학 기계용 등으로 사용된다.

**40. 공정 주철의 탄소 함유량으로 가장 적합한 것은?**

① 1.3% C　　② 2.3% C
③ 4.3% C　　④ 6.3% C

해설 Fe−C 평형 상태도에서 공석점은 탄소 함유량이 0.8%, 공정점은 4.3%로서 레데뷰라이트선이라고도 한다.

**41. 다음 중 주로 입계 부식에 의해 손상을 입는 것은?**

① 황동
② 18−8 스테인리스강
③ 청동
④ 다이스강

해설 18−8 스테인리스강은 입계 부식에 의한 입계 균열의 발생이 쉽다($Cr_4C$ 탄화물이 원인).

**42. $CO_2$ 가스 아크 용접 시 작업장의 이산화탄소 농도가 3~4%일 때 인체에 일어나는 현상으로 가장 적절한 것은?**

① 두통 및 뇌빈혈을 일으킨다.
② 위험상태가 된다.
③ 치사량이 된다.
④ 아무렇지도 않다.

해설 이산화탄소가 인체에 미치는 영향은 체적의 3~4%이면 두통, 뇌빈혈, 15% 이상일 때는 위험상태, 30% 이상일 때는 매우 위험한 상태이다.

**43. 피복 아크 용접 시 발생하는 기공의 방지 대책으로 옳지 않은 것은?**

① 이음의 표면을 깨끗이 한다.
② 건조한 저수소계 용접봉을 사용한다.

정답 37. ④　38. ②　39. ③　40. ③　41. ②　42. ①　43. ③

③ 용접 속도를 빠르게 하고 가장 높은 전류를 사용한다.
④ 위빙을 하여 열량을 늘리거나 예열을 한다.

해설 용접 전류가 과대하고 용접 속도가 빠르면 언더컷이 발생한다.

**44. 용접성 시험 중 노치 취성 시험 방법이 아닌 것은?**

① 샤르피 충격 시험 ② 슈나트 시험
③ 카안인열 시험 ④ 코머렐 시험

해설 코머렐 시험은 세로 비드 굽힘 시험으로 노치를 하지 않고 시험한다.

**45. 초음파 탐상법에 속하지 않는 것은?**

① 펄스 반사법 ② 투과법
③ 공진법 ④ 관통법

해설 초음파 탐상법에는 펄스 반사법, 투과법, 공진법 등이 있다.

**46. 금속 표면에 스텔라이트나 경합금 등의 금속을 용착시켜 표면 경화층을 만드는 방법을 무엇이라 하는가?**

① 고주파 경화법 ② 쇼트 피닝
③ 화염 경화법 ④ 하드 페이싱

해설 표면 경화법 중 문제는 하드 페이싱을 설명한 것이다.

**47. 조직에 따른 구상 흑연 주철의 분류가 아닌 것은?**

① 페라이트형 ② 펄라이트형
③ 오스테나이트형 ④ 시멘타이트형

해설 구상 흑연 주철의 조직은 ㉮ 시멘타이트형(시멘타이트가 석출한 것) ㉯ 펄라이트형(바탕이 펄라이트) ㉰ 페라이트형(페라이트가 석출한 것)이다.

**48. 열처리 방법 중 불림의 목적으로 가장 적합한 것은?**

① 급랭시켜 재질을 경화시킨다.
② 소재를 일정 온도에 가열한 후 공랭시켜 표준화한다.
③ 담금질된 것에 인성을 부여한다.
④ 재질을 강하게 하고 균일하게 한다.

해설 불림 : 강을 $A_3$ 또는 Acm 변태점 이상 30~50℃의 온도로 가열하고 공기 중에서 서랭하여 표준화 조직을 얻는 방법으로 조직의 균일화 및 표준화, 잔류 응력을 제거한다.

**49. 피복 금속 아크 용접에서 용접 전류가 낮을 때 발생하는 것은?**

① 오버랩 ② 기공
③ 균열 ④ 언더컷

해설 오버랩의 원인
㉮ 용접 전류가 너무 낮을 때
㉯ 용접봉의 선택이 불량일 때
㉰ 용접 속도가 너무 느릴 때
㉱ 용접봉의 유지 각도가 불량일 때

**50. 로봇의 용접 장치에 해당하지 않는 것은?**

① 용접 전원 ② 포지셔너
③ 트랙 ④ 접촉식 센서

해설 로봇의 용접 장치
㉮ 용접 전원 ㉯ 포지셔너(positioner)
㉰ 트랙(track) ㉱ 갠트리(gantry)
㉲ 칼럼(column) ㉳ 용접물 고정 장치

정답 44. ④ 45. ④ 46. ④ 47. ③ 48. ② 49. ① 50. ④

**51.** 다음의 입체도에서 화살표 방향이 정면일 때 제3각법으로 투상한 것으로 가장 옳은 것은?

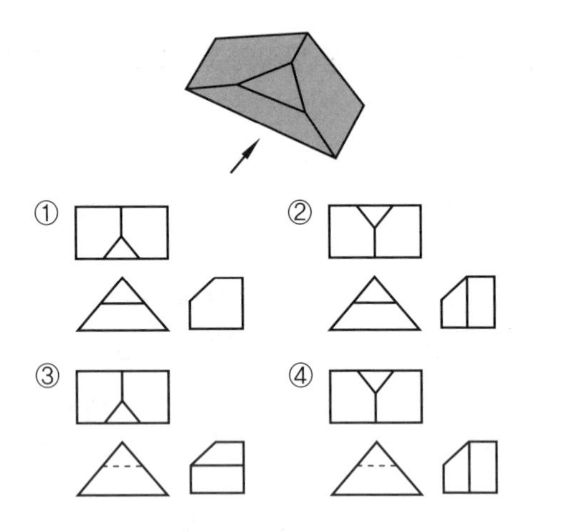

**52.** 도면의 표제란에 척도로 표시된 NS는 무엇을 뜻하는가?

① 축척
② 비례척이 아님
③ 배척
④ 모든 척도가 1 : 1임

**해설** NS는 Not to Scale로 비례척을 따르지 않음을 뜻한다.

**53.** 화살표 방향이 정면일 때, 그림과 같은 좌우 대칭인 입체도의 좌측면도로 가장 적합한 것은?

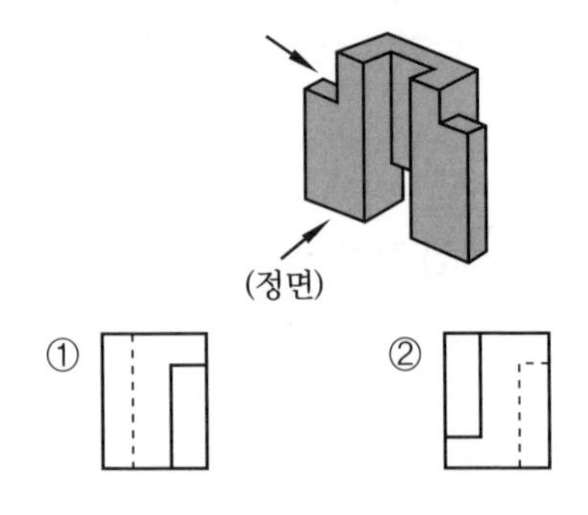


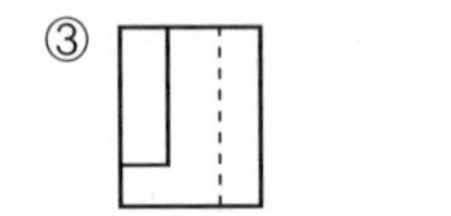
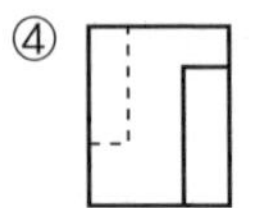

**54.** KS 기계 제도 선의 종류에서 가는 2점 쇄선으로 나타내는 선의 용도에 해당하는 것은?

① 가상선　　② 치수선
③ 해칭선　　④ 지시선

**해설** 도면에서의 선의 종류
㉮ 굵은 실선 : 외형선
㉯ 가는 실선 : 치수선, 치수 보조선, 지시선, 회전 단면선, 중심선, 수준면선
㉰ 가는 파선 또는 굵은 파선 : 숨은선
㉱ 가는 1점 쇄선 : 중심선, 기준선, 피치선
㉲ 굵은 1점 쇄선 : 특수 지정선
㉳ 가는 2점 쇄선 : 가상선, 무게중심선

**55.** 다음 중 치수 보조 기호에 대한 설명으로 틀린 것은?

① $\phi$ : 참고 치수
② □ : 정사각형의 변
③ R : 반지름
④ SR : 구의 반지름

**해설** $\phi$는 구의 지름을 나타낸다.

**56.** 곡면과 곡면 또는 곡면과 평면 등과 같이 두 입체가 만나서 생기는 경계선을 나타내는 용어로 가장 적합한 것은?

① 전개선　　② 상관선
③ 한도선　　④ 입체선

**해설** 1개 이상의 입체가 서로 관통하여 하나의 입체로 된 것을 상관체(intersecting soild)라 하고 이 상관체에 나타난 각

**정답** 51. ①　52. ②　53. ④　54. ①　55. ①　56. ②

입체의 경계선을 상관선(교선, line of intersection)이라 하며, 직선 교점법과 공통 절단법이 있다.

**57.** 단면을 나타내는 해칭선의 방향이 가장 적합하지 않은 것은?

① 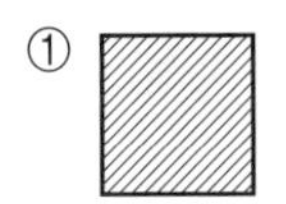
② 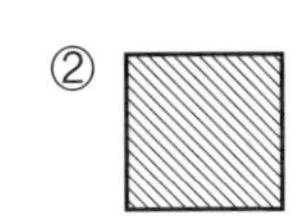
③ 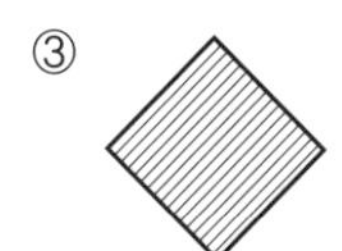
④ 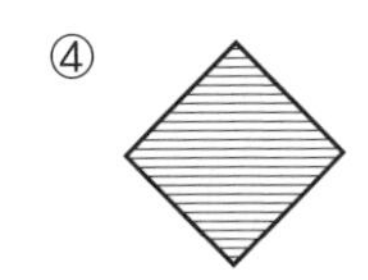

해설 해칭선은 중심선 또는 주요 외형선에 45° 경사지게 긋는 것이 원칙이나 부득이한 경우에는 다른 각도(30°, 60°)로 표시한다.

**58.** 도면에서 반드시 표제란에 기입해야 하는 항목으로 틀린 것은?

① 재질 ② 척도
③ 투상법 ④ 도명

해설 표제란에는 도면 번호, 도명, 기업명, 책임자의 서명, 도면 작성 연월일, 척도, 투상법을 기입한다.

**59.** 일반적인 판금 전개도의 전개법이 아닌 것은?

① 다각전개법 ② 평행선법
③ 방사선법 ④ 삼각형법

**60.** KS 기계 제도에서 치수 기입의 원칙에 대한 설명으로 옳은 것은?

① 길이의 치수는 원칙적으로 밀리미터(mm)로 하고 단위 기호로 밀리미터(mm)를 기입한다.
② 각도의 치수는 일반적으로 라디안(rad)으로 하고, 필요한 경우 분 및 초를 병용한다.
③ 치수에 사용하는 문자는 KS A 0107에 따르고, 자릿수가 많은 경우 세 자리마다 숫자 사이에 쉼표를 붙인다.
④ 치수는 해당되는 형체를 가장 명확하게 보여줄 수 있는 주투상도나 단면도에 기입한다.

해설 치수 기입의 원칙
㉮ 도면에 길이의 크기와 자세 및 위치를 명확하게 표시하며, 길이 단위 mm는 도면에 기입하지 않는다.
㉯ 가능한 주투상도(정면도)에 기입한다.
㉰ 치수의 중복 기입을 피한다.
㉱ 치수 숫자는 자릿수를 표시하는 쉼표 등을 사용하지 않는다.
㉲ 치수는 계산할 필요가 없도록 기입한다.
㉳ 관련된 치수는 한 곳에 모아서 기입한다.
㉴ 참고 치수는 치수 수치에 괄호를 붙인다.
㉵ 비례척에 따르지 않을 때의 치수 기입은 치수 숫자 밑에 굵은 선을 그어 표시하거나 NS(Not to Scale)를 기입한다.
㉶ 외형 치수의 전체 길이 치수는 반드시 기입한다.

정답 57. ③ 58. ① 59. ① 60. ④

# 용접기능사 필기 2200제

2024년 1월 10일 인쇄
2024년 1월 15일 발행

저자 : 박종우
펴낸이 : 이정일

펴낸곳 : 도서출판 **일진사**
www.iljinsa.com

04317 서울시 용산구 효창원로 64길 6
대표전화 : 704-1616, 팩스 : 715-3536
이메일 : webmaster@iljinsa.com
등록번호 : 제1979-000009호(1979.4.2)

**값 28,000원**

ISBN : 978-89-429-1898-0